# DIE SCHIFFFAHRTSZEICHEN AN DER DEUTSCHEN KÜSTE.

# DIE SCHIFFFAHRTSZEICHEN AN DER DEUTSCHEN KÜSTE.

MIT 78 TAFELN,

ENTHALTEND ABBILDUNGEN VON

LEUCHTTHÜRMEN, FEUERSCHIFFEN, BAKEN, TONNEN ETC.

---

HERAUSGEGEBEN

VOM

REICHSKANZLER-AMT.

BERLIN.

DRUCK UND VERLAG VON G. REIMER.

1878.

# Vorwort.

Das vorliegende Werk über die Schifffahrtszeichen an der deutschen Küste enthält eine Beschreibung sämmtlicher in den deutschen Küstengebieten zur Sicherung der Navigirung der Schiffe bei Tage oder Nacht dienenden Land- und Wassermarken nach ihrem Bestande am Anfange dieses Jahres.

Die Beschreibung beruht auf den Angaben der in den einzelnen Küstengebieten mit der Beaufsichtigung der Schifffahrtszeichen betrauten Behörden.

Das Werk zerfällt in drei Theile, von denen

der erste „die Leuchtfeuer",

der zweite „die Tonnen, Baken und sonstigen Tagesmarken" und

der dritte Theil „Abbildungen von Leuchtthürmen, Feuerschiffen, Baken, Tonnen etc."

umfasst.

Im ersten Theile ist für jedes Leuchtfeuer angegeben:

1) Der Namen und die Oertlichkeit.
2) Die geographische Lage.
3) Die Farbe, die Art und die Dauer der Lichterscheinung.
4) Die Beschreibung des Leuchtapparates.
5) Die Art und der Verbrauch des Leuchtstoffes.
6) Die Höhe der Flamme über dem Wasser und über dem Erdboden.
7) Die Sichtweite in Seemeilen.
8) Die Höhe des Leuchtfeuergebäudes.
9) Die Beschreibung des Leuchtfeuergebäudes bezw. Leuchtschiffes.
10) Die Bezeichnung des zur Bedienung des Feuers bezw. zur Bemannung des Leuchtschiffes bestellten Personals.

11) Die Beschreibung der beim Leuchtfeuergebäude bezw. auf dem Leuchtschiffe etwa vorhandenen Nebelsignal-Einrichtungen und der damit gegebenen Nebelsignale.

12) Die Beschreibung der beim Leuchtfeuergebäude bezw. auf dem Leuchtschiffe vorhandenen sonstigen Einrichtungen zum Signalisiren.

13) Die Zeit der erstmaligen Anzündung und der seitdem etwa vorgenommenen Veränderungen des Feuers.

14) Das Erforderliche über die Dauer der innegehaltenen Brennzeit, über die in der Nähe des Feuers etwa vorhandenen wichtigen Schifffahrts-Einrichtungen etc.

Im zweiten Theile sind bezüglich der Tonnen, Baken und sonstigen Tagesmarken aufgeführt:

1) Der Namen und die nähere Bezeichnung der Oertlichkeit der Zeichen.
2) Die Gattung der Zeichen.
3) Die Bezeichnung der Zwecke, welchen die Zeichen dienen.
4) Die geographische Lage der Zeichen.
5) Die allgemeine Beschreibung der Zeichen.
6) Die Angabe der besonderen etwa vorhandenen Erkennungsmerkmale, insbesondere der Farbe der Zeichen.
7) Die Angabe der Wassertiefe am Orte der Zeichen.
8) Die Höhe der Spitze der Zeichen über Wasser und über dem Erdboden.
9) Die Sichtweite der Zeichen in Seemeilen.
10) Die Zeit der erstmaligen Auslegung bezw. Errichtung der Zeichen.

Der dritte Theil enthält in vier Abschnitten 131 Abbildungen, und zwar im:

1. Abschnitt 39 Abbildungen von Leuchtthürmen, Leuchtbaken und Feuerschiffen.

2. Abschnitt 43 Abbildungen von Richtungs-, Signal- und Landerkennungs-Baken.

3. Abschnitt 30 Abbildungen von Tonnen und Treibbaken.

4. Abschnitt 19 Ansichten der Küste und einzelner Küstenpunkte.

Die Reichhaltigkeit der in dem Werke enthaltenen Angaben über die Schifffahrtszeichen ermöglicht die Gewinnung einer umfassenden Uebersicht über das Leuchtfeuer-, Baken- und Tonnenwesen an der deutschen Küste. Unter Anderem ergiebt der Inhalt des Werkes folgende Gesammtnachweise von allgemeinem Interesse.

## I. Ueber die Zahl der Schifffahrtszeichen.

Am Anfange dieses Jahres waren vorhanden an:

| | |
|---|---|
| Leuchtfeuern, und zwar 148 Feuer in 138 Thürmen oder sonstigen auf Land errichteten Gebäuden, und 29 Feuer auf 20 Schiffen, zusammen | 177 |
| Richtungs-, Signal- und Landerkennungs-Baken | 177 |
| Kirchen, Thürmen, Windmühlen und ähnlichen Landmarken | 51 |
| Treibbaken, Tonnen, Bojen, Wakern, Steudern und ähnlichen schwimmenden Seezeichen | 1889 |
| Pricken, Fusen, Wethen und ähnlichen in den Boden gesteckten Seezeichen | ca. 2856 |
| Schifffahrtszeichen überhaupt | ca. 5150. |

Von den 177 im Betriebe befindlichen Leuchtfeuern waren im Jahre 1800 nur 3 vorhanden, nämlich

das Leuchtfeuer von Travemünde, welches erstmalig im Jahre 1539,
„ „ „ Neufahrwasser, „ „ „ „ 1758 und
„ „ „ Memel, „ „ „ „ 1796

angezündet wurde.

Vom Jahre 1800 bis zum Anfange des Jahres 1850 sind . . . . . 36
und von letzterem Zeitpunkte bis zum Anfange dieses Jahres . . . . . . 138
Leuchtfeuer neu errichtet worden.

## II. Ueber die Sichtbarkeit der Schifffahrtszeichen.

Von den 177 vorhandenen Leuchtfeuern sind bei einer Augeshöhe von 4,5 Metern, bei klarer Luft, mittlerer Refraktion und mittlerem Wasserstande sichtbar:

| | | | |
|---|---|---|---|
| 13 Feuer | . . . . über | 20 | Seemeilen weit, |
| 9 „ | von 20 bis zu | 15 | „ „ , |
| 27 „ | „ 15 „ „ | 10 | „ „ , |
| 81 „ | „ 10 „ „ | 5 | „ „ , |
| 47 „ | . . . . unter | 5 | „ „ . |

Von den übrigen ca. 4973 Schifffahrtszeichen sind unter den bezeichneten Voraussetzungen sichtbar:

| | | | |
|---|---|---|---|
| 5 Seezeichen | . . . . über | 15 | Seemeilen weit, |
| 30 „ | von 15 bis zu | 10 | „ „ , |
| 90 „ | „ 10 „ „ | 5 | „ „ , |
| ca. 4848 „ | . . . . unter | 5 | „ „ . |

### III. Ueber die Zahl der Leuchtfeuer nach Art und Farbe.

Von den 177 nächtlich brennenden Feuern erscheinen:

160 als feste — ununterbrochen und mit gleichbleibender Lichtstärke leuchtende — Feuer.

17 als veränderliche — unterbrochen oder mit periodisch wechselnder Lichtstärke leuchtende — Feuer.

Von den 160 festen Feuern sind:

109 weiss,
30 roth,
9 grün,
10 weiss und roth,
2 weiss und grün.

Von den 17 veränderlichen Feuern sind:

5 Drehfeuer, und zwar 4 von weisser Farbe und 1 von weisser und rother Farbe.

5 Blinkfeuer
4 feste Feuer mit Blinken } von weisser Farbe.
3 Funkelfeuer

Eine die Verschiedenheit der Feuer und die von ihnen beleuchteten Küstengebiete darstellende, im Reichskanzler-Amt bearbeitete „Uebersichts-Karte der Leuchtfeuer an der deutschen Küste nach dem Bestande im Sommer 1876“ ist im Verlage der Buchhandlung „G. Reimer“ hierselbst im August vorigen Jahres erschienen.

Im Uebrigen wird auf die Einleitung (Seite XIII), welche Näheres über die Einrichtung und den Gebrauch des Buches enthält, Bezug genommen.

Von Zeit zu Zeit werden vervollständigte neue Ausgaben dieses Werkes erscheinen.

Berlin, im März 1878.

# Inhalts-Verzeichniss.



## Erster Theil.

### Die Leuchtfeuer.



## Zweiter Theil.

### Die Tonnen, Baken und sonstigen Tagesmarken.

## Nachträge und während des Druckes angezeigte Veränderungen.



# Dritter Theil.

## Abbildungen von Leuchtthürmen, Feuerschiffen, Baken, Tonnen etc.

# Einleitung.

1. Das nachstehende Werk enthält in seinem ersten und zweiten Theile nebst den dazu gehörigen Nachträgen ein beschreibendes Verzeichniss sämmtlicher Schifffahrtszeichen an der deutschen Küste nach dem Bestande derselben am 1. Januar 1878. Der dritte Theil erläutert die in den vorangehenden Theilen des Werkes enthaltene Beschreibung durch Abbildungen.

2. In das Werk aufgenommen sind nicht nur die an, bezw. in der See belegenen, zur Sicherung der Navigirung der Schiffe bei Tage oder Nacht dienenden Land- und Wassermarken, sondern auch diejenigen Schifffahrtszeichen, welche an, bezw. in den mit der See im Zusammenhange stehenden Buchten, Haffen, Watten, Revieren und unteren, von Seeschiffen befahrenen Stromläufen vorhanden sind. Beispielsweise sind auf der Oder und Elbe die Häfen von Stettin und Hamburg (diese mit eingeschlossen) als Grenzen betrachtet.

3. Für die Benennungen der Schifffahrtszeichen, sowie für die Schreibweise der Ortsnamen, ist der Ortsgebrauch als maassgebend angesehen.

4. Die Reihefolge, in welcher die Schifffahrtszeichen im ersten und zweiten Theile, in den zugehörigen Nachträgen, sowie in jedem der vier Abschnitte des dritten Theiles aufgeführt sind, ist wie folgt bestimmt:

a) Die Zeichen sind nach dem Küstenlauf derart geordnet, dass bei den an der Ostsee vorhandenen mit den der russischen Grenze zunächst liegenden begonnen und mit den der dänischen Grenze zunächst liegenden geendet, bei den an der Nordsee vorhandenen mit den der dänischen Grenze zunächst liegenden begonnen und mit den der niederländischen Grenze zunächst liegenden geendet ist.

b) Die zu ein und demselben Stromgebiet, Fahrwasser oder Revier gehörigen Schifffahrtszeichen sind, unter Voranstellung der weit sichtbaren, das Fahrwasser beherrschenden Landmarken — Baken, Kirchen etc. —, hinter einander derart aufgeführt, dass mit den der hohen See oder der Strommündung zunächst liegenden begonnen und mit den am meisten landeinwärts liegenden geendet ist.

5. Die geographischen Längen sind vom Meridian von Greenwich gerechnet.

6. Die Kompassrichtungen sind, sofern Anderes nicht bemerkt ist, missweisend für Mitte 1877 angegeben. Zur Benutzung bei einer etwa wünschenswerth erscheinenden Verwandlung der missweisenden Kompassrichtungen in die entsprechenden

rechtweisenden und der rechtweisenden Kompassrichtungen in die entsprechenden missweisenden folgen hier Angaben über die

## Kompass-Missweisung
### an verschiedenen Orten der deutschen Küste.

Die jährliche Abnahme der Missweisung beträgt durchschnittlich 7,5′.

| Ort. | Geographische Lage des Orts. Nördliche Breite. | Geographische Lage des Orts. Oestliche Länge von Greenwich. | Kompass-Missweisung Mitte 1877. West. |
|---|---|---|---|
| Königsberg . . . . . . . . . . | 54° 43′ | 20° 30′ | 7,7° |
| Memel . . . . . . . . . . . . | — — | — — | 8,1° |
| Stettin . . . . . . . . . . . . | 53° 25′ | 14° 34′ | 10,7° |
| Stralsund . . . . . . . . . . . | 54° 20′ | 13° 7′ | 11,7° |
| Darsser Ort . . . . . . . . . . | 54° 28′ | 12° 30′ | 12,8° |
| Warnemünde . . . . . . . . | 54° 11′ | 12° 5′ | 12,8° |
| Insel Poel . . . . . . . . . . | — — | — — | 13,3° |
| Travemünde . . . . . . . . . . | 53° 58′ | 10° 53′ | 13,2° |
| Kiel . . . . . . . . . . . . . | 54° 20′ | 10° 9′ | 13,9° |
| Flensburger Föhrde (Süderholz) | 54° 54′ | 9° 51′ | 14,1° |
| Aarösund . . . . . . . . . . . | 55° 16′ | 9° 42′ | 14,5° |
| Listertief . . . . . . . . . . | — — | — — | 15,2° |
| Hamburg . . . . . . . . . . . | 53° 33′ | 9° 59′ | 13,8° |
| Wilhelmshaven . . . . . . . . | 53° 31′ | 8° 7′ | 14,8° |

7. Die Höhen der Landobjekte über Wasser beziehen sich auf den mittleren Wasserstand (auf Mittelwasser) für die im Ostsee-Gebiet belegenen Objekte und auf den mittleren Hochwasserstand (auf Hochwasser) für die im Nordsee-Gebiet belegenen Landobjekte.

8. Die Angaben der Sichtweiten beziehen sich auf Augeshöhen von 4,5 Metern über der Meeresfläche bei klarer Luft und mittlerer Refraktion.

9. Die Angaben der Wassertiefen am Orte der Zeichen beziehen sich auf Mittelwasser für die im Ostsee-Gebiete belegenen Zeichen und auf Niedrigwasser (Springtide) für die im Nordsee-Gebiete belegenen Zeichen.

10. Im Text sind die nachstehend aufgeführten Abkürzungen und Zeichen angewendet:

F. oder f. {letzteres in zusammengesetzten Wörtern, z. B. Drehf. . . .} für Feuer,
N.Br. . . . . . . . . . . . . . . . „ nördliche Breite,
O.Lg. . . . . . . . . . . . . . . . „ östliche Länge,
N. . . . . . . . . . . . . . . . . „ Nord,
S. . . . . . . . . . . . . . . . . „ Süd,
O. . . . . . . . . . . . . . . . . „ Ost,
W. . . . . . . . . . . . . . . . . „ West,
missw. . . . . . . . . . . . . . . „ missweisend,
rechtw. oder rw. . . . . . . . . . „ rechtweisend,

| | | |
|---|---|---|
| Komp. . . . . . . . . . . . . . . . . | für | Kompass, |
| Abst. . . . . . . . . . . . . . . . . | „ | Abstand, |
| Seem. . . . . . . . . . . . . . . . . | „ | Seemeile, n, |
| m . . . . . . . . . . . . . . . . | „ | Meter, |
| cm . . . . . . . . . . . . . . . . | „ | Zentimeter, |
| mm . . . . . . . . . . . . . . . . | „ | Millimeter, |
| cbm . . . . . . . . . . . . . . . . | „ | Kubikmeter, |
| kg . . . . . . . . . . . . . . . . | „ | Kilogramm, |
| Min. . . . . . . . . . . . . . . . . | „ | Zeitminute, n, |
| Sek. . . . . . . . . . . . . . . . . | „ | Zeitsekunde, n, |
| gl. N. . . . . . . . . . . . . . . . | „ | gleiches Namens, |
| ° . . . . . . . . . . . . . . . . | „ | Bogengrade, |
| ′ . . . . . . . . . . . . . . . . | „ | Bogenminuten, |
| ″ . . . . . . . . . . . . . . . . | „ | Bogensekunden. |

11. Unter den Leuchtfeuern sind die veränderlichen Feuer d. h. diejenigen Feuer, welche nicht zur Gruppe der festen Feuer gehören, von besonderem Interesse. Am 1. Januar 1878 waren 17 veränderliche Feuer an der deutschen Küste im Betriebe, nämlich die Feuer von Nidden (Funkelfeuer), Brüsterort (festes Feuer mit Blinken), Oxhöft (Funkelfeuer), Hela (Drehfeuer), Heisternest (festes Feuer mit Blinken), Jershöft (Blinkfeuer), Gross-Horst (Blinkfeuer), Greifswalder Oie (Drehfeuer), Darsser Ort (Blinkfeuer), Pelzerhaken (Drehfeuer), Marienleuchte (Drehfeuer), Rothe Kliff (festes Feuer mit Blinken), Amrum (Blinkfeuer), Cuxhaven (festes Feuer mit Blinken), Elbe Feuerschiff Nr. 1 (Blinkfeuer), Wangeroog (Drehfeuer) und Norderney (Funkelfeuer), auf deren in dem Werke enthaltene nähere Beschreibung hier verwiesen wird.

Eine graphische Darstellung der von den einzelnen Leuchtfeuern beleuchteten Küstengebiete und des Karakteristischen in der Erscheinung der Feuer enthält die im August 1877 herausgegebene, im Verlage der Buchhandlung „G. Reimer“ zu Berlin erschienene „Uebersichts-Karte der Leuchtfeuer an der deutschen Küste nach dem Bestande im Sommer 1876“. Diese, nach Mercator's Projection von Dr. Henry Lange gezeichnete, Karte giebt nicht nur die grössten Entfernungen, von denen aus jedes Feuer bei 4,5 Meter Augeshöhe über der Meeresfläche, bei klarer Luft, mittlerer Refraktion und bei mittlerem Wasserstande gesehen werden kann, sondern auch die von jedem Feuer beleuchteten Gebiets-Sektoren — und damit zugleich die unbeleuchteten Küstengebiete — genau an. Die Blinke und Verdunkelungen der veränderlichen Feuer sind durch verschiedenfarbige Kreisausschnitte derart dargestellt, dass — mit Ausnahme von zwei Fällen, in welchen bei der Innehaltung des Verfahrens die Deutlichkeit der Zeichnung gelitten hätte — jeder Sektor von zwei Kompassstrichen einer Zeitminute (oder jeder Sektor von 90 Grad vier Zeitminuten) entspricht.

12. Der zweite Theil des Werkes ergiebt unter Anderem eine Uebersicht über die in den verschiedenen deutschen Küstengebieten zur Anwendung gelangten Betonnungs-Systeme und über die Verschiedenheit der hauptsächlich dabei in Betracht kommenden Erkennungsmerkmale — Farbe und Gestalt — der zur Bezeichnung der Fahrwasser-Seiten dienenden Schifffahrtszeichen. In vielen Gebieten ist hierfür nur die Farbe, in manchen dagegen ausserdem noch die Gestalt der

**Zeichen entscheidend.** Welche Verschiedenheiten in dieser Beziehung bei der Bezeichnung der wichtigsten Fahrwasser an der deutschen Küste obwalten, ist aus folgender Nachweisung ersichtlich.

# Farbe und Gestalt

## der zur Bezeichnung der Fahrwasser-Seiten dienenden Schifffahrtszeichen auf Strecken der wichtigsten Fahrwasser an der deutschen Küste.

| Laufende Nr. | Fahrwasser-Strecke. | Gattung der Zeichen. | Farbe der Zeichen einkommend oder stromaufgehend zu halten: rechts oder an Steuerbord. | Farbe der Zeichen einkommend oder stromaufgehend zu halten: links oder an Backbord. | Gestalt der Zeichen einkommend oder stromaufgehend zu halten: rechts oder an Steuerbord. | Gestalt der Zeichen einkommend oder stromaufgehend zu halten: links oder an Backbord. |
|---|---|---|---|---|---|---|
| | 1. | 2. | 3a. | 3b. | 4a. | 4b. |
| | | | **Ostsee-Küste.** | | | |
| 1 | Einfahrt nach Memel. | Tonnen. | Schwarz. | Weiss. | Nicht verschieden. | |
| | | Pricken. | Schwarz. | Weiss. | Oben mit Besen. | Oben mit Fähnchen. |
| 2 | Einfahrt nach Pillau. | Tonnen. | Schwarz. | Weiss. | Ohne Flagge. | Mit Flagge. |
| 3 | Im Regierungsbezirk Danzig. | Tonnen. | Weiss. | Schwarz. | Nicht verschieden. | |
| 4 | Einfahrt nach Kolbergermünde. | Tonnen | Roth. | Schwarz. | Nicht verschieden. | |
| 5 | Auf der Dievenow. | Tonnen und Fässer. | Roth. | Schwarz. | Nicht verschieden. | |
| 6 | Einfahrt nach Swinemünde. | Tonnen, nur an einer Seite. | Weiss. | — | — | |
| 7 | Auf der Swine. | Steuder und Tonnen. | Roth. | Schwarz. | Nicht verschieden. | |
| 8 | Auf der Oder. | Tonnen und Petroleumfässer. | Roth. | Schwarz. | Nicht verschieden. | |
| 9 | Im Regierungsbezirk Stralsund. | Tonnen, Waker und Steuder. | Schwarz. | Weiss. | Nicht verschieden. | |
| 10 | Einfahrt nach Wismar. | Spierentonnen. | Weiss. | Roth. | Nicht verschieden. | |
| 11 | Einfahrt nach Travemünde und Revier der Trave. | Tonnen. | Roth. | Schwarz. | Nicht verschieden. | |
| | | Duc d'Alben und Pfähle. | Schwarz. | Weiss. | Nicht verschieden. | |
| 12 | Auf der Schlei. | Warpbojen. | Schwarz. | Weiss. | Mit Stab und Strohbüschel. | Mit Stab und Buschbüschel. |
| | | | **Nordsee-Küste.** | | | |
| 13 | Im Lister Tief. | Tonnen. | Schwarz. | Weiss. | Abgestumpfte Kegel, mit Spiere und Ballon. | Spitz. |
| 14 | Im Hoyer Tief. | Tonnen. | Schwarz. | Weiss. | Stumpf. | Spitz. |
| 15 | Im Vortrappen Tief. | Tonnen. | Schwarz. | Weiss. | Stumpf. | Spitz. |
| 16 | Im Schmaltief. | Tonnen. | Schwarz. | Weiss. | Stumpf. | Spitz. |

| Laufende Nr. | Fahrwasser-Strecke. | Gattung der Zeichen. | Farbe der Zeichen einkommend oder stromaufgehend zu halten rechts oder an Steuerbord. | Farbe der Zeichen einkommend oder stromaufgehend zu halten links oder an Backbord. | Gestalt der Zeichen einkommend oder stromaufgehend zu halten rechts oder an Steuerbord. | Gestalt der Zeichen einkommend oder stromaufgehend zu halten links oder an Backbord. |
|---|---|---|---|---|---|---|
| | 1. | 2. | 3a. | 3b. | 4a. | 4b. |
| | **Nordsee-Küste.** | | | | | |
| 17 | Auf der Mittel-Hever. | Spierentonnen. | Schwarz. | Weiss. | Nicht verschieden. | |
| | | Fahrwasser-tonnen. | Schwarz. | Weiss. | Stumpf. | Spitz. |
| 18 | Auf der Süder-Hever. | Spierentonnen. | Schwarz. | Weiss. | Nicht verschieden. | |
| 19 | In der Eider. | Tonnen. | Schwarz. | Weiss. | Stumpf. | Spitz. |
| 20 | Im grossen Fahrwasser der Elbe. | Tonnen. | Schwarz; im Nordergat: schwarz mit rothem Ringe. | Weiss; im Nordergat: roth mit weissem Ringe. | Stumpf. | Spitz. |
| 21 | Auf der Süderelbe und im Mühlenloch. | Tonnen. | Roth. | Roth und weiss gestreift. | Nicht verschieden. | |
| 22 | Auf der Weser. | Stumpfe Tonnen. | Schwarz. | Weiss. | Nicht verschieden. | |
| 23 | Auf der Jade. | Tonnen. | Roth. | Schwarz. | Stumpf. | Spitz. |
| 24 | Auf der Ems. | Tonnen. | Schwarz; im Riffgat: roth. | Weiss. | Nicht verschieden. | |

Das Nähere über die in vorstehender Nachweisung bezeichneten Fahrwasser-Strecken und deren Betonnung ergiebt der bezügliche Inhalt der Spalten 1 bis 6 des zweiten Theils, auf welchen hier verwiesen wird.

13. Zur Erleichterung des Nachschlagens dient das nachstehende alphabetische Register der Schifffahrtszeichen an der deutschen Küste (Seite XIX), in welchem hinter dem Namen jedes Schifffahrtszeichens die Zahlen derjenigen Seiten beziehungsweise Tafeln des Werkes aufgeführt sind, welche Angaben über das betreffende Zeichen enthalten.

Kommt es nur darauf an, die Stelle des Werkes zu finden, an welcher die Beschreibung der Schifffahrtszeichen eines bestimmten Fahrwassers beginnt, so ist dazu auch das Inhalts-Verzeichniss (Seite IX) benutzbar, welchem man nicht allein die betreffende Seitenzahl, sondern auch die Ordnungs-Nummern, unter denen die zu ein und demselben Fahrwasser gehörigen Schifffahrtszeichen im Werke aufgeführt sind, entnehmen kann.

# Alphabetisches Register
der
## Schifffahrtszeichen an der Deutschen Küste.

Die Zahlen in aufrecht stehender Schrift bedeuten die Seitenzahlen, die Zahlen in *Kursivschrift* dagegen die Nummern der Tafeln.

# Erster Theil.

# Die Leuchtfeuer.

| Laufende Nummer. | Namen und Oertlichkeit des Feuers. | Geographische Lage des Feuers. | Farbe, Art und Dauer der Lichterscheinung. | Beschreibung des Leuchtapparates. | Art des Erleuchtungsmaterials | Verbrauch des Erleuchtungsmaterials stündlich in Grammen. | Verbrauch des Erleuchtungsmaterials jährlich in Kilogr. | Höhe der Flamme über Mittelwasser in Metern. | Höhe der Flamme über dem Erdboden in Metern. |
|---|---|---|---|---|---|---|---|---|---|
| | 1. | 2. | 3. | 4. | 5a. | 5b. | 5c. | 6a. | 6b. |
| 1 | **Memel**, auf einem Sandhügel an der Nordseite des Fahrwassers, nahe der Nordmole, vor dem NW-Ende der Stadt; 1,8 Seemeilen von der St. Johannis-Kirche entfernt. | 55° 43′ 45,14″ N.Br. 21° 6′ 6,39″ O.Lg. | Ein weisses festes F. Beleuchtet 270° des Horizonts von SO über S., W. und N. bis NO. | Leuchtapparat aus 13 parabolischen kupfernen, silberplatttirten Reverbèren, 53 cm. hoch, 23 cm. tief, mit 13 Lampen und Dochten von 22 mm. Durchmesser. | Rüböl. | 575 | 2331 | 29,8 | 23,6 |
| 2 | **Nemonien**, auf dem Molenkopfe, neben der gebaggerten Schifffahrts-Rinne. | ? | Ein weisses festes F. | Einfache Laterne mit Petroleumlampe. | Petroleum. | . . | 95 | 5 | . . |
| 3 | **Alt Rinderort**, am südlichen Ufer des kurischen Haffes, unweit der Mündung der Deime. | ? | Ein weisses festes F. Be leuchtet etwa 200° des Horizonts. | Runde Laterne mit geschliffenen Gläsern nach Fresnel. | Petroleum. | . . | 180 | 10 | 10 |
| 4 | **Rossitten**, am westlichen Ufer des kurischen Haffes auf der kurischen Nehrung. | 55° 9′ N.Br. 20° 53′ O.Lg. | Ein weisses, festes F. Beleuchtet nur die Gewässer des Haffes. | Kleiner dioptrischer Apparat mit einer Lampe zu einem Docht. | Petroleum. | 200 | 469 | 8 | 6 |
| 5 | **Nidden**, bei dem Dorfe gl. N. auf der kurischen Nehrung, auf dem 50m. hohen Berge Urbe-Calis. | 55° 18′ 24″ N.Br. 21°0′0″ O.Lg. | Ein weisses Funkelfeuer, welches alle 10 Sek. einen Blink von 4 Sek. Dauer zeigt. Beleuchtet den ganzen Horizont. | Fresnelscher Leuchtapparat I. Ordnung mit 24 katadioptrischen Kugelschirmen, 24 dioptrischen Linsenschirmen als Mitteltheil und 24 katadioptrischen Unter- | Mineral-Oel. | 1069 | 4366 | 68 | 18 |

| Laufende Nummer. | Sichtweite in Seemeilen. | Höhe d. Leuchtfeuergebäudes in Metern. | Beschreibung des Leuchtfeuergebäudes bezw. Leuchtschiffes. | Bedienung des Feuers bezw. Bemannung des Leuchtschiffes. | Beschreibung der Nebelsignal-Einrichtungen. | Beschreibung der sonstigen Einrichtungen zum Signalisiren. | Das Feuer ist errichtet: | Das Feuer ist verändert: | Sonstige Bemerkungen. |
|---|---|---|---|---|---|---|---|---|---|
| | 7. | 8. | 9. | 10. | 11. | 12. | 13a. | 13b. | 14. |
| 1 | 20 | 24,17 | Runder Thurm aus Ziegelsteinen, schachbrettartig mit rothen und weissen Feldern gestrichen, mit rother und weiss gefelderter Kuppe und in der Nähe befindlichen massivem Wärterhause. | 2 Wärter. | . . . . | Drei kleine Flaggenstöcke zum Signalisiren mit der Lootsen-Station. | 1796 | 1819 | Die Lootsen-Station, welche seit 1875 mit dem Leuchtthurm durch eine Telegraphenleitung verbunden ist, befindet sich im Innern des Hafens. Rettungs-Station. |
| 2 | 2 | . . | Thurmartiges hölzernes Gerüst mit Treppe. | Der Mühlenbesitzer in Nemonien. | . . . . | . . . . | 1866 | . . | Für die Schifffahrt von Königsberg über Tapiau, Labiau und das kurische Haff nach Nemonien und Tilsit, insbesondere für die Einsegelung aus dem kurischen Haff in den Nemonien-Strom, sowie zur Orientirung für die Fischer auf dem kurischen Haff bestimmt. |
| 3 | 8 | 10 | Kleines massives Gebäude mit Anbau, in welchem die Laterne an einem hölzernen Ständer auf- und niedergezogen wird. Daneben kleines Stallgebäude, mit Hof und Garten. | 1 Wärter. | . . . . | . . . . | 1868 | . . | Dient zur Orientirung auf dem kurischen Haff und zur Einsegelung aus demselben in die Deime. |
| 4 | 6 | 8 | Schmiedeeisernes, verglasetes Gehäuse im Anbau des Wärterhauses. | 1 Wärter. | . . . . | . . . . | 1867 | 1874 | |
| 5 | 22 | 23 | Achteckiger Leuchtthurm aus Ziegelsteinen mit rothem Anstrich. 500m. vom Thurme, nach der Haffseite zu, steht das massive Wärterhaus. | 3 Wärter. | . . . . | . . . . | 1874 | . . | |

| Laufende Nummer. | Namen und Oertlichkeit des Feuers. | Geographische Lage des Feuers. | Farbe, Art und Dauer der Lichterscheinung. | Beschreibung des Leuchtapparates. | Art des Erleuchtungsmaterials | Verbrauch des Erleuchtungsmaterials stündlich in Grammen. | Verbrauch des Erleuchtungsmaterials jährlich in Kilogr. | Höhe der Flamme über Mittelwasser in Metern. | Höhe der Flamme über dem Erdboden in Metern. |
|---|---|---|---|---|---|---|---|---|---|
| | 1. | 2. | 3. | 4. | 5a. | 5b. | 5c. | 6a. | 6b. |
| | | | | theilen. Hydrostatische Lampen-Vorrichtung mit 5-dochtigen Lampen. | | | | | |
| 6 | **Brüsterort**, auf der NW-Spitze des Samlandes, auf einer nordöstlich in die See vorspringenden Landzunge des 33m. hohen Ufers. | 54° 57′ 48″ N.Br. 19° 59′ 12″ O.Lg. | Ein weisses festes F. mit Blinken, alle 4 Min. ein Blink von 6 Sek. Dauer, dem ein schwächeres Licht von 28 Sek. voraufgeht und folgt; also: F. fest 3 Min., schwächer 28 Sek., Blink 6 Sek., schwächer 28 Sek. Beleuchtet 300° des Horizonts. | Fresnelscher Apparat aus 5 feststehenden und 3 sie umkreisenden prismatisch geschliffenen Glaslinsen, 160 parabolisch geschliffenen Glasspiegeln über u. unter den Linsen u. 1 Brenner mit 4 Dochten. Jede feststehende Linse ist 77 cm. hoch u. 65 cm. breit. Die Glasspiegel sind 32 cm. lang, und 11 bis 21 cm. breit. Die Dochte haben 32, 65, 100 u. 120 mm. Durchmesser. | Mineral-Oel. | 750 | 2800 | 59,5 | 26,5 |
| 7 | **Pillau**, an der Südseite der Stadt gl. N.; 40,5 m. vom Seetief (der Haffmündung) u. 1470 m. vom Meeresufer entfernt. | 54° 38′ 23″ N.Br. 19° 54′ 12″ O.Lg. | Ein weisses festes F. Beleuchtet 180° des Horizonts von SW ½ S über W. u. N. bis NO ½ N. | 11 Lampen nach der Seeseite, 1 Lampe nach der Haffseite, und zwar sämmtlich Petroleumlampen. Jede Lampe mit rundem, versilbertem und reflektirendem Hohlspiegel von 53 cm. Durchmesser (22 cm. Höhlung), einfachem Brenner und rundem Docht von 25 mm. Durchmesser. | Petroleum. | 260 | 1139 | 28,9 | 27,3 |

| Laufende Nummer. | Sichtweite in Seemeilen. | Höhe d. Leuchtfeuergebäudes in Metern. | Beschreibung des Leuchtfeuergebäudes bezw. Leuchtschiffes. | Bedienung des Feuers bezw. Bemannung des Leuchtschiffes. | Beschreibung der Nebelsignal-Einrichtungen. | Beschreibung der sonstigen Einrichtungen zum Signalisiren. | Das Feuer ist errichtet: | Das Feuer ist verändert: | Sonstige Bemerkungen. |
|---|---|---|---|---|---|---|---|---|---|
| | 7. | 8. | 9. | 10. | 11. | 12. | 13a. | 13b. | 14. |
| 6 | 24 | 30,5 | Achteckiger, massiver, roth gestrichener Thurm mit schwarzem Dache, herumlaufender eiserner Gallerie und verdecktem Verbindungsgange nach dem daranstossenden Wohngebäude derFeuerwärter. | 2 Wärter. | . . . . | . . . . | 15. Dezember 1846 | 9. September 1873 | Markirt zugleich eine lange Sandbank mit grossen, fast sämmtlich unter Wasser liegenden Steinen, welche sich ungefähr 1,5 Seem. weit ins Meer hinein erstreckt. |
| 7 | 14 | 29,5 | Runder Thurm aus Ziegeln, weiss gestrichen, mit schwarzer Kuppe und Eisengallerie. 2 einstöckige Nebengebäude mit Dienstwohnung des Feuerwärters. | 1 Wärter. | . . . . | Bei auslaufendem Strom wird an d. Südseite und bei einlaufendem Strom an der Nordseite des Leuchtthurms, auf der Gallerie, ein dreieckig. rother Stander geheisst. Ausserdem verschiedene Signale für die Lootsen. | 1818 | 1873 | Markirt die Einsegelung aus der Ostsee und aus dem frischen Haff in den Hafen von Pillau. Auf dem Leuchtthurm befindet sich die Lootsenstation. |

| Laufende Nummer. | Namen und Oertlichkeit des Feuers. | Geographische Lage des Feuers. | Farbe, Art und Dauer der Lichterscheinung. | Beschreibung des Leuchtapparates. | Art des Erleuchtungsmaterials | Verbrauch des Erleuchtungsmaterials stündlich in Grammen. | Verbrauch des Erleuchtungsmaterials jährlich in Kilogr. | Höhe der Flamme über Mittelwasser in Metern. | Höhe der Flamme über dem Erdboden in Metern. |
|---|---|---|---|---|---|---|---|---|---|
| | 1. | 2. | 3. | 4. | 5a. | 5b. | 5c. | 6a. | 6b. |
| 8 | **Frische Nehrung** bei Pillau, am Haffufer, östlich von dem F. unter Nr. 9. | 54° 37′ 50″ N.Br. 19° 54′ 0″ O.Lg. | Ein weisses festes F. Beleuchtet den Horizont von O. über S. bis SW. | Eiserne Laterne von 48 cm. Höhe der Seitenfläche u. Glasscheibe von 42 cm. Höhe. Mit rundem reflektirenden Hohlspiegel von 36 cm. Durchmesser und 18 cm. Höhlung; Rundbrenner mit Docht von 25 mm. Durchmesser. | Oel. | 32 | . . | 10,9 | 8,8 |
| 9 | **Frische Nehrung** bei Pillau, dicht am Haffufer, westlich von dem F. unter Nr. 8. | . . . . . | Ein weisses festes F. Beleuchtet den Horizont von O. über S. bis SW. | Wie bei Nr. 8. | Oel. | 32 | . . | 16 | 14,1 |
| 10 | **Hollstein** bei Königsberg, an der Nordseite der Mündung des Pregels in das frische Haff. | 54° 41′ N.Br. 20° 22,5′ O.Lg. | Zwei weisse feste F. Beleuchten 180° des Horizonts. | 2 gewöhnliche Laternen von Blech, jede mit 1 Lampe u. neusilbernem Hohlspiegel von 1,85 cm. Durchmesser und 80 mm. Tiefe. | Petroleum. | 64 für beide F. | . . | 16,5 | 16 |
| 11 | **Anker** bei Königsberg, an der Südseite der Mündung des Pregels in das frische Haff. | Das niedere F. in: 54° 41′ N.Br. 20° 22,2′ O.Lg. | Zwei weisse feste F. Jedes beleuchtet 180° des Horizonts. | 2 Laternen, jede mit 1 Lampe von 25 mm. Docht-Durchmesser. | Petroleum. | 80 für beide F. | . . | 9,45<br>12,70 | 8,35<br>11,60 |
| 12 | **Pfahlbude,** 1,8 Kilometer von der Stadt Braunsberg, auf dem Kopfe der Steinmole am linken Ufer der Passarge u. des Pfahlbuder Kanals, welcher an Stelle der versandeten Passarge-Mündung in das frische Haff führt. | 54° 25,5′ N.Br. 19° 46,8′ O.Lg. | Ein weisses festes F. | Eine Lampe mit 16 cm. grossem Spiegel und 52 mm. breitem Docht in einer Laterne. | Petroleum. | 11,7 | 24 | 13,5 | 11,5 |

| Laufende Nummer. | Sichtweite in Seemeilen. | Höhe d. Leuchtfeuergebäudes in Metern. | Beschreibung des Leuchtfeuergebäudes bezw. Leuchtschiffes. | Bedienung des Feuers bezw. Bemannung des Leuchtschiffes. | Beschreibung der Nebelsignal-Einrichtungen. | Beschreibung der sonstigen Einrichtungen zum Signalisiren. | Das Feuer ist errichtet: | Das Feuer ist verändert: | Sonstige Bemerkungen. |
|---|---|---|---|---|---|---|---|---|---|
| | 7. | 8. | 9. | 10. | 11. | 12. | 13a. | 13b. | 14. |
| 8 | 6 | 9,4 | Mit Theer-Anstrich versehene Bake. Dabei ein verschliessbares Gelass zur Aufbewahrung der Laterne; dieselbe wird zwischen 2 Leitstangen vermittelst Kette u. Winde in die Höhe befördert. | 1 Wärter. | . . . . | . . . . | 1851 | . . | Markirt, in Linie mit dem Feuer unter Nr. 9 gehalten, die Fahrt durch die „Pillauer Roenne." |
| 9 | 6,5 | 14,7 | Wie bei Nr. 8. | 1 Wärter. | . . . . | . . . . | 1851 | . . | Wird nicht angezündet, wenn die Schifffahrt im Haff durch Eis behindert ist. |
| 10 | 1,5 | . . | Zwei Baken, jede mit einer hölzernen Bude von 3,20m. Höhe, 1,27m. Breite und 1,27 m. Tiefe. | 1 Wärter. | . . . . | . . . . | 1869 | . . | Markiren die Fahrrinne im frischen Haff, insbesondere die Einsegelung aus dem frischen Haff in die Mündung des Pregels. Werden nicht angezündet, wenn die Schifffahrt über das Haff durch Eis behindert ist. |
| 11 | 8 | . . | Zwei Baken, jede mit einer hölzernen Bude von 2,5 m. Höhe, 2 m. Breite und 3 m. Länge. | 2 Wärter. | . . . . | . . . . | 1874 | . . | Markiren die Fahrrinne im Haff. |
| 12 | 8 | 13 | Pfahl, an dessen Arm die Laterne hängt, um diesen eine Brettbude mit beweglichem Dach. | Der Pächter des Hafenzolls. | . . . . | . . . . | 1865 | . . | Wird aus Gemeinde-Mitteln der Stadt Braunsberg unterhalten. |

| Laufende Nummer. | Namen und Oertlichkeit des Feuers. | Geographische Lage des Feuers. | Farbe, Art und Dauer der Lichterscheinung. | Beschreibung des Leuchtapparates. | Art des Erleuchtungsmaterials | Verbrauch des Erleuchtungsmaterials stündlich in Grammen. | Verbrauch jährlich in Kilogr. | Höhe der Flamme über Mittelwasser in Metern. | Höhe der Flamme über dem Erdboden in Metern. |
|---|---|---|---|---|---|---|---|---|---|
| | 1. | 2. | 3. | 4. | 5a. | 5b. | 5c. | 6a. | 6b. |
| 13 | **Frauenburg**, am rechten Ufer der Mündung des Baude-Kanals in das frische Haff. | 54° 21' 26" N.Br. 19°40,8' O.Lg. | Ein rothes festes F. | Eine Lampe mit 16 cm. grossem Spiegel und 46 mm. breitem flachen Docht in einer Laterne. | Petroleum. | 10,33 | 21,62 | 10,98 | 8,98 |
| 14 | **Tolkemit**, auf dem Kopf der Westmole der Einfahrt in den im frischen Haff angelegten Hafen gl. N. | 54° 19' 35" N.Br. 19° 33' O.Lg. | Ein festes F., in der Vorderansicht roth, in den Seitenansichten weiss. Beleuchtet den Horizont von S 65° W über W. u. N. bis N 115° O. | Gewöhnliche Oellampe mit Rundbrenner von 18 mm. Durchmesser und Hohlspiegel aus Messing von 28 cm. Durchmesser. | Rüböl. | 40 | 84 | 5 | . . |
| 15 | **Reimannsfelde**, auf dem hohen Haffufer. | 54° 16' 5" N.Br. 19" 25' 40" O.Lg. | Zwei feste F., in der Vorderansicht weiss, in den Seitenansichten roth. Beleuchten den Horizont von S 42° W über W. u. N. bis N 48° O. | Gewöhnliche Oellampen mit Rundbrenner von 15 mm. Durchmesser u. reflektirendem Hohlspiegel aus Messing von 18 cm. Durchmesser. | Petroleum. | 50 für beide F. | 80 für beide F. | 42,56<br>29,92 | 3,45<br>3,45 |
| 16 | **Elbingerfahrwasser**, auf dem Kopf der Ostmole. | 54° 15' 20" N.Br. 19° 23' 28" O.Lg. | Ein weisses festes F. Beleuchtet den Horizont von S 58° W über W. und N. bis N. 58° O. | Gewöhnliche 68 cm. hohe Oellampe aus Eisen, deren Grundfläche 44 cm. lang u. breit ist, mit Rundbrenner von 26 mm. Durchmesser u. einem Hohlspiegel aus Messing von 31 cm. Durchmesser versehen. | Rüböl. | 33 | 60 | 10,25 | . . |
| 17 | **Neufahrwasser-Mole**, auf dem Kopf der Ostmole an der Einfahrt in den Hafen, 1504,3 m. von dem Hauptfeuer entfernt. | 54° 25' 0" N.Br. 18° 40' 18" O.Lg. | Ein rothes festes F. Beleuchtet $247\frac{1}{2}^0$ des Horizontes von WSW über N. bis SO. | Fresnelscher aus einem optischen Mitteltheil von fünf Ringen, einer prismatischen fünfringigen Kuppel und einem dreiringigen prismatischen Untertheil bestehender Apparat | Petroleum. | 4,75 | 213 | 13,5 | 11,0 |

| Laufende Nummer. | Sichtweite in Seemeilen. | Höhe d. Leuchtfeuergebäudes in Metern. | Beschreibung des Leuchtfeuergebäudes bezw. Leuchtschiffes. | Bedienung des Feuers bezw. Bemannung des Leuchtschiffes. | Beschreibung der Nebelsignal-Einrichtungen. | Beschreibung der sonstigen Einrichtungen zum Signalisiren. | Das Feuer ist errichtet: | Das Feuer ist verändert: | Sonstige Bemerkungen. |
|---|---|---|---|---|---|---|---|---|---|
| | 7. | 8. | 9. | 10. | 11. | 12. | 13a. | 13b. | 14. |
| 13 | 6 | 9,76 | Pfahl, an welchem die Laterne in Schienen läuft. | Der Hafenaufseher. | . . . . | . . . . | 1834 | 1874 | Wird aus Gemeinde-Mitteln der Stadt Frauenburg unterhalten. |
| 14 | 3,25 das rothe, 4 das weisse F. | . . | Vierseitiges Gehäuse aus Holz von 1,2 m. Seitenlänge der quadratischen Grundfläche und 2,25 m. Höhe, mit eiserner Führung von 5 m. Höhe für die Laterne. | Der Hafengeldpächter. | . . . . | . . . . | 1862 | 1871 | |
| 15 | 4,5 | . . | Zwei eingegrabene Pfähle, mit Führung für die Laternen versehen. | Ein auf dem Gute wohnender Arbeitsmann. | . . . . | . . . . | 1862 | . . | Die Nothwendigkeit dieser Anlage stellte sich durch die im Jahre 1859 begonnene Verlängerung der Westmole des Elbinger Hafens heraus; sie wurde von der Kaufmannschaft zu Elbing für Rechnung des Staats ausgeführt, welchem auch die Unterhaltungskosten zur Last fallen. |
| 16 | 6 | . . | Achtseitiges Gehäuse von Eisenblech, 0,78 m. lang u. 2,5 m. hoch, mit eiserner, verstrebter Führung zum Aufziehen der Laterne auf 7 m. Höhe, vom Gehäuse ab gerechnet. | Der im Hafendienst beschäftigte Baumaufseher. | . . . . | . . . . | 1848 | . . | Wird von der Kaufmannschaft zu Elbing unterhalten. |
| 17 | 5 | 13,42 | Eisernes achteckiges, stark verjüngtes Thürmchen mit einer von Konsolen getragenen Gallerie, auf einem treppenförmigen kreis- | 1 Wärter. | . . . . | . . . . | 1843 | 1865 1870 | Lootsen-Station, Zeitball-Station und Haupt-Agentur der deutschen Seewarte. Rettungs-Station mit a) 1 Rettungsboot und 1 Raketen-Apparat auf der Westerplatte. b) 1 Rettungsboot und 1 Manbyschen Apparat auf der Lootsen-Station. |

| Laufende Nummer. | Namen und Oertlichkeit des Feuers. | Geographische Lage des Feuers. | Farbe, Art und Dauer der Lichterscheinung. | Beschreibung des Leuchtapparates. | Art des Erleuchtungsmaterials | Verbrauch des Erleuchtungsmaterials stündlich in Grammen. | Verbrauch des Erleuchtungsmaterials jährlich in Kilogr. | Höhe der Flamme über Mittelwasser in Metern. | Höhe der Flamme über dem Erdboden in Metern. |
|---|---|---|---|---|---|---|---|---|---|
| | 1. | 2. | 3. | 4. | 5a. | 5b. | 5c. | 6a. | 6b. |
| | | | | IV. Ordnung von 0,5 m. Durchmesser mit 1 Docht. | | | | | |
| 18 | **Neufahrwasser**, an der Westseite des Hafens, ca. 750 m. vom Strande entfernt. | 54° 24,3' N.Br. 18° 40,2' O.Lg. | Ein weisses festes F. Beleuchtet 209° des Horizontes von NW z. W.$^{3}/_{4}$W. über N. u. O. bis SO.$^{3}/_{4}$S. | Sieben Lampen mit je einem Docht und mit parabolischen Hohlspiegeln auf einem Bogenstück in 2 Reihen über einander angebracht, so dass in der unteren Reihe 4, in der oberen Reihe über den Zwischenräumen der unteren 3 Lampen sich befinden. Die Abscisse der parabolischen Hohlspiegel beträgt 228mm., die Ordinate 265mm., der Parameter 307 mm.; die Flammen sind 75mm. vom Scheitel der Parabel entfernt. | Petroleum. | 25,8 | 1157 | 23,54 | 18,90 |
| 19 | **Hela**, 900 m. NO$^{1}/_{2}$O von der Spitze der Halbinsel Hela und südlich von der an der Nordküste der Halbinsel sich hinziehenden hohen Dünenkette. | 54° 36,1' N.Br. 18° 49,2' O.Lg. | Ein weisses Drehf.; allmälig bis zur grössten Lichtstärke, welche jede halbe Min. eintritt, zunehmend, und ebenso allmälig bis zur Verdunkelung wieder abnehmend; beleuchtet den ganzen Horizont. | Sechs Lampen mit je einem Docht und mit parabolischen Hohlspiegeln sind in gleichen Entfernungen von einander an einem kreisrunden eisernen Gestell befestigt, das durch eine mit Treibgewicht versehene Drehmaschine in Bewegung gesetzt wird. Alle 3 Minuten erfolgt eine vollständige Umdrehung. Die Abscisse der parabolischen Hohlspiegel beträgt 366 mm., die Ordinate 331 mm., der Para- | Rüböl. | 13,2 | 592 | 37,66 | 38,6 |

| Laufende Nummer. | Sichtweite in Seemeilen. | Höhe d. Leuchtfeuergebäudes in Metern. | Beschreibung des Leuchtfeuergebäudes bezw. Leuchtschiffes. | Bedienung des Feuers bezw. Bemannung des Leuchtschiffes. | Beschreibung der Nebelsignal-Einrichtungen. | Beschreibung der sonstigen Einrichtungen zum Signalisiren. | Das Feuer ist errichtet: | Das Feuer ist verändert: | Sonstige Bemerkungen. |
|---|---|---|---|---|---|---|---|---|---|
| | 7. | 8. | 9. | 10. | 11. | 12. | 13a. | 13b. | 14. |
| | | | runden Unterbau von Granit. Die Eckrippen, Gallerie, Sprossen u. Kuppe sind dunkelgrün, alle übrigen Flächen weiss gestrichen. | | | | | | c) 1 Rettungsboot in Broesen (ca. 1430 m. westlich von der Mündung des Hafens). |
| 18 | 14,5 | 21,66 | Runder Thurm von Ziegelsteinen mit weisser Oelfarbe angestrichen, nicht vorkragender Gallerie und runder eiserner mit flachem Kegeldach versehener dunkelgrüner Laterne. 1 Stallgebäude in Steinfachwerk mit Steindach, 1 desgl. (Rollkammer). | 1 Wärterin. | . . . . | . . . . | 1758 | 1815 1860 1870 | |
| 19 | 17,1 | 41,74 | Schlanker runder weisser Thurm von gebrannten Steinen, mit vorkragender Gallerie und runder, unten massiver, oben eiserner, grüner Laterne mit kegelförmigem Dach. Dabei ein massives Wohnhaus (für den zweiten Wärter) mit Pappdach, ein hölzernes Stallgebäude mit Pappdach, ein Stallgebäude in | 2 Wärter. | . . . . | . . . . | 1827 | 1840 | Rettungs-Station mit 1 Manbyschen Apparat und 1 Rettungsboot (Eigenthum der deutschen Gesellschaft zur Rettung Schiffbrüchiger). |

| Laufende Nummer. | Namen und Oertlichkeit des Feuers. | Geographische Lage des Feuers. | Farbe, Art und Dauer der Lichtershheinung. | Beschreibung des Leuchtapparates. | Art des Erleuchtungsmaterials | Verbrauch des Erleuchtungsmaterials stündlich in Grammen. | Verbrauch des Erleuchtungsmaterials jährlich in Kilogr. | Höhe der Flamme über Mittelwasser in Metern. | Höhe der Flamme über dem Erdboden in Metern. |
|---|---|---|---|---|---|---|---|---|---|
| | 1. | 2. | 3. | 4. | 5a. | 5b. | 5c. | 6a. | 6b. |
| | | | | meter 292 mm., die Flammen sind 72mm. vom Scheitel der Parabel, und 445 mm. von dem Mittelpunkt der Drehungs - Axe entfernt. | | | | | |
| 20 | **Heisternest**, zwischen Hela und Danziger Heisternest auf einer Dünenkuppe der Halbinsel Hela, vom Leuchtthurm Hela rw. N 19° 54,2′ W 3,076 Seem. entfernt. | 54° 39′ N.Br. 18° 47′ 24″ O.Lg. | Ein weisses festes F. mit rothen Blinken; 30 Sek. weisses Licht wechselnd mit 10 Sek. rothem Licht; zwischen jedem Wechsel Verdunkelung von 10 Sek. Beleuchtet 270° des Horizontes von WNW 3/4 W über N. und O. bis S z W 1/4 W. | Fresnelscher Apparat IV. Ordnung mit zwei concentrischen Dochten. Der Apparat besteht aus einem festen u. beweglichen Theil. Der feste Theil von 0,5 m. Durchmesser besteht aus optischem Mitteltheil, prismatischer fünfringiger Kuppel und prismatischem dreiringigen Untertheil. Um diesen feststehenden Theil bewegt sich das Gestell mit sechs vertikalen Linsen, welche das Licht von je 30° zu einem Strahlenbündel von je 10° concentriren. Vor den vertikalen Linsen stehen rothe Scheiben, welche diese Strahlenbündel von 10° roth färben. Vor und nach dem Eintritt des rothen Lichtes bleiben je 10° dunkel. Die mit Treibgewicht versehene Drehmaschine bewirkt alle 6 Min. eine vollständige Um- | Rüböl. | 11,40 | 512 | 36,41 | 16,95 |

| Laufende Nummer. | Sichtweite in Seemeilen. | Höhe d. Leuchtfeuergebäudes in Metern. | Beschreibung des Leuchtfeuergebäudes bezw. Leuchtschiffes. | Bedienung des Feuers bezw. Bemannung des Leuchtschiffes. | Beschreibung der Nebel-signal-Einrichtungen. | Beschreibung der sonstigen Einrichtungen zum Signalisiren. | Das Feuer ist errichtet: | Das Feuer ist verändert: | Sonstige Bemerkungen. |
|---|---|---|---|---|---|---|---|---|---|
| | 7. | 8. | 9. | 10. | 11. | 12. | 13a. | 13b. | 14. |
| 20 | 8 | 19,15 | Steinfachwerk mit Steindach, ein Backofen mit hölzernem Schutzhäuschen unter Pappdach, ein gewölbter Keller und ein hölzerner Schuppen mit Pappdach (zur Aufbewahrung des Manbyschen Rettungs-Apparates). Weisser Thurm, unten viereckig, oben achteckig mit einem dahinter befindlichen und mit flachem Dache versehenem kleinen Nebengebäude. Wenig vorkragende Gallerie auf kleinem Konsolen-Gesims; dunkelgrüne mit Kuppeldach versehene Laterne. Dabei ein massives Wohnhaus, ein hölzernes Stallgebäude, ein Backofen mit hölzernem Schutzhäuschen, sämmtlich mit Pappdach. | 2 Wärter. | . . . . | . . . . | 1872 | . . | |

| Laufende Nummer. | Namen und Oertlichkeit des Feuers. | Geographische Lage des Feuers. | Farbe, Art und Dauer der Lichterscheinung. | Beschreibung des Leuchtapparates. | Art des Erleuchtungsmaterials | Verbrauch des Erleuchtungsmaterials stündlich in Grammen. | Verbrauch jährlich in Kilogr. | Höhe der Flamme über Mittelwasser in Metern. | Höhe der Flamme über dem Erdboden in Metern. |
|---|---|---|---|---|---|---|---|---|---|
| | 1. | 2. | 3. | 4. | 5a. | 5b. | 5c. | 6a. | 6b. |
| | | | | drehung, so dass jeder Bogengrad des Apparates einer Zeit-Sek. entspricht. | | | | | |
| 21 | **Rixhoeft**, auf der bewaldeten Nordspitze des Vorgebirges gl. N. | 54° 50′ 0″ N.Br. 18° 20′ 42″ O.Lg. | Ein weisses festes F., 225° des Horizontes von W $^3/_4$ N über N. und O. bis SO $^3/_4$ S beleuchtend. | Der Fresnelsche Apparat I. Ordnung mit 4 concentrischen Dochten, hat 2,0 m. Durchmesser und besteht aus 5 katadioptrischen Kuppelschirmen mit je 18 Prismen, 5 dioptrischen Mittelschirmen und 5 katadioptrischen Untertheilen mit je 8 Prismen. | Rüböl. | 45,05 | 2020 | 70,3 | 16,32 |
| 22 | **Rixhoeft**, 190 m. vom ersten Leuchtthurm (Nr. 21) in der | 54° 50,0′ N.Br. 18° 20,7′ O.Lg. | Ein weisses festes F. Beleuchtet 225° des Horizontes, von | Fresnelscher Apparat I. Ordnung mit 5 concentrischen Dochten, 5 katadioptrischen | Mineralöl. | ca. 910 | ca. 4000 | 70,3 | 23,8 |

| Laufende Nummer. | Sichtweite in Seemeilen. | Höhe d. Leuchtfeuergebäudes in Metern. | Beschreibung des Leuchtfeuergebäudes bezw. Leuchtschiffes. | Bedienung des Feuers bezw. Bemannung des Leuchtschiffes. | Beschreibung der Nebelsignal-Einrichtungen. | Beschreibung der sonstigen Einrichtungen zum Signalisiren. | Das Feuer ist errichtet: | Das Feuer ist verändert: | Sonstige Bemerkungen. |
|---|---|---|---|---|---|---|---|---|---|
| | 7. | 8. | 9. | 10. | 11. | 12. | 13a. | 13b. | 14. |
| 21 | 21,75 | 21,34 | Runder Thurm, zum grössten Theil aus Feldsteinen, übrigens aus Ziegelsteinen erbaut, geputzt und weiss getüncht. Die nicht vorkragende Gallerie umschliesst einen runden, nach oben stark verjüngten, eisernen, rothbraun gestrichenen Tambour, auf welchen die sechszehneckige mit Kuppeldach versehene dunkelgrüne Laterne aufsetzt. Zwischen Laterne u. Tambour schmaler, auf leichten eisernen Konsolen ausgekragter Umgang ohne Geländer. Dabei ein massives Wohnhaus für den ersten Wärter, mit Pappdach; ein Wohnhaus für zwei Wärter, massiv mit Pappdach, eine Scheune, ein Stall und ein massives Backhaus mit Steindach. | 5 Wärter. | .... | 2 Stangen, auf der Gallerie des Thurmes. | 1821 | 1866 | Auf Rixhoeft befindet sich eine Telegraphen-Station mit beschränktem Tagesdienst und eine Schiffsbeobachtungs- und Signal-Station. |
| 22 | 21,75 | 28,82 | Achteckiger Thurm aus gebrannten Steinen, geputzt u. | | .... | .... | 1. Januar 1875 | .. | |

| Laufende Nummer. | Namen und Oertlichkeit des Feuers. | Geographische Lage des Feuers. | Farbe, Art und Dauer der Lichterscheinung. | Beschreibung des Leuchtapparates. | Art des Erleuchtungsmaterials | Verbrauch des Erleuchtungsmaterials stündlich in Grammen. | Verbrauch jährlich in Kilogr. | Höhe der Flamme über Mittelwasser in Metern. | Höhe der Flamme über dem Erdboden in Metern. |
|---|---|---|---|---|---|---|---|---|---|
| | 1. | 2. | 3. | 4. | 5a. | 5b. | 5c. | 6a. | 6b. |
| | Richtung WNW entfernt. | | W 3/4 N über N. u. O. bis SO 3/4 S. | Kugelschirmen mit je 18 Prismen aus 5 dioptrischen Mittelschirmen und 5 katadioptrischen Untertheilen mit je 8 Prismen. | | | | | |
| 23 | **Scholpin**, 4 Seemeilen nordöstlich vom Revekol, auf der Kuppe der hohen Düne bei Scholpin. | 54° 43′ 10″ N.Br. 17° 14′ 50″ O.Lg. | Ein weisses festes F. Beleuchtet 225° des Horizonts. | Fresnelscher Apparat I. Ordnung mit 5 dioptrischen Mittelschirmen, 5 katadioptrischen Kugelschirmen, 5 desgl. Untertheilen. Die Laterne hat einen Durchmesser von 3,767 m. u. 1 Lampe mit 5 concentrischen Dochten. | Mineralöl. | 830 | 3600 | 74,12 | 19,67 |

| Laufende Nummer. | Sichtweite in Seemeilen. | Höhe d. Leuchtfeuergebäudes in Metern. | Beschreibung des Leuchtfeuergebäudes bezw. Leuchtschiffes. | Bedienung des Feuers bezw. Bemannung des Leuchtschiffes. | Beschreibung der Nebelsignal-Einrichtungen. | Beschreibung der sonstigen Einrichtungen zum Signalisiren. | Das Feuer ist errichtet: | Das Feuer ist verändert: | Sonstige Bemerkungen. |
|---|---|---|---|---|---|---|---|---|---|
| | 7. | 8. | 9. | 10. | 11. | 12. | 13a. | 13b. | 14. |
| | | | hellröthlichgelb gefärbt. Die auf Konsolen vorkragende Gallerie umschliesst einen nach oben verjüngten eisernen, rothbraunen Tambour, darüber die 16-eckige dunkelgrüne Laterne mit Kupferdach. Zwischen Tambour und Laterne ein schmaler Umgang ohne Geländer auf Konsolen. An den Thurm schliessen 2 durch einen Mittelbau verbundene massive Flügelbauten mit Pappdach an. Dazu gehört auch ein hölzernes Stallgebäude mit Pappdach. | | | | | | |
| 23 | 22 | 25,27 | Runder nach oben hin verjüngter Thurm von rothen Ziegeln; Durchmesser über der Plinte 7,02 m., unter der Gallerie 6,2 m., im Tambour 4,9 m. Das zum Leuchtthurm gehörige Wärterhaus mit Scheune und Stallgebäude, in Ziegelrohbau, liegt ca. 1200 m. südwestlich von jenem, hinter der Düne, von der Seeseite her nicht sichtbar. | 3 Wärter | . . . . . | . . . . | 15. Januar 1875 | . . | In der Nähe Rettungs-Station mit Rettungsboot und Raketen-Apparat (Eigenthum der Deutschen Gesellschaft zur Rettung Schiffbrüchiger). |

| Laufende Nummer. | Namen und Oertlichkeit des Feuers. | Geographische Lage des Feuers. | Farbe, Art und Dauer der Lichterscheinung. | Beschreibung des Leuchtapparates. | Art des Erleuchtungsmaterials | Verbrauch des Erleuchtungsmaterials: stündlich in Grammen. | Verbrauch des Erleuchtungsmaterials: jährlich in Kilogr. | Höhe der Flamme über Mittelwasser in Metern. | Höhe der Flamme über dem Erdboden in Metern. |
|---|---|---|---|---|---|---|---|---|---|
| | 1. | 2. | 3. | 4. | 5a. | 5b. | 5c. | 6a. | 6b. |
| 24 | **Stolpmünde**, auf der Düne, unweit des Anfanges der östlichen Mole. | 54° 35′ 20″ N.Br. 16° 51′ 40″ O.Lg. | Ein rothes festes F. Beleuchtet 172,5° des Horizontes. | Fresnelsche Top-Laterne grösserer Gattung mit purpurrother Scheibe und einer Petroleumlampe. | Petroleum. | 35 | 156 | 11,61 | 6,7 |
| 25 | **Jershöft**, in unmittelbarer Nähe östlich des Dorfes gl. N., 383,5 m. vom Strande entfernt, NO 8,5 Seem. von Rügenwaldermünde u. W. 11 Seem. von Stolpmünde. | 54° 32′ 35″ N.Br. 16° 32′ 54″ O.Lg. | Ein weisses Blinkfeuer: 70 Sek. gleichmässig hell, 50 Sek. dunkel. Beleuchtet 230° des Horizontes. | 15 Lampen in 3 Gruppen mit 15 parabolischen Scheinwerfern von je 55 cm. Durchmesser. Dochtweite 6 cm. | Rüböl. *Künftig soll Petroleum zur Anwendung gelangen.* | 475,5 | 2000 | 50,22 | 28,25 |
| 26 | **Funkenhagen**, auf dem 5 m. hohen Meeresufer, dicht am Strande bei dem Dorfe gl. N., ca. 11 Seem. östlich von Kolbergermünde. | 54° 14′ 38″ N.Br. 15° 52′ 5″ O.Lg. | *Ein weisses festes F.* | *Fresnelscher Apparat II. Ordnung.* | *Petroleum.* | . . | . . | 50 | 45 |
| 27 | **Kolbergermünde**, an der Nordseite des Lootsen-Wachthauses auf der Wurzel der Ostmole. | 54° 10′ 50″ N.Br. 15° 34′ 54″ O.Lg. | Ein weisses festes F. Beleuchtungswinkel 225°. | Fresnelsche Laterne mit 1 Oellampe. | Rüböl. | 17,71 | 77,6 | 7,85 | 6,7 |

| Laufende Nummer. | Sichtweite in Seemeilen. | Höhe d. Leuchtfeuergebäudes in Metern. | Beschreibung des Leuchtfeuergebäudes bezw. Leuchtschiffes. | Bedienung des Feuers bezw. Bemannung des Leuchtschiffes. | Beschreibung der Nebelsignal-Einrichtungen. | Beschreibung der sonstigen Einrichtungen zum Signalisiren. | Das Feuer ist errichtet: | Das Feuer ist verändert: | Sonstige Bemerkungen. |
|---|---|---|---|---|---|---|---|---|---|
| | 7. | 8. | 9. | 10. | 11. | 12. | 13a. | 13b. | 14. |
| 24 | 6 | . . | Mast, an welchem die Laterne aus einem Anbau des Lootsen-Wachthauses aufgeheisst wird. | 1 Wärter. | . . . . | . . . . . | 1871 | . . | Die Mitte der Hafeneinfahrt peilt von diesem F. NNW. In der Richtung „Stolpmünder Kirchthurm in SzO" findet man in 13 m. Wassertiefe einen guten Ankerplatz. Rettungs-Station mit Boot. |
| 25 | 18,5 | 31,39 | Runder Thurm in nach obenhin verjüngter Form, von 6 m. Durchmesser am Boden, im Rohbau von rothen Ziegeln; 10 m. östlich davon das zweistöckige, massive Wärterhaus mit hellgrauem Putz und hohem Ziegeldach, 9 m. lang und mit 7,18 m. langem einstöckigen massiven Anbau. | 2 Wärter. | . . . . | . . . . . | 1838 | . . | Rettungs-Station mit Raketen-Apparat in der Nähe (Eigenthum der Deutschen Gesellschaft zur Rettung Schiffbrüchiger). |
| 26 | 18²/₃ | 51,25 | . . . . . . | *2 Wärter.* | . . . . | . . . . . | . . | . . | *Projektirt. Mit der Ausführung des Baues ist im Jahre 1876 begonnen.* |
| 27 | 6 | . . | Mast, an welchem die Laterne aus einem Anbau des Lootsen-Wachthauses aufgeheisst wird. | 1 Wärter. | . . . . | . . . . . | 1866 | . . | Die Mitte der Hafeneinfahrt peilt von diesem F. N 20° W. Lootsen-Station. |

| Laufende Nummer. | Namen und Oertlichkeit des Feuers. | Geographische Lage des Feuers. | Farbe, Art und Dauer der Lichterscheinung. | Beschreibung des Leuchtapparates. | Art des Erleuchtungsmaterials | Verbrauch des Erleuchtungsmaterials stündlich in Grammen. | Verbrauch des Erleuchtungsmaterials jährlich in Kilogr. | Höhe der Flamme über Mittelwasser in Metern. | Höhe der Flamme über dem Erdboden in Metern. |
|---|---|---|---|---|---|---|---|---|---|
| | 1. | 2. | 3. | 4. | 5a. | 5b. | 5c. | 6a. | 6b. |
| 28 | **Gross-Horst**, 56 Kilometer östlich von Swinemünde, auf dem 21,7 m. über Mittelwasser frei liegenden Seeufer bei dem Dorfe gl. N., ungefähr in der Mitte zwischen Dievenow und Treptow-Deep. | 54° 5′ 47″ N.Br. 15° 4′ 56″ O.Lg. | Ein weisses Blinkfeuer. Zeigt von 20 zu 20 Sek. einen hellen Schein von $5^1/_3$ Sek. Dauer und eine Verdunkelung von $14^2/_3$ Sek. | Linsen-Apparat I. Ordnung nach Fresnelschem System konstruirt. Die Kuppelschirme bestehen aus 18 Prismen, die Schirme des Untertheils aus 8 Prismen. 4 concentrische Kreise bildende Dochte; die äusseren von 8 cm. Durchmesser; Höhe der Flamme 9 cm. Drehmaschine nach Art grosser Thurmuhren. | Rüböl. | 442 | 1943 | 62,8 | 41,1 |
| 29 | **Swinemünde**, auf dem Kopfe der Ostmole, 1320,0 m. vom Strande. | 53° 56′ N.Br. 14° 17′ O.Lg. | Ein rothes festes F. | Der Apparat besteht aus 6 einzelnen Astrallampen mit Scheinwerfern. Die Stellung der Lampen ist so angeordnet, dass 5 derselben sich in einer Ebene befinden und die 6. darunter. Vermittelst roth gefärbter Cylinder (Rubincylinder) erscheint die Fl. roth. | Rüböl. | 180 | 756 | 10,4 | 9,7 über der Molenkrone. |

| Laufende Nummer. | Sichtweite in Seemeilen. | Höhe d. Leuchtfeuergebäudes in Metern. | Beschreibung des Leuchtfeuergebäudes bezw. Leuchtschiffes. | Bedienung des Feuers bezw. Bemannung des Leuchtschiffes. | Beschreibung der Nebelsignal-Einrichtungen. | Beschreibung der sonstigen Einrichtungen zum Signalisiren. | Das Feuer ist errichtet: | Das Feuer ist verändert: | Sonstige Bemerkungen. |
|---|---|---|---|---|---|---|---|---|---|
| | 7. | 8. | 9. | 10. | 11. | 12. | 13a. | 13b. | 14. |
| 28 | 20 | 45,0 | Thurm und 2 Anbaue von ca. 12,2 m. Höhe in Ziegelrohbau. Bis zu einer Höhe von 13 m. ist der Thurm von viereckiger Form u. geht dann in ein Achteck über. Die Kanten des Thurmes, als Lisenen 13 cm. hervortretend, werden aus abwechselnden Schichten von schwarz glasirten und gewöhnlichen Mauersteinen gebildet. Die Flächen zwischen den vorspringenden Kanten sind mit hellgelben Ziegeln bekleidet. Das Achteck erhält seinen Abschluss durch ein kräftiges, weit ausladendes Hauptgesims, auf dem sich die Gallerie befindet. Darüber ein runder Aufbau mit der Laterne und Kuppel. | 1 Oberwärter, 2 Unterwärter. | . . . . | . . . . | 1866 | . . | |
| 29 | 10 | 13,2 | Weisse Bake aus 2,0 m. hohem cylinderförmigen Quader-Mauerwerk, über welchem sich eine 8,5 m. hohe eiserne Röhre befindet, in welcher die Erleuchtungs-Vorrichtung auf- u. niedergezogen | 1 Wärter. | . . . . | . . . . | 1828 | 1859 erh. die Bake ein roth. L. | Die Leuchtbake bezeichnet den Hafeneingang. Nach Vollendung der im Bau begriffenen Verlängerung der Ostmole wird die jetzige Leuchtbake fortgenommen und eine neue auf dem Kopfe der Verlängerung aufgestellt werden. |

| Laufende Nummer. | Namen und Oertlichkeit des Feuers. | Geographische Lage des Feuers. | Farbe, Art und Dauer der Lichterscheinung. | Beschreibung des Leuchtapparates. | Art des Erleuchtungsmaterials | Verbrauch des Erleuchtungsmaterials stündlich in Grammen. | Verbrauch jährlich in Kilogr. | Höhe der Flamme über Mittelwasser in Metern. | Höhe der Flamme über dem Erdboden in Metern. |
|---|---|---|---|---|---|---|---|---|---|
| | 1. | 2. | 3. | 4. | 5a. | 5b. | 5c. | 6a. | 6b. |
| 30 | **Swinemünde**, nahe der Mündung der Swine, östlich auf deren rechtem Ufer, südwestlich von einem Festungswerk, nördlich des sogenannten Osternothhafens u. westlich von einigen Häusern des Dorfes Osternothhafen, rw. S 14° O 1 Seem. von dem Molenfeuer (Nr. 29). | 53° 55′ 0″ N.Br. 14° 17′ 38″ O.Lg. | Ein weisses festes F. | Linsen-Apparat I. Ordnung nach Fresnel. Besteht aus geschliffenen dioptrischen Ringen zu 6 cylindrischen Linsenschirmen und ausgeschliffenen katadioptrischen Ringen zu 6 Untertheilen und 6 Kuppelstücken. Die Flamme wird durch 4 concentrische Kreise bildende Dochte erzeugt. | Rüböl. | 600 | 2634 | 62,9 | 63,4 |

| Laufende Nummer. | Sichtweite in Seemeilen. | Höhe d. Leuchtfeuergebäudes in Metern. | Beschreibung des Leuchtfeuergebäudes bezw. Leuchtschiffes. | Bedienung des Feuers bezw. Bemannung des Leuchtschiffes. | Beschreibung der Nebelsignal-Einrichtungen. | Beschreibung der sonstigen Einrichtungen zum Signalisiren. | Das Feuer ist errichtet: | Das Feuer ist verändert: | Sonstige Bemerkungen. |
|---|---|---|---|---|---|---|---|---|---|
| | 7. | 8. | 9. | 10. | 11. | 12. | 13a. | 13b. | 14. |
| | | | wird. Die Röhre ist, durch eiserne Streben gehalten, welche bis zu einer gewissen Höhe mit Brettern bekleidet sind, einer abgestumpften Pyramide ähnlich. In dem oberen Theile der Röhre befinden sich die Fensteröffnungen des Lampenfeuers. Bedeckt ist die Röhre mit einem spitzen pyramidenförmigen Dach. Auf demselben befindet sich eine Wetterfahne. | | | | | | |
| 30 | 24 | 69,0 | Thurm und zwei 11 m. hohe Seitengebäude im Ziegelrohbau von gelblich rother Farbe. Der Thurm hat die Form eines Achtecks, welches bis zu einer Höhe von 22,8 m. einen Durchmesser von 8,0 m. hat. In dieser Höhe ist eine Gallerie angebracht. Darüber nimmt das Achteck einen geringeren Durchmesser von 7,2 m. an und verjüngt sich allmälig bis auf 5,6 m. Als Abschluss dient ein kräftiges weit auskragendes Krönungsge- | 1 Oberwärter, 2 Leuchtthurmwärter. | . . . . . | . . . . | 1859 | . . | Lootsen-Station. Rettungs-Station. |

| Laufende Nummer. | Namen und Oertlichkeit des Feuers. | Geographische Lage | Farbe, Art und Dauer der Lichterscheinung. | Beschreibung des Leuchtapparates. | Art des Erleuchtungsmaterials | Verbrauch stündlich in Grammen. | Verbrauch jährlich in Kilogr. | Höhe der Flamme über Mittelwasser in Metern. | Höhe der Flamme über dem Erdboden in Metern. |
|---|---|---|---|---|---|---|---|---|---|
| | 1. | 2. | 3. | 4. | 5a. | 5b. | 5c. | 6a. | 6b. |
| 31 | **Krickser Haken,** dicht vor der östlichen Spitze desselben, etwa 3 Seem. oberhalb der Lebbiner Berge, an der Westseite des nach Stettin führenden Fahrwassers, im grossen Haff auf 5 m. Wasser. | 53° 49′ 30″ N.Br. 14° 29′ 40″ O.Lg. | Zwei weisse feste F., senkrecht untereinander, den ganzen Horizont beleuchtend. Ausserdem eine Signal-Laterne. | Die beiden Top-Laternen sind Linsen-Apparate VI. Ordnung nach Fresnelschem System. | Für die 2 Top-Laternen Rüböl, für die Signal-Laterne Stearinlichte. | 35 | 121,5 | 9,4 7,5 | . . |
| 32 | **Swantewitz,** im grossen Haff, zwischen Klein-Ziegenort und Swantewitz auf 4 m. Wasser. | 53° 45′ 25″ N.Br. 13° 42′ 45″ O.Lg. | Zwei weisse feste F., senkrecht untereinander. Beleuchten den ganzen Horizont. Ausserdem eine Signal-Laterne. | Zwei kupferne Laternen mit Fresnelschen Gläsern und parabolischen versilberten Spiegeln von 20 cm. Durchmesser. Messingene Lampen 20 cm. hoch mit Dochten von $2^1/_2$ cm. Durchmesser. Die untere 3. Laterne ist von gewöhnlicher Beschaffenheit. | Petroleum. | 81 | 300 | 9,4 7,5 | . . |
| 33 | **Königs-Fahrt** auf der untersten Spitze des durch Bohlwerk u. Abpflasterung geschützten Wiesen-Terrains zwischen der Königsfahrt u. dem Babin-Strom zur | 53° 31′ 22″ N.Br. 13° 49′ 40″ O.Lg. | Ein weisses festes F. Beleuchtet einen Sektor des Horizonts von 225°. | Messingene Laterne mit Fresnelschem Glase, parabolischem versilberten Spiegel von 20 cm. Durchmesser und messingener Lampe von 20 cm. Höhe mit einem Docht von | Petroleum. | 27,75 | 100 | 8,64 | 11,44 |

| Laufende Nummer. | Sichtweite in Seemeilen. | Höhe d. Leuchtfeuergebäudes in Metern. | Beschreibung des Leuchtfeuergebäudes bezw. Leuchtschiffes. | Bedienung des Feuers bezw. Bemannung des Leuchtschiffes. | Beschreibung der Nebelsignal-Einrichtungen. | Beschreibung der sonstigen Einrichtungen zum Signalisiren. | Das Feuer ist errichtet: | Das Feuer ist verändert: | Sonstige Bemerkungen. |
|---|---|---|---|---|---|---|---|---|---|
| | 7. | 8. | 9. | 10. | 11. | 12. | 13a. | 13b. | 14. |
| | | | sims, auf welchem sich das eiserne Gallerie-gitter befindet. Dann folgt eine ringförmige Mauer als Untersatz für die Laterne, welche 4,5 m. Durchmesser hat u. mit einer runden Kuppel versehen ist. | | | | | | |
| 31 | 7 | . . | Schiff, als Jacht getakelt, roth angestrichen und mit dem Namen „KRICKS" in weissen Buchstaben auf beiden Seiten versehen. Führt im Top eine rothe Kugel. | 1 Schiffsführer, 1 Matrose und 1 Schiffsjunge. | Bei nebeligem Wetter wird in Intervallen von 5 Minuten die Schiffsglocke geläutet. | . . . . | 1858 | . . | Man muss östlich von dem Schiffe passiren. |
| 32 | 7 | . . | Schiff, aus Eichenholz 1860 erbaut, 15,7 m. auf dem Kiel lang, 4,9 m. breit, 2,5 m. tief mit festem Deck, ist roth angestrichen u. mit dem Namen „SWANTEWITZ" in weissen Buchstaben auf beiden Seiten versehen. Führt im Top einen grossen Ballon. | 1 Schiffsführer, 1 Matrose und 1 Schiffsjunge. | Bei nebeligem Wetter wird in Intervallen von 5 Min. eine Stahlglocke mehrere Male kurz auf einander angeschlagen. | Eine kleine Kanone u. Raketen zum Abgeben von Nothsignalen. | 1858 | . . | Dient zur Bezeichnung der Einfahrt aus dem grossen Haff in das Papenwasser. In Klein-Ziegenort ist ein Rettungsboot stationirt. |
| 33 | 7 | . . | Bake aus Schwellen und Streben. Dient auch als Tagesmarke. Einrichtung zum Aufziehen der Laterne befindet sich in der Laternenstu- | Ein in der Nähe der Leuchtbake wohnender Grundbesitzer besorgt gegen Ent- | . . . . | . . . . | 1867 | . . | |

| Laufende Nummer. | Namen und Oertlichkeit des Feuers. | Geographische Lage des Feuers. | Farbe, Art und Dauer der Lichterscheinung. | Beschreibung des Leuchtapparates. | Art des Erleuchtungsmaterials | Verbrauch des Erleuchtungsmaterials: stündlich in Grammen. | Verbrauch des Erleuchtungsmaterials: jährlich in Kilogr. | Höhe der Flamme über Mittelwasser in Metern. | Höhe der Flamme über dem Erdboden in Metern. |
|---|---|---|---|---|---|---|---|---|---|
| | 1. | 2. | 3. | 4. | 5a. | 5b. | 5c. | 6a. | 6b. |
| | Bezeichnung der Einfahrt aus dem Dammansch in die Königsfahrt. | | | 2,5 cm. Durchmesser. | | | | | |
| 34 | **Ueckermünde**, an der Mündung des Kanals auf der Wurzel der westlichen Mole. | 53° 45′ 12″ N.Br. 13° 15′ 25″ O.Lg. | Ein weisses festes F. auf der Ostseite zur Bezeichnung der Kanalmündung und ein rothes festes F. auf der Westseite, zur Bezeichnung des Kamigk-Hakens und für die von Elbe und Bock den Kanal ansegelnden Schiffe. | Zwei kupferne Laternen mit runden Gläsern und parabolischen versilberten Spiegeln, mit 20 cm. hohen Lampen mit Dochten von 2,5 cm. Durchmesser. | Petroleum. | 55,5 | 200 | 5 | 5 |
| 35 | **Woitzig**, zwischen dem grossen und kleinen Haff; dicht vor der südlichen Spitze des sogenannten Woitziger Hakens, auf 7,5 m. Wasser. | 53° 47′ 12″ N.Br. 14° 17′ 54″ O.Lg. | Zwei weisse feste F., senkrecht unter einander, den ganzen Horizont beleuchtend. Ausserdem eine Signal-Laterne. | Die beiden Top-Laternen sind Linsen-Apparate VI. Ordnung nach Fresnel-schem System. | Für die 2 Top-Laternen Rüböl; für die Signal-Laterne Stearinlichte. | 35 | 121,5 | 9,4 7,5 | . . |
| 36 | **Greifswalder Oie**, auf dem NO-Ende der Insel gl. N., vor dem Einlauf nach dem Greifswalder Bodden. | 54° 15′ 18″ N.Br. 13° 55′ 40″ O.Lg. | Ein weisses u. rothes Drehf., den ganzen Horizont beleuchtend. Nimmt 3/4 Min. lang allmälig bis zur grössten Lichtstärke zu und ebensolange bis zur gänzlichen Verdunkelung wieder ab | Katoptrischer Apparat IV. Ordnung mit 12 Argandschen Lampen. Dochte von 26 mm. Durchmesser. | Rüböl. | 5,00 | 2000 | 47,1 | 34,5 |

| Laufende Nummer. | Sichtweite in Seemeilen. | Höhe d. Leuchtfeuergebäudes in Metern. | Beschreibung des Leuchtfeuergebäudes bezw. Leuchtschiffes. | Bedienung des Feuers bezw. Bemannung des Leuchtschiffes. | Beschreibung der Nebelsignal-Einrichtungen. | Beschreibung der sonstigen Einrichtungen zum Signalisiren. | Das Feuer ist errichtet: | Das Feuer ist verändert: | Sonstige Bemerkungen. |
|---|---|---|---|---|---|---|---|---|---|
| | 7. | 8. | 9. | 10. | 11. | 12. | 13a. | 13b. | 14. |
| | | | be, einem Bretterverschlage am Fusse der Bake. | schädigung die Bedienung. | | | | | |
| 34 | 7 | 5,26 | Gebäude aus Bindewerk mit Brettverkleidung auf achteckigem Unterbau von 4,3 m. Durchmesser und 3,4 m. Höhe, aus dessen Mitte ein Aufbau für die Laternen von 1,26 m. im ☐ sich erhebt und mit leichtem Dach u. Theeranstrich versehen ist. Dasselbe enthält zwei einfache, aus Welle mit Kurbel u. Sperrhaken bestehende, Vorrichtungen zum Aufziehen d. Laternen. | Der am Kanal angestellte Aufseher. | . . . . | . . . . | 1844 | . . | Dient zur Bezeichnung der Einfahrt in den Kanal. |
| 35 | 7 | . . | Schiff als Jacht getakelt, roth angestrichen und mit dem Namen „WOITZIG" in weissen Buchstaben an beiden Seiten versehen. Führt im Top eine rothe Kugel. | 1 Schiffsführer, 1 Matrose und 1 Schiffsjunge. | Bei nebeligem Wetter wird in Intervallen von 5 Minuten die Schiffsglocke geläutet. | . . . . | 1862 | . . | Man muss südlich von dem Schiffe passiren. |
| 36 | 18 | 36,6 | Rother runder Thurm mit brauner runder Kuppe und anstossendem Nebengebäude, im Ziegelrohbau. | 2 Wärter. | . . . . | . . . . | 1. Oktober 1855 | . . | |

| Laufende Nummer. | Namen und Oertlichkeit des Feuers. | Geographische Lage des Feuers. | Farbe, Art und Dauer der Lichterscheinungen. | Beschreibung des Leuchtapparates. | Art des Erleuchtungsmaterials | Verbrauch des Erleuchtungsmaterials stündlich in Grammen. | Verbrauch des Erleuchtungsmaterials jährlich in Kilogr. | Höhe der Flamme über Mittelwasser in Metern. | Höhe der Flamme über dem Erdboden in Metern. |
|---|---|---|---|---|---|---|---|---|---|
| | 1. | 2. | 3. | 4. | 5a. | 5b. | 5c. | 6a. | 6b. |
| | | | und zeigt 3/4 Min. weisses Licht, 3/4 Min. Verdunkelung, 3/4 Min rothes Licht, 3/4 Min. Verdunkelung. | | | | | | |
| 37 | **Palmerort**, an der SO-Ecke der Baggerrinne gl. N., auf 5,3 m. Wasser. | 54° 12′ 27″ N.Br. 13° 25′ 0″ O.Lg. | Ein rothes festes F. | 2 Signal-Laternen nach Fresnelschem System. | Rüböl, mit Petroleum. vermischt. | 500 | 150 | 10,98 | . . |
| 38 | **Arcona**, auf der Nordspitze der Insel Rügen, auf einem 43 m. hohen Kreidefelsen des 54 m. hohen steilen Vorgebirges gl. N. | 54° 41′ N.Br. 13° 26′ 10″ O.Lg. | Ein festes F. Beleuchtet den ganzen Horizont, u. zwar: weiss von SWzW1/4W über N. bis SSO3/4O., roth von SSO3/4O über S. bis SWzW1/4W (nach der Tromper Wieck hin). | Katoptrischer Apparat IV. Ordnung mit 17 weissen nnd 6 rothen Lampen. Dochte von 30 mm. Durchmesser. | Petroleum. | 400 | 2700 | 61,8 | 19,14 |
| 39 | **Darsser Ort**, nahe der Nordspitze des Darss, 220 m. vom Strande. | 54° 28′ 56″ N.Br. 12° 31′ 0″ O.Lg. | Zwei weisse F. senkrecht über einander: 1. Oberes, weisses Blinkfeuer. Beleuchtet den ganzen Horizont. 30 Sek. Blink und 30 Sek. Verdunkelung. Innerhalb 6 bis 8 Seem. Abstand tritt letztere nicht ein, sondern der obere und untere Theil des Sterns bleiben auch bei den | 1. Dioptrischer Fresnelscher Linsen-Apparat II. Ordnung mit einer Carcelschen Lampe zu 2 concentrischen Dochten von 7,5 und 5 cm. Durchmesser. | Rüböl. | 400 | 1677 | 32,95 | 31,39 |

| Laufende Nummer. | Sichtweite in Seemeilen. | Höhe d. Leuchtfeuergebäudes in Metern. | Beschreibung des Leuchtfeuergebäudes bezw. Leuchtschiffes. | Bedienung des Feuers bezw. Bemannung des Leuchtschiffes. | Beschreibung der Nebelsignal-Einrichtungen. | Beschreibung der sonstigen Einrichtungen zum Signalisiren. | Das Feuer ist errichtet: | Das Feuer ist verändert: | Sonstige Bemerkungen. |
|---|---|---|---|---|---|---|---|---|---|
| | 7. | 8. | 9. | 10. | 11. | 12. | 13a. | 13b. | 14. |
| 37 | 11 | . . | Als Jacht getakeltes roth angestrichenes Schiff, trägt auf beiden Seiten in weisser Schrift den Namen „PALMERORT". Im Top des Mastes 2 m. über den Laternen ein rother Ballon von 1,6 m. Durchmesser. | 1 Aufseher, 1 Matrose und 1 Junge. | Bei nebeligem Wetter wird eine Glocke geläutet. | . . . . | 1868 | 1876 | Man muss nördlich von dem Schiffe passiren. Dasselbeliegt nur während der eisfreien Zeit aus. |
| 38 | 21 | 21,0 | Rother viereckiger Thurm aus Ziegelsteinen erbaut, mit brauner runder Kuppe. Daranstossendes Gehöft. | 1 Wärter. | . . . . | . . . . | 1. Januar 1828 | 15. November 1872 | Oestlich nahe dem Leuchtthurme befinden sich zwei Richtungsbaken, welche die Lage eines Riffes bezeichnen. |
| 39 | 16 | . . | Rother runder aus Ziegelsteinen erbauter Thurm mit brauner runder Kuppe und anstossendem Nebengebäude. | 2 Wärter. | . . . . | . . . . | 1. Januar 1849 | . . | . . . . . . . . |

| Laufende Nummer. | Namen und Oertlichkeit des Feuers. | Geographische Lage des Feuers. | Farbe, Art und Dauer der Lichterscheinung. | Beschreibung des Leuchtapparates. | Art des Erleuchtungsmaterials | Verbrauch des Erleuchtungsmaterials ständlich in Grammen. | Verbrauch jährlich in Kilogr. | Höhe der Flamme über Mittelwasser in Metern. | Höhe der Flamme über dem Erdboden in Metern. |
|---|---|---|---|---|---|---|---|---|---|
| | 1. | 2. | 3. | 4. | 5a. | 5b. | 5c. | 6a. | 6b. |
| | | | Verfinsterungen des Blinks in Sicht. | | | | | | |
| | | | 2. Unteres, festes F. Beleuchtet den Horizont von W ½ N bis NW. Dasselbe bezeichnet in Verbindung mit dem Gjedser F. auf der Küste der Dänischen Insel Falster die Durchfahrt zwischen den Sandbänken bei Darsser Ort und dem Gjedser Riff. | 2. Katoptrischer Apparat IV. Ordnung mit 3 Argandschen Lampen zu Dochten von 32 mm. Durchmesser. | | | | 12,55 | . . |
| 40 | **Warnemünde,** zwei Hafenfeuer auf den Spitzen der Ost- und Westmole. | . . . . . | *Zwei grüne feste F.* | *Sphäroidische Spiegel hinter der Flamme, 0,27 m. breit und 0,19 m. hoch. Laternen mit grünen Gläsern von 0,21 m. Höhe und 0,33 m. Breite. Rundbrenner von 24 mm. Durchmesser.* | *Petroleum.* | . . | . . | 8,25 | 6,25 |
| 41 | **Warnemünde,** Revierfeuer. | S 8° O ca. 1 Seem. vom Leuchtthurm (Nr. 43). | Ein rothes festes F. Beleuchtet 180° des Horizonts von O z S über S bis W z N (von See aus nicht sichtbar). | Sphäroidischer Spiegel hinter der Flamme, 0,27 m. breit und 0,19 m. hoch. Laterne mit rothen Gläsern von 0,21 m. Höhe und 0,33 m. Breite, Rundbrenner von 24 mm. Durchmesser. | Petroleum. | 31 | 64 | 6,80 | 5,80 |
| 42 | **Warnemünde,** zwei Hafenfeuer an der Westseite des Hafens, N z O u. S z W 114 m. von einander. | 1. S 15,5° O vom Leuchtthurm (Nr. 43) in 288,2 m. Abstand.<br>2. S 8° O vom Leuchtthurm (Nr. 43) in 393,1 m. Abstand. | Zwei rothe feste F. Beleuchten 180° des Horizontes, von W z N über N. bis O z S. | Sphäroidischer Spiegel hinter der Flamme, 0,27 m. breit und 0,19 m. hoch. Laternen mit rothen Gläsern von 0,21 m. Höhe und 0,33 m. Breite. Rundbrenner von 24 mm. Durchmesser. | Petroleum. | 31<br>31 | 252 | 14,66<br>9,45 | 11,4<br>8,0 |

| Laufende Nummer. | Sichtweite in Seemeilen. | Höhe d. Leuchtfeuergebäudes in Metern. | Beschreibung des Leuchtfeuergebäudes bezw. Leuchtschiffes. | Bedienung des Feuers bezw. Bemannung des Leuchtschiffes. | Beschreibung der Nebelsignal-Einrichtungen. | Beschreibung der sonstigen Einrichtungen zum Signalisiren. | Das Feuer ist errichtet: | Das Feuer ist verändert: | Sonstige Bemerkungen. |
|---|---|---|---|---|---|---|---|---|---|
| | 7. | 8. | 9. | 10. | 11. | 12. | 13a. | 13b. | 14. |
| | 12 | . . | | | | | | | |
| 40 | 4 | . . | *An den Molenbaken befestigt.* | 1 Wärter. (für Nr. 40–42) | . . . . | . . . . . | 1873 | . . | *Diese durch die Sturmfluth im Jahre 1873 zerstörten Anlagen sind in der Wiederherstellung begriffen. Werden von der Stadt Rostock unterhalten.* |
| 41 | 6 | . . | Revierbake. | | . . . . | . . . . . | 1873 | . . | Brennt nur bis 12 Uhr Mitternachts und bezeichnet die Einfahrt vom Breitling in den Warnemünder Strom von Rostock aus. Das F. wird von der Stadt Rostock unterhalten. |
| 42 | 8 | . . | Maststangen. | | . . . . | . . . . . | 1873 | . . | Beide F. vertikal übereinander (in Deckpeilung) führen auf SzW Kurs gerade in die Hafeneinfahrt. Die F. werden von der Stadt Rostock unterhalten. |
| | 8 | . . | | | | | | | |

| Laufende Nummer. | Namen und Oertlichkeit des Feuers. | Geographische Lage des Feuers. | Farbe, Art und Dauer der Lichterscheinung. | Beschreibung des Leuchtapparates. | Art des Erleuchtungsmaterials | Verbrauch des Erleuchtungsmaterials stündlich in Grammen. | Verbrauch jährlich in Kilogr. | Höhe der Flamme über Mittelwasser in Metern. | Höhe der Flamme über dem Erdboden in Metern. |
|---|---|---|---|---|---|---|---|---|---|
| | 1. | 2. | 3. | 4. | 5a. | 5b. | 5c. | 6a. | 6b. |
| 43 | **Warnemünde**, auf der Westseite des Hafens, SSW 411 m. von dem Kopfe der Westmole. | 54° 11,2′ N.Br. 12° 5,4′ O.Lg. | Ein weisses festes F. Beleuchtet 202° des Horizontes, von W z S über N. bis O z S. | Spiegel, Rotationsparaboloid von 0,37 m. Höhe und 0,78 m Breite. Eine Lampe mit Rundbrenner von 34 mm. Durchmesser. | Petroleum. | 77 | 310 | 16,43 | 9,45 |
| 44 | **Timmendorf**, an der nordwestlichen Spitze der Insel Poel. | 54° 0′ 0″ N.Br. 11° 23′ 0″ O.Lg. | Ein weisses festes F. Beleuchtet 180° des Horizonts von N W z W über N. bis NO z O. | Fresnelscher Apparat V. Ordnung, bestehend aus einem dioptrischen Mitteltheil mit katadioptrischen Ringen. 1 Lampe mit 3,6 cm. breitem Dochte. | Petroleum. | . . | 250 | 18,5 | 14,8 |
| 45 | **Travemünde**, an der Mündung der Trave auf der Spitze des Süderbollwerks (am rechten Ufer). | . . . . . | Ein rothes festes F. | Argandsche Lampen von 22 mm. Docht-Durchmesser, parabolischer Spiegel mit 20 cm. vorderer Oeffnung u. 18,5 cm. Tiefe. | Rüböl. | . . | 240 | 6,0 | 3,76 |
| 46 | **Travemünde** an der Mündung der Trave auf der Halbinsel Priwall (am rechten Ufer). | 580 m. landeinwärts, SW z W 595 m. vom Feuer Nr. 44. | Ein rothes festes F. | Argandsche Lampen von 22 mm. Docht-Durchmesser; parabolischer Spiegel mit 20 cm. vorderer Oeffnung u. 18,5 cm. Tiefe. | Rüböl. | . . | 240 | 11,45 | 8,15 |

| Laufende Nummer. | Sichtweite in Seemeilen. | Höhe d. Leuchtfeuergebäudes in Metern. | Beschreibung des Leuchtfeuergebäudes bezw. Leuchtschiffes. | Bedienung des Feuers bezw. Bemannung des Leuchtschiffes. | Beschreibung der Nebelsignal-Einrichtungen. | Beschreibung der sonstigen Einrichtungen zum Signalisiren. | Das Feuer ist errichtet: | Das Feuer ist verändert: | Sonstige Bemerkungen. |
|---|---|---|---|---|---|---|---|---|---|
| | 7. | 8. | 9. | 10. | 11. | 12. | 13a. | 13b. | 14. |
| 43 | 14 | 11,35 | Würfelförmiger Unterbau von Backsteinen, gelbgrau angestrichen, 3,62 m. hoch mit Eisengerüst, welches den Spiegel trägt. | Derselbe Wärter wie zu Nr. 42. | *An der Westmolenbake eine Nebelglocke, welche nach Herstellung der durch die Sturmfluth beschädigten Molenbake wieder in Thätigkeit gesetzt wird.* | Von dem Mastkorbe der Flaggenstange neben dem Feuerthurm weht die mecklenburgische Flagge, wenn die Lootsen nicht in See gehen können. | 1836 | 1872 | Lootsen-Station mit Lootsen-Kommandeur, Rettungs-Station mit zwei Böten und Raketenapparaten. 1872 Oelspeisung in Petroleumspeisung verwandelt. Das Feuer wird von der Stadt Rostock unterhalten. |
| 44 | 10 | 17,4 | Runder, massiver, weiss angestrichener Thurm, inmitten des einstöckigen massiven Lootsenhauses von 25,1 m. Frontlänge, verjüngt sich an der Spitze in ein sechseckiges Laternenhaus. | 1 Wärter. | . . . . | . . . . | 1872 | . . | Wird aus der städtischen Hafenkasse erhalten. Lootsen-Station. — In der Nähe eine Rettungs-Station der Deutschen Gesellschaft zur Rettung Schiffbrüchiger. Schiffe, welche zur Nachtzeit die hiesige Bucht einsegeln, müssen in der Richtung SW ½ S auf das Feuer zusteuern, um zwischen dem Wustrow-Riff und dem Hannibal das „grosse Tief“ einzusegeln. |
| 45 | 3 | 11,46 | Hölzerne Bake mit weissem Oelfarbeanstrich. | 2 Wärter (für Nr. 45 und 46). | . . . . | . . . . | 1864 | . . | Die Richtungslinie beider rothen Feuer (Nr. 45 und 46) ist die Mittellinie des Fahrwassers über die Barre (SW z W) und soweit zu verfolgen, bis die zwei grünen Feuer (Nr. 47 u. 48) sich in einer Linie zeigen, welche dann weiter in den Hafen leitet. |
| 46 | 3 | 15,85 | Hölzerne Bake mit rothem Oelfarbeanstrich. | | . . . . | . . . . | 1864 | . . | |

| Laufende Nummer. | Namen und Oertlichkeit des Feuers. | Geographische Lage des Feuers. | Farbe, Art und Dauer der Lichterscheinung. | Beschreibung des Leuchtapparates. | Art des Erleuchtungsmaterials | Verbrauch des Erleuchtungsmaterials stündlich in Grammen. | Verbrauch des Erleuchtungsmaterials jährlich in Kilogr. | Höhe der Flamme über Mittelwasser in Metern. | Höhe der Flamme über dem Erdboden in Metern. |
|---|---|---|---|---|---|---|---|---|---|
| | 1. | 2. | 3. | 4. | 5a. | 5b. | 5c. | 6a. | 6b. |
| 47 | **Travemünde**, am Möllerschen Hause in der vordern Häuserreihe. | . . . . . | Ein grünes festes F. | Argandsche Lampen von 20 mm. Dochtdurchmesser; parabolischer Spiegel mit 14 cm. vorderer Oeffnung u. 12 cm. Tiefe. | Rüböl. | . . | 240 | 11,14 | 8,63 |
| 48 | **Travemünde**, auf der sogenannten Postbrücke. | . . . . . | Ein grünes festes F. | Argandsche Lampen von 20 mm. Dochtdurchmesser; parabolischer Spiegel mit 14 cm. vorderer Oeffnung u. 12 cm. Tiefe. | Rüböl. | . . | 240 | 6,59 | 4,3 |
| 49 | **Travemünde**, an der Mündung der Trave auf dem linken Ufer. | 53° 57′ 44″ N.Br. 10° 52′ 59″ O.Lg. | 1. Ein weisses festes Licht, beleuchtet 105° des Horizonts von N z O über O. bis OSO; grösste Lichtstärke im Sektor der Spiegelachsen zwischen NOzN u. OzN. | 3 parabolische Spiegel mit 40 cm. vorderer Oeffnung und 17 cm. Tiefe; der mittlere Spiegel mit 2 Dochten von 39 und 16 mm. Dochtdurchmesser; die beiden Seitenspiegel mit je einem Dochte von 22 mm. Durchmesser. | Rüböl. | 0,2 | 800 | 30,68 | 27,94 |
| | | | 2. Das sogenannte Rhedelicht, 9,68 m. unter dem Hauptlicht (1.) in demselben Thurm. Zeigt an, dass man sich dem Brodtner Riff und dem Strande nähert. Beleuchtet den Horizont wie 1., am stärksten den mittleren Sektor von 26°. | 1 Hohlspiegel mit 16½ cm. vorderer Oeffnung und 3 cm. Tiefe, mit einem Dochte von 23 mm. Durchmesser. | Rüböl. | . . | . . | 21,0 | 18,26 |
| 50 | **Pelzerhaken** bei Neustadt, an der Neustädter Bucht. | 54° 5′ 0″ N.Br. 10° 52′ 42″ O.Lg. | Ein weisses Drehf. mit Intervallen von 2 Min.; allmälig bis zur grössten Lichtstärke zu- und bis zur vollständigen Verdunkelung wieder abnehmend. Beleuchtet 270° | Fresnelscher Linsenapparat VI. Ordnung. 5 Linsen. 1 Lampe mit 1 Docht von 2 cm. Durchmesser. | Rüböl. | 64 | 285 | 13,85 | 10,60 |

| Laufende Nummer. | Sichtweite in Seemeilen. | Höhe d. Leuchtfeuergebäudes in Metern. | Beschreibung des Leuchtfeuergebäudes bezw. Leuchtschiffes. | Bedienung des Feuers bezw. Bemannung des Leuchtschiffes. | Beschreibung der Nebelsignal-Einrichtungen. | Beschreibung der sonstigen Einrichtungen zum Signalisiren. | Das Feuer ist errichtet: | Das Feuer ist verändert: | Sonstige Bemerkungen. |
|---|---|---|---|---|---|---|---|---|---|
| | 7. | 8. | 9. | 10. | 11. | 12. | 13a. | 13b. | 14. |
| 47 | 1 | 8,80 | Eiserner Laternenpfahl. | Dieselben Wärter wie bei Nr. 45. | .... | .... | 1864 | .. | |
| 48 | 1 | 5,45 | Eiserner Laternenpfahl. | Dieselben Wärter wie bei Nr. 45. | .... | .... | 1864 | .. | |
| 49 | 16 | 31,52 | Cylindrischer Thurm ausBacksteinen, mit hellgrauem Oelfarbeanstrich, unten 6,6 m., oben 5.33 m. Durchmesser, Kuppel unangestrichen, mit Zink gedeckt. | 1 Wärter. | .... | .... | 1839 | 1826 | Das Feuer brennt das ganze Jahr allnächtlich, mit Ausnahme der Zeit, wenn wegen Eises vom Leuchtthurm aus kein offenes Wasser zu sehen ist. Lootsen-Station. Rettungs-Station (Boot und Raketen-Apparat, Eigenthum der Deutschen Gesellschaft zur Rettung Schiffbrüchiger). |
| | 6 | .. | Daneben einstöckiges Wärterhaus, weiss getüncht mit rothem Dach, davor grosse Linde. | .... | .... | .... | .. | .. | |
| 50 | 12 | 12,2 | Weisser Thurm mit Kupferdach. Nördlich anstossend weisses einstöckiges Wärtergebäude mit rothem Ziegeldach. Oestlich anstossend niedriges Stallgebäude mit Ziegeldach. | 1 Leuchtfeuer-Inspektor, 1 Wärter. | .... | .... | 1842 | .. | |

| Laufende Nummer. | Namen und Oertlichkeit des Feuers. | Geographische Lage des Feuers. | Farbe, Art und Dauer der Lichterscheinung. | Beschreibung des Leuchtapparates. | Art des Erleuchtungsmaterials | Verbrauch des Erleuchtungsmaterials stündlich in Grammen. | Verbrauch des Erleuchtungsmaterials jährlich in Kilogr. | Höhe der Flamme über Mittelwasser in Metern. | Höhe der Flamme über dem Erdboden in Metern. |
|---|---|---|---|---|---|---|---|---|---|
| | 1. | 2. | 3. | 4. | 5a. | 5b. | 5c. | 6a. | 6b. |
| | | | des Horizontes, von ONO über S. bis NNW. | | | | | | |
| 51 | **Marienleuchte,** auf der Nordostküste der Insel Fehmarn, bei Ohlenburg-Huk. | 54° 30′ 39″ N.Br. 11° 14′ 16″ O.Lg. | Ein weisses Drehf. mit Intervallen von 30 Sek., allmälig zu- und abnehmend. Beleuchtet den ganzen Horizont. | Spiegelapparat, von der Lichtstärke eines Linsenfeuers IV. Ordnung. 6 Zinn-Hohlspiegel, in jedem 1 Lampe mit 1 Docht von 2 cm. Durchmesser. | Rüböl. | 106 | 473 | 21,0 | 16,3 |
| 52 | **Flügge**, auf der Südwestküste der Insel Fehmarn. | 54° 26′ 17″ N.Br. 11° 1′ 15″ O.Lg. | Ein weisses festes F. — Beleuchtet 180° des Horizonts, von OSO über S. bis WNW. | Fresnelscher Linsenapparat IV. Ordnung. 7 Linsen, 1 Lampe, 2 Dochte von 3 und 2 cm. Durchmesser. | Rüböl. | 132 | 591 | 17,25 | 13,2 |
| 53 | **Strukamphuk,** auf der Südküste der Insel Fehmarn. | 54° 24′ 37″ N.Br. 11° 5′ 53″ O.Lg. | Ein weisses festes F. Beleuchtet 180° des Horizonts, von SO z O über S. und W. bis NW z. W. | Fresnelscher Linsenapparat VI. Ordnung. 5 Linsen, 1 Lampe mit 1 Docht von 2 cm. Durchmesser. | Petroleum. | 100 | 440 | 5,65 | 2,8 |
| 54 | **Wilhelminenhöhe** (Sandkrug), am Ostufer der Förde, schräg gegenüber der Stadt Kiel, 2 F., rechtw. S 31° W—N 31° O 67 m. von einander entfernt. | 54° 19′ 6,5″ N.Br. 10° 8′ 38,13″ O.Lg. | Zwei rothe feste F., sichtbar zwischen dem Ostufer beim Kitzenberge und dem Westufer bei Düsternbrook. | Spiegel-Apparat. | . . . | . . . | . . | südl. 9,2 nördl. 6,3 | 6,5 . . |
| 55 | **Kiel**, in der Nähe d. Boothafens auf d. Dampfschiffs- | 54° 19′ 17″ N.Br. 10° 8′ 14″ O.Lg. | Ein grünes festes F. Beleuchtet den Horizont | Gewöhnliche Gaslaterne. | . . . | . . . | . . | 5,8 | . . |

| Laufende Nummer. | Sichtweite in Seemeilen. | Höhe d. Leuchtfeuergebäudes in Metern. | Beschreibung des Leuchtfeuergebäudes bezw. Leuchtschiffes. | Bedienung des Feuers bezw. Bemannung des Leuchtschiffes. | Beschreibung der Nebel-signal-Einrichtungen. | Beschreibung der sonstigen Einrichtungen zum Signalisiren. | Das Feuer ist errichtet: | Das Feuer ist verändert: | Sonstige Bemerkungen. |
|---|---|---|---|---|---|---|---|---|---|
| | 7. | 8. | 9. | 10. | 11. | 12. | 13a. | 13b. | 14. |
| 51 | 14,2 | 17,85 | Gelber Thurm mit Kupferdach; westlich und östlich einstöckiges gelbes Wärtergebäude mit schwarzem Ziegeldach. Oestlich getrennt eine Scheune mit Strohdach. Kleines Backhaus mit Feuerungsstall. | 1 Leuchtfeuermeister, 1 Assistent. | . . . . | . . . . | 1830 | . . | |
| 52 | 12,6 | 15,5 | Achteckiger Thurm von gelben Ziegelsteinen mit Kupferdach. Nordöstlich anstossend einstöckiges Wärtergebäude von gelben Ziegelsteinen mit schwarz. Schieferdach. | 1 Aufseher. | . . . . | . . . . | 1872 | . . | |
| 53 | 8,8 | . . | Eiserne Säule zum Aufziehen der Laterne. — Nordöstlich anstossend kleines Wachthaus von gelben Ziegelsteinen mit schwarzem Schieferdach. | 1 Wärter. | . . . . | . . . . | 1872 | . . | |
| 54 | 6<br>6 | 4,8<br>5,4 | Hölzerne Pfosten. | . . . . | . . . . | . . . . | 1871 | . . | Die Deckpeilung beider F. führt über die, querab vom Dorfe Ellerbeck gelegene, Untiefe mit 7,5 m. Wasser. Die vor dem Ellerbecker Riff befindliche Tonne mit Besen liegt 46 m. südöstlich von der verlängerten Richtungslinie beider F. Wenn die Kieler Förde mit Eis belegt ist, werden die Feuer nicht angezündet. |
| 55 | 2 | . . | Dunkelgrüner eiserner Laternenpfahl. | . . . . | . . . . | . . . . | 1854 | . . | Das F. kennzeichnet die Anlegestellen der Postdampfer. |

| Laufende Nummer. | Namen und Oertlichkeit des Feuers. | Geographische Lage des Feuers. | Farbe, Art und Dauer der Lichterscheinung. | Beschreibung des Leuchtapparates. | Art des Erleuchtungsmaterials | Verbrauch des Erleuchtungsmaterials stündlich in Grammen. | Verbrauch jährlich in Kilogr. | Höhe der Flamme über Mittelwasser in Metern. | Höhe der Flamme über dem Erdboden in Metern. |
|---|---|---|---|---|---|---|---|---|---|
| | 1. | 2. | 3. | 4. | 5a. | 5b. | 5c. | 6a. | 6b. |
| | Bohlwerke, 28 m. westlich vom Zollhausschuppen. | | von O. über S. bis WSW. | | | | | | |
| 56 | **Kiel**, auf dem äussersten Ende der Dampfschiffs-Fährbrücke. | 54° 19′ 22″ N.Br. 10° 8′ 26″ O.Lg. | Ein rothes festes F. Beleuchtet den Horizont von NNO über O. und S. bis SW z W. | Gewöhnliche Gaslaterne. | . . . | . . . | . . | 6,3 | . . |
| 57 | **Düsternbrook**, bei Kiel auf der Werft. | 54° 20′ N.Br. 10° 9′ 11″ O.Lg. | Ein rothes festes F. | Eine runde Lampe, 0,40 m. hoch, von 0,36 m. Durchmesser mit Docht von 3 cm. Durchmesser. | Oel. | 60,5 | 265 | 6,80 | 4,15 |
| 58 | **Friedrichsort**, auf der längs der Ostseite der Seefeste Friedrichsort sich hinziehenden Sandbank, in ca. 1,5 m. Wassertiefe. | 54° 23′ 33″ N.Br. 10° 11′ 49″ O.Lg. | Ein weisses festes F. Beleuchtet 270° des Horizonts von N. über O. u. S. bis W. | Fresnelscher katadioptrischer Linsenapparat V. Ordnung von 0,37 m. Durchmesser im Brennpunkte. Mittlerer cylindrischer Theil planconvexe Linse mit je 2 Zonen prismatischer Ringe über und unter der Linse, an welche sich unten u. oben resp. 3 und 5 Zonen prismatischer Ringe in Metalleinfassung anschliessen. Eine messingne Lampe mit einem Dochte von 2,5 cm. Durchmesser. | Petroleum. | 88 | 360 | 11,3 | . . |

| Laufende Nummer. | Sichtweite in Seemeilen. | Höhe d. Leuchtfeuergebäudes in Metern. | Beschreibung des Leuchtfeuergebäudes bezw. Leuchtschiffes. | Bedienung des Feuers bezw. Bemannung des Leuchtschiffes. | Beschreibung der Nebelsignal-Einrichtungen. | Beschreibung der sonstigen Einrichtungen zum Signalisiren. | Das Feuer ist errichtet: | Das Feuer ist verändert: | Sonstige Bemerkungen. |
|---|---|---|---|---|---|---|---|---|---|
| | 7. | 8. | 9. | 10. | 11. | 12. | 13a. | 13b. | 14. |
| 56 | 2 | . . | Dunkelgrüner eiserner Laternenpfahl. | . . . . | . . . . | . . . . | 1868 | . . | Das F. kennzeichnet die Anlegestellen der Fährdampfer. |
| 57 | 2 | 7,45 vom Fuss der Granitmauer ab. | Granitmauer mit eisernem Thurm. | 1 Wärter. | . . . . | . . . . | 27. Dezember 1854 | 1869 | |
| 58 | 9 | 12,7 vom mittleren Wasserstande der Ostsee bis zur Spitze. | Auf einem Pfahlrost, aus gelben Klinkern erbauter runder Thurm, dessen Fuss bis auf 3,4 m. Höhe über Mittelwasser durch einen Steinkegel gesichert ist. Durchmesser oberhalb des Steinkegels 4,4 m. unter der Plattform 3,4 m., Tambour-Durchmesser 2,28 m., Höhe bis zur Plattform 9,77 m. Laterne 10eckig mit vertikalen Pfosten, 1 m. hoch mit je einer Spiegelscheibe. Durchmesser des Steinkegels oben 7 m., in der Wasserlinie 19 m. In der Wasserlinie liegt um den Fuss des Kegels eine horizontale Platte, 2,3 m. breit, | 1 Aufseher u. 2 Assistenten. | An der Ostseite des Thurmes in gusseisernem Glockenstuhl eine Metallglocke von 0,29 m. Durchmesser. | . . . . | 1815 | 1853 1866 | |

| Laufende Nummer. | Namen und Oertlichkeit des Feuers. | Geographische Lage des Feuers. | Farbe, Art und Dauer der Lichterscheinung. | Beschreibung des Leuchtapparates. | Art des Erleuchtungsmaterials | Verbrauch stündlich in Grammen. | Verbrauch jährlich in Kilogr. | Höhe der Flamme über Mittelwasser in Metern. | Höhe der Flamme über dem Erdboden in Metern. |
|---|---|---|---|---|---|---|---|---|---|
| | 1. | 2. | 3. | 4. | 5a. | 5b. | 5c. | 6a. | 6b. |
| 59 | **Bülk**, auf der nördlichsten steilabfallenden Landspitze der westlichen Seite der Kieler Förde; gegen die Einwirkungen der Sturmfluthen durch eine Steindossirung gesichert, im Hintergrunde einzelne höher gelegene Holzungen. | 54° 27′ 26″ N.Br. 10° 11′ 56″ O.Lg. | Ein weisses festes F. Beleuchtet 240° des Horizonts von NNW über O. u. S. bis SW ½ S. | Fresnelscher katadioptrischer Linsenapparat III. Ordnung, aus 3 Fassungen zu 72° und einer zu 24° zusammengesetzt. Mittlerer cylindrischer Theil: plankonvexe Linse von 1 m. Durchmesser mit je 6 prismatischen Glasringen über und unter der Linse. Unterer Theil: 4 Zonen prismatischer Ringe. Oberer Theil: 11 Zonen prismatischer Ringe, nach oben allmälig abnehmend. Sämmtliche Prismen in Metallhülsen gefasst. 3 feste kupferne, versilberte parabolische Spiegel, 48,34 cm. breit, 23 cm. hoch, 8,35 cm. breit, 1,0 m. hoch u. 8,50 cm. breit, 43 cm. hoch. 2 par. Spiegel mit Charnieren zum Oeffnen und Schliessen vermitteln den Zutritt zur Lampe. 1 Moderateurlampe mit Druckkolben. Regulirung des Oelzuflusses mittels eines konischen Stahlstiftes (Degrandsche Lampe). Durchmesser der Lampe 22 cm., Höhe derselben 41 cm., Gewicht des Kolbens | Rüböl | 150 | 600 | 30,42 | 24,4 |

| Laufende Nummer. | Sichtweite in Seemeilen. | Höhe d. Leuchtfeuergebäudes in Metern. | Beschreibung des Leuchtfeuergebäudes bezw. Leuchtschiffes. | Bedienung des Feuers bezw. Bemannung des Leuchtschiffes. | Beschreibung der Nebelsignal-Einrichtungen. | Beschreibung der sonstigen Einrichtungen zum Signalisiren. | Das Feuer ist errichtet: | Das Feuer ist verändert: | Sonstige Bemerkungen. |
|---|---|---|---|---|---|---|---|---|---|
| | 7. | 8. | 9. | 10. | 11. | 12. | 13a. | 13b. | 14. |
| | | | davor Steinanwurf von $1^1/_2$-facher Dossirung, so dass der Durchmesser des Fusses ca. 28 m. beträgt. | | | | | | |
| 59 | 15 | 27,2 | Runder weisser Thurm aus Ziegeln, bis zur Plattform 21,891 m. hoch, Tambour 1,648m. hoch, 10eckige Laterne von 2,5 m. Durchmesser mit vertikalen 1,9 m. hohen Pfosten. Jedes Fach durch eine horizontale Sprosse in 2 Scheiben zerlegt; 2 landwärts belegene Fächer der Laterne statt mit Scheiben mit Kupferplatten geschlossen. Westlich vom Thurm und mit diesem durch einen geschlossenen Windfang verbunden, massives, einstöckiges Wohnhaus mit steilen Giebeln und rothem Ziegeldach. Westlich davon und parallel damit eine massive mit Stroh gedeckte Scheune und massives mit Pfannen gedecktes Backhaus. | 1 Feuermeister und 2 Assistenten. | 1 bronzene 9 cm.-Kanone mit hölzerner 2rädiger Schiffslafette. 1 Nebelhorn, Syrene 1. Klasse, mit $6^1/_2$ Seem. weit hörbarem Schall, tönt 5 Sek. lang mit 36 Sek. Pause. Frei stehender Lokomobil-Kessel. Das aus dem Gebäude herausgestreckte Schallrohr ist nach Osten gerichtet. | Flaggensignal für die Lootsen-Station Labö. | 1815 | 1844<br>1865 | Das Kesselhaus des Nebelsignals liegt ca. 23 m. in südöstl. Richtung von dem Leuchtfeuer, ist massiv erbaut, 7,76 m. lang, 4,76 m. breit und 4,5 m. hoch im Mauerwerk und mit Schiefer gedeckt. Der Blechschornstein ragt ca. 7,5 m. aus dem Dache hervor. An der nördl. Giebelseite des Kesselhauses ist in 3,5 m. Verlängerung desselben ein Kohlenschuppen aus Fachwerk mit Bretterverschalung und Pultdach angebaut. |

| Laufende Nummer. | Namen und Oertlichkeit des Feuers. | Geographische Lage | Farbe, Art und Dauer der Lichterscheinung. | Beschreibung des Leuchtapparates. | Art des Erleuchtungsmaterials | Verbrauch stündlich in Grammen. | Verbrauch jährlich in Kilogr. | Höhe der Flamme über Mittelwasser in Metern. | Höhe der Flamme über dem Erdboden in Metern. |
|---|---|---|---|---|---|---|---|---|---|
| | 1. | 2. | 3. | 4. | 5a. | 5b. | 5c. | 6a. | 6b. |
| 60 | **Eckernförde**, auf dem Molenkopf des Hafens gl. N. | 54° 28′ 15″ N.Br. 9° 50′ 17″ O.Lg. | Ein rothes festes F. Beleuchtet 3/4 des Horizonts. | 22,5 Kilogr. 2 concentrische Dochte von 4 cm. u. 2 cm. Durchmesser. Gaslaterne. | Gas. | 0,1 kbm. | . . | 4,5 | 3,0 |
| 61 | **Schleimünde**, auf dem Kopf der Nordmole, an der Einfahrt in die Schlei. | 54° 40′ 20″ N.Br. 10° 2′ 20″ O.Lg. | Ein rothes festes F. Beleuchtet den Horizont von N z W über O. bis S z W 1/4 W. | Fresnelscher Apparat V. Ordnung mit Linse von 0,375 m. innerem Durchmesser und mit 1 Lampe. | Petroleum. | 47,45 | 195,3 | 16,7 über dem Null-pkt. des Pegels. | 12,38 über der Oberkante der Mole. |
| 62 | **Kalkgrund**, Leuchtschiff an dem Nordende dieser sich nördlich der Halbinsel Birk erstreckenden Sandspitze, auf 18 m. Wassertiefe, N z O 180 m. von der auf der Untiefe Kalkgrund befindlichen Bake. | 54° 49′ 45″ N.Br. 9° 53′ 30″ O.Lg. | Ein weisses festes F. Beleuchtet den ganzen Horizont. | Linsen-Apparat VI. Ordnung (Fresnel). Besteht aus 3 um einen Schiffsmast angeordneten Laternen, von denen jede 2/3 des Horizonts beleuchtet. | Petroleum. | 180 | 650 | 8,0 | . . |
| 63 | **Flensburg**, am Hafen bei dem neuen Krahn, 2 Laternen in ca. 60 m. Entfernung von einander. | 54° 47′ 54″ N.Br. 9° 27′ 40″ O.Lg. (Mitte.) | Ein rothes und ein grünes festes F. | 2 grosse Gaslaternen mit parabolischen Reflektoren, jede nach einer Seite mit einer rothen bezw. grünen Scheibe verglast, nach den 3 anderen Seiten blind. | Leuchtgas. | . . | . . | 6,3 | 4,8 |
| 64 | **Sonderburg**, auf dem Schlossplatze, westlich vom Schlosse, 2 Laternen S z W und N z O 38,75 m. von einander entfernt. | Nördliche Laterne in: 54° 54′ 24″ N.Br. 9° 47′ 10″ O.Lg. | Zwei rothe feste F. Geben die Richtung für die Anfahrt des Sonderburger Hafens von Süden her an. | 2 Laternen, nach 3 Seiten weiss, nach der Seeseite roth verglast, entweder mit Gasflamme oder eindochtiger Petroleumlampe. Das Licht durch parabo- | Petroleum oder Leuchtgas. | . . | . . | Südliche Laterne 6,20, nördliche | Südliche Laterne 4,50, nördliche |

| Laufende Nummer. | Sichtweite in Seemeilen. | Höhe d. Leuchtfeuergebäudes in Metern. | Beschreibung des Leuchtfeuergebäudes bezw. Leuchtschiffes. | Bedienung des Feuers bezw. Bemannung des Leuchtschiffes. | Beschreibung der Nebelsignal-Einrichtungen. | Beschreibung der sonstigen Einrichtungen zum Signalisiren. | Das Feuer ist errichtet: | Das Feuer ist verändert: | Sonstige Bemerkungen. |
|---|---|---|---|---|---|---|---|---|---|
| | 7. | 8. | 9. | 10. | 11. | 12. | 13a. | 13b. | 14. |
| 60 | 2,0 | . . | Gaslaterne an eisernem Arme auf der Ecke eines massiven Stalles aus rothen Backsteinen mit Dachpfannendach. | Städtischer Laternenanzünder. | . . . . | . . . . | 1864 | 1873 | In der Richtung SO z S von dem Lichte ist der beste Ankerplatz. |
| 61 | 12 | 13,49 über der Brüstg. der Mole. | Runder Thurm aus gelben Backsteinen mit kupferner Laterne auf Tambour von gelben Backsteinen mit Zinkmantel in Naturfarbe. | 1 Wärter. | . . . . | . . . . | . . | 1. Dezember 1871 | Lootsen-Station. Die Lootsen befinden sich auf der nördlich des Leuchtthurmes gelegenen Lootseninsel. |
| 62 | 7 | . . | Roth angestrichenes, 20,25 m. in der Wasserlinie langes, Schiff mit 2 Pfahlmasten. Trägt auf beiden Seiten in weissen Buchstaben den Namen „KALKGRUND", am Heck einen Adler als Verzierung. | 1 Schiffsführer, 1 Steuerm., 1 Schiffszimmermann und 4 Matrosen. | Bei nebligem Wetter wird ein Gong geschlagen. | 1 Kanone. | 21. April 1876 | . . | Vom Leuchtschiffe, welches stets nördlich passirt werden muss, wird Kekenis-Kirche in N z O ½ O, Kekenis-Leuchtthurm in O ¾ N 3,8 Seem. entfernt, Steinberg-Kirche in SW z W ¼ W und Düppel-Mühle in NNW ½ W 6,5 Seem. entfernt gepeilt. |
| 63 | 2 | . . | Die rothe Laterne auf einem eisernen Laternenpfahl dem Wasser zunächst, die grüne Laterne weiter zurück an einem dahinterliegenden Gebäude. | Städtischer Laternenanzünder. | . . . . | . . . . | 1857 | 1876 | Beim Ansegeln des Hafens geben das rothe und das grüne Feuer in einer Linie gehalten die Richtung des Fahrwassers, zwischen dem Batteriehaken und dem Kielsengerhafen nach dem Hafen hinein, an. |
| 64 | 5 | . . | Laternenpfähle. | 1 Wärter. | . . . . | . . . . | . . | 1873 u. 1876 | Die Unterhaltung der Leuchtfeuer erfolgt auf Kosten der Stadt Sonderburg mit jährlichem staatlichen Zuschuss von 120 M. |

| Laufende Nummer. | Namen und Oertlichkeit des Feuers. | Geographische Lage des Feuers. | Farbe, Art und Dauer der Lichterscheinung. | Beschreibung des Leuchtapparates. | Art des Erleuchtungsmaterials | Verbrauch stündlich in Grammen. | Verbrauch jährlich in Kilogr. | Höhe der Flamme über Mittelwasser in Metern. | Höhe der Flamme über dem Erdboden in Metern. |
|---|---|---|---|---|---|---|---|---|---|
| | 1. | 2. | 3. | 4. | 5a. | 5b. | 5c. | 6a. | 6b. |
| | | | | lische Reflektoren nach der Seeseite verstärkt. | | | | Laterne 7,60 | Laterne 5,00 |
| 65 | **Kekenis**, auf der südöstlichen Spitze der Insel Alsen, auf hohem, steil nach der See abfallendem Terrain. | 54° 51′ 20″ N.Br. 9° 59′ 18″ O.Lg. | Ein weisses festes F. Beleuchtet 208° des Horizonts, von O ¾ N über S. bis WNW ¼ W. | Fresnelscher Linsen-Apparat V. Ordnung; lichter Durchmesser der Linse in der Höhe des Brennpunkts 0,375 m., Höhe der Linse 0,6 m. Lampe mit 1 Docht von 3 cm. Durchmesser. | Petroleum. | 80 | 300 | 25,2 | 8,0 |
| 66 | **Apenrade**, auf dem Kopfe der Südmole. | 55° 2′ 30″ N.Br. 9° 26′ 0″ O.Lg. | Ein rothes festes F., den ganzen Horizont beleuchtend. | Spiegel-Apparat. | . . . | . . | . . | 5,0 | . . |
| 67 | **Aaroesund**, westwärts des nördlichen Einlaufs des Aaroesundes. | 55° 15′ 49″ N.Br. 9° 42′ 53″ O.Lg. | Ein weisses festes F. Beleuchtet den Horizont von NW | Fresnelscher Linsenapparat VI. Ordnung mit 9 Elementen, 0,3 m. Durchmesser | Petroleum. | 73 | 300 | 11,65 | 10,4 |

| Laufende Nummer. | Sichtweite in Seemeilen. | Höhe d. Leuchtfeuergebäudes in Metern. | Beschreibung des Leuchtfeuergebäudes bezw. Leuchtschiffes. | Bedienung des Feuers bezw. Bemannung des Leuchtschiffes. | Beschreibung der Nebelsignal-Einrichtungen. | Beschreibung der sonstigen Einrichtungen zum Signalisiren. | Das Feuer ist errichtet: | Das Feuer ist verändert: | Sonstige Bemerkungen. |
|---|---|---|---|---|---|---|---|---|---|
| | 7. | 8. | 9. | 10. | 11. | 12. | 13a. | 13b. | 14. |
| 65 | 12 | 6,2 bis zur Spitze der Kuppel 9,0 | Weisses massives Gebäude von Backsteinen, in der Richtung von O. nach W., 11,3 m. lang und 8,75 m. breit, in 2 Stockwerken, bis an's flache Kupferdach 5,66 m. hoch. In der Mitte ein Thurm, 6,0 m. über dem Erdboden hoch, mit Kuppel aus eisernem Gestell von 3,1 m. Höhe, 1,5 m. Durchmesser, mit Spiegelscheiben verglast, in welchem der Linsenapparat steht. In 8,54 m. Entfernung ein massives weisses Nebengebäude mit steilen Giebeln und rothem Dach, 11,3 m. lang, 6,25 m. breit, bis zum Dach 3,1 m. und bis zur First 6,92 m. hoch. | 1 Wärter. | . . . . | . . . . | 1846 | . . | Lootsen-Station mit 3 Lootsen. Zwischen den Richtungen S. und SO vom F. liegt die Untiefe „Brede Grund", auf welcher sich an einer Stelle nur 3,8 m. Wasser befindet. |
| 66 | 4 | . . | Holzbake. | . . . . | . . . . | . . . . | 1850 | . . | In der Peilung NNW führt das Feuer in den Hafen; es brennt nur von Sonnenuntergang bis 1 Uhr Morgens und zwar vom 15. September bis zum 1. April. |
| 67 | 10 | 10 | Backsteingebäude aus gelben Steinen im Rohbau, auf 3,2 m. hohem Unterbau, | 1 Wärter. | . . . . | . . . . | 1874 | . . | |

| Laufende Nummer. | Namen und Oertlichkeit des Feuers. | Geographische Lage des Feuers. | Farbe, Art und Dauer der Lichterscheinung. | Beschreibung des Leuchtapparates. | Art des Erleuchtungsmaterials | Verbrauch des Erleuchtungsmaterials stündlich in Grammen. | Verbrauch des Erleuchtungsmaterials jährlich in Kilogr. | Höhe der Flamme über Hochwasser in Metern. | Höhe der Flamme über dem Erdboden in Metern. |
|---|---|---|---|---|---|---|---|---|---|
| | 1. | 2. | 3. | 4. | 5a. | 5b. | 5c. | 6a. | 6b. |
| | | | über N. und O. bis SSO. | der Gläser; Lampe mit 1 Docht. | | | | | |
| 68 | **List**, auf dem Ellenbogen, dem nordöstlichsten Ende der Insel Sylt, 2 Leuchtthürme in der Richtung SO z O $^3/_4$ O u. NW z W $^3/_4$ W, 2664,5 m. von einander entfernt, von Dünen umgeben. | a. 55° 3′ 2″ N.Br. 8° 26′ 48″ O.Lg. | a. Ein weisses festes F. Beleuchtet den ganzen Horizont. | a. Linsenapparat IV. Ordnung. 7 obere Linsen im ganzen Umfang des Apparates von bezw. 18cm., 28cm., 35cm., 41cm., 46cm., 48cm., 48 cm. Durchmesser. 5 untere Linsen im ganzen Umkreis des Apparates von bezw. 48cm., 48cm., 48cm., 42 cm., 36 cm. Durchmesser, dazwischen im ganzen Umfang des Apparates ein cylindrischer Glasspiegel von 14 cm. Höhe und 48 cm. Durchmesser. 1 Moderateurlampe von 45cm. Höhe, $17^1/_2$cm. Durchmesser. Lampe mit 2dochtigem Brenner von resp. 53 mm. und 22 mm. Durchmesser in plattgedrückter Form. | Rüböl. | 133 | 550 | 22,0 | 12,4 |
| | | b. 55° 3′ 14″ N.Br. 8° 24′ 14″ O.Lg. | b. Ein weisses festes F. mit rothem Schein in der Einsegelungslinie SO z O. Beleuchtet den ganzen Horizont. | b. Linsenapparat IV. Ordnung, gleich dem unter a. Ein Nebenapparat verstärkt das rothe Licht in der Richtung des Fahrwassers des Lister Tiefs, bestehend aus 2 Spiegeln, einem 0,47 m. grossen parabolischen und einem 0,36 m. grossen Sideralspiegel, und einer Niveaulampe | Rüböl. | 158 | 650 | 19,5 | 9,6 |

| Laufende Nummer. | Sichtweite in Seemeilen. | Höhe d. Leuchtfeuergebäudes in Metern. | Beschreibung des Leuchtfeuergebäudes bezw. Leuchtschiffes. | Bedienung des Feuers bezw. Bemannung des Leuchtschiffes. | Beschreibung der Nebelsignal-Einrichtungen. | Beschreibung der sonstigen Einrichtungen zum Signalisiren. | Das Feuer ist errichtet: | Das Feuer ist verändert: | Sonstige Bemerkungen. |
|---|---|---|---|---|---|---|---|---|---|
| | 7. | 8. | 9. | 10. | 11. | 12. | 13a. | 13b. | 14. |
| | | | mit Schieferdach. 12,84 m. lang, 8,72 m. breit. Die Lampe hängt am Giebel in einem hölzernen, weiss angestrichenen Galgen. | | | | | | |
| 68 | 12 | 12,5 | Zwei runde weisse Thürme von Eisenblech mit rother Kuppe von 3,45 m. unterem, 2,98 m. oberem Durchmesser. Nahe dem östlichen Thurm unterhalb der Düne ein massives Gebäude, die Wohnung des Feuermeisters, mit Schieferbedachung; bei dem westlichen Thurm unterhalb der Düne ein massives Gebäude, Wohnung des Assistenten, mit Ziegelbedachung. | 1 Feuermeister beim östlichen, 1 Assistent beim westlichen F. | . . . . | . . . . | 1852 | 1858 | Beide Feuer dienen als Leitfeuer für das Einlaufen in das Lister Tief. |
| | 10 | 9,4 | . . . . . . | . . . . . | . . . . | . . . . | 1852 | 1858 | |

| Laufende Nummer. | Namen und Oertlichkeit des Feuers. | Geographische Lage des Feuers. | Farbe, Art und Dauer der Lichterscheinung. | Beschreibung des Leuchtapparates. | Art des Erleuchtungsmaterials | Verbrauch des Erleuchtungsmaterials stündlich in Grammen. | Verbrauch des Erleuchtungsmaterials jährlich in Kilogr. | Höhe der Flamme über Hochwasser in Metern. | Höhe der Flamme über dem Erdboden in Metern. |
|---|---|---|---|---|---|---|---|---|---|
| | 1. | 2. | 3. | 4. | 5a. | 5b. | 5c. | 6a. | 6b. |
| | | | | von $17^1/_2$ cm. Höhe, $8^1/_2$cm. Durchmesser, Docht 4,8 cm. Durchmesser. | | | | | |
| 69 | **Rothe-Kliff**, auf dem hohen Lande ungefähr in der Mitte der Insel Sylt beim Dorfe Kampen. | 54° 56′ 50″ N.Br. 8° 20′ 30″ O.Lg. | Ein weisses festes F. mit Blinken alle 4 Min., nämlich festes Licht 2 Min. 55 Sek. Verdunkelung 25 Sek. Blink 15 Sek. Verdunkelung 25 Sek. Das F. beleuchtet den ganzen Horizont; ist jedoch nach SSW über W. und N. bis ONO (225°) heller, als nach den übrigen Richtungen, und nach NNO bis NO z O (34°), der Richtung des Lister Tiefs, roth. | Linsenapparat I. Ordnung; mit einem festen und beweglichen Theil und dem Rotationswerk. Unterer Theil: 7 katadioptrische Linsenfächer, in jedem Fach 16 Linsen von 435 mm. × 130 mm. Mittlerer Theil: 5 cylindrische Linsenfächer, in jedem Fach 16 Linsen von 705 mm. Länge u. Breiten 2 von 70 mm., 2 von 53 mm., 2 von 46 mm., 2 von 39 mm., 2 von 36 mm., 6 von 34 mm. und in jedem Fach 1 Glasspiegel von 700 mm. × 280 mm., ferner 3 Fächer, in jedem Fach 1 sphärischer, silberplattirter, kupferner Metallspiegel von 900 mm. × 680 mm., 5 rothe Glasscheiben zur Erzeugung des rothen Lichtes in der Richtung des Lister Tiefs u. zwar 1 v. 620×510 mm. 2 v. 470×510 mm. 1 v. $410 \times \frac{510+390}{2}$ mm. 1 v. $410 \times \frac{390+280}{2}$ mm. Oberer Theil: 16 katadioptrische Linsenfächer, jedes Fach mit 13 Linsen von resp. 345 × 130, 327 × 130, 310 × 130, 292 × 130, 275 × 130, 258 × 130, 240 × 130, 222 × 130, 205 × 130, 188 × 130 | Rüböl. | 725 | 3000 | 62,7 | 35,4 |

| Laufende Nummer. | Sichtweite in Seemeilen. | Höhe d. Leuchtfeuergebäudes in Metern. | Beschreibung des Leuchtfeuergebäudes bezw. Leuchtschiffes. | Bedienung des Feuers bezw. Bemannung des Leuchtschiffes. | Beschreibung der Nebelsignal-Einrichtungen. | Beschreibung der sonstigen Einrichtungen zum Signalisiren. | Das Feuer ist errichtet: | Das Feuer ist verändert: | Sonstige Bemerkungen. |
|---|---|---|---|---|---|---|---|---|---|
| | 7. | 8. | 9. | 10. | 11. | 12. | 13a. | 13b. | 14. |
| 69 | 20 | 40,0 | Runder Thurm aus gelben Ziegelsteinen mit schwarzer Kuppe, in Mitte der nach N. und S. angebauten Beamtenwohnungen, aus gelben Ziegelsteinen mit Zinkdach, welche von See aus wegen Verdeckung durch Dünen nicht sichtbar sind. | 1 Feuermeister, 1 Assistent, 1 Wärter. | . . . . | Telegraphenleitung. | 1855 | . . | |

| Laufende Nummer. | Namen und Oertlichkeit des Feuers. | Geographische Lage | Farbe, Art und Dauer der Lichterscheinung. | Beschreibung des Leuchtapparates. | Art des Erleuchtungsmaterials | Verbrauch des Erleuchtungsmaterials stündlich in Grammen. | Verbrauch des Erleuchtungsmaterials jährlich in Kilogr. | Höhe der Flamme über Hochwasser in Metern. | Höhe der Flamme über dem Erdboden in Metern. |
|---|---|---|---|---|---|---|---|---|---|
| | 1. | 2. | 3. | 4. | 5a. | 5b. | 5c. | 6a. | 6b. |
| | | | | 170 × 130, 152 × 130 u. 135 × 130 mm.<br>Der bewegliche Theil:<br>3 Rahmen, jeder mit 3 vertikalen Linsenfächern, enthalten:<br>12 L. v. 964 × 70 mm.<br>9 „ „ 964 × 56 „<br>9 „ „ 964 × 45 „<br>6 „ „ 615 × 70 „<br>6 „ „ 615 × 56 „<br>3 „ „ 964 × 39 „<br>6 „ „ 964 × 29 „<br>6 Glasspiegel v. 964 × 275 mm., 3 Glasspiegel v. 877 × 275 mm.<br>Lampen:<br>Eine 4 dochtige Lampe, 0,54 m. hoch, 0,38 m. Durchmesser. Dochte von 32, 70, 105 u. 133 mm. Durchmesser in plattgedrückter Form. | | | | | |
| 70 | **Munkmarsch**, auf der Ostseite der Insel Sylt. | 54° 55,2′ N.Br.<br>8° 21,8′ O.Lg. | *Zwei weisse feste F.* | . . . . . . . . | . . . | . . | . . | . . | . . |
| 71a. | **Hoyerschleuse.** | 54° 57′ 27″ N.Br.<br>8° 41′ 8″ O.Lg. | *Ein weisses festes F.* | . . . . . . . . | . . . | . . | . . | . . | . . |
| 71b. | **Friedrichenkoog**, 1000 m. landeinwärts von der Schleuse zu Hoyer. | 54° 57′ 13″ N.Br.<br>8° 41′ 49″ O.Lg. | *Ein weisses festes F.* | . . . . . . . . | . . . | . . | . . | . . | . . |
| 72 | **Dagebüll**, auf dem Seedeiche vor der alten Hafeneinfahrt, 2 Leitfeuer in der Richtung NNO 10 m. von einander entfernt. | Das östliche F. in:<br>54° 43′ 40″ N.Br.<br>8° 41′ 20″ O.Lg. | Zwei weisse feste F. Beleuchten den ganzen Horizont und erhellen das Wattenmeer zwischen dem Festlande und der Insel Föhr. | Zwei Spiegelapparate VI. Ordnung, in Laternen aus Eisenblech. In jeder Laterne 1 messingner Sideralapparat von 34 cm. Durchm. u. 1 messingner parabolischer Hohlspiegel von je 24 cm. Durchm. u. Tiefe. Lampe 4,5 cm. | Rüböl. | 130 für beide. | 535 | östliche 7,1 westliche 6,0. | östliche 2,0 westliche 1,4. |

| Laufende Nummer. | Sichtweite in Seemeilen. | Höhe d. Leuchtfeuergebäudes in Metern. | Beschreibung des Leuchtfeuergebäudes bezw. Leuchtschiffes. | Bedienung des Feuers bezw. Bemannung des Leuchtschiffes. | Beschreibung der Nebelsignal-Einrichtungen. | Beschreibung der sonstigen Einrichtungen zum Signalisiren. | Das Feuer ist errichtet: | Das Feuer ist verändert: | Sonstige Bemerkungen. |
|---|---|---|---|---|---|---|---|---|---|
| | 7. | 8. | 9. | 10. | 11. | 12. | 13a. | 13b. | 14. |
| 70 | 8 | . . | *Laternen auf Holzgerüsten an der Südseite der Landungsbrücke* | . . . . | . . . . | . . . . | . . | . . | *Für die Wattenfahrt nach dem Hafen von Munkmarsch bestimmt. Errichtung beabsichtigt.* |
| 71a. | . . | . . | *Hölzerner Pfahl.* | . . . . | . . . . | . . . . | . . | . . | *Errichtung beabsichtigt.* |
| 71b. | . . | . . | *Eisernes Gerüst.* | . . . . | . . . . | . . . . | . . | . . | *Errichtung beabsichtigt.* |
| 72 | 9 | östliches 2,0 westliches 1,4. | Zwei hölzerne Gerüste. | 1 Wärter. | . . . . | . . . . | 1845 | . . | In Linie gehalten führen die F. in den alten Hafen von Dagebüll. |

| Laufende Nummer. | Namen und Oertlichkeit des Feuers. | Geographische Lage des Feuers. | Farbe, Art und Dauer der Lichterscheinung. | Beschreibung des Leuchtapparates. | Art des Erleuchtungsmaterials | Verbrauch stündlich in Grammen. | Verbrauch jährlich in Kilogr. | Höhe der Flamme über Hochwasser in Metern. | Höhe der Flamme über dem Erdboden in Metern. |
|---|---|---|---|---|---|---|---|---|---|
| | 1. | 2. | 3. | 4. | 5a. | 5b. | 5c. | 6a. | 6b. |
| | | | | hoch u. von 26 cm. Durchmesser. Brenner 1 dochtig. | | | | | |
| 73 | **Wyk** auf Föhr, auf dem Aussen-Deich an der Hafeneinfahrt, 2 Leitfeuer in der Richtung O z N 16 m. von einander entfernt. | Das östliche F. in: 54° 41′ 30″ N.Br. 8° 34′ 20″ O.Lg. | Zwei weisse feste F. Beleuchten den ganzen Horizont, sind jedoch in W- und SW-Richtung häufig verdeckt. | Zwei Spiegelapparate VI. Ordnung wie bei Nr. 72. | Petroleum. | 76 | 315 | östliche 4,8 westliche 6,0. | östliche 4,0 westliche 3,2. |
| 74 | **Amrum**, auf der sogen. „grossen (zweit höchsten) Düne“ der Insel gl. N. | 54° 37′ 56″ N.Br. 8° 21′ 27″ O.Lg. | Ein weisses Blinkfeuer. Alle 20 Sek. ein Blink von 6 Sek. Dauer nach jedesmaliger Verdunkelung von 14 Sek. Beleuchtet den ganzen Horizont. | Fresnelscher Apparat I. Ordnung mit 16 katadioptrischen Kuppelschirmen aus 18 concentrisch gebogenen Prismen, 16 dioptrischen Linsenschirmen zum Mitteltheile und 16 katadioptrischen Untertheilen mit je 8 Prismen. Lampe mit 5 dochtigen Brennern. | Mineralöl. | 1200 | 5000 | 63,2 | 37,3 |
| 75 | **Amrum**, hart am östlichen Ufer des Hafens der Insel gl. N., 1800 m. ostsüdöstlich vom Hauptfeuer (Nr. 74). | 54° 37′ 52″ N.Br. 8° 23′ 8″ O.Lg. | Ein weisses festes F. Beleuchtet 90° des Horizonts nach der St. Laurentius-Kirche zu Föhr u. der SO-Spitze von Amrum hin. | Linsen-Apparat (Fresnel) mit Petroleum-Lampe. | Petroleum. | . . | . . | 8,0 | 5,0 |

| Laufende Nummer. | Sichtweite in Seemeilen. | Höhe d. Leuchtfeuergebäudes in Metern. | Beschreibung des Leuchtfeuergebäudes bezw. Leuchtschiffes. | Bedienung des Feuers bezw. Bemannung des Leuchtschiffes. | Beschreibung der Nebelsignal-Einrichtungen. | Beschreibung der sonstigen Einrichtungen zum Signalisiren. | Das Feuer ist errichtet: | Das Feuer ist verändert: | Sonstige Bemerkungen. |
|---|---|---|---|---|---|---|---|---|---|
| | 7. | 8. | 9. | 10. | 11. | 12. | 13a. | 13b. | 14. |
| 73 | 6 | östliches 4,0<br>westliches 3,2 | Zwei hölzerne Gerüste. | 1 Wärter. | .... | .... | 1842 | .. | Die Unterhaltung der F. geschieht auf Kosten des Fleckens Wyk. |
| 74 | 20 | 41,8 | Thurm aus Ziegelsteinen, in Form eines abgestumpften Kegels, mit dunkelbrauner Klinkerverblendung und vorspringender Eisengallerie oben. Durchmesser unter dem Sockel 8,14 m., unmittelbar über demselben 7,52 m. u. dicht unter der oberen Gallerie 5,82 m. Dazu gehöriges Wärterhaus mit Stallgebäude u Scheune hinter der Düne, von See aus nicht sichtbar. | 1 Feuermeister, 2 Wärter. | .... | .... | 1875 | .. | Das Feuer beherrscht die Vortrapptiefe und Schmaltiefe, sowie die Untiefen vor Amrum, namentlich die ca. 15 Seem. entfernte Amrumer Bank und soll die Schiffe besonders vor letzterer warnen. Rettungs-Station. Bei Kniephafen sind zwei und bei Steenodde ist ein Rettungsboot stationirt. |
| 75 | 6,5 | 2,1 | Schwarz u. weiss gestreiftes eisernes Häuschen von 1,4 m. Länge u. 0,9 m. Breite, welches 2 schwarz u. weiss gestreifte eiserne Laternenträger von 3,8 m. Höhe trägt, an denen die Laterne aufgewunden wird. | Die bei Nr. 74 bezeichneten Beamten. | .... | Bei Tage wird an Stelle der Laterne ein schwarz und weiss gestreifter Cylinder von 1,5 m. Höhe und 0,5 m. Durchm. an den Laternenträgern aufgezogen. | 1876 | .. | Wird nur angezündet, so lange die Schifffahrt nicht durch Eis gesperrt ist. Beim Einsegeln in den Amrumer Hafen, von der Norderaue aus, ist das F. in Deckpeilung mit dem F. Nr. 74 zu halten. |

| Laufende Nummer. | Namen und Oertlichkeit des Feuers. | Geographische Lage des Feuers. | Farbe, Art und Dauer der Lichterscheinung. | Beschreibung des Leuchtapparates. | Art des Erleuchtungsmaterials | Verbrauch des Erleuchtungsmaterials stündlich in Grammen. | Verbrauch jährlich in Kilogr. | Höhe der Flamme über Hochwasser in Metern. | Höhe der Flamme über dem Erdboden in Metern. |
|---|---|---|---|---|---|---|---|---|---|
| | 1. | 2. | 3. | 4. | 5a. | 5b. | 5c. | 6a. | 6b. |
| 76 | **Aeusseres Eider-Feuerschiff**, vor der Eidermündung auf 13,2 m. Wasser, beinahe in Linie mit der Eider-Ansegelungstonne und der Eider-Galiote (Nr. 77). | 54° 15′ 53″ N.Br. 8° 17′ 30″ O.Lg. | Ein weisses festes F. Beleuchtet den ganzen Horizont. | Linsen-Apparat VI. Ordnung, bestehend aus 3 Lampen mit je 9 Linsen von 80 cm. Umfang, wovon 2 — 15, 2 — 19, 2 — 22, 2 — 26 mm. und 1 mittlere 84 mm. hoch ist. — Die Lampe mit Kappe ist 90 cm. hoch und hat 36 cm. Durchm. Die Dochte haben 26 mm. äusseren Durchm. | Petroleum. | 171,3 | 674 | 10,9 | . . |
| 77 | **Eider-Galiote** (inneres Eider-Feuerschiff), auf 3,8 m. Wasser, innerhalb der Barre. | 54° 15′ 45″ N.Br. 8° 34′ 54″ O.Lg. | Ein weisses festes F. Beleuchtet den ganzen Horizont. | Spiegel-Apparat VI. Ordnung, bestehend aus 9 Lampen, die in einem Kranze um den Mast befestigt sind. — Jede Lampe hat einen Hohlspiegel von 19,5 cm. mittlerem Durchmesser. Die Laterne mit Kappe ist 59 cm. hoch, an der vorderen Seite, wo die Glasscheibe, 32, an der entgegengesetzten Seite 16, sowie an jeder der beiden anderen Seiten 23 cm. breit. Die Dochte haben 24 mm. äusseren Durchmesser. | Petroleum<br>und<br>Rüböl. | 280<br><br>132 | 755<br><br>118,5 | 10,0 | . . |
| 78 | **Vollerwiek**, auf dem Deiche am Fahrwasser, 4 Leitfeuer, die beiden westlichen in der Richtung ONO ²/₃ O 185 m., die beiden östlichen SO z S 47 m. von einander entfernt. | Das westlichste F. in: 54° 16′ 57″ N.Br. 8° 47′ 33″ O.Lg. Das dritte F. stromaufw. in: 54° 17′ 16″ N.Br. 8° 48′ 30″ O.Lg. | Zwei westliche und zwei östliche weisse feste F. Leuchten nach dem Fahrwasser hin; die beiden westlichen F. in Linie, geben die Richtung des Fahrwassers nach Westen hin auf etwa 2 Seem. Länge, die beiden | Spiegel-Apparate VI. Ordnung, bestehend aus einer Lampe mit einem Hohlspiegel von 19,5 cm. mittlerem Durchmesser. Die Laterne mit Kappe ist 54 cm. hoch, an der vorderen Glasseite 36, an der hinteren 20 cm. und an jeder der beiden an- | Petroleum. | 137 | 568 | westl. 8,75 4,0. östl. 9,5 3,7. | . . |

| Laufende Nummer. | Sichtweite in Seemeilen. | Höhe d. Leuchtfeuergebäudes in Metern. | Beschreibung des Leuchtfeuergebäudes bezw. Leuchtschiffes. | Bedienung des Feuers bezw. Bemannung des Leuchtschiffes. | Beschreibung der Nebelsignal-Einrichtungen. | Beschreibung der sonstigen Einrichtungen zum Signalisiren. | Das Feuer ist errichtet: | Das Feuer ist verändert: | Sonstige Bemerkungen. |
|---|---|---|---|---|---|---|---|---|---|
| | 7. | 8. | 9. | 10. | 11. | 12. | 13a. | 13b. | 14. |
| 76 | 8 | . . | Hölzerner dreimast. Schooner, schwarz angestrichen, mit dem Namen „EIDER“ in weissen Buchstaben auf beiden Seiten; in jedem Top eine schwarze Kugel, am Grossmast der Leuchtapparat. | 1 Schiffsführer, 1 Steuermann. 6 Matrosen, 1 Zimmermann, 1 Koch, 1 Schiffsjunge. | Schiffsglocke und Nebelhorn. Bei nebeligem Wetter oder starkem Regen wird in Pausen von 5 Min. 5 Min. lang mit der Schiffsglocke geläutet. | Schiffskanone. Schiffe welche einen gefährlichen Kurs einhalten, werden durch Signalschüsse gewarnt. | 1868 | . . | Das Feuerschiff verlässt seine Station nur, wenn es durch höhere Gewalt dazu gezwungen wird; liegt es nicht auf seiner richtigen Stelle, so wird das Feuer nicht angezündet und bei Tage eine schwarze Flagge mit weissem Viereck im Besahntop aufgeheisst. |
| 77 | 8 | . . | Roth angestrichenes Fahrzeug mit dem Namen „EIDER“ in weissen Buchstaben auf beiden Seiten. Führt bei Tage eine rothe Flagge im Vortop. Leuchtapparat am Fockmast. | 1 Schiffer, 4 Matrosen, 1 Koch u. 9 Lootsen. | Schiffsglocke und Nebelhorn. Bei nebeligem Wetter wird mit der Schiffsglocke geläutet. | Schiffskanone. | 1815 | . . | So lange Lootsen an Bord sind, weht am Tage eine rothe Flagge im Vortop. — Das Feuerschiff verlässt die Station, welche es von Ende Februar bis Ende November innehält, nur wenn es durch höhere Gewalt dazu gezwungen wird. Liegt es nicht auf seiner richtigen Stelle, so wird das Feuer nicht angezündet und bei Tage eine schwarze Flagge mit weissem Viereck im Grosstop aufgeheisst. — Lootsen- und Rettungs-Station. |
| 78 | 4 | . . | 4 Laternen auf 4 hölzernen Gerüsten. | 1 Wärter. | . . . . | . . . . | 1867 | . . | |

| Laufende Nummer. | Namen und Oertlichkeit des Feuers. | Geographische Lage des Feuers. | Farbe, Art und Dauer der Lichterscheinung. | Beschreibung des Leuchtapparates. | Art des Erleuchtungsmaterials | Verbrauch des Erleuchtungsmaterials: stündlich in Grammen. | Verbrauch des Erleuchtungsmaterials: jährlich in Kilogr. | Höhe der Flamme über Hochwasser in Metern. | Höhe der Flamme über dem Erdboden in Metern. |
|---|---|---|---|---|---|---|---|---|---|
| | 1. | 2. | 3. | 4. | 5a. | 5b. | 5c. | 6a. | 6b. |
| | | | östlichen den Kurs nach dem Purrenstrom an. | deren 23 cm. breit. Dochte von 24 mm. äusserem Durchm. | | | | | |
| 79 | **Tönning**, auf dem Aussendeich, in der Nähe u. westlich der Hafeneinfahrt 2 Leitfeuer, von denen das niedere SW $^{1}/_{2}$ W 138 m. vom höheren entfernt ist. | Das höhere F. in: 54° 19' 0" N.Br. 8° 56' 57" O.Lg. | Zwei weisse feste F., nach dem Fahrwasser hin leuchtend. | Spiegel-Apparate VI. Ordnung, wie bei Nr. 67. | Petroleum. | 68,5 | 284 | 9,7<br>6,9 | . . |
| 80 | **Büsum**, auf dem Seedeiche. | 54° 7' 44" N.Br. 8° 51' 42" O.Lg. | Ein weisses festes F., den ganzen Horizont beleuchtend. | Petroleumlampe. | . . . | . . . | . . | 9,9 | . . |
| 81 | **Brunsbüttel**, 2315 m. westlich von der Einfahrt in den Hafen gl. N. | 53° 53' 30" N.Br. 9° 6' 0" O.Lg. | Ein weisses festes F. Beleuchtet das Fahrwasser stromaufwärts in ganzer Breite, stromabwärts bis zu den weissen Tonnen. | Linsen-Apparat IV. Ordnung mit 1 Lampe. | Petroleum. | 68 | 250 | 13,2 | 7,3 |
| 82 | **Bösch**, an der Hafeneinfahrt von Büttel, westlich von St. Margarethen. | 53° 53' 45" N.Br. 9° 13' 50" O.Lg. | Ein weisses festes F. Beleuchtet 202° 30' des Horizonts, von OSO über S. u. W. bis NW. | Linsen-Apparat VI. Ordnung, von 37 cm. Durchmesser und 22 cm. Höhe, mit einer Linse und je 3 prismatischen Ringen über und unter derselben. Eine Lampe mit 2,5 cm. breitem Flachdocht. | Petroleum. | 27 | 100 | 6,3 | 3,0 |

| Laufende Nummer. | Sichtweite in Seemeilen. | Höhe d. Leuchtfeuergebäudes in Metern. | Beschreibung des Leuchtfeuergebäudes bezw. Leuchtschiffes. | Bedienung des Feuers bezw. Bemannung des Leuchtschiffes. | Beschreibung der Nebelsignal-Einrichtungen. | Beschreibung der sonstigen Einrichtungen zum Signalisiren. | Das Feuer ist errichtet: | Das Feuer ist verändert: | Sonstige Bemerkungen. |
|---|---|---|---|---|---|---|---|---|---|
| | 7. | 8. | 9. | 10. | 11. | 12. | 13a. | 13b. | 14. |
| 79 | 4 | . . | Laternen auf hölzernen Gerüsten. | 1 Wärter. | . . . . . | . . . . . | 1867 | . . | Die beiden Feuer, in Linie gehalten, bezeichnen das Fahrwasser im Purrenstrom bis 3 Seem. unterhalb Tönning. |
| 80 | 5 | . . | Hölzerner Pfahl auf dem Dache eines Hauses. | . . . . | . . . . . | . . . . . | 1875 | . . | |
| 81 | 8 | 10,1 | Weisses, viereckiges, hölzernes Thürmchen mit schwarzer Kuppe. | 1 Wärter. | . . . . | . . . . . | 1873 | . . | |
| 82 | 6 | 3,5 | Grauer achteckiger Thurm von Backstein-Mauerwerk. | Der Lootsenwirth. | Den im Nebel aufkommenden Schiffen wird mittelst eines Hornes signalisirt, dass das Lootsenboot ausgegangen ist. | Wenn das Lootsenboot bei westlichen Stürmen bis oberhalb der Bösch vertrieben ist, so wird dies aufkommenden Schiffen bei Nacht mittelst einer rothen Laterne, am Tage durch Herunterziehen der Flagge auf halbe Höhe signalisirt. | 1864 | . . | Lootsen-Station. |

| Laufende Nummer. | Namen und Oertlichkeit des Feuers. | Geographische Lage des Feuers. | Farbe, Art und Dauer der Lichterscheinung. | Beschreibung des Leuchtapparates. | Art des Erleuchtungsmaterials | Verbrauch des Erleuchtungsmaterials stündlich in Grammen. | Verbrauch des Erleuchtungsmaterials jährlich in Kilogr. | Höhe der Flamme über Hochwasser in Metern. | Höhe der Flamme über dem Erdboden in Metern. |
|---|---|---|---|---|---|---|---|---|---|
| | 1. | 2. | 3. | 4. | 5a. | 5b. | 5c. | 6a. | 6b. |
| 83 | **Stoerort**, am linken Ufer des Ausflusses der Stoer in die Elbe. | 53° 49′ 20″ N.Br. 9° 24′ 6″ O.Lg. | Ein weisses festes F. Beleuchtet 180° des Horizonts von W z S über N. bis O z N. | Spiegel-Apparat VI. Ordnung mit einem Metallspiegel von 43 cm. Durchmesser und einer Lampe mit Runddocht von 4,8 cm. Durchmesser. | Rüböl. | 38 | 175 | 7,0 | 4,6 |
| 84 | **Glückstadt**, auf dem Nordmolenkopf des Hafens gl. N. | 53° 47′ 5″ N.Br. 9° 24′ 32″ O.Lg. | Ein festes F., 41° 15′ des Horizonts roth beleuchtend, nämlich von SW z W über W. bis W z N 1/3 N., weiss nach den anderen die Elbe bestreichenden Richtungen hin, nämlich 93° 45′ von W z N 1/3 N über N. bis N z O und 90° von SO z S über S. bis SW z W. | Linsen-Apparat VI. Ordnung, von 30 cm. Durchmesser und 26 cm. Höhe, mit einer Linse und je 4 prismatischen Ringen über und unter derselben. Eine Lampe mit rundem Docht von 27 cm. Durchmesser. | Petroleum. | 45 | 212 | 9,3 | 7,2 |
| 85 | **Pagensand**, auf der Nordseite der Bank gl. N. | 53° 42′ 20″ N.Br. 9° 30′ 6″ O.Lg. | Ein weisses und rothes festes F. Beleuchtet das Fahrwasser zwischen dem Leuchtschiff „Krautsand“ u. der weissen Tonne Nr. 11 mit weissem Licht, von der Tonne Nr. 11 bis zum Grauerort-Leuchtschiff (Nr. 99) mit rothem Licht und zeigt von da bis zur weissen Tonne Nr. 8 wieder einen weissen Schein. Auf der Station des Leuchtschiffes „Krautsand“ erscheint | Linsen-Apparat VI. Ordnung mit 1 Lampe. | Petroleum. | 68 | 250 | 11,1 | Bei Hochwasser steht der Fuss der Bake unter Wasser. |

| Laufende Nummer. | Sichtweite in See-meilen. | Höhe d. Leuchtfeuergebäudes in Metern. | Beschreibung des Leuchtfeuergebäudes bezw. Leuchtschiffes. | Bedienung des Feuers bezw. Bemannung des Leuchtschiffes. | Beschreibung der Nebelsignal-Einrichtungen. | Beschreibung der sonstigen Einrichtungen zum Signalisiren. | Das Feuer ist errichtet: | Das Feuer ist verändert: | Sonstige Bemerkungen. |
|---|---|---|---|---|---|---|---|---|---|
| | 7.7. | 8. | 9. | 10. | 11. | 12. | 13a. | 13b. | 14. |
| 83 | 6 6 | 5,6 | Weisser runder Thurm von Eisen. | 1 Wärter. | .... | .... | 1805 | 1854 | Der hinter dem Deiche stehende Leuchtthurm erhebt sich nur 1,4 m. über der Deichkrone und dient am Tage als Einsegelungsmarke in den Fluss Stör. |
| 84 | roroth 6 6 weweiss 1(10 | 8,4 | **Weisser, runder, eiserner Thurm mit schwarzer Kuppe auf Unterbau von Granit.** | 1 Wärter. | .... | .... | 1846 | 1872 | |
| 85 | 5 | 14,3 | **Weisses, viereckiges, hölzernes Thürmchen mit schwarzer Kuppe.** | 1 Wärter. | .... | .... | 2. Januar 1873 | 11. Dezember 1873 | |

| Laufende Nummer. | Namen und Oertlichkeit des Feuers. | Geographische Lage des Feuers. | Farbe, Art und Dauer der Lichterscheinung. | Beschreibung des Leuchtapparates. | Art des Erleuchtungsmaterials | Verbrauch stündlich in Grammen. | Verbrauch jährlich in Kilogr. | Höhe der Flamme über Hochwasser in Metern. | Höhe der Flamme über dem Erdboden in Metern. |
|---|---|---|---|---|---|---|---|---|---|
| | 1. | 2. | 3. | 4. | 5a. | 5b. | 5c. | 6a. | 6b. |
| | | | dieses und das Esch-Licht als ein Licht. | | | | | | |
| 86 | **Esch**, kleine Leuchtbake auf der Schlickburg. | 53° 41′ 2″ N.Br. 9° 33′ 48″ O.Lg. | Ein weisses festes F. Beleuchtet das Fahrwasser zwischen dem Leuchtschiff „Krautsand“ (Nr. 100) und der schwarzen Tonne Nr. 22. Auf der Station des Leuchtschiffes „Krautsand“ erscheint dieses und das Pagensand-F. als ein Licht. | Linsen-Apparat V. Ordnung mit 1 Lampe. | Petroleum. | 68 | 250 | 15,55 | . . |
| 87 | **Juels**, auf der Nordwestspitze von Juels-Sand. | 53° 37′ 19″ N.Br. 9° 33′ 20″ O.Lg. | Ein weisses festes F. Leuchtet nach allen Richtungen und erhellt das Fahrwasser von der Lühe bis Schwarz-Tonnen-Sand. | Linsen-Apparat VI. Ordnung mit 1 Lampe. | Petroleum. | 68 | 250 | 8,6 | . . |
| 88 | **Schulau**, ca. 185 m. oberhalb der Hafeneinfahrt, dicht am Fahrwasser. | 53° 34′ 7″ N.Br. 9° 42′ 14″ O.Lg. | Ein oberes weisses und ein unteres rothes festes F. in demselben Thurm. Das weisse Licht beleuchtet das Fahrwasser nach allen Richtungen, das rothe nur zwischen der weissen Tonne Nr. 2 und der schwarzen Tonne Nr. 8. | Linsen-Apparate VI. Ordnung mit je 1 Lampe. | Petroleum. | 102 | 375 | 11,6<br>7,8 | . .<br>. . |

| Laufende Nummer. | Sichtweite in Seemeilen. | Höhe d. Leuchtfeuergebäudes in Metern. | Beschreibung des Leuchtfeuergebäudes bezw. Leuchtschiffes. | Bedienung des Feuers bezw. Bemannung des Leuchtschiffes. | Beschreibung der Nebelsignal-Einrichtungen. | Beschreibung der sonstigen Einrichtungen zum Signalisiren. | Das Feuer ist errichtet: | Das Feuer ist verändert: | Sonstige Bemerkungen. |
|---|---|---|---|---|---|---|---|---|---|
| | 7. | 8. | 9. | 10. | 11. | 12. | 13a. | 13b. | 14. |
| 86 | 8 | 15,3 über dem Deich | Weisses, viereckiges, hölzernes Thürmchen mit schwarzer Kuppe. | 1 Wärter. | . . . . | . . . . | 1873 | . . | |
| 87 | 6 | 13,2 | Weisses, viereckiges, hölzernes Thürmchen mit schwarzer Kuppe. | 1 Wärter. | . . . . | . . . . | 1873 | . . | |
| 88 | 5<br>3 | 12,2 | Weisses, viereckiges, hölzernes Thürmchen mit schwarzer Kuppe. | 1 Wärter. | . . . . | . . . . | 1855 | . . | |

| Laufende Nummer. | Namen und Oertlichkeit des Feuers. | Geographische Lage | Farbe, Art und Dauer der Lichterscheinung. | Beschreibung des Leuchtapparates. | Art des Erleuchtungsmaterials | Verbrauch stündlich in Grammen. | Verbrauch jährlich in Kilogr. | Höhe der Flamme über Hochwasser in Metern. | Höhe der Flamme über dem Erdboden in Metern. |
|---|---|---|---|---|---|---|---|---|---|
| | 1. | 2. | 3. | 4. | 5a. | 5b. | 5c. | 6a. | 6b. |
| 89 | **Hamburg**, beim Sandthorhafen. | . . . . . | Ein rothes festes F. | Linsen-Apparat VI. Ordnung mit 1 Lampe. | Petroleum. | 68 | 250 | . . . | . . |
| 90 | **Sandthor-Kai**, an der Westecke desselben, in Hamburg. | . . . . . | Ein rothes und grünes festes F., roth in der Richtung nach dem Ostergatt, grün in der Richtung nach dem Sandthorhafen. | Spiegel-Apparat VI. Ordnung mit 1 Lampe. | Petroleum. | 68 | 250 | . . . | . . |
| 91a | **Köhlbrand, Fahrwasser nach Harburg.** Auf dem tollen Ort, am Eingang des Köhlbrand, gegenüber Altona auf der auf dem tollen Ort errichteten Landbake. | . . . . . | Ein rothes festes F. | Jeder der 4 Apparate besteht aus 1 grossen Lampe mit Reflektoren. | Petroleum. | 136 | 500 | 5 | 5 |
| 91b | Ross. | | Ein weisses festes F. | | | | | | |
| 91c | Waltershof. | | Ein weisses festes F. | | | | | | |
| 91d | Klein-Kattwick. | | Ein weisses festes F. | | | | | | |
| 92 | **Lauenbruch**, nordwestlich von Harburg, an der Süder-Elbe. | . . . . . | Ein weisses festes F. | . . . . . . . . | . . . | . . | . . | . . | . . |
| 93 | **Süder-Elbe**, zwischen Moorburg und Lauenbruch. | . . . . . | Ein weisses festes F. | . . . . . . . . | . . . | . . | . . | . . | . . |
| 94 | **Mühlenwärder**, auf dem SO-Ende der Elb-Insel gl. N. | . . . . . | Ein weisses festes F., den ganzen Horizont beleuchtend. | Spiegel-Apparat. | . . . | . . | . . | 5,0 | . . |
| 95 | **Finkenwärder**, zwischen den beiden Baken auf dem Pagensand bei Finkenwärder. | 53° 32′ 16″ N.Br. 9° 53′ 19″ O.Lg. | Ein rothes festes F. Beleuchtet das Fahrwasser nach allen Richtungen hin. | Linsen-Apparat VI. Ordnung mit 1 Lampe. | Petroleum. | 68 | 250 | 9,15 | . . |
| 96 | **Schulau**, Leuchtschiff auf 5,7 m. Wasser, nördlich von dem | 53° 34′ N.Br. 9° 39′ 45″ O.Lg. | Ein weisses festes F., nach allen Richtungen leuchtend. | Spiegel-Apparat mit 1 Lampe. | Rüböl. | 34 | 125 | 11,4 | . . |

| Laufende Nummer. | Sichtweite in Seemeilen. | Höhe d. Leuchtfeuergebäudes in Metern. | Beschreibung des Leuchtfeuergebäudes bezw. Leuchtschiffes. | Bedienung des Feuers bezw. Bemannung des Leuchtschiffes. | Beschreibung der Nebelsignal-Einrichtungen. | Beschreibung der sonstigen Einrichtungen zum Signalisiren. | Das Feuer ist errichtet: | Das Feuer ist verändert: | Sonstige Bemerkungen. |
|---|---|---|---|---|---|---|---|---|---|
| | 7. | 8. | 9. | 10. | 11. | 12. | 13a. | 13b. | 14. |
| 89 | . . | . . | Auf einem Duc d'Alben im Fahrwasser d. Hafens. | 1 Wärter. | . . . . | . . . . . | 1866 | . . | |
| 90 | . . | . . | Auf einem Duc d'Alben im Fahrwasser des Hafens. | 1 Wärter. | . . . . | . . . . . | 15. Oktober 1875 | . . | |
| 91a | 2 | 5 | Werden an der Landbake auf dem tollen Ort und an Pfählen aufgezogen. | 4 Wärter. | . . . . | . . . . . | 1865 | . . | Jedes der 4 F. leuchtet nach allen Richtungen hin. |
| 91b | 2 | 5 | | | | | | | |
| 91c | 2 | 5 | | | | | | | |
| 91d | 2 | 5 | | | | | | | |
| 92 | . . | . . | . . . . . . . | . . . . . | . . . . | . . . . . | 1865 | . . | |
| 93 | . . | . . | . . . . . . . | . . . . . | . . . . | . . . . . | 1865 | . . | |
| 94 | 2 | 5,0 | Laternenpfahl. | . . . . . | . . . . | . . . . . | 1865 | . . | |
| 95 | 4 | 12,6 | Weisses, viereckiges, hölzernes Thürmchen mit schwarzer Kuppe. | 1 Wärter. | . . . . | . . . . . | August 1874 | . . | |
| 96 | 5 | . . | Einmastiges roth angestrichenes Schiff mit dem Namen „Schu- | 1 Kapitän nebst 1 Matrosen im Som- | Bei nebligem Wetter wird das Gong | . . . . | 1865 | . . | Man muss nördlich von dem Leuchtschiffe passiren. |

| Laufende Nummer. | Namen und Oertlichkeit des Feuers. | Geographische Lage des Feuers. | Farbe, Art und Dauer der Lichterscheinung. | Beschreibung des Leuchtapparates. | Art des Erleuchtungsmaterials | Verbrauch des Erleuchtungsmaterials stündlich in Grammen. | Verbrauch des Erleuchtungsmaterials jährlich in Kilogr. | Höhe der Flamme über Hochwasser in Metern. | Höhe der Flamme über dem Erdboden in Metern. |
|---|---|---|---|---|---|---|---|---|---|
| | 1. | 2. | 3. | 4. | 5a. | 5b. | 5c. | 6a. | 6b. |
| | „Hanskalbsande". | | | | | | | | |
| 97 | **Lühe**, auf der Westseite der Lühe-Mündung. | 53° 34′ 20″ N.Br. 9° 37′ 53″ O.Lg. | Ein weisses festes F., mit einem rothen Schein in der Richtung zwischen den weissen Tonnen 3 u. 4. | Linsen-Apparat VI. Ordnung mit 1 Lampe. | Petroleum. | 68 | 250 | 7,96 | . . |
| 98 | **Brunshausen**, an der Schwinge-Mündung, auf der Elbinsel Stader-Sand. | 53° 38′ 20″ N.Br. 9° 31′ 45″ OLg. | Ein weisses festes F. Beleuchtet 240° des Horizonts, von SSW ½ W über W. u. N. bis O. | Fresnelsche Signallaterne mit kleiner Lampe zu einem Docht. | Petroleum. | 42 | 131,5 | 7,17 | 6,5 |
| 99 | **Grauerort**, Leuchtschiff bei der schwarzen Tonne Nr. 15, auf 5,3 m. Wasser. | 53° 38′ N.Br. 9° 31′ O.Lg. | Ein weisses festes F., nach allen Richtungen leuchtend. | Linsen-Apparat VI. Ordnung mit 1 Lampe. | Petroleum. | 68 | 250 | 11,4 | . . . |
| 100 | **Krautsand**, Leuchtschiff am NW-Ende des Colmar-Sandes, auf 5 m. Wasser. | 53° 44′ 30″ N.Br. 9° 25′ 45″ OLg. | Ein weisses festes F., nach allen Richtungen leuchtend. | Spiegel-Apparat VI. Ordnung mit 1 Lampe. | Rüböl. | 34 | 125 | 11,4 | . . |
| 101 | **Altenbruch**, Leuchtbake am Einlauf des Altenbrucher Hafenpriels. | 53° 50′ 5″ N.Br. 8° 47′ 7″ O.Lg. | Ein weisses festes F. Beleuchtet stromaufwärts das Fahrwasser bis | Linsen-Apparat IV. Ordnung mit 1 Lampe. | Petroleum. | 68 | 250 | 13,2 | 7,3 |

| Laufende Nummer. | Sichtweite in Seemeilen. | Höhe d. Leuchtfeuergebäudes in Metern. | Beschreibung des Leuchtfeuergebäudes bezw. Leuchtschiffes. | Bedienung des Feuers bezw. Bemannung des Leuchtschiffes. | Beschreibung der Nebelsignal-Einrichtungen. | Beschreibung der sonstigen Einrichtungen zum Signalisiren. | Das Feuer ist errichtet: | Das Feuer ist verändert: | Sonstige Bemerkungen. |
|---|---|---|---|---|---|---|---|---|---|
| | 7. | 8. | 9. | 10. | 11. | 12. | 13a. | 13b. | 14. |
| | | | lau" in weissen Buchstaben an beiden Seiten. Im Top bei Tage eine schwarze Kugel aus Flechtwerk. | mer, 2 Matrosen im Winter. | geschlagen. | | | | |
| 97 | 5 | 4,6 üb. d. Deichkuppe. | Weisses, viereckiges, hölzernes Thürmchen mit schwarzer Kuppe. | 1 Wärter. | . . . . . | . . . . . | 1868 | . . | |
| 98 | 9 | 15,4 11,5 über der Deichkuppe. | Zweistöckiges, massives Gebäude aus Backsteinen mit Schieferdach in Zeltform und mit Vorhalle an der Nordseite. Nebengebäude aus Fachwerk mit Erkerausbau an der Nordseite. | Der Hafenaufseher zu Brunshausen. | . . . . . | . . . . . | 1866 | 1873 von d. Nordostseite nach der Nordseite verlegt. | |
| 99 | 5 | . . | Einmastiges roth angestrichenes Schiff, mit dem Namen „Grauerort" in weissen Buchstaben an beiden Seiten. Im Top bei Tage eine schwarze Kugel aus Flechtwerk. | 1 Kapitän nebst 1 Matrosen im Sommer, 2 Matrosen im Winter. | Bei nebeligem Wetter wird das Gong geschlagen. | . . . . | 1865 | . . | Man muss nördlich von dem Leuchtschiffe passiren. |
| 100 | 5 | . | Einmastiges roth angestrichenes Schiff, mit dem Namen „Krautsand" in weissen Buchstaben an beiden Seiten. Im Top bei Tage eine schwarze Kugel aus Flechtwerk. | 1 Kapitän nebst 2 Matrosen im Sommer, 3 Matrosen im Winter. | Bei nebeligem Wetter wird das Gong geschlagen. | . . . . | 1860 | . . | Man muss südlich von dem Leuchtschiffe passiren. |
| 101 | 8 | 10 | Weisses, viereckiges, hölzernes Thürmchen mit schwarzer Kuppe. | 1 Wärter. | . . . . . | . . . . . | 1873 | . . | |

| Laufende Nummer. | Namen und Oertlichkeit des Feuers. | Geographische Lage | Farbe, Art und Dauer der Lichterscheinung. | Beschreibung des Leuchtapparates. | Art des Erleuchtungsmaterials | Verbrauch des Erleuchtungsmaterials stündlich in Grammen. | Verbrauch jährlich in Kilogr. | Höhe der Flamme über Hochwasser in Metern. | Höhe der Flamme über dem Erdboden in Metern. |
|---|---|---|---|---|---|---|---|---|---|
| | 1. | 2. | 3. | 4. | 5a. | 5b. | 5c. | 6a. | 6b. |
| | | | an die schwarzen Tonnen LL, M, N, O stromabwärts frei von dem Grodener Stack und der Alten Liebe bis Cuxhaven. | | | | | | |
| 102 | **Cuxhaven**, nordwärts von der Hafeneinfahrt auf dem äussersten Ende der Mole, der s. g. alten Liebe. | 53° 52′ 30″ N.Br. 8° 42′ 40″ O.Lg. | Ein rothes u. weisses festes F., flusswärts roth, landwärts weiss. | Linsen-Apparat VI. Ordnung mit 1 Lampe. | Petroleum. | 34 | 125 | 7,1 | 2,9 |
| 103 | **Cuxhaven**, hinter dem Aussendeiche dicht am Fahrwasser, nördlich von der Hafeneinfahrt u. etwa 750 m. von der Stadt gl. N. | 53° 52′ 26″ N.Br. 8° 42′ 30″ O.Lg. | 1) Ein Hauptf., nach allen Richtungen leuchtend, und zwar: a, nach See zu als weisses festes F. mit Blinken alle 70 Sek., nämlich: heller Schein 50 Sek., matter Schein 15 Sek., Verdunkelung 5 Sek.; b, nach der Landseite zu und die Elbe aufwärts als weisses festes F. | Spiegel-Apparat mit 10 Lampen. | Petroleum. | 423 | 1550 | 24,2 | 22,1 |
| | | | 2) Ein (kleines) weisses festes F. an der Nordostseite des Thurmes, nur zwischen der schwarzen Tonne L und der weissen Tonne Nr. 11 sichtbar. | Linsen-Apparat VI. Ordnung mit 1 Lampe. | Petroleum. | 34 | 125 | 6,2 | 4,0 |
| 104 | **Bak-Licht**, auf der nordöstlichen Spitze des Festlandes etwa 2 Kabellängen westwärts von der Kugelbake u. 2779 m. NNW ¼ W von Cuxhaven-Leuchtthurm. | 53° 53′ 32″ N.Br. 8° 40′ 51″ O.Lg. | Ein weisses festes F., nur zwischen den schwarzen Tonnen J und L sichtbar. | Linsen-Apparat IV. Ordnung mit 1 Lampe. | Petroleum. | 60 | 220 | 8,3 | 2,3 |

| Laufende Nummer. | Sichtweite in Seemeilen. | Höhe d. Leuchtfeuergebäudes in Metern. | Beschreibung des Leuchtfeuergebäudes bezw. Leuchtschiffes. | Bedienung des Feuers bezw. Bemannung des Leuchtschiffes. | Beschreibung der Nebelsignal-Einrichtungen. | Beschreibung der sonstigen Einrichtungen zum Signalisiren. | Das Feuer ist errichtet: | Das Feuer ist verändert: | Sonstige Bemerkungen. |
|---|---|---|---|---|---|---|---|---|---|
| | 7. | 8. | 9. | 10. | 11. | 12. | 13a. | 13b. | 14. |
| 102 | 3 | 3 | Weisses, rundes, eisernes Häuschen mit schwarzer Kuppe. | 1 Wärter. | . . . . . | . . . . . | 1866 | . . | |
| 103 | 12 | 24,8 | Rothbrauner, runder, massiver Thurm mit schwarzer Kuppe. | 2 Wärter. | . . . . . | . . . . . | 1802 | . . | Lootsen-Station. Schiffe können hier Lootsen erhalten, obschon in der Regel die einkommenden Schiffe den Lootsen bis zur Bösch mitnehmen und die ausgehenden Schiffe ihre Lootsen beim zweiten Feuerschiff abgeben. Rettungs-Station. |
| | 8 | . . | | | | | | | |
| 104 | 8 | 3,8 | Gelbes, rundes Thürmchen mit schwarzer Kuppe. | 1 Wärter. | . . . . . | . . . . . | 1853 | . . | |

| Laufende Nummer. | Namen und Oertlichkeit des Feuers. | Geographische Lage | Farbe, Art und Dauer der Lichterscheinung. | Beschreibung des Leuchtapparates. | Art des Erleuchtungsmaterials | Verbrauch stündlich in Grammen. | Verbrauch jährlich in Kilogr. | Höhe der Flamme über Hochwasser in Metern. | Höhe der Flamme über dem Erdboden in Metern. |
|---|---|---|---|---|---|---|---|---|---|
| | 1. | 2. | 3. | 4. | 5a. | 5b. | 5c. | 6a. | 6b. |
| 105 | **Neuwerk,** grosser Leuchtthurm auf dem Südende der Insel gl. N. im Dorfe. | 53° 55' 2" N.Br. 8° 29' 44" O.Lg. | Ein weisses festes F. | Spiegel-Apparat mit 21 Lampen. | Petroleum. | 888 | 3178 | 38,4 | 35,5 |
| 106 | **Neuwerk,** kleiner Leuchtthurm auf dem NW-Ende der Insel gl. N. | 53° 55' 18" N.Br. 8° 29' 24" O.Lg. | 1) Ein Hauptfeuer mit weissem festen Licht. Beleuchtet 225° des Horizonts, von W. über N. und O. bis SO. | 15 Lampen zum Hauptfeuer u. 1 Lampe zum kleinen F. | Petroleum. | 676 | 2422 | 18,1 | 13,5 |
| | | | 2) Ein kleines F. mit weissem festen Licht an der Ostseite des Thurmes, nur zwischen der weissen spitzen Tonne Nr. 8 u. der schwarzen stumpfen Tonne J sichtbar. | | | | | 9,4 | . . |
| 107 | **Elbe-Feuerschiff Nr. 4,** „Ernst", in der Mitte des Fahrwassers nördlich der Kugelbake, auf 13,8 m. Wasser. Man peilt vom Feuerschiff Cuxhaven-Leuchtthurm S 1/4 O und den grossen Leuchtthurm auf Neuwerk WNW 3/4 W. | 53° 55' 21" N.Br. 8° 40' 8" O.Lg. | *Ein weisses festes F., nach allen Richtungen hin leuchtend.* | *Spiegel-Apparat mit 12 Lampen.* | *Rüböl.* | 323 | 1414 | 7,5 | . . |

| Laufende Nummer. | Sichtweite in Seemeilen. | Höhe d. Leuchtfeuergebäudes in Metern. | Beschreibung des Leuchtfeuergebäudes bezw. Leuchtschiffes. | Bedienung des Feuers bezw. Bemannung des Leuchtschiffes. | Beschreibung der Nebelsignal-Einrichtungen. | Beschreibung der sonstigen Einrichtungen zum Signalisiren. | Das Feuer ist errichtet: | Das Feuer ist verändert: | Sonstige Bemerkungen. |
|---|---|---|---|---|---|---|---|---|---|
| | 7. | 8. | 9. | 10. | 11. | 12. | 13a. | 13b. | 14. |
| 10505 | 15 | 37,7 | Weisser, viereckiger, massiver Thurm mit schwarzem Dach und schwarzer Kuppe. | 2 Wärter. | . . . . | Telegraphen-Station. | 1814 | . . | Rettungs-Station. |
| 10606 | 10 | 15,6 | Schwarzer, achteckiger, hölzerner Thurm. | 2 Wärter. | . . . . | . . . . | 1815 | . . | |
| | 8 | | | | | | | | |
| 10107 | 6 | . . | *Roth angestrichener, dreimastiger Schooner von Holz, auf beiden Seiten der Name „Elbe" in weissen Buchstaben. Führt im Grosstop einen schwarzen Korbballon. Der Leuchtapparat befindet sich am Grossmast.* | *1 Kapitän und 7 Matrosen.* | *Bei nebeligem oder unsichtigem Wetter wird alle Viertelstunde eine Minute lang mit der Schiffsglocke geläutet. Schiffe, welche einen falschen Kurs halten, werden bei Tage durch Signalschüsse, bei Nacht durch Blaufeuer gewarnt.* | . . . . | 1875 | . . | *Das Feuerschiff pflegt nur während der Wintermonate ausgelegt zu werden.* |

| Laufende Nummer. | Namen und Oertlichkeit des Feuers. | Geographische Lage | Farbe, Art und Dauer der Lichterscheinung. | Beschreibung des Leuchtapparates. | Art des Erleuchtungsmaterials | Verbrauch stündlich in Grammen. | Verbrauch jährlich in Kilogr. | Höhe der Flamme über Hochwasser in Metern. | Höhe der Flamme über dem Erdboden in Metern. |
|---|---|---|---|---|---|---|---|---|---|
| | 1. | 2. | 3. | 4. | 5a. | 5b. | 5c. | 6a. | 6b. |
| 108 | **Elbe-Feuerschiff Nr. 3**, „Jacob Hinrich", auf 13,2 m. Wasser, NO ½ N vom grossen Leuchtthurm auf Neuwerk und NW z N von Cuxhaven-Leuchtthurm; 926 m. ostwärts von dem Ausläufer des kleinen Vogelsandes. | 53° 57′ 45″ N.Br. 8° 31′ 36″ O.Lg. | Ein weisses festes F., nach allen Richtungen leuchtend. | Spiegel-Apparat mit 9 Lampen. | Rüböl. | 414 | 1524 | 10,3 | . . |
| 109 | **Elbe-Feuerschiff Nr. 2**, „Neptun", auf 20,7 m. Wasser. NO von der Schaarhörn-Bake und N z W vom grossen Leuchtthurm auf Neuwerk, etwa 2778 m. von der NW-Spitze des kleinen Vogelsandes. | 53° 59′ 0″ N.Br. 8° 26′ 9″ O.Lg. | Zwei weisse feste F., senkrecht übereinander, nach allen Richtungen leuchtend. | Spiegel-Apparate mit 14 bezw. 9 Lampen. | Rüböl. | 747 | 2600 | 10,9<br>6,3 | . . . |
| 110 | **Lootsen-Galiote**, Aeussere Station: SO z O ¾ O 3149 m. vom Feuerschiff Nr. 1. auf 18,8 m. Wasser.<br>Innere Station: oberhalb des Feuerschiffes Nr. 2 im Nordgat. | 53° 59′ 54″ N.Br. 8° 21′ 7″ O.Lg.<br>53° 58′ 0″ N.Br. 8° 28′ 49″ O.Lg. | Ein weisses festes F. | Gewöhnliche grosse Schiffslaterne. | Rüböl. | 30 | 140 | 8,6 | . . . |

| Laufende Nummer. | [illegible] in See- | Sichtweite in Seemeilen. | Höhe d. Leuchtfeuergebäudes in Metern. | Beschreibung des Leuchtfeuergebäudes bezw. Leuchtschiffes. | Bedienung des Feuers bezw. Bemannung des Leuchtschiffes. | Beschreibung der Nebel-signal-Einrichtungen. | Beschreibung der sonstigen Einrichtungen zum Signalisiren. | Das Feuer ist errichtet: | Das Feuer ist verändert: | Sonstige Bemerkungen. |
|---|---|---|---|---|---|---|---|---|---|---|
| | | 7. | 8. | 9. | 10. | 11. | 12. | 13a. | 13b. | 14. |
| 108 | 3 | 8 | . . | Dreimastiger Schooner von Holz, roth angestrichen, mit dem Namen „Elbe" in weissen Buchstaben auf beiden Seiten. Im Grosstop bei Tage eine rothe Flagge mit weissem Viereck; Leuchtapparat am Grossmast. | 1 Kapitän, 1 Steuermann, 1 Zimmermann und 7 Matrosen. | Bei Nebel werden Signalschüsse abgefeuert. Auch wird bei nebeligem oder sonst unsichtigem Wetter jede Viertelstunde eine Minute lang mit der Schiffsglocke geläutet. | Wird bemerkt, dass Schiffe einen falschen Kurs halten, so werden bei Tage Signalschüsse abgefeuert und bei Nacht Blaufeuer gezeigt. | 1854 | . . | Man muss nördlich von dem Feuerschiffe passiren. Mit dem Elbe-Feuerschiff Nr. 2 (Nr. 109) in Linie gehalten, führt der Kurs SO $^1/_2$ O frei von allen Tonnen bis zur Cuxhavener Rhede. Das Feuerschiff verlässt seine Station nur, wenn es durch höhere Gewalt (Eis u. s. w.) gezwungen wird; liegt es nicht auf seiner richtigen Stelle, so wird das Feuer nicht angezündet, und bei bei Tage die rothe Flagge am Grossmast nicht aufgeheisst. |
| 109 | 09 | 8<br>6 | . . | Dreimastiger Schooner von Eisen, roth angestrichen, mit dem Namen „Elbe" in weissen Buchstaben auf beiden Seiten. Im Vortop bei Tage eine weiss und blau wagrecht gestreifte Flagge; Leuchtapparat am Grossmast. | 1 Kapitän, 1 Steuermann, 1 Zimmermann und 11 Matrosen. | Wie bei Nr. 108. | Wie bei Nr. 108. | 1828 | . . | Man muss nördlich von dem Feuerschiffe passiren; dasselbe verlässt seine Station nur, wenn es durch höhere Gewalt (Eis u. s. w.) gezwungen wird. Liegt es nicht auf seiner richtigen Stelle, so wird das Feuer nicht angezündet, und bei Tage die Flagge am Grossmast nicht aufgeheisst. Rettungs-Station und Aushole-Station für die ausgehenden Lootsen. |
| 11( | 10 | 3 | . . | Zweimastige hölzerne Galiote, schwarz angestrichen, bei Tage mit einem 5,3 m. langen Stander im Vortop. Laterne am Fockmast. | 1 Kapitän u. 4 Matrosen. | Wie bei Nr. 108. | Wie bei Nr. 108. | 1816 | . . | So lange die Hamburgische Staatsflagge vom Besahns-Dirk weht, können einkommende Schiffe Lootsen erhalten. Von der äusseren Station ist der Kurs auf das Feuerschiff Nr. 2 (Nr. 109) SO z O 3 Seemeilen. Bei stürmischer Witterung flüchtet das Schiff von der äusseren nach der inneren Station, welche letztere es nur verlässt, wenn es dazu durch höhere Gewalt (Eis u. s. w.) gezwungen wird. |

| Laufende Nummer. | Namen und Oertlichkeit des Feuers. | Geographische Lage | Farbe, Art und Dauer der Lichterscheinung. | Beschreibung des Leuchtapparates. | Art des Erleuchtungsmaterials | Verbrauch des Erleuchtungsmaterials stündlich in Grammen. | Verbrauch des Erleuchtungsmaterials jährlich in Kilogr. | Höhe der Flamme über Hochwasser in Metern. | Höhe der Flamme über dem Erdboden in Metern. |
|---|---|---|---|---|---|---|---|---|---|
| | 1. | 2. | 3. | 4. | 5a. | 5b. | 5c. | 6a. | 6b. |
| 111 | **Elbe-Feuerschiff No. 1**, „Caspar", vor der Mündung der Elbe auf 22,6 m. Wasser, etwa 1852 m. N z W 3/4 W von der rothen Tonne und 9260 m. NW z W 1/4 W. von Elbe-Feuerschiff Nr. 2, „Neptun". | 54° 0′ 10″ N.Br. 8° 18′ 19″ O.Lg. | Ein weisses Blinkfeuer mit drei Blinken in jeder Minute. Dauer des Blinks 8 Sek., der Verdunkelung 12 Sek. Leuchtet nach allen Richtungen hin. | Spiegel-Apparat mit 9 Lampen. | Rüböl. | 414 | 1524 | 10,9 | . . |
| 112 | **Weser**, Feuerschiff vor der Wesermündung auf 23 m. Wasser, NW 4 Seem. von der Schlüsseltonne, N 3/4 W 7,18 Seem. von Wangeroog-Leuchtth. u. N 1/2 O 6,59 Seem. von Wangeroog-Kirche. | 53° 54′ N.Br. 7° 49′ O.Lg. | Drei weisse feste F. in gleicher Höhe, den ganzen Horizont beleuchtend, ausserdem eine Stromlaterne am Fockstag in einer Höhe von 1,8 m. über der Regeling. | Linsen-Apparat VI. Ordnung aus 3 Laternen, deren jede 2/3 des Horizonts beleuchtet, ihr Licht durch eine Petroleumlampe erhält u. durch einen Fresnelschen Tambour aus geschliffenem Glase in See wirft. Dochtdurchmesser 21 mm. | Petroleum. | 400 | 2100 | 11,9 | . . |
| 113 | **Bremen**, Feuerschiff auf 17 m. Wasser, 9 Seem. innerhalb der Schlüsseltonne, in der Mitte des Fahrwassers, wo sich dasselbe in die neue und alte Weser theilt. | 53° 48′ 30″ N.Br. 8° 8′ 24″ O.Lg. | Ein weisses festes F., den ganzen Horizont beleuchtend. | Spiegel-Apparat. 9 Reverbèren von je 0,305 m. Durchmesser. | Rüböl. | 375 | 1400 | 13 | . . |
| 114 | **Brinkamahof**, bei der im Bau befindlichen Batterie Brinkamahof II., an der | 53° 35′ N.Br. 8° 32′ O.Lg. | Ein weisses festes F. | Linsen-Apparat V. Ordnung. | Petroleum. | 68 | 250 | 5,0 | 2,5 im Sommer. |

| Laufende Nummer. | Sichtweite in Seemeilen. | Höhe d. Leuchtfeuergebäudes in Metern. | Beschreibung des Leuchtfeuergebäudes bezw. Leuchtschiffes. | Bedienung des Feuers bezw. Bemannung des Leuchtschiffes. | Beschreibung der Nebelsignal-Einrichtungen. | Beschreibung der sonstigen Einrichtungen zum Signalisiren. | Das Feuer ist errichtet: | Das Feuer ist verändert: | Sonstige Bemerkungen. |
|---|---|---|---|---|---|---|---|---|---|
| | 7. | 8. | 9. | 10. | 11. | 12. | 13a. | 13b. | 14. |
| 111 | 8 | . . | Dreimastiger Schooner von Holz, roth angestrichen, mit dem Namen „ELBE" in weissen Buchstaben auf beiden Seiten. Im Grosstop bei Tage eine rothe Flagge. Leuchtapparat am Grossmast. | 1 Kapitän, 1 Steuermann, 1 Zimmermann und 9 Matrosen. | Wie bei Nr. 108. | Wie bei Nr. 108. | 1869 | . . | Man kann das Feuerschiff an beiden Seiten passiren. Der Kurs nach der äusseren Station der Lootsen-Galiote ist SO z O $^{3}/_{4}$ O, die Entfernung 1,7 Seemeilen. Das Feuerschiff verlässt seine Station nur, wenn es durch höhere Gewalt (Eis u. s. w.) gezwungen wird. Liegt es nicht auf seiner richtigen Stelle, so wird das Feuer nicht angezündet und bei Tage die rothe Flagge am Grossmast nicht aufgeheisst. |
| 112 | 8 | . . | Dreimastiger Schooner, 40 m. in der Wasserlinie lang, roth angestrichen, mit dem Namen „WESER" in weissen Buchstaben auf beiden Seiten. Tageszeichen: 3 rothe runde Körbe an den Spitzen der 3 Pfahlmasten. | 1 Kapitän, 1 Steuermann, 1 Bootsmann, 1 Zimmermann, 1 Koch u. 6 Matrosen. | Bei nebeligem Wetter wird alle 2 Minuten die Schiffsglocke 5-mal angeschlagen. | . . . . | 10. Oktober 1874 | . . | Verlässt seine Station nur wegen Eisgang oder Reparaturen. Zieht alsdann eine schwarze Flagge an der Gaffel auf und entfernt die Tag- und Nachtzeichen. An Bord werden meteorologische Beobachtungen für die Deutsche Seewarte gemacht. |
| 113 | 10 | . . | Roth angestrichene Galiote, 29 m. lang mit „BREMEN Nr. 1" in weissen Buchstaben auf beiden Seiten bezeichnet. Im Vortop, 24 m. über Wasser, rothe Kugel von 1,8 m. Durchmesser. Leuchtapparat am Fockmast. | 1 Kapitän, 1 Steuermann, 1 Zimmermann, 1 Koch u. 5 Matrosen. | Bei nebeligem Wetter wird alle zwei Minuten die Glocke geläutet. | Signalflaggen. | . . | September 1864 | Liegt das Schiff nicht an der richtigen Stelle, so wird das Feuer nicht angezündet und die Kugel nicht aufgeheisst. Es verlässt nur seine Station, wenn durch Eisgang dazu gezwungen, oder behufs etwaiger Reparaturen. |
| 114 | 4 | 3,0 | Eisernes Gerüst mit Aufzieh-Vorrichtung. | 1 Wärter. | . . . . | . . . . | 15. Mai 1876 | . . | Das Feuer befindet sich während der Sommermonate auf der vor dem Fort befindlichen Landungsbrücke, im Winter auf einem weiter vom Wasser |

| Laufende Nummer. | Namen und Oertlichkeit des Feuers. | Geographische Lage des Feuers. | Farbe, Art und Dauer der Lichterscheinung. | Beschreibung des Leuchtapparates. | Art des Erleuchtungsmaterials | Verbrauch des Erleuchtungsmaterials: stündlich in Grammen. | Verbrauch des Erleuchtungsmaterials: jährlich in Kilogr. | Höhe der Flamme über Hochwasser in Metern. | Höhe der Flamme über dem Erdboden in Metern. |
|---|---|---|---|---|---|---|---|---|---|
| | 1. | 2. | 3. | 4. | 5a. | 5b. | 5c. | 6a. | 6b. |
| | Landungsbrücke. An der Niedrigwassergrenze des rechten Weserufers. | | | | | | | | |
| 115 | **Bremerhaven**, am neuen Hafen an der Nordseite der Schleuse, etwa 1 Kabellänge innerhalb der Einfahrt. | 53° 32′ 54″ N.Br. 8° 34′ 12″ O.Lg. | Ein weisses festes F., den ganzen Horizont beleuchtend. | Spiegel-Apparat. 6 Reverbèren von je 0,28 m. Durchmesser. | Gas. | 1,02 Kubikmeter. | 3900 Kubikmeter. | 36,10 | 31,5 |
| 116 | **Bremerhaven**, an der Einfahrt in den alten Hafen und in die Geeste, auf dem Kopf der Nordmole. | 53° 32′ 19″ N.Br. 8° 34′ 31″ O.Lg. | Ein rothes festes F., den ganzen Horizont beleuchtend. | Fresnelscher Linsen-Apparat VI. Ordnung. | Gas. | 0,17 Kubikmeter. | 650 Kubikmeter. | 7,5 | 4,80 |
| 117 | **Geestemünde**, an der Einfahrt in die Geeste, auf dem südlichen Kai des Vorhafens, 18,8 m. SO $^1/_2$ O von dem Ende der Kaimauer. | 53° 32′ 15″ N.Br. 8° 34′ 37″ O.Lg. | Ein grünes festes F. Beleuchtet 240° des Horizonts, von SO $^1/_2$ S über S. u. W. bis NNO. | Lampe mit rundem Docht und 4 Refraktoren nach Art der Fresnelschen Apparate. | Petroleum. | 45 | 164 | 8,50 | 5,10 |
| 118 | **Langlütjensand**, auf der provisorischen Landungsbrücke, ungefähr 10,8 Kabellängen unterhalb des im Bau begriffenen Forts Langlütjen II. | 53° 34′ N.Br. 8° 29′ O.Lg. | Ein weisses festes F., den ganzen Horizont beleuchtend. | Gewöhnliche Laterne. | Petroleum. | . . | . . | 5,50 | 2,0 |
| 119 | **Hohe-Weg**, auf dem bei Niedrigwasser 1,4 m. hohen schmalen Rücken des Sandes gl. N., etwa $1^1/_2$ Kabellänge von der Niedrigwassergrenze. | 53° 42′ 51″ N.Br. 8° 14′ 32″ O.Lg. | 1. Ein weisses festes F. Beleuchtet 240° des Horizonts, von NW z W $^1/_4$ W über N. und O. bis S. | Fresnelscher Linsen-Apparat II. Ordnung komb. mit Spiegeln. Besteht aus 4 Linsenschirmen von Glas, acht Schirmen mit dreiseitigen prismatischen Ringen ober- und unterhalb der Linsenschirme und mit Silber plattirten Reverbèren. Innerer | Rüböl. | 230 | 900 | 27 | 28,60 |

| Laufende Nummer. | Sichtweite in Seemeilen. | Höhe d. Leuchtfeuergebäudes in Metern. | Beschreibung des Leuchtfeuergebäudes bezw. Leuchtschiffes. | Bedienung des Feuers bezw. Bemannung des Leuchtschiffes. | Beschreibung der Nebel-signal-Einrichtungen. | Beschreibung der sonstigen Einrichtungen zum Signalisiren. | Das Feuer ist errichtet: | Das Feuer ist verändert: | Sonstige Bemerkungen. |
|---|---|---|---|---|---|---|---|---|---|
| | 7. | 8. | 9. | 10. | 11. | 12. | 13a. | 13b. | 14. |
| | | | | | | | | | entfernt liegenden 2,0 m. höheren Perron. |
| 115 | 110 | 39,90 | Viereckiger, rothbrauner Thurm, nach oben absatzweise sich verjüngend, aus Ziegeln im Rohbau. An der Nord- u. Ostseite anstossende Gebäude. | . . . . | . . . . | . . . . | 1855 | . . | |
| 116 | 6 | 7,8 | Eckiges gelbes Thürmchen mit schwarzer Kuppe. | . . . . | . . . . | . . . . | 1857 | . . | Rettungs-Station in der Nähe. |
| 117 | 3 | 6,20 | Eisernes pyramidenförmiges Gerüst aus 3 T-Eisen bestehend, mit Gallerie zur Bedienung des Feuers. | 1 Wärter. | Eine an dem Eisengerüst angebrachte Glocke. | . . . . | 1869 | . . | Das Feuer ist beim Einsegeln in die Geeste an Steuerbord zu halten. |
| 118 | 1 | 2,0 | Gewöhnlicher Kandelaber. | 1 Wärter. | . . . . | . . . . | 1872 | 15. Mai 1876 | Die Laterne steht auf dem an der SO-Seite des Forts befindlichen Perron. |
| 119 | 16 | 33 | Rothbrauner Thurm aus Ziegeln im Rohbau, die breite Basis bis auf 1,30 m. über Hochwasser mit einer Steinböschung umgeben. Auf 6,20 m. über Hochwasser ein Absatz mit eiser- | 3 Wächter, 1 Koch und 1 Telegraphist. | . . . . | Bei leichtem Eisgange wird ein Korb, bei schwerem werden 2 Körbe aufgezogen. Signal-Flaggen. | 1856 | . . | Das kleine weisse Licht dient zur besseren Orientirung für die in die Weser einsegelnden Schiffe, ohne übrigens den Gebrauch des Loths überflüssig zu machen. Es wird unsichtbar, wenn man der Linie der schwarzen Tonnen in der Gegend der H- und J-Tonne zu nahe kommt. In das Dwarsgat einsegelnd nimmt, sobald man |

| Laufende Nummer. | Namen und Oertlichkeit des Feuers. | Geographische Lage | Farbe, Art und Dauer der Lichterscheinung. | Beschreibung des Leuchtapparates. | Art des Erleuchtungsmaterials | Verbrauch des Erleuchtungsmaterials stündlich in Grammen. | Verbrauch des Erleuchtungsmaterials jährlich in Kilogr. | Höhe der Flamme über Hochwasser in Metern. | Höhe der Flamme über dem Erdboden in Metern. |
|---|---|---|---|---|---|---|---|---|---|
| | 1. | 2. | 3. | 4. | 5a. | 5b. | 5c. | 6a. | 6b. |
| | | | 2. Ein weisses und rothes festes F., nur in der Richtung der rothen Rhedetonne roth. Beleuchtet 120° des Horizonts von N z W $^3/_4$ W durch N. bis O z S. | Durchmesser der Linsen 1,40 m. Der Apparat hat drei konzentrische Dochte. Fresnelscher Linsenapparat V. Ordnung. | Rüböl. | 50 | 200 | 7,40 | 9 |
| 120 | **Aussen-Jade**, Feuerschiff in der Jade, wo sich das Jade-Fahrwasser in das sogenannte Wangeroog- u. nördliche Fahrwasser theilt, auf 10 m. Wasser. | 53° 48′ 39″ N.Br. 8° 1′ 42″ O.Lg. | Zwei weisse feste F., am Gross- u. Fockmast, den ganzen Horizont beleuchtend. Ausserdem am Fockstag eine Ankerlaterne, 1,9 m. über der Regeling. | Jedes Feuer hat drei Linsen-Apparate VI. Ordnung mit je 1 Lampe mit 39 mm. weitem Brenner. Die 3 Laternen hängen in 3 Gabeln eines eisernen Gerüstes, welches Abends aufgewunden wird. | Petroleum. | . . | 1700 | Grossmast-Feuer 15,7, Fockmast-Feuer 9,4. Bei hohem Seegange nur auf 12,6 bezw. 7,9 geheisst | . . |

| Laufende Nummer. | Sichtweite in Seemeilen. | Höhe d. Leuchtfeuergebäudes in Metern. | Beschreibung des Leuchtfeuergebäudes bezw. Leuchtschiffes. | Bedienung des Feuers bezw. Bemannung des Leuchtschiffes. | Beschreibung der Nebel-Signal-Einrichtungen. | Beschreibung der sonstigen Einrichtungen zum Signalisiren. | Das Feuer ist errichtet: | Das Feuer ist verändert: | Sonstige Bemerkungen. |
|---|---|---|---|---|---|---|---|---|---|
| | 7. | 8. | 9. | 10. | 11. | 12. | 13a. | 13b. | 14. |
| | 7 | . . | nem Geländer. Darüber achteckiger Thurm mit dunkler Kuppe. | | | | | | in die Linie der rothen Tonne kommt, dasselbe einen röthlichen Schein an und wird unsichtbar, wenn man in die Linie der schwarzen W. A.-Tonne gelangt. An der Ostseite des Thurms befindet sich eine nach SO sich erstreckende 39 m. lange Brücke zum Anlegen von Booten. Telegraphische Verbindung mit Fedderwarden. |
| 120 | 9 | . . | Roth angestrichenes Schiff, mit 3 Pfahlmasten u. dem Namen „AUSSEN-JADE“ in weissen 90 cm. hohen Buchstaben auf beiden Seiten zwischen den Gross- und Fockwanten. Führt im Vor- und Grosstop eine schwarze Kugel aus Flechtwerk, am Heck bei Tage die Flagge der Deutschen Kriegs-Marine mit Lootsen-Abzeichen. | 1 Schiffsführer, 1 Steuermann, 1 Zimmermann, 8 Matrosen. | Bei nebeligem oder unsichtigem Wetter wird in Pausen von 2 Min., mit rasch aufeinander folgenden Schlägen, 2 Min. lang mit der Schiffsglocke geläutet. | 2 Signalgeschütze, mit welchen alle 3 Min. ein Doppelschuss abgegeben wird, wenn Schiffe in der Nähe des Feuerschiffes einen falschen Kurs steuern. Fernsignalzeichen und Signalflaggen nach dem internationalen Signalbuch. Nothsignale anderer Fahrzeuge werden repetirt bezw. für dieselben abgegeben, um dadurch Hülfe vom Lande herbeizuführen. | 1871 | . . | Feuerschiff „Aussen-Jade“ ist beim Einkommen durch das Wangeroog-Fahrwasser an Backbord, beim Einkommen durch das nördliche Fahrwasser an Steuerbord zu lassen. Wenn nicht auf richtiger Station liegend, werden die Leuchtfeuer nicht angezündet, bei Tage eine schwarze viereckige Flagge am Besahnstop geheisst und wenn angängig die Topkörbe gestrichen. |

| Laufende Nummer. | Namen und Oertlichkeit des Feuers. | Geographische Lage des Feuers. | Farbe, Art und Dauer der Lichterscheinung. | Beschreibung des Leuchtapparates. | Art des Erleuchtungsmaterials | Verbrauch des Erleuchtungsmaterials stündlich in Grammen. | Verbrauch des Erleuchtungsmaterials jährlich in Kilogr. | Höhe der Flamme über Mittelwasser in Metern. | Höhe der Flamme über dem Erdboden in Metern. |
|---|---|---|---|---|---|---|---|---|---|
| | 1. | 2. | 3. | 4. | 5a. | 5b. | 5c. | 6a. | 6b. |
| 121 | **Minsener Sand**, Feuerschiff in der Aussen-Jade, südlich des Minsener Sandes und östlich des Minsener Old-Oog-Sandes auf 17 m. Wasser. | 53° 45′ 20″ N.Br. 8° 5′ 4″ O.Lg. | Ein rothes festes F., den ganzen Horizont beleuchtend. Ausserdem am Fockstag eine Ankerlaterne, 1,9 m. über der Regeling. | Das Feuer hat 3 Linsen-Apparate VI. Ordnung, mit je 1 Lampe mit 39 mm. weitem Brenner. Die 3 Laternen hängen in 3 Gabeln eines eisernen Gerüstes, welches Abends aufgewunden wird. | Petroleum. | . . | 900 | Feuer wird 15,7 m. über Wasser geheisst bei hohem Seegange nur auf 12,6 m. | . . |
| 122 | **Genius-Bank**, Feuerschiff in der Innen-Jade östlich der Genius-Bank auf — m. Wasser. | . . . . . | *Ein weisses festes F. Ausserdem am Fockstag eine Ankerlaterne, — m. über der Regeling.* | *Wie bei Nr.* 121. | *Petroleum.* | . . | 900 | . . | . . |
| 123 | **Vareler Siel**, auf dem Schlafdeich nördlich des Vareler Siels. | 53° 24′ 50″ N.Br. 8° 11′ 3″ O.Lg. | *a. Ein rothes festes F. Beleuchtet den Horizont von rechtweisend N 54° W bis N 2° W, und von N 1,5° O bis N 54° O. Unter demselben:* | *a. Fresnelscher Linsen-Apparat IV. Ordnung mit katadioptrischem Reflektor und vertikalem Vorprismenschirm. Der Apparat erhält sein Licht durch eine 2-dochtige Lampe.* | *Petroleum.* | . . | . . | 27,3 | 27,4 |
| | | | *b. Ein weisses festes Richtf. Beleuchtet den Horizont von* | *b. Fresnelscher Linsen-Apparat IV. Ordnung mit katadioptrischem Reflektor,* | *desgl.* | . . | . . | 24,3 | 24,4 |

| Laufende Nummer. | Sichtweite in Seemeilen. | Höhe d. Leuchtfeuergebäudes in Metern. | Beschreibung des Leuchtfeuergebäudes bezw. Leuchtschiffes. | Bedienung des Feuers bezw. Bemannung des Leuchtschiffes. | Beschreibung der Nebelsignal-Einrichtungen. | Beschreibung der sonstigen Einrichtungen zum Signalisiren. | Das Feuer ist errichtet: | Das Feuer ist verändert: | Sonstige Bemerkungen. |
|---|---|---|---|---|---|---|---|---|---|
| | 7. | 8. | 9. | 10. | 11. | 12. | 13a. | 13b. | 14. |
| 121 | 7 | . . | Roth angestrichenes Schiff, mit 3 Pfahlmasten u. mit dem Namen „MINSENER SAND“ in weissen 90 cm. hohen Buchstaben auf beiden Seiten zwischen den Gross- u. Fockwanten. Führt im Grosstop eine rothe Kugel aus Korbgeflecht. Bei Tag. weht die Flag. d. Deutsch. Kriegs-Mar. mit Lootsen-Abzeichen vom Heck. | 1 Führer, 1 Steuermann, 1 Zimmermann u. 8 Matrosen. | Bei nebeligem oder unsichtigem Wetter wird in Pausen von 2 Min. eine Min. lang anhaltend mit der Schiffsglocke geläutet. | Wie bei Nr. 120. | 1876 | . . | Feuerschiff „Minsener-Sand“ kann an beiden Seiten passirt werden. Wenn nicht auf richtiger Station liegend, wird das Leuchtfeuer nicht angezündet, bei Tage eine schwarze viereckige Flagge am Besahnstop geheisst und wenn angängig der Topkorb gestrichen. |
| 122 | 7—8 | . . | *Roth angestrichenes Schiff mit 1 Pfahlmast und dem Namen „Genius-Bank“ in weissen — m. hohen Buchstaben mittschiffs auf beiden Seiten. Führt im Grosstop eine schwarze Kugel aus Korbgeflecht. Bei Tage am Heck die Flag. d. Deutsch. Kriegs-Marine mit Lootsen-Abzeichen.* | 1 *Führer,* 1 *Steuermann,* 6 *Matrosen.* | *Bei nebeligem oder unsichtigem Wetter wird in Pausen von 3 Min., 2 Min. lang mit langsam aufeinander folgenden Schlägen mit der Schiffsglocke geläutet.* | *Wie bei Nr. 120.* | 1877 | . . | *Auslegung beabsichtigt. Wenn nicht auf richtiger Station liegend, wird das Leuchtfeuer nicht angezündet, bei Tage eine schwarze viereckige Flagge am Top geheisst und wenn angängig der Topkorb gestrichen.* |
| 123 | 12<br><br>13 | 29,7 | *Auf massivem Steinfundament dunkelroth angestrichener, runder, eiserner Thurm mit kugelförmigem Dach, das mit einer Kugel gekrönt ist. Etwa 3,5 m. niedriger als das obere Feuer führt rings* | 1 *Wärter,* 1 *Wärtergehülfe.* | . . . . | . . . . | 1877 | . . | *Das Feuer wird am 1. April 1877 angezündet. Auf der Strecke des Fahrwassers von Wilhelmshaven-Rhede bis zur Genius-Bank ist das Richtfeuer* ***nur*** *im Fahrwasser sichtbar.* |

| Laufende Nummer. | Namen und Oertlichkeit des Feuers. | Geographische Lage des Feuers. | Farbe, Art und Dauer der Lichterscheinung. | Beschreibung des Leuchtapparates. | Art des Erleuchtungsmaterials | Verbrauch des Erleuchtungsmaterials stündlich in Grammen. | Verbrauch des Erleuchtungsmaterials jährlich in Kilogr. | Höhe der Flamme über Hochwasser in Metern. | Höhe der Flamme über dem Erdboden in Metern. |
|---|---|---|---|---|---|---|---|---|---|
| | 1. | 2. | 3. | 4. | 5a. | 5b. | 5c. | 6a. | 6b. |
| | | | *rechtweisend N 2° W durch N. bis N 1,5° O. Im weissen Sektor des Richtfeuers erscheint das rothe Feuer nicht.* | *1 Sammellinse mit vertikalen Elementen und Vorprismenschirm zur Konzentrirung der Flamme. Der Apparat erhält sein Licht durch eine 1-dochtige Lampe.* | | | | | |
| 124 | **Wilhelmshaven,** Hafenfeuer; auf beiden Molenköpfen der Einfahrt zum Kriegshafen je ein F. | 53° 30' 58" N.Br. 8° 9' 30" O.Lg. | *Ein grünes festes F. auf dem nördlichen, ein rothes festes F. auf dem südlichen Molenkopf, den ganzen Horizont beleuchtend.* | *Gewöhnliche Gaslaternen mit je 7 Stück Schnittgasbrenner.* | *Gas.* | . . | . . | 9,8 | . . |
| 125 | **Schillighörn,** auf dem Vorlande östlich der Ecke des Haupt-Deiches. | 53° 42' 15" N.Br. 8° 1' 50" O.Lg. | *a. Ein rothes festes F. Beleuchtet den Horizont von rechtweisend N 5° W durch N. und O. bis S 45° O. Unter demselben:* | *a. Fresnelscher Linsen-Apparat IV. Ordnung, wie unter 123 a; nur wird das disponible Licht der Verdunkelung zur Verstärkung der westlichsten 40 Grade des Feuers gebraucht.* | *Petroleum.* | . . | . . | 21 | 20 |
| | | | *b. Ein weisses festes Richtf. Beleuchtet den Horizont von rechtweisend S 45° O bis S 41,5° O.* | *b. Fresnelscher Linsen-Apparat IV. Ordnung wie unter 123 b.* | *desgl.* | . . | . . | 18 | 17 |

| Laufende Nummer. | Sichtweite in See-Sichtweite in Seemeilen. | Höhe d. Leuchtfeuergebäudes in Metern. | Beschreibung des Leuchtfeuergebäudes bezw. Leuchtschiffes. | Bedienung des Feuers bezw. Bemannung des Leuchtschiffes. | Beschreibung der Nebelsignal-Einrichtungen. | Beschreibung der sonstigen Einrichtungen zum Signalisiren. | Das Feuer ist errichtet: | Das Feuer ist verändert: | Sonstige Bemerkungen. |
|---|---|---|---|---|---|---|---|---|---|
| | 7. | 8. | 9. | 10. | 11. | 12. | 13a. | 13b. | 14. |
| | | | *um den Thurm eine Gallerie; unter dem Richtfeuer ist ein 1,6 m langer Balkon angebracht. Der untere Theil des Thurmes ist durch schräg auslaufende eiserne Streben gestützt.* | | | | | | |
| 124 | 3 | 4,5 | *Eiserne Laternen-Ständer.* | . . . . | . . . . | . . . . | 1877 | . . | . . . . . . . . . . . . . |
| 125 | 12 bezw. 9<br>11 | 23,3 | *Dunkelroth angestrichener, runder, eiserner Thurm wie bei Nr. 123.* | *1 Wärter, 1 Wärtergehülfe.* | . . . . | *Telegraphenstation. Fern- und Flaggensignale nach dem internationalen Signalbuch; dieselben werden von einem Ausleger am oberen Theil des Thurmes gezeigt. Nothsignale von Schiffen werden telegraphisch nach Wilhelmshaven gemeldet.* | 1877 | . . | *Das Feuer wird am 1. April 1877 angezündet. Auf der Strecke des Fahrwassers von den Tonnen O und Nr. 10 bis R und Nr. 12 ist das Richtfeuer nur im Fahrwasser sichtbar. Signal- und Telegraphen-Station meldet nur besondere Vorfälle.* |

| Laufende Nummer. | Namen und Oertlichkeit des Feuers. | Geographische Lage | Farbe, Art und Dauer der Lichterscheinung. | Beschreibung des Leuchtapparates. | Art des Erleuchtungsmaterials | Verbrauch stündlich in Grammen. | Verbrauch jährlich in Kilogr. | Höhe der Flamme über Hochwasser in Metern. | Höhe der Flamme über dem Erdboden in Metern. |
|---|---|---|---|---|---|---|---|---|---|
| | 1. | 2. | 3. | 4. | 5a. | 5b. | 5c. | 6a. | 6b. |
| 126 | **Wangeroog,** nahe dem östlichen Ende der Insel, an deren Südseite. Der untere Theil des Thurms wird seewärts von den 500 m von demselben entfernten Dünen, auf welchen die „Kaapbake" steht, verdeckt. | 53° 47' 27" N.Br. 7° 53' 56" O.Lg. | Ein weisses Drehf. mit Intervallen von 2 Minuten. Der höchste Glanz (= 2550 Stearinkerzen) des zu- und abnehmenden Lichtes dauert 7 bis 8 Sekunden. Während etwa einer Minute verschwindet das Feuer gänzlich. | Fresnelscher Linsen-Apparat IV. Ordnung mit 6 Linsen von 29 cm Durchmesser, 5 oberen und 3 unteren Prismenringen. Lampe 3. Ordnung mit 2 konzentrischen Dochten, von denen der äussere 5 cm Durchmesser hat. | Rüböl. | 130 | 560 | 30,7 | 27,5 |
| 127 | **Norderney,** auf dem östlichen Ende der grossen Düne, südöstlich von den sogenannten weissen Dünen. | 53° 42' 40" N.Br. 7° 13' 44" O.Lg. | Ein weisses Funkelf. mit Blinken von 10 zu 10 Sekunden, den ganzen Horizont beleuchtend. | Fresnelscher Linsen-Apparat I. Ordnung, 24-theilig; Brenner Nr. 5 mit 5 Dochten. | Mineral-Oel. | 1150 | 4500 | 59,6 | 48 |

| Laufende Nummer. | Sichtweite in See- | Sichtweite in Seemeilen. | Höhe d. Leuchtfeuergebäudes in Metern. | Beschreibung des Leuchtfeuergebäudes bezw. Leuchtschiffes. | Bedienung des Feuers bezw. Bemannung des Leuchtschiffes. | Beschreibung der Nebelsignal-Einrichtungen. | Beschreibung der sonstigen Einrichtungen zum Signalisiren. | Das Feuer ist errichtet: | Das Feuer ist verändert: | Sonstige Bemerkungen. |
|---|---|---|---|---|---|---|---|---|---|---|
| | | 7. | 8. | 9. | 10. | 11. | 12. | 13a. | 13b. | 14. |
| 126 | 1 | 14,75 | 30 | Runder, massiver Thurm mit grauweissem Cementputz, unten 5 m oben 4,2 m Durchmesser; auf der in 26 m Höhe befindlichen Plattform steht die Laterne mit Kuppel, 2,2 m Durchmesser 3,4 m hoch. Der Fuss des Thurmes ist auf 7 m Höhe von der kreisförmig angelegten, 11,2 m im Durchmesser haltenden Wärterwohnung umgeben, die jedoch seewärts durch höhere Dünen verdeckt wird. Für die beiden Wärter-Gehülfen ist ein Häuschen von 6 u. 9 m, ausserdem eine Scheune von 11 u. 20 m Grösse vorhanden, die zugleich als Strandscheune dient. | 1 Wärter mit 2 Gehülfen. | . . . . | Fernsignal-Apparat auf dem Leuchtthurme. | 1856 | . . | Auf einem, im Westen der Insel in der Nähe des damaligen Dorfes errichteten Thurme, brannte von Mitte des XVII. Jahrhunderts bis zur Kontinentalsperre von 1806 ein Steinkohlenfeuer. 1814 wurde ebendaselbst ein Lampenlicht mit Hohlspiegel eingerichtet. 1825 zerstörte eine Sturmfluth den Leuchtthurm und wurde 1830 in dessen Nähe ein neuer, mit rotirendem Lampenlichte erbaut, 1856 aber nach der Zerstörung des Dorfes und des westlichen Theiles der Insel durch den auf dem Ostende der Insel erbauten Thurm ersetzt. Der Leuchtthurm hat Telegraphen-Verbindung mit dem Festlande. |
| 127 | | 20 | 53,75 | Thurm von rothen Ziegelsteinen im Rohbau mit Sandstein-Gesimsabdeckungen. Der quadratische Unterbau ist 13,27 m, der achteckige Hauptheil 30,41 m, die runde Tambourmauer 3,0 m, der ganze | 3 Wärter. | . . . . | *Es wird in dem Wärterhause beim Leuchtthurm eine Telegraphen-Station errichtet werden.* | . . | . . | Auf der Insel Norderney befinden sich zwei Rettungs-Stationen, und zwar die eine auf Ostland, die andere auf Westland. |

| Laufende Nummer. | Namen und Oertlichkeit des Feuers. | Geographische Lage des Feuers. | Farbe, Art und Dauer der Lichterscheinung. | Beschreibung des Leuchtapparates. | Art des Erleuchtungsmaterials | Verbrauch des Erleuchtungsmaterials: stündlich in Grammen. | Verbrauch des Erleuchtungsmaterials: jährlich in Kilogr. | Höhe der Flamme über Hochwasser in Metern. | Höhe der Flamme über dem Erdboden in Metern. |
|---|---|---|---|---|---|---|---|---|---|
| | 1. | 2. | 3. | 4. | 5a. | 5b. | 5c. | 6a. | 6b. |
| 128 | **Norddeich.** | 53° 37′ 26″ N.Br. 7° 9′ 30″ O.Lg. | Ein weisses festes F. | Gewöhnliche kupferne Laterne mit 1 Lampe und 1 Reverbère. | Mineral-Oel. | 150 | 600 | 10 | 4 |
| 129 | **Knock**, auf der gleichnamigen, hervorspringenden Ecke des Deiches. | 53° 20′ 27″ N.Br. 7° 2′ 24″ O.Lg. | Ein weisses festes F. Beleuchtet den Horizont von SO z O ¼ O über S. u. W. bis N. | Fresnelscher Linsen-Apparat VI. Ordnung. | Rüböl. | 48 | 190 | 9,0 | 5 |

| Laufende Nummer. | Sichtweite in Seemeilen. | Höhe d. Leuchtfeuergebäudes in Metern. | Beschreibung des Leuchtfeuergebäudes bezw. Leuchtschiffes. | Bedienung des Feuers bezw. Bemannung des Leuchtschiffes. | Beschreibung der Nebelsignal-Einrichtungen. | Beschreibung der sonstigen Einrichtungen zum Signalisiren. | Das Feuer ist errichtet: | Das Feuer ist verändert: | Sonstige Bemerkungen. |
|---|---|---|---|---|---|---|---|---|---|
| | 7. | 8. | 9. | 10. | 11. | 12. | 13a. | 13b. | 14. |
| | | | Bau 46,7 m über dem Erdboden hoch. Auf dem Krönungs-Gesimse eisernes Geländer um die Gallerie. Ueber der Tambourmauer von 5 m Durchm. die 5,3 m hohe Laterne. An ihren 16 Seitenflächen weiss verglast u. in Halbkugelform den Thurm abschliessend. Darüber 1 Kugel von 0,75 m Durchm. mit Spitze, zusammen 1,75 m hoch. Südwestlich vom Thurm Wohnhaus, aus rothen Ziegelsteinen im Rohbau und mit rothen Ziegeln eingedeckt. Dasselbe enthält ein Souterrain und 2 Geschosse. Oestlich vom Wohngebäude ein Stall von rothen Ziegelsteinen im Rohbau. | | | | | | |
| 128 | 6 | 4,5 | Hölzernes Gerüst, mit einer durch eine eiserne Leiter zugänglichen Gallerie in 3 m Höhe und ca. 1,5 m im Quadrat gross. | Der Gemeinde-Vorsteher. | . . . . . . | . . . . . | 1869 | . . | |
| 129 | 11 | 6 | Hölzernes Gestell. | 1 Wärter. | . . . . . . | . . . . . | 1859 | . . | |

| Laufende Nummer. | Namen und Oertlichkeit des Feuers. | Geographische Lage des Feuers. | Farbe, Art und Dauer der Lichterscheinung. | Beschreibung des Leuchtapparates. | Art des Erleuchtungsmaterials | Verbrauch des Erleuchtungsmaterials stündlich in Grammen. | Verbrauch jährlich in Kilogr. | Höhe der Flamme über Hochwasser in Metern. | Höhe der Flamme über dem Erdboden in Metern. |
|---|---|---|---|---|---|---|---|---|---|
| | 1. | 2. | 3. | 4. | 5a. | 5b. | 5c. | 6a. | 6b. |
| 130 | **Nesserlander Schleuse**, bei Emden. | 53° 20′ 54″ N.Br. 7° 11′ 12″ O.Lg. | Zwei weisse feste F., bei offener Schleuse. Bei geschlossener Schleuse wird das nordöstliche F. durch rothe Scheiben in ein rothes F. umgewandelt. | Strassenlaternen älterer Konstruktion. | Petroleum. | . . | . . | 7,36 | 2,40 |
| 131 | **Borkum**, auf dem von einer Dünenkette eingefassten, sogenannten Westlande der Insel gl. N. | 53° 35′ 23″ N.Br. 6° 40′ 12″ O.Lg. | Ein weisses festes F. Beleuchtet den ganzen Horizont, jedoch von W. über N. bis O. und von SOzS über S. bis SSW ½ W heller als nach den übrigen Richtungen hin. | Fresnelscher Linsen-Apparat II. Ordnung, mit 3 konzentrischen Dochten. | Rüböl. | 350 | 1500 | 40,8 | 39,5 |
| 132 | **Borkum-Riff**, Feuerschiff auf 24,6 m Wasser. | 53° 51′ 0″ N.Br. 6° 26′ 0″ O.Lg. | Drei feste F., das am Grossmast befindliche roth, die am Fock- und Besahnsmast befindlichen weiss. Beleuchten den Horizont nach allen Richtungen hin. Damit die Lage des Schiffs zu erkennen ist, führt dasselbe ausser diesen 3 Feuern noch ein Ankerlicht am Fockstag, 1,5 m über der Regeling. | . . . . . . . . | . . . | . . . | . . . | Feuer am Grossmast 14 m. am Fock- und Besahnsmast 11 m. über der Meeresfläche | . . |

| Laufende Nummer. | Sichtweite in See- | Sichtweite in Seemeilen. | Höhe d. Leuchtfeuergebäudes in Metern. | Beschreibung des Leuchtfeuergebäudes bezw. Leuchtschiffes. | Bedienung des Feuers bezw. Bemannung des Leuchtschiffes. | Beschreibung der Nebelsignal-Einrichtungen. | Beschreibung der sonstigen Einrichtungen zum Signalisiren. | Das Feuer ist errichtet: | Das Feuer ist verändert: | Sonstige Bemerkungen. |
|---|---|---|---|---|---|---|---|---|---|---|
| | | 7. | 8. | 9. | 10. | 11. | 12. | 13a. | 13b. | 14. |
| 130 | | 2 | 3,14 | Laternenpfähle. | 3 Schleusenknechte. | Bei nebeligem Wetter wird geläutet. | . . . . | 1848 | . . | Die Laternen gehören der Stadt. |
| 131 | | 18 | 45 | Viereckiger Thurm in Ziegelrohbau, nach oben ein wenig verjüngt. | 3 Wärter. | . . . . | . . . . | 1817 | 1857 | Rettungs-Station. |
| 132 | | 8 | . . | Dreimastiges, roth angestrichenes Schiff, mit dem Namen „BORKUM-RIFF“ auf beiden Seiten. Führt einen pyramidenförmigen Korb im Grosstop und im Vor- und Besahnstop je eine Kugel. | . . . . | . . . . | . . . . | 1875 | . . | |

## Zweiter Theil.

# Die Tonnen, Baken und sonstigen Tagesmarken.

| Laufende Nummer. | Namen und Oertlichkeit des Zeichens. 1. | Gattung des Zeichens. 2. | Zweck, welchem das Zeichen dient. 3. | Geographische Lage des Zeichens. 4. |
|---|---|---|---|---|
| 1 | **Memel.** | Signalbake. | Bei stürmischem Wetter wird den ohne Lootsen einsegelnden Schiffen der zu steuernde Kurs mittelst der Bake (durch Winken mit der Ruthe) signalisirt. | NW z W 50 m von der Bake Nr. 2. |
| 2 | " | Richtungsbake.*) | Bezeichnet mit den Baken Nr. 1 u. 3 die Richtung des Fahrwassers. | NW z W 200 m von der Bake Nr. 3. |
| 3 | " | Richtungsbake. | Giebt in Deckpeilung mit den Baken Nr. 1 u. 2 die Richtung des Fahrwassers an. | 55° 43′ N.Br. 21° 7′ O.Lg. in der Nähe der Navigationsschule, SO ca. 2000 m von Memel-Leuchtthurm entfernt. |
| 4 | " | Tonne (nur im Sommer ausliegend). | Bezeichnet die Mitte und den Anfang des Fahrwassers. | Liegt in der Richtung der Baken Nr. 1, 2 u. 3. |
| 5 | " | Tonne (nur im Sommer ausliegend). | Bezeichnet am Eingange in das Fahrwasser dessen südliche Grenze. | . . . . . . . . . . . |
| 5a | " | Tonne (nur im Sommer ausliegend). | Bezeichnet am Eingange in das Fahrwasser dessen nördliche Grenze. | . . . . . . . . . . . |
| 6 | " | 3–6 Pricken.**) | Bezeichnen die südliche Seite des Fahrwassers. | . . . . . . . . . . . |
| 7 | " | 3–6 Pricken.**) | Bezeichnen die nördliche Seite des Fahrwassers. | . . . . . . . . . . . |
| 8 | **Kurische Nehrung**, zwischen Memel und Schwarzort, 3 Seem. südlich von Memel. | 2 Baken. | Bezeichnen die Fahrrinne zwischen der Bank „Bärenkopf-Haken“ und dem Ausläufer der Bank „Schweinsrücken“. | Die nördliche Bake in 55° 39,4′ N.Br. 21° 7,7′ O.Lg.; die südliche SSO etwa 0,3 Seemeilen von ersterer. |
| 9 | **Bärenkopf-Haken**, im kurischen Haff, in der Nähe des nördlichen Endes von Schwarzort. | Tonne (nur im Sommer ausliegend). | Bezeichnet eine Verflachung im kurischen Haff. | . . . . . . . . . . . |
| 10 | **Kurisches Haff**, an der Schifffahrts-Rinne bei Schwarzort. | 20 Pricken bezw. Fusen (nur im Sommer ausliegend). | Bezeichnen die Fahrrinne. | . . . . . . . . . . . |

*) In der Nähe befindet sich die Rettungs-Station mit Rettungsboot und Gewehr.
**) Werden bis auf einen oder zwei im Winter bei Eisgang eingezogen. Die unter Nr. 6 bis 18 aufgeführten Tonnen, Pricken und Fusen sind mit Ketten an Steinen verankert.

| Laufende Nummer. | Allgemeine Beschreibung des Zeichens. | Besondere Erkennungsmerkmale des Zeichens. | Wassertiefe am Orte des Zeichens in Metern. | Höhe der Spitze des Zeichens über dem Mittelwasser in Metern. | Höhe der Spitze des Zeichens über dem Erdboden in Metern. | Sichtweite des Zeichens in Seemeilen. | Das Zeichen ist erstmalig ausgelegt bezw. errichtet: |
|---|---|---|---|---|---|---|---|
| | 5. | 6. | 7. | 8a. | 8b. | 9. | 10. |
| 1 | Hölzerne, in einem bockartigen Gerüste bewegliche Ruthe, oben mit einem Korbballon. Beim Signalisiren mit einer grossen rothen Flagge versehen. | Ruthe schwarz, Ballon roth. | . . . | 21,4 | 18 | 6 | 1833 verändert 1861. |
| 2 | Starker Balken in einem bockartigen Gerüste, zum Niederlegen eingerichtet, 37,66 m hoch, oben mit Dreieck und liegender Tonne. | Schwarz. | . . . | 42 | 37,66 | 10 | 1823 verändert 1851. |
| 3 | Pyramide von eisernen Stäben, 38,29 m hoch. An der Spitze mit Kreuz, Dreieck und liegender Tonne versehen. | Schwarz. | . . . | 43,73 | 38,29 | ca. 11 | 1852 |
| 4 | Kegelförmige, 3 m lange, eiserne Tonne. An einem grossen Stein mit schwerer Kette verankert und mit kleinem Anker und Kette verkattet. | Roth mit Ballon. | ca. 14 | . . . | . . . | . . . | . . . |
| 5 | Kegelförmige hölzerne Tonnen mit eisernem Beschlage, 2,75 m lang, mit dem stumpfen Ende nach oben. Verankert wie Nr. 4. | Schwarz. | ca. 9 | . . . | . . . | . . . | . . . |
| 5a | | Weiss. | ca. 9 | . . . | . . . | . . . | . . . |
| 6 | 10 bis 12 m lange hölzerne Stangen, oben mit Besen, unten mit eisernem Beschlag. | Schwarz. | 4—7 | 3—4 | . . . | . . . | . . . |
| 7 | 10 bis 12 m lange hölzerne Stangen, oben mit weissen Fähnchen, unten mit eisernem Beschlag. | Weiss. | 5—7 | 3—4 | . . . | . . . | . . . |
| 8 | Hölzerne Pyramiden, aus je 3 Gerüsthölzern, mit Latten verschalt. | . . . . . . | . . . | 29,7 die nördl., 18,3 die südl. Bake. | 14 die nördl., 12 die südl. Bake. | 4 | 1874 |
| 9 | Cylinderförmige eiserne Tonne, in ihrer ganzen Länge auf den Wasser schwimmend. | Schwarz. | 1,8 | . . . | . . . | . . . | . . . |
| 10 | 2 bis 4 m lange Stangen. Die Pricken mit Flaggen, die Fusen mit Strauchbesen versehen. | . . . . . . | 1,5—2 | 1—1,5 | . . . | . . . | . . . |

| Laufende Nummer. | Namen und Oertlichkeit des Zeichens. 1. | Gattung 2. | Zweck, welchem das Zeichen dient. 3. | Geographische Lage des Zeichens. 4. |
|---|---|---|---|---|
| 11 | **Schnepel-Haken**, im kurischen Haff, am Südende von Schwarzort. | Tonne (nur im Sommer ausliegend). | Bezeichnet die Verflachung südlich von Schwarzort. | . . . . . . . . . . . . |
| 12 | **Perwelk**, am kurischen Haff, bei dem Dorfe gl. N. | Tonne (nur im Sommer ausliegend). | Bezeichnet eine in das kurische Haff vorspringende Sandbank. | . . . . . . . . . . . . |
| 13 | **Grabs-Haken**, im kurischen Haff, zwischen Nidden u. Rossitten. | Tonne (nur im Sommer ausliegend). | Bezeichnet den Haken (Sandbank). | . . . . . . . . . . . . |
| 14 | **Beeck-Mündung.** | 2 Baken. | Bezeichnen die Einfahrt vom Haff in den Beeck-Fluss. | . . . . . . . . . . . . |
| 15 | **Gilge-Mündung** in das kurische Haff. | 4 Baken. | Bezeichnen die Schifffahrtsrinne im kurischen Haff. | . . . . . . . . . . . . |
| 16 | **Nemonien-Mündung** in das kurische Haff. | 2 Baken. | Bezeichnen die Schifffahrtsrinne im kurischen Haff. | . . . . . . . . . . . . |
| 17 | **Deime-Mündung** in das kurische Haff. | 6 Tonnen. | Bezeichnen die östliche Seite der Schifffahrtsrinne aus dem kurischen Haff in die Deime-Mündung. | . . . . . . . . . . . . |
| 18 | „ | 1 Tonne und 5 Fusen. | Bezeichnen die westliche Seite der Schifffahrtsrinne aus dem kurischen Haff in die Deime-Mündung. | . . . . . . . . . . . . |
| 19 | „ | 2 Baken. | Bezeichnen die Mündung der Deime in das kurische Haff. | . . . . . . . . . . . . |
| 20 | **Pillau.** | Richtungs- oder Flaggenbake. | Bezeichnet die Einsegelungslinie in das Seegatt. Bei stürmischer Witterung wird den ohne Lootsen einsegelnden Schiffen durch Winken mit der Bake (Rhode) der zu steuernde Kurs angedeutet. | NW $^1/_2$ W 585 m vom Leuchtthurm entfernt. |
| 21 | **Pillau**, an der Westseite der Stadt. | Mittlere Richtungsbake. | Bezeichnet die Einsegelungslinie in das Seegatt. | NW $^1/_4$ W 375 m vom Leuchtthurm entfernt. |
| 22 | **Pillau**, an der Westseite der Stadt. | Höchste Richtungsbake. | Bezeichnet die Einsegelungslinie in das Seegatt. | NW $^1/_2$ N 250 m vom Leuchtthurm entfernt. |
| 23 | „ | Windmühle. | Einsegelungsmarke. Mit dem Leuchtthurm in Deckpeilung zu halten. | NW z W $^1/_2$ W 265 m vom Leuchtthurm entfernt. |

| Laufende Nummer. | Allgemeine Beschreibung des Zeichens. | Besondere Erkennungsmerkmale des Zeichens. | Wassertiefe am Orte des Zeichens in Metern. | Höhe der Spitze des Zeichens über Mittelwasser in Metern. | Höhe der Spitze des Zeichens über dem Erdboden in Metern. | Sichtweite des Zeichens in Seemeilen. | Das Zeichen ist erstmalig ausgelegt bezw. errichtet: |
|---|---|---|---|---|---|---|---|
| | 5. | 6. | 7. | 8a. | 8b. | 9. | 10. |
| 11 | Cylinderförmige hölzerne Tonne mit eisernem Beschlag. | Weiss. | 1,5 | . . . | . . . | . . . | . . . |
| 12 | Cylinderförmige, 1,25 m lange, eiserne Tonne, in ihrer ganzen Länge auf dem Wasser schwimmend. | Roth. | 1,5 | . . . | . . . | . . . | . . . |
| 13 | Cylinderförmige eiserne Tonne, in ihrer ganzen Länge auf dem Wasser schwimmend. | Schwarz. | 1,5 | . . . | . . . | . . . | . . . |
| 14 | Hohe Stangen mit durchbrochenen Pyramiden. | . . . . . . | . . . | . . . | . . . | ca. 2. | . . . |
| 15 | Hohe Stangen mit durchbrochenen Pyramiden. | Weiss u. roth. | . . . | . . . | . . . | ca. 1 | 1873 |
| 16 | Hohe Stangen mit durchbrochenen Pyramiden. | Weiss u. roth. | . . . | . . . | . . . | ca. 1 | 1866 |
| 17 | 1 grosse Spitztonne und 5 gewöhnliche Tonnen. | Roth. | 2—3 | 0,5—1,0 | . . . | ca. 2 | 1850 |
| 18 | Die Fusen sind 2 bis 4 m lange Stangen mit Strauchbesen. | Schwarz und weiss. | 2 | 0,5—1,0 | . . . | ca. 2 | 1850 |
| 19 | Je eine Stange zwischen 3 eingerammten Pfählen, oben mit durchbrochener Pyramide. | Roth u. weiss. | . . . | ca. 5 | ca. 6 | ca. 3 | 1850 |
| 20 | Gerüst von Fichtenbalken, 12 m hoch, unten 12 m im Durchm. Läuft nach oben in eine Spitze zusammen, welche mit 18,5 m langer, senkrecht und horizontal zu stellender, Rhode versehen ist. | Ist die niedrigste der 3 Richtungsbaken. Mit Theeranstrich versehen. | . . . | 21 | 18,8 | 5 | . . . |
| 21 | Gerüst von Fichtenbalken, 14 m hoch, unten 12 m im Durchm. Läuft nach oben in eine Spitze zusammen, welche mit 22 m langer, senkrecht und horizontal zu stellender Rhode, versehen ist. | Richtungsbake von mittlerer Höhe. Mit Theeranstrich u. oben mit Tonne u. Kreuz versehen. | . . . | 25,5 | 22 | 6 | . . . |
| 22 | Gerüst von Fichtenbalken, 18 m hoch, unten 15 m im Durchm. Läuft nach oben in eine Spitze zusammen, welche mit 30 m langer, senkrecht und horizontal zu stellender, Rhode versehen ist. | Höchste der drei Richtungsbaken. Mit Theeranstrich, oben mit Tonne, Kreuz u. Lattendreieck versehen. | . . . | 32 | 30 | 6,8 | . . . |
| 23 | Holländische Windmühle. | . . . . . . | . . . | 20,3 | 18,8 | 8 | . . . |

| Laufende Nummer. | Namen und Oertlichkeit des Zeichens. 1. | Gattung 2. | Zweck, welchem das Zeichen dient. 3. | Geographische Lage des Zeichens. 4. |
|---|---|---|---|---|
| 24 | **Pillau**, ausserhalb des Seegatts. | Aussentonnne (nur im Sommer ausliegend). | Bezeichnet den Eingang und die Einsegelungslinie in das Seegatt. | NW z W $^1/_2$ W $1^1/_4$ Seem. von Pillau-Leuchtthurm. |
| 25 | **Pillau**, Nordseite des Seegatts. *) | Tonne (nur im Sommer ausliegend). | Bezeichnen am Eingange in das Seegatt die nördliche Seite desselben. | NW z W $^1/_8$ W $1^1/_5$ Seem. von Pillau-Leuchtthurm. |
| 25a | „ | Pricken (nur im Winter ausliegend). | | |
| 26 | „ | Tonne (nur im Sommer ausliegend). | Bezeichnen die nördliche Seite des Seegatts. | NW z W $^1/_8$ W $1^1/_6$ Seem. von Pillau-Leuchtthurm. |
| 26a | „ | Pricken (nur im Winter ausliegend). | | |
| 27 | „ | Tonne (nur im Sommer ausliegend). | Bezeichnen die nördliche Seite des Seegatts. | NW z W $^1/_8$ W von Pillau-Leuchtthurm. |
| 27a | „ | Pricken (nur im Winter ausliegend). | | |
| 28 | **Pillau**, Südseite des Seegatts. | 7 Tonnen (nur im Sommer ausliegend). | Bezeichnen die südliche Seite des Seegatts. | Die Lage der Tonnen bezw. Pricken ist folgende:<br>1. NW z W $^3/_8$ W $1^1/_5$ Seem.<br>2. NW z W $^3/_8$ W $1^1/_6$ „<br>3. NW z W $^3/_8$ W 1,0 „<br>4. NW z W $^3/_8$ W 0,8 „<br>5. NW z W $^3/_4$ W 0,7 „<br>6. NW z W $^3/_4$ W 0,6 „<br>7. WNW 0,5 Seem. von Pillau-Leuchtthurm.<br>Die 5., 6. u. 7. Tonne bezw. |
| 28a | „ | 7 Pricken (nur im Winter auslieg.). | | |

*) Die unter Nr. 25 bis 32a aufgeführten Tonnen und Pricken werden bei eintretenden Veränderungen der Wassertiefen im Seegatt, im Kessel und in Pillau-Rinne nach Bedürfniss verlegt; die in Sp. 4 angegebene Lage derselben ist deshalb nur die „mittlere" Lage der betr. Zeichen. Dieselben sind mit Ketten an Steinen verankert.

| Laufende Nummer. | Allgemeine Beschreibung des Zeichens. | Besondere Erkennungs-merkmale des Zeichens. | Wasser-tiefe am Orte des Zeichens in Metern. | Höhe der Spitze des Zeichens über Mittel-wasser in Metern. | Höhe der Spitze des Zeichens über dem Erdbo-den in Metern. | Sicht-weite des Zei-chens in See-meilen. | Das Zei-chen ist erst-malig ausge-legt bezw. er-richtet: |
|---|---|---|---|---|---|---|---|
| | 5. | 6. | 7. | 8a. | 8b. | 9. | 10. |
| 24 | Eiserne doppel-kegelförmige Tonne von 4,4 m Länge und 1,6 m Durchm., mit Wasserkasten zum Aufrechtstehen. Mit Stein und Kette verankert. | Roth; oben mit Korbgeflecht von 0,8 m Durchmesser an einer 4,4 m langen, senkrecht stehenden Stange. | 10 | 6,3 | ... | 4,5 | ... |
| 25 | Eiserne doppel-kegelförmige Tonne von 3,7 m Länge und 1,2 m Durchm., mit Wasserkasten. | Weiss; oben mit Flagge „Nr. I" an einer 3,7 m langen, senkrecht stehenden Stange. | 6,3 | 5,5 | ... | 3 | ... |
| 25 a | Abgestumpfter Kegel von Tannenholz, 1,5 m lang, 0,6 m oberer, 0,3 m unterer Durchm.; durch die Mitte desselben eine 5 m lange und 0,15 m starke Spiere, welche am untern Ende mit einem Eisenschuh versehen ist. | Weiss; oben mit weisser Flagge „Nr. I". | 6,3 | 5,5 | ... | 3 | ... |
| 26 | Eiserne doppel-kegelförmige Tonne von 3,7 m Länge und 1,2 m Durchm., mit Wasserkasten. | Weiss; oben mit Flagge „Nr. II" an 3,7 m langer, senkrecht stehender Stange. | 5,5 | 3,7 | ... | 3 | ... |
| 26 a | Abgestumpfter Kegel von Tannenholz, 1,5 m lang, 0,6 m oberer, 0,3 m unterer Durchm.; durch die Mitte desselben eine 5 m lange und 0,15 m starke Spiere, welche am untern Ende mit einem Eisenschuh versehen ist. | Weiss; oben mit weisser Flagge „Nr. II". | 5,5 | 5,5 | ... | 3 | ... |
| 27 | Eiserne doppel-kegelförmige Tonne von 3,7 m Länge und 1,2 m Durchm. mit Wasserkasten. | Weiss; oben mit Flagge „Nr. III" an 3,7 m langer, senkrecht stehender Stange. | 5,5 | 3,7 | ... | 3 | ... |
| 27 a | Abgestumpfter Kegel von Tannenholz, 1,5 m lang, 0,6 m oberer, 0,3 m unterer Durchm.; durch die Mitte desselben eine 5 m lange und 0,15 m starke Spiere, welche am untern Ende mit einem Eisenschuh versehen ist. | Weiss; oben mit weisser Flagge „Nr. III". | 5,5 | 5,5 | ... | 3 | ... |
| 28 | 1. Tonne: eiserne doppel-kegelförmige Tonne von 3,5 m Länge u. 1,8 m Durchm. | Schwarz. | 1. Tonne 6,3. | 1,8 | ... | 2 | ... |
| | 2. u. 3. Tonne: eiserne doppel-kegelförmige Tonnen von 3,0 m Länge und 1,5 m. Durchm. | | 2. u. 3. „ 5,5. | 1,5 | ... | 2 | ... |
| | 4. Tonne: hölzerne doppel-kegelförmige Tonne von 3 m Länge u. 1,5 m Durchm. | | 4. Tonne 5,5. | 0,8 | ... | 1,5 | ... |
| | 5., 6. u. 7. Tonne: gewöhnliche hölzerne Tonnen von 1,2 m Länge u. 0,8 m Durchm. | | 5.–7. „ 5,5. | 0,6 | ... | 1,25 | ... |
| 28 a | Die Pricken sind abgestumpfte tannene Kegel von 1,5 m Länge, 0,6 m oberem, | Schwarz. | 1. Pricke 6,3. | 1,8 | ... | 2 | ... |

| Laufende Nummer. | Namen und Oertlichkeit des Zeichens. | Gattung des Zeichens. | Zweck, welchem das Zeichen dient. | Geographische Lage des Zeichens. |
|---|---|---|---|---|
| | 1. | 2. | 3. | 4. |
| | | | | der 5., 6. u. 7. Pricken, liegen innerhalb der Südermole. |
| 29 | **Kessel**, tiefere Stelle im frischen Haff, östlich u. in der Nähe von Pillau. | 3 Pricken (nur im Sommer ausliegend). | Bezeichnen die nördliche Seite des „Kessel". | 1. Pricken S z O $^{3}/_{4}$ O 280 m,<br>2. „ SSO 315 m,<br>3. „ SSO 355 m<br>von Pillau-Leuchtthurm. |
| 29 a | | 4 Tonnen (nur im Sommer ausliegend). | Bezeichnen die südliche Seite des „Kessel". | 1. Tonne S z W 285 m,<br>2. „ S $^{1}/_{4}$ W 290 m,<br>3. „ S $^{1}/_{2}$ O 315 m,<br>4. „ S z O 355 m<br>von Pillau-Leuchtthurm. |
| 30 | **Heerd**, Sandbank im frischen Haff, südöstlich von Pillau. | Tonne (Drehbolle) im Sommer, Pricken im Winter. | Bezeichnen die Nordspitze des „Heerd". | SSW 312 m von Pillau-Leuchtthurm. |
| 31 | **Frische Nehrung**, auf deren Ostspitze, Pillau gegenüber. | 2 Baken. | Bezeichnen, in Linie gehalten, die Richtung der Rinne. | Die nordwestliche: SW $^{3}/_{4}$ S 715 m, die südöstliche: SW z S 746 m von Pillau-Leuchtthurm. |
| 32 | **Pillau-Rinne**, Fahrstrasse aus dem frischen Haff in den Hafen von Pillau. Beginnt an der Ostspitze der frischen Nehrung, läuft S z O $^{1}/_{2}$ O 2 Seem. ins Haff hinein, ist zu beiden Seiten von Untiefen begrenzt u. wird durch ausgelegte Tonnen sowie durch Richtungsbaken auf der Nehrung bezeichnet. | 9 Tonnen (nur im Sommer ausliegend, im Winter 1 Pricken an Stelle der Tonne Nr. I). | Bezeichnen die nördliche Seite der „Rinne". (Liegen an der Südkante des „Heerd".) | Tonne Nr. I liegt SSW 312 m von Pillau-Leuchtthurm. Der Abstand einer Tonne von der andern beträgt etwa 440 m, Tonne Nr. IX liegt S $^{1}/_{2}$ O 3804 m von Pillau-Leuchtthurm. Sämmtliche Tonnen liegen in einer fast geraden Linie. |
| 32 a | | 6 Tonnen (nur im Sommer ausliegend). | Bezeichnen die südliche Seite der „Rinne". | Die westliche Tonne liegt S z W 1800 m, die östlichste S $^{1}/_{4}$ O 3500 m von Pillau-Leuchtthurm. Der Abstand der Tonnen von einander beträgt 340 m. Dieselben liegen in einer geraden Linie. |
| 33 | **Heerd**, Sandbank im frischen Haff, südöstlich von Pillau. | Tonne (nur im Sommer ausliegend). | Bezeichnet die südliche Spitze des „Heerd". | SO z S 3 Seem. von Pillau-Leuchtthurm. |

*) Vergl. die Anmerkung auf Seite 94.

| Laufende Nummer. | Allgemeine Beschreibung des Zeichens. | Besondere Erkennungs-merkmale des Zeichens. | Wasser-tiefe am Orte des Zeichens in Metern. | Höhe der Spitze des Zeichens über Mittel-wasser in Metern. | Höhe der Spitze des Zeichens über dem Erdbo-den in Metern. | Sicht-weite des Zei-chens in See-meilen. | Das Zei-chen ist erst-malig ausge-legt bezw. er-richtet: |
|---|---|---|---|---|---|---|---|
| | 5. | 6. | 7. | 8a. | 8b. | 9. | 10. |
| | 0,3 m unterem Durchm.; durch die Mitte derselben je eine 5 m lange u. 0,15 m starke Spiere, welche am unteren Ende mit einem Eisenschuh versehen ist. | | 2.–4. Pricken 5,5. 5.–7. Pricken 5,5. | 1,5 1,5 | . . . . . . | 2 1,5 | . . . . . . |
| 29 | Holzklötze, 1 m lang und 0,3 m stark, mit 4,2 m langer Stange. | Weiss mit weisser Flagge. | 3,5 | 2,5 | . . . | 1,5 | . . . |
| 29a | Gewöhnliche Theertonnen mit 1,8 m langem Stocke. | Schwarz. | 3,5 | 2,2 | . . . | 1,5 | . . . |
| 30 | Eiserne kegelförmige Tonne von 1,5 m Länge und 0,8 m Durchm. mit 2,5 m langem, senkrecht stehenden, eisernen Stock. | Weiss mit schwarzer Flagge. | 4,4 | 3,2 | . . . | 2,5 | . . . |
| 31 | Senkrechte Rhoden je auf zwei kreuzweise liegenden Balken, mit welchen sie durch 8 Streben verbunden sind. Fussdurchmesser 8,8 m. | Theeranstrich. Die östliche (kleinere) Bake ist oben mit einer Kugel von Eisenblech versehen. | . . . | 16,6 die westl., 12,4 die östliche Bake. | 14,0 die westl., 9,8 die östliche Bake. | 5 | 1851 |
| 32 | Nr. I: eiserne kegelförmige Tonne von 1,5 m Länge und 0,8 m Durchm., mit 2,5 m. langem, senkrecht stehenden, eisernen Stock versehen. Nr. II—IX: gewöhnliche Theertonnen, je mit 1,8 m langem Stock versehen, und mit 3 Eisenreifen beschlagen. Nr. IX an der südöstlichen Einfahrt der Rinne: eiserne doppel-kegelförmige Tonne von 3,7 m Länge und 1,2 m Durchm., mit Wasserkasten und mit einer 4 m langen Stange versehen, an derem Ende sich ein Korbgeflecht befindet. | Weiss; weisse Flagge mit fortlaufender Nummer von Nr. I (der westlichsten) bis Nr. IX (der östlichsten). | Nr. I 4,4 m, II—VIII 3,4 m, IX auf 4,4 m. | 3 2 4,8 | . . . . . . . . . | 2,5 1,5 2,9 | . . . . . . . . . |
| 32a | Gewöhnliche Theertonnen, jede mit 1,8 m langem Stock und 3 Eisenreifen. | Schwarz. | 3,4 | 2 | . . . | 1,5 | . . . |
| 33 | Kegelförmige hölzerne Tonne von 1,8 m Länge und 0,9 m Durchmesser, mit 4,4 m langer, durchgehender Spiere, an derem unteren Ende sich der Eisen- | Weiss; weisse Flagge mit dem Buchstaben „H". | 3,7 | 2,8 | . . . | 3 | . . . |

7

| Laufende Nummer. | Namen und Oertlichkeit des Zeichens. 1. | Gattung 2. | Zweck, welchem das Zeichen dient. 3. | Geographische Lage des Zeichens. 4. |
|---|---|---|---|---|
| 34 | **Alt-Pillau** und **Kamstigal**, Dörfer nahe bei Pillau; auf dem höchsten Berge zwischen beiden Dörfern. | Thurm (genannt die Landmarke). | Land-Erkennungszeichen. | OzN 1,2 Seem. von Pillau-Leuchtthurm. |
| 35 | **Wogram**, Dorf bei Pillau; auf dem höchsten Berge bei Alt-Pillau und Wogram. | Windmühle. | Land-Erkennungszeichen. | ONO 1 Seem. von Pillau-Leuchtthurm. |
| 36 | **Kamstigaler Haken**, Sandriff, welches sich in der Richtung OSO von dem Kamstigaler Ufer in's frische Haff erstreckt. | Tonne (nur im Sommer ausliegend). | Bezeichnet das östlichste Ende des Kamstigaler Hakens. | OSO 2,4 Seem. vom südlichsten Hause des Dorfes Kamstigal, welches OzS 2 Seem. von Pillau-Leuchtthurm liegt. |
| 37 | **Peiser Haken**, Sandriff, welches sich in der Richtung S $^1/_2$ O vom Dorfe Peise in's frische (Königsberger) Haff erstreckt. | Tonne (im Sommer ausliegend), Pricken (im Winter ausliegend). | Bezeichnet das südliche Ende des Peiser Hakens. | 54° 39′ 30″ N.Br. 20° 7′ 28″ O.Lg.; S $^1/_2$ O 1,6 Seem. vom westlichsten Hause des Dorfes Peise. |
| 38 | **Frisches** (Königsberger) **Haff**, ausgebaggerte Rinne von Peise bis zur Pregel-Mündung. | 42 Tonnen (nur im Sommer ausgend). *) | Bezeichnen die nördliche Seite der Rinne. | Die westlichste Tonne (Nr. 42) liegt SOzS $^1/_2$ S 2,1 Seem. vom westlichsten Hause des Dorfes Peise, die östlichste Tonne (Nr. 1) nahe der Pregel-Mündung, SW $^3/_4$ W 300 m von dem Steinthurm bei Hollstein. Die Tonnen Nr. 42 bis 9 liegen in fast gerader Linie je 376 m von einander, Nr. 9 bis 1 dagegen nur je 282 m von einander. |
| 39 | „ | 3 Tonnen und 42 Pricken. | Bezeichnen die südliche Seite der Rinne. | Die 1., westlichste Tonne liegt von der weissen Tonne Nr. 42 S. 65 m. In östlicher Richtung von derselben bis zu den weissen Tonnen Nr. 15 und 16, und 210 m von diesen entfernt, liegen je 376 m |

*) Nur die Tonnen Nr. 1, Nr. 4 und Nr. 6 werden im Winter durch Pricken, weisse Flaggenstöcke ersetzt, welche in den Flaggen die Nummern 1, 4 bezw. 6 führen.

| Laufende Nummer. | Allgemeine Beschreibung des Zeichens. | Besondere Erkennungs-merkmale des Zeichens. | Wasser-tiefe am Orte des Zeichens in Metern. | Höhe der Spitze des Zeichens über Mittel-wasser in Metern. | Höhe der Spitze des Zeichens über dem Erdbo-den in Metern. | Sicht-weite des Zei-chens in See-meilen. | Das Zei-chen ist erst-malig ausge-legt bezw. er-richtet: |
|---|---|---|---|---|---|---|---|
| | 5. | 6. | 7. | 8a. | 8b. | 9. | 10. |
| | schuh zur Befestigung der Tonne befindet. | | | | | | |
| 34 | Dreieckiger Bau von Mauersteinen, ohne Aufgang, mit 3 spitzen Thürmen, grossen Spitzbogenfenstern und einer Fahne. | Rohbau. | . . . | 48,5 | 20,4 | 16 | . . . |
| 35 | Holländische Windmühle. | . . . . . . . | . . . | 43,9 | 18,8 | 14 | . . . |
| 36 | Gewöhnliche Theertonne von 1,2 m Länge und 0,5 m Durchmesser, mit Stock von 1,5 m Länge. Verankert mit Stein und Kette. | Weiss; weisse Flagge mit dem Buchstaben „K". | 3,5 | 1,7 | . . . | 2 | . . . |
| 37 | Eiserne doppel-kegelförmige Tonne von 3,2 m Länge und 1,2 m Durchmesser, mit Wasserkasten. Verankert mit Stein und Kette. Der Pricken ist mit einer Flagge versehen. | Die Oberfläche der Tonne ist in vier Felder getheilt, von denen je 2 gegenüberliegende schwarz und 2 roth sind. | 3,5 | 1,8 | . . . | 2 | . . . |
| 38 | Von den Tonnen sind 40 gewöhnliche hölzerne Tonnen, mit Eisenreifen beschlagen, von 1,4 m Länge und 0,6 m Durchm.; 2 derselben sind eiserne Tonnen von 1,4 m Länge und 0,6 m Durchm. Tonne „Nr. 42" u. „Nr. 9" haben je auf beiden Seiten einen Stock mit Flagge. Tonne „Nr. 2" u. „Nr. 1" je nur einen Stock mit Flagge. Verankert mit Stein und Kette. | Die Tonnen sind weiss, mit schwarzen Nummern (1 bis 42) auf dem Boden. | 3,2 | 0,9 | . . . | 1,5 | 1861 |
| 39 | Zwei Tonnen sind von Holz, die dritte von Eisen, erstere haben 1,5 m Länge, 0,8 m Durchm. und einen 1,8 m langen Stock; die eiserne Tonne hat eine 1 m lange Stange mit Besen. Die Pricken bestehen aus 1,6 m langen und 0,2 m starken Klötzen mit 3,8 m langen Stan- | Anstrich der beiden hölzernen Tonnen wie unter Nr. 37. Jede hat auf zwei gegenüberstehenden Seiten einen | 3,2 | 2 | . . . | 2 | 1861 |

| Laufende Nummer. | Namen und Oertlichkeit des Zeichens. 1. | Gattung 2. | Zweck, welchem das Zeichen dient. 3. | Geographische Lage des Zeichens. 4. |
|---|---|---|---|---|
| | | | | auseinander 24 Pricken; vom Brandenburger Haken bis zur weissen Tonne Nr. 8, u. 210 m von dieser entfernt, sodann 8 Pricken, je 376 m auseinander. Alsdann die 2. Tonne, quer ab von der weissen Tonne Nr. 9, SW $^3/_4$ W 1,2 Seem. von dem Steinthurm auf der Mole der Pregel-Mündung. Nördlich vom Haffstrom liegen die letzten 10 Pricken u. eine schwarz gestrichene Tonne, der westlichste SW $^1/_2$ W 0,9 Seem., der östlichste S z O 0,1 Seem. von dem Steinthurm auf der Mole der Pregel-Mündung. |
| 40 | **Litthauens Sand**, Sandriff an der nördlichen Seite des frischen Haffs, 4 Seem. von dem Steinthurm auf der nördlichen Mole der Pregel-Mündung. | Tonne (nur im Sommer ausliegend). | Bezeichnet das Sandriff. | W $^1/_2$ S 3,4 Seem. von dem Steinthurm auf der Mole der Pregel-Mündung. |
| 41 | **Brandenburger Haken**, an der südlichen Seite der ausgebaggerten Rinne von Peise nach der Pregel-Mündung. | Tonne (nur im Sommer ausliegend). | Bezeichnet die nördlichste Spitze des Brandenburger Hakens. | W z S $^1/_2$ S 3 Seem. von dem Steinthurm auf der nördlichen Mole der Pregel-Mündung. |
| 42 | **Hollstein**, an der Mündung des Pregels in's frische Haff, auf der westlichsten Wiese. | 2 Richtungsbaken. | Bezeichnen, in Linie gehalten, die Richtung der Rinne Nr. 38 u. 39 von der Tonne „Nr. 9“ ab bis in den Pregel. | ONO 0,5 Seem. von dem Steinthurm auf der nördlichen Mole der Pregel-Mündung. |
| 43 | **Ankerwiese**, beim Dorfe Haffstrom am Ostufer des frischen (Königsberger) Haffs. | 2 Richtungsbaken. | Bezeichnen die Richtung der Rinne Nr. 38 u. 39 von der Tonne „Nr. 42“ bis zur Tonne „Nr. 9“. | SO z O 0,8 Seem. von dem Steinthurm auf der nördlichen Mole der Pregel-Mündung. |
| 44 | **Kahlholzer Haken**, Sandriff an der östlichen Seite des frischen Haffs. | Tonne (nur im Sommer ausliegend). | Bezeichnet den Kahlholzer Haken. | SO $^1/_2$ O 4,5 Seem. von Pillau-Leuchtthurm. |

| Laufende Nummer. | Allgemeine Beschreibung | Besondere Erkennungs-merkmale | Wasser-tiefe am Orte des Zeichens in Metern. | Höhe der Spitze des Zeichens über Mittel-wasser | Höhe der Spitze des Zeichens über dem Erdbo-den | Sicht-weite des Zei-chens in See-meilen. | Das Zei-chen ist erst-malig ausge-legt bezw.er-richtet: |
|---|---|---|---|---|---|---|---|
| | des Zeichens. | | | in Metern. | | | |
| | 5. | 6. | 7. | 8a. | 8b. | 9. | 10. |
| | gen. Tonnen und Pricken sind mit Ketten an Steinen verankert. | Stock mit weisser Flagge u. die Bezeichnung „KP" auf den Boden. Die Pricken sind **schwarz** mit **weissen** Flaggen. | | | | | |
| 410 | Hölzerne Tonne von 1,4 m Länge und 0,6 m Durchm., mit 1,2 m langem Stock. Verankert mit Stein und Kette. | **Weiss**; weisse Flagge mit den Buchstaben „L. S". | 2,8 | 2 | . . . | 2 | . . . |
| 411 | Eiserne, doppel-kegelförmige Tonne von 3,2 m Länge und 1,4 m Durchm. Verankert mit Stein und Kette. | Die Oberfläche der Tonne ist in vier Felder getheilt, von denen je 2 gegenüberliegende schwarz und 2 roth sind. | 3,2 | 1,5 | . . . | 2 | 1861 |
| 412 | Balkengerüste von 12 m Fussdurchm. mit senkrechter Rhode. | Jede Bake ist oben mit einem **Kreuz** versehen. | . . . | 24 und 20 | 22 und 18 | 5,5 | 1856 |
| 413 | Balkengerüste von 12 m Fussdurchm. mit senkrechter Rhode. | Jede Bake ist oben mit einem **Kreuz** versehen. | . . . | 24 die östl., 20 die westl. Bake. | 22 die östl., 18 die westl. Bake. | 5,5 | 1868 |
| 414 | Gewöhnliche Theertonne von 1,2 m Länge und 0,5 m Durchm., mit Stock. Verankert mit Stein und Kette. | Schwarz mit weisser Flagge. | 3,5 | 1,7 | . . . | 1,8 | . . . |

| Laufende Nummer. | Namen und Oertlichkeit des Zeichens. 1. | Gattung des Zeichens. 2. | Zweck, welchem das Zeichen dient. 3. | Geographische Lage des Zeichens. 4. |
|---|---|---|---|---|
| 45 | **Moewen-Haken,** im frischen Haff, an der Seite der frischen Nehrung. | Tonne (nur im Sommer ausliegend). | Bezeichnet den südöstlichsten Haken des Sandriffs. | SW z S $^{3}/_{4}$ S 3,5 Seem. von Pillau-Leuchtthurm. |
| 46 | **Leisun-Haken,** Sand- und Steinriff an der südöstlichen Seite des frischen (Elbinger) Haffs. | Tonne (nur im Sommer ausliegend). | Bezeichnet das Westende des Riffs. | SW z S $^{1}/_{2}$ S 8 Seem. von Pillau-Leuchtthurm. |
| 47 | **Katt-Haken,** Sandriff im frischen Haff, nördlich von Pfahlbude. | Tonne (nur im Sommer ausliegend). | Bezeichnet das Westende des Riffs. | SW $^{3}/_{4}$ S 13 Seem. von Pillau-Leuchtthurm. |
| 48 | **Pfahlbude,** Hafen der Stadt Braunsberg, Hebestelle an der Mündung der Passarge in das frische Haff. | 12 Tonnen (nur im Sommer ausliegend). | Bezeichnen die ausgebaggerte Rinne, welche vom Haff in den Hafen (Pfahlbude) führt. Auf jeder Seite der Rinne liegen 6 Tonnen in NW-licher Richtung von einander. | . . . . . . . . . . . . |
| 49 | **Frauenburg,** an der Mündung des Baude-Kanals in das frische Haff. | 5 Tonnen (nur im Sommer ausliegend). | Bezeichnen die Einsegelung in den Frauenburger Hafen; 3 an der Nordwest- und 2 an der Südost-Seite der für die Schifffahrt ausgebaggerten Rinne. | . . . . . . . . . . . |
| 50 | **Tolkemitter Haken.** | 3 Tonnen. | Bezeichnen den Haken. | Die 1. Tonne liegt NW 1,25 Seem. vom westlichen Molenkopf des Tolkemitter Hafens. |
| 51 | **Elbinger Fahrwasser,** Tagesmarke am Ende der versunkenen Mole. | Tonne. | Bezeichnet das Ende der versunkenen, 2 bis 3 Fuss unter Wasser liegenden Mole, welche ausserdem mit Fusen (Pricken) bezeichnet ist. | 2000 m von der Haffleuchte. |
| 52 | **Elbinger Fahrwasser,** im frischen Haff. | Tonnen u. Fusen (Pricken). | Bezeichnen die gebaggerte Fahrrinne im Haff und befinden sich in bestimmten Entfernungen zu beiden Seiten derselben, einander gegenüber, so dass die Breite der Fahrrinne markirt wird. | Von der Haffleuchte in 54° 15′ 20″ N.Br. und 19° 23′ 28″ O.Lg. liegen 170 m entfernt die 1. Fuse und die I. Tonne, 171 bezw. 170 m weiter die 2. Fuse und die II. Tonne, von diesen liegt die 3. Fuse 113, die 4. Fuse und III. Tonne 226 m ab; 226 m weiter liegen die 5. Fuse und die IV. Tonne, darauf folgen 226 m weiter die 6. Fuse und die V. Tonne; die 7. Fuse und VI. Tonne liegen von die- |

| Laufende Nummer. | Allgemeine Beschreibung des Zeichens. | Besondere Erkennungs-merkmale des Zeichens. | Wasser-tiefe am Orte des Zeichens in Metern. | Höhe der Spitze des Zeichens über dem Wasser in Metern. | Höhe der Spitze des Zeichens über dem Erdboden in Metern. | Sicht-weite des Zeichens in See-meilen. | Das Zeichen ist erst-malig ausgelegt bezw. errichtet: |
|---|---|---|---|---|---|---|---|
| | 5. | 6. | 7. | 8a. | 8b. | 9. | 10. |
| 45 | Gewöhnliche hölzerne Tonne von 1,5 m Länge und 0,8 m Durchm., mit 1,8 m langem Stock. *) | Schwarz, mit Flagge und dem Buchstaben „M“. | 3,4 | 2 | . . . | 2 | . . . |
| 46 | Gewöhnliche hölzerne Tonne von 1,5 m Länge und 0,8 m Durchm., mit 1,8 m langem Stock. *) | Weiss, am Stock eine Flagge mit dem Buchstaben „L“. | 3,4 | 2 | . . . | 2 | . . . |
| 47 | Gewöhnliche hölzerne Tonne von 1,5 m Länge und 0,8 m Durchm., mit 1,8 m langem Stock. *) | Weiss, am Stock eine Flagge mit dem Buchstaben „K“. | 3,4 | 2 | . . . | 2 | . . . |
| 48 | Tonnen von 0,78 m Länge und 0,47 m Durchm., vom Ufer und unter einander 62,77 m entfernt. *) | Schwarzer Pechüberzug. | 2,50 | 0,24 | . . . | 1 | . . . |
| 49 | Tonnen von je 2,3 m Länge und 0,42 m Durchm., vom Ufer und unter einander 64,5 m entfernt. *) | Schwarzer Pechüberzug. | 1,57 | . . . | . . . | 1 | . . . |
| 50 | Jede Tonne hat 0,85 m Länge, 0,65 m Durchm. und ist mit eisernen Bändern beschlagen. *) | Die beiden äusseren Tonnen sind weiss, die mittlere ist blau. | 3 | . . . | . . . | 0,5 | 1872 |
| 51 | Tonne von 0,88 m Länge und 0,68 m Durchm., mit eisernen Bändern und Besen. *) | Roth. | 3 | . . . | . . . | 0,5 | 1865 |
| 52 | Hölzerne Tonnen mit eisernen Bändern. *) | Die Tonnen auf der beim Auslaufen rechten (östlichen) Seite sind weiss, auf der linken (westlichen) Seite schwarz, und nach der Reihefolge auf den Bodenflächen beziehungsweise schwarz u. weiss numerirt. Die | 2,5 im Durchschnitt. | . . . | . . . | 0,6 | . . . |

*) Verankert mit Stein und Kette.

| Laufende Nummer. | Namen und Oertlichkeit des Zeichens. 1. | Gattung 2. | Zweck, welchem das Zeichen dient. 3. | Geographische Lage des Zeichens. 4. |
|---|---|---|---|---|
| | | | | sen letzteren 226 bezw. 218 m entfernt, dann kommen die 8. Fuse und die VII. Tonne 346 bezw. 350 m weiter, darauf die 9. Fuse und die VIII. Tonne ebenfalls 346 bezw. 350 m weiter. Die 10. und 11. Fuse liegen 339 m von letzteren, hierauf folgen die IX. Tonne und die 12. Fuse in 339 m Entfernung, sodann 339 m weiter die 13. Fuse und die X. Tonne, worauf in 339 bezw. 305 m Entfernung durch die beiden letzten (14. und 15.) Fusen der Anfang der Fahrrinne vom Haff aus bezeichnet wird. |
| 53 | **Weichsel-Riff**, an der Westerplatte. | Tonne (nur in der eisfreien Zeit ausliegend). | Bezeichnet die NO-Spitze des Riffs. | 54° 25,4' N.Br. 18° 42' O.Lg. NO z N vom Festungsthurm in Weichselmünde und vom St. Marien-Kirchthurm in Danzig, O. vom Leuchtthurm auf der Ostmole. |
| 54 | **Neufahrwasser**, auf dem Ende der Westmole des Hafens. | Wink-Bake. | Vermittelst Winken mit der an einer beweglichen Stange aufgezogenen Flagge wird den bei Sturm ohne Lootsen einsegelnden Schiffen der zu steuernde Kurs angegeben. | 54° 24,8' N.Br. 18° 40' O.Lg. N 4° W von Neufahrwasser-Leuchtthurm. |
| 55 | **Neufahrwasser**, Einfahrt in den Hafen. | 2 Tonnen (nur in der eisfreien Zeit ausliegend). | Bezeichnen die Einsegelungslinie. | 54° 25,2' N.Br. 18° 39,2' O.Lg. Die schwarze (östliche) Tonne N z W 3/4 W, die weisse (westliche) WNW vom Leuchtthurm auf der Ostmole. |
| 56 | **Zoppot**, in der Danziger Bucht. | Tonne (nur im Sommer ausliegend). | Zur Orientirung für die Schiffe der Kaiserlichen Marine beim Distanzlaufen. | 54° 27,4' N.Br. 18° 36' O.Lg. N 34° W von der Neufahrwasser-Molenleuchte, S 2° O von Oxhöft-Kirche u. N 30° O von der Villa Hochwasser. |
| 57 | **Putziger Deepke**, Einfahrt zwischen den Sandbänken nach Putzig (Putziger Wyk). | 2 Tonnen (nur in der eisfreien Zeit ausliegend). | Bezeichnen die Einfahrt in das Putziger Wyk. | 54° 39' N.Br. 18° 32' O.Lg. |

| Laufende Nummer. | Allgemeine Beschreibung des Zeichens. | Besondere Erkennungsmerkmale des Zeichens. | Wassertiefe am Orte des Zeichens in Metern. | Höhe der Spitze des Zeichens über Mittelwasser in Metern. | Höhe der Spitze des Zeichens über dem Erdboden in Metern. | Sichtweite des Zeichens in Seemeilen. | Das Zeichen ist erstmalig ausgelegt bezw. errichtet: |
|---|---|---|---|---|---|---|---|
| | 5. | 6. | 7. | 8a. | 8b. | 9. | 10. |
| | | beiden letzten Tonnen sind je mit einem Besen versehen. | | | | | |
| 53 | Hölzerne stumpfe Tonne, von 2,2 m Länge und 1,46 m Durchmesser, mit Stange und Besen. *) | Schwarz, Boden weiss, mit der Aufschrift: „DANZIG" in schwarzen Buchstaben. | 8,5 | 1,7 | . . . | 2,0 | 1835 |
| 54 | Hölzerne Bake in Form eines mit der Spitze nach oben gerichteten Dreiecks, darüber die Führung für die nach beiden Seiten bewegliche Flaggenstange. | Weiss. | . . . | 12,9 | 10,4 | 6,0 | 1845 |
| 55 | Stumpfe Holztonnen von 1,56 m Länge und 0,94 m Durchmesser, mit Stange und Besen. *) | Die östliche Tonne schwarz, die westliche weiss, jede auf dem Boden: „DANZIG" in weissen bezw. schwarzen Buchstaben. | 5,9 | 1,3 | . . . | 1,5 | 1837 |
| 56 | Stumpfe Holztonne von 2,46 m Länge und 1,58 m Durchmesser, mit Stange und Besen. *) | Weiss, auf dem Boden die Aufschrift „Zoppot" in schwarzen Initialen. | 8,5 | 1,8 | . . . | 2,0 | 1867 |
| 57 | Stumpfe Holztonnen von 1,50 m Länge und 0,9 m Durchmesser, mit Stangen und Besen versehen. *) | Eine Tonne weiss, die andere schwarz. | 2,2 | 1,2 | . . . | 1,5 | 1865 |

*) Verankert mit Stein und Kette.

| Laufende Nummer. | Namen und Oertlichkeit des Zeichens. 1. | Gattung des Zeichens. 2. | Zweck, welchem das Zeichen dient. 3. | Geographische Lage des Zeichens. 4. |
|---|---|---|---|---|
| 58 | **Fedderort-Riff**, bei der Halbinsel Hela, zwischen den Leuchtthürmen von Hela und Heisternest. | Baken-Tonne. | Bezeichnet das Riff. | 54° 38′ N.Br. 18° 50,3′ O.Lg. N 31° O von Hela-Leuchtthurm und S 44° O von Heisternest-Leuchtthurm. |
| 59 | **Stilow**, auf einer 45,82 m hohen Düne, 1363 m vom Strande, 20,5 Seem. von Rixhöft entfernt. | Bake. | Landmarke. | 54° 47′ 18″ N.Br. 17° 44′ 34″ O.Lg. O. 6 Seem. von Leba entfernt. |
| 60 | **Stolpmünde**, auf der Mitte der Ostmole des Hafens, N z W 1/2 W von dem auf der Düne stehenden Lootsenwachthause. | Winkbake. | Den bei Sturm ohne Lootsen einsegelnden Schiffen wird durch Winken mit der Bake der zu steuernde Kurs angegeben. | 54° 35′ 21″ N.Br. 16° 51′ 40″ O.Lg. |
| 61 | **Stolpmünde**, auf dem Kopfe der Ostmole. | Bake. | Bezeichnet die Einfahrt in den Hafen. | . . . . . . . . . . . |
| 62 | **Stolpmünde**, auf dem Kopfe der Westmole. | Bake. | Bezeichnet die Einfahrt in den Hafen. | . . . . . . . . . . . |
| 63 | **Stolpmünde**, auf der Mitte der Ostmole. | Signalmast. | Dient dazu, den einsegelnden Schiffen mit rothen, unter den Sahlingen aufgeheissten Ballons die im Hafen vorhandene Wassertiefe zu signalisiren. | . . . . . . . . . . . |
| 64 | **Stolpmünde**, auf einer Düne östlich des Hafens, 70 m vom Fusse der Ostmole. | Sturmsignalmast. | Zum Aufziehen der Sturmsignale. | . . . . . . . . . . . |

| Laufende Nummer. | Allgemeine Beschreibung des Zeichens. | Besondere Erkennungsmerkmale des Zeichens. | Wassertiefe am Orte des Zeichens in Metern. | Höhe der Spitze des Zeichens über Mittelwasser in Metern. | Höhe der Spitze des Zeichens über dem Erdboden in Metern. | Sichtweite des Zeichens in Seemeilen. | Das Zeichen ist erstmalig ausgelegt bezw. errichtet: |
|---|---|---|---|---|---|---|---|
| | 5. | 6. | 7. | 8a. | 8b. | 9. | 10. |
| 58 | Eiserne Baken-Tonne von 2,2 m Durchmesser und 5,6 m Höhe. Besteht aus einer flachen Tonne mit aufgesetzten aus einzelnen Stäben gebildeten Kegeln; der obere Kegel trägt eine Kugel aus Stäben. Verankert mit Stein und Kette. | Tonne roth, auf dem oberen Boden mit weissen römischen Initialen die Bezeichnung „Fedderort“. | 19,8 | 2,8 | . . . | 2,5 | 1872 |
| 59 | Abgekürzte achtseitige Pyramide in 5 Etagen. | Ist abwechselnd roth und weiss in Querstreifen von je 42 cm Breite mit Oelfarbe angestrichen. | . . . | 66,52 | 20,70 | 12 | 1861 |
| 60 | Nach allen Richtungen hin drehbar. | Der zu steuernde Kurs wird mittelst einer rothen Flagge signalisirt. | . . . | 13,0 | 9,9 über der Mole. | 1,0 | 1873 |
| 61 | Mast. | Schwarz, am Top eine weiss angestrichene, aus Latten bestehende Kugel von 1,9m Durchmesser. | . . . | 8,3 | 6,0 über dem Molenkopfe. | 1,0 | 1872 |
| 62 | Mast. | Weiss, am Top ein roth angestrichener, aus Latten bestehender Kegel von 1 m Höhe und 1,9 m unterem Durchmesser. | . . . | 8,3 | 6,0 über dem Molenkopfe. | 1,0 | 1872 |
| 63 | Mast mit Stenge. Ein Ballon zeigt 2,5 m jeder ausserdem aufgezogene Ballon 0,3 m Wassertiefe mehr an. | . . . . . . | . . . | 24,18 | 20,73 | 1,0 | 1870 |
| 64 | Mast mit Stenge und Raa, an welcher die Sturmsignale aufgeheisst werden. | Weiss. | . . . | 24,5 | 14,8 | 1,0 | 1870 |

| Laufende Nummer. | Namen und Oertlichkeit des Zeichens. 1. | Gattung 2. | Zweck, welchem das Zeichen dient. 3. | Geographische Lage des Zeichens. 4. |
|---|---|---|---|---|
| 65 | **Rügenwaldermünde**, auf der Ostmole, 30 m vom Molenkopf. | Signalmast. | Zum Aufziehen von rothen Ballons, mit welchen den ansegelnden Schiffen die im Hafen vorhandene Wassertiefe signalisirt wird. | 54° 26′ 50″ N.Br. 16° 23′ 10″ O.Lg. |
| 66 | **Rügenwaldermünde**, am Fusse der alten Westmole. | Sturmsignalmast. | Zum Aufziehen der Sturmsignale. | . . . . . . . . . . . |
| 67 | **Kolbergermünde**, auf der Ostmole, 19 m vom Fusse derselben. | Signalmast. | Zum Aufziehen von rothen Ballons, mit welchen den ansegelnden Schiffen die im Hafen vorhandene Wassertiefe signalisirt wird. | 54° 10′ 50″ N.Br. 15° 34′ 54″ O.Lg. |
| 68 | **Kolbergermünde**, auf dem Kopfe der Ostmole. | Bake. | Zur Bezeichnung der Einfahrt in den Hafen. | . . . . . . . . . . . |
| 69 | **Kolbergermünde**, auf dem Kopfe der Westmole. | Bake. | Zur Bezeichnung der Einfahrt in den Hafen. | . . . . . . . . . . . |
| 70 | **Kolbergermünde**, auf der Ostmole, 200 m von dem Kopfe derselben. | Winkbake. | Den bei Sturm ohne Lootsen einsegelnden Schiffen, wird durch Winken mit der Bake der zu steuernde Kurs angegeben. | . . . . . . . . . . . |
| 70a | **Kolbergermünde**, 218 m westwärts vom Hafenfeuer. | Sturmsignalmast. | Zum Aufziehen der Sturmsignale. | . . . . . . . . . . . |
| 71 | **Kolbergermünde**, ausserhalb des Hafens vor der Ostmole. | Tonne. | Bezeichnet die Einfahrt in den Hafen, die östliche Seite des Fahrwassers derselben. | NzO 175 m vom Kopfe der Ostmole zu Kolbergermünde. |
| 72 | **Kolbergermünde**, ausserhalb des Hafens vor der Westmole. | Tonne. | Bezeichnet die Einfahrt in den Hafen, die westliche Seite des Fahrwassers derselben. | NWzN 96 m vom Kopfe der Westmole zu Kolbergermünde. |
| 73 | **West-Dievenow.***) | Thurm. (Lootsenwarte). | Land-Erkennungsmarke und zur Beobachtung der Küste von Dievenow. | 54° 1′ 10″ N.Br. 14° 45′ O.Lg. |

*) Lootsen- und Rettungs-Station.

| Laufende Nummer. | Allgemeine Beschreibung des Zeichens. | Besondere Erkennungs-merkmale des Zeichens. | Wasser-tiefe am Orte des Zeichens in Metern. | Höhe der Spitze des Zeichens über Mittel-wasser in Metern. | Höhe der Spitze des Zeichens über dem Erdbo-den in Metern. | Sicht-weite des Zei-chens in See-meilen. | Das Zei-chen ist erst-malig ausge-legt bezw. er-richtet: |
|---|---|---|---|---|---|---|---|
| | 5. | 6. | 7. | 8a. | 8b. | 9. | 10. |
| 65 | Mast mit Stenge. Ein aufgeheisster Ballon zeigt 1,9 m, jeder ausserdem auf-gezogene Ballon 0,3 m Wassertiefe mehr an. | Schwarz, an der Spitze ein liegendes Kreuz, welches die Richtungen N., S., O. und W. angiebt, dar-über eine Wet-terfahne. | . . . | 16,85 | 14,4 über der Molen-krone. | 3 | Seit Er-richtung des Ha-fens. |
| 66 | Mast mit Stenge und Raa, an welcher die Sturmsignale aufgeheisst werden. | Weiss, mit Wetterfahne. | . . . | 17,5 | 14,3 über der Molen-krone. | 3 | 1870 |
| 67 | Mast mit Stenge. Ein aufgeheisster Ballon zeigt 3,14 m, jeder ausserdem noch aufgezogene Ballon 0,3 m Was-sertiefe mehr an. | Der Mast ist hellgelb, die Stenge weiss angestrichen. | . . . | 24,4 | 22,0 | 3 | . . . |
| 68 | Mast, am Top eine aus Latten beste-hende Kugel von 1,57 m Durchmesser. | Weiss. | . . . | 8,79 | . . . | 3 | 1872 |
| 69 | Mast, am Top ein aus Latten beste-hender Kegel von 2,18 m Durchmesser der Basis und 1,45 m Höhe. | Roth. | . . . | 8,79 | . . . | 3 | 1872 |
| 70 | Nach allen Richtungen hin drehbar. | Der zu steuernde Kurs wird mit-telst rother Flag-ge signalisirt. | . . . | 12,9 | 10,5 | 1 | 1874 |
| 70a | Mast mit Raa. | Mast gelb, Raa und Top weiss. | . . . | 28,5 | 20,0 | 3 | 1876 |
| 71 | Eiserne Tonne in Form eines Kegels von 1,19 m Höhe und 0,84 m Durch-messer der Basis, mit 1,6 m langer Stange und einer Kugel von 0,3 m Durchmesser. | Tonne und Ku-gel schwarz. | 5,0 | 0,27 | . . . | 1 | . . . |
| 72 | Eiserne Tonne in Form eines Kegels von 1,02 m Höhe und 0,84 m Durch-messer der Basis, mit 1,6 m langer Stange und einer Kugel von 0,3 m Durchmesser. | Roth. | 4,24 | 0,27 | . . . | 1 | . . . |
| 73 | Viereckiger ca. 12,6 m hoher, nach oben verjüngter Thurm. | Schwarz. Flag-genstange an der Spitze. | . . . | . . . | 12,6 | 6 | . . . |

| Laufende Nummer. | Namen und Oertlichkeit des Zeichens. | Gattung des Zeichens. | Zweck, welchem das Zeichen dient. | Geographische Lage des Zeichens. |
|---|---|---|---|---|
| | 1. | 2. | 3. | 4. |
| 74 | **West-Dievenow-Rhede.** | Tonne. | Bezeichnet die Einfahrt in die Dievenow. | Je nach der veränderten Einfahrt wechselnd. |
| 75 | **Fritzower See.** | 8 Tonnen und 3 Steuder *). | Bezeichnen stromaufgehend die linke Seite der Fahrrinne über den sogenannten Falkenberg. | Die Reihefolge stromauf ist: 2 Steuder, 2 Tonnen, 1 Steuder, 6 Tonnen. |
| 75a | „ | 9 Tonnen und 2 Steuder *). | Bezeichnen stromaufgehend die rechte Seite der Fahrrinne über den sogenannten Falkenberg. | Die Reihefolge stromauf ist: 1 Steuder, 3 Tonnen, 1 Steuder, 6 Tonnen. |
| 76 | **Dievenow.** | 8 Tonnen *). | Bezeichnen stromaufgehend die linke Seite des Fahrwassers bei der Insel Gristow. | . . . . . . . . . . . |
| 76a | „ | 8 Tonnen *). | Bezeichnen stromaufgehend die rechte Seite des Fahrwassers bei der Insel Gristow. | . . . . . . . . . . . |
| 77 | **Kucklow**, an der Dievenow. | 2 Baken. | Bezeichnen das Fahrwasser bei der Insel Gristow. | . . . . . . . . . . . |
| 78 | **Dievenow.** | Tonne *). | Bezeichnen das Fahrwasser am Galgenberg. Die rothe Tonne liegt stromaufgehend an der rechten, die schwarze Tonne an der linken Seite des Fahrwassers. | . . . . . . . . . . . |
| 78a | „ | Tonne *). | | . . . . . . . . . . . |
| 79 | **Galgenberg**, auf der Insel Wollin. | 2 Baken. | Zur Bezeichnung des Fahrwassers für die aus dem Haff kommenden Schiffe. | . . . . . . . . . . . |
| 80 | **Paulsdorf.** | Bake und Windmühle. | Bezeichnen die Richtung der über das Wolliner Schaar gebaggerten Rinne. | . . . . . . . . . . . |
| 81 | **Wolliner Schaar.** | 2 Tonnen und 3 Steuder *). | Bezeichnen stromaufgehend die linke Seite der über das Wolliner Schaar gebaggerten Fahrrinne. | Die Reihefolge stromauf ist: 1 Tonne, 3 Steuder, 1 Tonne. |
| 81a | „ | 2 Tonnen und 3 Steuder *). | Bezeichnen stromaufgehend die rechte Seite der über das Wolliner Schaar gebaggerten Fahrrinne. | Die Reihefolge stromauf ist: 1 Tonne, 3 Steuder, 1 Tonne. |
| 82 | **Wolliner Schaar**, Einfahrt in die Rinne gl. N. | Glocken-Tonne. | Bezeichnet die Einfahrt in die Rinne des Wolliner Schaars vom grossen Haff aus. Liegt in einer Richtung mit der Paulsdorfer Bake und Windmühle (Nr. 80). | . . . . . . . . . . . |

*) Nur im Sommer ausliegend. Im Winter durch Strauchwethen ersetzt.

| Laufende Nummer. | Allgemeine Beschreibung des Zeichens. | Besondere Erkennungs-merkmale des Zeichens. | Wasser-tiefe am Orte des Zeichens in Metern. | Höhe der Spitze des Zeichens über Mittel-wasser in Metern. | Höhe der Spitze des Zeichens über dem Erdbo-den in Metern. | Sicht-weite des Zei-chens in See-meilen. | Das Zei-chen ist erst-malig ausge-legt bezw. er-richtet: |
|---|---|---|---|---|---|---|---|
| | 5. | 6. | 7. | 8a. | 8b. | 9. | 10. |
| 74 | Holztonne mit eisernen Bändern in Form eines Kegels, dessen Basis über dem Wasser liegt. An eisernem Anker befestigt. | Schwarz. | 5,6 | . . . | . . . | . . . | . . . |
| 75 | Hölzerne Tonnen mit eisernen Bändern in Form eines Kegels, dessen Basis über dem Wasser liegt. An eisernem Anker befestigt. Die Steuder sind hölzerne Stangen mit Schwimmer in der Ebene des Wassers und Ballon an der Spitze. An einem Stein verankert. | Schwarz. | . . . | 0,75 der Tonnen, 2,0 der Steuder. | . . . | . . . | . . . |
| 75 a | | Roth. | . . . | 0,75 der Tonnen, 2,0 der Steuder. | . . . | . . . | . . . |
| 76 | Petroleumfässer mit Eisenbändern. | Schwarz. | . . . | 0,5. | . . . | . . . | . . . |
| 76 a | | Roth. | . . . | . . . | . . . | . . . | . . . |
| 77 | Nach oben sich verjüngende Holzgerüste, das eine mit einer dreieckigen, das andere mit einer viereckigen Tafel an der Spitze. | Weiss. | . . . | . . . | 13,0 | . . . | . . . |
| 78 | Petroleumfässer mit Eisenbändern. | Roth. | . . . | 0,50 | . . . | . . . | . . . |
| 78 a | | Schwarz. | . . . | 0,50 | . . . | . . . | . . . |
| 79 | Hölzerne Stangen mit Dreiecks- bezw. Rechteckstafel. | Weiss. | . . . | . . . | . . . | . . . | . . . |
| 80 | Mast durch Streben gehalten, an der Spitze eine Tafel, in Form eines auf der Spitze stehenden Vierecks. Die Windmühle ist eine holländische. | Weiss. | . . . | . . . | 23,5 | . . . | . . . |
| 81 | Hölzerne Tonnen mit eisernen Bändern in Form eines Kegels, dessen Basis über dem Wasser liegt. An eisernem Anker befestigt. Die Steuder sind hölzerne Stangen mit Schwimmer in der Ebene des Wassers und Ballon an der Spitze. An einem Stein verankert. | Schwarz. | . . . | 0,75 der Tonnen, 2,0 der Steuder. | . . . | . . . | . . . |
| 81 a | | Roth. | . . . | 0,75 der Tonnen, 2,0 der Steuder. | . . . | . . . | . . . |
| 82 | Eiförmige Tonne aus Eisenblech, darüber an einem Stabe ein durchbrochener Korb mit der Glocke. An einer Grundschraube befestigt. | Schwarz und weiss. | . . . | 4,2 | . . . | . . . | . . . |

| Laufende Nummer. | Namen und Oertlichkeit des Zeichens. 1. | Gattung des Zeichens. 2. | Zweck, welchem das Zeichen dient. 3. | Geographische Lage des Zeichens. 4. |
|---|---|---|---|---|
| 83 | **Kiesberg**, bei Swinhöft auf der Insel Wollin; in der Nähe die Rettungs-Station Neuendorf. | Bake (Thurm). | Land-Erkennungsmarke. Bezeichnet die Ansegelung der Bucht von Swinemünde. | 53° 59′ NBr. 14° 35′ O.Lg. |
| 84 | **Oderbank**, Untiefe ungefähr 13,5 Seem. NO 3/4 N von Swinemünde-Leuchtthurm. | Steuder (Treibbake). | Bezeichnet die Untiefe. | 54° 7′ 40″ N.Br. 14° 25′ 30″ O.Lg. |
| 85 | **Swinemünde**, östlich der Ostmole zwischen den Dünen. | Landbake. | Zur Angabe der Richtung für einsegelnde Schiffe in Verbindung mit der Bake Nr. 86. | . . . . . . . . . . . |
| 86 | **Swinemünde**, ungefähr auf der Mitte der Ostmole. | Wink- und Richtungs-Bake. | Dient in Verbindung mit der Bake Nr. 85 zur Angabe der Richtung für einsegelnde Schiffe. Durch die auf derselben befindliche Winkvorrichtung, wird den bei Sturm ohne Lootsen einsegelnden Schiffen der zu steuernde Kurs angegeben. | . . . . . . . . . . . |
| 87 | **Swinemünde**, auf dem Kopfe der Westmole. | Bake (Flügel-Bake). | Dient in Verbindung mit der Bake Nr. 88 zur Angabe der Richtung für einsegelnde Schiffe. | . . . . . . . . . . . |
| 88 | **Swinemünde**, auf der Wurzel der Westmole. | Bake (Gallerie-Bake). | Dient in Verbindung mit der Bake Nr. 87 zur Angabe der Richtung für einsegelnde Schiffe. | . . . . . . . . . . . |

| Laufende Nummer. | Allgemeine Beschreibung des Zeichens. | Besondere Erkennungsmerkmale des Zeichens. | Wassertiefe am Orte des Zeichens in Metern. | Höhe der Spitze des Zeichens über dem Mittelwasser in Metern. | Höhe der Spitze des Zeichens über dem Erdboden in Metern. | Sichtweite des Zeichens in Seemeilen. | Das Zeichen ist erstmalig ausgelegt bezw. errichtet: |
|---|---|---|---|---|---|---|---|
| | 5. | 6. | 7. | 8a. | 8b. | 9. | 10. |
| 83 | In Form einer holländischen Windmühle ohne Ruthen, kegelförmig sich nach oben verjüngend, aus Ziegelsteinen erbaut, mit schwarzem, spitz zulaufendem Dache. | Weiss. | . . . | . . . | . . . | 12 | 1826 |
| 84 | Steht senkrecht im Wasser, ist von Holz und mit 2 Ballons versehen. An eisernem Anker befestigt. | Roth. Auf dem grossen eisernen Schwimmer die Buchstaben „O. B.“ weiss auf rothem Grunde. | 7,8 | 7,0 | . . . | 4 | 1862 |
| 85 | Hoher Mastbaum, aus 3 Theilen, unten durch Streben, in der Mitte und an der Spitze durch Tauwerk gehalten; der untere Theil ist mit Brettern bekleidet. | Weiss, mit 4 über einander angebrachten dreieckigen mit Brettern bekleideten Tafeln, die beiden unteren in 11,0 bezw. 18,5 m Höhe, die beiden oberen roth angestrichen. | . . . | . . . | 26,15 | 8 | 1856 |
| 86 | Vier verstrebte, verholmte und verriegelte Eckständer, nach innen geneigt, bilden den unteren Theil. Darüber auf gedieltem und mit Gallerie versehenen Plateau die Winkvorrichtung, aus Stange mit rothem Ballon und Fahne, in einem Gehäuse aus Ständern mit Streben und unten einer bogenförmigen Führung, die auf beiden Seiten hörnerartig hinausragt. | Weiss. An der Nordseite der Bake hat dieselbe in einer Höhe von 6,0 bis 8,2 m eine roth angestrichene Bretterverkleidung. | . . . | 23,5 | 21,4 | 8 | 1856 |
| 87 | Cylinder, von der Mitte bis zum Dachgesimse etwas verjüngt, mit flachem kegelförmigen Dach, bis zur Plinthe aus Hausteinen, darüber aus Ziegelmauerwerk hergestellt. | Weiss. 3 Windmühlenflügel, der mittlere senkrecht nach oben, die beiden anderen wagerecht. | . . . | 13,3 | die Spitze des senkrechten Flügels 12,2 m über der Westmole. | . . . | 1873 |
| 88 | Auf einem hölzernen Unterbau, aus 4 nach innen geneigten durch Streben und Zangen verbundenen Eckständern, steht ein mit Brettern bekleideter, tau- | Die Bake weiss, das Dach schwarz. Als besonderes Er- | . . . | 20,0 | 18,7 | . . . | 1873 |

| Laufende Nummer. | Namen und Oertlichkeit des Zeichens. 1. | Gattung 2. | Zweck, welchem das Zeichen dient. 3. | Geographische Lage des Zeichens. 4. |
|---|---|---|---|---|
| 89 | **Swinemünder Rhede.** | Glockentonne*) (Glockenboje, Rhedetonne). | Bezeichnet die Stelle, von welcher ab die Schiffe die durch Baken markirte Einsegelungslinie innehalten sollen. | 53° 57' N.Br. 14° 16' 30" O.Lg. |
| 90 | **Swinemünder Hafen**, vor der Einfahrt. | 3 Tonnen (Seetonnen). | Bezeichnen die westliche Seite der Einfahrt. | Veränderlich. |
| 91 | **Swinemünder Hafen**, vor dem Kopf der Ostmole. | Steuder. | Bezeichnet die Stelle der Einsegelungslinie, an welcher die durch die Baken der Westmole angegebene Richtung zu verlassen und diejenige, welche die beiden Baken auf der Ostmole und dem östlichen Ufer der Swine bezeichnen anzunehmen ist. | Veränderlich. |
| 92 | **Swinemünde**, zwischen den Molen. | 4 Tonnen **) (nur im Sommer ausliegend). | Bezeichnen stromaufgehend die rechte Seite des Fahrwassers. | 1. (äussere) Tonne, 244 m vom Kopfe der Westmole, 300 m von der Leuchtbake. 2. Tonne 220 m vom Kopfe der Westmole und 300 m von der Winkbake. |
| 93 | **Swinemünde**, in der Swine. | 3 Tonnen (nur im Sommer ausliegend). | Bezeichnen stromaufgehend die rechte Seite des Fahrwassers. | . . . . . . . . . . . . |

*) Die Glocke ist nur bei bewegter See und auf sehr geringe Entfernung hörbar.

**) Nur an den wichtigsten Punkten werden die Sommermarken (Tonnen und Steuder der Nr. 92 bis 110) durch Strauchwethen für den Winter ersetzt.

| Laufende Nummer. | Allgemeine Beschreibung des Zeichens. | Besondere Erkennungsmerkmale des Zeichens. | Wassertiefe am Orte des Zeichens in Metern. | Höhe der Spitze des Zeichens über dem Wasser in Metern. | Höhe der Spitze des Zeichens über dem Erdboden in Metern. | Sichtweite des Zeichens in Seemeilen. | Das Zeichen ist erstmalig ausgelegt bezw. errichtet: |
|---|---|---|---|---|---|---|---|
| | 5. | 6. | 7. | 8a. | 8b. | 9. | 10. |
| | benschlagartiger Aufbau mit spitzem Dach und ausladender Gallerie, daneben eine hölzerne Stange, mit welcher durch Neigung nach rechts und links den wegen Sturm ohne Lootsen einsegelnden Schiffen Richtungs-Signale gegeben werden. | kennungsmerkmal dient die in Sp. 5 erwähnte Gallerie und der taubenschlagförmige 4eckige Aufbau. | | | | | |
| 89 | Ueber dem untern Theil in Form einer auf beiden Seiten abgestumpften Kugel, ein nach oben etwas verjüngter 2,6 m hoher thurmförmiger Aufbau, welcher in dem oben durchbrochenen Theil die Glocke trägt, darüber an 2,2 m langer Stange ein grosser runder Knopf. Verankert mit 2 Ankern. | Die Tonne ist schwarz und weiss; der Knopf schwarz, weiss und roth. | 10,0 | 5,3 | . . . | 4 | 1866 |
| 90 | Hölzerne Tonnen mit eisernen Bändern, in Form eines Kegels, dessen Basis über dem Wasser liegt. Verankert mit einem Anker. | Weiss. Auf der Basis der äusseren Tonne ist die Ziffer 1, auf der zweiten die Ziffer 2, auf der dritten die Ziffer 3 mit schwarzer Farbe. | 5,75 | ca. 1,0 | . . . | . . . | . . . |
| 91 | Hölzerner Steuder, fast senkrecht im Wasser, mit 2 Ballons, unten der grössere oben der kleinere. Befestigt an eisernem Anker. | Schwarz angestrichen. | 6,5 | . . . | . . . | . . . | . . . |
| 92 | Hölzerne Tonnen mit eisernen Bändern, in Form eines Kegels, dessen Basis über dem Wasser liegt. Verankert mit einem Anker. | Weiss. Auf der Basis der Tonnen sind mit schwarzer Farbe der Reihefolge von der ersten, äusseren, anfangend die Ziffern: 4, 5, 6, 7; anschliessend an Tonne 3 (Nr. 90). | ca. 5,0 | ca. 1,0 | . . . | . . . | . . . |
| 93 | Hölzerne Tonnen mit eisernen Bändern, in Form eines Kegels, dessen Basis über dem Wasser liegt. Verankert mit einem Anker. | Weiss. Der Reihefolge der Tonnen nach sind auf der Basis derselben mit schwarzer Farbe die Ziffern: | ca. 5,0 | ca. 1,0 | . . . | . . . | . . . |

| Laufende Nummer. | Namen und Oertlichkeit des Zeichens. 1. | Gattung 2. | Zweck, welchem das Zeichen dient. 3. | Geographische Lage des Zeichens. 4. |
|---|---|---|---|---|
| 94 | **Swinemünde**, in der Swine. | 5 Steuder. | Bezeichnen stromaufgehend die linke Seite des Fahrwassers. | . . . . . . . . . . . |
| 95 | **Swine.** | 4 Steuder. | Bezeichnen stromaufgehend die rechte Seite des Fahrwassers, rechts vom ersten derselben ist die Einfahrt zu der gebaggerten Rinne längs der grünen Fläche. | Die Reihefolge stromaufgehend ist folgende: 1 rother Steuder, 1 schwarzer „ 1 rother „ 1 schwarzer „ 2 rothe „ Der erste Steuder befindet sich auf der Nordspitze der sogenannten Mittelfläche. |
| 95a | „ | 2 Steuder. | Bezeichnen stromaufgehend die linke Seite des Fahrwassers. | |
| 96 | **West-Swine**, südlich von dem Dorfe gl. N. | Bake. | Bezeichnen das Fahrwasser der Swine vom Mövenhaken bis zum Dorfe Klüss; zur Richtung für stromabwärts segelnde Schiffe. | . . . . . . . . . . . |
| 96a | | Bake. | | . . . . . . . . . . . |
| 97 | **Swine.** | 4 Steuder. | Bezeichnen stromaufgehend die linke Seite des Fahrwassers vom Mövenhaken bis zum Dorfe Klüss. | Die Reihefolge stromaufgehend ist folgende: 1 schwarzer Steuder, 2 rothe „ 3 schwarze „ 1 rother „ |
| 97a | „ | 3 Steuder. | Bezeichnen stromaufgehend die rechte Seite des Fahrwassers vom Mövenhaken bis zum Dorfe Klüss. | |
| 98 | **Swine**, zwischen Klüss u. Werder. | Bake. | Bezeichnen das Fahrwasser der Swine vom Mövenhaken bis zum Dorfe Klüss; zur Richtung für stromaufwärts segelnde Schiffe. | . . . . . . . . . . . |
| 98a | „ | Haus. | | . . . . . . . . . . . |
| 99 | **Swine.** | 2 Steuder. | Bezeichnen stromaufgehend die rechte Seite des Fahrwassers von Klüss bis zum Lognitzer Ort. | Die Reihefolge stromaufgehend ist folgende: 1 rother Steuder. 1 schwarzer „ 1 rother „ 2 schwarze „ |
| 99a | „ | 3 Steuder. | Bezeichnen stromaufgehend die linke Seite des Fahrwassers von Klüss bis zum Lognitzer Ort. | |
| 100 | **Klein-Mellin**, Insel unterhalb Kaseburg. | Bake und Haus. | Bezeichnet mit dem dahinter stehenden Häuschen die Richtungslinie für Schiffe, welche stromaufgehend die durch die Steuder Nr. 99 markirte Rinne passiren. | . . . . . . . . . . . |
| 101 | **Swine.** | Steuder. | Bezeichnet stromaufgehend die linke Seite der Fahrt am Lognitzer Ort. | . . . . . . . . . . . |
| 101a | „ | Steuder. | Bezeichnet stromaufgehend die rechte Seite der Fahrt am Lognitzer Ort. | . . . . . . . . . . . |
| 102 | Auf dem **Kleinen Mellin.** | 2 Baken. | Bezeichnen die Mitte des Fahrwassers vom Lognitzer Ort bis zum Pritterschen Graben. | . . . . . . . . . . . |

| Laufende Nummer. | Allgemeine Beschreibung des Zeichens. | Besondere Erkennungsmerkmale des Zeichens. | Wassertiefe am Orte des Zeichens in Metern. | Höhe der Spitze des Zeichens über Mittelwasser in Metern. | Höhe der Spitze des Zeichens über dem Erdboden in Metern. | Sichtweite des Zeichens in Seemeilen. | Das Zeichen ist erstmalig ausgelegt bezw. errichtet: |
|---|---|---|---|---|---|---|---|
| | 5. | 6. | 7. | 8a. | 8b. | 9. | 10. |
| | | 8, 9, 10; anschliessend an Tonne 7 (Nr. 92). | | | | | |
| 94 | Hölzerne Stangen mit Schwimmer in der Ebene des Wassers und Ballon an der Spitze. An einem Stein verankert. | Schwarz. | ... | ca. 3 | ... | ... | ... |
| 95 | Hölzerne Stangen mit Schwimmer in der Ebene des Wassers und Ballon an der Spitze. An einem Stein verankert. | Roth. | ... | ca. 3 | ... | ... | ... |
| 95a | | Schwarz. | ... | ca. 3 | ... | ... | ... |
| 96 | Hölzerne Stange mit Dreieckstafel. | Roth. | ... | ... | ... | ... | ... |
| 96a | Hölzerne Stange mit Rechteckstafel. | Weiss. | | | | | |
| 97 | Hölzerne Stangen mit Schwimmer in der Ebene des Wassers und Ballon an der Spitze. An einem Stein verankert. | Schwarz. | ... | ca. 2 | ... | ... | ... |
| 97a | | Roth. | ... | ca. 2 | ... | ... | ... |
| 98 | Stange, unten durch Streben gestützt, oben mit Tafel in Dreiecks-Form. | Weiss. | ... | ... | ... | ... | ... |
| 98a | ... | | | | ... | ... | ... |
| 99 | Wie unter Nr. 95. | Roth. | ... | ca. 2 | ... | ... | ... |
| 99a | | Schwarz. | ... | ca. 2 | ... | ... | ... |
| 100 | Stange unten durch Streben gehalten; auf der Spitze eine Tafel in Form eines auf der Spitze stehenden Vierecks. | Weiss. | ... | ... | ... | ... | ... |
| 101 | Hölzerne Stangen mit Schwimmer in der Ebene des Wassers und Ballon an der Spitze. An einem Stein verankert. | Schwarz. | ... | ca. 2 | ... | ... | ... |
| 101a | | Roth. | ... | ca. 2 | ... | ... | ... |
| 102 | 2 Stangen, die eine mit Dreiecks- die andere mit Rechteckstafel. | Weiss. | ... | ... | ... | ... | ... |

| Laufende Nummer. | Namen und Oertlichkeit des Zeichens. 1. | Gattung 2. | Zweck, welchem das Zeichen dient. 3. | Geographische Lage des Zeichens. 4. |
|---|---|---|---|---|
| 103 | **Swine.** | 2 Steuder. | Bezeichnen stromaufgehend die rechte Seite der bei den Baken Nr. 102 angegebenen Fahrrinne. | . . . . . . . . . . . |
| 104 | **Swine.** | 2 Steuder. | Bezeichnen stromaufgehend die rechte Seite der Fahrt vom Pritterschen Graben bis zur grossen Bärlose. | . . . . . . . . . . . |
| 105 | **Kricks-Wiesen**, bei Pritter. | 2 Baken. | Bezeichnen die Richtung des Fahrwassers vom Pritterschen Graben bis zur grossen Bärlose. | . . . . . . . . . . . |
| 106 | Wiese südlich vom **Kaseburger Rick.** | Bake und Scheune. | Bezeichnet mit der dahinter liegenden Scheune die Richtung des Fahrwassers zwischen der grossen Bärlose und dem Kaseburger Rick. | . . . . . . . . . . . |
| 107 | **Swine.** | Steuder. | Bezeichnet stromaufgehend die linke Seite der Fahrt zwischen dem Kaseburger Rick und dem Querstrom. | . . . . . . . . . . . |
| 108 | Auf den **Kuhlen.** | 2 Baken. | Bezeichnen die Richtung des Fahrwassers vom Querstrom bis zum Quapphahn. | . . . . . . . . . . . |
| 109 | **Swine**, vom Querstrom bis zum Quapphahn. | Steuder. | Bezeichnet stromaufgehend die linke Seite des Fahrwassers. | . . . . . . . . . . . |
| 109a | | Steuder. | Bezeichnet stromaufgehend die rechte Seite des Fahrwassers. | . . . . . . . . . . . |
| 110 | **Haff**, zwischen den Lebbiner Bergen u. dem Krickser Haken. | 7 Tonnen. | Bezeichnen stromaufgehend die linke Seite der gebaggerten Rinne zwischen den Lebbiner Bergen und dem Krickser Haken. | Je eine schwarze und eine rothe Tonne liegen einander gegenüber. |
| 110a | | 7 Tonnen. | Bezeichnen stromaufgehend die rechte Seite der gebaggerten Rinne zwischen den Lebbiner Bergen und dem Krickser Haken. | . . . . . . . . . . . |

| Laufende Nummer. | Allgemeine Beschreibung des Zeichens. | Besondere Erkennungsmerkmale des Zeichens. | Wassertiefe am Orte des Zeichens in Metern. | Höhe der Spitze des Zeichens über Mittelwasser in Metern. | Höhe der Spitze des Zeichens über dem Erdboden in Metern. | Sichtweite des Zeichens in Seemeilen. | Das Zeichen ist erstmalig ausgelegt bezw. errichtet: |
|---|---|---|---|---|---|---|---|
| | 5. | 6. | 7. | 8a. | 8b. | 9. | 10. |
| 103 | Hölzerne Stangen mit Schwimmer in der Ebene des Wassers und Ballon an der Spitze. An einem Stein verankert. | Roth. | . . . | ca. 2 | . . . | . . . | . . . |
| 104 | Hölzerne Stangen mit Schwimmer in der Ebene des Wassers und Ballon an der Spitze. An einem Stein verankert. | Roth. | . . . | ca. 2 | . . . | . . . | . . . |
| 105 | 2 Stangen, die eine mit Dreiecks-, die andere mit Rechteckstafel. | Weiss. | . . . | . . . | . . . | . . . | . . . |
| 106 | Stange mit Dreieckstafel. | Weiss. | . . . | . . . | . . . | . . . | . . . |
| 107 | Hölzerne Stange mit Schwimmer in der Ebene des Wassers und Ballon an der Spitze. An einem Stein verankert. | Schwarz. | . . . | ca. 2 | . . . | . . . | . . . |
| 108 | 2 Stangen, die eine mit Dreiecks-, die andere mit Rechteckstafel. | Weiss. | . . . | . . . | . . . | . . . | . . . |
| 109 | Hölzerne Stangen mit Schwimmer in der Ebene des Wassers und Ballon | Schwarz. | . . . | ca. 2 | . . . | . . . | . . . |
| 109a | an der Spitze. An einem Stein verankert. | Roth. | . . . | ca. 2 | . . . | . . . | . . . |
| 110 | Hölzerne Tonnen in Form eines Kegels, dessen Basis über dem Wasser liegt. Verankert an einem Anker. | Schwarz. Die Tonnen sind auf dem Boden der Reihefolge nach, von der ersten bei den Lebbiner Bergen anfangend, mit den Ziffern 1, 2, 3, 4, 5, 6 und 7 versehen. | . . . | 0,75 | . . . | . . . | . . . |
| 110a | | Roth. Die Tonnen sind auf dem Boden der Reihefolge nach, von der ersten bei den Lebbiner Bergen anfangend, mit den Ziffern 1, 2, 3, 4, 5, 6 und 7 versehen. | . . . | 0,75 | . . . | . . . | . . . |

| Laufende Nummer. | Namen und Oertlichkeit des Zeichens. 1. | Gattung des Zeichens. 2. | Zweck, welchem das Zeichen dient. 3. | Geographische Lage des Zeichens. 4. |
|---|---|---|---|---|
| 111 | **Windmühlenberg,** bei Gross-Ziegenort. | Bake. | Dient zur Bezeichnung des Wolliner Schaar und der Lage der Tonnen in den Kuhlen. | . . . . . . . . . . . |
| 112 | **Strews-Ort,** auf der Feldmark von Gross-Ziegenort. | Bake. | Bezeichnen die Richtung der Einfahrt vom Grossen Haff in die Kuhlen. | . . . . . . . . . . . |
| 112a | " | Bake. | | . . . . . . . . . . . |
| 113 | **Haff,** vor der Einfahrt in die Kuhlen. | Tonne (Wintertonne). | Bezeichnet die Einfahrt aus dem Haff in die Kuhlen. | . . . . . . . . . . . |
| 114 | **Büchen-Tründel,** Untiefe. | 2 Tonnen. | Bezeichnen die an der stromaufgehend linken Seite des Fahrwassers liegenden Untiefen gl. N. | . . . . . . . . . . . |
| 115 | **Keppen-Ort,** Untiefe. | Tonne. | | . . . . . . . . . . . |
| 116 | **Schwantewitzer-Haken,** an der stromaufgehend linken Seite des Fahrwassers. | 3 Tonnen. | Bezeichnen die äussere Spitze (Haff), die Mitte und die innere Spitze (Papenwasser) des Schwantewitzer-Hakens. | . . . . . . . . . . . |
| 117 | **Paatscamp,** Untiefen an der stromaufgehend rechten Seite des Fahrwassers. | Tonne (Wintertonne). | Bezeichnet den Kleinen und Grossen Paatscamp. | . . . . . . . . . . . |
| 118 | **Papenwasser.** | Tonne (Zwischentonne). | Bezeichnet stromaufgehend die linke Seite des Fahrwassers. | . . . . . . . . . . . |
| 118a | " | Tonne (Zwischentonne). | Bezeichnet stromaufgehend die rechte Seite des Fahrwassers. | . . . . . . . . . . . |
| 119 | **Papenwasser.** | Tonne (Wintertonne). | Bezeichnet stromaufgehend die linke Seite des Fahrwassers. | . . . . . . . . . . . |
| 119a | " | Tonne. | Bezeichnet stromaufgehend die rechte Seite des Fahrwassers. | . . . . . . . . . . . |
| 120 | **Ganseriner Wiesen.** | Bake. | Bezeichnet die Lage der beiden Tonnen Nr. 119. | . . . . . . . . . . . |
| 121 | **Ganseriner Lanke.** | Bake. | Bezeichnen die Mitte des Fahrwassers von den Tonnen Nr. 119 bis zum Leuchtschiff. | . . . . . . . . . . . |
| 121a | " | Bake. | | . . . . . . . . . . . |
| 122 | **Papenwasser.** | Tonne. | Bezeichnet stromaufgehend die linke Seite des Fahrwassers. | . . . . . . . . . . . |
| 122a | " | Tonne. | Bezeichnet stromaufgehend die rechte Seite des Fahrwassers. | . . . . . . . . . . . |

| Laufende Nummer. | Allgemeine Beschreibung des Zeichens. | Besondere Erkennungsmerkmale des Zeichens. | Wassertiefe am Orte des Zeichens in Metern. | Höhe der Spitze des Zeichens über Mittelwasser in Metern. | Höhe der Spitze des Zeichens über dem Erdboden in Metern. | Sichtweite des Zeichens in Seemeilen. | Das Zeichen ist erstmalig ausgelegt bezw. errichtet: |
|---|---|---|---|---|---|---|---|
| | 5. | 6. | 7. | 8a. | 8b. | 9. | 10. |
| 111 | Verstrebter Mittelpfosten auf zwei Kreuzschwellen, mit rautenförmiger durchbrochener Tafel. | Roth. | . . . | 82,64 | 21,0 | 4 | 1860 |
| 112 | Verstrebter Mittelpfosten auf zwei Kreuzschwellen, mit achteckiger durchbrochener Tafel. | Roth. | . . . | 21,74 | 20,4 | 2 | 1866. |
| 112a | Verstrebter Mittelpfosten auf zwei Kreuzschwellen, mit rautenförmiger durchbrochener Tafel. | Weiss. | . . . | 23,94 | 22,6 | 2 | 1875. |
| 113 | Tonne aus zusammengenietetem Eisenblech. An einer Grundschraube befestigt. | Schwarz. | 5,7 | . . . | . . . | 1 | 1849 |
| 114 | Tonnen aus zusammengenietetem Eisenblech. An einem Anker verankert. | Schwarz. | 4,4 u. 5,0 | . . . | . . . | 1 | 1849 |
| 115 | Tonne aus zusammengenietetem Eisenblech. Verankert an einem Anker. | Schwarz. | 3,2 | . . . | . . . | 1 | 1849 |
| 116 | Tonnen aus zusammengenietetem Eisenblech. Verankert an einem Anker. | Schwarz. | Aeussere 5,7; mittlere 7,7; innere 5,9. | . . . | . . . | 1 | 1849 |
| 117 | Tonne aus zusammengenietetem Eisenblech. An einer Grundschraube befestigt. | Roth. | 5,7 | . . . | . . . | 1 | 1849 |
| 118 | Petroleumfässer. | Schwarz. | 5,6 | . . . | . . . | 1 | 1849 |
| 118a | | Roth. | 5,6 | . . . | . . . | 1 | 1849 |
| 119 | Tonnen aus zusammengenietetem Eisenblech; die schwarze an einer | Schwarz. | 5,5 | . . . | . . . | 1 | 1849 |
| 119a | Grundschraube, die rothe an einem Anker befestigt. | Roth. | 5,5 | . . . | . . . | 1 | 1849 |
| 120 | Verstrebter Mittelpfosten auf zwei Kreuzschwellen, mit rautenförmiger durchbrochener Tafel. | Weiss. | . . . | 7,14 | 5,9 | 2 | 1866 |
| 121 | Verstrebte Mittelpfosten, je auf zwei Kreuzschwellen und mit rautenförmiger | Roth. | . . . | 16,94 | 15,7 | 2 | 1866 |
| 121a | durchbrochener Tafel. | Weiss. | . . . | 21,64 | 20,4 | 2 | 1866 |
| 122 | Tonnen aus zusammengenietetem Eisenblech. Verankert an einem Anker. | Schwarz. | 5,8 | . . . | . . . | 1 | 1849 |
| 122a | | Roth. | 5,8 | . . . | . . . | 1 | 1849 |

| Laufende Nummer. | Namen und Oertlichkeit des Zeichens. 1. | Gattung 2. | Zweck, welchem das Zeichen dient. 3. | Geographische Lage des Zeichens. 4. |
|---|---|---|---|---|
| 123 | **Papenwasser.** | Tonne. (Siebortstonne.) | Bezeichnet stromaufgehend die linke Seite des Fahrwassers. | . . . . . . . . . . . . |
| 123a | " | Tonne. | Bezeichnet stromaufgehend die rechte Seite des Fahrwassers. | . . . . . . . . . . . . |
| 124 | **Ganseriner Wiesen.** | Bake. | Bezeichnet mit dem Stepenitzer Kirchthurm die Lage der schwarzen Tonne Nr. 123 (Sieborts-Tonne). | . . . . . . . . . . . . |
| 125 | **Siebort**, auf der Ganseriner Feldmark. | Bake. | Bezeichnen die Lage der schwarzen Tonne Nr. 123 (Sieborts-Tonne). | . . . . . . . . . . . . |
| 125a | **Siebort**, auf der Radels-Wiese. | Bake. | | . . . . . . . . . . . . |
| 126 | **Papenwasser.** | Tonne. (Hardt-Tonne, Wintertonne.) | Bezeichnet stromaufgehend die linke Seite des Fahrwassers. | . . . . . . . . . . . . |
| 126a | " | Tonne. | Bezeichnet stromaufgehend die rechte Seite des Fahrwassers. | . . . . . . . . . . . . |
| 127 | **Ganseriner Wiesen.** | Bake. | Bezeichnen die Lage der schwarzen Tonne Nr. 126 (Hardt-Tonne). | . . . . . . . . . . . . |
| 127a | " | Bake. | | . . . . . . . . . . . . |
| 128 | **Stepenitz**, auf der Herren-Wiese. | Bake. | Bezeichnen die Richtung der Mitte des Fahrwassers von den Tonnen Nr. 119 bis zu den Tonnen Nr. 126. | . . . . . . . . . . . . |
| 128a | **Stepenitz**, auf der Feldmark am Saum des Königl. Forstes. | Bake. | | . . . . . . . . . . . . |
| 129 | **Papenwasser.** | Tonne (Wintertonne). | Bezeichnet stromaufgehend die linke Seite des Fahrwassers. | . . . . . . . . . . . . |
| 129a | " | Tonne. | Bezeichnet stromaufgehend die rechte Seite des Fahrwassers. | . . . . . . . . . . . . |
| 130 | **Siebort**, auf der Ganseriner Feldmark. | Bake. | Bezeichnen die Richtung des Fahrwassers von den Tonnen Nr. 126 bis zu den Tonnen Nr. 129. | . . . . . . . . . . . . |
| 130a | **Schwantewitz**, auf einer Wiese am Papenwasser. | Bake. | | . . . . . . . . . . . . |
| 131 | **Papenwasser.** | Tonne (Wintertonne). | Bezeichnet stromaufgehend die linke Seite des Fahrwassers. | . . . . . . . . . . . . |
| 131a | " | Tonne. | Bezeichnet stromaufgehend die rechte Seite des Fahrwassers. | . . . . . . . . . . . . |
| 132 | **Ganserin**, auf einer Wiese. | Bake. | Bezeichnen die stromaufgehend linke Seite des Fahrwassers zwischen den Tonnen Nr. 129 und Nr. 131. | . . . . . . . . . . . . |
| 132a | **Ganserin**, auf der Feldmark. | Bake. | | . . . . . . . . . . . . |
| 133 | **Ganserin**, auf einer Wiese am Papenwasser. | Bake. | Bezeichnen die Mitte des Fahrwassers zwischen den Tonnen Nr. 129 und Nr. 131. | . . . . . . . . . . . . |
| 133a | **Ganserin**, auf der Schulzen-Wiese. | Bake. | | . . . . . . . . . . . . |

| Laufende Nummer. | Allgemeine Beschreibung des Zeichens. | Besondere Erkennungsmerkmale des Zeichens. | Wassertiefe am Orte des Zeichens in Metern. | Höhe der Spitze des Zeichens über Mittelwasser in Metern. | Höhe der Spitze des Zeichens über dem Erdboden in Metern. | Sichtweite des Zeichens in Seemeilen. | Das Zeichen ist erstmalig ausgelegt bezw. errichtet: |
|---|---|---|---|---|---|---|---|
| | 5. | 6. | 7. | 8a. | 8b. | 9. | 10. |
| 123 | Tonnen aus zusammengenietetem Eisenblech. Verankert an einem Anker. | Schwarz. | 6,0 | . . . | . . . | 1 | 1849 |
| 123a | | Roth. | 6,2 | . . . | . . . | 1 | 1849 |
| 124 | Verstrebter Mittelpfosten auf zwei Kreuzschwellen, mit rautenförmiger durchbrochener Tafel. | Weiss. | . . . | 7,54 | 6,3 | 2 | 1866 |
| 125 | Verstrebte Mittelpfosten, je auf zwei Kreuzschwellen und mit rautenförmiger durchbrochener Tafel. | Roth. | . . . | 7,64 | 6,3 | 2 | 1866 |
| 125a | | Weiss. | . . . | 9,04 | 7,8 | 2 | 1860 |
| 126 | Tonnen aus zusammengenietetem Eisenblech; die erste (schwarze) an einer Grundschraube, die zweite an einem Anker befestigt. | Schwarz. | 6,2 | . . . | . . . | 1 | 1849 |
| 126a | | Roth. | 6,2 | . . . | . . . | 1 | 1849 |
| 127 | Verstrebte Mittelpfosten, je auf zwei Kreuzschwellen und mit rautenförmiger durchbrochener Tafel. | Roth. | . . . | 7,54 | 6,3 | 2 | 1866 |
| 127a | | Weiss. | . . . | 10,04 | 8,8 | 2 | 1866 |
| 128 | Verstrebte Mittelpfosten, je auf zwei Kreuzschwellen und mit rautenförmiger durchbrochener Tafel. | Roth. | . . . | 23,94 | 22,6 | 2 | 1867 |
| 128a | | Weiss. | . . . | 23,94 | 22,6 | 2 | 1867 |
| 129 | Tonnen aus zusammengenietetem Eisenblech; die erste (schwarze) an einer Grundschraube, die zweite an einem Anker befestigt. | Schwarz. | 6,0 | . . . | . . . | 1 | 1849 |
| 129a | | Roth. | 6,1 | . . . | . . . | 1 | 1849 |
| 130 | Verstrebte Mittelpfosten, je auf zwei Kreuzschwellen und mit rautenförmiger durchbrochener Tafel. | Roth. | . . . | 13,74 | 12,5 | 2 | 1868 |
| 130a | | Weiss. | . . . | 20,04 | 18,8 | 2 | 1868 |
| 131 | Tonnen aus zusammengenietetem Eisenblech; die erste (schwarze) an einer Grundschraube, die zweite an einem Anker befestigt. | Schwarz. | 6,1 | . . . | . . . | 1 | 1849 |
| 131a | | Roth. | 6,1 | . . . | . . . | 1 | 1849 |
| 132 | Verstrebte Mittelpfosten, je auf zwei Kreuzschwellen und mit rautenförmiger durchbrochener Tafel. | Roth. | . . . | 5,94 | 4,7 | 2 | 1868 |
| 132a | | Weiss. | . . . | 7,64 | 6,3 | 2 | 1868 |
| 133 | Verstrebter Mittelpfosten auf zwei Kreuzschwellen, mit rautenförmiger durchbrochener Tafel. | Roth. | . . . | 16,94 | 15,7 | 2 | 1868 |
| 133a | Verstrebter Mittelpfosten auf zwei Kreuzschwellen, mit oblonger durchbrochener Tafel. | Weiss. | . . . | 21,14 | 21,9 | 2 | 1868 |

| Laufende Nummer. | Namen und Oertlichkeit des Zeichens. 1. | Gattung des Zeichens. 2. | Zweck, welchem das Zeichen dient. 3. | Geographische Lage des Zeichens. 4. |
|---|---|---|---|---|
| 134 | **Papenwasser.** | Tonne. | Bezeichnet stromaufgehend die linke Seite des Fahrwassers. | . . . . . . . . . . . |
| 134a | - | Tonne. | Bezeichnet stromaufgehend die rechte Seite des Fahrwassers. | . . . . . . . . . . . |
| 135 | **Büchenort,** Insel bei Stepenitz. | Bake. | Bezeichnet die Insel und die Lage der schwarzen Tonne Nr. 134. | . . . . . . . . . . . |
| 136 | **Papenwasser.** | Tonne (Grascamp-Tonne.) | Bezeichnet stromaufgehend die linke Seite des Fahrwassers. | . . . . . . . . . . . |
| 136a | " | Tonne. | Bezeichnet stromaufgehend die rechte Seite des Fahrwassers. | . . . . . . . . . . . |
| 137 | **Papenwasser.** | Tonne. (Grascamp-Tonne, Wintertonne.) | Bezeichnet stromaufgehend die linke Seite des Fahrwassers. | . . . . . . . . . . . |
| 137a | - | Tonne. | Bezeichnet stromaufgehend die rechte Seite des Fahrwassers. | . . . . . . . . . . . |
| 138 | **Ganseriner Feldmark,** auf den Werder-Wiesen. | Bake. | Bezeichnen die stromaufgehend linke Seite des Fahrwassers zwischen den Tonnen Nr. 131, Nr. 134 und Nr. 136. | . . . . . . . . . . . |
| 138a | | Bake. | | . . . . . . . . . . . |
| 139 | **Ganserin,** auf einer Wiese. | Bake. | Bezeichnen die Mitte des Fahrwassers zwischen den Tonnen Nr. 131, Nr. 134 und Nr. 136. | . . . . . . . . . . . |
| 139a | **Ganseriner Feldmark,** an der Strasse zwischen Ganserin und Stepenitz. | Bake. | | . . . . . . . . . . . |
| 140 | **Junfern-Werder.** | Bake. | Bezeichnet stromaufwärts segelnd die Einfahrt in die Pölitzer Fahrt. | . . . . . . . . . . . |
| 141 | **Hohe-Oderkrug,** auf dem Kölpin-Werder. | 2 Weidenbäume. | Bezeichnen die Einfahrt vom Papenwasser in die Enge-Strewe. | . . . . . . . . . . . |
| 142 | **Schwankenheim,** auf einer Wiese an der Weiten-Strewe. | Bake. | Bezeichnet die Richtung des Fahrwassers zwischen den Tonnen Nr. 137 und dem Korb-Werder. | . . . . . . . . . . . |
| 143 | **Korb-Werder.** | Bake. | Bezeichnet die Insel Korb-Werder. | . . . . . . . . . . . |
| 144 | **Versunkene Scholle,** Insel in der Weiten-Strewe. | Bake. | Bezeichnet die Insel. | . . . . . . . . . . . |
| 145 | **Schmale-Werder,** auf der Südspitze der Insel. | Bake. | Bezeichnet die Insel und die Einfahrt in die Enge-Strewe. | . . . . . . . . . . . |

| Laufende Nummer. | Allgemeine Beschreibung des Zeichens. | Besondere Erkennungsmerkmale des Zeichens. | Wassertiefe am Orte des Zeichens in Metern. | Höhe der Spitze des Zeichens über Mittelwasser in Metern. | Höhe der Spitze des Zeichens über dem Erdboden in Metern. | Sichtweite des Zeichens in Seemeilen. | Das Zeichen ist erstmalig ausgelegt bezw. errichtet: |
|---|---|---|---|---|---|---|---|
| | 5. | 6. | 7. | 8a. | 8b. | 9. | 10. |
| 134 | Tonnen aus zusammengenietetem Eisenblech; an einem Anker verankert. | Schwarz. | 6,0 | . . . | . . . | 1 | 1849 |
| 134a | | Roth. | 6,0 | . . . | . . . | 1 | 1849 |
| 135 | Verstrebter Mittelpfosten auf zwei Kreuzschwellen, mit oblonger durchbrochener Tafel. | Roth. | . . . | 16,94 | 15,7 | 2 | 1865 |
| 136 | Tonnen aus zusammengenietetem Eisenblech; an einem Anker verankert. | Schwarz. | 5,6 | . . . | . . . | 1 | 1849 |
| 136a | | Roth. | 5,6 | . . . | . . . | 1 | 1849 |
| 137 | Tonnen aus zusammengenietetem Eisenblech; die erste (schwarze) an einer Grundschraube, die zweite an einem Anker befestigt. | Schwarz. | 5,4 | . . . | . . . | 1 | 1849 |
| 137a | | Roth. | 5,4 | . . . | . . . | 1 | 1849 |
| 138 | Verstrebter Mittelpfosten auf zwei Kreuzschwellen, mit rautenförmiger durchbrochener Tafel. | Roth. | . . . | 5,94 | 4,7 | 2 | 1868 |
| 138a | Verstrebter Mittelpfosten auf zwei Kreuzschwellen, mit oblonger durchbrochener Tafel. | Weiss. | . . . | 16,94 | 15,7 | 2 | 1868 |
| 139 | Verstrebte Mittelpfosten, je auf zwei Kreuzschwellen und mit rautenförmiger durchbrochener Tafel. | Roth. | . . . | 18,54 | 16,3 | 2 | 1868 |
| 139a | | Weiss. | . . . | 21,94 | 20,7 | 2 | 1868 |
| 140 | Verstrebter Mittelpfosten auf zwei Kreuzschwellen, mit rautenförmiger durchbrochener Tafel. | Roth. | . . . | 9,04 | 7,8 | 2 | 1866 |
| 141 | . . . . . . . . . . . . . . . . . . . . . . | | | . . . | 18,0 | . . . | 1866 angekauft. |
| 142 | Verstrebter Mittelpfosten auf zwei Kreuzschwellen, mit rautenförmiger durchbrochener Tafel. | Roth. | . . . | 16,94 | 15,7 | 2 | 1866 |
| 143 | Dreieckige durchbrochene Tafel auf eingegrabenem Pfosten, Spitze nach oben. | Roth. | . . . | 5,84 | 4,7 | 1 | 1865 |
| 144 | Dreieckige durchbrochene Tafel auf eingegrabenem Pfosten, Spitze nach oben. | Weiss. | . . . | 5,34 | 3,13 | 1 | 1865 |
| 145 | Dreieckige durchbrochene Tafel auf eingegrabenem Pfosten, Spitze nach oben. | Roth. | . . . | 5,34 | 3,13 | 1 | 1865 |

| Laufende Nummer. | Namen und Oertlichkeit des Zeichens. 1. | Gattung 2. | Zweck, welchem das Zeichen dient. 3. | Geographische Lage des Zeichens. 4. |
|---|---|---|---|---|
| 146 | **Radun-Werder.** | Bake. | Bezeichnet die Einfahrt in die Weite-Strewe und die Insel Radun-Werder. | . . . . . . . . . . . . |
| 147 | **Kölpin-Werder.** | Bake. | Bezeichnet die Einfahrt in die Pölitzer Fahrt. | . . . . . . . . . . . . |
| 148 | **Kölpin-Werder.** | Bake. | Bezeichnet mit der Bake Nr. 147 die Richtung des Fahrwassers im Dammansch. | . . . . . . . . . . . . |
| 149 | **Pölitzer Hütung.** | 2 Baken. | Dienen zur Regulirung von Kompassen; geben die W.-Richtung an. | . . . . . . . . . . . . |
| 150 | **Dammansch.** | Tonne. | Bezeichnen stromaufgehend die rechte Seite des Fahrwassers. | . . . . . . . . . . . . |
| 151 | " | " | | . . . . . . . . . . . . |
| 152 | " | " | | . . . . . . . . . . . . |
| 153 | **Köpings-Werder.** | 2 Baken. | Bezeichnen die Insel und die Richtung des Fahrwassers zwischen den Tonnen Nr. 151 und Nr. 152. | . . . . . . . . . . . . |
| 154 | **Brachhorst,** auf der Feldmark. | Bake. | Bezeichnet mit einem Hause in Brachhorst die Lage der Tonne Nr. 152. | . . . . . . . . . . . . |
| 155 | **Mönchwerder.** | Bake. | Bezeichnet die Insel Mönchwerder und dient in Verbindung mit dem Pölitzer Kirchthurm zur Regulirung von Kompassen. | . . . . . . . . . . . . |
| 156 | **Kopfbütten.** | Bake. | Bezeichnet die Einfahrt in den Fetzling-Strom und die Insel Kopfbütten. | . . . . . . . . . . . . |
| 157 | Zwischen der **Königsfahrt** und dem **Babin-Strom,** auf der untern Spitze des dortigen Wiesenterrains. | Bake. | Bezeichnet die Einfahrt aus dem Dammansch in die Königsfahrt. | . . . . . . . . . . . . |
| 158 | **Kamelsberg,** auf der Feldmark. | 2 Baken. | Dienen zur Regulirung von Kompassen; geben die Ost-Richtung an. | . . . . . . . . . . . . |
| 159 | **Kamelsberger Wiesen.** | Bake. | Bezeichnet mit einer der Baken Nr. 158 die Einfahrt aus der Königsfahrt in die Fläche. | . . . . . . . . . . . . |
| 160 | **Wester-Ort,** auf den zu Stettin gehörigen Wiesen. | 2 Baken. | Bezeichnen die Einfahrt aus dem Dammschen See in den Dunzig. | . . . . . . . . . . . . |
| 161 | **Mittel-Otte.** | Bake. | Bezeichnen die Einfahrt aus dem Dammschen See in die Rönne und in den Zollstrom. | . . . . . . . . . . . . |
| 161a | **Ober-Otte.** | Bake. | | . . . . . . . . . . . . |

| Laufende Nummer. | Allgemeine Beschreibung des Zeichens. | Besondere Erkennungs-merkmale des Zeichens. | Wasser-tiefe am Orte des Zeichens in Metern. | Höhe der Spitze des Zeichens über Mittel-wasser in Metern. | Höhe der Spitze des Zeichens über dem Erdbo-den in Metern. | Sicht-weite des Zei-chens in See-meilen. | Das Zei-chen ist erst-malig ausge-legt bezw. er-richtet: |
|---|---|---|---|---|---|---|---|
| | 5. | 6. | 7. | 8a. | 8b. | 9. | 10. |
| 146 | Oblonge durchbrochene Tafel auf eingegrabenem Pfosten. | Weiss. | . . . | 5,34 | 3,13 | 1 | 1865 |
| 147 | Dreieckige durchbrochene Tafel auf eingegrabenem Pfosten, Spitze nach oben. | Roth. | . . . | 5,94 | 4,7 | 1 | 1865 |
| 148 | Oblonge durchbrochene Tafel auf eingegrabenem Pfosten. | Weiss. | . . . | 7,64 | 6,3 | 1 | 1865 |
| 149 | Rautenförmige durchbrochene Tafeln auf eingegrabenen Pfosten. | Weiss. | . . . | 4,94 | 3,7 | 1 | 1868 |
| 150 | Tonnen aus zusammengenietetem Eisenblech; je an einem Anker verankert. | Roth. | 6,8 | . . . | . . . | 1 | 1849 |
| 151 | | " | 6,8 | . . . | . . . | 1 | 1849 |
| 152 | | " | 7,0 | . . . | . . . | 1 | 1849 |
| 153 | Eingegrabene Pfosten, der eine mit oblonger, der andere mit dreieckiger durchbrochener Tafel, letztere mit der Spitze nach oben. | Weiss. | . . . | 5,94 | 4,7 | 1 | 1865 |
| 154 | Oblonge durchbrochene Tafel auf eingegrabenem Pfosten. | Weiss. | . . . | 5,94 | 4,7 | 1 | 1865 |
| 155 | Rautenförmige durchbrochene Tafel auf eingegrabenem Pfosten. | Halb weiss, halb roth. | . . . | 5,94 | 4,7 | 1 | 1865 |
| 156 | Dreieckige durchbrochene Tafel auf eingegrabenem Pfosten, Spitze nach oben. | Weiss. | . . . | 5,94 | 4,7 | 1 | 1865 |
| 157 | Verstrebter Mittelpfosten auf zwei Kreuzschwellen, mit rautenförmiger durchbrochener Tafel. | Roth. | . . . | 18,14 | 16,9 | 2 | 1866 |
| 158 | Rautenförmige durchbrochene Tafeln auf eingegrabenen Pfosten. | Weiss. | . . . | 4,94 | 3,7 | 1 | 1865 |
| 159 | Rautenförmige durchbrochene Tafel auf eingegrabenem Pfosten. | Weiss. | . . . | 4,94 | 3,7 | 1 | 1868 |
| 160 | Verstrebte Mittelpfosten, je auf zwei Kreuzschwellen. | Eine roth mit rautenförmiger, die zweite weiss mit oblonger durchbrochener Tafel. | . . . | 10,74 die rothe, 14,44 die weisse Bake. | 9,4 die rothe, 13,2 die weisse Bake. | 2 | 1870 |
| 161 | Verstrebter Mittelpfosten auf zwei Kreuzschwellen, mit rautenförmiger durchbrochener Tafel. | Roth. | . . . | 10,74 | 9,4 | 2 | 1870 |
| 161a | Verstrebter Mittelpfosten auf zwei Kreuzschwellen, mit oblonger durchbrochener Tafel. | Weiss. | . . . | 14,44 | 13,2 | 2 | 1870 |

| Laufende Nummer. | Namen und Oertlichkeit des Zeichens. | Gattung des Zeichens. | Zweck, welchem das Zeichen dient. | Geographische Lage des Zeichens. |
|---|---|---|---|---|
| | 1. | 2. | 3. | 4. |
| 162 | **Klein-Ziegenort**, auf der Feldmark. | Bake. | Dient zur Regulirung von Kompassen; giebt mit einer auf dem Herzberge bei Klein-Ziegenort befindlichen Marke die N.-S.-Richtung an. | . . . . . . . . . . . . |
| 163 | **Steinort**, Vorwerk am Grossen-Haff. | 3 Eichen. | Bezeichnen die Richtung des Fahrwassers aus dem Kl. Haff in das Gr. Haff. | . . . . . . . . . . . . |
| 164 | **Alt-Warp**, auf der Feldmark. | Eiche. | Bezeichnet mit dem Kirchthurm von Alt-Warp die Lage der Tonne Nr. 166 (Repziner Haken). | . . . . . . . . . . . . |
| 165 | **Alt-Warp**, auf der Feldmark. | Bake. | Bezeichnet die Lage des Woitziger Leuchtschiffes. | . . . . . . . . . . . . |
| 166 | **Repziner Haken**, Altwarp gegenüber. | Tonne. (Repziner Tonne.) | Bezeichnet die Nordspitze des Repziner Hakens. | . . . . . . . . . . . . |
| 167 | **Repziner Haken**, Altwarp gegenüber. | Tonne. (Repziner Tonne.) | Bezeichnet die Nordspitze des Repziner Hakens. | . . . . . . . . . . . . |
| 168 | **Kleine Haff**, Ueckermünde gegenüber. | Tonne. (Camper Tonne.) | Bezeichnet die Einfahrt in den Uecker-Kanal. | . . . . . . . . . . . . |
| 169 | **Kleine Haff**, am nördlichen Ufer zwischen den Dörfern Stolpe und Welzin auf Usedom. | Tonne. (Borken-Tonne.) | Bezeichnet die bei Stolpe vorspringende Untiefe. | . . . . . . . . . . . . |
| 170 | **Streckelberg**, 12 Seem. westlich von Swinemünde. | Bake. | Land-Erkennungsmarke. | 54° 3′ 20″ N.Br., 14° 1′ 3″ O.Lg. |
| 171 | **Vineta-** und **Coserower-Riffe**, auf deren östlicher Seite, nahe 2,3 Seem. von der Bake Nr. 170 entfernt. | Steuder (Treibbake). | Bezeichnet die Vineta- und Coserower-Riffe; Schiffe müssen östlich von dem Steuder passiren. | 54° 5′ 30″ N.Br., 14° 1′ 0″ O.Lg. |
| 172 | **Greifswalder Oie**, auf dem in SW-Richtung von der Südspitze der Insel sich erstreckenden Riff. | Tonne. | Bezeichnet die Ostkante des Riffs. | SzO von der Südspitze der Insel Greifswalder Oie. |

| Laufende Nummer. | Allgemeine Beschreibung des Zeichens. | Besondere Erkennungsmerkmale des Zeichens. | Wassertiefe am Orte des Zeichens in Metern. | Höhe der Spitze des Zeichens über Mittelwasser in Metern. | Höhe der Spitze des Zeichens über dem Erdboden in Metern. | Sichtweite des Zeichens in Seemeilen. | Das Zeichen ist erstmalig ausgelegt bezw. errichtet: |
|---|---|---|---|---|---|---|---|
| | 5. | 6. | 7. | 8a. | 8b. | 9. | 10. |
| 162 | Verstrebter in eine Spitze auslaufender Mittelpfosten auf zwei Kreuzschwellen, mit oblonger durchbrochener Tafel unter der Spitze. | Weiss. | ... | 27,64 | 22,2 | 2 | 1874 |
| 163 | ... | ... | ... | ... | 20,0 | 2 | 1860 angekauft. |
| 164 | ... | ... | ... | ... | 20,0 | 2 | 1857 angekauft. |
| 165 | Verstrebter Mittelpfosten auf zwei Kreuzschwellen, mit rautenförmiger durchbrochener Tafel. | Roth. | ... | 18,14 | 16,9 | 2 | 1854 |
| 166 | Hölzerne Tonne mit eisernen Bändern, in Form eines schwimmenden Kegels, dessen Basis über dem Wasser liegt; verankert an einem Anker. | Roth. | ... | 0,75 | ... | ... | ... |
| 167 | Kegelförmige Tonne von Eisenblech; verankert an einem Anker. | Roth. | ... | 0,75 | ... | ... | ... |
| 168 | Hölzerne Tonne mit eisernen Bändern, in Form eines schwimmenden Kegels, dessen Basis über dem Wasser liegt; verankert an einem Anker. | Roth. | 3,0 | 0,75 | ... | ... | ... |
| 169 | Kegelförmige Tonne von Eisenblech; verankert an einem Anker. | Schwarz. | 4,4 | 0,75 | ... | ... | ... |
| 170 | Hölzerne dreiseitige Pyramide mit Brettern bekleidet. | Schwarz; auf der Spitze eine liegende Tonne mit Wetterfahne. | ... | ... | 15,2 | 12 | 1826 (1871 neu gebaut). |
| 171 | Hölzerne, senkrechte Stange mit 2 Ballons versehen; verankert an einem Anker. | Schwarz. Auf dem grossen eisernen Schwimmer die Buchstaben C. & V. U. weiss auf schwarzem Grunde. | 10,0 | 6,91 | ... | 4 | 1866 |
| 172 | Tonne III. Klasse von Eisenblech, auf deren spitzem Kegel ein kurzer Cylinder, darüber ein Gitterkorb von Bandeisen. An einem Stein verankert. | Schwarz, mit einem Besen über dem Korbe. | 6,3 | 1,3 | ... | 2 | ... |

| Laufende Nummer. | Namen und Oertlichkeit des Zeichens. 1. | Gattung des Zeichens. 2. | Zweck, welchem das Zeichen dient. 3. | Geographische Lage des Zeichens. 4. |
|---|---|---|---|---|
| 173 | **Greifswalder Oie,** auf dem Nordergrund. | 2 Waker. | Bezeichnen die Fortsetzung des unter Nr. 172 genannten Riffs, den sogenannten Nordergrund. | . . . . . . . . . . . |
| 174 | **Greifswalder Oie,** auf einem Steinriff (Steintrendel). | Waker. | Bezeichnet das ca. 2 Seem von dem unter Nr. 172 genannten Riff befindliche Steinriff. | . . . . . . . . . . . |
| 175 | **Ruden,** am Oststrande der Insel. | Bake. | Bezeichnen die Richtung für die Ansegelung des Ostertiefs. | . . . . . . . . . . . |
| 175a | **Ruden,** am Weststrande der Insel. | Bake. | | . . . . . . . . . . . |
| 176 | **Ostertief.** | Tonne (im Sommer ausliegend, im Winter durch einen Waker ersetzt). | Bezeichnet den Eingang zum Ostertief von See aus. | 54° 12′ N.Br. 13° 50′ O.Lg. |
| 177 | **Peenemünder Haken,** auf der NO-Ecke desselben. | Tonne (im Sommer ausliegend, im Winter durch einen Waker ersetzt). | Bezeichnen die sogen. Gänsebütten. Man muss nördlich von Tonne und Waker passiren. | SW $^3/_4$ W vom Greifswalder-Oie-Leuchtthurm und O z S von den Rudener Baken Nr. 175 und 175a. |
| 177a | " | Waker. | | |
| 178 | **Ruden,** am Oststrande der Insel, südlich von der Bake Nr. 175. | Bake. | Bezeichnen die Richtung der unter Nr. 179 genannten Rinne. | . . . . . . . . . . . |
| 178a | **Ruden,** am Weststrande der Insel, südlich von der Bake Nr. 175a. | Bake. | | . . . . . . . . . . . |
| 179 | **Ostertief,***) eine durch Baggerung hergestellte Fahrrinne von 40,8 m Breite und 5 m Tiefe, durch welche die Schiffe bei | 13 Waker. | Bezeichnen die nördliche Seite der Rinne. | . . . . . . . . . . . |
| 179a | WSW $^1/_2$ W Kurs bis zur Ost-Rhede von Ruden gelangen. | 12 Waker. | Bezeichen die südliche Seite der Rinne. | . . . . . . . . . . . |

*) Der Zweck der Rinne ist, eine frühere Eröffnung der Schifffahrt für Wolgast zu ermöglchen, da das Ostertief etwas früher eisfrei wird, als das Landtief. Das Ostertief wird deshalb haupsächlich im Frühjahr von den in Wolgast überwinternden Schiffen benutzt.

| Laufende Nummer. | Allgemeine Beschreibung des Zeichens. | Besondere Erkennungsmerkmale des Zeichens. | Wassertiefe am Orte des Zeichens in Metern. | Höhe der Spitze des Zeichens über dem Mittelwasser in Metern. | Höhe der Spitze des Zeichens über dem Erdboden in Metern. | Sichtweite des Zeichens in Seemeilen. | Das Zeichen ist erstmalig ausgelegt bezw. errichtet: |
|---|---|---|---|---|---|---|---|
| | 5. | 6. | 7. | 8a. | 8b. | 9. | 10. |
| 173 | Stangen, an versenkte Steine geschäkelt und durch aufgeschobene und ca. 0,3 m unter Mittelwasser befestigte Schwimmklötze aufrecht gehalten. | Schwarz, mit schwarzer Flagge. | 4,5 | 2,5 | . . . | 1 | 1875 |
| 174 | Wie unter Nr. 173. | Weiss, mit weisser Flagge. | 4,5 | 2,5 | . . . | 1 | 1875 |
| 175<br>175a | Hölzerne sogen. Stuhlbaken*), zum Niederlegen eingerichtet, die östliche mit liegender Tonne an der Spitze, die westliche mit einer Raa zur Anbringung der Wasserstands-Signale. | Theeranstrich. | . . . | . . . | . . . | 4 | . . . |
| 176 | Tonne III. Klasse von Eisenblech, auf deren unterem spitzen Kegel ein abgestumpfter Kegel, mit dem kleineren Durchmesser oben, ruht. An einem Stein verankert. | Rothe liegende Tonne. | 5,6 | 0,9 | . . . | 1 | . . . |
| 177 | Tonne III. Klasse von Eisenblech, auf deren spitzem Kegel ein kurzer Cylinder, darüber ein Gitterkorb von Bandeisen. An einem Stein verankert. | Weiss und roth, mit einem Besen über dem Korbe. | 4,5 | 0,9 | . . . | 2 | 1875 |
| 177a | Stange, an einen versenkten Stein geschäkelt und durch einen aufgeschobenen und ca. 0,3 m unter Mittelwasser befestigten Schwimmklotz aufrecht gehalten. | Weiss, mit Besen. | 1,5 | 2,5 | . . . | 1 | . . . |
| 178 | Hölzerne Stuhlbake mit Dreieck aus Latten. | Theeranstrich. | . . . | . . . | . . . | 4 | . . . |
| 178a | Hölzerne Stuhlbake mit Raute aus Latten. | Theeranstrich. | . . . | . . . | . . . | 4 | . . . |
| 179 | Stangen, an versenkte Steine geschäkelt und durch aufgeschobene und ca. 0,3 m unter Mittelwasser befestigte Schwimmklötze aufrecht gehalten. | Schwarz, mit schwarzer Flagge; der Waker am West-Ende der Rinne schwarz und weiss geringelt. | . . . | 2,5 | . . . | 1 | . . . |
| 179a | | Weiss, mit weisser Flagge; der Waker am West-Ende der Rinne schwarz und weiss geringelt. | . . . | 2,5 | . . . | 1 | . . . |

*) Unter „Stuhlbaken", im Gegensatz zu den einfachen, nur aus einem einzelnen eingegrabenen Pfosten bestehenden Baken, sind die an einem auf dem Erdboden oder auf Fundamentmauern liegenden hölzernen Gerüste (Stuhle) befestigten Baken zu verstehen.

| Laufende Nummer. | Namen und Oertlichkeit des Zeichens. 1. | Gattung 2. | Zweck, welchem das Zeichen dient. 3. | Geographische Lage des Zeichens. 4. |
|---|---|---|---|---|
| 180 | **Ruden-Rhede.** | Waker. | Bezeichnet den Ankergrund. | . . . . . . . . . . . |
| 181 | **Ruden**, auf der Spitze des an dem Südende der Insel vorspringenden Sandriffs. | Waker. | Bezeichnet die Südspitze des Sandriffs. | . . . . . . . . . . . |
| 182 | **Landtief**, auf einem Steintrendel (Steinriff) | Tonne.**) | Bezeichnen den Steintrendel (das Steinriff). | NW z W vom Greifswalder Oie-Leuchtthurm und S z W $^1/_2$ W von N.-Peerd. |
| 182a | vor demselben. | Waker. | | Neben der Tonne. |
| 183 | **Landtief.** *) | Tonne.**) | Bezeichnet die Einsegelung in das Landtief von See aus. | WNW$^3/_4$W vom Greifswalder Oie-Leuchtthurm und SSW $^1/_4$ W von N.-Peerd. |
| 184 | **Landtief**, eine ausgebaggerte Fahrrinne von 81,6 m Breite u. 5,0 m Tiefe; | 3 Tonnen**) und 16 Waker. | Bezeichnen die nördliche Seite der Rinne. | . . . . . . . . . . . |
| 184a | Richtung derselben SW z W bezw. NO z O. | 2 Tonnen**) und 16 Waker. | Bezeichnen die südliche Seite der Rinne. | . . . . . . . . . . . |
| 185 | **Landtief.** | Tonne.**) | Bezeichnet das Westende der Rinne. | 54° 14′ N.Br. 13° 42′ O.Lg. |
| 186 | **Böttcher-Grund.** | Tonne.**) | Bezeichnet die Nordspitze des Grundes. | WNW $^3/_4$ W vom Greifswalder Oie-Leuchtthurm und S $^1/_4$ W von Zicker-Höft. |
| 187 | **Westertief.** | Waker. | Bezeichnet die Einsegelung in das Westertief von See aus. Man muss östlich von dem Waker passiren. | . . . . . . . . . . . |
| 187a | „ | Waker. | Bezeichnet ein Wrack. Man muss östlich von dem Waker passiren. | . . . . . . . . . . . |
| 188 | **Schuhmacher-Grund.** | Tonne.**) | Bezeichnet die NW-Spitze des Grundes. | W $^3/_4$ N vom Greifswalder Oie-Leuchtthurm und S $^1/_4$ W von Zicker-Höft. |
| 189 | **Freesendorfer Haken.** | Tonne.**) | Bezeichnet die Nord-Spitze des Hakens. | W $^3/_4$ N von den Rudener Baken unter Nr. 175 u. 175a. |
| 190 | **Loch**, südwestlich von der Insel Ruden. | 8 Waker. | Bezeichnen die Seiten des Loch. Man muss westlich bezw. südlich von den weissen und östlich bezw. nördlich von den schwarzen Wakern passiren. | . . . . . . . . . . . |
| 191 | **Tonnenbank.** | Tonne.**) | Bezeichnet die Bank. | 54° 11′ N.Br. 13° 46′ O.Lg. |
| 192 | **Tonnenbank**, Rinne über dieselbe. | 4 Waker. | Bezeichnen die Seiten der Rinne. Man muss nördlich von den schwarzen Wakern und südlich von dem weissen Waker passiren. | . . . . . . . . . . . |

*) Auf der Lootsenstation Thiessow befinden sich zwei Baken, die eine zum Signalisiren des Wasserstandes, die zweite zur Anbringung von Sturmsignalen.

**) Die Tonnen liegen nur während der eisfreien Jahreszeit aus, werden jedoch für die Winterzeit durch Waker mit demselben Anstrich, welchen die betr. Tonne hat, ersetzt.

| Laufende Nummer. | Allgemeine Beschreibung des Zeichens. | Besondere Erkennungsmerkmale des Zeichens. | Wassertiefe am Orte des Zeichens in Metern. | Höhe der Spitze des Zeichens über dem Wasser in Metern. | Höhe der Spitze des Zeichens über dem Erdboden in Metern. | Sichtweite des Zeichens in Seemeilen. | Das Zeichen ist erstmalig ausgelegt bezw. errichtet: |
|---|---|---|---|---|---|---|---|
| | 5. | 6. | 7. | 8a. | 8b. | 9. | 10. |
| 180 | Wie unter Nr. 179. | Roth, mit rother Flagge. | 7,5 | 2,5 | . . . | 1 | . . . |
| 181 | Stange, an einen versenkten Stein geschäkelt und durch einen aufgeschobenen u. ca. 0,3 m unter Mittelwasser befestigten Schwimmklotz aufrecht gehalten. | Schwarz, mit einem Besen. | 3,0 | 2,5 | . . . | 1 | . . . |
| 182 | Eiserne Spitztonne III. Klasse, aus zwei mit ihrer Basis auf einander ruhenden Kegeln bestehend.*) | Roth und weiss, mit roth und weisser Flagge. | 3,5 | 1,25 | . . . | 2 | 1874 |
| 182a | Wie unter Nr. 181. | Roth und weiss, mit einem Strauchbesen. | 3,5 | 2,5 | . . . | 1 | 1874 |
| 183 | Tonne III. Klasse von Eisenblech, auf deren spitzem Kegel ein kurzer Cylinder, darüber ein Gitterkorb von Bandeisen.*) | Roth, mit einem Besen. | 5,6 | 1,5 | . . . | 3 | . . . |
| 184 | Hölzerne, an Steinen verankerte, Spitztonnen von der Form eines abgestumpften Kegels. Die Waker wie unter Nr. 181. | Schwarz; der Waker am Westende der Rinne schwarz u. weiss geringelt. | 4,9 | 0,6 die Tonnen, 2,5 die Waker. | . . . | 1 | . . . |
| 184a | | Weiss; der Waker am Westende der Rinne schwarz u. weiss geringelt. | 4,9 | | . . . | 1 | . . . |
| 185 | Eiserne aufrechtstehende Spitztonne**) III. Klasse mit Korb und Besen.*) | Tonne, Korb u. Besen schwarz. | 7,5 | 1,5 | . . . | 3 | . . . |
| 186 | Eiserne Tonne III. Klasse mit Gitterkorb und Besen.*) | Roth und weiss. | 3,1 | 0,9 | . . . | 1 | . . . |
| 187 | Wie unter Nr. 181. | Weiss, mit weisser Flagge. | 3,0 | 2,5 | . . . | 1 | 1874 |
| 187a | | Grün, mit grüner Flagge. | 2,5 | 2,5 | . . . | 1 | . . . |
| 188 | Eiserne Tonne III. Klasse mit Besen.*) | Roth. | 2,5 | 0,9 | . . . | 1 | . . . |
| 189 | Eiserne Tonne III. Klasse mit Gitterkorb und Besen.*) | Weiss. | 1,5 | 0,9 | . . . | 1 | . . . |
| 190 | Wie unter Nr. 181. | 4 schwarz; 4 weiss. | . . . | 2,5 | . . . | . . . | . . . |
| 191 | Eiserne Spitztonne**) III. Klasse mit Besen.*) | Roth. | 3,7 | 0,9 | . . . | 2 | . . . |
| 192 | Wie unter Nr. 181. | 3 schwarz; 1 weiss. | 3,7 | 2,5 | . . . | 2 | . . . |

*) An einem Stein verankert.

**) Oben und unten zugespitzte Tonne, aus zwei mit ihrer grösseren Basis an einander gesetzten abgestumpften Kegeln bestehend.

| Laufende Nummer. | Namen und Oertlichkeit des Zeichens. 1. | Gattung 2. | Zweck, welchem das Zeichen dient. 3. | Geographische Lage des Zeichens. 4. |
|---|---|---|---|---|
| 193 | **Peene**, von der Tonnenbank bis Mövenort. | 5 Wethen. | Bezeichnen stromaufgehend die linke Seite des Fahrwassers. | . . . . . . . . . . . . |
| 194 | **Peene**, von Mövenort bis Schlagort. | 8 Wethen. | Bezeichnen stromaufgehend die linke Seite des Fahrwassers. | . . . . . . . . . . . . |
| 195 | **Peene**, von Schlagort bis Ortwethe. | 4 Wethen. | Bezeichnen stromaufgehend die linke Seite des Fahrwassers. | . . . . . . . . . . . . |
| 196 | **Peene**, von Ortwethe bis Kranzwethe. | Waker. | Bezeichnet stromaufgehend die rechte Seite des Fahrwassers. | . . . . . . . . . . . . |
| 197 | **Knaakrücken**, Rinne über denselben, vom Greifswalder Bodden bis zur Peene. | Waker. | Bezeichnet den Anfang der Rinne, vom Greifswalder Bodden aus. | . . . . . . . . . . . . |
| 197a | | 2 Waker. | Bezeichnen den Anfang der Rinne, von der Peene aus. | . . . . . . . . . . . . |
| 197b | „ | 20 Wethen. | Bezeichnen die Südseite der Rinne. | . . . . . . . . . . . . |
| 198 | **Peene**, von Kranzwethe bis Steinrack. | 10 Wethen. | Bezeichnen stromaufgehend die rechte Seite des Fahrwassers. | . . . . . . . . . . . . |
| 198a | | 4 Waker. | Bezeichnen stromaufgehend die linke Seite des Fahrwassers. | . . . . . . . . . . . . |
| 199 | **Peene**, von Steinrack bis Peenemünder Schanze. | 4 Wethen. | Bezeichnen stromaufgehend die rechte Seite des Fahrwassers. | . . . . . . . . . . . . |
| 200 | **Peene**, von Peenemünder Schanze bis Peenemünder Mittelgrund. | 3 Wethen. | Bezeichnen stromaufgehend die linke Seite des Fahrwassers. | . . . . . . . . . . . . |
| 200a | | 4 Waker. | | . . . . . . . . . . . . |
| 201 | **Peene**, vom Mittelgrund bis Peenemünder Rack. | 2 Wethen. | Bezeichnen stromaufgehend die rechte Seite des Fahrwassers. | . . . . . . . . . . . . |
| 201a | | Waker. | Bezeichnet stromaufgehend die linke Seite des Fahrwassers. | . . . . . . . . . . . . |
| 202 | **Peene**, vom Peenemünder Rack bis Kuhlerort. | 7 Waker. | Bezeichnen stromaufgehend die rechte Seite des Fahrwassers. | . . . . . . . . . . . . |
| 203 | **Peene**, von Kuhlerort bis Hollendorfer Rack. | 3 Waker. | Bezeichnen stromaufgehend die rechte Seite des Fahrwassers. | . . . . . . . . . . . . |
| 204 | **Peene**, vor dem Eingange zum Heerd. | Waker. | Bezeichnet den Eingang der Rinne über den Heerd Man muss westlich von dem Waker passiren. | . . . . . . . . . . . . |

| Laufende Nummer. | Allgemeine Beschreibung des Zeichens. | Besondere Erkennungs-merkmale des Zeichens. | Wasser-tiefe am Orte des Zeichens in Metern. | Höhe der Spitze des Zeichens über dem Wasser in Metern. | Höhe der Spitze des Zeichens über dem Erdboden in Metern. | Sicht-weite des Zeichens in Seemeilen. | Das Zeichen ist erstmalig ausgelegt bezw. errichtet: |
|---|---|---|---|---|---|---|---|
| | 5. | 6. | 7. | 8a. | 8b. | 9. | 10. |
| 193 | Birkene Stangen mit buschigem Zopf. | . . . . . . . | Unmittelbar am Rande des Schaars. | 2,5 | . . . | 1 | . . . |
| 194 | Birkene Stangen mit buschigem Zopf. | . . . . . . . | Wie unter Nr. 193. | 2,5 | . . . | 1 | . . . |
| 195 | Birkene Stangen mit buschigem Zopf. | . . . . . . . | Wie unter Nr. 193. | 2,5 | . . . | 1 | . . . |
| 196 | Stange, an einen versenkten Stein geschäkelt und durch einen aufgeschobenen und ca. 0,3 m unter Mittelwasser befestigten Schwimmklotz aufrecht gehalten. | Schwarz u. weiss geringelt. | Wie unter Nr. 193. | 2,5 | . . . | 1 | . . . |
| 197 | Stange an versenktem Stein, wie unter Nr. 196. | Roth. | . . . | 2,5 | . . . | 1 | . . . |
| 197a | Stangen an versenkten Steinen, wie unter Nr. 196. | Schwarz an der Nordseite. Weiss an der Südseite. | . . . | 2,5 | . . . | 1 | . . . |
| 197b | Birkene Stangen mit buschigem Zopf. | . . . . . . . | . . . | 2,5 | . . . | 1 | . . . |
| 198 | Birkene Stangen mit buschigem Zopf. | . . . . . . . | . . . | 2,5 | . . . | 1 | . . . |
| 198a | Stangen an versenkten Steinen, wie unter Nr. 196. | Weiss, mit weisser Flagge. | . . . | 2,5 | . . . | 1 | 1874 |
| 199 | Birkene Stangen mit buschigem Zopf. | . . . . . . . | . . . | 2,5 | . . . | 1 | . . . |
| 200 | Birkene Stangen mit buschigem Zopf. | . . . . . . . | . . . | 2,5 | . . . | 1 | . . . |
| 200a | Stangen an versenkten Steinen, wie unter Nr. 196. | Weiss, mit weisser Flagge. | . . . | 2,5 | . . . | 1 | 1874 |
| 201 | Birkene Stangen mit buschigem Zopf. | . . . . . . . | . . . | 2,5 | . . . | 1 | . . . |
| 201a | Stange an versenktem Stein, wie unter Nr. 196. | Weiss, mit weisser Flagge. | . . . | 2,5 | . . . | 1 | 1874 |
| 202 | Stangen an versenkten Steinen, wie unter Nr. 196. | Schwarz, mit schwarzer Flagge. | . . . | 2,5 | . . . | 1 | 1874 |
| 203 | Stangen an versenkten Steinen, wie unter Nr. 196. | Schwarz. | . . . | 2,5 | . . . | 1 | . . . |
| 204 | Stange an versenktem Stein, wie unter Nr. 196. | Weiss, mit weisser Flagge. | . . . | 2,5 | . . . | 1 | 1874 |

| Laufende Nummer. | Namen und Oertlichkeit des Zeichens. 1. | Gattung 2. | Zweck, welchem das Zeichen dient. 3. | Geographische Lage des Zeichens. 4. |
|---|---|---|---|---|
| 205 | **Peene**, über den Heerd bis Ze- | 4 Wethen. | Bezeichnen stromaufgehend die rechte Seite des Fahrwassers. | . . . . . . . . . . . |
| 205a | cheriner Ort. | Wethe. | Bezeichnet stromaufgehend die linke Seite des Fahrwassers. | . . . . . . . . . . . |
| 206 | **Peene**, am Zecheriner Ort. | Waker. | Bezeichnet stromaufgehend die linke Seite des Fahrwassers. | . . . . . . . . . . . |
| 207 | **Peene**, Mahlzower Rinne. | 7 Waker. | Bezeichnen stromaufgehend die linke Seite des Fahrwassers. | . . . . . . . . . . . |
| 207a | " | 4 Waker. | Bezeichnen stromaufgehend die rechte Seite des Fahrwassers. | . . . . . . . . . . . |
| 208 | **Peene**, beim Rundtheil. | 2 Waker. | Bezeichnen stromaufgehend die rechte Seite des Fahrwassers. | . . . . . . . . . . . |
| 209 | **Peene**, Rinne über den Negen- | 9 Waker. | Bezeichnen stromaufgehend die rechte Seite der Rinne. | . . . . . . . . . . . |
| 209a | mark. | 2 Waker. | Bezeichnen Anfang u. Ende der Rinne an der stromaufgehend linken Seite. | . . . . . . . . . . . |
| 210 | **Hollendorfer Wiese.** | Bake. | Bezeichnet die Richtung der unter Nr. 209 genannten Rinne. | . . . . . . . . . . . |
| 211 | **Bauerriff.** | Waker. | Bezeichnet das Riff. Man muss östlich von dem Waker passiren. | . . . . . . . . . . . |
| 212 | **Moderort.** | Waker. | Bezeichnet stromaufgehend den Anfang der Rinne an der rechten Seite. | . . . . . . . . . . . |
| 212a | " | 60 Wethen. | Bezeichnen stromaufgehend die rechte Seite der Rinne. | . . . . . . . . . . . |
| 213 | **Rothes Haus.** | Waker. | Bezeichnet die an der stromaufgehend linken Seite des Fahrwassers befindliche Untiefe. | . . . . . . . . . . . |
| 214 | **Versunkenes Haus.** | Waker. | Bezeichnung des versunkenen Hauses. Man muss östlich von dem Waker passiren. | . . . . . . . . . . . |
| 215 | **Peene**, der Mündung des Peeneflusses gegenüber. | Steuder.*) | Bezeichnet stromaufgehend die rechte Seite des Fahrwassers. | . . . . . . . . . . . |
| 216 | **Peene**, vor dem Richtgraben. | Steuder. | Bezeichnet die Einfahrt in den Richtgraben. | . . . . . . . . . . . |
| 217 | **Anklamer Fäh-** | Bake. | Bezeichnen das Fahrwasser unterhalb Kamp. | . . . . . . . . . . . |
| 217a | **re**, auf der Wiese. | Bake. | | . . . . . . . . . . . |
| 218 | **Peene**, der Anklamer Fähre gegenüber. | Steuder. | Bezeichnen stromaufgehend die linke Seite des Fahrwassers. | . . . . . . . . . . . |
| 218a | **Peene**, oberhalb der Anklamer Fähre. | 2 Steuder. | | . . . . . . . . . . . |

*) Die unter Nr. 215, 216, 218, 219, 221, 222, 223, 225 und 227 aufgeführten Schifffahrtszeichen liegen nur im Sommer aus und werden im Winter durch Strauchwethen ersetzt.

| Laufende Nummer. | Allgemeine Beschreibung des Zeichens. | Besondere Erkennungsmerkmale des Zeichens. | Wassertiefe am Orte des Zeichens in Metern. | Höhe der Spitze des Zeichens über Mittelwasser in Metern. | Höhe der Spitze des Zeichens über dem Erdboden in Metern. | Sichtweite des Zeichens in Seemeilen. | Das Zeichen ist erstmalig ausgelegt bezw. errichtet: |
|---|---|---|---|---|---|---|---|
| | 5. | 6. | 7. | 8a. | 8b. | 9. | 10. |
| 205<br>205a | Birkene Stangen mit buschigem Zopf. | . . . . . . | . . . | 2,5 | . . . | 1 | . . . |
| 206 | Stange an versenktem Stein, wie unter Nr. 196. | Weiss. | . . . | 2,5 | . . . | 1 | . . . |
| 207 | Stangen an versenkten Steinen, wie unter Nr. 196. | Weiss, mit weisser Flagge. | . . . | 2,5 | . . . | 1 | 1874 |
| 207a | | Schwarz, mit schwarzer Flagge. | . . . | 2,5 | . . . | 1 | 1874 |
| 208 | Stange an versenktem Stein, wie unter Nr. 196. | Schwarz. | . . . | 2,5 | . . . | 1 | . . . |
| 209 | Stangen an versenkten Steinen, wie unter Nr. 196. | Schwarz. | . . . | 2,5 | . . . | 1 | . . . |
| 209a | | Weiss. | . . . | | | | |
| 210 | Hölzerne Stuhlbake*), zum Niederlegen eingerichtet. | Weisses Rhomboid am Top. | . . . | . . . | 9,4 | . . . | . . . |
| 211 | Stange an versenktem Stein, wie unter Nr. 196. | Weiss, mit weisser Flagge. | . . . | 2,5 | . . . | 1 | . . . |
| 212 | Stange an versenktem Stein, wie unter Nr. 196. | Schwarz. | . . . | 2,5 | . . . | 1 | . . . |
| 212a | Birkene Stangen mit buschigem Zopf. | . . . . . . | . . . | | | | |
| 213 | Stange an versenktem Stein, wie unter Nr. 196. | Weiss. | . . . | 2,5 | . . . | 1 | . . . |
| 214 | Stange an versenktem Stein, wie unter Nr. 196. | Schwarz. | . . . | 2,5 | . . . | 1 | . . . |
| 215 | Hölzerne Stange mit Schwimmer in der Wasser-Oberfläche und mit Ballon an der Spitze. An einem Stein verankert. | Roth. | 2,8 | ca. 2,0 | . . . | . . . | . . . |
| 216 | Hölzerne Stange mit Schwimmer in der Wasser-Oberfläche und mit Ballon an der Spitze. An einem Stein verankert. | Schwarz. | 3,5 | ca. 2,0 | . . . | . . . | . . . |
| 217 | Stange mit rechteckiger Tafel. | Roth. | . . . | . . . | . . . | . . . | . . . |
| 217a | Stange mit auf der Spitze stehendem Quadrat. | Roth. | . . . | . . . | . . . | . . . | . . . |
| 218 | Hölzerne Stangen mit Schwimmer in der Wasser-Oberfläche und mit Ballon an der Spitze. An einem Stein verankert. | Schwarz. | . . . | ca. 2,0 | . . . | . . . | . . . |
| 218a | | Schwarz. | 3,2 und 4,0. | ca. 2,0 | . . . | . . . | . . . |

*) Vergl. die Anmerkung zu Nr. 175 auf Seite 131.

| Laufende Nummer. | Namen und Oertlichkeit des Zeichens. 1. | Gattung 2. | Zweck, welchem das Zeichen dient. 3. | Geographische Lage des Zeichens. 4. |
|---|---|---|---|---|
| 219 | **Peene,** unterhalb Kamp. | Steuder. | Bezeichnen stromaufgehend die rechte Seite des Fahrwassers. | . . . . . . . . . . . |
| 219a | **Peene,** Kamp gegenüber. | Steuder. | | . . . . . . . . . . . |
| 220 | **Regezower Wiesen.** | Bake. | Bezeichnen die Richtung des Fahrwassers oberhalb Kamp. | . . . . . . . . . . . |
| 220a | | Bake. | | . . . . . . . . . . . |
| 221 | **Trendel-Kamp.** | Steuder. | Bezeichnen stromaufgehend die rechte Seite des Fahrwassers. | . . . . . . . . . . . |
| 221a | **Torfgraben.** | Steuder. | | . . . . . . . . . . . |
| 222 | **Peene,** am Anfang des Stromes vom Haff aus. | Steuder. | Bezeichnet stromaufgehend die linke Seite des Fahrwassers. | . . . . . . . . . . . |
| 223 | **Kreuzort,** unterhalb desselben. | Steuder. | Bezeichnen stromaufgehend die rechte Seite des Fahrwassers über den Kreuzort. | . . . . . . . . . . . |
| 223a | **Kreuzort.** | Steuder. | | . . . . . . . . . . . |
| 224 | **Mönchow.** | Bake. | Bezeichnen die Richtung der Rinne Nr. 225. | . . . . . . . . . . . |
| 224a | " | Windmühle. | | . . . . . . . . . . . |
| 225 | **Kleines Haff,** gebaggerte Rinne über den Bock. | 2 Steuder. | Bezeichnen stromaufgehend die rechte Seite der Rinne. | . . . . . . . . . . . |
| 225a | | 2 Steuder. | Bezeichnen stromaufgehend die linke Seite der Rinne. | . . . . . . . . . . . |
| 226 | **Anklamer Torfmoor.** | Bake. | Bezeichnen die Richtung der unter Nr. 227 genannten Rinne. | . . . . . . . . . . . |
| 226a | " | Bake. | | . . . . . . . . . . . |
| 227 | **Kleines Haff,** gebaggerte Rinne über die Göschenbrink-Fläche. | 5 Steuder. | Bezeichnen stromaufgehend die linke Seite der Rinne. | . . . . . . . . . . . |
| 227a | | 4 Steuder.*) | Bezeichnen stromaufgehend die rechte Seite der Rinne. | . . . . . . . . . . . |
| 228 | **Kleiner Stubber.** | Tonne.**) | Bezeichnet die östliche Spitze des Grundes gl. N. | WNW ¼ W vom Greifswalder Oie-Leuchtthurm und S z O von Zicker Höft. |
| 229 | **Grosser Stubber.** | Bake. | Bezeichnet den Grund gl. N. | WNW ¾ W vom Greifswalder Oie-Leuchtthurm. |
| 230 | **Salzboddengrund.** | Tonne.**) | Bezeichnet die östliche Spitze des Grundes. | W ½ S von Ruden-Baken u. ONO ¾ O von der Greifswalder Kirche. |
| 231 | **Wamper Riff.** | Tonne.**) | Bezeichnet die Ostkante des Riffs. | . . . . . . . . . . . |
| 232 | **Greifswalder Hafen,** Baggerrinne. | 2 Waker. | Bezeichnen Anfang und Ende der Rinne an der stromaufgehend rechten Seite derselben. | . . . . . . . . . . . |

*) Vergl. die Anmerkung zu Nr. 215 auf Seite 136.

**) Liegt nur während der eisfreien Jahreszeit aus, wird jedoch für die Winterzeit durch einen Waker mit demselben Anstrich ersetzt.

| Laufende Nummer. | Allgemeine Beschreibung | Besondere Erkennungsmerkmale | Wassertiefe am Orte des Zeichens in Metern. | Höhe der Spitze des Zeichens über Mittelwasser | Höhe der Spitze des Zeichens über dem Erdboden | Sichtweite des Zeichens in Seemeilen. | Das Zeichen ist erstmalig ausgelegt bezw. errichtet: |
|---|---|---|---|---|---|---|---|
| | des Zeichens. | | | in Metern. | | | |
| | 5. | 6. | 7. | 8a. | 8b. | 9. | 10. |
| 219 | Hölzerne Stangen, mit Schwimmer in der Wasser-Oberfläche und mit Ballon an der Spitze. An Steinen verankert. | Roth. | 3,5 | ca. 2,0 | . . . | . . . | . . . |
| 219a | | Roth. | 3,4 | ca. 2,0 | . . . | . . . | . . . |
| 220 | Stange mit rechteckiger Tafel. | Roth. | . . . | . . . | 9,5 | . . . | . . . |
| 220a | Stange mit auf der Spitze stehendem Quadrat. | Weiss. | . . . | . . . | 12 | . . . | . . . |
| 221 | Hölzerne Stangen, mit Schwimmer in der Wasser-Oberfläche und mit Ballon an der Spitze. An Steinen verankert. | Roth. | . . . | ca. 2,0 | . . . | . . . | . . . |
| 221a | | Roth. | . . . | ca. 2,0 | . . . | . . . | . . . |
| 222 | Hölzerne Stange, mit Schwimmer in der Wasser-Oberfläche und mit Ballon an der Spitze. An einem Stein verankert. | Schwarz. | . . . | ca. 2,0 | . . . | . . . | . . . |
| 223 | Hölzerne Stangen, mit Schwimmer in der Wasser-Oberfläche und mit Ballon an der Spitze. An Steinen verankert. | Roth. | . . . | ca. 2,0 | . . . | . . . | . . . |
| 223a | | Roth. | . . . | ca. 2,0 | . . . | . . . | . . . |
| 224 | Stange mit rechteckiger Tafel. | Weiss. | . . . | . . . | . . . | . . . | . . . |
| 224a | Bockwindmühle. | . . . . . . | . . . | . . . | . . . | . . . | . . . |
| 225 | Hölzerne Stangen, mit Schwimmer in der Wasser-Oberfläche und mit Ballon an der Spitze. An Steinen verankert. | Roth. | . . . | ca. 2 | . . . | . . . | . . . |
| 225a | | Schwarz. | . . . | ca. 2 | . . . | . . . | . . . |
| 226 | Mast, durch Streben gestützt, mit rechteckiger Tafel. | Roth; die Streben mit Brettern verkleidet. | . . . | . . . | . . . | . . . | . . . |
| 226a | Mast, durch Streben gestützt, mit einem auf der Spitze stehenden Quadrat. | Weiss; die Streben mit Brettern verkleidet. | . . . | . . . | . . . | . . . | . . . |
| 227 | Hölzerne Stangen, mit Schwimmer in der Wasser-Oberfläche und mit Ballon an der Spitze. An Steinen verankert. | Schwarz. | 3,0 | ca. 2 | . . . | . . . | . . . |
| 227a | | Roth. | 3,0 | ca. 2 | . . . | . . . | . . . |
| 228 | Eiserne kleine liegende Tonne. An einem Stein verankert. | Weiss. | 1,5 | 0,6 | . . . | 1 | . . . |
| 229 | Besteht aus drei oben verbundenen Stangen, mit Strauch im Top. | . . . . . . | Trocken | . . . | 5,6 | 1 | . . . |
| 230 | Hölzerne liegende Tonnen. An Steinen verankert. | Schwarz und weiss. | 2,5 | 0,6 | . . . | 1 | . . . |
| 231 | | Schwarz. | 1,25 | 0,6 | . . . | 1 | . . . |
| 232 | Stangen, an versenkte Steine geschäkelt und durch aufgeschobene und ca. 0,3 m unter Mittelwasser befestigte Schwimmklötze aufrecht gehalten. | Schwarz. | . . . | 2,5 | . . . | 1 | . . . |

| Laufende Nummer. | Namen und Oertlichkeit des Zeichens. 1. | Gattung 2. | Zweck, welchem das Zeichen dient. 3. | Geographische Lage des Zeichens. 4. |
|---|---|---|---|---|
| 232a | **Greifswalder Hafen**, Baggerrinne. | Waker. | Bezeichnet den Anfang der Rinne an der stromaufgehend linken Seite derselben. | . . . . . . . . . . . . |
| 232b | | Wethen. | Bezeichnen beide Seiten der Rinne. | . . . . . . . . . . . . |
| 233 | **Lauterbacher Fahrwasser**, östlich der Insel Vilm, am Reddewitzer Haken. | Waker. | Bezeichnet den Reddewitzer Haken. Man muss westlich von dem Waker passiren. | . . . . . . . . . . . . |
| 234 | **Lauterbacher Fahrwasser**, östlich der Insel Vilm, am Vilm-Haken. | Waker. | Bezeichnen den Vilm-Haken. Man muss nördlich von den Wakern und von der Tonne passiren. | . . . . . . . . . . . . |
| 234a | | Waker. | | . . . . . . . . . . . . |
| 234b | - | Tonne.*) | | . . . . . . . . . . . . |
| 235 | **Lauterbacher Fahrwasser**, westlich der Insel Vilm, Stein am gelben Ufer bei Palmerort. | Waker. | Bezeichnet einen etwa 0,8 m unter Wasser liegenden grossen Stein. | . . . . . . . . . . . . |
| 236 | **Lauterbacher Fahrwasser**, westlich der Insel Vilm. | Tonne.*) | Bezeichnet den Anfang des Fahrwassers vom Greifswalder Bodden aus. | . . . . . . . . . . . . |
| 236a | | 5 Waker. | Bezeichnen die westliche Seite des Fahrwassers. | . . . . . . . . . . . . |
| 236b | - | 7 Waker. | Bezeichnen die östliche Seite des Fahrwassers. | . . . . . . . . . . . . |
| 236c | - | Waker. | Bezeichnet den Anfang des Fahrwassers vom Lauterbacher Hafen aus. | . . . . . . . . . . . . |
| 237 | **Falkenhagen**, auf der Feldmark. | Bake. | Bezeichnet, in Linie mit der Reinberger Kirche, die Ansegelung der Palmerort-Rinne. | . . . . . . . . . . . . |
| 238 | **Maltzin**, auf der Feldmark. | 2 Baken. | Bezeichnen die Richtung von Palmerort-Rinne. | . . . . . . . . . . . . |
| 239 | **Palmerort-Rinne**, rechte Seite derselben. (Anfang vom Greifswalder Bodden aus). | Waker. | Bezeichnet den Anfang der Rinne. | . . . . . . . . . . . . |
| 239a | | 15 Waker. | Bezeichnen die Seite der Rinne. | . . . . . . . . . . . . |
| 239b | | Waker. | Bezeichnet das Ende der Rinne. | . . . . . . . . . . . . |
| 240 | **Palmerort-Rinne**, linke Seite derselben. (An- | Waker. | Bezeichnet den Anfang der Rinne. | . . . . . . . . . . . . |

| Laufende Nummer. | Allgemeine Beschreibung des Zeichens. | Besondere Erkennungs-merkmale des Zeichens. | Wasser-tiefe am Orte des Zeichens in Metern. | Höhe der Spitze des Zeichens über Mittel-wasser in Metern. | Höhe der Spitze des Zeichens über dem Erdbo-den in Metern. | Sicht-weite des Zei-chens in See-meilen. | Das Zei-chen ist erst-malig ausge-legt bezw. er-richtet: |
|---|---|---|---|---|---|---|---|
| | 5. | 6. | 7. | 8a. | 8b. | 9. | 10. |
| 232a | Stangen an versenkten Steinen, wie unter Nr. 232. | Weiss. | . . . | 2,5 | . . . | 1 | . . . |
| 232b | Birkene Stangen mit buschigem Zopf. | . . . . . . . | . . . | 2,5 | . . . | 1 | . . . |
| 233 | Stange, an einen versenkten Stein geschäkelt und durch einen aufgeschobenen und ca. 0,3 m unter Mittelwasser befestigten Schwimmklotz aufrecht gehalten. | Roth. | . . . | 2,5 | . . . | 1 | . . . |
| 234 | Stangen, an versenkte Steine geschäkelt und durch aufgeschobene und ca. 0,3 m unter Mittelwasser befestigte Schwimmklötze aufrecht gehalten. | Roth und weiss. | . . . | 2,5 | . . . | 1 | . . . |
| 234a | | Weiss. | . . . | | | | |
| 234b | Kleine liegende hölzerne Tonne. | Weiss. | . . . | 0,6 | . . . | 1 | . . . |
| 235 | Stange, an einen versenkten Stein geschäkelt und durch einen aufgeschobenen und ca. 0,3 m unter Mittelwasser befestigten Schwimmklotz aufrecht gehalten. | Schwarz. | 4,08 | 2,5 | . . . | 1 | . . . |
| 236 | Eiserne Spitztonne*); an einem Stein verankert. | Roth; mit Korb im Top. | 4,08 | 2,5 | . . . | 1 | 1875 |
| 236a | Stangen, an versenkte Steine geschäkelt und durch aufgeschobene und ca. 0,3 m unter Mittelwasser befestigte Schwimmklötze aufrecht gehalten. | Weiss. | . . . | 2,5 | . . . | 1 | . . . |
| 236b | | Schwarz. | . . . | | | | |
| 236c | | Roth. | | | | | |
| 237 | Stange, an einem Baum befestigt. | Raute am Top der Stange, viereckiges Schild am Fusse des Baumes, weiss angestrichen. | . . . | . . . | 18 | 1 | . . . |
| 238 | Hölzerne Stuhlbaken.**) | Beide Baken sind am Top mit Dreieck versehen. | . . . | . . . | 7,8 | 1 | |
| 239 | Stangen, an versenkte Steine geschäkelt und durch aufgeschobene und etwa 0,3 m unter Mittelwasser befestigte Schwimmklötze aufrecht gehalten. | Roth, mit rother Flagge. | 3,5 | 2,5 | . . . | 1 | . . . |
| 239a | | Schwarz, mit schwarzer Flagge. | 3,5 | 2,5 | . . . | 1 | . . . |
| 239b | | Schwarz, mit zwei schwarzen Flaggen. | 3,5 | 2,5 | . . . | 1 | . . . |
| 240 | Stange an versenktem Stein, wie unter Nr. 239. | Roth und weiss, mit roth und weisser Flagge. | 3,5 | 2,5 | . . . | 1 | . . . |

*) Vergl. die Anmerkung**) auf Seite 133.

**) Vergl. die Anmerkung zu Nr. 175 auf Seite 131.

| Laufende Nummer. | Namen und Oertlichkeit des Zeichens. 1. | Gattung des Zeichens. 2. | Zweck, welchem das Zeichen dient. 3. | Geographische Lage des Zeichens. 4. |
|---|---|---|---|---|
| 240a | fang vom Greifs-walder Bodden | 15 Waker. | Bezeichnen die Seite der Rinne. | . . . . . . . . . . . |
| 240b | aus). | Waker. | Bezeichnet das Ende der Rinne. | . . . . . . . . . . . |
| 241 | **Mittelgrund.** | 5 Waker. | Bezeichnen den nördlichen Rand des Mittelgrundes. Man muss nördlich von den Wakern passiren. | . . . . . . . . . . . |
| 242 | **Stralsunder Strom**, am Gänsehaken. | Waker. | Bezeichnet den Gänsehaken (Nordseite des Fahrwassers). | . . . . . . . . . . . |
| 243 | **Stralsunder Strom.** | Waker. | Bezeichnet einen gesunkenen Kahn (Nordseite des Fahrwassers). | . . . . . . . . . . . |
| 244 | **Stralsunder Strom**, am Drigger-Strand. | Lootsenschild. | Bezeichnet das Fahrwasser von Prosnitzer Schanze bis Sandort. Das Schild ist in Linie mit der Mitte des Herrenhauses von Drigge zu halten. | . . . . . . . . . . . |
| 245 | **Stralsunder Strom**, am Sand- | Waker. | Bezeichnet die nördliche Seite des Fahrwassers beim Sandort. | . . . . . . . . . . . |
| 245a | ort. | Waker. | Bezeichnet die südliche Seite des Fahrwassers beim Sandort. | . . . . . . . . . . . |
| 246 | **Stralsunder Strom**, am Steinort. | 2 Waker. | Bezeichnen die nördliche Seite des Fahrwassers beim Steinort. | . . . . . . . . . . . |
| 247 | **Grahlerfähre.** | Lootsenschild. | Bezeichnen, in Linie gehalten, die Richtung des Fahrwassers. Um Dänholm-Grund zu vermeiden, darf die | . . . . . . . . . . . |
| 247a | **Grahlhof.** | Bake. | Bake nicht westlich des Lootsenschildes kommen. | . . . . . . . . . . . |
| 248 | **Stralsunder Strom**, an der Grahlerfähre. | 2 Waker. | Bezeichnen den Dänholm-Grund (Westseite des Fahrwassers). | . . . . . . . . . . . |

| Laufende Nummer. | Allgemeine Beschreibung des Zeichens. | Besondere Erkennungs-merkmale des Zeichens. | Wasser-tiefe am Orte des Zeichens in Metern. | Höhe der Spitze des Zeichens über Mittel-wasser in Metern. | Höhe der Spitze des Zeichens über dem Erdbo-den in Metern. | Sicht-weite des Zei-chens in See-meilen. | Das Zei-chen ist erst-malig ausge-legt bezw. er-richtet: |
|---|---|---|---|---|---|---|---|
| | 5. | 6. | 7. | 8a. | 8b. | 9. | 10. |
| 240a | Stangen an versenkten Steinen, wie unter Nr. 239. | Weiss, mit weisser Flagge. | 3,5 | 2,5 | . . . | 1 | . . . |
| 240b | | Weiss, mit zwei weissen Flaggen. | 3,5 | 2,5 | . . . | 1 | . . . |
| 241 | Stangen, an versenkte Steine geschäkelt und durch aufgeschobene und ca. 0,3 m unter Mittelwasser befestigte Schwimmklötze aufrecht gehalten. | Weiss. | . . . | 2,5 | . . . | 1 | . . . |
| 242 | Stange, an einen versenkten Stein geschäkelt und durch einen aufgeschobenen und ca. 0,3 m unter Mittelwasser befestigten Schwimmklotz aufrecht gehalten. | Schwarz. | . . . | 2,5 | . . . | 1 | . . . |
| 243 | Stange, an einen versenkten Stein geschäkelt und durch einen aufgeschobenen und ca. 0,3 m unter Mittelwasser befestigten Schwimmklotz aufrecht gehalten. | Grün, mit grüner Flagge. | . . . | 2,5 | . . . | 1 | . . . |
| 244 | Vierseitige abgestumpfte Pyramide von Stein. | Weiss. | . . . | 2,5 | . . . | 1 | . . . |
| 245 | Stangen, an versenkte Steine geschäkelt und durch aufgeschobene und ca. 0,3 m unter Mittelwasser befestigte Schwimmklötze aufrecht gehalten. | Schwarz. | . . . | 2,5 | . . . | 1 | . . . |
| 245a | | Weiss. | . . . | 2,5 | . . . | 1 | . . . |
| 246 | Stange, an einen versenkten Stein geschäkelt und durch einen aufgeschobenen und ca. 0,3 m unter Mittelwasser befestigten Schwimmklotz aufrecht gehalten. | Schwarz, mit schwarzer Flagge. | . . . | 2,5 | . . . | 1 | . . . |
| 247 | Hölzernes viereckiges Schild, in Form eines auf seiner kurzen Seite stehenden Rechtecks. | Weiss. | . . . | . . . | 2,5 | 1 | . . . |
| 247a | Hölzerne Stuhlbake*), zum Niederlegen eingerichtet. | Dreieck am Top der Stange. | . . . | . . . | 15,6 | 1 | . . . |
| 248 | Stangen, an versenkte Steine geschäkelt und durch aufgeschobene und ca. 0,3 m unter Mittelwasser befestigte Schwimmklötze aufrecht gehalten. | Weiss. | . . . | 2,5 | . . . | 1 | . . . |

*) Vergl. die Anmerkung zu Nr. 175 auf Seite 131.

| Laufende Nummer. | Namen und Oertlichkeit des Zeichens. 1. | Gattung des Zeichens. 2. | Zweck, welchem das Zeichen dient. 3. | Geographische Lage des Zeichens. 4. |
|---|---|---|---|---|
| 249 | **Knieper Strand.** | Lootsenschild. | Bezeichnen, in Linie gehalten, die Ansegelung der Stralsunder Hafenrinne. | . . . . . . . . . . . |
| 249a | **Kedingshagen.** | Mühle. | | . . . . . . . . . . . |
| 250 | **Stralsunder Strom.** | Tonne.**) | Bezeichnet die Einfahrt in die Stralsunder Hafenrinne. | . . . . . . . . . . . |
| 251 | **Stralsunder Hafenrinne.** | 4 Waker. | Bezeichnen die nördliche Seite der Rinne. | . . . . . . . . . . . |
| 251a | „ | 4 Waker. | Bezeichnen die südliche Seite der Rinne. | . . . . . . . . . . . |
| 252 | **Libben.** *) | Tonne.**) | Bezeichnet den Eingang zum Libben von See aus. | Die Linie „Schaproder Kirche W. am Lootsenwachtthurm zu Wittower Posthaus“ bezeichnet die Lage der Tonne. |
| 253 | **Libben.** | 6 Tonnen.**) | Bezeichnen die westliche Seite der Rinne. | . . . . . . . . . . . |
| 253a | „ | 3 Waker. | | . . . . . . . . . . . |
| 253b | „ | 5 Tonnen.**) | Bezeichnen die östliche Seite der Rinne. | . . . . . . . . . . . |
| 253c | „ | 2 Waker. | | . . . . . . . . . . . |
| 254 | Vom **Libben** bis **Alt-Bessin.** | Waker. | Bezeichnet die östliche Seite der Rinne. | . . . . . . . . . . . |
| 254a | „ | 7 Wethen. | Bezeichnen die westliche Seite der Rinne. | . . . . . . . . . . . |
| 255 | **Alt-Bessiner Haken,** Baggerrinne. | 2 Waker. | Bezeichnen die westliche Seite der Rinne. | . . . . . . . . . . . |
| 255a | „ | 2 Wethen. | | . . . . . . . . . . . |
| 255b | „ | 3 Waker. | Bezeichnen die östliche Seite der Rinne. | . . . . . . . . . . . |
| 256 | Vom **Seehof** bis zum **Trog.** | 2 Waker. | Bezeichnen die südliche Seite des Fahrwassers. (Kurs W z N.) | . . . . . . . . . . . |
| 256a | „ | 2 Wethen. | | . . . . . . . . . . . |
| 257 | **Trog,** Fahrrinne zwischen dem Vitter- und Schaproder Bodden. | Tonne.**) | Bezeichnet den Anfang der Rinne (von Norden kommend). | . . . . . . . . . . . |
| 257a | | 8 Waker. | Bezeichnen die westliche Seite der Rinne. | . . . . . . . . . . . |
| 257b | „ | 9 Wethen. | | . . . . . . . . . . . |
| 257c | „ | 8 Waker. | Bezeichnen die östliche Seite der Rinne. | . . . . . . . . . . . |

*) Auf der Lootsenstation Wittower Posthaus befindet sich eine Bake, an welcher Wasserstands-Signale für die ansegelnden Schiffe aufgeheisst werden.

**) Die Tonnen liegen nur während der eisfreien Jahreszeit aus, werden jedoch für die Winterzeit durch Waker mit demselben Anstrich, welchen die betr. Tonne hat, ersetzt.

| Laufende Nummer. | Allgemeine Beschreibung des Zeichens. | Besondere Erkennungsmerkmale des Zeichens. | Wassertiefe am Orte des Zeichens in Metern. | Höhe der Spitze des Zeichens über Mittelwasser in Metern. | Höhe der Spitze des Zeichens über dem Erdboden in Metern. | Sichtweite des Zeichens in Seemeilen. | Das Zeichen ist erstmalig ausgelegt bezw. errichtet: |
|---|---|---|---|---|---|---|---|
| | 5. | 6. | 7. | 8a. | 8b. | 9. | 10. |
| 249 | Vierseitige abgestumpfte Pyramide von Stein. | Weiss. | . . . | . . . | 2,5 | 1 | . . . |
| 249a | Gewöhnliche Windmühle. | . . . . . . . | . . . | . . . | . . . | . . . | . . . |
| 250 | Kleine liegende hölzerne Tonne. An einem Stein verankert. | Weiss. | 7,5 | 0,6 | . . . | 1 | . . . |
| 251 | Stangen, an versenkte Steine geschäkelt und durch aufgeschobene | Schwarz. | . . . | 2,5 | . . . | 1 | . . . |
| 251a | und ca. 0,3 m unter Mittelwasser befestigte Schwimmklötze aufrecht gehalten. | Weiss. | . . . | 2,5 | . . . | 1 | . . . |
| 252 | Eiserne Tonne III. Klasse. Verankert an zwei Ankern. | Roth, mit Flagge. | 4,1 | 0,9 | . . . | 1 | . . . |
| 253 | Die Tonnen sind liegende hölzerne Spitztonnen von der Form eines abgestumpften Kegels.*) Die Waker sind Stangen an versenkten Steinen, wie unter Nr. 251. | Schwarz. | . . . | 0,6 | | | |
| 253a | | Schwarz. | . . . | 2,5 | . . . | 1 | . . . |
| 253b | | Weiss. | . . . | 0,6 | | | |
| 253c | | Weiss. | . . . | 2,5 | | | |
| 254 | Stange an versenktem Stein, wie unter Nr. 251. | Weiss. | . . . | 2,5 | . . . | 1 | 1874 |
| 254a | Birkene Stangen mit buschigem Zopf. | . . . . . . | | 2,5 | . . . | 1 | . . . |
| 255 | Stangen, an versenkte Steine geschäkelt und durch aufgeschobene und ca. 0,3 m unter Mittelwasser befestigte Schwimmklötze aufrecht gehalten. | Schwarz. | . . . | 2,5 | . . . | 1 | . . . |
| 255a | Birkene Stangen mit buschigem Zopf. | . . . . . . | . . . | | | | |
| 255b | Stangen an versenkten Steinen, wie unter Nr. 255. | Weiss. | . . . | | | | |
| 256 | Stangen, an versenkte Steine geschäkelt und durch aufgeschobene und ca. 0,3 m unter Mittelwasser befestigte Schwimmklötze aufrecht gehalten. | Weiss. | . . . | 2,5 | . . . | 1 | . . . |
| 256a | Birkene Stangen mit buschigem Zopf. | . . . . . . | . . . | | | | |
| 257 | Hölzerne Spitztonne, wie unter Nr. 253. An einem Stein verankert. | Schwarz. | . . . | 0,6 | . . . | 1 | . . . |
| 257a | Stangen, an versenkte Steine geschäkelt und durch aufgeschobene und ca. 0,3 m unter Mittelwasser befestigte Schwimmklötze aufrecht gehalten. | Schwarz. | . . . | 2,5 | . . . | 1 | . . . |
| 257b | Birkene Stangen mit buschigem Zopf. | . . . . . . | . . . | 2,5 | . . . | 1 | . . . |
| 257c | Stangen, an versenkte Steine geschäkelt und durch aufgeschobene | Weiss. | . . . | 2,5 | . . . | 1 | . . . |

*) Von diesen Tonnen ist jede der drei äusseren (nach See zu liegenden) schwarzen und weissen Tonnen an einem Anker nach der Nordseite hin und an einem Stein nach der Südseite hin verankert; jede der übrigen drei schwarzen und zwei weissen Tonnen ist dagegen nur an einem Stein verankert.

| Laufende Nummer. | Namen und Oertlichkeit des Zeichens. 1. | Gattung 2. | Zweck, welchem das Zeichen dient. 3. | Geographische Lage des Zeichens. 4. |
|---|---|---|---|---|
| 257d | **Trog**, Fahrrinne. | Tonne.*) | Bezeichnet den Anfang der Rinne (von Süden kommend). Man muss östlich Tonne passiren. | . . . . . . . . . . . . |
| 258 | **Schaproder Bodden.** | 2 Waker. | Bezeichnen Steine. Man muss westlich von den Wakern passiren. | . . . . . . . . . . . . |
| 259 | **Mittelgrund.** | Tonne.*) | Bezeichnet den Anfang der Rinne (von Norden kommend). Man muss östlich von der Tonne passiren. | . . . . . . . . . . . . |
| 259a | „ | 3 Waker. | Bezeichnen die westliche Seite der Rinne. | . . . . . . . . . . . . |
| 259b | „ | 5 Wethen. | | . . . . . . . . . . . . |
| 259c | „ | 3 Waker. | Bezeichnen die östliche Seite der Rinne. | . . . . . . . . . . . . |
| 260 | Vom **Mittelgrund** bis **Faulenhaken.** | 3 Wethen. | Bezeichnen das Schaar an der Westseite des Fahrwassers. Kurs S z W. | . . . . . . . . . . . . |
| 261 | **Faulenhaken-Rinne.** | Tonne.*) | Bezeichnet den Anfang der Rinne (von Norden kommend). Man muss östlich von der Tonne passiren. | . . . . . . . . . . . . |
| 261a | „ | 2 Waker. | Bezeichnen die westliche Seite der Rinne. | . . . . . . . . . . . . |
| 261b | „ | 4 Wethen. | | . . . . . . . . . . . . |
| 261c | „ | 3 Waker. | Bezeichnen die östliche Seite der Rinne. | . . . . . . . . . . . . |
| 261d | „ | Tonne.*) | Bezeichnet den Anfang der Rinne (von Süden kommend). Man muss östlich von der Tonne passiren. | . . . . . . . . . . . . |
| 262 | **Gellerhaken-Rinne.** | 10 Waker. | Bezeichnen die westliche Seite der Rinne. | . . . . . . . . . . . . |
| 262a | „ | 11 Wethen. | | . . . . . . . . . . . . |

*) Liegt nur während der eisfreien Jahreszeit aus, wird jedoch für die Winterzeit durch einen Waker mit demselben Anstrich ersetzt.

| Laufende Nummer. | Allgemeine Beschreibung des Zeichens. | Besondere Erkennungs-merkmale des Zeichens. | Wasser-tiefe am Orte des Zeichens in Metern. | Höhe der Spitze des Zeichens über dem Wasser in Metern. | Höhe der Spitze des Zeichens über dem Erdboden in Metern. | Sichtweite des Zeichens in Seemeilen. | Das Zeichen ist erstmalig ausgelegt bezw. errichtet: |
|---|---|---|---|---|---|---|---|
| | 5. | 6. | 7. | 8a. | 8b. | 9. | 10. |
| | und ca. 0,3 m unter Mittelwasser befestigte Schwimmklötze aufrecht gehalten. | | | | | | |
| 257d | Liegende hölzerne Spitztonne von der Form eines abgestumpften Kegels.*) | Schwarz. | ... | 0,6 | ... | 1 | 1875 |
| 258 | Stangen, an versenkte Steine geschäkelt und durch aufgeschobene und ca. 0,3 m unter Mittelwasser befestigte Schwimmklötze aufrecht gehalten. | Weiss. | ... | 2,5 | ... | 1 | ... |
| 259 | Liegende Spitztonne von der Form eines abgestumpften Kegels.*) | Schwarz. | ... | 0,6 | ... | 1 | ... |
| 259a | Stangen, an versenkte Steine geschäkelt und durch aufgeschobene und ca. 0,3 m unter Mittelwasser befestigte Schwimmklötze aufrecht gehalten. | Schwarz. | ... | 2,5 | ... | 1 | ... |
| 259b | Birkene Stangen mit buschigem Zopf. | ...... | ... | 2,5 | ... | 1 | ... |
| 259c | Stangen, an versenkte Steine geschäkelt und durch aufgeschobene und ca. 0,3 m unter Mittelwasser befestigte Schwimmklötze aufrecht gehalten. | Weiss. | ... | 2,5 | ... | 1 | ... |
| 260 | Birkene Stangen mit buschigem Zopf. | ...... | ... | 2,5 | ... | 1 | ... |
| 261 | Liegende hölzerne Spitztonne von der Form eines abgestumpften Kegels.*) | Schwarz. | ... | 0,6 | ... | 1 | ... |
| 261a | Stangen, an versenkte Steine geschäkelt und durch aufgeschobene und ca. 0,3 m unter Mittelwasser befestigte Schwimmklötze aufrecht gehalten. | Schwarz. | ... | 2,5 | ... | 1 | ... |
| 261b | Birkene Stangen mit buschigem Zopf. | ...... | ... | 2,5 | ... | 1 | ... |
| 261c | Stangen an versenkten Steinen, wie unter Nr. 261a. | Weiss. | ... | 2,5 | ... | 1 | ... |
| 261d | Liegende hölzerne Tonne.*) | Schwarz. | ... | 0,6 | ... | 1 | 1875 |
| 262 | Stangen, an versenkte Steine geschäkelt und durch aufgeschobene und ca. 0,3 m unter Mittelwasser befestigte Schwimmklötze aufrecht gehalten. | Schwarz. | ... | 2,5 | ... | 1 | ... |
| 262a | Birkene Stangen mit buschigem Zopf. | ...... | ... | 2,5 | ... | 1 | ... |

*) An einem Stein verankert.

| Laufende Nummer. | Namen und Oertlichkeit des Zeichens. 1. | Gattung 2. | Zweck, welchem das Zeichen dient. 3. | Geographische Lage des Zeichens. 4. |
|---|---|---|---|---|
| 262b | **Gellerhaken-Rinne.** | 10 Waker. | Bezeichnen die östliche Seite der Rinne. | . . . . . . . . . . |
| 262c | „ | 2 Waker. | Bezeichnen eine Sandbank. Man muss westlich von den Wakern passiren. | . . . . . . . . . . |
| 263 | **Vierendel-Rinne.** | 5 Waker. | Bezeichnen die westliche Seite der Rinne. | . . . . . . . . . . |
| 263a | „ | 7 Wethen. | | . . . . . . . . . . |
| 263b | „ | 6 Waker. | Bezeichnen die östliche Seite der Rinne. | . . . . . . . . . . |
| 263c | „ | Tonne (im Sommer ausliegend, im Winter durch einen Waker ersetzt). | Bezeichnet den Anfang der Rinne (von Süden kommend). | . . . . . . . . . . |
| 264 | **ProhenerWieck.** | 2 Waker. | Bezeichnen die NNO-Kante eines im Prohener Wieck befindlichen Steinriffes. | . . . . . . . . . . |
| 265 | Von **Neu-Bessin** bis **Rassow-Strom.** | 2 Waker. | Bezeichnen das Schaar an der linken Seite des Fahrwassers. | . . . . . . . . . . |
| 265a | | 2 Waker. | Bezeichnen das Schaar an der rechten Seite des Fahrwassers. | . . . . . . . . . . |
| 266 | **Bieggerhaken** und unter **Dwarsdorf.** | 2 Waker. | Bezeichnen das Schaar an der nördl. Seite des Fahrwassers. | . . . . . . . . . . |
| 266a | | Waker. | Bezeichnet das Schaar an der südl. Seite des Fahrwassers. | . . . . . . . . . . |
| 267 | **Fährhaken.** | 8 Wethen. | Bezeichnen beide Seiten der Rinne. | . . . . . . . . . . |
| 267a | „ | 3 Waker. | Bezeichnen die an der nördl. Seite des Fahrwassers befindliche Untiefe | . . . . . . . . . . |
| 268 | **Wittower Fähre.** | Waker. | Bezeichnet eine an der südl. Seite des Fahrwassers befindliche Untiefe. | . . . . . . . . . . |
| 268a | „ | Waker. | Bezeichnen eine an der nördl. Seite des Fahrwassers befindliche Untiefe. | . . . . . . . . . . |
| 268b | „ | Waker. | | . . . . . . . . . . |
| 269 | **Libnitzer Ort.** | 2 Waker. | Bezeichnen eine an der südl. Seite des Fahrwassers befindliche Untiefe. | . . . . . . . . . . |
| 270 | **Contoper-Haken.** | Waker. | Bezeichnet die an der nördl. Seite des Fahrwassers befindliche Untiefe. | . . . . . . . . . . |
| 270a | „ | 2 Waker. | Bezeichnen die an der südl. Seite des Fahrwassers befindliche Untiefe. | . . . . . . . . . . |
| 271 | **Scheitelhaken.** | Waker. | Bezeichnet die an der südl. Seite des Fahrwassers befindliche Untiefe. | . . . . . . . . . . |
| 272 | **Woldewitzer Haken.** | Waker. | Bezeichnet die an der nördl. Seite des Fahrwassers befindliche Untiefe. | . . . . . . . . . . |
| 273 | **Vieregger Riff.** | 2 Waker. | Bezeichnen das an der südl. Seite des Fahrwassers befindliche Riff. | . . . . . . . . . . |

| Laufende Nummer. | Allgemeine Beschreibung des Zeichens. | Besondere Erkennungs-merkmale des Zeichens. | Wasser-tiefe am Orte des Zeichens in Metern. | Höhe der Spitze des Zeichens über Wasser in Metern. | Höhe der Spitze des Zeichens über dem Erdboden in Metern. | Sicht-weite des Zeichens in See-meilen. | Das Zeichen ist erstmalig ausgelegt bezw. errichtet: |
|---|---|---|---|---|---|---|---|
| | 5. | 6. | 7. | 8a. | 8b. | 9. | 10. |
| 262b | Stangen an versenkten Steinen, wie unter Nr. 262. | Weiss. | . . . | 2,5 | . . . | 1 | . . . |
| 262c | | Weiss, mit Flagge. | . . . | 2,5 | . . . | 1 | . . . |
| 263 | Stangen, an versenkte Steine geschäkelt und durch aufgeschobene und ca. 0,3 m unter Mittelwasser befestigte Schwimmklötze aufrecht gehalten. | Schwarz. | . . . | 2,5 | . . . | 1 | . . . |
| 263a | Birkene Stangen mit buschigem Zopf. | . . . . . . | . . . | | | | |
| 263b | Stangen an versenkten Steinen, wie unter Nr. 263. | Weiss. | . . . | 2,5 | . . . | 1 | |
| 263c | Eiserne Spitztonne, aus zwei mit ihrer grösseren Basis an einander gesetzten abgestumpften Kegeln bestehend. An einem Stein verankert. | Schwarz, mit einem Korbe. | . . . | 0,6 | . . . | 1 | |
| 264 | Stangen an versenkten Steinen, wie unter Nr. 263. | Schwarz. | . . . | 2,5 | . . . | 1 | . . . |
| 265 | Stangen, an versenkte Steine geschäkelt und durch aufgeschobene und etwa 0,3 m unter Mittelwasser befestigte Schwimmklötze aufrecht gehalten. | Weiss. | . . . | 2,5 | . . . | 1 | 1875 |
| 265a | | Schwarz. | . . . | 2,5 | . . . | 1 | 1875 |
| 266 | Stangen an versenkten Steinen, wie unter Nr. 265. | Weiss. | . . . | 2,5 | . . . | 1 | 1874 |
| 266a | | Schwarz. | . . . | 2,5 | . . . | 1 | 1874 |
| 267 | Birkene Stangen mit buschigem Zopf. | . . . . . . | . . . | 2,5 | . . . | 1 | . . . |
| 267a | Stangen an versenkten Steinen, wie unter Nr. 265. | Weiss. | . . . | 2,5 | . . . | 1 | . . . |
| 268 | Stangen, an versenkte Steine geschäkelt und durch aufgeschobene und etwa 0,3 m unter Mittelwasser befestigte Schwimmklötze aufrecht gehalten. | Schwarz. | . . . | | | | |
| 268a | | Weiss. | . . . | 2,5 | . . . | 1 | . . . |
| 268b | | Schwarz und weiss. | . . . | | | | |
| 269 | Wie unter Nr. 268. | Schwarz. | . . . | 2,5 | . . . | 1 | . . . |
| 270 | Wie unter Nr. 268. | Weiss. | . . . | 2,5 | . . . | 1 | . . . |
| 270a | | Schwarz. | . . . | 2,5 | . . . | 1 | . . . |
| 271 | Wie unter Nr. 268. | Schwarz. | . . . | 2,5 | . . . | 1 | . . . |
| 272 | Wie unter Nr. 268. | Weiss. | . . . | 2,5 | . . . | 1 | . . . |
| 273 | Wie unter Nr. 268. | Schwarz. | . . . | 2,5 | . . . | 1 | . . . |

| Laufende Nummer. | Namen und Oertlichkeit des Zeichens. 1. | Gattung des Zeichens. 2. | Zweck, welchem das Zeichen dient. 3. | Geographische Lage des Zeichens. 4. |
|---|---|---|---|---|
| 274 | **Doller Jürgen.** | 2 Waker. | Bezeichnen die an der nördl. Seite des Fahrwassers befindliche Untiefe. | . . . . . . . . . . . . |
| 275 | **Vieregger Haken.** | 2 Waker. | Bezeichnen die an der südl. Seite des Fahrwassers befindliche Untiefe. | . . . . . . . . . . . . |
| 276 | **Vieregger Riff.** | 2 Waker. | Bezeichnen das an der südl. Seite des Fahrwassers befindliche Riff. | . . . . . . . . . . . . |
| 277 | **Kamminer Haken.** | 2 Waker. | Bezeichnen die an der nördl. Seite des Fahrwassers befindliche Untiefe. | . . . . . . . . . . . . |
| 278 | **Finkenhaken.** | 2 Waker. | Bezeichnen die an der südl. Seite des Fahrwassers befindliche Untiefe. | . . . . . . . . . . . . |
| 279 | **Breeger Riff.** | 2 Waker. | Bezeichnen das an der nördl. Seite des Fahrwassers befindliche Riff. | . . . . . . . . . . . . |
| 280 | **Gelm**, Baggerrinne. | 3 Waker. | Bezeichnen die rechte Seite der Rinne (vom Breeger Bodden kommend). | . . . . . . . . . . . . |
| 280a | „ | 8 Waker. | Bezeichnen die linke Seite der Rinne (vom Breeger Bodden kommend). | . . . . . . . . . . . . |
| 281 | **Wall-Haken.** | Waker. | Bezeichnet die Untiefe. | . . . . . . . . . . . . |
| 282 | **Polchow-Rinne.** | Tonne.**) | Bezeichnet den Eingang zur Rinne. Man muss nördlich von der Tonne passiren. | . . . . . . . . . . . . |
| 282a | „ | 3 Waker. | Bezeichnen die (bei der Einsegelung) linke Seite der Rinne. | . . . . . . . . . . . . |
| 282b | „ | 2 Waker. | Bezeichnen die (bei der Einsegelung) rechte Seite der Rinne. | . . . . . . . . . . . . |
| 283 | **Prerow-Bank.** | 3 Waker. | Bezeichnen die Ränder der Bank. | . . . . . . . . . . . . |
| 284 | Von **See** bis **Barhoeft.***) | Tonne.**) | Bezeichnet den Eingang zur Rinne von See aus. | Liegt in einer Linie mit der Nikolai-Kirche in Stralsund und dem Lootsenbaum bei Damitz. |
| 284a | „ | 5 Wethen. | Bezeichnen die Seiten der Rinne. | . . . . . . . . . . . . |
| 284b | „ | 4 Waker. | Bezeichnen die östliche Seite der Rinne. | . . . . . . . . . . . . |
| 284c | „ | 8 Waker. | Bezeichnen die westliche Seite der Rinne. | . . . . . . . . . . . . |
| 284d | „ | Tonne.**) | Bezeichnet den Eingang zur Rinne (von Barhoeft kommend). Man muss westlich von der Tonne passiren. | . . . . . . . . . . . . |
| 284e | „ | Waker. | Bezeichnet ein Wrack. Man muss westlich von dem Waker passiren. | . . . . . . . . . . . . |
| 285 | Rinne bei **Barhoeft.** | 2 Waker. | Bezeichnen die westliche Seite der Rinne; je ein Waker am Anfang und am Ende der Rinne. | . . . . . . . . . . . . |
| 285a | | 6 Wethen. | | |

*) Auf der Lootsenstation Barhoeft befindet sich eine Bake, an welcher Wasserstands-Signale für die ansegelnden Schiffe aufgeheisst werden.

**) Liegt nur während der eisfreien Jahreszeit aus, wird jedoch für die Winterzeit durch einen Waker mit demselben Anstrich ersetzt.

| Laufende Nummer. | Allgemeine Beschreibung des Zeichens. | Besondere Erkennungsmerkmale des Zeichens. | Wassertiefe am Orte des Zeichens in Metern. | Höhe der Spitze des Zeichens über dem Wasser in Metern. | Höhe der Spitze des Zeichens über dem Erdboden in Metern. | Sichtweite des Zeichens in Seemeilen. | Das Zeichen ist erstmalig ausgelegt bezw. errichtet: |
|---|---|---|---|---|---|---|---|
| | 5. | 6. | 7. | 8a. | 8b. | 9. | 10. |
| 274 | | Weiss. | . . . | . . . | . . . | . . . | . . . |
| 275 | | Schwarz. | . . . | . . . | . . . | . . . | . . . |
| 276 | | Schwarz. | . . . | 2,5 | . . . | 1 | . . . |
| 277 | Stangen, an versenkte Steine geschäkelt und durch aufgeschobene und etwa 0,3 m unter Mittelwasser befestigte Schwimmklötze aufrecht gehalten. | Weiss. | . . . | 2,5 | . . . | 1 | . . . |
| 278 | | Schwarz. | . . . | 2,5 | . . . | 1 | . . . |
| 279 | | Weiss. | . . . | 2,5 | . . . | 1 | . . . |
| 280 | | Schwarz. | . . . | 2,5 | . . . | 1 | . . . |
| 280a | | Weiss. | . . . | 2,5 | . . . | 1 | . . . |
| 281 | | Schwarz. | . . . | 2,5 | . . . | 1 | 1874 |
| 282 | Liegende hölzerne Spitztonne von der Form eines abgestumpften Kegels.*) | Schwarz. | . . . | 0,6 | . . . | 1 | 1874 |
| 282a | Stangen an versenkten Steinen, wie unter Nr. 268. | Weiss. | . . . | 2,5 | . . . | 1 | . . . |
| 282b | | Schwarz. | . . . | 2,5 | . . . | 1 | . . . |
| 283 | Stangen, an versenkte Steine geschäkelt und durch aufgeschobene und etwa 0,3 m unter Mittelwasser befestigte Schwimmklötze aufrecht gehalten. | Der westlichste mit 1 aufrecht stehenden Besen, der nordöstliche Waker mit 2 und der östlichste mit 3 aufrecht stehenden Besen. | 5,2 | 2,5 | . . . | 1 | . . . |
| 284 | Eiserne Tonne III. Klasse mit Gitterkorb.*) | Roth. | 2,8 | 0,9 | . . . | 1 | . . . |
| 284a | Birkene Stangen mit buschigem Zopf. | . . . . . . | . . . | 2,5 | . . . | 1 | . . . |
| 284b | Wie unter Nr. 283. | Weiss. | . . . | 2,5 | . . . | 1 | . . . |
| 284c | | Schwarz. | . . . | 2,5 | . . . | 1 | . . . |
| 284d | Hölzerne Spitztonne; aus zwei mit ihrer grösseren Basis an einander gesetzten abgestumpften Kegeln bestehend.*) | Weiss. | 2,8 | 0,6 | . . . | 1 | . . . |
| 284e | Wie unter Nr. 283. | Weiss, mit weisser Flagge. | . . . | 2,5 | . . . | 1 | . . . |
| 285 | Wie unter Nr. 283. | Schwarz. | . . . | 2,5 | . . . | 1 | . . . |
| 285a | Birkene Stangen mit buschigem Zopf. | . . . . . . | . . . | 2,5 | . . . | 1 | |

*) An einem Stein verankert.

| Laufende Nummer. | Namen und Oertlichkeit des Zeichens. 1. | Gattung 2. | Zweck, welchem das Zeichen dient. 3. | Geographische Lage des Zeichens. 4. |
|---|---|---|---|---|
| 286 | **Mühlentief.** | 30 Wethen. | Bezeichnen die westliche Seite der Rinne. Der letzte Waker steht am Eingange der Rinne vom Prohener Wieck aus. | . . . . . . . . . . |
| 286a | " | 4 Waker. | | . . . . . . . . . . |
| 286b | " | Waker. | Bezeichnet den Flundergrund (die östliche Seite des Fahrwassers). | . . . . . . . . . . |
| 286c | " | Waker. | Bezeichnet den Mittelgrund (die östliche Seite des Fahrwassers). | . . . . . . . . . . |
| 286d | " | Waker. | Bezeichnet ein Wrack (die östliche Seite des Fahrwassers). | . . . . . . . . . . |
| 286e | " | 3 Waker. | Bezeichnen die östliche Seite der Rinne. Der letzte Waker steht am Eingange der Rinne vom Prohener Wieck aus. | . . . . . . . . . . |
| 287 | Rinne bei **Zarrenzien.** | 2 Waker.*) | Bezeichnen die nördliche Seite der Rinne. | . . . . . . . . . . |
| 287a | " | 9 Wethen. | | . . . . . . . . . . |
| 288 | **Bülten**, bei Kinbackenhagen. | 5 Waker.*) | Bezeichnen die nördliche Seite der Rinne. | . . . . . . . . . . |
| 289 | Von **Bülten** bis **Kattenstart.** | 41 Wethen. | Bezeichnen die nördliche Seite der Rinne. | . . . . . . . . . . |
| 290 | **Kattenstart.** | 2 Waker.*) | Bezeichnen die nördliche Seite der Rinne. | . . . . . . . . . . |
| 290a | " | 10 Wethen. | | . . . . . . . . . . |
| 291 | **Grabow.** | 4 Waker.*) | Zur Bezeichnung von Steinen. Man muss südlich von den Wakern passiren. | . . . . . . . . . . |
| 292 | Zwischen **Grabow** und **Cavel.** | Waker.*) | Zur Bezeichnung von Steinen. Man muss südlich von dem Waker passiren. | . . . . . . . . . . |
| 293 | Baggerrinne **Cavel.** | 3 Waker.*) | Bezeichnen die nördliche Seite der Rinne. | . . . . . . . . . . |
| 293a | " | 18 Wethen. | | . . . . . . . . . . |
| 293b | " | 2 Waker.*) | Bezeichnen die südliche Seite der Rinne. | . . . . . . . . . . |
| 293c | " | 2 Wethen. | | . . . . . . . . . . |

*) Liegen nur während der eisfreien Jahreszeit aus.

| Laufende Nummer. | Allgemeine Beschreibung des Zeichens. | Besondere Erkennungsmerkmale des Zeichens. | Wassertiefe am Orte des Zeichens in Metern. | Höhe der Spitze des Zeichens über dem Wasser in Metern. | Höhe der Spitze des Zeichens über dem Erdboden in Metern. | Sichtweite des Zeichens in Seemeilen. | Das Zeichen ist erstmalig ausgelegt bezw. errichtet: |
|---|---|---|---|---|---|---|---|
| | 5. | 6. | 7. | 8a. | 8b. | 9. | 10. |
| 286 | Birkene Stangen mit buschigem Zopf. | . . . . . . | . . . | 2,5 | . . . | 1 | . . . |
| 286a | Wie unter Nr. 283. | Schwarz. | . . . | 2,5 | . . . | 1 | . . . |
| 286b | Wie unter Nr. 283. | Weiss, mit weisser Flagge. | . . . | 2,5 | . . . | 1 | . . . |
| 286c | Wie unter Nr. 283. | Weiss, mit weisser Flagge. | . . . | 2,5 | . . . | 1 | . . . |
| 286d | Wie unter Nr. 283. | Weiss, mit weisser Flagge. | . . . | 2,5 | . . . | 1 | . . . |
| 286e | Wie unter Nr. 283. | Weiss. | . . . | 2,5 | . . . | 1 | . . . |
| 287 | Stangen, an versenkte Steine geschäkelt und durch aufgeschobene und ca. 0,3 m unter Mittelwasser befestigte Schwimmklötze aufrecht gehalten. | Schwarz. | . . . | 2,5 | . . . | 1 | . . . |
| 287a | Birkene Stangen mit buschigem Zopf. | . . . . . . | . . . | . . . | . . . | 1 | . . . |
| 288 | Stangen, an versenkte Steine geschäkelt und durch aufgeschobene und ca. 0,3 m unter Mittelwasser befestigte Schwimmklötze aufrecht gehalten. | Schwarz. | . . . | 2,5 | | 1 | . . . |
| 289 | Birkene Stangen mit buschigem Zopf. | . . . . . . | . . . | 2,5 | . . . | 1 | . . . |
| 290 | Stangen, an versenkte Steine geschäkelt und durch aufgeschobene und ca. 0,3 m unter Mittelwasser befestigte Schwimmklötze aufrecht gehalten. | Schwarz. | . . . | 2,5 | . . . | 1 | . . . |
| 290a | Birkene Stangen mit buschigem Zopf. | . . . . . . | . . . | 2,5 | . . . | 1 | . . . |
| 291 | Stangen, an versenkte Steine geschäkelt und durch aufgeschobene und ca. 0,3 m unter Mittelwasser befestigte Schwimmklötze aufrecht gehalten. | Schwarz. | . . . | 2,5 | . . . | 1 | . . . |
| 292 | Wie unter Nr. 291. | Schwarz. | . . . | 2,5 | . . . | 1 | 1875 |
| 293 | Stangen, an versenkte Steine geschäkelt und durch aufgeschobene und ca. 0,3 m unter Mittelwasser befestigte Schwimmklötze aufrecht gehalten. | Schwarz. | . . . | 2,5 | . . . | 1 | . . . |
| 293a | Birkene Stangen mit buschigem Zopf. | . . . . . . | . . . | 2,5 | . . . | 1 | . . . |
| 293b | Wie unter Nr. 293. | Weiss. | . . . | 2,5 | . . . | 1 | . . . |
| 293c | Wie unter Nr. 293a. | . . . . . . | . . . | 2,5 | . . . | 1 | . . . |

| Laufende Nummer. | Namen und Oertlichkeit des Zeichens. 1. | Gattung 2. | Zweck, welchem das Zeichen dient. 3. | Geographische Lage des Zeichens. 4. |
|---|---|---|---|---|
| 294 | **Feuerheerd.** | Waker.*) | Bezeichnen die nördliche Seite des Fahrwassers. | . . . . . . . . . . |
| 294a | „ | 3 Wethen. | | . . . . . . . . . . |
| 294b | „ | 3 Waker.*) | | . . . . . . . . . . |
| 295 | **Barther Hafenrinne.** | 30 Wethen. | Bezeichnen die beiden Seiten der Rinne. | . . . . . . . . . . |
| 296 | **Trendel** im Barther Bodden. | 2 Waker.*) | Bezeichnen die nördliche Seite des Fahrwassers. | . . . . . . . . . . |
| 296a | „ | 2 Wethen. | Bezeichnen die südliche Seite des Fahrwassers. | . . . . . . . . . . |
| 297 | **Grosser Kirrhaken.** | Waker.*) | Bezeichnet den Haken (die südliche Seite des Fahrwassers). | . . . . . . . . . . |
| 298 | **Koppelschaar.** | Waker.*) | Bezeichnet den Haken (die nördliche Seite des Fahrwassers). | . . . . . . . . . . |
| 299 | **Beck** am Kleinen Kirr. | Wethe. | Bezeichnet den Haken (die südliche Seite des Fahrwassers). | . . . . . . . . . . |
| 300 | **Braums Werder.** | 2 Wethen. | Bezeichnen den Haken (die nördliche Seite des Fahrwassers). | . . . . . . . . . . |
| 301 | **Moiningen.** | 3 Waker.*) | Bezeichnen die südliche Seite der Rinne. | . . . . . . . . . . |
| 301a | „ | Waker.*) | Bezeichnet den Anfang der Rinne (von O. kommend) und liegt an der Nordseite derselben. | . . . . . . . . . . |
| 301b | „ | 10 Wethen. | Bezeichnen beide Seiten der Rinne. | . . . . . . . . . . |
| 302 | **Rentenloch.** | Waker.*) | Bezeichnen die nördliche Seite des Fahrwassers. | . . . . . . . . . . |
| 302a | „ | 11 Wethen. | | . . . . . . . . . . |
| 303 | **Nadelstrom.** | Waker.*) | Bezeichnet den Anfang der Rinne (von O. kommend) und liegt an der Südseite der Rinne. | . . . . . . . . . . |
| 303a | „ | 15 Wethen. | Bezeichnen beide Seiten der Rinne. | . . . . . . . . . . |
| 303b | „ | Waker.*) | Bezeichnet das Ende der Rinne (im W.) und liegt an der Nordseite derselben. | . . . . . . . . . . |
| 304 | **Bornscher Rücken.** | 4 Waker.*) | Bezeichnen die nördliche Seite der Rinne. | . . . . . . . . . . |

*) Liegen nur während der eisfreien Jahreszeit aus.

| Laufende Nummer. | Allgemeine Beschreibung des Zeichens. | Besondere Erkennungsmerkmale des Zeichens. | Wassertiefe am Orte des Zeichens in Metern. | Höhe der Spitze des Zeichens über dem Wasser in Metern. | Höhe der Spitze des Zeichens über dem Erdboden in Metern. | Sichtweite des Zeichens in Seemeilen. | Das Zeichen ist erstmalig ausgelegt bezw. errichtet: |
|---|---|---|---|---|---|---|---|
| | 5. | 6. | 7. | 8a. | 8b. | 9. | 10. |
| 294 | Wie unter Nr. 293. | Schwarz. | . . . | 2,5 | . . . | 1 | 1875 |
| 294a | Birkene Stangen mit buschigem Zopf. | . . . . . . | . . . | 2,5 | . . . | 1 | 1875 |
| 294b | Wie unter Nr. 293. | Schwarz. | . . . | 2,5 | . . . | 1 | . . . |
| 295 | Birkene Stangen mit buschigem Zopf. | . . . . . . | . . . | 2,5 | . . . | 1 | . . . |
| 296 | Stangen, an versenkte Steine geschäkelt und durch aufgeschobene und etwa 0,3 m unter Mittelwasser befestigte Schwimmklötze aufrecht gehalten. | Schwarz. | . . . | 2,5 | . . | 1 | . . . |
| 296a | Birkene Stangen mit buschigem Zopf. | . . . . . . | . . . | | | | |
| 297 | Stange, an einen versenkten Stein geschäkelt und durch einen aufgeschobenen und etwa 0,3 m unter Mittelwasser befestigten Schwimmklotz aufrecht gehalten. | Weiss. | . . . | 2,5 | . . . | 1 | . . . |
| 298 | Stange, an einen versenkten Stein geschäkelt und durch einen aufgeschobenen und etwa 0,3 m unter Mittelwasser befestigten Schwimmklotz aufrecht gehalten. | Schwarz. | . . . | 2,5 | . . . | 1 | . . . |
| 299 | Birkene Stange mit buschigem Zopf. | . . . . . . | . . . | 2,5 | . . . | 1 | . . . |
| 300 | Birkene Stangen mit buschigem Zopf. | . . . . . . | . . . | 2,5 | . . . | 1 | . . . |
| 301 | Stangen, an versenkte Steine geschäkelt und durch aufgeschobene und etwa 0,3 m unter Mittelwasser befestigte Schwimmklötze aufrecht gehalten. | Weiss. | . . . | 2,5 | . . . | 1 | . . . |
| 301a | | Schwarz. | . . . | | | | |
| 301b | Birkene Stangen mit buschigem Zopf. | . . . . . . | . . . | 2,5 | . . . | 1 | . . . |
| 302 | Stange, an einen versenkten Stein geschäkelt und durch einen aufgeschobenen und etwa 0,3 m unter Mittelwasser befestigten Schwimmklotz aufrecht gehalten. | Schwarz. | . . . | 2,5 | . . . | 1 | . . . |
| 302a | Birkene Stangen mit buschigem Zopf. | . . . . . . | . . . | | | | |
| 303 | Stange, an einen versenkten Stein geschäkelt und durch einen aufgeschobenen und etwa 0,3 m unter Mittelwasser befestigten Schwimmklotz aufrecht gehalten. | Weiss. | | 2,5 | . . . | 1 | . . . |
| 303a | Birkene Stangen mit buschigem Zopf. | . . . . . . | . . . | | | | |
| 303b | Wie unter Nr. 303. | Schwarz. | . . . | 2,5 | . . . | 1 | 1875 |
| 304 | Stangen, an versenkte Steine geschäkelt und durch aufgeschobene und etwa 0,3 m unter Mittelwasser | Schwarz. | . . . | 2,5 | . . . | 1 | . . . |

| Laufende Nummer. | Namen und Oertlichkeit des Zeichens. 1. | Gattung des Zeichens. 2. | Zweck, welchem das Zeichen dient. 3. | Geographische Lage des Zeichens. 4. |
|---|---|---|---|---|
| 304 | **Bornscher Rücken.** | | | |
| 304a | „ | 12 Wethen. | Bezeichnen beide Seiten der Rinne. | . . . . . . . . . . . |
| 305 | **Michaelsdorf.** | Bake. | Bezeichnet den Kehlstrom. | . . . . . . . . . . . |
| 306 | **Kehlstrom.** | 8 Wethen. | Bezeichnen beide Seiten der Rinne. | . . . . . . . . . . . |
| 307 | **Darsser Bülten** bei Neuendorf. | Waker.*) | Bezeichnen die östliche Seite des Fahrwassers. | . . . . . . . . . . . |
| 307a | „ | 7 Wethen. | | . . . . . . . . . . . |
| 308 | **Schwallich.** | Waker.*) | Bezeichnet eine Biegung der Rinne. Man muss westlich von dem Waker passiren. | . . . . . . . . . . . |
| 308a | „ | 2 Waker.*) | Bezeichnen Biegungen der Rinne. Man muss östlich von den Wakern passiren. | . . . . . . . . . . . |
| 309 | **Saaler Bodden,** am Ausfluss der Recknitz. | 12 Wethen. | Bezeichnen beide Seiten der Rinne. | . . . . . . . . . . . |
| 310 | **Arcona**, südlich vom Leuchtthurm auf dem hohen Ufer des Vorgebirges. | Bake. | Bezeichnen Arcona-Riff. Die Verlängerung der Verbindungslinie zwischen dem Viereck der westlichen (höher stehenden) Bake und dem Korbe der östlichen (niedriger stehenden) Bake über letzteren hinaus bezeichnet die östliche Spitze von Arcona-Riff. | . . . . . . . . . . . |
| 310a | | Bake. | | Auf dem Walle der alten Schanze. |
| 311 | **Wustrow.** | Kirchthurm. | Landerkennungsmarke. | 54° 20′ 44″ N.Br. 12° 23′ 49″ O.Lg. |
| 312 | **Ribnitz.** | Kirchthurm. | Landerkennungsmarke. | 54° 14′ 39″ N.Br. 12° 25′ 51″ O.Lg. |

*) Liegen nur während der eisfreien Jahreszeit aus.

Anm. zu Nr. 311 bis 322. — In Wustrow befindet sich eine Rettungs-Station mit zwei Booten und Raketenapparat. Die beste Ankerstelle ist auf 6 Faden Wasser, Wustrow-Kirche (Nr. 311) in OSO per Kompass. Am Nordende des Orts stehen zwei Mühlen, missw. NNO $^1/_4$ O — SSW $^1/_4$ W 340,6 m von einander entfernt. Das Ufer (der Strand) ist flache Sanddüne.

Ribnitz-Kirche (Nr. 312) ist 4,5 Seemeilen von der Küste entfernt, erscheint daher in zwar deutlichen, aber lichtschwachen Umrissen. Verfolgt man die Küste von Ost nach West, so werden hinter Dierhagen die Dünen hügeliger und erscheint Wald (die Ribnitzer Haide) hinter

| Laufende Nummer. | Allgemeine Beschreibung des Zeichens. | Besondere Erkennungs-merkmale des Zeichens. | Wasser-tiefe am Orte des Zeichens in Metern. | Höhe der Spitze des Zeichens über Mittel-wasser in Metern. | Höhe der Spitze des Zeichens über dem Erdbo-den in Metern. | Sicht-weite des Zei-chens in See-meilen. | Das Zei-chen ist erst-malig ausge-legt bezw. er-richtet: |
|---|---|---|---|---|---|---|---|
| | 5. | 6. | 7. | 8a. | 8b. | 9. | 10. |
| 304 | befestigte Schwimmklötze aufrecht gehalten. | | | | | | |
| 304a | Birkene Stangen mit buschigem Zopf. | . . . . . . | . . . | 2,5 | . . . | 1 | . . . |
| 305 | Stuhlbake.*) | . . . . . . | . . . | 7,8 | 7,8 | 1 | . . . |
| 306 | Birkene Stangen mit buschigem Zopf. | . . . . . . | . . . | 2,5 | . . . | 1 | . . . |
| 307 | Stange, an einen versenkten Stein geschäkelt und durch einen aufgeschobenen und etwa 0,3 m unter Mittelwasser befestigten Schwimmklotz aufrecht gehalten. | Weiss. | . . . | 2,5 (für 307 und 307a) | . . . | 1 | . . . |
| 307a | Birkene Stangen mit buschigem Zopf. | . . . . . . | . . . | | | | |
| 308 | Stangen, an versenkte Steine geschäkelt und durch aufgeschobene und etwa 0,3 m unter Mittelwasser | Weiss. | . . . | 2,5 | . . . | 1 | . . . |
| 308a | befestigte Schwimmklötze aufrecht gehalten. | Schwarz. | . . . | 2,5 | . . . | 1 | . . . |
| 309 | Birkene Stangen mit buschigem Zopf. | . . . . . . | . . . | 2,5 | . . . | 1 | . . . |
| 310 | Stuhlbake.*) | Korb an der Spitze, weiss angestrichen. | . . . | ca. 70 | . . . | . . . | . . . |
| 310a | Stuhlbake.*) | Viereck an der Spitze, schwarz angestrichen. | . . . | ca. 75 | . . . | . . . | . . . |
| 311 | Kirche von rothen Backsteinen. Kirche und Thurm mit Schiefer gedeckt. | Um den Thurm, etwas über der Höhe des Dachfirstes, eine Gallerie. | . . . | 45,27 | 38,61 | 12 | 1873 |
| 312 | Dicker stumpfer Thurm mit Kuppeldach. | Hinter der Kirche erscheinen die beiden Thürmchen der zweiten Ribnitzer Kirche, sodass die Kirche drei Thürme zu haben scheint. | . . . | . . . | . . . | . . . | . . . |

*) Vergl. die Anmerkung zu Nr. 175 auf Seite 131.

denselben. Der nächste hervortretende Punkt ist der Haide-Ort in 54° 14,5′ N.Br. und 12° 11,5′ O.Lg. Die dem Walde anliegende weisse Düne zeichnet sich scharf von der dunklen, hinterliegenden Haide ab.

Peilt man Warnemünde-Kirche (Nr. 315) SSW ½ S bei etwa 4 Seemeilen Abstand, so sind sämmtliche Rostocker Thürme hinter der Haide vorgetreten und in südlicher Richtung sichtbar. Am Ende der Haide beginnen die Dünen wieder, sich bis Warnemünde hin fortsetzend und allmälig mehr abflachend. Von Warnemünde bis halb nach der Stolteraa (54° 10,3′ N.Br. und

| Laufende Nummer. | Namen und Oertlichkeit des Zeichens. 1. | Gattung 2. | Zweck, welchem das Zeichen dient. 3. | Geographische Lage des Zeichens. 4. |
|---|---|---|---|---|
| 313 | **Warnemünde,** auf der Ostmole. | Bake. | Bezeichnet die Einfahrt. | N 36° O 370 m vom Leuchtthurm. |
| 313a | **Warnemünde,** auf der Westmole. | Bake. | Bezeichnet die Einfahrt. | N 20° O 390 m vom Leuchtthurm. |
| 314 | **Warnemünde.** | 2 Bojen (werden nur ausgelegt, wenn durch nördl. Stürme Sandbänke vor der Hafenmündung entstanden sind). | Bezeichnen beide Seiten der Einfahrt. | Dicht vor dem Hafen. |
| 315 | **Warnemünde.** | Kirchthurm. | Seemarke. | S 21° W vom Leuchtthurm. |
| 316 | **Lichtenhagen.** | Kirchthurm. | Landerkennungsmarke. | 54° 8′ 29″ N.Br. 12° 1′ 52″ O.Lg. |
| 317 | **Rethwisch.** | Kirchthurm. | Landerkennungsmarke. | 54° 8,2′ N.Br. 11° 56,9′ O.Lg. |
| 318 | **Doberan.** | Kirche mit Thurm. | Landerkennungsmarke. | 54° 6′ 30″ N.Br. 11° 54′ 37″ O.Lg. |
| 319 | **Steffenshagen.** | Kirchthurm. | Landerkennungsmarke. | 54° 6,4′ N.Br. 11° 48,9′ O.Lg. |

12° 0,5′ O.Lg.) besteht das Ufer aus flacher Sanddüne und geht von hier bis zur Stolteraa in mehr oder weniger schroffes Lehmufer über, welches bei der Stolteraa 10 m Höhe erreicht; von hier langsam abfallend, steigt es bis zum Schröder's-Ort, welcher bewaldet ist, wieder sanft an. Schröder's Ort liegt in 50° 10′ N.Br. und 11° 56′ O.Lg. Den besten Ankergrund (Kleiboden) findet man in der Richtung N 1/2 W per Kompass von Warnemünde-Leuchtthurm auf 5 Faden Wasser, auf welcher Stelle man Schröder's-Ort vor die Stolteraa vorspringend sieht.

Von Schröder's-Ort an fällt das Ufer bis Rethwisch ab, wo Sanddünen beginnen, die sich bis hinter Heiligendamm erstrecken. Der Hintergrund, von welchem sich die villenartigen

| Laufende Nummer. | Allgemeine Beschreibung des Zeichens. | Besondere Erkennungsmerkmale des Zeichens. | Wassertiefe am Orte des Zeichens in Metern. | Höhe der Spitze des Zeichens über Mittelwasser in Metern. | Höhe der Spitze des Zeichens über dem Erdboden in Metern. | Sichtweite des Zeichens in Seemeilen. | Das Zeichen ist erstmalig ausgelegt bezw. errichtet: |
|---|---|---|---|---|---|---|---|
| | 5. | 6. | 7. | 8a. | 8b. | 9. | 10. |
| 313 | Pyramidenförmiges Balkengerüst mit Spitze, welche eine in der Richtung Ost-West horizontal liegende, durchbrochene Tonne (aus horizontalen, durch vier vertikale Reifen verbundenen Stäben gebildet) trägt. | Schwarz. | . . . | Etwas niedriger als die Bake auf der Westmole (Nr. 313 a). | | 5 | 1840 |
| 313a | Pyramidenförmiges Balkengerüst mit Spitze, welche eine aus Reifen gebildete durchbrochene Kugel von 1,7 m Durchmesser trägt; die vertikalen Reifen der Kugel sind äquatorial durch einen horinzontalen Reifen verbunden. | Weiss, in den oberen Theilen mit Brettern verkleidet. | . . . | 14,40 | 12,40 | 6 | 1840 |
| 314 | Birnförmige eiserne Tonnen von 2 m Länge und 1,5 m grösstem Durchmesser. | Roth. | 3,5 bis 4 | . . . | . . . | 0,5 | . . . |
| 315 | Ziegelrohbau. Thurm mit Schieferbedachung. | . . . . . . . | . . . | 46,59 | 44,33 | 14 | 1872 |
| 316 | Ziegelrohbau. Schiff und Thurm mit Ziegelbedachung. | . . . . . . . | . . . | . . . | . . . | . . . | . . . |
| 317 | Ziegelrohbau. Das Schiff mit Ziegeldach, der Thurm mit Holzdach. | Der Thurm bildet eine stumpfe kurze Pyramide. | . . . | . . . | . . . | . . . | . . . |
| 318 | Ziegelrohbau. Kreuzkirche mit einem kleinen, spitzen Thurm auf der Mitte der Kreuzung. | Die Kirche zeichnet sich durch Form, Lage u. fast nadelförmige Spitze ihres Thürmchens von dem waldigen Hintergrunde ab. | . . . | . . . | . . . | 9 | . . . |
| 319 | Ziegelrohbau. Thurm mit Schieferbedachung, Schiff mit Ziegeldach. | Das Schiff der Kirche hat an der Ostseite einen angebauten niedrigen Chor. | . . . | . . . | 50,05 | 14 | 1866 |

Gebäude von Heiligendamm, scharf markirt durch ihre weisse Färbung, abheben, ist Wald. Hinter diesem Walde zeigen sich die Diedrichshagen- oder Bukberge, die gleichfalls bewaldet sind; über dem waldigen Hintergrunde ragt die Spitze von Steffenshagen-Kirche (Nr. 319), sowie Jennewitz-Mühle (Nr. 320) dominirend hervor. Letztere liegt tief im Lande.

Hinter dem Heiligendamm wird das Ufer lehmig und steigt überall zu den bewaldeten Bukbergen an. Bad Fulgen zeichnet sich durch sein langes, zweistöckiges, weiss erscheinendes Badelogirhaus, hart am Strande gelegen, aus. Hat man Heiligendamm in S z W, so sind sämmtliche Rostocker Thürme hinter dem bewaldeten Vordergrunde hervorgetreten.

| Laufende Nummer. | Namen und Oertlichkeit des Zeichens. 1. | Gattung des Zeichens. 2. | Zweck, welchem das Zeichen dient. 3. | Geographische Lage des Zeichens. 4. |
|---|---|---|---|---|
| 320 | **Jennewitz**, in 4 Seemeilen Abstand von der Küste. | Mühle. | Landerkennungsmarke. | 54° 5,5′ N.Br. 11° 47,7′ O.Lg. |
| 321 | **Wittenbeck.** | Mühle. | Landerkennungsmarke. | 54° 7,3′ N.Br. 11° 47,6′ O.Lg. |
| 322 | **Alt-Gaarz**, etwa 350 m landeinwärts. | Kirchthurm. | Landerkennungsmarke. | 54° 6′ 22″ N.Br. 11° 36′ 43″ O.Lg. |
| 323 | **Kaltenhof**, auf der Feldmark (Nordseite der Insel Poel). | Gehölz, der sogenannte schwarze Busch. | Bezeichnen die Ansegelung des grossen Tiefs. Die Richtung „Mühle etwas östlich vom schwarzen Busch“ führt auf die Tonne unter Nr. 324. | 54° 0′ 45″ N.Br. 11° 26′ 0″ O.Lg. |
| 323a | **Niendorf**, auf der Feldmark (Mitte der Insel Poel). | Windmühle. | | . . . . . . . . . . . . |
| 324 | **Hannibal** *), an der östlichen Spitze desselben im grossen Tief (der östlichen Einfahrt in die Wismarische Bucht). | Bakentonne (von Frühlingsanfang bis zum Spätherbst ausliegend). | Bezeichnet die Untiefe Hannibal und dient zur Ansegelung des grossen Tiefs. | 54° 3′ N.Br. 11° 25′ O.Lg. |
| | | Spierentonne (während der übrigen Jahreszeit ausliegeud). | Desgl. | Desgl. |
| 325 | **Wismar**, in der Stadt. | St. Marien-Kirchthurm. | Bezeichnet die Lage der Tonne unter Nr. 326; dieselbe liegt in der Richtung „Kirche und Mühle unter Nr. 323a in Deckpeilung“. | 53° 53′ 30″ N.Br. 11° 27′ 51″ O.Lg. |
| 326 | **Jackelberg**, an der Nordseite der Untiefe. | Tonne (im Sommer ausliegend). | Bezeichnet die Untiefe Jackelberg. Man muss nordwestlich von der Tonne passiren. | 54° 2,5′ N.Br. 11° 27′ O.Lg. |
| | | Spierentonne (im Winter ausliegend). | Desgl. | Desgl. |

*) Die Unterhaltungskosten der unter den Nummern 324 bis 345 aufgeführten Baken und schwimmenden Schifffahrtszeichen werden aus der Hafenkasse zu Wismar bestritten.

---

Bis zur Buk-Spitze, sowie bei dieser selbst, ist das Ufer sehr flach; erstere obwohl über eine Seemeile hervortretend, bleibt deshalb in geringer Entfernung noch unsichtbar. Die kleine Huk neben Buk-Spitze wird durch eine flache Hügelkette gebildet, die landeinwärts streicht; den Hintergrund bilden überall die sanft ansteigenden, bewaldeten Bukberge.

| Laufende Nummer. | Allgemeine Beschreibung des Zeichens. | Besondere Erkennungsmerkmale des Zeichens. | Wassertiefe am Orte des Zeichens in Metern. | Höhe der Spitze des Zeichens über Mittelwasser in Metern. | Höhe der Spitze des Zeichens über dem Erdboden in Metern. | Sichtweite des Zeichens in Seemeilen. | Das Zeichen ist erstmalig ausgelegt bezw. errichtet: |
|---|---|---|---|---|---|---|---|
| | 5. | 6. | 7. | 8a. | 8b. | 9. | 10. |
| 320 | Windmühle. | . . . . . . . | . . . | ca. 150 | . . . | 12 | 1873 |
| 321 | Windmühle. | . . . . . . . | . . . | . . . | . . . | . . . | . . . |
| 322 | Ziegelrohbau. Mit Ziegeldach und niedrigem Chor. | Der Fuss der Kirche ist hinter dem jähen Lehmufer überall versteckt. | . . . | 55,31 | . . . | 14 | . . . |
| 323 | Gehölz. | Das einzige Gehölz auf der Insel Poel. | . . . | . . . | . . . | 10 | . . . |
| 323a | Windmühle mit 4 Flügeln. | . . . . . . . | . . . | . . . | ca. 14 | 10 | . . . |
| 324 | Aufrechtstehende, aus eisernen Platten gefertigte pyramidenförmige Tonne mit Stange und geflochtenem Korb; verankert mit Stein und Kette. | Weiss, mit der Inschrift „Wismar“ und der Zahl des laufenden Jahres versehen. | 6 | 4 | . . . | 2,5 | 1868 |
| | Spierentonne III. Klasse mit Korb. | Weiss. | „ | . . . | . . . | . . . | . . . |
| 325 | Viereckiger, abgestumpfter Thurm. Höchster Punkt der Stadt. | Ziegelrohbau, mit Schindeldach. | . . . | . . . | ca. 82 | 16 | . . . |
| 326 | Plattliegende stumpfe Tonne (Fahrwassertonne III. Klasse). Verankert mit Stein und Kette. | Roth, mit der Inschrift „Wismar“ und der Zahl des laufenden Jahres versehen. | 6,5 | . . . | . . . | 0,5 | 1825 |
| | Spierentonne III. Klasse mit Stange und Korb. | Roth. | „ | . . . | . . . | 0,5 | 1875 |

Von Buk-Spitze bis Alt-Gaarz steigt das bei Alt-Gaarz abschüssige Lehmufer, mit schmalem Dünen-Vordergrunde, zu 25 bis 30 m Höhe an.

Ausser Wittenbeck-Mühle (Nr. 321) liegt eine zweite Mühle (Brunshaupten-Mühle) etwa 0,5 Seemeilen NO von dem unscheinbaren Thurm der Brunshauptener Kirche.

Von Alt-Gaarz-Kirche, welche schon als bezeichnende Seemarke im 30jährigen Kriege berühmt war, ist die Höhe des Thurmes über dem Meeresspiegel trigonometrisch neu bestimmt; die Höhe vom Fuss bis zur Spitze dagegen nicht, weil der Fuss der Kirche von See aus stets unsichtbar bleibt.

| Laufende Nummer. | Namen und Oertlichkeit des Zeichens. 1. | Gattung des Zeichens. 2. | Zweck, welchem das Zeichen dient. 3. | Geographische Lage des Zeichens. 4. |
|---|---|---|---|---|
| 327 | **Hohenkirchen,** auf der Feldmark. | Kirchthurm. | Die Richtung „Kirchthurm in der Oeffnung der beiden am Horizonte gelegenen Waldungen“ führt frei vom Hannibal. | 53° 55′ 11″ N.Br. 11° 18′ 17″ O.Lg. |
| 328 | **Hannibal,** an der Südspitze der Untiefe. | Tonne (von Frühlingsanfang bis zum Spätherbst ausliegend). | Bezeichnet die Untiefe Hannibal und die Theilung des Fahrwassers in das Krackentief, zwischen dem Hannibal und der Plate, und in das Flaggentief, Fahrwasser zwischen der Plate und Insel Poel. | 54° 1′ 45″ N.Br. 11° 23′ O.Lg. |
| | | Spierentonne (während der übrigen Jahreszeit ausliegend). | Desgl. | Desgl. |
| 329 | **Kirchdorf,** auf dem Pfarracker. | Bake. | Bezeichnen in Linie gehalten (Deckpeilung) die Richtung des Fahrwassers im Krackentief. | 54° 0′ N.Br. 11° 25′ O.Lg |
| 329a | **Kirchdorf,** auf der Feldmark. | Kirchthurm. | | 53° 59′ 42″ N.Br. 11° 26′ 17″ O.Lg. |
| 330 | **Krackentief.** | Tonne (von Frühlingsanfang bis zum Spätherbst ausliegend). | Bezeichnet ein Wrack. | 54° 1,5′ N.Br. 11° 21′ O.Lg. |
| | | Spierentonne (während der übrigen Jahreszeit ausliegend). | Desgl. | Desgl. |
| 331 | **Wangern,** auf der Feldmark, nahe dem Seestrande der Insel Poel. | Bake. | Bezeichnen die Anseglung des Mitteltiefs. Die Richtung „Bake etwas östlich von der Kirche“ führt auf die Tonne unter Nr. 333. | 53° 58′ N.Br. 11° 23′ O.Lg. |
| 331a | **Wismar,** in der Stadt. | St. Nicolai-Kirchthurm. | | 53° 53′ 47″ N.Br. 11° 27′ 56″ O.Lg. |
| 332 | **Kalkhorst,** auf der Feldmark, im sogenannten Klützer-Ort. | Kirchthurm. | Die Richtung „Kirchthurm und Mühle in Deckpeilung“ führt auf die Tonne unter Nr. 333; die Lage derselben wird durch die vorstehende und durch die unter Nr. 331 u. 331a angegebene Richtung bezeichnet. | 53° 58′ 17″ N.Br. 11° 2′ 43″ O.Lg. |
| 332a | **Klützer Feldmark,** neben dem Kirchthurm. | Windmühle. | | 54° 0′ 15″ N.Br. 11° 11′ O.Lg. |
| 333 | **Hannibal,** an der Westspitze der Untiefe, im sogenannten Offen- oder Mitteltief. | Bakentonne (von Frühlingsanfang bis zum Spätherbst ausliegend). | Bezeichnet die Ansegelung des Mitteltiefs. | 54° 2′ N.Br. 11° 19′ O.Lg. |
| | | Spierentonne (während der übrigen Jahreszeit ausliegend). | Desgl. | Desgl. |

| Laufende Nummer. | Allgemeine Beschreibung des Zeichens. | Besondere Erkennungsmerkmale des Zeichens. | Wassertiefe am Orte des Zeichens in Metern. | Höhe der Spitze des Zeichens über Mittelwasser in Metern. | Höhe der Spitze des Zeichens über dem Erdboden in Metern. | Sichtweite des Zeichens in Seemeilen. | Das Zeichen ist erstmalig ausgelegt bezw. errichtet: |
|---|---|---|---|---|---|---|---|
| | 5. | 6. | 7. | 8a. | 8b. | 9. | 10. |
| 327 | Niedriger stumpfer Thurm. | Ziegelrohbau, mit Ziegeldach. | . . . | . . . | ca. 30 | 10 | . . . |
| 328 | Spitze Tonne. Verankert mit Stein und Kette. | Mit schwarz und weissen Ringen und mit der Inschrift „Wismar" u. der Zahl des laufenden Jahres versehen. | 8,6 | . . . | . . . | 0,5 | 1844 |
| | Spierentonne III. Klasse mit zwei nach unten gerichteten Besen. | Mit schwarz und weissen Ringen. | 8,6 | . . . | . . . | 0,5 | 1875 |
| 329 | Spierenbake mit einem Kopf in Form einer Tonne. | Brauner Theeranstrich. | . . . | . . . | 7,8 | 3 | 1871 veränd. |
| 329a | Schlanker spitzer Thurm. | Ziegelrohbau, mit Ziegeldach. | . . . | . . . | ca. 50 | 12 | . . . |
| 330 | Aufrechtstehende spitze Tonne. Verankert mit Stein und Kette. | Grün. | 7,4 | . . . | . . . | 0,5 | . . . |
| | Spierentonne III. Klasse mit einem nach unten gerichteten Besen. | Grün. | „ | . . . | . . . | „ | . . . |
| 331 | Pyramidenförmige achteckige Bake, von der Spitze bis auf 11,5 m mit Brettern verkleidet. | Brauner Theeranstrich. | . . . | . . . | 17 | 8 | 1871 verändert. |
| 331a | Viereckiger, nach oben abgestumpfter Thurm. Zweithöchster Punkt der Stadt. | Ziegelrohbau. | . . . | . . . | ca. 57 | 15 | . . . |
| 332 | Spitzer Thurm von mässiger Höhe. | Ziegelrohbau, mit Ziegeldach. | . . . | . . . | ca. 45 | 14 | . . . |
| 332a | Niedrige Windmühle mit 4 Flügeln. | . . . | . . . | . . . | ca. 12 | 12 | . . . |
| 333 | Aufrechtstehende, aus eisernen Platten gefertigte, pyramidenförmige Tonne mit Stange und geflochtenem Korb. Verankert mit Stein und Kette. | Schwarz, mit der Inschrift „Wismar" u. der Zahl des laufenden Jahres versehen. | 4,6 | 4 | . . . | 2,5 | 1871 |
| | Spierentonne III. Klasse mit Stange und Korb. | Schwarz. | „ | „ | . . . | „ | . . . |

| Laufende Nummer. | Namen und Oertlichkeit des Zeichens. 1. | Gattung des Zeichens. 2. | Zweck, welchem das Zeichen dient. 3. | Geographische Lage des Zeichens. 4. |
|---|---|---|---|---|
| 334 | **Plate**, an der Nordwestseite der Untiefe. | Spierentonne (von Frühlingsanfang bis zum Spätherbst ausliegend). | Bezeichnet die Untiefe Plate. Man muss westlich von der Tonne passiren. | . . . . . . . . . . . |
| | | Spierentonne (während der übrigen Jahreszeit ausliegend). | Desgl. | . . . . . . . . . . . |
| 335 | **Schweinsköthel**, an der Nordostseite der Untiefe. | Spierentonne (von Frühlingsanfang bis zum Spätherbst ausliegend). | Bezeichnet die Untiefe Schweinsköthel. Man muss östlich von der Tonne passiren. | . . . . . . . . . . . |
| | | Spierentonne (während der übrigen Jahreszeit ausliegend). | Desgl. | . . . . . . . . . . . |
| 336 | **Hohenkirchen**, auf der Feldmark. | Windmühle. | Bezeichnet die Einsegelung zum Wohlenberger Wieck. | 53° 55,5' N.Br. 11° 17' O.Lg. |
| 337 | **Plate**, an der Westseite der Untiefe. | Spierentonne (von Frühlingsanfang bis zum Spätherbst ausliegend). | Bezeichnet die Untiefe Plate. Man muss westlich von der Tonne passiren. | . . . |
| | | Spierentonne (während der übrigen Jahreszeit ausliegend). | Desgl. | . . . . . . . . . . . |
| 338 | **Mittelgrund.** | Spierentonne (von Frühlingsanfang bis zum Spätherbst ausliegend). | Bezeichnet die Untiefe Mittelgrund. | 53° 59' N.Br. 11° 20' O.Lg. |
| | | Spierentonne (während der übrigen Jahreszeit ausliegend). | Desgl. | Desgl. |
| 339 | **Lieps**, an der Südostspitze der Untiefe. | Spierentonne (nur im Sommer ausliegend). | Bezeichnet die Untiefe Lieps. | 53° 59' N.Br. 11° 19' O.Lg. |
| 340 | **Tonnenhaken.** | Spierentonne. | Bezeichnen das Fahrwasser zwischen der Plate und der Insel Poel (Flaggentief). Man muss westlich von der Tonne auf dem Tonnenhaken und östlich von der Tonne an der Plate passiren. | 54° 0,5' N.Br. 11° 22' O.Lg. |
| 340a | **Plate**, an der Ostseite der Untiefe. | Spierentonne. | | 54° 0' N.Br. 11° 22' O.Lg. |

| Laufende Nummer. | Allgemeine Beschreibung | Besondere Erkennungsmerkmale | Wassertiefe am Orte des Zeichens in Metern. | Höhe der Spitze des Zeichens über Mittelwasser | dem Erdboden | Sichtweite des Zeichens in Seemeilen. | Das Zeichen ist erstmalig ausgelegt bezw. errichtet: |
|---|---|---|---|---|---|---|---|
| | des Zeichens. | | | in Metern. | | | |
| | 5. | 6. | 7. | 8a. | 8b. | 9. | 10. |
| 334 | Spierentonne III. Klasse mit Stange und Korb. | Roth. | 6 | . . . | . . . | Nur auf geringe Distanz sichtbar. | 1844 |
| | Spierentonne III. Klasse mit Stange und einem aufrechtstehenden Besen. | „ | „ | . . . | . . . | „ | 1875 |
| 335 | Spierentonne III. Klasse mit Stange und Korb. | Weiss. | 4,9 | . . . | . . . | Nur auf geringe Distanz sichtbar. | 1844 |
| | Spierentonne III. Klasse mit Stange und einem nach unten gerichteten Besen. | „ | „ | . . . | . . . | „ | 1875 |
| 336 | Windmühle mit 4 Flügeln. | . . . . . . | . . . | . . . | 12 | 8 | . . . |
| 337 | Spierentonne III. Klasse mit Stange und Korb. | Roth. | 4,9 | . . . | . . . | Nur auf geringe Distanz sichtbar. | 1844 |
| | Spierentonne III. Klasse mit Stange und einem aufrechtstehenden Besen. | „ | „ | . . . | . . . | „ | 1875 |
| 338 | Spierentonne III. Klasse mit Stange und Korb. | Weiss. | 4,9 | . . . | . . . | Nur auf geringe Distanz sichtbar. | 1844 |
| | Spierentonne III. Klasse mit Stange und einem nach unten gerichteten Besen. | „ | „ | . . . | . . . | „ | 1875 |
| 339 | Spierentonne III. Klasse mit Stange und Korb. | Weiss. | 6,6 | . . . | | Nur auf geringe Distanz sichtbar. | 1844 |
| 340 | Spierentonne III. Klasse mit Stange und Korb. | Roth. | 4,6 | . . . | . . . | Nur auf geringe Distanz sichtbar. | 1844 |
| 340a | Spierentonne III. Klasse mit Stange und Korb. | Weiss. | 4,6 | . . . | . . . | Nur auf geringe Distanz sichtbar. | 1844 |

| Laufende Nummer. | Namen und Oertlichkeit des Zeichens. 1. | Gattung 2. | Zweck, welchem das Zeichen dient. 3. | Geographische Lage des Zeichens. 4. |
|---|---|---|---|---|
| 341 | **Grosses Kammrad**, an der Westseite der Insel Poel. | Spierentonne (von Frühlingsanfang bis zum Spätherbst ausliegend). | Bezeichnet das Fahrwassers. Man muss westlich von der Tonne passiren. | 53° 58,5' N.Br. 11° 21' O.Lg. |
| | | Spierentonne (während der übrigen Jahreszeit ausliegend). | Desgl. | Desgl. |
| 342 | **Wallfisch**, auf der Bank gl. N. | Bake. | Bezeichnen das Fahrwasser am Stagort. Die Richtung „Bake und Kirche in Deckpeilung“ führt ostwärts frei von der Untiefe Stagort. | 53° 56' 15" N.Br. 11° 25,5' OLg. |
| 342a | **Hornstorf**, auf der Feldmark. | Kirchthurm. | | 53° 54' 35" N.Br. 11° 31' 56" O.Lg. |
| 343 | **Stagort**, Untiefe. | Spierentonne. (von Frühlingsanfang bis zum Spätherbst ausliegend). | Bezeichnet die westliche Seite des Fahrwassers am Stagort. | 53° 57' N.Br. 11° 24,5' O.Lg. |
| | | Spierentonne (während der übrigen Jahreszeit ausliegend). | Desgl. | Desgl. |
| 344 | **Wallfisch**, neben der Bank gl. N. | Spierentonne. | Bezeichnet den Anfang der Rinne unter Nr. 345. Man muss westlich von der Tonne passiren. | 53° 56,5' N.Br. 11° 25' O.Lg. |
| 345 | **Rinne**, ausgebaggert von der Binnenrhede bis | 6 Tonnen und 6 Pricken. | Bezeichnen die östliche Seite der Rinne. | . . . . . . . . . . |
| 345a | zum Hafen von Wismar. | 7 Pfahlgruppen. | Bezeichnen die westliche Seite der Rinne. | . . . . . . . . . . |
| 346 | **Brodtner Riff**, 200 m ausserhalb der Tonne unter Nr. 347. | Pricken. (Rothe Wethe.) | Bezeichnet die westliche Grenze des Fahrwassers. | . . . . . . . . . . |
| 347 | **Brodtner Riff.** | Tonne (im Sommer ausliegend) oder Pricken (im Winter ausliegend). | Bezeichnet ein Steinriff, welches sich vom Ufer aus in See erstreckt. | 53° 59,5' N.Br. 10° 54,0' O.Lg. Man peilt von der Tonne: den Travemünder Hafen SW, das hohe Brodtner Ufer WSW u. den Pelzerhaken-Leuchtthurm N 1/4 O. |
| 348 | **Brodtner Riff**, 300 m ausserhalb der Plate oder Barre vor dem Hafen zu Travemünde. | Tonne (im Sommer ausliegend) oder Pricken (im Winter ausliegend). | Bezeichnet die Ansegelung des 92 m breiten Fahrwassers und liegt an der östlichen Seite derselben. | Liegt in der Richtung der Mittellinie des Fahrwassers 1100 m ausserhalb der auf der Spitze des Süderbohlwerks befindlichen weissen Bake (Nr. 352). |

| Laufende Nummer. | Allgemeine Beschreibung des Zeichens. | Besondere Erkennungs-merkmale des Zeichens. | Wasser-tiefe am Orte des Zeichens in Metern. | Höhe der Spitze des Zeichens über Mittel-wasser in Metern. | Höhe der Spitze des Zeichens über dem Erdbo-den in Metern. | Sicht-weite des Zei-chens in See-meilen. | Das Zei-chen ist erst-malig ausge-legt bezw. er-richtet: |
|---|---|---|---|---|---|---|---|
| | 5. | 6. | 7. | 8a. | 8b. | 9. | 10. |
| 341. | Spierentonne III. Klasse mit Stange und Korb. | Roth. | 6 | . . . | . . . | . . . | 1844 |
| | **Spierentonne III. Klasse mit einem aufrechtstehenden Besen.** | „ | „ | . . . | . . . | . . . | 1875 |
| 342 | **Bake mit sechseckigem Kopf.** | Brauner Theer-anstrich. | 4,9 | . . . | 10 | 3 | 1871 **verändert.** |
| 342a | Niedriger abgestumpfter Thurm. | Ziegelrohbau. | . . . | . . . | ca. 35 | 9 | . . . |
| 343 | Spierentonne III. Klasse mit Stange und Korb. | Weiss. | 4,9 | . . . | . . . | . . . | 1844 |
| | Spierentonne III. Klasse mit einem nach unten gerichteten Besen. | „ | „ | . . . | . . . | . . . | 1875 |
| 344 | Spierentonne III. Klasse mit Stange und Korb. | Roth. | 4,3 | . . . | . . . | **Nur auf geringe Distanz sichtbar.** | 1844 |
| 345 | Spierentonnen, jede mit Stange u. Korb. Im Winter werden 4 Tonnen mit Besen versehen. | . . . . . . | . . . | . . . | . . . | . . . | . . . |
| 345a | . . . . . . . . . . . . | . . . . . . | . . . | . . . | . . . | . . . | . . . |
| 346 | Hölzerne Stange mit Korb. An einem Stein verankert. | Rother Korb von der Form eines aufrechtstehenden Besens. | 6,9 | . . . | . . . | . . . | . . . |
| 347 | Stumpfe Tonne mit Flagge. Oberer Durchm. 0,50 m, mittlerer Durchm. 0,90 m, Länge 1,90 m. An einem, 150 Kilogr. schweren Anker mit 9 Faden 1,4 cm starker Kette verankert. | Roth, mit rother Flagge. | 6,3 | . . . | . . . | . . . | . . . |
| 348 | Doppelkegel aus Eichenholz, dicht mit eisernen Reifen beschlagen; 3,66 m lang, grösster Durchmesser 1,07 m. | Schwarz. | 7,1 | . . . | . . . | . . . | 1873 |

| Laufende Nummer. | Namen und Oertlichkeit des Zeichens. | Gattung | Zweck, welchem das Zeichen dient. | Geographische Lage des Zeichens. |
|---|---|---|---|---|
| | 1. | 2. | 3. | 4. |
| 349 | **Brodtner Riff,** 300 m ausserhalb der Plate oder Barre vor dem Hafen zu Travemünde. | Tonne (im Sommer ausliegend) oder Pricken (im Winter ausliegend). | Bezeichnet die westliche Seite des 92 m breiten Fahrwassers. | Liegt in der Richtung der Mittellinie des Fahrwassers 1100 m ausserhalb der auf der Spitze des Süderbohlwerks befindlichen weissen Bake (Nr. 352). |
| 350 | **Plate** (Barre). | 3 Tonnen (im Sommer ausliegend) oder 3 Pricken (im Winter ausliegend). | Bezeichnen die östliche Seite der ausgebaggerten, 92 m breiten Fahrrinne über die Barre. | Die äussere Tonne liegt 300 m, die mittlere 590 m und die innere 840 m in der Richtung der Mittellinie des Fahrwassers innerhalb der Tonne unter Nr. 348. |
| 351 | **Plate** (Barre). | 2 Tonnen (im Sommer ausliegend) oder 2 Pricken (im Winter ausliegend). | Bezeichnen die westliche Seite der ausgebaggerten, 92 m breiten Fahrrinne über die Barre. | Die äussere Tonne liegt 300 m und die innere 590 m in der Richtung der Mittellinie des Fahrwassers innerhalb der Tonne unter Nr. 349. |
| 352 | **Priwall,** auf dem Kopfe des Süderbohlwerks. | Bake.*) | Bezeichnen in Linie (Deckpeilung) die Mittellinie des Fahrwassers. | 50° 57′ 34″ N.Br. 10° 53′ 9″ O.Lg. |
| 352a | **Priwall,** 580 m weiter landeinwärts. | Bake.*) | | 53° 57′ 22″ N.Br. 10° 53′ 2″ O.Lg. |
| 353 | **Norderbohlwerk,** am Strande. | Winkbake.**) | Dient zur Angabe des Kurses beim Einsegeln ohne Lootsen. | . . . . . . . . . . . |
| 354 | **Hafen zu Travemünde.** | Duc d'Alben. | Bezeichnen beide Seiten des Fahrwassers. Die an der stromaufgehend linken Seite des Fahrwassers (rechtes Ufer der Trave) stehenden Pfähle sind weiss, die an der stromaufgehend rechten Seite des Fahrwassers (linkes Ufer der Trave) stehenden Pfähle schwarz. | . . . . . . . . . . . |
| 355 | **Revier der Trave.** | Pfähle. | Bezeichnen beide Seiten des Fahrwassers. Die an der stromaufgehend linken Seite des Fahrwassers (rechtes Ufer der Trave) stehenden Pfähle sind weiss; die an der stromaufgehend rechten Seite des Fahrwassers (linkes Ufer der Trave) stehenden Pfähle schwarz. | . . . . . . . . . . . |
| 356 | **Stülper Huk,** Revier der Trave. | 2 Tonnen (im Sommer ausliegend) oder 2 Pricken (im Winter ausliegend). | Bezeichnen die westliche (stromaufgehend rechte) Seite des Fahrwassers. | . . . . . . . . . . . |

*) Diese Baken tragen die im I. Theil unter Nr. 45 und 46 aufgeführten rothen Laternen.
**) Lootsen- und Rettungs-Station.

| Laufende Nummer. | Allgemeine Beschreibung des Zeichens. | Besondere Erkennungsmerkmale des Zeichens. | Wassertiefe am Orte des Zeichens in Metern. | Höhe der Spitze des Zeichens über Mittelwasser in Metern. | Höhe der Spitze des Zeichens über dem Erdboden in Metern. | Sichtweite des Zeichens in Seemeilen. | Das Zeichen ist erstmalig ausgelegt bezw. errichtet: |
|---|---|---|---|---|---|---|---|
| | 5. | 6. | 7. | 8a. | 8b. | 9. | 10. |
| 349 | Doppelkegel aus Eichenholz, dicht mit eisernen Reifen beschlagen; 3,22 m lang, grösster Durchmesser 1,07 m. | Roth. | . . . | . . . | . . . | . . . | . . . |
| 350 | Stumpfe hölzerne Tonnen; die äussere von 1,76 m Länge und 1,41 m oberem Durchmesser, jede der beiden anderen von 1,15 m Länge u. 0,79 m oberem Durchmesser. Die Tonnen werden je mit Kette an einem Anker, die Pricken mit einer Oese an einem Stein befestigt. | Schwarz. | 5,18 | . . . | . . . | . . . | . . . |
| 351 | Stumpfe Tonnen; die äussere von 1,76 m Länge und 1,41 m oberem Durchmesser, die innere von 1,15 m Länge und 0,79 m oberem Durchmesser. Die Tonnen werden je mit Kette an einem Anker, die Pricken mit einer Oese an einem Stein befestigt. | Roth. | . . . | . . . | . . . | . . . | . . . |
| 352 | Hölzernes Lattengerüst auf Schwellenlager, mit einem Korb an der Spitze. | Weiss, Korb rund. | . . . | 13,72 | 11,4 | 9 | . . . |
| 352a | Hölzernes Lattengerüst auf Schwellenlager, mit einem Aufsatz. | Roth, Aufsatz rautenförmig. | . . . | 18,2 | 15,85 | 10 | . . . |
| 353 | Hölzerner Unterbau; bis zur Plattform 4,25 m hoch, darüber bewegliche Stange, 7,82 m lang, mit Kugel. | Weiss, Kugel roth und weiss. | . . . | 14,40 | 12,7 | . . . | 1825 |
| 354 | Aus 3 Pfählen bestehend. | Weiss bezw. schwarz. Siehe Sp. 3. | 5,18 | 3 | . . . | . . . | . . . |
| 355 | Pfähle, auf denen Stangen mit Besen, eventuell mit seitlichen Armen, befestigt sind. | Weiss bezw. schwarz. Siehe Sp. 3. | 4 | 3 | . . . | . . . | . . . |
| 356 | Kleine hölzerne Tonnen. An Steinen befestigt. | Roth. | 4 | . . . | . . . | . . . | . . . |

| Laufende Nummer. | Namen und Oertlichkeit des Zeichens. 1. | Gattung des Zeichens. 2. | Zweck, welchem das Zeichen dient. 3. | Geographische Lage des Zeichens. 4. |
|---|---|---|---|---|
| 357 | **Rauher-Ort,** bei Herrenwyck, Revier der Trave. | Tonne (im Sommer ausliegend) oder Pricken (im Winter ausliegend). | Bezeichnet die nördliche (stromaufgehend rechte Seite) des Fahrwassers. | . . . . . . . . . . . . |
| 358 | **Neustädter Bucht,** Einfahrt in den Neustädter Hafen. | Pricken.*) | Bezeichnet die östliche Seite des Fahrwassers. | 54° 4′ 51″ N.Br. 10° 50′ 2″ O.Lg. |
| 358a | | Pricken.*) | Bezeichnet die östliche Seite des Fahrwassers. | 54° 5′ 2″ N.Br. 10° 49′ 48″ O.Lg. |
| 358b | „ | Pricken.*) | Bezeichnet die westliche Seite des Fahrwassers. | 54° 5′ 11″ N.Br. 10° 49′ 32″ O.Lg. |
| 359 | **Presener Untiefe,** an der Ostküste der Insel Fehmarn. | Tonne (im Sommer ausliegend). | Bezeichnet die Mitte der nur aus einigen grossen Steinen bestehenden und daher nicht ausgedehnten Untiefe. | 54° 29′ 34″ N.Br. 11° 15′ 50″ O.Lg. |
| | | Boje (im Winter ausliegend). | Desgl. | Desgl. |
| 360 | **Presener Untiefe,** an der Ostküste der Insel Fehmarn. | Tonne (im Sommer ausliegend). | Bezeichnet die westliche Seite des Fahrwassers. | 54° 29′ 43″ N.Br. 11° 16′ 13″ O.Lg. |
| | | Boje (im Winter ausliegend). | Desgl. | Desgl. |
| 361 | **Puttgardener Riff,** an der Nordostküste von Fehmarn. | Tonne (im Sommer ausliegend). | Bezeichnet die Nordspitze des Riffes. | 54° 32′ 14″ N.Br. 11° 11′ 40″ O.Lg. |
| | | Boje (im Winter ausliegend). | Desgl. | Desgl. |
| 362 | **Grönwohld,** östlich vor dem Fehmarn-Sund. | Tonne (im Sommer ausliegend). | Bezeichnet die nördliche Seite der Einfahrt in den Fehmarn-Sund. (Von Süden kommend.) | 54° 23′ 10″ N.Br. 11° 9′ 48″ O.Lg. |
| | | Boje (im Winter ausliegend). | Desgl. | Desgl. |
| 363 | **Fehmarn-Sund.** | Tonne.**) | Bezeichnet die nördliche Seite der Fahrrinne durch den Fehmarn-Sund. | 54° 23′ 21″ N.Br. 11″ 9′ 18″ O.Lg. |
| 364 | „ | Pricken.**) | Desgl. | 54° 23′ 28″ N.Br. 11° 8′ 48″ O.Lg. |
| 365 | „ | Pricken.**) | Desgl. | 54° 23′ 36″ N.Br. 11° 8′ 32″ O.Lg. |
| 366 | „ | Pricken.**) | Desgl. | 54° 23′ 42″ N.Br. 11° 8′ 18″ O.Lg. |
| 367 | „ | Pricken.**) | Bezeichnet die südliche Seite der Fahrrinne durch den Fehmarn-Sund. | 54° 23′ 40″ N.Br. 11° 7′ 45″ O.Lg. |

*) Die aufgeführten 3 Pricken werden von den Lootsen zu Neustadt und Pelzerhaken auf eigene Kosten gesetzt und unterhalten. Die Lootsen erheben dafür von den Schiffen, welche den Hafen von Neustadt besuchen, ein Prickengeld. Die Pricken liegen nur während der eisfreien Jahreszeit aus.

**) Wird im Winter bei Eisbildung aufgenommen und im Frühlinge wieder ausgelegt, bleibt jedoch bei offenem Wasser auch während des Winters ausliegen.

Anm. zu Nr. 363—367. Die unter diesen Nummern aufgeführten Seezeichen liegen sämmtlich in der Richtungslinie (Deckpeilung) der Leuchtfeuer von Flügge und Strukkamphuk und werden

| Laufende Nummer. | Allgemeine Beschreibung des Zeichens. | Besondere Erkennungs-merkmale des Zeichens. | Wasser-tiefe am Orte des Zeichens in Metern. | Höhe der Spitze des Zeichens über dem Wasser in Metern. | Höhe der Spitze des Zeichens über dem Erdboden in Metern. | Sicht-weite des Zeichens in See-meilen. | Das Zeichen ist erstmalig ausgelegt bezw. errichtet: |
|---|---|---|---|---|---|---|---|
| | 5. | 6. | 7. | 8a. | 8b. | 9. | 10. |
| 357 | Kleine hölzerne Tonne. An einem Stein befestigt. | Roth. | . . . | . . . | . . . | . . . | . . . |
| 358 | Latten mit Reisigbesen, in den Grund gesteckt. | . . . . . . . | 8 | 2 | . . . | 2 | . . . |
| 358a | | . . . . . . . | 5,5 | 2 | . . . | 2 | . . . |
| 358b | | . . . . . . . | 5 | 1 | . . . | 1 | . . . |
| 359 | Spitze eiserne Tonne mit einem Besen an 2 m langer Spiere.*) | Tonne und Spiere roth. | 3 | 2 | . . . | 5 | 1873 |
| | Hölzerne Boje mit Spiere und Besen.*) | Boje und Spiere schwarz. | „ | „ | . . . | „ | „ |
| 360 | Spitze eiserne Tonne mit einem Ballon an 3 m langer Spiere.*) | Tonne u. Spiere roth, Ballon schwarz und weiss. | 8 | 3 | . . . | 6 | 1874 |
| | Hölzerne Boje mit Spiere und Besen.*) | Boje und Spiere schwarz. | „ | „ | . . . | „ | „ |
| 361 | Eiserne Seetonne mit Spiere und 2 Besen.*) | Tonne und Spiere roth. | 7,5 | 5 | . . . | 4 | . . . |
| | Hölzerne Boje mit Spiere und 2 Besen.*) | Schwarz. | „ | „ | . . . | „ | . . . |
| 362 | Eiserne Seetonne mit Spiere und Korbballon.*) | Tonne u. Spiere roth; Ballon schwarz. | 7 | 5 | . . . | 4 | . . . |
| | Hölzerne Boje mit Spiere und Korbballon.*) | Schwarz. | „ | „ | . . . | „ | . . . |
| 363 | Hölzerne Tonnen-Boje mit Spiere und Ballon*) | Tonne schwarz Spiere roth. | 2,9 | 3,5 | . . . | 3 | . . . |
| 364 | Latte mit Reisigbesen, in den Grund gesteckt. | . . . . . . . | 3,1 | 2 | . . . | 2 | . . . |
| 365 | Latte mit Reisigbesen, in den Grund gesteckt. | . . . . . . . | 3,1 | 2 | . . . | 2 | . . . |
| 366 | Latte mit Reisigbesen, in den Grund gesteckt. | . . . . . . . | 3 | 2 | . . . | 2 | . . . |
| 367 | Latte mit Strohbesen, in den Grund gesteckt. | . . . . . . . | 2 | 2 | . . . | 2 | . . . |

*) Verankert mit Stein und Kette.

auf Kosten des Lootsen zu Burgstaaken ausgelegt und unterhalten, welcher dafür von den Schiffen, welche den Fehmarn-Sund passiren, ein Prickengeld erhebt.

| Laufende Nummer. | Namen und Oertlichkeit des Zeichens. | Gattung des Zeichens. | Zweck, welchem das Zeichen dient. | Geographische Lage des Zeichens. |
|---|---|---|---|---|
| | 1. | 2. | 3. | 4. |
| 368 | **Fehmarn-Sund.** | Tonne (im Sommer ausliegend). | Bezeichnet die südliche Seite des Fahrwassers. | 54° 23' 54" N.Br. 11° 6' 32" O.Lg. |
| | | Boje (im Winter ausliegend). | Desgl. | Desgl. |
| 369 | Ostsee-Küste zwischen **Fehmarn-Sund** und **Heiligenhafen.** | Tonne (im Sommer ausliegend). | Bezeichnet die südliche Seite des Fahrwassers. | 54° 23' 49" N.Br. 11° 4' 55" O.Lg. |
| | | Boje (im Winter ausliegend). | Desgl. | Desgl. |
| 370 | - | Tonne (im Sommer ausliegend). | Bezeichnet die südliche Seite des Fahrwassers. | 54° 23' 25" N.Br. 11° 3' 23" O.Lg. |
| | | Boje (im Winter ausliegend). | Desgl. | Desgl. |
| 371 | **Heiligenhafen-Rhede.** | Tonne (im Sommer ausliegend). | Bezeichnet die südliche Seite des Fahrwassers. | 54° 22' 50" N.Br. 11° 2' 0" O.Lg. |
| | | Boje (im Winter ausliegend). | Desgl. | Desgl. |
| 372 | - | Tonne (im Sommer ausliegend). | Bezeichnet die südliche und westliche Seite des Fahrwassers. | 54° 23' 33" N.Br. 11° 1' 5" O.Lg. |
| | | Boje (im Winter ausliegend). | Desgl. | Desgl. |
| 373 | **Kieler Bucht.** | Tonnenbake (nur im Sommer ausliegend). | Bezeichnet die Einfahrt in die Kieler Bucht. Man muss nördlich von der Tonne passiren. | NW ½ W 1.8 Seem. von dem nördlich von Wisch am Strande gelegenen Schäferhaus. |
| 374 | - | Boje (nur im Sommer ausliegend). | Bezeichnet die Einfahrt in die Kieler Bucht. Man muss südlich und östlich von der Boje passiren. | O ½ S von Bülkerhuk. |
| 375 | - | Boje (nur im Sommer ausliegend). | Bezeichnet die Einfahrt in die Kieler Bucht. Man muss südlich und östlich von der Boje passiren. | SSO von Bülkerhuk. |
| 376 | **Kieler Bucht***), vor dem Sandriff am Jägersberg. | Boje (nur im Sommer ausliegend). | Bezeichnet das Fahrwasser. Man muss westlich von der Tonne passiren. | N 41° 53,1' O 0,72 Seemeilen von Friedrichsort-Leuchtthurm. |
| 377 | **Holtenau**, an der östlichen Mündung des Schleswig-Holsteinischen Kanals. | Obelisk. | Bezeichnet die Mündung des Kanals. | 54° 22' 8" N.Br. 10° 8' 48" O.Lg. |
| 378 | **Eckernförder Bucht**, auf der Südostspitze von Stollergrund. | Tonnenbake (nur im Sommer ausliegend). | Bezeichnet die Untiefe Stollergrund. Man muss östlich und südlich von der Tonne passiren. | NO ½ N 3,5 Seemeilen von Bülkerhuk. |
| 379 | **Eckernförder Bucht**, auf der Nordspitze von Stollergrund. | Tonnenbake (nur im Sommer ausliegend). | Bezeichnet die Untiefe Stollergrund. Man muss nördlich von der Tonne passiren. | . . . . . . . . |

*) Am westlichen Ufer der Kieler Bucht bei Friedrichsort und am östlichen Ufer derselben nördlich von Möltenort befinden sich je 2 weiss angestrichene Baken mit rothem Diagonalschilde, in welchem ein weisses T gemalt ist. Diese Baken bezeichnen das dort liegende unterseeische Telegraphenkabel. Das Ankern von Schiffen innerhalb der durch die Baken bezeichneten Wasser-

| Laufende Nummer. | Allgemeine Beschreibung des Zeichens. | Besondere Erkennungs-merkmale des Zeichens. | Wasser-tiefe am Orte des Zeichens in Metern. | Höhe der Spitze des Zeichens über Mittel-wasser in Metern. | Höhe der Spitze des Zeichens über dem Erdboden in Metern. | Sicht-weite des Zeichens in See-meilen. | Das Zeichen ist erst-malig ausge-legt bezw. er-richtet: |
|---|---|---|---|---|---|---|---|
| | 5. | 6. | 7. | 8a. | 8b. | 9 | 10. |
| 368 | Eiserne Seetonne mit Spiere und einem Besen.*) | Tonne roth, Spiere schwarz. | 4,5 | 3 | . . . | 3 | . . . |
| | Hölzerne Boje mit Spiere und einem Besen.*) | Schwarz. | „ | „ | . . . | „ | . . . |
| 369 | Eiserne Seetonne mit Spiere und einem Besen.*) | Tonne roth, Spiere schwarz. | 4,75 | 3 | . . . | 3 | . . . |
| | Hölzerne Boje mit Spiere und einem Besen.*) | Schwarz. | „ | „ | . . . | „ | . . . |
| 370 | Eiserne Seetonne mit Spiere und einem Besen.*) | Tonne roth, Spiere schwarz. | 5 | 4 | . . . | 3,5 | . . . |
| | Hölzerne Boje mit Spiere und einem Besen.*) | Schwarz. | „ | „ | . . . | „ | . . . |
| 371 | Eiserne Seetonne mit Spiere und einem Besen.*) | Tonne roth, Spiere schwarz. | 6 | 3 | . . . | 3 | . . . |
| | Hölzerne Boje mit Spiere und einem Besen.*) | Schwarz. | „ | „ | . . . | „ | . . . |
| 372 | Eiserne Seetonne mit Spiere und zwei Besen.*) | Tonne und Spiere roth. | 6 | 4 | . . . | 3,5 | . . . |
| | Hölzerne Boje mit Spiere und zwei Besen.*) | Schwarz. | „ | „ | . . . | „ | . . . |
| 373 | Eiserne Tonnenbake mit 2 länglichen Ballons aus Gitterwerk übereinander und einem Kelch am Top. | Weiss. | 7,5 | 10,5 | . . . | 4 | 1872 |
| 374 | Eiserne Boje mit 2 länglichen Ballons übereinder. | Schwarz. | 9,4 | 6,5 | . . . | 3 | 1872 |
| 375 | Eiserne Boje mit einem länglichen Ballon. | Schwarz. | 8,45 | 5,5 | . . . | 3 | 1872 |
| 376 | Eiserne Spitzboje mit hoher Stange und einem länglichen Ballon. | Weiss. | 8,7 | 4,0 | . . . | 3 | 1875 |
| 377 | Viereckiger Obelisk aus grauem Sandstein auf würfelförmigem Sockel. | . . . . . . . | . . . | 9,1 | 7,35 | 1,5 | . . . |
| 378 | Eiserne Tonnenbake mit 2 länglichen Ballons aus Gitterwerk und einer Kugel am Top. | Roth. | 8,45 | 10,5 | . . . | 4 | 1872 |
| 379 | Wie unter Nr. 378. | Weiss. | 9,4 | 10,5 | . . . | 4 | 1872 |

fläche ist streng untersagt. — Die in der Kieler Bucht zur Deviationsbestimmung ausgelegte Boje befindet sich in 54° 21,3' N.Br. und 10° 9,15' O.Lg.; dieselbe ist von 4 kleinen Tonnen zum leichtern Schwajen der Schiffe in einem Abstande von etwa 300 m umgeben.

*) Verankert mit Stein und Kette.

| Laufende Nummer. | Namen und Oertlichkeit des Zeichens. 1. | Gattung 2. | Zweck, welchem das Zeichen dient. 3. | Geographische Lage des Zeichens. 4. |
|---|---|---|---|---|
| 380 | **Eckernförder Bucht**, auf der Südspitze von Stollergrund. | Tonnenbake (nur im Sommer ausliegend). | Bezeichnet die Untiefe Stollergrund. Man muss südlich und westlich von der Tonne passiren. | . . . . . . . . . . . . |
| 381 | **Eckernförder Bucht**, auf dem Mittelgrund. | Tonnenbake (nur im Sommer ausliegend). | Bezeichnet die Westseite des Mittelgrundes. | SO z S 2,5 Seemeilen von der Mühle zu Kl. Wabs. |
| 382 | **Schleimünde**, vor der Einfahrt in die Schlei. | Tonne. | Bezeichnet die Einfahrt in die Schlei. Man muss südlich von der Tonne passiren. | SO z O 1/2 O 490 m von dem Leuchtthurm zu Schleimünde. |
| 382a | **Schleimünde**, im Hafen. | Pricken. | Bezeichnet die nördliche Seite der Rinne. | NW 3/4 W von dem Leuchtthurm zu Schleimünde und SSO von der Mühle zu Wormshöft. |
| 383 | **Schleimünde**, Anfang der neugebaggerten Fahrrinne innerhalb Schleimünde. | 9 Pricken. | Bezeichnen die nördliche Seite der Rinne. | NNW von dem Leuchtthurm zu Schleimünde und SO 3/4 O von der Mühle zu Wormshöft. |
| 383a | | 7 Pricken. | Bezeichnen die südliche Seite der Rinne. | NW z W von dem Leuchtthurm zu Schleimünde und SSO 1/2 O von der Mühle zu Wormshöft. |
| 384 | **Schleimünde**, neugebaggerte Fahrrinne innerhalb Schleimünde. | Tonne. | Bezeichnet die südliche Seite der Rinne. | NW 3/4 W von dem Leuchtthurm zu Schleimünde und SSO 1/2 O von der Mühle zu Wormshöft. |
| 385 | „ | Tonne. | Bezeichnet die nördliche Seite der Rinne. | NW z W von dem Leuchtthurm zu Schleimünde und SSO 1/4 O von der Mühle zu Wormshöft. |
| 386 | „ | Tonne. | Bezeichnet die südliche Seite der Rinne. | NW 3/4 W von dem Leuchtthurm zu Schleimünde und SSO 1/4 O von der Mühle zu Wormshöft. |
| 387 | „ | Tonne. | Bezeichnet die nördliche Seite der Rinne. | NW z W von dem Leuchtthurm zu Schleimünde und SSO von der Mühle zu Wormshöft. |
| 388 | „ | Tonne. | Bezeichnet die südliche Seite der Rinne. | NW z W von dem Leuchtthurm zu Schleimünde und SSO von der Mühle zu Wormshöft. |
| 388a | „ | 3 Pricken. | Bezeichnen stromaufgehend die linke Seite des Fahrwassers. | . . . . . . . . . . |
| 389 | **Schlei**, neugebaggertes Fahrwasser derselben zwischen Schleimünde u. Maasholm. | Warpboje. | Zum Warpen der Schiffe. Bezeichnet stromaufgehend die linke Seite des Fahrwassers. | NW 1/2 W von dem Leuchtthurm zu Schleimünde und SSO 3/4 O von der Mühle zu Wormshöft. |
| 389a | | 3 Pricken. | Bezeichnen stromaufgehend die rechte Seite des Fahrwassers. | . . . . . . . . . . |

| Laufende Nummer. | Allgemeine Beschreibung des Zeichens. | Besondere Erkennungsmerkmale des Zeichens. | Wassertiefe am Orte des Zeichens in Metern. | Höhe der Spitze des Zeichens über dem Wasser in Metern. | Höhe der Spitze des Zeichens über dem Erdboden in Metern. | Sichtweite des Zeichens in Seemeilen. | Das Zeichen ist erstmalig ausgelegt bezw. errichtet: |
|---|---|---|---|---|---|---|---|
| | 5. | 6. | 7. | 8a. | 8b. | 9. | 10. |
| 380 | Eiserne Tonnenbake mit 2 länglichen Ballons aus Gitterwerk und einer Kugel am Top. | Schwarz. | 9,0 | 10,5 | . . . | 4 | 1872 |
| 381 | Wie unter Nr. 380. | Schwarz und weiss gestreift. | 9,4 | 10,5 | . . . | 4 | 1872 |
| 382 | Tonne von Föhrenholz; Länge 0,9 m, oberer Durchmesser 0,7 m. Verankert mit Stein und Kette. | Schwarz, mit schwarzem Pricken und Strohbüschel. | 3,8 | 2 | . . . | . . . | 1806 |
| 382a | Buchen-Pricken, in den Grund gesteckt. | Mit Strohbüschel. | 2,5 | . . . | . . . | . . . | 1872 |
| 383 | Wie unter Nr. 382a. | Mit Strohbüschel. | 2,5 | . . . | . . . | . . . | 1872 |
| 383a | Wie unter Nr. 382a. | Mit Buschbüschel. | 2,6 | . . . | . . . | . . . | 1872 |
| 384 | Spitztonne von 0,9 m Länge und 0,7 m oberem Durchmesser. Verankert mit Stein und Kette. | Schwarz, mit schwarzem Stab und Strohbüschel. | 2,3 | 2 | . . . | . . . | 1875 |
| 385 | Wie unter Nr. 384. | Weiss, mit Stab und Besen. | 2,3 | 2 | . . . | . . . | 1875 |
| 386 | Wie unter Nr. 384. | Schwarz, mit Stab und Strohbüschel. | 2,0 | 2 | . . . | . . . | 1875 |
| 387 | Wie unter Nr. 384. | Weiss, mit Stab und Besen. | 2,0 | 2 | . . . | . . . | 1875 |
| 388 | Wie unter Nr. 384. | Schwarz, mit Strohbüschel. | 2,0 | 2 | . . . | . . . | 1875 |
| 388a | Buchen-Pricken mit Zweigen, in den Grund gesteckt. | . . . . . | . . . | . . . | . . . | . . . | . . . |
| 389 | Cylinderförmige eiserne Tonne von 1,1 m Länge und 0,71 m Durchmesser. Mit Kette an einem in den Grund gerammten, 1,5 m langen Pfahl befestigt. | Weiss, mit weissem Stab und Buschbüschel. | 2,2 | 2 | . . . | . . . | 1876 |
| 389a | Buchen-Pricken mit Zweigen, in den Grund gesteckt. | . . . . . | . . . | . . . | . . . | . . . | . . . |

| Laufende Nummer. | Namen und Oertlichkeit des Zeichens. 1. | Gattung 2. | Zweck, welchem das Zeichen dient. 3. | Geographische Lage des Zeichens. 4. |
|---|---|---|---|---|
| 390 | **Schlei**, neugebaggertes Fahrwasser derselben zwischen Schleimünde u. Maasholm. | Warpboje. | Zum Warpen der Schiffe. Bezeichnet stromaufgehend die rechte Seite des Fahrwassers. | NW 1/4 W von dem Leuchtthurm zu Schleimünde und S z O von der Mühle zu Wormshöft. |
| 390a | | 2 Pricken. | Bezeichnen stromaufgehend die linke Seite des Fahrwassers. | . . . . . . . . . . . |
| 391 | „ | Warpboje. | Zum Warpen der Schiffe. Bezeichnet stromaufgehend die linke Seite des Fahrwassers. | NW z W 1/4 W von dem Leuchtthurm zu Schleimünde und S 3/4 O von der Mühle zu Wormshöft. |
| 391a | „ | 3 Pricken. | Bezeichnen stromaufgehend die rechte Seite des Fahrwassers. | . . . . . . . . . . . |
| 392 | „ | Warpboje. | Zum Warpen der Schiffe. Bezeichnet stromaufgehend die rechte Seite des Fahrwassers. | NW z W von dem Leuchtthurm zu Schleimünde und S 1/2 O von der Mühle zu Wormshöft. |
| 392a | „ | 3 Pricken. | Bezeichnen stromaufgehend die linke Seite des Fahrwassers. | . . . . . . . . . . . |
| 393 | „ | Warpboje. | Zum Warpen der Schiffe. Bezeichnet stromaufgehend die linke Seite des Fahrwassers. | WNW von dem Leuchtthurm zu Schleimünde und S 1/4 O von der Mühle zu Wormshöft. |
| 393a | „ | Pricken. | Bezeichnet stromaufgehend die rechte Seite des Fahrwassers. | . . . . . . . . . . . |
| 394 | „ | Warpboje. | Zum Warpen der Schiffe. Bezeichnet stromaufgehend die rechte Seite des Fahrwassers. | NW z W 1/4 W von dem Leuchtthurm zu Schleimünde und Süd von der Mühle zu Wormshöft. |
| 394a | „ | 2 Pricken. | Bezeichnen stromaufgehend die linke Seite des Fahrwassers. | . . . . . . . . . . . |
| 395 | „ | Warpboje. | Zum Warpen der Schiffe. Bezeichnet stromaufgehend die linke Seite des Fahrwassers. | NW z W 1/2 W von dem Leuchtthurm zu Schleimünde und S 1/4 W von der Mühle zu Wormshöft. |
| 395a | „ | 3 Pricken. | Bezeichnen stromaufgehend die linke Seite des Fahrwassers. | . . . . . . . . . . . |
| 396 | „ | Warpboje. | Zum Warpen der Schiffe. Bezeichnet stromaufgehend die linke Seite des Fahrwassers. | NW z W 1/2 W von dem Leuchtthurm zu Schleimünde und O z N von der Kirche zu Cappeln. |
| 396a | „ | 4 Pricken. | Bezeichnen stromaufgehend die rechte Seite des Fahrwassers. | . . . . . . . . . . . |
| 397 | „ | Warpboje. | Zum Warpen der Schiffe. Bezeichnet stromaufgehend die rechte Seite des Fahrwassers. | WNW von dem Leuchtthurm zu Schleimünde und O 1/4 N von der Kirche zu Cappeln. |
| 398 | „ | Warpboje. | Zum Warpen der Schiffe. Bezeichnet stromaufgehend die linke Seite des Fahrwassers. | WNW von dem Leuchtthurm zu Schleimünde und SW z W von der Mühle zu Wormshöft. |

| Laufende Nummer. | Allgemeine Beschreibung des Zeichens. | Besondere Erkennungs-merkmale des Zeichens. | Wasser-tiefe am Orte des Zeichens in Metern. | Höhe der Spitze des Zeichens über Wasser in Metern. | Höhe der Spitze des Zeichens über dem Erdboden in Metern. | Sicht-weite des Zeichens in See-meilen. | Das Zeichen ist erstmalig ausgelegt bezw. errichtet: |
|---|---|---|---|---|---|---|---|
| | 5. | 6. | 7. | 8a. | 8b. | 9. | 10. |
| 390 | Cylinderförmige eiserne Tonne von 1,1 m Länge und 0,71 m Durchmesser. Mit Kette an einem in den Grund gerammten, 1,5 m langen Pfahl befestigt. | Schwarz, mit schwarzem Stab u. Strohbüschel. | 2,1 | 2 | . . . | . . . | 1876 |
| 390a | Buchen-Pricken mit Zweigen, in den Grund gesteckt. | . . . . . . | . . . | . . . | . . . | . . . | . . . |
| 391 | Wie unter Nr. 390. | Weiss, mit weissem Stab u. Buschbüschel. | 2,0 | 2 | . . . | . . . | 1876 |
| 391a | Wie unter Nr. 390a. | . . . . . . | . . . | . . . | . . . | . . . | . . . |
| 392 | Wie unter Nr. 390. | Schwarz, mit schwarzem Stab u. Strohbüschel. | 2,1 | 2 | . . . | . . . | 1876 |
| 392a | Wie unter Nr. 390a. | . . . . . . | . . . | . . . | . . . | . . . | . . . |
| 393 | Wie unter Nr. 390. | Weiss, mit weissem Stab u. Buschbüschel. | 1,9 | 2 | . . . | . . . | 1876 |
| 393a | Wie unter Nr. 390a. | . . . . . . | . . . | . . . | . . . | . . . | . . . |
| 394 | Wie unter Nr. 390. | Schwarz, mit schwarzem Stab u. Strohbüschel. | 2,2 | 2 | . . . | . . . | 1876 |
| 394a | Wie unter Nr. 390a. | . . . . . . | . . . | . . . | . . . | . . . | . . . |
| 395 | Wie unter Nr. 390. | Weiss, mit weissem Stab u. Buschbüschel. | 1,9 | 2 | . . . | . . . | 1876 |
| 395a | Wie unter Nr. 390a. | . . . . . . | . . . | . . . | . . . | . . . | . . . |
| 396 | Wie unter Nr. 390. | Weiss, mit weissem Stab u. Buschbüschel. | 2,4 | 2 | . . . | . . . | 1876 |
| 396a | Wie unter Nr. 390a. | . . . . . . | . . . | . . . | . . . | . . . | . . . |
| 397 | Wie unter Nr. 390. | Schwarz, mit schwarzem Stab u. Strohbüschel. | 2,6 | 2 | . . . | . . . | 1876 |
| 398 | Wie unter Nr. 390. | Weiss, mit weissem Stab u. Buschbüschel. | 2,2 | 2 | . . . | . . . | 1876 |

| Laufende Nummer. | Namen und Oertlichkeit des Zeichens. 1. | Gattung 2. | Zweck, welchem das Zeichen dient. 3. | Geographische Lage des Zeichens. 4. |
|---|---|---|---|---|
| 399 | **Süder-Knie.** | Pricken. | Bezeichnet stromaufgehend die linke Seite des Fahrwassers. | WNW von dem Leuchtthurm zu Schleimünde und S z W $^3/_4$ W von der Mühle zu Wormshöft. |
| 400 | **Norder-Knie.** | Pricken. | Bezeichnet stromaufgehend die rechte Seite des Fahrwassers. | NW z W $^3/_4$ W von dem Leuchtthurm zu Schleimünde und SSW $^3/_4$ W von der Mühle zu Wormshöft. |
| 401 | **Rabelsund,** Kl. Juursticker Korbstelle. | Pricken. | Desgl. | WNW von dem Leuchtthurm zu Schleimünde und NO $^1/_2$ O von der Kirche zu Cappeln. |
| 402 | **Mauenshöhe,** Korbstelle. | Pricken. | Bezeichnet stromaufgehend die linke Seite des Fahrwassers. | NO von der Kirche zu Cappeln und ONO von Graushöft. |
| 403 | **Rabelfluth,** Tiefarm. | Pricken. | Bezeichnet stromaufgehend die rechte Seite des Fahrwassers. | NO von der Kirche zu Cappeln und ONO $^3/_4$ O von Grauhöft. |
| 404 | **Kopas,** Korbstelle. | Pricken. | Desgl. | NO von der Kirche zu Cappeln und OSO von Grauhöft. |
| 405 | **Unterer Blinderzaun.** | Pricken. | Bezeichnet stromaufgehend die linke Seite des Fahrwassers. | NO $^1/_2$ O von der Kirche zu Cappeln und SO $^1/_4$ O von Grauhöft. |
| 406 | **Predigerzaun,** Tiefarm. | Pricken. | Bezeichnet stromaufgehend die rechte Seite des Fahrwassers. | NO z O $^1/_4$ O von der Kirche zu Cappeln und S $^3/_4$ W von Grauhöft. |
| 407 | **Schlei,** neugebaggertes Fahrwasser derselben oberhalb Cappeln. | Pricken. | Desgl. | S $^1/_2$ O von der Kirche zu Cappeln und WSW $^1/_2$ W von der Mühle zu Loitmark. |
| 407a | | 3 Pricken. | Bezeichnen stromaufgehend die rechte Seite des Fahrwassers. | . . . . . . . . . . . |
| 408 | „ | Pricken. | Bezeichnet stromaufgehend die linke Seite des Fahrwassers. | S z O $^1/_2$ O von der Kirche zu Cappeln und S z W $^1/_2$ W von der Mühle zu Loitmark. |
| 408a | „ | 3 Pricken. | Bezeichnen stromaufgehend die linke Seite des Fahrwassers. | . . . . . . . . . . . |
| 409 | **Espernishaken.** | Pricken. | Bezeichnet stromaufgehend die linke Seite des Fahrwassers. | S $^1/_4$ O von der Kirche zu Cappeln und SW $^1/_2$ S von der Mühle zu Loitmark. |
| 410 | **Alter Zaun,** vor Espernis. | Pricken. | Bezeichnet stromaufgehend die rechte Seite des Fahrwassers. | NNO $^1/_2$ O von der Kirche zu Arnis und N z O von der Mühle zu Sundsacker. |
| 411 | **Königstein.** | Pricken. | Bezeichnet stromaufgehend die linke Seite des Fahrwassers. | NO z N von der Kirche zu Arnis und N $^1/_2$ O von der Mühle zu Sundsacker. |

| Laufende Nummer. | Allgemeine Beschreibung des Zeichens. | Besondere Erkennungsmerkmale des Zeichens. | Wassertiefe am Orte des Zeichens in Metern. | Höhe der Spitze des Zeichens über dem Wasser in Metern. | Höhe der Spitze des Zeichens über dem Erdboden in Metern. | Sichtweite des Zeichens in Seemeilen. | Das Zeichen ist erstmalig ausgelegt bezw. errichtet: |
|---|---|---|---|---|---|---|---|
| | 5. | 6. | 7. | 8a. | 8b. | 9. | 10. |
| 399 | Buchen-Pricken, in den Grund gesteckt. | Buschbüschel. | 3,0 | . . . | . . . | . . . | . . . |
| 400 | Wie unter Nr. 399. | Strohbüschel. | 3,8 | . . . | . . . | . . . | . . . |
| 401 | Wie unter Nr. 399. | Strohbüschel. | 1,7 | . . . | . . . | . . . | . . . |
| 402 | Wie unter Nr. 399. | Buschbüschel. | 3,1 | . . . | . . . | . . . | . . . |
| 403 | Wie unter Nr. 399. | Strohbüschel. | 4,0 | . . . | . . . | . . . | . . . |
| 404 | Wie unter Nr. 399. | Strohbüschel. | 2,6 | . . . | . . . | . . . | . . . |
| 405 | Wie unter Nr. 399. | Buschbüschel. | 3,7 | . . . | . . . | . . . | . . . |
| 406 | Wie unter Nr. 399. | Strohbüschel. | 4,0 | . . . | . . . | . . . | . . . |
| 407 | Birken-Pricken, in den Grund gesteckt. | Strohbüschel. | 3,0 | . . . | . . . | . . . | . . . |
| 407a | Wie unter Nr. 407. | Strohbüschel. | . . . | . . . | . . . | . . . | . . . |
| 408 | Wie unter Nr. 407. | Buschbüschel. | 2,5 | . . . | . . . | . . . | . . . |
| 408a | Wie unter Nr. 407. | Buschbüschel. | . . . | . . . | . . . | . . . | . . . |
| 409 | Wie unter Nr. 407. | Buschbüschel. | 2,8 | . . . | . . . | . . . | . . . |
| 410 | Wie unter Nr. 407. | Strohbüschel. | 2,6 | . . . | . . . | . . . | . . . |
| 411 | Wie unter Nr. 407. | Buschbüschel. | 3,0 | . . . | . . . | . . . | . . . |

| Laufende Nummer. | Namen und Oertlichkeit des Zeichens. 1. | Gattung 2. | Zweck, welchem das Zeichen dient. 3. | Geographische Lage des Zeichens. 4. |
|---|---|---|---|---|
| 411a | **Königstein.** | Pricken. | Bezeichnet stromaufgehend die rechte Seite des Fahrwassers. | NNO ¾ O von der Kirche zu Arnis und N ¼ O von der Mühle zu Sundsacker. |
| 412 | **Schlei,** Fahrwasser derselben von Königstein bis Arnis. | 4 Pricken. | Bezeichnen die Seiten des Fahrwassers. | . . . . . . . . . |
| 413 | **Sundsacker.** | Pricken. | Bezeichnet stromaufgehend die linke Seite des Fahrwassers. | SSW von der Mühle zu Arnis und SW von der Mühle zu Sundsacker. |
| 414 | **Arnis-Kirchhofsgrund.** | Tonne. | Bezeichnet stromaufgehend die rechte Seite des Fahrwassers. | SO z S von der Mühle zu Arnis und NW z W vom Carlsburger Herrenhause. |
| 414a | „ | Pricken. | Desgl. | SO z S von der Kirche zu Arnis und W ½ N von der Mühle zu Sundsacker. |
| 415 | **Carlsburgzaun.** | Pricken. | Bezeichnet stromaufgehend die linke Seite des Fahrwassers. | SW z W von der Kirche zu Arnis und WSW ½ W von der Mühle zu Sundsacker. |
| 416 | **Neugebaggertes Fahrwasser,** östliches Ende. | Tonne. | Desgl. | SW z W von der Mühle zu Arnis und W z N vom Carlsburger Herrenhause. |
| 417 | **Neugebaggertes Fahrwasser.** | Tonne. | Bezeichnet stromaufgehend die rechte Seite des Fahrwassers. | SW z S von der Kirche zu Arnis und WSW von Schwonsberg. |
| 417a | „ | 8 Pricken. | Bezeichnen die Seiten des Fahrwassers. | . . . . . . . . . |
| 418 | „ | Tonne. | Bezeichnet stromaufgehend die linke Seite des Fahrwassers. | NW z W ½ W vom Carlsburger Herrenhause und SW von der Mühle zu Arnis. |
| 419 | „ | Pricken. | Bezeichnet stromaufgehend die rechte Seite des Fahrwassers. | S z W ¾ W von der Kirche zu Cappeln und W ¾ S von der Mühle zu Sundsacker. |
| 419a | „ | 8 Pricken. | Bezeichnen die Seiten des Fahrwassers. | . . . . . . . . . |
| 420 | **Neugebaggertes Fahrwasser,** westliches Ende. | Tonne. | Bezeichnet stromaufgehend die rechte Seite des Fahrwassers. | S z W von der Mühle zu Grödersbye und W ½ N vom Carlsburger Herrenhause. |
| 421 | **Karnöher-Haken.** | Tonne. | Desgl. | WSW von der Mühle zu Arnis und WNW ½ W von der Kirche zu Siesebye. |
| 421a | „ | Tonne. | Bezeichnet stromaufgehend die linke Seite des Fahrwassers. | SW z W ½ W von der Mühle zu Arnis und W ½ N von der Kirche zu Siesebye. |
| 422 | **Niss-Haken.** | Tonne. | Bezeichnet stromaufgehend die rechte Seite des Fahrwassers. | WSW von der Mühle zu Arnis und W ½ S von der Kirche zu Siesebye. |

| Laufende Nummer. | Allgemeine Beschreibung des Zeichens. | Besondere Erkennungs-merkmale des Zeichens. | Wasser-tiefe am Orte des Zeichens in Metern. | Höhe der Spitze des Zeichens über dem Wasser in Metern. | Höhe der Spitze des Zeichens über dem Erdboden in Metern. | Sicht-weite des Zeichens in See-meilen. | Das Zeichen ist erstmalig ausgelegt bezw. errichtet: |
|---|---|---|---|---|---|---|---|
| | 5. | 6. | 7. | 8a. | 8b. | 9. | 10. |
| 411a | Birken-Pricken, in den Grund gesteckt. | Strohbüschel. | 3,4 | ... | ... | ... | ... |
| 412 | Wie unter Nr. 411a. | ... | ... | ... | ... | ... | ... |
| 413 | Wie unter Nr. 411a. | Buschbüschel. | 2,5 | ... | ... | ... | ... |
| 414 | Hölzerne Spitztonne von 0,9 m Länge und 0,7 m oberem Durchmesser. Verankert mit Stein und Kette. | Schwarz, mit Stab und Strohbüschel. | 2,2 | ... | ... | ... | 1876 |
| 414a | Wie unter Nr. 411a. | Strohbüschel. | 2,2 | ... | ... | ... | ... |
| 415 | Wie unter Nr. 411a. | Buschbüschel. | 3,2 | ... | ... | ... | ... |
| 416 | Wie unter Nr. 414. | Weiss, mit Stab und Buschbüschel. | 3,8 | ... | ... | ... | 1877 |
| 417 | Wie unter Nr. 414. | Schwarz, mit Stab und Strohbüschel. | 3,5 | ... | ... | ... | 1877 |
| 417a | ... | ... | ... | ... | ... | ... | ... |
| 418 | Wie unter Nr. 414. | ... | 3,8 | ... | ... | ... | 1877 |
| 419 | Wie unter Nr. 411a. | Strohbüschel. | 3,2 | ... | ... | ... | ... |
| 419a | ... | ... | ... | ... | ... | ... | ... |
| 420 | Wie unter Nr. 414. | Schwarz, mit Stab und Strohbüschel. | 3,8 | ... | ... | ... | 1877 |
| 421 | Wie unter Nr. 414. | Schwarz, mit Stab und Strohbüschel. | 3,4 | 2 | ... | ... | ... |
| 421a | Wie unter Nr. 414. | Weiss, mit Stab und Buschbüschel. | 3,3 | 2 | ... | ... | ... |
| 422 | Wie unter Nr. 414. | Schwarz, mit Stab und Strohbüschel. | 3,2 | ... | ... | ... | ... |

| Laufende Nummer. | Namen und Oertlichkeit des Zeichens. 1. | Gattung 2. | Zweck, welchem das Zeichen dient. 3. | Geographische Lage des Zeichens. 4. |
|---|---|---|---|---|
| 423 | **Stubbe-Haken.** | Tonne. | Bezeichnet stromaufgehend die linke Seite des Fahrwassers. | WSW von der Mühle zu Arnis u. SSO ½ O von der Königskathe bei Nis. |
| 424 | **Stubbe,** altes Bohlwerk. | Pricken. | Bezeichnet stromaufgehend die rechte Seite des Fahrwassers. | SW z W ½ W von der Mühle zu Arnis und N ½ W von Stubbe. |
| 425 | **Steingrund,** bei Stubbe. | Pricken. | Bezeichnet stromaufgehend die linke Seite des Fahrwassers. | WSW ½ W von der Mühle zu Arnis und N z O von Stubbe. |
| 426 | **Schneider-Haken.** | Pricken. | Bezeichnet stromaufgehend die rechte Seite des Fahrwassers. | SW z W ½ W von der Mühle zu Arnis und NW z W von Stubbe. |
| 427 | **Mittelgrund,** bei Stubbe. | Pricken. | Bezeichnet stromaufgehend die linke Seite des Fahrwassers. | WSW von der Mühle zu Arnis und W z N von Stubbe. |
| 428 | **Büstorfer Ziegelei.** | Pricken. | Desgl. | W ¾ N von Büstorf und NO ¾ O von der Goltofter Kathe. |
| 429 | **Bohnert-Riff.** | Pricken. | Desgl. | NO ½ O von der Goltofter Kathe und W. von Büstorf. |
| 430 | **Steingrund,** bei Finsterstern. | Tonne. | Bezeichnet stromaufgehend die rechte Seite des Fahrwassers. | N. von der westl. Huk von Finsterstern u. NO ½ N vom östlichsten Hause in Missunde. |
| 431 | **Missunde.** | 2 Pricken. | Bezeichnen stromaufgehend die linke Seite des Fahrwassers. | NNO von Jansens Haus und NO von Nissens Haus. |
| 432 | **Mittelgrund,** oberhalb Missunde. | Tonne. | Bezeichnet stromaufgehend die rechte Seite des Fahrwassers. | O z S von der Gallberger Mühle und SW z W von Jansens Haus. |
| 433 | **Schmeckwurst.** | Tonne. | Desgl. | O ½ S von der Kirche zu Friedrichsberg und NO von Louisenlund. |
| 434 | **Kielfoot.** | Tonne. | Bezeichnet stromaufgehend die linke Seite des Fahrwassers. | O ½ S von der Kirche zu Friedrichsberg u. NNO ½ O von Louisenlund. |
| 435 | **Hestholm.** | Tonne. | Bezeichnet stromaufgehend die rechte Seite des Fahrwassers. | O ½ S von der Kirche zu Friedrichsberg und S. vom Westende von Füsing. |
| 436 | **Waasgrund.** | Pricken. | Bezeichnet stromaufgehend die linke Seite des Fahrwassers. | O ½ S von der Kirche zu Friedrichsberg und S ½ W vom Westende von Füsing. |
| 436a | „ | Tonne. | Desgl. | O ½ S von der Kirche zu Friedrichsberg und SSW vom Westende von Füsingdorf. |
| 436b | „ | 2 Pricken. | Bezeichnen die Seiten des Fahrwassers. | . . . . . . . . . . . |

| Laufende Nummer. | Allgemeine Beschreibung des Zeichens. | Besondere Erkennungsmerkmale des Zeichens. | Wassertiefe am Orte des Zeichens in Metern. | Höhe der Spitze des Zeichens über dem Wasser in Metern. | Höhe der Spitze des Zeichens über dem Erdboden in Metern. | Sichtweite des Zeichens in Seemeilen. | Das Zeichen ist erstmalig ausgelegt bezw. errichtet: |
|---|---|---|---|---|---|---|---|
| | 5. | 6. | 7. | 8a. | 8b. | 9. | 10. |
| 423 | Hölzerne Spitztonne von 0,9 m Länge und 0,7 m oberem Durchmesser. Verankert mit Stein und Kette. | Weiss, mit Stab und Buschbüschel. | 2,6 | 2 | . . . | . . . | . . . |
| 424 | Birken-Pricken, in den Grund gesteckt. | Strohbüschel. | 3,1 | . . . | . . . | . . . | . . . |
| 425 | Desgl. | Buschbüschel. | 3,1 | . . . | . . . | . . . | . . . |
| 426 | Desgl. | Strohbüschel. | 3,0 | . . . | . . . | . . . | . . . |
| 427 | Desgl. | Buschbüschel. | 3,2 | . . . | . . . | . . . | . . . |
| 428 | Desgl. | Buschbüschel. | 2,3 | . . . | . . . | . . . | . . . |
| 429 | Desgl. | Buschbüschel. | 2,7 | . . . | . . . | . . . | . . . |
| 430 | Wie unter Nr. 423. | Schwarz, mit Stab und Strohbüschel. | 3,0 | 2 | . . . | . . . | . . . |
| 431 | Birken-Pricken, in den Grund gesteckt. | Buschbüschel. | 2,5 | . . . | . . . | . . . | . . . |
| 432 | Wie unter Nr. 423. | Schwarz, mit Stab und Strohbüschel. | 3,5 | 2 | . . . | . . . | . . . |
| 433 | Wie unter Nr. 423. | Schwarz, mit Stab und Strohbüschel. | 2,8 | 2 | . . . | . . . | . . . |
| 434 | Wie unter Nr. 423. | Weiss, mit Stab und Buschbüschel. | 3,7 | 2 | . . . | . . . | . . . |
| 435 | Wie unter Nr. 423. | Schwarz, mit Stab und Strohbüschel. | 3,0 | 2 | . . . | . . . | . . . |
| 436 | Birken-Pricken, in den Grund gesteckt. | Buschbüschel. | 2,2 | . . . | . . . | . . . | . . . |
| 436a | Wie unter Nr. 423. | Weiss, mit Stab und Buschbüschel. | 2,7 | 2 | . . . | . . . | . . . |
| 436b | . . . | . . . | . . . | . . . | . . . | . . . | . . . |

| Laufende Nummer. | Namen und Oertlichkeit des Zeichens. 1. | Gattung des Zeichens. 2. | Zweck, welchem das Zeichen dient. 3. | Geographische Lage des Zeichens. 4. |
|---|---|---|---|---|
| 437 | **Paloere.** | Tonne. | Bezeichnet stromaufgehend die rechte Seite des Fahrwassers. | SW ¾ S von der Kirche zu Kahlebye u. SO z O ½ O von der Gallberger Mühle. |
| 437a | " | 15 Pricken. | Bezeichnen die Seiten des Fahrwassers. | . . . . . . . . . . . |
| 437b | " | Tonne. | Bezeichnet stromaufgehend die rechte Seite des Fahrwassers. | O. von der Kirche zu Friedrichsberg und SW ½ S von der Kirche zu Kahlebye. |
| 437c | " | Pricken. | Desgl. | O ½ S von der Kirche zu Friedrichsberg und SW von der Kirche zu Kahlebye. |
| 438 | **Fahrdorf.** | Tonne. | Bezeichnet stromaufgehend die linke Seite des Fahrwassers. | SO z S von der Gallberger Mühle u. W. von der Mühle zu Friedrichsberg. |
| 438a | " | 9 Pricken. | Bezeichnen die Seiten des Fahrwassers. | . . . . . . . . . . . |
| 438b | " | Tonne. | Bezeichnet stromaufgehend die linke Seite des Fahrwassers. | SSO von der Gallberger Mühle und O ½ S von der Kirche zu Friedrichsberg. |
| 439 | **Poelsriff,** Untiefe an der Südostspitze der Insel Alsen, etwa 1700 m von der Küste. | Tonne (im Sommer ausliegend). | Bezeichnet die Untiefe Poelsriff. Man muss südlich von der Tonne passiren. | 54° 51′ 24″ N.Br. 10° 6′ 0″ O.Lg. |
| | | Eisboje (im Winter ausliegend). | Desgl. | Desgl. |
| 440 | **Poelsbro,** Untiefe an der Südspitze der Insel Alsen, etwa 1200 m von der Küste. | Tonne (im Sommer ausliegend). | Bezeichnet die Untiefe Poelsbro. Man muss südlich von der Tonne passiren. | 54° 51′ 48″ N.Br. 10° 5′ 45″ O.Lg. |
| | | Eisboje (im Winter ausliegend). | Desgl. | Desgl. |
| 441 | **Bredegrund,** Untiefe zwischen der Südspitze der Insel Alsen und der Nordspitze der Landschaft Angeln. (Bei mittlerem Wasserstande ist die geringste Wassertiefe 3,5 m auf dem Bredegrund.) | Tonne (im Sommer ausliegend). | Bezeichnet die Nordspitze der Untiefe Bredegrund. Man muss nördlich von der Tonne passiren. | 54° 49′ 48″ N.Br. 10° 2′ 40″ O.Lg. |
| | | Eisboje (im Winter ausliegend). | Desgl. | Desgl. |

| Laufende Nummer. | Allgemeine Beschreibung des Zeichens. | Besondere Erkennungsmerkmale des Zeichens. | Wassertiefe am Orte des Zeichens in Metern. | Höhe der Spitze des Zeichens über dem Wasser in Metern. | Höhe der Spitze des Zeichens über dem Erdboden in Metern. | Sichtweite des Zeichens in Seemeilen. | Das Zeichen ist erstmalig ausgelegt bezw. errichtet: |
|---|---|---|---|---|---|---|---|
| | 5. | 6. | 7. | 8a. | 8b. | 9. | 10. |
| 437 | Hölzerne Spitztonne von 0,9 m Länge und 0,7 m oberem Durchmesser. Verankert mit Stein und Kette. | Schwarz, mit Stab und Strohbüschel. | 3,1 | 2 | . . . | . . . | . . . |
| 437a | . . . . . . . . . . . . . . . . | . . . . . . . | . . . | . . . | . . . | . . . | . . . |
| 437b | Hölzerne Spitztonne, wie unter Nr. 437. | Schwarz, mit Stab und Strohbüschel. | 3,0 | 2 | . . . | . . . | . . . |
| 437c | Birken-Pricken, in den Grund gesteckt. | Strohbüschel. | 3,0 | . . . | . . . | . . . | . . . |
| 438 | Hölzerne Spitztonne, wie unter Nr. 437. | Weiss, mit Stab und Buschbüschel. | 2,6 | 2 | . . . | . . . | . . . |
| 438a | . . . . . . . . . . . . . . . . | . . . . . . . | . . . | . . . | . . . | . . . | . . . |
| 438b | Hölzerne Spitztonne, wie unter Nr. 437. | Weiss, mit Stab und Buschbüschel. | 2,3 | 2 | . . . | . . . | . . . |
| 439 | Kegelförmige Spitztonne von 2,0 m Länge und 1,1 m oberem Durchmesser aus zusammengenietetem Eisenblech; mit durchgehendem Eisenblech-Rohr von 0,13 m Durchmesser, in welchem eine Stange befestigt ist. Verankert mit Stein und Kette. | Roth, mit einem Besen. | 7 | 4,0 | . . . | 3 | 1845 |
| | Fichtener Klotz von 0,7 m Durchmesser mit durchgehender und mit dem Klotz verbolzter, 4,5 m langer Stange. Verankert mit Stein und Kette. | Schwarz, mit einem Besen. | „ | „ | . . . | „ | „ |
| 440 | Kegelförmige Spitztonne, wie unter Nr. 439. | Roth, mit weisser Stange und 2 Besen. | 3,5 | 4,0 | . . . | 3 | 1843 |
| | Fichtener Klotz, wie unter Nr. 439. | Schwarz, mit weisser Stange und 2 Besen. | „ | „ | . . . | „ | „ |
| 441 | Kegelförmige Spitztonne aus zusammengenietetem Eisenblech von 2,0 m Länge und 1,1 m oberem Durchmesser. Verankert mit Stein und Kette. | Roth. | 6,0 | 0,5 | . . . | 1,5 | 1870 |
| | Fichtener Klotz von 0,7 m Durchmesser. Verankert mit Stein und Kette. | Schwarz. | „ | „ | . . . | „ | „ |

| Laufende Nummer. | Namen und Oertlichkeit des Zeichens. 1. | Gattung 2. | Zweck, welchem das Zeichen dient. 3. | Geographische Lage des Zeichens. 4. |
|---|---|---|---|---|
| 441a | **Bredegrund**, Untiefe zwischen der Südspitze der Insel Alsen und der Nordspitze der Landschaft Angeln. (Bei mittlerem Wasserstande ist die geringste Wassertiefe 3,5 m auf dem Bredegrund). | Tonne (im Sommer ausliegend). | Bezeichnet die Südspitze der Untiefe Bredegrund. Man muss südlich von der Tonne passiren. | 54° 47′ 30″ N.Br. 10° 2′ 40″ O.Lg. |
| | | Eisboje (im Winter ausliegend). | Desgl. | Desgl. |
| 442 | **Kalkgrund**, vor der Landspitze Birk. | Tonne (im Sommer ausliegend). | Bezeichnet den von der Landspitze Birk ausgehenden Kalkgrund. Man muss nördlich von der Tonne passiren. | 54° 49′ 40″ N.Br. 9° 53′ 30″ O.Lg. |
| | | Eisboje (im Winter ausliegend). | Desgl. | Desgl. |
| 443 | **Mittelgrund**, zwischen Bordeshoved u. Kekenis, in der Nähe der von Kekenis vorspringenden Landecke Fischerodde. Der Mittelgrund ist eine mitten im Fahrwasser nach Sonderburg befindliche Untiefe mit nur 2,5 m Tiefe an der flachsten Stelle. | Tonne (im Sommer ausliegend). | Bezeichnet die Untiefe Mittelgrund. | 54° 51′ 30″ N.Br. 9° 51′ 15″ O.Lg. SSO ½ O von Düppel-Mühle. (Düppel-Mühle liegt in 54° 54′ 25″ N.Br. 9° 45′ 45″ O.Lg.) |
| | | Eisboje (im Winter ausliegend). | Desgl. | Desgl. |
| 444 | **Neukirchen-Grund**, Untiefe zwischen Habernis und Neukirchen. | Tonne (im Sommer ausliegend, im Winter durch eine Schwimmbake mit Strohbüschel ersetzt). | Bezeichnet die Untiefe. Man muss nördlich von der Tonne passiren. | 54° 49′ N.Br. 9° 46′ 40″ O.Lg. |

| Laufende Nummer. | Allgemeine Beschreibung des Zeichens. | Besondere Erkennungs-merkmale des Zeichens. | Wasser-tiefe am Orte des Zeichens in Metern. | Höhe der Spitze des Zeichens über dem Wasser in Metern. | Höhe der Spitze des Zeichens über dem Erdboden in Metern. | Sicht-weite des Zeichens in See-meilen. | Das Zeichen ist erst-malig ausge-legt bezw. errichtet: |
|---|---|---|---|---|---|---|---|
| | 5. | 6. | 7. | 8a. | 8b. | 9. | 10. |
| 441a | Kesseltonne (von der Form eines abgestumpften Kegels) von 1,0 m Länge, 0,9 m oberen und 0,65 m unterem Durchmesser, aus zusammengenietetem Eisenblech; mit durchgehendem dergleichen Rohr von 0,15 m Durchmesser, in welchem eine Stange befestigt ist.*) | Roth, mit rother Stange und Besen; die Tonne trägt ausserdem ein hölzernes schwarz-weiss gestrichenes Gitter. | 7,5 | 4,0 | . . . | 4 | 1870 |
| | Fichtener Klotz von 0,7 m Durchmesser mit durchgehender und mit dem Klotz verbolzter, 4,5 m langer Stange.*) | Schwarz, mit rother Stange und Besen. | „ | „ | . . . | „ | „ |
| 442 | Eiserne Kesseltonne (von der Form eines abgestumpften Kegels) von 1,0 m Länge, 0,9 m oberem und 0,65 m unterem Durchmesser; mit durchgehendem, 0,15 m weiten Rohr, an dessen unterem Ende 3 Flachschienen angebracht sind, die in einem Auge zur Befestigung der Ankerkette endigen. In dem Rohr ist eine Stange befestigt, welche einen Ballon trägt.**) | Roth, mit rother Stange und schwarzem Ballon. | 6 | 6 | . . . | 4 | 1873 |
| | Fichtener Klotz, wie unter Nr. 441a.**) | Schwarz, mit rother Stange und schwarzem Ballon. | „ | „ | . . . | „ | „ |
| 443 | Eiserne Tonne (von der Form eines abgestumpften Kegels) von 1,2 m Länge, 1,15 m oberem und 0,89 m unterem Durchmesser, mit durchgehendem Rohr, an dessen unterem Ende 3 Flachschienen angebracht sind, die in einem Auge zur Befestigung der Ankerkette endigen. In dem Rohr ist eine Stange von etwa 6 m Höhe über dem Boden der Tonne befestigt, an welche sich ein vom Rande der Tonne ausgehendes, etwa 4 m hohes Holzgitter lehnt.*) | Tonne u. Gitter schwarz; Stange mit Besen. | 7 | 4 | . . . | 3 | 1845 |
| | Fichtener Klotz, wie unter Nr. 441a.*) | Schwarz, mit schwarzer Stange und Besen. | „ | „ | . . . | „ | „ |
| 444 | Hölzerne Tonne von 2 m Länge u. 0,57 m oberer Breite mit starken schmiedeeisernen Reifen. Am untern Ende ein Auge zur Anbringung der Ankerkette, am oberen Boden ein Ring.**) | Die Tonne ist über Wasser in einer Höhe von ca. 0,7 m weiss und unter Wasser schwarz. | 5 | 0,7 | . . . | 1,5 | 1873 |

*) Verankert mit Stein und Kette.

**) An einem schweren Granitstein verankert.

| Laufende Nummer. | Namen und Oertlichkeit des Zeichens. | Gattung | Zweck, welchem das Zeichen dient. | Geographische Lage des Zeichens. |
|---|---|---|---|---|
| | 1. | 2. | 3. | 4. |
| 445 | **Kragesand**, Untiefe an der vorspringenden Landecke der Halbinsel Broacker, etwa 750 m von der Küste. | Tonne (im Sommer ausliegend). | Bezeichnet die Untiefe Kragesand. Man muss südlich von der Tonne passiren. | 54° 49′ 54″ N.Br. 9° 44′ O.Lg. |
| | | Eisboje (im Winter ausliegend). | Desgl. | Desgl. |
| 446 | **Brunsnishaken**, Untiefe südlich von Brunsnis. | Tonne.*) | Bezeichnet die südlichste Grenze der Untiefe. | 54° 51′ 20″ N.Br. 9° 38′ 24″ OLg. |
| 447 | **Neismühlenflach**, eine vom Sundewitter Ufer aus sich erstreckende Untiefe, dem Holnishaken gegenüber. | Tonne.*) | Bezeichnet die südlichste Grenze der Untiefe. | 54° 53′ N.Br. 9° 38′ 10″ O.Lg. |
| 448 | **Holnishaken**, ein von Holnis in der Richtung auf Iller sich erstreckender Grund. | Tonne.**) | Bezeichnet den Haken. Man muss nördlich von der Tonne passiren. | 54° 52′ 40″ N.Br. 9° 37′ 30″ O.Lg. |
| 449 | **Eckensund**, auf dem ersten Osthaken. | Tonne.*) | Bezeichnet die östliche Seite der Einfahrt nach Eckensund. | 54° 54′ 16″ N.Br. 9° 36′ 10″ O.Lg. |
| 449a | **Eckensund**, auf dem ersten Westhaken. | Tonne.**) | Bezeichnet die westliche Seite der Einfahrt nach Eckensund. | 54° 54′ 12″ N.Br. 9° 36′ 5″ O.Lg. |
| 449b | **Eckensund**, auf dem zweiten Osthaken. | Pricken. | Bezeichnet die östliche Seite der Einfahrt nach Eckensund. | . . . . . . . . . . . |
| 449c | **Eckensund**, auf dem zweiten Westhaken. | Pricken. | Bezeichnet die westliche Seite der Einfahrt nach Eckensund. | 54° 54′ 18″ N.Br. 9° 35′ 56″ O.Lg. |
| 450 | **Oster-Skidenkind.** | Tonne.**) | Bezeichnet die von der Halbinsel Holnis aus in nördlicher Richtung sich erstreckende Untiefe Oster-Skidenkind. | 54° 52′ 54″ N.Br. 9° 36′ O.Lg. |

*) Liegt nur im Sommer aus, wird jedoch für die Wintermonate durch eine schwarze Schwimmbake mit Reisigbüschel ersetzt.

**) Liegt nur im Sommer aus, wird jedoch für die Wintermonate durch eine weisse Schwimmbake mit Strohbüschel ersetzt.

Anm. zu Nr. 446 bis 455. — Die unter diesen Nummern aufgeführten Schifffahrtszeichen werden von den Flensburger Lootsen ausgelegt und unterhalten.

| Laufende Nummer. | Allgemeine Beschreibung des Zeichens. | Besondere Erkennungs-merkmale des Zeichens. | Wasser-tiefe am Orte des Zeichens in Metern. | Höhe der Spitze des Zeichens über dem Wasser in Metern. | Höhe der Spitze des Zeichens über dem Erdboden in Metern. | Sichtweite des Zeichens in Seemeilen. | Das Zeichen ist erstmalig ausgelegt bezw. errichtet: |
|---|---|---|---|---|---|---|---|
| | 5. | 6. | 7. | 8a. | 8b. | 9. | 10. |
| 445 | Kegelförmige Spitztonne von 1,1 m oberem Durchmesser und 2,0 m Länge aus zusammengenietetem Eisenblech; mit durchgehendem Eisenblech-Rohr von 0,13 m Durchmesser, in welchem eine Stange befestigt ist.*) | Roth, mit schwarzer Stange und Besen. | . . . | . . . | . . . | . . . | . . . |
| | Fichtener Klotz von 0,7 m Durchmesser mit durchgehender und mit dem Klotz verbolzter, 4,5 m langer Stange.*) | Schwarz, mit einem Besen. | . . . | . . . | . . . | . . . | . . . |
| 446 | Hölzerne Tonne mit eisernen Reifen (von der Form eines abgestumpften Kegels) von 1,1 m Länge, 0,8 m oberem und 0,34 m unterem Durchmesser. Durch die Tonne geht eine Stange, an deren unterem Ende die Ankerkette befestigt ist und an deren oberem Ende ein Korbballon sich befindet. An einem Stein verankert. | Tonne nebst Stange und Ballon sind schwarz. | 5,0 | 3,3 | . . . | 1 | . . . |
| 447 | Hölzerne Tonne mit eisernen Reifen, wie unter Nr. 446. | Tonne nebst Stange und Ballon sind schwarz. | 5,0 | 3,3 | . . . | 1 | . . . |
| 448 | Hölzerne Tonne mit eisernen Reifen, wie unter Nr. 446. | Tonne nebst Stange und Ballon sind weiss. | 5 | 3,3 | . . . | 1 | 1805 |
| 449 | Hölzerne Tonne mit eisernen Reifen, wie unter Nr. 446. | Tonne nebst Stange und Ballon sind schwarz. | 5 | 3,3 | . . . | 1 | . . . |
| 449a | Hölzerne Tonne mit eisernen Reifen, wie unter Nr. 446. | Tonne nebst Stange und Ballon sind weiss. | 5 | 3,3 | . . . | 1 | . . . |
| 449b | An einen Stein gekettete, aufrechtstehende lange Stange mit Reisigbüschel. | Schwarz. | 5 | 2,5 | . . . | 1 | . . . |
| 449c | An einen Stein gekettete, aufrechtstehende lange Stange mit Strohbüschel. | Weiss. | 5 | 2,5 | . . . | 1 | . . . |
| 450 | Hölzerne Tonne mit eisernen Reifen, wie unter Nr. 446.**) | Tonne nebst Stange u. Korbballon sind weiss. | 5 | 3,3 | . . . | 1 | 1805 |

*) Verankert mit Stein und Kette.

**) An einem schweren Granitstein verankert.

| Laufende Nummer. | Namen und Oertlichkeit des Zeichens. 1. | Gattung des Zeichens. 2. | Zweck, welchem das Zeichen dient. 3. | Geographische Lage des Zeichens. 4. |
|---|---|---|---|---|
| 451 | **Skidenkinds Mittelgrund**, Untiefe zwischen Holnis u. Sandacker. | Tonne.*) | Bezeichnet die Untiefe Skidenkinds Mittelgrund. | 54° 53′ N.Br. 9° 35′ O.Lg. |
| 452 | **Wester-Skidenkind**, eine von der Halbinsel Holnis aus in den Flensburger Meerbusen sich erstreckende Untiefe. | Tonne.*) | Bezeichnet die Untiefe Wester-Skidenkind. | 54° 53′ 5″ N.Br. 9° 35′ 10″ O.Lg. |
| 453 | **Dalsgaardgrund**, eine vom Sundewitter Ufer aus sich erstreckende Untiefe. | Tonne.**) | Bezeichnet die östliche Grenze der Untiefe. | 54° 53′ 25″ N.Br. 9° 35′ 30″ O.Lg. |
| 454 | **Kielsenger Haken**, eine von Kielseng aus in die Flensburger Binnenföhrde sich erstreckende Untiefe. | Tonne.*) | Bezeichnet den Kielsenger Haken. | 54° 48′ N.Br. 9° 26′ 20″ O.Lg. |
| 455 | **Batteriehaken**, eine von der Batterie aus in die Flensburger Binnenföhrde sich erstreckende Untiefe (westliches Ufer). | Tonne.**) | Bezeichnet den Batteriehaken. | 54° 48′ 30″ N.Br. 9° 26′ 30″ O.Lg. |
| 456 | **Osterhaken**, bei Sonderburg, etwa 570 m südlich vom Schloss. | Tonne (im Sommer ausliegend). | Bezeichnet die östliche Seite des Fahrwassers unmittelbar vor Sonderburg. | 54° 53′ 48″ N.Br. 9° 47′ 20″ O.Lg. |
| | | Eisboje (im Winter ausliegend). | Desgl. | Desgl. |

*) Liegt nur im Sommer aus, wird jedoch für die Wintermonate durch eine weisse Schwimmbake mit Strohbüschel ersetzt.

**) Liegt nur im Sommer aus, wird jedoch für die Wintermonate durch eine schwarze Schwimmbake mit Reisigbüschel ersetzt.

Anm. zu Nr. 456 bis 459. — Die unter diesen Nummern aufgeführten Schiffahrtszeichen werden von den Sonderburger Lootsen ausgelegt und unterhalten.

| Laufende Nummer. | Allgemeine Beschreibung des Zeichens. | Besondere Erkennungsmerkmale des Zeichens. | Wassertiefe am Orte des Zeichens in Metern. | Höhe der Spitze des Zeichens über Wasser in Metern. | Höhe der Spitze des Zeichens über dem Erdboden in Metern. | Sichtweite des Zeichens in Seemeilen. | Das Zeichen ist erstmalig ausgelegt bezw. errichtet: |
|---|---|---|---|---|---|---|---|
| | 5. | 6. | 7. | 8a. | 8b. | 9. | 10. |
| 451 | Hölzerner abgestumpfter Doppelkegel mit eisernen Reifen. Durch die Tonne geht eine Stange, welche oben ca. 0,4 m über den Boden der Tonne hervorragt und an deren unterem Ende die Ankerkette befestigt ist.*) | Tonne und Stange weiss. | 5 | 0,8 | . . . | 1,5 | 1805 |
| 452 | Hölzerne Tonne mit eisernen Reifen (von der Form eines abgestumpften Kegels) von 1,11 m Länge, 0,8 m oberem und 0,34 m unterem Durchm. Durch die Tonne geht eine Stange, an deren unterem Ende die Ankerkette befestigt ist und an deren oberem Ende ein Korbballon sich befindet.*) | Tonne nebst Stange u. Korbballon sind weiss. | 5 | 3,3 | . . . | 1 | 1805 |
| 453 | Hölzerne Tonne mit eisernen Reifen, wie unter Nr. 452. | Tonne nebst Stange u. Ballon sind schwarz. | 5 | 3,3 | . . . | 1 | . . . |
| 454 | Hölzerne Tonne mit eisernen Reifen, wie unter Nr. 452. | Tonne nebst Stange u. Korbballon sind weiss. | 5 | 3,3 | . . . | 1 | 1805 |
| 455 | Hölzerne Tonne mit eisernen Reifen, wie unter Nr. 452. | Tonne nebst Stange u. Ballon sind schwarz. | 5 | 3,3 | . . . | 1,5 | 1805 |
| 456 | Kegelförmige Spitztonne von 2,0 m Höhe u. 1,1 m oberem Durchmesser aus zusammengenietetem Eisenblech; mit durchgehendem Eisenblech-Rohr von 0,13 m Durchmesser, in welchem eine Stange befestigt ist. Verankert mit Stein und Kette. | Roth, mit weisser Stange und 2 Besen. | 5,5 | 4 | . . . | 3 | . . . |
| | Fichtener Klotz von 0,7 m Durchmesser mit durchgehender und mit dem Klotz verbolzter, 4,5 m langer Spiere. Verankert mit Stein und Kette. | Schwarz, mit einem Besen. | „ | „ | . . . | „ | . . . |

*) An einem schweren Granitstein verankert.

| Laufende Nummer. | Namen und Oertlichkeit des Zeichens. 1. | Gattung des Zeichens. 2. | Zweck, welchem das Zeichen dient. 3. | Geographische Lage des Zeichens. 4. |
|---|---|---|---|---|
| 457 | **Westerhaken**, bei Sonderburg, etwa 280 m nördlich von der Tonne unter Nr. 456. | Tonne (im Sommer ausliegend). | Bezeichnet die westliche Seite des Fahrwassers unmittelbar vor Sonderburg. | 54° 54' N.Br. 9° 47' 10" O.Lg. |
| | | Eisboje (im Winter ausliegend). | Desgl. | Desgl. |
| 458 | **Alsen-Sund**, vor dem Rönhofer Felde auf dem Acker I. | Pricken. | Bezeichnet die Westkante des vom Ufer aus sich erstreckenden Grundes (die östliche Seite des Fahrwassers). | 54° 57' 30" N.Br. 9° 45' 40" O.Lg. |
| 458a | " | Pricken. | Desgl. | 54° 57' 36" N.Br. 9° 45' 40" O.Lg. |
| 458b | " | Pricken. | Desgl. | 54° 57' 42" N.Br. 9° 45' 40" O.Lg. |
| 459 | **Schnabek-Hage**, an der nördlichen Einfahrt in den Alsen-Sund, der Vereinigung von Alsen-Sund, Alsen-Föhrde und Augustenburger Föhrde. | Pricken. | Bezeichnet den Ausläufer der Landspitze Schnabek auf Sundewitt und insbesondere die Biegung des Fahrwassers vom Alsen-Sund gegen die Alsen-Föhrde. | 54° 59' 30" N.Br. 9° 44' 50" O.Lg. |
| 460 | **Aaroe**, etwa 1 Seemeile südlich von der Insel Aaroe im kleinen Belt. | Tonne (im Sommer ausliegend). | Bezeichnet das Südende des flachen Ausläufers südlich von Aaroe. | 55° 13' 42" N.Br. 9° 44' 40" O.Lg. |
| | | Eisboje (im Winter ausliegend). | Desgl. | Desgl. |
| 461 | **Aaroe-Kalo**, östlich von Aaroe, S ½ O von Baagoe-Leuchtthurm. | Tonne (im Sommer ausliegend). | Bezeichnet den flachen Ausläufer östlich von Aaroe. | 55° 16' 18" N.Br. 9° 49' 10" O.Lg. |
| | | Eisboje (im Winter ausliegend). | Desgl. | Desgl. |
| 462 | **Linderum-Südende**, nördlich von der Insel Aaroe. | Tonne (im Sommer ausliegend). | Bezeichnet den flachen Ausläufer südlich der Insel Linderum. | 55° 16' 50" N.Br. 9° 44' O.Lg. |
| | | Eisboje (im Winter ausliegend). | Desgl. | Desgl. |
| 463 | **Linderum-Riff**, NW von der Insel Linderum u. W ¼ S von Baagoe-Leuchtthurm. | Tonne (im Sommer ausliegend). | Bezeichnet die von der NW-Spitze der Insel Linderum aus sich erstreckende Untiefe. | 55° 17' 48" N.Br. 9° 41' 50" O.Lg. |
| | | Eisboje (im Winter ausliegend). | Desgl. | Desgl. |

| Laufende Nummer. | Allgemeine Beschreibung des Zeichens. | Besondere Erkennungsmerkmale des Zeichens. | Wassertiefe am Orte des Zeichens in Metern. | Höhe der Spitze des Zeichens über dem Wasser in Metern. | Höhe der Spitze des Zeichens über dem Erdboden in Metern. | Sichtweite des Zeichens in Seemeilen. | Das Zeichen ist erstmalig ausgelegt bezw. errichtet: |
|---|---|---|---|---|---|---|---|
| | 5. | 6. | 7. | 8a. | 8b. | 9. | 10. |
| 457 | Kegelförmige Spitztonne von 2,0 m Länge u. 1,1 m oberem Durchmesser aus zusammengenietetem Eisenblech; mit durchgehendem Eisenblech-Rohr von 0,13 m Durchmesser, in welchem eine Stange befestigt ist. Verankert mit Stein und Kette. | Roth, mit rother Stange und Besen. | 4 | 4 | . . . | 3 | . . . |
| | Fichtener Klotz von 0,7 m Durchmesser mit durchgehender und mit dem Klotz verbolzter, 4,5 m langer Stange. Verankert mit Stein und Kette. | Schwarz, mit einem Besen. | „ | „ | . . . | „ | . . . |
| 458 | Schwimmendes hölzernes Kreuz mit durchgehender Stange. Verankert mit Stein und Kette. | Schwarze Stange mit Besen. | 5 | 3,5 | . . . | 1 | . . . |
| 458a | Desgl. | Desgl. | „ | „ | . . . | „ | . . . |
| 458b | Desgl. | Desgl. | „ | „ | . . . | „ | . . . |
| 459 | Desgl. | Schwarze Stange mit Besen. Das hölzerne Kreuz liegt unter Wasser. | 4,5 | 3,5 | . . . | 2 | . . . |
| 460 | Kegelförmige Spitztonne, wie unter Nr. 457. | Roth, mit schwarzer Stange und Ballon. | 5 | 4 | . . . | 3 | 1870 |
| | Fichtener Klotz, wie unter Nr. 457. | Mit Ballon. | „ | „ | . . . | „ | „ |
| 461 | Kegelförmige Spitztonne, wie unter Nr. 457. | Roth, mit rother Stange und Ballon. | 3,3 | 4 | . . . | 3 | 1845 |
| | Fichtener Klotz, wie unter Nr. 457. | Schwarz, mit rother Stange und Ballon. | „ | „ | . . . | „ | „ |
| 462 | Kegelförmige Spitztonne, wie unter Nr. 457. | Roth, mit weisser Stange u. Besen. | 5 | 4 | . . . | 3 | 1870 |
| | Fichtener Klotz, wie unter Nr. 457. | Mit Besen. | „ | „ | . . . | „ | „ |
| 463 | Kegelförmige Spitztonne, wie unter Nr. 457. | Roth, mit weisser Stange u. 2 Besen. | 3,5 | 4 | . . . | 3 | 1855 |
| | Fichtener Klotz, wie unter Nr. 457. | Mit 2 Besen. | „ | „ | . . . | „ | „ |

| Laufende Nummer. | Namen und Oertlichkeit des Zeichens. 1. | Gattung 2. | Zweck, welchem das Zeichen dient. 3. | Geographische Lage des Zeichens. 4. |
|---|---|---|---|---|
| 464 | **Bardenfleths Grund**, nördlich von Aaroe. | Tonne (im Sommer ausliegend). | Bezeichnet Bardenfleths Grund, Untiefe im Fahrwasser des kleinen Belts. | 55° 18' N.Br. 9° 35' 40" O.Lg. NO von Linderum und NW z W 1/2 W von Baagoe-Leuchtthurm. |
| | | Eisboje (im Winter ausliegend). | Desgl. | Desgl. |
| 465 | **Anslet-Haken**, etwa 1 Seemeile östlich von demselben. | Tonne (im Sommer ausliegend). | Bezeichnet den vom Festlande Schleswigs weit vorspringenden Grund „Anslet-Haken". | 55° 20' 20" N Br. 9° 40' 40" O.Lg. NW 1/2 N von Baagoe-Leuchtthurm. |
| | | Eisboje (im Winter ausliegend). | Desgl. | Desgl. |
| 466 | **Romoe**, auf einer hohen Düne auf dem südlichen Theil der Insel. | Bake. (Königsbake.) | Landerkennungs- und Seemarke. | 55° 6' 12" N.Br. 8° 31' 54" O.Lg. |
| 467 | **Lister Tief**, vor der Mündung desselben. | Tonne (im Sommer ausliegend). | Bezeichnet die Einfahrt in das Lister Tief. | 55° 3' 40" N.Br. 8° 18' 16" O.Lg. |
| | | Tonne (im Winter ausliegend). | Desgl. | Desgl. |
| 468 | **Lister Tief**, an der Südwestkante von Rustsand. | Tonne (nur im Sommer ausliegend). | Bezeichnet die Nordseite des Fahrwassers vom Lister Tief. | 55° 3' 57" N.Br. 8° 20' 0" O.Lg. |
| 469 | **Lister Tief**, an der Nordwestkante von Saltsand. | Tonne (im Sommer ausliegend). | Bezeichnet die Südseite des Fahrwassers vom Lister Tief. | 55° 3' 27" N.Br. 8° 20' 0" O.Lg. |
| | | Eisboje (im Winter ausliegend). | Desgl. | Desgl. |
| 470 | **Lister Tief**, an der Nordkante von Saltsand. | Tonne (im Sommer ausliegend). | Bezeichnet die Südseite des Fahrwassers vom Lister Tief. | 55° 3' 33" N.Br. 8° 21' 24" O.Lg. |
| | | Eisboje (im Winter ausliegend). | Desgl. | Desgl. |

| Laufende Nummer. | Allgemeine Beschreibung des Zeichens. | Besondere Erkennungsmerkmale des Zeichens. | Wassertiefe (bei Niedrigwasser) am Orte des Zeichens in Metern. | Höhe der Spitze des Zeichens über Hochwasser in Metern. | Höhe der Spitze des Zeichens über dem Erdboden in Metern. | Sichtweite des Zeichens in Seemeilen. | Das Zeichen ist erstmalig ausgelegt bezw. errichtet: |
|---|---|---|---|---|---|---|---|
| | 5. | 6. | 7. | 8a. | 8b. | 9. | 10. |
| 464 | Kegelförmige Spitztonne von 2,0 m Länge u. 1,1 m oberem Durchmesser aus zusammengenietetem Eisenblech; mit durchgehendem Eisenblech-Rohr von 0,13 m Durchmesser, in welchem eine Stange befestigt ist.*) | Roth, mit weisser Stange und Besen. | 5,3 | 4 | . . . | 3 | 1845 |
| | Fichtener Klotz von 0,7 m Durchmesser mit durchgehender und mit dem Klotz verbolzter, 4,5 m langer Stange.*) | Schwarz, mit einem Besen. | „ | „ | . . . | „ | „ |
| 465 | Kegelförmige Spitztonne, wie unter Nr. 464. | Roth, mit schwarzer Stange und Ballon. | 6 | 4 | . . . | 3 | 1870 |
| | Fichtener Klotz, wie unter Nr. 464. | Schwarz, mit einem Ballon. | „ | . . . | . . . | . . . | „ |
| 466 | Hölzerne Bake aus Mittelständer und Streben. | Weidenkorb von der Form einer Kugel an der Spitze. | . . . | . . . | 5,0 | 5 | . . . |
| 467 | Eiserne Kesseltonne (von der Form eines abgestumpften Kegels) mit hölzerner Spiere, an welcher in der Mitte ein eiförmiges, an der Spitze ein mit der Spitze nach unten gerichtetes kegelförmiges Gitterwerk angebracht ist.**) | Schwarz, mit dem Namen „Lister Tief" in weissen Buchstaben. | 8,5 | . . . | . . . | . . . | 1839 verändert 1865. |
| | Hölzerne, mit Eisen beschlagene Stumpftonne mit eisernem Stiel und eisernem Ballon.**) | Desgl. | „ | . . . | . . . | . . . | . . . |
| 468 | Hölzerne, 2,6 m lange Spitztonne (Fahrwassertonn).**) | Weiss, mit dem Namen „List A" in schwarzen Buchstaben. | 5,5 | . . . | . . . | . . . | 1853 |
| 469 | Eiserne Spierentonne II. Klasse (von der Form eines abgestumpften Kegels) mit hölzerner Spiere, welche einen mit spanischem Rohr ausgeflochtenen eisernen Ballon trägt.**) | Schwarz, mit dem Namen „List I" in weissen Buchstaben. | 6,5 | . . . | . . . | . . . | 1853 verändert 1874. |
| | Hölzerne, mit Eisen beschlagene Eisboje mit Stiel und Besen.**) | Schwarz. | „ | . . . | . . . | . . . | „ |
| 470 | Eiserne Spierentonne II. Klasse, wie unter 469. | Schwarz, mit dem Namen „List II" in weissen Buchstaben. | 8,5 | . . . | . . . | . . . | 1853 verändert 1874. |
| | Eisboje, wie unter Nr. 469. | Schwarz. | „ | . . . | . . . | . . . | . . . |



*) Verankert mit Stein und Kette.

**) Mit Kette an einem durchlochten Stein verankert.

| Laufende Nummer. | Namen und Oertlichkeit des Zeichens. 1. | Gattung des Zeichens. 2. | Zweck, welchem das Zeichen dient. 3. | Geographische Lage des Zeichens. 4. |
|---|---|---|---|---|
| 471 | **Lister Tief**, an der Nordkante von Saltsand. | Tonne (im Sommer ausliegend). | Bezeichnet die Südseite des Fahrwassers vom Lister Tief. | 55° 3′ 35″ N.Br. 8° 22′ 48″ O.Lg. |
| | | Eisboje (im Winter ausliegend). | Desgl. | Desgl. |
| 472 | **Lister Tief**, an der Südkante von Rustsand. | Tonne.*) | Bezeichnet die Nordseite des Fahrwassers vom Lister Tief. | 55° 4′ 44″ N.Br. 8° 23′ 34″ O.Lg. |
| 473 | **Lister Tief**, an der Südkante vom Lammleger. | Spierentonne.*) | Desgl. | 55° 4′ 2″ N.Br. 8° 27′ 12″ O.Lg. |
| 474 | **Römer Tief** und **Hoyer Tief**, bei der Abzweigung der beiden Fahrwasser von einander. | Tonne. (Dammbrett-Tonne.)*) | Bezeichnet die Abzweigung des Fahrwassers Römer Tief von dem Fahrwasser des Hoyer Tiefs. | 55° 3′ 6″ N.Br. 8° 29′ 15″ O.Lg. |
| 475 | **Römer Tief.** | Spierentonne.*) | Bezeichnet die Nordseite des Fahrwassers vom Römer Tief. | 55° 3′ 33″ N.Br. 8° 30′ 57″ O.Lg. |
| 476 | " | 7 Spierbaken (nur im Sommer ausgesteckt). | Bezeichnen die nördliche bezw. westliche Seite des Römer Tiefs bis zur Romoe-Rhede. | . . . . . . . . . . . |
| 477 | **Römer Tief**, an der Nordkante von Jordsands Flach. | Spierentonne.*) | Bezeichnet die Südseite des Fahrwassers vom Römer Tief. | 55° 3′ 18″ N.Br. 8° 30′ 22″ O.Lg. |
| 478 | " | Tonne.*) | Desgl. | 55° 3′ 21″ N.Br. 8° 31′ 30″ O.Lg. |
| 479 | " | Tonne (im Sommer ausliegend). | Bezeichnet ein an der Südseite des Fahrwassers vom Römer Tief liegendes Wrack. | 55° 3′ 14″ N.Br. 8° 31′ 39″ O.Lg. |
| | | Eisboje (im Winter ausliegend). | Desgl. | Desgl. |

*) Liegt nur im Sommer aus.

| Laufende Nummer. | Allgemeine Beschreibung des Zeichens. | Besondere Erkennungsmerkmale des Zeichens. | Wassertiefe bei Niedrigwasser am Orte des Zeichens in Metern. | Höhe der Spitze des Zeichens über Wasser in Metern. | Höhe der Spitze des Zeichens über dem Erdboden in Metern. | Sichtweite des Zeichens in Seemeilen. | Das Zeichen ist erstmalig ausgelegt bezw. errichtet: |
|---|---|---|---|---|---|---|---|
| | 5. | 6. | 7. | 8a. | 8b. | 9. | 10. |
| 471 | Eiserne Spierentonne II. Klasse (von der Form eines abgestumpften Kegels) mit hölzerner Spiere, welche einen mit spanischem Rohr ausgeflochtenen eisernen Ballon trägt.*) | Schwarz, mit dem Namen „List III" in weissen Buchstaben. | 9,5 | . . . | . . . | . . . | 1874 |
| | Hölzerne, mit Eisen beschlagene Eisboje mit Stiel und Besen.*) | Schwarz. | „ | . . . | . . . | . . . | . . . |
| 472 | Hölzerne, 2,6 m lange Spitztonne (Fahrwassertonne).*) | Weiss, mit dem Namen „List B" in schwarzen Buchstaben. | 7,5 | . . . | . . . | . . . | 1853 |
| 473 | Eiserne Spierentonne II. Klasse, wie unter Nr. 471. | Weiss, mit dem Namen „List C" in schwarzen Buchstaben. | 10,5 | . . . | . . . | . . . | 1853 verändert 1874. |
| 474 | Hölzerne, 2,0 m lange Stumpftonne.*) | Schwarz und weiss dammbrettartig karrirt. | 8,5 | . . . | . . . | . . . | 1853 |
| 475 | Eiserne Spierentonne III. Klasse, wie unter Nr. 471. | Weiss, mit dem Namen „Röm D" in schwarzen Buchstaben. | 6,5 | . . . | . . . | . . . | 1874 |
| 476 | Hölzerne Stangen (Spieren) von etwa 10 cm Stärke und 7,5 m Länge, in den Grund gesteckt. | Mit einem kleinen Korb aus Weidengeflecht. | . . . | . . . | . . . | . . . | . . . |
| 477 | Eiserne Spierentonne II. Klasse (von der Form eines abgestumpften Kegels) mit hölzerner Spiere, welche einen Korb trägt.*) | Schwarz, mit dem Namen „Röm IV" in weissen Buchstaben. | 5,0 | . . . | . . . | . . . | 1857 verändert 1874. |
| 478 | Hölzerne, 2,6 m lange Stumpftonne (Fahrwassertonne).*) | Schwarz, mit dem Namen „Röm V" in weissen Buchstaben.*) | 9,5 | . . . | . . . | . . . | 1872 |
| 479 | Hölzerne, 2,0 m lange Stumpftonne mit Stange und Flagge.*) | Grün, mit dem Namen „Wrack" in weissen Buchstaben. | 0,5 | . . . | . . . | . . . | 1874 |
| | Hölzerne Eisboje mit Stange und Flagge.*) | Grün. | „ | . . . | . . . | . . . | „ |

*) Mit Kette an einem durchlochten Stein verankert.

| Laufende Nummer. | Namen und Oertlichkeit des Zeichens. 1. | Gattung des Zeichens. 2. | Zweck, welchem das Zeichen dient. 3. | Geographische Lage des Zeichens. 4. |
|---|---|---|---|---|
| 480 | **Römer Tief,** an der Nordkante von Jordsands Flach. | Tonne.*) | Bezeichnet die Südseite des Römer Tiefs. | 55° 3' 27" N.Br. 8° 32' 30" O.Lg. |
| 481 | „ | Tonne.*) | Bezeichnet die südliche bezw. östliche Seite des Römer Tiefs. | 55° 3' 36" N.Br. 8° 33' 48" O.Lg. |
| 482 | „ | Tonne.*) | Desgl. | 55° 4' 36" N.Br. 8° 34' 33" O.Lg. |
| 483 | **Römer Ley.** | Spierbake. | Bezeichnet ein altes Wrack. | 55° 7' 18" N.Br. 8° 37' 9" O.Lg. |
| 484 | „ | 65 Buschbaken (nur im Sommer ausgesteckt). | Bezeichnen die Westseite der Römer Ley. | . . . . . . . . . . . |
| 485 | Rinne von der **Römer Ley** bis zur Mündung der **Brede-Aue.** | 11 Buschbaken (nur im Sommer ausgesteckt). | Bezeichnen die Nordseite der Rinne. | . . . . . . . . . . . |
| 486 | **Hoyer Tief,** an der Westkante von Jordsands Flach. | Tonne.*) | Bezeichnet die Ostseite des Hoyer Tiefs (hier Lister Rhede). | 55° 2' 21" N.Br. 8° 29' 18" O.Lg. |
| 487 | „ | Tonne.*) | Desgl. | 55° 1' 39" N.Br. 8° 29' 33" O.Lg. |
| 488 | **Hoyer Tief,** an der Nordspitze von Hunnigensand. | Tonne.*) | Bezeichnet die Nordspitze von Hunningensand und die Abzweigung des Sylter Tiefs von dem Hoyer Tief. | 55° 1' 30" N.Br. 8° 28' 42" O.Lg. |
| 489 | **Hoyer Tief,** an der Westkante von Jordsand Flach. | Tonne.*) | Bezeichnet die Nordostseite des Hoyer Tiefs. | 55° 0' 42" N.Br. 8° 29' 54" O.Lg. |
| 490 | „ | Tonne.*) | Desgl. | 55° 0' 30" N.Br. 8° 30' 0" O.Lg. |

*) Liegt nur im Sommer aus.

| Laufende Nummer. | Allgemeine Beschreibung des Zeichens. | Besondere Erkennungs-merkmale des Zeichens. | Wasser-tiefe bei Niedrig-wasser am Orte des Zeichens in Metern. | Höhe der Spitze des Zeichens über Wasser in Metern. | Höhe der Spitze des Zeichens über dem Erdboden in Metern. | Sicht-weite des Zeichens in See-meilen. | Das Zeichen ist erst-malig ausge-legt bezw.errichtet: |
|---|---|---|---|---|---|---|---|
| | 5. | 6. | 7. | 8a. | 8b. | 9. | 10. |
| 480 | Eiserne Spierentonne II. Klasse (von der Form eines abgestumpften Kegels) mit hölzerner Spiere, welche einen Korb trägt.*) | Schwarz, mit dem Namen „Röm VI" in weissen Buchstaben. | 7,0 | ... | ... | ... | 1852 verändert 1874. |
| 481 | Hölzerne, 2,6 m lange Stumpftonne (Fahrwassertonne).*) | Schwarz, mit dem Namen „Röm VII" in weissen Buchstaben. | 5,5 | ... | ... | ... | 1872 |
| 482 | Hölzerne, 2,3 m lange Stumpftonne (Fahrwassertonne).*) | Schwarz, mit dem Namen „Röm VIII" in weissen Buchstaben. | 5,5 | ... | ... | ... | 1852 verändert 1874. |
| 483 | Hölzerne Stange (Spiere) von etwa 10 cm Stärke und 7,5 m Länge, in den Grund gesteckt. | Mit einem kleinen Korb aus Weidengeflecht. | ... | ... | ... | ... | ... |
| 484 | 6,0 m lange und etwa 5 cm starke junge Bäume, in den Grund gesteckt. | Mit Krone von Busch versehen. | ... | ... | ... | ... | ... |
| 485 | Desgl. | Desgl. | Desgl. | ... | ... | ... | ... |
| 486 | Hölzerne, 2,6 m lange Spitztonne.*) | Weiss, mit dem Namen „Hoyer D" in schwarzen Buchstaben. | 6,5 | ... | ... | ... | 1874 |
| 487 | Desgl. | Weiss, mit dem Namen „Hoyer E" in schwarzen Buchstaben. | 6,5 | ... | ... | ... | 1846 verändert 1874. |
| 488 | Hölzerne, 1,1 m lange Stumpftonne (Fahrwasserscheidetonne).*) | Weiss und schwarz gestreift. | 7,0 | ... | ... | ... | 1853 |
| 489 | Hölzerne, 2,6 m lange Spitztonne.*) | Weiss, mit dem Namen „Hoyer F" in schwarzen Buchstaben. | 6,5 | ... | ... | ... | 1846 verändert 1874. |
| 490 | Hölzerne, 1,7 m lange Spitztonne.*) | Weiss, mit dem Namen „Hoyer G" in schwarzen Buchstaben. | 6,5 | ... | ... | ... | 1872 |

*) Mit Kette an einem durchlochten Stein verankert.

| Laufende Nummer. | Namen und Oertlichkeit des Zeichens. 1. | Gattung des Zeichens. 2. | Zweck, welchem das Zeichen dient. 3. | Geographische Lage des Zeichens. 4. |
|---|---|---|---|---|
| 491 | **Hoyer Tief**, an der Nordost-kante von Hunningensand. | Tonne.*) | Bezeichnet die Südseite des Hoyer Tiefs. | 55° 0′ 0″ N.Br. 8° 29′ 52″ O.Lg. |
| 492 | **Hoyer Tief**, südwestlich von Jordsand-Knack. | Tonne (im Sommer ausliegend). | Bezeichnet die Nordseite des Hoyer Tiefs (am Knackriff). Das steile Knackriff wird in der Ebbelinie ausserdem im Sommer noch durch 10 Buschbaken bezeichnet. | 55° 0′ 0″ N.Br. 8° 31′ 6″ O.Lg. |
| | | Eisboje (im Winter ausliegend). | Bezeichnet die Nordseite des Hoyer Tiefs (am Knackriff). | Desgl. |
| 493 | **Hoyer Tief**, an der Nordost-kante von Hunningensand. | Tonne.*) | Bezeichnet die Südseite des Hoyer Tiefs. | 54° 59′ 38″ N.Br. 8° 31′ 57″ O.Lg. |
| 494 | **Hoyer Tief**, an der Südkante von Jordsands Flach. | Tonne.*) | Bezeichnet die Nordseite des Hoyer Tiefs. | 54° 59′ 57″ N.Br. 8° 32′ 20″ O.Lg. |
| 495 | „ | Tonne.*) | Desgl. | 54° 59′ 51″ N.Br. 8° 33′ 48″ O.Lg. |
| 496 | **Hoyer Tief**, vor Robbensand. | Tonne.*) | Bezeichnet die Südseite des Hoyer Tiefs. | 54° 59′ 33″ N.Br. 8° 33′ 48″ O.Lg. |
| 497 | **Hoyer Tief**, an der Nordspitze von Hengstsand. | Tonne.*) | Desgl. | 54° 58′ 46″ N.Br. 8° 35′ 39″ O.Lg. |
| 497a | **Hoyer Tief**, an der Nordkante von Hengstsand. | Tonne.*) | Desgl. | 54° 59′ 0″ N.Br. 8° 36′ 51″ O.Lg. |
| 498 | Fahrwasser des **Hoyer Tiefs**, landeinwärts bis zur Hoyer Schleuse. | 30—40 Buschbaken**) (nur im Sommer ausgesteckt). | Bezeichnen die westliche bezw. südliche Seite der Fahrrinne. | . . . . . . . . . . . |

*) Liegt nur im Sommer aus.
**) Die Beschaffung und Unterhaltung dieser Buschbaken wird seitens der Hoyer Hafeninteressenschaft bewirkt.

| Laufende Nummer. | Allgemeine Beschreibung des Zeichens. | Besondere Erkennungsmerkmale des Zeichens. | Wassertiefe bei Niedrigwasser am Orte des Zeichens in Metern. | Höhe der Spitze des Zeichens über dem Wasser in Metern. | Höhe der Spitze des Zeichens über dem Erdboden in Metern. | Sichtweite des Zeichens in Seemeilen. | Das Zeichen ist erstmalig ausgelegt bezw. errichtet: |
|---|---|---|---|---|---|---|---|
| | 5. | 6. | 7. | 8a. | 8b. | 9. | 10. |
| 491 | Hölzerne, 1,1 m lange Stumpftonne.*) | Schwarz, mit dem Namen „Hoyer IV" in weissen Buchstaben. | 6,5 | . . . | . . . | . . . | 1874 |
| 492 | Eiserne Spierentonne III. Klasse (von der Form eines abgestumpften Kegels) mit hölzerner Spiere, welche einen mit spanischem Rohr ausgeflochtenen eisernen Ballon trägt.*) | Weiss, mit dem Namen „Hoyer H" in schwarzen Buchstaben. | 8,5 | . . . | . . . | . . . | 1846 verändert 1874. |
| | Hölzerne, mit Eisen beschlagene Eisboje mit Stiel und Besen.*) | Weiss. | „ | . . . | . . . | . . . | „ |
| 493 | Hölzerne, 1,1 m lange Stumpftonne.*) | Schwarz, mit dem Namen „Hoyer V" in weissen Buchstaben. | 6,5 | . . . | . . . | . . . | 1874 |
| 494 | Hölzerne, 1,7 m lange Spitztonne.*) | Weiss, mit dem Namen „Hoyer J" in schwarzen Buchstaben. | 6,5 | . . . | . . . | . . . | 1872 |
| 495 | Hölzerne, 1,1 m lange Spitztonne.*) | Weiss, mit dem Namen „Hoyer K" in schwarzen Buchstaben. | 4,5 | . . . | . . . | . . . | 1846 verändert 1874. |
| 496 | Eiserne Spierentonne III. Klasse, wie unter Nr. 492. | Schwarz, mit dem Namen „Hoyer VI" in weissen Buchstaben. | 7,0 | . . . | . . . | . . . | 1851 verändert 1874. |
| 497 | Hölzerne, 1,1 m lange Stumpftonne.*) | Schwarz, mit dem Namen „Hoyer VII" in weissen Buchstaben. | 4,0 | . . . | . . . | . . . | 1874 |
| 497a | Hölzerne, 1,1 m lange Stumpftonne.*) | Schwarz, mit dem Namen „Hoyer VIII" in weissen Buchstaben. | 1.5 | . . . | . . . | . . . | 1876 |
| 498 | 6,0 m lange und etwa 5 cm starke junge Bäume, in den Grund gesteckt. | Mit Krone von Busch versehen. | . . . | . . . | . . . | . . . | . . . |

*) Mit Kette an einem durchlochten Stein verankert.

| Laufende Nummer. | Namen und Oertlichkeit des Zeichens. 1. | Gattung 2. | Zweck, welchem das Zeichen dient. 3. | Geographische Lage des Zeichens. 4. |
|---|---|---|---|---|
| 499 | **Kohlby-Ley**, Fahrrinne zwischen dem Hoyer Tief und dem Römer Tief, in der Nähe des Festlandes. | 45 Buschbaken (nur im Sommer ausgesteckt). | Bezeichnen die Westseite der Fahrrinne. | . . . . . . . . . . . |
| 500 | **Sylter Tief (Lister Ley)**, an der Nordwestspitze von Hunningensand. | Tonne.*) | Bezeichnet die Ostseite des Sylter Tiefs und die Nordwestspitze des steilen Hunningensandes. | 55° 0′ 46″ N.Br. 8° 27′ 0″ O.Lg. |
| 501 | **Sylter Tief**, an der Westkante von Hunningensand. | Tonne (im Sommer ausliegend) | Bezeichnet die östliche Seite des Sylter Tiefs. | 55° 0′ 2″ N.Br. 8° 26′ 35″ O.Lg. |
| | | Eisboje (im Winter ausliegend). | Desgl. | Desgl. |
| 502 | **Sylter Tief**, an der Nordkante von Leghörnsand. | Tonne.*) | Bezeichnet die westliche Seite des Sylter Tiefs. | 54° 59′ 40″ N.Br. 8° 26′ 10″ O.Lg. |
| 502a | **Sylter Tief**, an der Nordostkante von Leghörnsand. | Tonne.*) | Desgl. | 54° 58′ 38″ N.Br. 8° 27′ 10″ O.Lg. |
| 503 | **Sylter Tief**, an der Ostkante von Leghörnsand. | Tonne.*) | Desgl. | 54° 57′ 36″ N.Br. 8° 26′ 54″ O.Lg. |
| 504 | **Pander Tief**, an der Westkante von Buttersand. | 10 Buschbaken (nur im Sommer ausgesteckt). | Bezeichnen die Westkante des steilen Buttersandriffs (die östliche Seite des Pander Tiefs). | . . . . . . . . . . |
| 505 | **Pander Tief**, an der Nordkante von Mittelsand. | Tonne.*) | Bezeichnet die östliche bezw. südliche Seite des Pander Tiefs. | 54° 56′ 48″ N.Br. 8° 25′ 38″ O.Lg. |
| 506 | „ | Tonne.*) | Desgl. | 54° 56′ 12″ N.Br. 8° 24′ 12″ O.Lg. |
| 507 | **Munkmarsch-Loch**, Fahrrinne nach dem Hafenort Munkmarsch. | 10 Buschbaken (nur im Sommer ausgesteckt). | Bezeichnen die Nordseite der Fahrrinne. | . . . . . . . . . . |

*) Liegt nur im Sommer aus.

| Laufende Nummer. | Allgemeine Beschreibung des Zeichens. | Besondere Erkennungs-merkmale des Zeichens. | Wasser-tiefe bei Niedrig-wasser am Orte des Zeichens in Metern. | Höhe der Spitze des Zeichens über dem Wasser in Metern. | Höhe der Spitze des Zeichens über dem Erdboden in Metern. | Sicht-weite des Zeichens in See-meilen. | Das Zeichen ist erst-malig ausge-legt bezw. er-richtet: |
|---|---|---|---|---|---|---|---|
| | 5. | 6. | 7. | 8a. | 8b. | 9. | 10. |
| 499 | 6,0 m lange und etwa 5 cm starke junge Bäume, in den Grund gesteckt. | Mit Krone von Busch versehen. | . . . | . . . | . . . | . . . | . . . |
| 500 | Hölzerne, 2,0 m lange Stumpftonne mit Stange und Korb.*) | Weiss, mit dem Namen „Sylt D“ in schwarzen Buchstaben. | 8,0 | . . . | . . . | . . . | 1874 |
| 501 | Eiserne Spierentonne III. Klasse (von der Form eines abgestumpften Kegels) mit hölzerner Spiere, welche einen mit spanischem Rohr ausgeflochtenen eisernen Ballon trägt.*) | Weiss, mit dem Namen „Sylt E“ in schwarzen Buchstaben. | 8,0 | . . . | . . . | . . . | 1846 verändert 1874. |
| | Hölzerne, mit Eisen beschlagene Eisboje.*) | Weiss. | „ | . . . | . . . | . . . | „ |
| 502 | Eiserne Spierentonne III. Klasse, wie unter Nr. 501. | Schwarz, mit dem Namen „Sylt IV“ in weissen Buchstaben. | 4,0 | . . . | . . . | . . . | 1876 |
| 502a | Hölzerne, 1,1 m lange Stumpftonne.*) | Schwarz, mit dem Namen „Sylt V“ in weissen Buchstaben. | 6,0 | . . . | . . . | . . . | 1874 |
| 503 | Desgl. | Schwarz, mit dem Namen „Sylt VI“ in weissen Buchstaben. | 5,0 | . . . | . . . | . . . | 1874 |
| 504 | 6,0 m lange und etwa 5 cm starke junge Bäume, in den Grund gesteckt. | Mit Krone von Busch versehen. | . . . | . . . | . . . | . . . | . . . |
| 505 | Hölzerne, 1,1 m lange Spitztonne mit Stange und Korb.*) | Weiss, mit dem Namen „Sylt F“ in schwarzen Buchstaben. | 4,0 | . . . | . . . | . . . | 1874 |
| 506 | Desgl. | Weiss, mit dem Namen „Sylt G“ in schwarzen Buchstaben. | 2,5 | . . . | . . . | . . . | 1874 |
| 507 | 6,0 m lange und etwa 5 cm starke junge Bäume, in den Grund gesteckt. | Mit Krone von Busch versehen. | . . . | . . . | . . . | . . . | . . . |

*) Mit Kette an einem durchlochten Stein verankert.

| Laufende Nummer. | Namen und Oertlichkeit des Zeichens. 1. | Gattung des Zeichens. 2. | Zweck, welchem das Zeichen dient. 3. | Geographische Lage des Zeichens. 4. |
|---|---|---|---|---|
| 508 | **Westerley**, an der Nordspitze von Buttersand. | Tonne (im Sommer ausliegend). | Bezeichnet die Nordspitze von Buttersand und die Westseite der Einfahrt in die Westerley. | 54° 57′ 42″ N.Br. 8° 27′ 57″ O.Lg. |
| | | Eisboje (im Winter ausliegend). | Desgl. | Desgl. |
| 509 | **Westerley**, an der Ostspitze von Buttersand. | Tonne (im Sommer ausliegend). | Bezeichnet die Westseite der Fahrrinne Westerley. | 54° 56′ 58″ N.Br. 8° 29′ 16″ O.Lg. |
| | | Eisboje (im Winter ausliegend). | Desgl. | Desgl. |
| 510 | **Westerley.** | 124 Buschbaken (nur im Sommer ausgesteckt). | Bezeichnen die westliche Seite der Fahrrinne Westerley bis Naesodde. | . . . . . . . . . . . . |
| 511 | **Naesodde**, quer durch die Westerley. | 4 Spierbaken (nur im Sommer ausgesteckt). | Bezeichnen die Lage des Telegraphenkabels, um zu verhüten, dass Schiffe an der betreffenden Stelle ankern. | . . . . . . . . . . . . |
| 512 | **Hörnum**, auf einer hohen Düne an der Südspitze der Insel Sylt. | Bake.*) | Landerkennungsmarke. | 54° 45′ 6″ N.Br. 8° 16′ 54″ O.Lg. |
| 513 | **Vortrappen-Tief.** | Tonne (nur im Sommer ausliegend). | Bezeichnet bei der Einfahrt in das Vortrappen-Tief die nördliche Grenze des Fahrwassers. | 54° 36′ 15″ N.Br. 8° 14′ 30″ O.Lg. |
| 514 | " | Tonne (nur im Sommer ausliegend). | Bezeichnet bei der Einfahrt in das Vortrappen-Tief die südliche Grenze des Fahrwassers. | 54° 35′ 35″ N.Br. 8° 15′ 0″ O.Lg. |
| 515 | " | 6 Tonnen (nur im Sommer ausliegend). | Bezeichnen die östliche Seite des Vortrappen-Tiefs. | Die geographische Lage nach der Reihefolge der Tonnen ist: 54° 37′ 36″ N.Br. 8° 14′ 42″ O.Lg. 54° 38′ 42″ N.Br. 8° 14′ 54″ O.Lg. 54° 40′ 6″ N.Br. 8° 15′ 42″ O.Lg. 54° 41′ 25″ N.Br. 8° 16′ 33″ O.Lg. 54° 43′ 12″ N.Br. 8° 17′ 45″ O.Lg. 54° 43′ 0″ N.Pr. 8° 19′ 34″ O.Lg. |
| 516 | " | Tonne (nur im Sommer ausliegend). | Bezeichnet die westliche bezw. nördliche Seite des Vortrappen-Tiefs. | 54° 45′ 3″ N.Br. 8° 20′ 5″ O.Lg. |

*) Da die Küste innerhalb 8 Seemeilen Entfernung unbewohnt ist, wird im Bretterhäuschen, am Fuss der Bake, Brot und Wasser für Schiffbrüchige vorräthig gehalten.

| Laufende Nummer. | Allgemeine Beschreibung des Zeichens. | Besondere Erkennungs-merkmale des Zeichens. | Wasser-tiefe bei Niedrig-wasser am Orte des Zeichens in Metern. | Höhe der Spitze des Zeichens über Hoch-wasser in Metern. | Höhe der Spitze des Zeichens über dem Erdbo-den in Metern. | Sicht-weite des Zei-chens in See-meilen. | Das Zei-chen ist erst-malig ausge-legt bezw. er-richtet: |
|---|---|---|---|---|---|---|---|
| | 5. | 6. | 7. | 8a. | 8b. | 9. | 10. |
| 508 | Eiserne Spierentonne III. Klasse (von der Form eines abgestumpften Kegels) mit hölzerner Spiere, welche einen mit spanischem Rohr ausgeflochtenen eisernen Ballon trägt.*) | Schwarz, mit dem Namen „Westerley VI" in weissen Buchstaben. | 5,0 | . . . | . . . | . . . | 1846 verändert 1874. |
| | Hölzerne, mit Eisen beschlagene Eisboje.*) | Schwarz. | „ | . . . | . . . | . . . | „ |
| 509 | Eiserne Spierentonne III. Klasse, wie unter Nr. 508. | Schwarz, mit dem Namen „Westerley VII" in weissen Buchstaben. | 7,0 | . . . | . . . | . . . | 1846 verändert 1874. |
| | Eisboje, wie unter Nr. 508. | Schwarz. | „ | . . . | . . . | . . . | „ |
| 510 | 6,1 m lange und etwa 5 cm starke junge Bäume, in den Grund gesteckt. | Mit Krone von Busch versehen. | . . . | . . . | . . . | . . . | . . . |
| 511 | Hölzerne Stangen (Spieren) von etwa 10 cm Stärke und 7—8 m Länge, in den Grund gesteckt. | Mit dreiseitiger weisser Pyramide. | . . . | . . . | . . . | . . . | . . . |
| 512 | Hölzerne Bake, aus Mittelständer und Seitenstreben bestehend, welche an der Spitze eine kreisförmige Scheibe aus Gitterwerk von 3,7 m Durchmesser trägt. Die Fläche der Scheibe ist nach WSW gewendet. | . . . . . . | . . . | 30,6 | 8,6 | 8 | 1852 |
| 513 | Hölzerne spitze Fahrwassertonne von 1,5 m Länge und 0,9 m Durchmesser, mit Stange und Besen.*) | Weiss, mit schwarzem „A". | 3,0 | 2,0 | . . . | 2 | . . . |
| 514 | Spierentonne II. Klasse mit Stange und Ballon.*) | Schwarz, mit weisser „Nr. 1". | 4,0 | 4,0 | . . . | 2 | 1875 verändert. |
| 515 | Hölzerne stumpfe Fahrwassertonnen von 1,3 m Länge und 0,8 m Durchmesser, mit Stange und Besen.*) | Schwarz. Die ersten 5 Tonnen sind, bei der südlichsten anfangend, bezw. mit „Nr. 2", „Nr. 3", „Nr. 4", „Nr. 5", „Nr. 6" in weisser Farbe bezeichnet; die letzte (östlichste) Tonne ist ohne Marke. | Nr. 2 in 6,0,<br>Nr. 3 in 7,5,<br>Nr. 4 in 9,5,<br>Nr. 5 in 7,5,<br>Nr. 6 in 11,0,<br>letzte Tonne in 3,8. | 2,0<br>„<br>„<br>„<br>„<br>„ | . . .<br>. . .<br>. . .<br>. . .<br>. . .<br>. . . | 2<br>„<br>„<br>„<br>„<br>„ | 1875<br>. . .<br>1875<br>. . .<br>. . .<br>. . . |
| 516 | Hölzerne spitze Fahrwassertonne von 1,5 m Länge und 0,9 m Durchmesser, mit Stange und Besen.*) | Weiss, mit schwarzem „B". | 9,5 | 2,0 | . . | 2 | 1871 |

*) Mit Kette an einem durchlochten Stein verankert.

| Laufende Nummer. | Namen und Oertlichkeit des Zeichens. 1. | Gattung 2. | Zweck, welchem das Zeichen dient. 3. | Geographische Lage des Zeichens. 4. |
|---|---|---|---|---|
| 517 | **Vortrappen-Tief.** | Tonne (nur im Sommer ausliegend). | Bezeichnet die östliche Seite des Vortrappen-Tiefs. | 54° 47' 50" N.B. 8° 26" 45" O.Lg. |
| 518 | **Vortrappen-Tief,** bei Steenack. | 10 Pricken. | Bezeichnen die Ostkante von Steenacksand (die westliche Seite des Vortrappen-Tiefs). | . . . . . . . . . . . |
| 519 | **Horsbüllsteert.** | 2 Tonnen (nur im Sommer ausliegend). | Bezeichnen die Westkante von Horsbüllsteert (die östliche Seite des Fahrwassers). | 54° 48' 55" N.Br. 8° 29' 15" O.Lg. und 54° 49' 20" N.Br. 8° 29' 30" O.Lg. |
| 520 | „ | 6 Pricken. | Bezeichnen die tiefste Fahrwasserrinne über Horsbüllsteert. | . . . . . . . . . . . |
| 521 | **Mittelsand-Ley,** Fahrrinne zwischen Insel Amrum und Insel Föhr. | 90 Pricken. | Bezeichnen die westliche Seite der Fahrrinne. | 54° 42' 15" N.Br. 8° 21" 30" O.Lg. bis 54° 39' 10" N.Br. 8° 26' 0" O.Lg. |
| 522 | **Rocheley,** Fahrrinne östlich der Hallig Oland. | 90 Pricken. | Bezeichnen die Fahrrinne. | . . . . . . . . . . . |
| 523 | **Föhrer Ley,** Fahrrinne zwischen dem Vor- | Tonne (nur im Sommer ausliegend). | Bezeichnet das Nordende der Rinne. | 54° 48' 20" N.Br. 8° 32' 15" O.Lg. |
| 523a | trappen-Tief u. der Norderaue, östlich der Insel Föhr. | 120 Pricken. | Bezeichnen die westliche Seite der Rinne. | 54° 47' 42" N.Br. 8° 33' 40" N.Br. bis 54° 43' 50" N.Br. 8° 36' 30" O.Lg. |
| 524 | **Galmsbüll-Ley,** Fahrrinne von der Föhrer Ley nach dem Festlande zu. | 20 Pricken. | Bezeichnen die nördliche Seite der Rinne. | 54° 47' 20" N.Br. 8° 34' 0' O.Lg. bis 54° 47' 0" N.Br. 8° 39' 0" O.Lg. |
| 525 | **Seesand,** Sandbank an der Westseite des Schmaltiefs. | Bake.*) | Bezeichnet den Seesand und dient als Seemarke. | 54° 33' 27" N.Br. 8° 21' 50" O.Lg. |
| 526 | **Schmaltief.** | Bakentonne. | Bezeichnet die Einfahrt in das Schmaltief. Man muss nördlich von der Tonne passiren. | 54° 28' 0" N.Br. 8° 16' 30" O.Lg. |

*) Die Bake hat eine mit Brot und Wasser verproviantirte Kammer zur Aufnahme Schiffbrüchiger.

| Laufende Nummer. | Allgemeine Beschreibung des Zeichens. | Besondere Erkennungsmerkmale des Zeichens. | Wassertiefe bei Niedrigwasser am Orte des Zeichens in Metern. | Höhe der Spitze des Zeichens über Hochwasser in Metern. | Höhe der Spitze des Zeichens über dem Erdboden in Metern. | Sichtweite des Zeichens in Seemeilen. | Das Zeichen ist erstmalig ausgelegt bezw. errichtet: |
|---|---|---|---|---|---|---|---|
| | 5. | 6. | 7. | 8a. | 8b. | 9. | 10. |
| 517 | Hölzerne stumpfe Fahrwassertonne von 1,3 m Länge und 0,8 m Durchmesser, mit Stange und Besen.*) | Tonne schwarz, Stange schwarz und weiss gestreift. | 7,5 | 2,0 | . . . | 2 | . . . |
| 518 | Junge Birkenstämme, in den Grund gesteckt. | Mit Krone von Busch versehen. | 0 | 2—2,5 | . . . | 1 | . . . |
| 519 | Spierentonnen III. Klasse.*) | Schwarz, mit Stange und Ballon. | 3,0 | 3,5 | . . . | 4 | 1871 verändert 1875. |
| 520 | Junge Birkenstämme, in den Grund gesteckt. | Mit Krone von Busch versehen. | 0 | 2—2,5 | . . . | 1 | . . . |
| 521 | Desgl. | Mit Krone von Busch versehen. | . . . | 2—2,5 | . . . | 1 | . . . |
| 522 | Desgl. | Mit Krone von Busch versehen. | 0 | 2—2,5 | . . . | 1 | . . . |
| 523 | Hölzerne stumpfe Fahrwassertonne von 1,3 m Länge und 0,8 m Durchmesser.*) | Schwarz, mit Stange und Besen. | 6,0 | 2,0 | . . . | 2 | . . . |
| 523a | Junge Birkenstämme, in den Grund gesteckt. | Mit Krone von Busch versehen. | 0 | 2—2,5 | . . . | 1 | . . . |
| 524 | Desgl. | Mit Krone von Busch versehen. | 0 | 2—2,5 | . . . | 1 | . . . |
| 525 | Bake mit geneigter Lattenverkleidung und zwiebelförmiger Krone. | Schwarz. | . . . | 21,0 | 19,0 | 9 | 1871 |
| 526 | Eiserner Kessel von 1,5 m Höhe und 1,3 m Durchmesser, welcher ein Holzgestell von 3,4 m Höhe trägt. Auf der Spitze zwei Körbe, von 1,6 bezw. 1,2 m Durchmesser, übereinander.*) | Schwarz, mit dem Namen „SCHMALTIEF“ in weissen Buchstaben auf schwarzem Schilde. | 9,0 | 8 | . . . | 7 | 1865 |

*) Mit Kette an einem durchlochten Stein verankert.

| Laufende Nummer. | Namen und Oertlichkeit des Zeichens. 1. | Gattung des Zeichens. 2. | Zweck, welchem das Zeichen dient. 3. | Geographische Lage des Zeichens. 4. |
|---|---|---|---|---|
| 527 | **Schmaltief.** | 3 Tonnen (von diesen Nr. 2 nur im Sommer ausliegend). | Bezeichnen die südliche Seite des Fahrwassers. | . . . . . . . . . . . |
| 528 | „ | Tonne (nur im Sommer ausliegend). | Bezeichnet die östliche Seite des Fahrwassers. | . . . . . . . . . . . |
| 529 | „ | Tonne.*) | Bezeichnet die nördliche bezw. westliche Seite des Fahrwassers. | 54° 29′ 35″ N.Br. 8° 18′ 15″ O.Lg. |
| 530 | „ | 2 Tonnen (nur im Sommer ausliegend). | Bezeichnen die westliche Seite des Fahrwassers. | . . . . . . . . . . . |
| 531 | „ | Tonne. | Bezeichnet die östliche Seite des Fahrwassers und die Abzweigung des alten Schmaltiefs von dem Schmaltief. | 54° 31′ 15″ N.Br. 8° 21′ 25″ O.Lg. |
| 532 | „ | Tonne. | Bezeichnet die östliche Seite des Fahrwassers. | . . . . . . . . . . . |
| 533 | „ | Tonne (nur im Sommer ausliegend). | Bezeichnet die östliche Seite des Fahrwassers. | . . . . . . . . . . . |
| 533a | „ | Tonne.*) | Desgl. | . . . . . . . . . . . |
| 534 | „ | Tonne.*) | Bezeichnet die westliche Seite des Fahrwassers. | 54° 34′ 45′ N.Br. 8° 23′ 30″ O.Lg. |
| 535 | „ | Tonne.*) | Bezeichnet die westliche Seite des Fahrwassers. | . . . . . . . . . . . |
| 536 | **Norderaue.** | Tonne.*) | Bezeichnet die Abzweigung der beiden Fahrwasser Norderaue und Süderaue, sowie die östliche Seite des Fahrwassers der Norderaue. | 54° 35′ 35″ N.Br. 8° 24′ 20″ O.Lg. |
| 537 | „ | 4 Tonnen (Tonne Nr. 10, Nr. 11 und Nr. 13 nur im Sommer ausliegend, Tonne Nr. 12 wird für den Winter durch eine Eisboje ersetzt). | Bezeichnen die östliche Seite des Fahrwassers. | . . . . . . . . . . . |
| 538 | „ | Tonne. | Bezeichnet die östliche Seite des Fahrwassers. | 54° 39′ N.Br. 8° 28′ 10″ O.Lg. |

*) Liegt nur im Sommer aus, wird indess für den Winter durch eine Eisboje ersetzt.

| Laufende Nummer. | Allgemeine Beschreibung des Zeichens. | Besondere Erkennungs-merkmale des Zeichens. | Wasser-tiefe bei Niedrig-wasser am Orte des Zeichens in Metern. | Höhe der Spitze des Zeichens über dem Wasser in Metern. | Höhe der Spitze des Zeichens über dem Erdboden in Metern. | Sicht-weite des Zeichens in See-meilen. | Das Zeichen ist erst-malig ausgelegt bezw. errichtet: |
|---|---|---|---|---|---|---|---|
| | 5. | 6. | 7. | 8a. | 8b. | 9. | 10. |
| 527 | Spierentonnen I. Klasse mit Stange und Ballon.*) | Schwarz, mit weisser „Nr. 1“, „Nr. 2“, „N. 3“ (mit Nr. 1 bei der äusseren, westlichsten, anfangend). | 7,5—6,0 | 6 | . . . | 5 | Nr. 2 1871. |
| 528 | Spierentonne I. Klasse mit Stange und Ballon.*) | Schwarz, mit weisser „Nr. 4“. | 7,5 | 6 | . . . | 5 | . . . |
| 529 | Hölzerne spitze Fahrwassertonne I. Klasse.*) | Weiss, mit schwarzem „A“. | 7,0 | 1,6 | . . . | 3 | . . . |
| 530 | Hölzerne spitze Fahrwassertonnen I. Klasse.*) | Weiss, mit schwarzem „B“ bezw. „C“. | 10,0 bezw. 6,0. | 1,6 | . . . | 3 | . . . |
| 531 | Spierentonne I. Klasse mit Stange und 2 Ballons.*) | Schwarz, mit weisser „Nr. 5“. | 11,5 | 6 | . . . | 5 | . . . |
| 532 | Spierentonne I. Klasse mit Stange und Ballon.*) | Schwarz, mit weisser „Nr. 6“. | 8,5 | 6 | . . . | 5 | . . . |
| 533 | Hölzerne stumpfe Fahrwassertonnen I. Klasse.*) | Schwarz, mit weisser „Nr. 7“. | 8,5 | 1,6 | . . . | 4 | . . . |
| 533a | | Schwarz, mit weisser „Nr. 8“. | 7,0 | 1,6 | . . . | 4. | . . . |
| 534 | Hölzerne spitze Fahrwassertonne I. Klasse.*) | Weiss, mit schwarzem „D.“ | 8,5 | 1,6 | . . . | 3 | 1871 |
| 535 | Hölzerne spitze Fahrwassertonne I. Klasse.*) | Weiss, mit schwarzem „E.“ | 9,5 | 1,6 | . . . | 3 | . . . |
| 536 | Hölzerne stumpfe Fahrwassertonne III. Klasse mit Stange und Ballon.*) | Schwarz, mit weisser „Nr. 9“. | 8,5 | 3 | . . . | 3 | . . . |
| 537 | Hölzerne stumpfe Fahrwassertonnen I. Klasse.*) | Schwarz, mit bezw. weisser „Nr. 10“, „Nr. 11“, „Nr. 12“, „Nr. 13“. | 10,0 — 7,0. | 1,6 | . . . | 4 | Nr. 10 1871. |
| 538 | Spierentonne I. Klasse mit Stange und Ballon.*) | Schwarz, mit weisser „Nr. 14“. | 7,5 | 6 | . . . | 5 | 1874 verändert. |

*) Mit Kette an einem durchlochten Stein verankert.

| Laufende Nummer. | Namen und Oertlichkeit des Zeichens. 1. | Gattung 2. | Zweck, welchem das Zeichen dient. 3. | Geographische Lage des Zeichens. 4. |
|---|---|---|---|---|
| 539 | **Norderaue.** | 2 Tonnen (nur im Sommer ausliegend). | Bezeichnen die östliche bezw. südliche Seite des Fahrwassers. | . . . . . . . . . . . |
| 540 | „ | Tonne.*) | Bezeichnet die westliche bezw. nördliche Seite des Fahrwassers. | . . . . . . . . . . . |
| 541 | „ | Tonne.**) | Bezeichnet die östliche bezw. südliche Seite des Fahrwassers. | 54° 39′ 45″ N.Br. 8° 32′ 55″ O.Lg. |
| 542 | „ | Tonne.*) | Bezeichnet die westliche Seite des Fahrwassers. | . . . . . . . . . . . |
| 542a | „ | Tonne.*) | Desgl. | . . . . . . . . . . . |
| 543 | „ | Tonne. | Desgl. | 54° 40′ 10″ N.Br. 8° 34′ 15″ O.Lg. |
| 544 | Fahrwasser von **Wyk** nach **Dagebüll.** | Tonne. | Bezeichnet die südliche Seite des Fahrwassers. | . . . . . . . . . . . |
| 544a | „ | 2 Tonnen (nur im Sommer ausliegend). | Bezeichnen die nördliche Seite des Fahrwassers. | . . . . . . . . . . . |
| 545 | **Norderaue.** | Tonne.*) | Bezeichnet die westliche Seite des Fahrwassers der Norderaue nach der Föhrer Ley zu. | 54° 43′ 10″ N.Br. 8° 36′ 0″ O.Lg. |
| 545a | „ | Tonne.*) | Desgl. | 54° 43′ 40″ N.Br. 8° 36′ 15″ O.Lg. |
| 546 | **Fahrrinne** zwischen den Bänken Prestersand und Hochsand, östlich der Insel Föhr. | 2 Tonnen. | Bezeichnen die westliche Seite der von der Norderaue sich in nördlicher Richtung abzweigenden Fahrrinne. | 54° 41′ 54″ N.Br. 8° 36′ 30″ O.Lg. und 54° 42′ 42″ N.Br. 8° 36′ 42″ O.Lg. |
| 547 | **Oland-Schlütt**, Fahrrinne zwischen der Norder- und Süderaue, westlich der Insel Oland. | 60 Pricken. | Bezeichnen die westliche Seite der Rinne. | 54° 41′ 20″ N.Br. 8° 40′ 10″ O.Lg. bis 54° 39′ 25″ N.Br. 8° 41′ 0″ O.Lg. |
| 548 | **Süderaue**, auf Knudshörn. | 18 Pricken. | Bezeichnen die Nordkante von Knudshörn (die südliche Seite des Fahrwassers der Süderaue). | 54° 34′ 45″ N.Br. 8° 26′ 55″ O.Lg. bis 54° 35′ 18″ N.Br. 8° 29′ 24″ O.Lg. |

*) Liegt nur im Sommer aus.

**) Liegt nur im Sommer aus, wird indess für den Winter durch eine Eisboje ersetzt.

| Laufende Nummer. | Allgemeine Beschreibung des Zeichens. | Besondere Erkennungsmerkmale des Zeichens. | Wassertiefe bei Niedrigwasser am Orte des Zeichens in Metern. | Höhe der Spitze des Zeichens über dem Wasser in Metern. | Höhe der Spitze des Zeichens über dem Erdboden in Metern. | Sichtweite des Zeichens in Seemeilen. | Das Zeichen ist erstmalig ausgelegt bezw. errichtet: |
|---|---|---|---|---|---|---|---|
| | 5. | 6. | 7. | 8a. | 8b. | 9. | 10. |
| 539 | Hölzerne stumpfe Fahrwassertonnen I. Klasse.*) | Schwarz, mit weisser „Nr. 15" bezw. „Nr. 16". | 6,0 | 1,6 | . . . | 4 | . . . |
| 540 | Hölzerne stumpfe Fahrwassertonne von 1,3 m Länge und 0,8 m Durchmesser.*) | Weiss, mit schwarzem „F". | 7,5 | 0,5 | . . . | 2 | . . . |
| 541 | Hölzerne stumpfe Fahrwassertonne I. Klasse.*) | Schwarz, mit weisser „Nr. 17". | 8,5 | 1,6 | . . . | 4 | . . . |
| 542 | Hölzerne spitze Fahrwassertonne I. Klasse.*) | Weiss, mit schwarzem „G". | 7,5 | 1,6 | . . . | 3 | 1871 |
| 542a | Hölzerne stumpfe Fahrwassertonne von 1,5 m Länge und 0,9 m Durchmesser.*) | Weiss, mit schwarzem „H". | 8,5 | 0,6 | . . . | 2 | . . . |
| 543 | Hölzerne spitze Fahrwassertonne I. Klasse.*) | Weiss, mit schwarzem „J". | 10,0 | 1,6 | . . . | 3 | . . . |
| 544 | Hölzerne stumpfe Fahrwassertonnen von 1,3 m Länge und 0,8 m Durchmesser.*) | Schwarz, mit weisser „Nr. 18". | 5,0 | 0,5 | . . . | 2 | 1869 |
| 544a | | Weiss, mit bezw. schwarzem „K", „L", „M". | 5,0 | 0,5 | . . . | 2 | 1869 |
| 545 | Hölzerne stumpfe Fahrwassertonnen von 1,5 m Länge und 0,9 m Durchmesser.*) | Weiss, mit Stange und Besen. | 6,0 | 2,0 | . . . | 2 | . . . |
| 545a | | Weiss, mit Stange und Besen. | 6,0 | 2,0 | . . . | 2 | 1872 |
| 546 | Kleine spitze Tonnen mit 2 m langer Stange.*) | Weiss, mit einem Besen. | 3 bezw. 8. | . . . | . . . | . . . | 1876 |
| 547 | Junge Birkenstämme, in den Grund gesteckt. | Mit Krone von Busch. | . . . | 2—2,5 | . . . | 1 | . . . |
| 548 | Junge Birkenstämme, in den Grund gesteckt. | Mit Krone von Busch. | . . . | 2—2,5 | . . . | 1 | . . . |

*) Mit Kette an einem durchlochten Stein verankert.

| Laufende Nummer. | Namen und Oertlichkeit des Zeichens. | Gattung des Zeichens. | Zweck, welchem das Zeichen dient. | Geographische Lage des Zeichens. |
|---|---|---|---|---|
| | 1. | 2. | 3. | 4. |
| 549 | **Süderaue.** | 5 Tonnen (Tonne Nr. 2, Nr. 3 und Nr. 5 nur im Sommer ausliegend, Tonne Nr. 1 und Nr. 4 werden für den Winter durch Eisbojen ersetzt). | Bezeichnen die südliche Seite des Fahrwassers. | . . . . . . . . . . . . . |
| 550 | „ | Tonne (im Sommer ausliegend, für den Winter durch eine Eistonne ersetzt). | Bezeichnet die Wasserscheide bei Behns Hallig (die südliche Seite des Fahrwassers der Süderaue). | 54° 36′ N.Br. 8° 40′ O.Lg. |
| 551 | „ | 3 Tonnen (Tonne A und C nur im Sommer ausliegend, Tonne B wird für den Winter durch eine Eisboje ersetzt). | Bezeichnen die nördliche Seite des Fahrwassers. | . . . . . . . . . . . |
| 552 | **Behns Ley,** Fahrrinne zwischen der Süderaue u. der Norder-Hever. | 35 Pricken. | Bezeichnen die südliche Seite der Rinne (im Süden von Behns Hallig). | 54° 35′ 26″ N.Br. 8° 37′ 42″ O.Lg. bis 54° 36′ 18″ N.Br. 8° 42′ 32″ O.Lg. |
| 552a | „ | 50 Pricken. | Bezeichnen die westliche Seite der Rinne. | 54° 36′ 38″ N.Br. 8° 42′ 24″ O.Lg. bis 54° 34′ 25″ N.Br. 8° 45′ 50″ O.Lg. |
| 552b | „ | Tonne. | Bezeichnet die Westseite der Rinne am südlichen Ende derselben. | 54° 34′ N.Br. 8° 46′ 5″ O.Lg. |
| 553 | **Hamburger Ley,** Fahrrinne zwischen der Süderaue u. der Norder-Hever, bei Hamburger Hallig. | 70 Pricken. | Bezeichnen die westliche Seite der Rinne. | 54° 39′ 20″ N.Br. 8° 47′ 0″ O.Lg. bis 54° 34′ 30″ N.Br. 8° 46′ 40″ O.Lg. |
| 554 | **Altes Schmaltief.** | Tonne. | Bezeichnen die Ostkante der Tusch-Gründe (die westliche Seite des Fahrwassers). | . . . . . . . . . . . |
| 554a | „ | 2 Tonnen (die nördlichste nur im Sommer ausliegend). | | . . . . . . . . . . . |

| Laufende Nummer. | Allgemeine Beschreibung des Zeichens. | Besondere Erkennungs-merkmale des Zeichens. | Wasser-tiefe bei Niedrig-wasser am Orte des Zeichens in Metern. | Höhe der Spitze des Zeichens über Wasser in Metern. | dem Erdboden in Metern. | Sicht-weite des Zeichens in See-meilen. | Das Zeichen ist erst-malig ausge-legt bezw. er-richtet: |
|---|---|---|---|---|---|---|---|
| | 5. | 6. | 7. | 8a. | 8b. | 9. | 10. |
| 549 | Hölzerne stumpfe Fahrwassertonnen von 1,5 m Länge und 0,9 m Durchmesser.*) | Schwarz, mit weisser „Nr. 1", „Nr. 2", „Nr. 3", „Nr. 4", „Nr. 5" (mit „Nr. 1" bei der westlichsten Tonne anfangend). | 10,0 bis 8,5. | 0,6 | . . . | 2 | 1871 Nr. 3 u. Nr. 4, 1873 Nr. 5. |
| 550 | Hölzerne stumpfe Fahrwassertonne von 1,3 m Länge und 0,8 m Durchmesser.*) | Schwarz und weiss karrirt. | 3,0 | 0,5 | . . . | 2 | 1874 |
| 551 | Hölzerne stumpfe Fahrwassertonnen von 1,3 m Länge und 0,8 m Durchmesser.*) | Weiss, mit bezw. schwarzem „A", „B", „C" (mit „A" bei der westlichsten Tonne anfangend). | 8,5 bis 7,0. | 0,5 | . . . | 2 | 1871 „B", 1873 „C". |
| 552 552a | Junge Birkenstämme, in den Grund gesteckt. | Mit Krone von Busch. | . . . | 2 — 2,5 | . . . | 1 | . . . |
| 552b | Spierentonne III. Klasse.*) | Weiss, mit Stange und Ballon. | 4,5 | 3,5 | . . . | 4 | 1869 |
| 553 | Junge Birkenstämme, in den Grund gesteckt. | Mit Krone von Busch. | . . . | 2 — 2,5 | . . . | 1 | . . . |
| 554 | Spierentonne I. Klasse.*) | Roth und weiss gestreift, mit Stange u. Ballon. | 6,0 | 6 | . . . | 5 | 1872 |
| 554a | Hölzerne stumpfe Fahrwassertonnen I. Klasse.*) | Weiss und roth gestreift. | 7,0 u. 6,0 | 1,6 | . . . | 3 | 1872 |

*) Mit Kette an einem durchlochten Stein verankert.

| Laufende Nummer. | Namen und Oertlichkeit des Zeichens. 1. | Gattung des Zeichens. 2. | Zweck, welchem das Zeichen dient. 3. | Geographische Lage des Zeichens. 4. |
|---|---|---|---|---|
| 555 | **Rummelloch,** Fahrrinne zwischen Insel Hooge und Insel Pellworm. | 150 Pricken. | Bezeichnen die nördliche Seite der Rinne. | 54° 33′ 20″ N.Br. 8° 37′ 20″ O.Lg. bis 54° 33′ 20″ N.Br. 8° 44′ 50″ O.Lg. |
| 556 | **Süderoogsand.** | Bake.*) | Seemarke. Bezeichnet die Gründe des Süderoogsandes. | 54° 26′ 28″ N.Br. 8° 27′ 31″ O.Lg. |
| 557 | **Mittel-Hever.** | Bakentonne. | Bezeichnet die Einfahrt in die Mittel-Hever. Man muss nördlich von der Tonne passiren. | 54° 22′ N.Br. 8° 19′ O.Lg. SW z W ½ W von der Bake unter Nr. 556, bei welcher Richtung dieselbe in einer Linie mit dem alten Pellwormer Thurm ist. Letzterer ist in 54° 31′ N.Br. und 8° 35′ 39″ O.Lg. |
| 558 | „ | 2 Tonnen. | Bezeichnen die südliche Seite des Fahrwassers. | . . . . . . . . . . . |
| 559 | „ | Tonne. | Bezeichnet die nördliche Seite des Fahrwassers. | 54° 23′ N.Br. 8° 23′ 24″ O.Lg. |
| 560 | „ | 2 Tonnen (Tonne Nr. 3 nur im Sommer ausliegend). | Bezeichnen die südliche Seite des Fahrwassers. | . . . . . . . . . . . |
| 561 | „ | Tonne.**) | Bezeichnet die nördliche Seite des Fahrwassers. | . . . . . . . . . . . |
| 562 | „ | Tonne.**) | Bezeichnet die südliche Seite des Fahrwassers. | . . . . . . . . . . . |
| 563 | „ | Tonne. | Bezeichnet die nördliche Seite des Fahrwassers. | 54° 23′ N.Br. 8° 28′ 6″ O.Lg. |
| 564 | „ | Tonne. | Bezeichnet die südliche Seite des Fahrwassers. | 54° 23′ N.Br. 8° 29′ O.Lg. |
| 565 | „ | Tonne.**) | Bezeichnet die nördliche Seite des Fahrwassers. | 54° 23′ 36″ N.Br. 8° 29′ 40″ O.Lg. |
| 566 | „ | Tonne.**) | Bezeichnet die südliche Seite des Fahrwassers. | . . . . . . . . . . . |
| 567 | „ | Tonne. | Bezeichnet die südliche Seite des Fahrwassers. | 54° 24′ 30″ N.Br. 8° 32′ 0″ O.Lg. |

*) Die Bake hat eine mit Wasser und Brot verproviantirte Kammer zur Aufnahme Schiffbrüchiger.
**) Liegt nur im Sommer aus.

| Laufende Nummer. | Allgemeine Beschreibung des Zeichens. | Besondere Erkennungsmerkmale des Zeichens. | Wassertiefe bei Niedrigwasser am Orte des Zeichens in Metern. | Höhe der Spitze des Zeichens über Hochwasser in Metern. | Höhe der Spitze des Zeichens über dem Erdboden in Metern. | Sichtweite des Zeichens in Seemeilen. | Das Zeichen ist erstmalig ausgelegt bezw. errichtet: |
|---|---|---|---|---|---|---|---|
| | 5. | 6. | 7. | 8a. | 8b. | 9. | 10. |
| 555 | Junge Birkenstämme, in den Grund gesteckt. | Mit Krone von Busch. | . . . | 2—2,5 | . . . | 1 | . . . |
| 556 | Bake mit vertikaler Lattenwand und schwalbenschwanzförmigem Topzeichen. | Schwarz. | . . . | 23,3 | 22,6 | 9 | 1871 |
| 557 | Eiserner Kessel, von 1,5 m Höhe und 1,3 m Durchmesser, welcher ein Holzgestell von 3,4 m Höhe trägt. Auf der Spitze zwei Körbe, von 1,6 bezw. 1,4 m Durchmesser, übereinander.*) | Schwarz, mit dem Namen „MITTEL-HEVER" in weissen Buchstaben auf schwarzem Schilde. | 10,0 | 8 | . . . | 7 | 1864 |
| 558 | Spierentonnen I. Klasse mit Stange und Ballon.*) | Schwarz, mit weisser „Nr. 1" bezw. „Nr. 2." | 8,5 | 6 | . . . | 5 | . . . |
| 559 | Spierentonne III. Klasse mit Stange und Ballon.*) | Weiss, mit schwarzem „A". | 6,0 | 3,5 | . . . | 3 | . . . |
| 560 | Spierentonnen I. Klasse mit Stange und Ballon.*) | Schwarz, mit weisser „Nr. 3" bezw. „Nr. 4". | 8,0 bezw. 7,5. | 6 | . . . | 5 | . . . |
| 561 | Spierentonne II. Klasse mit Stange und Ballon.*) | Weiss, mit schwarzem „B". | 8,5 | 4,0 | . . . | 4 | . . . |
| 562 | Spierentonne I. Klasse mit Stange und Ballon.*) | Schwarz, mit weisser „Nr. 5". | 7,0 | 6 | . . . | 5 | . . . |
| 563 | Spierentonne I. Klasse mit Stange und Ballon.*) | Weiss, mit schwarzem „C". | 10,5 | 6 | . . . | 5 | . . . |
| 564 | Spierentonne I. Klasse mit Stange und Ballon.*) | Schwarz, mit weisser Nr. 6". | 10,5 | 6 | . . . | 5 | . . . |
| 565 | Spierentonne I. Klasse mit Stange und Ballon.*) | Weiss, mit schwarzem „D". | 13,5 | 6,0 | . . . | 5 | 1875 verändert. |
| 566 | Spierentonne I. Klasse mit Stange und Ballon.*) | Schwarz, mit weisser „Nr. 7". | 11,0 | 6,0 | . . . | 5 | . . . |
| 567 | Spierentonne I. Klasse mit Stange und Ballon.*) | Schwarz, mit weisser „Nr. 8". | 10,5 | 6,0 | . . . | 5 | . . . |

*) Mit Kette an einem durchlochten Stein verankert.

| Laufende Nummer. | Namen und Oertlichkeit des Zeichens. 1. | Gattung des Zeichens. 2. | Zweck, welchem das Zeichen dient. 3. | Geographische Lage des Zeichens. 4. |
|---|---|---|---|---|
| 568 | **Mittel-Hever.** | Tonne.*) | Bezeichnet die südliche Seite des Fahrwassers. | . . . . . . . . . . . . |
| 569 | „ | Tonne.*) | Bezeichnet die nördliche Seite des Fahrwassers. | 54° 25′ N.Br. 8° 32′ 30″ O.Lg. |
| 570 | „ | Tonne. | Bezeichnet die südliche Seite des Fahrwassers und die Abzweigung der Süder- von der Mittel-Hever. | 54° 25′ N.Br. 8° 33′ 30″ O.Lg. |
| 571 | „ | Tonne.*) | Bezeichnet die südliche Seite des Fahrwassers. | . . . . . . . . . . . . |
| 572 | „ | Tonne. | Bezeichnet die südliche Seite des Fahrwassers. | . . . . . . . . . . . . |
| 573 | „ | Tonne.*) | Bezeichnet die südliche Seite des Fahrwassers. | . . . . . . . . . . . . |
| 573a | „ | Tonne.*) | Bezeichnet die südliche Seite des Fahrwassers. | . . . . . . . . . . . . |
| 574 | „ | Tonne.**) | Bezeichnet die nördliche Seite des Fahrwassers. | 54° 26′ N.Br. 8° 36′ O.Lg. |
| 575 | „ | Tonne.**) | Bezeichnet die nördliche Seite des Fahrwassers. | 54° 26′ N.Br. 8° 37′ 36″ O.Lg. |
| 576 | „ | Tonne. | Bezeichnet die südliche Seite des Fahrwassers. | 54° 26′ N.Br. 8° 38′ 8″ O.Lg. |
| 577 | „ | Tonne.*) | Bezeichnet die südliche Seite des Fahrwassers. | . . . . . . . . . . . . |
| 578 | „ | Tonne.**) | Bezeichnet die nördliche Seite des Fahrwassers. | 54° 26′ 20″ N.Br. 8° 38′ 50″ O.Lg. |
| 579 | „ | 3 Tonnen (Nr. 18 nur im Sommer ausliegend, Nr. 17 u. Nr. 19 werden für den Winter durch Eisbojen ersetzt). | Bezeichnen die südliche Seite des Fahrwassers. | . . . . . . . . . . . . |
| 580 | „ | 2 Tonnen.*) | Bezeichnen die nördliche Seite des Fahrwassers. | . . . . . . . . . . . . |

*) Liegt nur im Sommer aus.

**) Liegt nur im Sommer aus, wird jedoch für den Winter durch eine Eisboje ersetzt.

| Laufende Nummer. | Allgemeine Beschreibung des Zeichens. | Besondere Erkennungsmerkmale des Zeichens. | Wassertiefe bei Niedrigwasser am Orte des Zeichens in Metern. | Höhe der Spitze des Zeichens über Wasser in Metern. | Höhe der Spitze des Zeichens über dem Erdboden in Metern. | Sichtweite des Zeichens in Seemeilen. | Das Zeichen ist erstmalig ausgelegt bezw. errichtet: |
|---|---|---|---|---|---|---|---|
| | 5. | 6. | 7. | 8a. | 8b. | 9 | 10. |
| 568 | Spierentonne II. Klasse mit Stange und Ballon.*) | Schwarz, mit weisser „No. 9". | 11,0 | 4,0 | . . . | 4 | . . . |
| 569 | Hölzerne spitze Fahrwassertonne I. Klasse.*) | Weiss, mit schwarzem „E". | 12,0 | 1,6 | . . . | 3 | . . . |
| 570 | Spierentonne I. Klasse mit Stange und 2 Ballons.*) | Schwarz, mit weisser „Nr. 10". | 13,0 | 6 | . . . | 5 | . . . |
| 571 | Spierentonne II. Klasse mit Stange nnd Ballon.*) | Schwarz, mit weisser „Nr. 11". | 12,0 | 4 | . . . | 4 | 1875 verändert. |
| 572 | Spierentonne II. Klasse mit Stange und Ballon.*) | Schwarz, mit weisser „Nr. 12". | 10,5 | 4 | . . . | 4 | . . . |
| 573 | Spierentonne III. Klasse mit Stange und Ballon.*) | Schwarz, mit weisser „Nr. 13". | 10,5 | 4 | . . . | 4 | 1875 verändert. |
| 573a | Hölzerne stumpfe Fahrwassertonne III. Klasse.*) | Schwarz, mit weisser „Nr. 14". | 8,5 | 1,0 | . . . | 3 | 1871 |
| 574 | Hölzerne spitze Fahrwassertonne I. Klasse.*) | Weiss, mit schwarzem „F". | 11,5 | 1,6 | . . . | 3 | . . . |
| 575 | Hölzerne spitze Fahrwassertonne I. Klasse.*) | Weiss, mit schwarzem „G". | 9,5 | 1,6 | . . . | 3 | . . . |
| 576 | Spierentonne III. Klasse mit Stange und Ballon.*) | Schwarz, mit weisser „Nr. 15". | 8,5 | 3,5 | . . . | 4 | . . . |
| 577 | Hölzerne stumpfe Fahrwassertonne von 1,5 m Länge und 0,9 m Durchmesser.*) | Schwarz, mit weisser „Nr. 16". | 8,5 | 0,6 | . . . | 2 | . . . |
| 578 | Hölzerne spitze Fahrwassertonne I. Klasse.*) | Weiss, mit schwarzem „H". | 8,5 | 1,6 | . . . | 3 | . . . |
| 579 | Hölzerne stumpfe Fahrwassertonnen von 1,3 m Länge und 0,8 m Durchmesser.*) | Schwarz, mit bezw. weisser „Nr. 17", „Nr. 18", „Nr. 19". | 7,0 | 0,5 | . . . | 2 | . . . |
| 580 | Hölzerne stumpfe Fahrwassertonnen von 1,3 m Länge und 0,8 m Durchmesser.*) | Weiss, mit schwarzem „J" bezw. K". | 7,0 | 0,5 | . . . | 2 | . . . |

*) Mit Kette an einem durchlochten Stein verankert.

| Laufende Nummer. | Namen und Oertlichkeit des Zeichens. 1. | Gattung 2. | Zweck, welchem das Zeichen dient. 3. | Geographische Lage des Zeichens. 4. |
|---|---|---|---|---|
| 581 | **Mittel-Hever.** | Tonne. | Bezeichnet die nördliche Seite des Fahrwassers. | 54° 27′ N.Br. 8° 40′ 40″ O.Lg. |
| 582 | „ | Tonne. | Bezeichnet die südliche Seite des Fahrwassers. | 54° 26′ 8″ N.Br. 8° 41′ 0″ O.Lg. |
| 583 | „ | Tonne.*) | Bezeichnet die südliche Seite des Fahrwassers. | . . . . . . . . . . . |
| 584 | „ | Tonne.*) | Bezeichnet die nördliche Seite des Fahrwassers. | 54° 26′ 46″ N.Br. 8° 41′ 48″ O.Lg. |
| 585 | „ | Tonne (im Sommer ausliegend, für den Winter durch eine Eisboje ersetzt). | Bezeichnet die südliche Seite des Fahrwassers. | 54° 26′ 6″ N.Br. 8° 42′ 0″ O.Lg. |
| 586 | **Mittel-Hever,** auf Korbbakensand. | 3 Spierbaken. | Bezeichnen die nördliche Seite des Fahrwassers. | 54° 26′ 50″ N.Br. 8° 43′ 20″ O.Lg. |
| 587 | **Mittel-Hever.** | 2 Tonnen (nur im Sommer ausliegend). | Bezeichnen die südliche Seite des Fahrwassers. | . . . . . . . . . . . |
| 588 | **Mittel-Hever,** bei Korbbakensand. | Tonne.*) | Bezeichnet die nördliche Seite des Fahrwassers. | 54° 26′ 40″ N.Br. 8° 45′ 20″ O.Lg. |
| 589 | **Mittel-Hever.** | Tonne.*) | Bezeichnet die südliche Seite des Fahrwassers. | 54° 26′ 4″ N.Br. 8° 46′ 5″ O.Lg. |
| 590 | **Mittel-Hever,** bei Korbbakensand. | Tonne.*) | Bezeichnet die nördliche Seite des Fahrwassers. | . . . . . . . . . . . |
| 591 | **Mittel-Hever.** | Tonne.*) | Bezeichnet die südliche Seite des Fahrwassers. | 54° 26′ 12″ N.Br. 8° 48′ 30″ O.Lg. |
| 592 | „ | 4 Spierbaken. | Bezeichnen die nördliche Seite des Fahrwassers von Korbbakensand bis Hohen Hörn. | . . . . . . . . . . . |
| 593 | „ | Tonne.*) | Bezeichnet die südliche Seite des Fahrwassers. | 54° 25′ 6″ N.Br. 8° 49′ 8″ O.Lg. |
| 594 | **Mittel-Hever,** bei Hohen Hörn. | Tonne.*) | Bezeichnet die nördliche Seite des Fahrwassers. | 54° 25′ 45″ N.Br. 8° 49′ 45″ O.Lg. |
| 595 | **Mittel-Hever,** auf Hohen Hörn. | Spierbake. | Bezeichnet die nördliche Seite des Fahrwassers. | 54° 25′ 47″ N.Br. 8° 49′ 50″ O.Lg. |

*) Liegt nur im Sommer aus.

| Laufende Nummer. | Allgemeine Beschreibung des Zeichens. | Besondere Erkennungs-merkmale des Zeichens. | Wasser-tiefe bei Niedrig-wasser am Orte des Zeichens in Metern. | Höhe der Spitze des Zeichens über Wasser in Metern. | Höhe der Spitze des Zeichens über dem Erdboden in Metern. | Sicht-weite des Zeichens in See-meilen. | Das Zeichen ist erstmalig ausgelegt bezw. errichtet: |
|---|---|---|---|---|---|---|---|
| | 5. | 6. | 7. | 8a. | 8b. | 9. | 10. |
| 581 | Hölzerne stumpfe Fahrwassertonne von 1,3 m Länge und 0,8 m Durchmesser. *) | Weiss, mit schwarzem „L". | 7,5 | 0,5 | . . . | 2 | . . . |
| 582 | Spierentonne III. Klasse mit Stange und Ballon. *) | Schwarz, mit weisser „Nr. 20". | 8,0 | 3,5 | . . . | 4 | . . . |
| 583 | Hölzerne stumpfe Fahrwassertonne von 1,3 m Länge und 0,8 m Durchmesser. *) | Schwarz, mit weisser „Nr. 21". | 5,0 | 0,5 | . . . | 2 | 1871 |
| 584 | Hölzerne stumpfe Fahrwassertonne von 1,3 m Länge und 0,8 m Durchmesser. *) | Weiss, mit schwarzem „M". | 8,5 | 0,5 | . . . | 2 | . . . |
| 585 | Hölzerne stumpfe Fahrwassertonne III. Klasse. *) | Schwarz, mit weisser „Nr. 22". | 7,0 | 1,0 | . . . | 3 | . . . |
| 586 | Holzspieren von etwa 9 m Länge, in den Grund gesteckt. | Mit einem Besen. | 0 | 4 | . . . | 1 | . . . |
| 587 | Hölzerne stumpfe Fahrwassertonnen III. Klasse. *) | Schwarz, mit weisser „Nr. 23„ bezw. „Nr. 24". | 10,0 bezw. 8,5. | 1 | . . . | 3 | Nr. 24 1871. |
| 588 | Hölzerne spitze Fahrwassertonne II. Klasse. *) | Weiss, mit schwarzem „N". | 8,5 | 1,2 | . . . | 3 | . . . |
| 589 | Hölzerne stumpfe Fahrwassertonne III. Klasse. *) | Schwarz, mit weisser „Nr. 25". | 8,5 | 1 | . . . | 3 | . . . |
| 590 | Hölzerne spitze Fahrwassertonne II. Klasse. *) | Weiss, mit schwarzem „O". | 7,0 | 1,2 | . . . | 3 | . . . |
| 591 | Hölzerne stumpfe Fahrwassertonne III. Klasse. *) | Schwarz, mit weisser „Nr. 25a". | 8,6 | 1,0 | . . . | 3 | 1875 |
| 592 | Holzspieren von etwa 9 m Länge, in den Grund gesteckt. | Mit einem Korbe. | 0 | 4 | . . . | 1 | . . . |
| 593 | Hölzerne stumpfe Fahrwassertonne III. Klasse. *) | Schwarz, mit weisser „Nr. 26". | 8,5 | 1,0 | . . . | 3 | . . . |
| 594 | Hölzerne spitze Fahrwassertonne II. Klasse. *) | Weiss, mit schwarzem „P". | 7,0 | 1,2 | . . . | 3 | 1871 |
| 595 | Holzspiere von etwa 9 m Länge, in den Grund gesteckt. | Mit 2 Körben. | 0 | 4 | . . . | 1 | . . . |

*) Mit Kette an einem durchlochten Stein verankert.

| Laufende Nummer. | Namen und Oertlichkeit des Zeichens. 1. | Gattung des Zeichens. 2. | Zweck, welchem das Zeichen dient. 3. | Geographische Lage des Zeichens. 4. |
|---|---|---|---|---|
| 596 | **Mittel-Hever.** | 5 Spierbaken. | Bezeichnen die nördliche Seite des Fahrwassers von Hohen Hörn bis Flacke-Huk. | . . . . . . . . . . . |
| 597 | - | Tonne.*) | Bezeichnet die südliche Seite des Fahrwassers. | 54° 25′ 8″ N.Br. 8° 52″ 8″ O.Lg. |
| 598 | **Mittel-Hever,** auf Flacke-Huk. | Spierbake. | Bezeichnet die nördliche Seite des Fahrwassers. | 54° 25′ 30″ N.Br. 8° 52′ 28″ O.Lg. |
| 599 | **Mittel-Hever.** | Tonne.*) | Bezeichnet die südliche Seite des Fahrwassers. | . . . . . . . . . . . |
| 600 | „ | 8 Spierbaken. | Bezeichnen die nördliche bezw. westliche Seite des Fahrwassers von Flacke-Huk bis Moordeich-Hafen. | . . . . . . . . . . . |
| 601 | „ | Tonne.*) | Bezeichnet die südliche bezw. östliche Seite des Fahrwassers. | 54° 28′ 3″ N.Br. 8° 57′ 0″ O.Lg. |
| 602 | **Husumer Aue.** | Spierbake. | Bezeichnet die Einfahrt in die Husumer Aue. Man muss nördlich von der Spierbake passiren. | 54° 28′ 40″ N.Br. 8° 58′ 30″ O.Lg. |
| 603 | „ | 100 Pricken. | Bezeichnen die südliche Seite der Aue. | 54° 28′ 55″ N.Br. 8° 58′ 30″ O.Lg. bis 54° 28′ 30″ N.Br. 9° 3′ 20″ O.Lg. |
| 604 | **Süder-Hever.** | Bakentonne. | Bezeichnet die Einfahrt in die Süder-Hever. Man muss nördlich von der Tonne passiren. | 54° 20′ 18 N.Br. 8° 27′ 45″ O.Lg. |
| 605 | „ | Tonne. | Bezeichnet die nördliche Seite des Fahrwassers. | 54° 21′ 48″ N.Br. 8° 30″ 0″ O.Lg. |
| 606 | „ | Tonne. | Bezeichnet die südliche Seite des Fahrwassers. | 54° 21′ 30″ N.Br. 8° 31′ 20″ O.Lg. |
| 607 | „ | Tonne. | Bezeichnet die südliche bezw. östliche Seite des Fahrwassers. | 54° 23′ N.Br. 8° 32′ 45″ O.Lg. |
| 608 | „ | Tonne. | Bezeichnet die nördliche bezw. westliche Seite des Fahrwassers. | 54° 23′ 48″ N.Br. 8° 33′ 0″ O.Lg. |
| 609 | „ | Tonne.*) | Bezeichnet die südliche bezw. östliche Seite des Fahrwassers. | . . . . . . . . . . . |
| 610 | „ | Tonne. | Desgl. | 54° 24′ 20″ N.Br. 8° 33′ 30″ O.Lg. |

*) Liegt nur im Sommer aus.

| Laufende Nummer. | Allgemeine Beschreibung des Zeichens. | Besondere Erkennungs-merkmale des Zeichens. | Wasser-tiefe bei Niedrig-wasser am Orte des Zeichens in Metern. | Höhe der Spitze des Zeichens über Wasser in Metern. | Höhe der Spitze des Zeichens über dem Erdboden in Metern. | Sicht-weite des Zeichens in See-meilen. | Das Zeichen ist erst-malig ausge-legt bezw. er-richtet: |
|---|---|---|---|---|---|---|---|
| | 5. | 6. | 7. | 8a. | 8b. | 9. | 10. |
| 596 | Holzspieren von etwa 9 m Länge, in den Grund gesteckt. | Mit einem Korbe. | 0 | 4 | . . . | 1 | . . . |
| 597 | Hölzerne stumpfe Fahrwassertonne III. Klasse.*) | Schwarz, mit weisser „Nr. 27“. | 9,0 | 1 | . . . | 3 | 1871 |
| 598 | Holzspiere von etwa 9 m Länge, in den Grund gesteckt. | Mit Korb und Besen. | 0 | 4 | . . . | 1 | . . . |
| 599 | Hölzerne stumpfe Fahrwassertonne III. Klasse.*) | Schwarz, mit weisser „Nr. 28“. | 7,0 | 1 | . . . | 3 | . . . |
| 600 | Holzspieren von etwa 9 m Länge, in den Grund gesteckt. | Mit einem kleinen Korbe. | 0 | 4 | . . . | 1 | . . . |
| 601 | Hölzerne stumpfe Fahrwassertonne von 1,3 m Länge und 0,8 m Durchmesser.*) | Schwarz, mit weisser „Nr. 29“. | 6,0 | 0,5 | . . . | 2 | 1871 |
| 602 | Holzspiere von etwa 9 m Länge, in den Grund gesteckt. | Mit einem horizontal liegenden Besen. | 0 | 4 | . . . | 1 | . . . |
| 603 | Junge Birkenstämme, in den Grund gesteckt. | Mit Krone von Busch. | . . . | 2—2,5 | . . . | 1 | . . . |
| 604 | Eiserner Kessel, von 1,2 m Höhe und 1,1 m Durchmesser, welcher ein 3,0 m hohes Holzgestell trägt.*) | Schwarz, mit einem 1,6 m hohen Korbe. | 10,5 | 7 | . . . | 6 | 1864 |
| 605 | Spierentonne I. Klasse.*) | Weiss, mit Stange und 2 Ballons. | 7,7 | 6 | . . . | 5 | 1875 |
| 606 | Spierentonne I. Klasse.*) | Schwarz, mit Stange und 2 Ballons. | 10,5 | 6 | . . . | 5 | 1871 |
| 607 | Spierentonne I. Klasse.*) | Schwarz, mit Stange und 2 Ballons. | 10,5 | 6 | . . . | 5 | 1871 |
| 608 | Spierentonne I. Klasse.*) | Weiss, mit Stange und 2 Ballons. | 8,6 | 6 | . . . | 5 | 1875 |
| 609 | Spierentonne III. Klasse.*) | Schwarz, mit Stange und 2 Ballons. | 7,0 | 3,5 | . . . | 4 | 1871 |
| 610 | Spierentonne III. Klasse.*) | Schwarz, mit Stange und 2 Ballons. | 5,0 | 3,5 | . . . | 4 | . . . |

*) Mit Kette an einem durchlochten Stein verankert.

| Laufende Nummer. | Namen und Oertlichkeit des Zeichens. 1. | Gattung 2. | Zweck, welchem das Zeichen dient. 3. | Geographische Lage des Zeichens. 4. |
|---|---|---|---|---|
| 611 | **Norder-Hever.** | Tonne (im Sommer ausliegend, für den Winter durch eine Eistonne ersetzt). | Bezeichnet die Abzweigung der Norder- von der Mittel-Hever. | 54° 26′ 20″ N.Br. 8° 35′ 40″ O.Lg. |
| 612 | **Norder-Hever,** bei Süderoog. | Tonne.*) | Bezeichnet die nördliche bezw. westliche Seite des Fahrwassers. | 54° 26′ 32″ N.Br. 8° 34″ 50″ O.Lg. |
| 613 | **Norder-Hever.** | 2 Tonnen (nur im Sommer ausliegend). | Bezeichnen die südliche bezw. östliche Seite des Fahrwassers. | . . . . . . . . . . . . |
| 614 | **Norder-Hever,** Steinloch. | Tonne.*) | Bezeichnet die nördliche bezw. westliche Seite des Fahrwassers. | . . . . . . . . . . . . |
| 615 | **Norder-Hever.** | Tonne.*) | Bezeichnet die südliche bezw. östliche Seite des Fahrwassers. | 54° 28′ 10″ N.Br. 8° 39′ 40″ O.Lg. |
| 616 | **Norder-Hever,** bei Ochsensand. | Tonne.*) | Bezeichnet die Spitze des Ochsensandes (die nördliche bezw. westliche Seite des Fahrwassers). | 54° 29′ 12″ N.Br. 8° 41′ 5″ O.Lg. |
| 617 | **Norder-Hever,** auf Ochsensand. | 20 Pricken. | Bezeichnen die Kante des Ochsensandes (die nördliche bezw. westliche Seite des Fahrwassers). | . . . . . . . . . . . . |
| 618 | **Norder-Hever,** bei Pellworm-Plate. | Tonne.*) | Bezeichnet die Abzweigung des Fahrwassers nach Pellworm von der Norder-Hever. | . . . . . . . . . . . . |
| 619 | **Norder-Hever,** auf Langelandsteert. | 25 Pricken. | Bezeichnen die westliche Seite des Fahrwassers. | . . . . . . . . . . . . |
| 620 | **Norder-Hever,** bei Rungholt-Sand. | Tonne.*) | Bezeichnet die östliche Seite des Fahrwassers. | . . . . . . . . . . . . |
| 621 | „ | Tonne (im Sommer ausliegend, für den Winter durch eine Eistonne ersetzt). | Bezeichnet die östliche Seite des Fahrwassers. | 54° 32′ 6″ N.Br. 8° 46′ 30″ O.Lg. |
| 622 | **Holmer Fähre.** | 65 Pricken. | Bezeichnen die südliche Seite der Holmer Fähre. | 54° 31′ 55″ N.Br. 8° 46′ 45″ O.Lg. bis 54° 32′ 20″ N.Br. 8° 56′ 20″ O.Lg. |
| 623 | „ | Tonne. | Bezeichnet einen in's Fahrwasser der Holmer Fähre vorspringenden Sand (an der südlichen Seite). | 54° 32′ N.Br. 8° 50′ 20″ O.Lg. |
| 624 | **Moorsteert.** | 50 Pricken. | Bezeichnen die südliche Seite der Fahrrinne über Moorsteert. | 54° 33′ 40″ N.Br. 8° 52′ 0″ O.Lg. bis 54° 32′ 20″ N.Br. 8° 54′ 20″ O.Lg. |

*) Liegt nur im Sommer aus.

| Laufende Nummer. | Allgemeine Beschreibung des Zeichens. | Besondere Erkennungs-merkmale des Zeichens. | Wasser-tiefe bei Niedrig-wasser am Orte des Zeichens in Metern. | Höhe der Spitze des Zeichens über Wasser in Metern. | Höhe der Spitze des Zeichens über dem Erdboden in Metern. | Sicht-weite des Zei-chens in See-meilen. | Das Zei-chen ist erst-malig ausge-legt bezw. er-richtet: |
|---|---|---|---|---|---|---|---|
| | 5. | 6. | 7. | 8a. | 8b. | 9. | 10. |
| 611 | Hölzerne stumpfe Fahrwassertonne III. Klasse.*) | Weiss und schwarz karrirt. | 10,5 | 1,0 | . . . | 3 | . . . |
| 612 | Hölzerne spitze Fahrwassertonne I. Klasse.*) | Weiss. | 8,5 | 1,6 | . . . | 3 | 1871 |
| 613 | Hölzerne stumpfe Fahrwassertonnen I. Klasse.*) | Schwarz. | 10,5 bezw. 7,5. | 1,6 | . . . | 4 | . . . |
| 614 | Spierentonne III. Klasse.*) | Weiss, mit Stange und Ballon. | 7,0 | 3,5 | . . . | 4 | . . . |
| 615 | Hölzerne stumpfe Fahrwassertonne I. Klasse.*) | Schwarz. | 8,5 | 1,6 | . . . | 4 | . . . |
| 616 | Hölzerne stumpfe Fahrwassertonne III. Klasse.*) | Weiss. | 9,0 | 1,0 | . . . | 3 | . . . |
| 617 | Junge Birkenstämme, in den Grund gesteckt. | Mit Krone von Busch. | . . . | 2—2,5 | . . . | 1 | . . . |
| 618 | Hölzerne stumpfe Fahrwassertonne von 1,5 m Länge und 0,9 m Durchmesser.*) | Weiss. | 7,0 | 0,6 | . . . | 2 | . . . |
| 619 | Junge Birkenstämme, in den Grund gesteckt.*) | Mit Krone von Busch. | . . . | 2—2,5 | . . . | 1 | . . . |
| 620 | Hölzerne stumpfe Fahrwassertonne III. Klasse.*) | Schwarz. | 8,5 | 1 | . . . | 3 | 1872 |
| 621 | Hölzerne stumpfe Fahrwassertonne I. Klasse.*) | Schwarz. | 10,5 | 1,6 | . . . | 4 | . . . |
| 622 | Junge Birkenstämme, in den Grund gesteckt. | Mit Krone von Busch. | . . . | 2—2,5 | . . . | 1 | . . . |
| 623 | Spierentonne III. Klasse.*) | Schwarz, mit Stange und Ballon. | 3,5 | 3,5 | . . . | 4 | . . . |
| 624 | Junge Birkenstämme, in den Grund gesteckt. | Mit Krone von Busch. | . . . | 2—2,5 | . . . | 1 | . . . |

*) Mit Kette an einem durchlochten Stein verankert.

| Laufende Nummer. | Namen und Oertlichkeit des Zeichens. | Gattung des Zeichens. | Zweck, welchem das Zeichen dient. | Geographische Lage des Zeichens. |
|---|---|---|---|---|
| | 1. | 2. | 3. | 4. |
| 625 | **Reussen-** und **Hattstedt-Hafen.** | 50 Pricken. | Bezeichnen die westliche Seite der beiden Fahrrinnen. | . . . . . . . . . . . . |
| 626 | Fahrrinne zwischen **Hattstedt-Hafen** und **Hammersloch.** | 10 Pricken. | Bezeichnen die westliche Seite der Rinne. | 54° 32′ 15″ N.Br. 8° 56′ 36″ O.Lg. bis 54° 31′ 50″ N.Br. 8° 57′ 15″ O.Lg. |
| 627 | **Hammersloch.** | 38 Pricken. | Bezeichnen die westliche Seite der Fahrrinne. | . . . . . . . . . . . . |
| 628 | Fahrrinne von **Hammersloch** bis zur **Mittel-Hever.** | 50 Pricken. | Bezeichnen die westliche Seite der Rinne. | 54° 31′ 42″ N.Br. 8° 57′ 24″ O.Lg. bis 54° 29′ N.Br. 8° 58′ 25″ O.Lg. |
| 629 | **St. Peter-Dunen.** | Bake. | Bezeichnet die Ansegelung der Eider. | 54° 17′ 21″ N.Br. 8° 39′ 15″ O.Lg. |
| 630 | **Eider-Mündung.** | Bakentonne. | Desgl. | 54° 15′ 15″ N.Br. 8° 28′ 0″ O.Lg. |
| 631 | „ | Tonne. | Desgl. | 54° 15′ 5″ N.Br. 8° 31′ 14″ O.Lg. |
| 632 | **Eider.** | Tonne. | Bezeichnet die südliche Seite des Fahrwassers. | . . . . . . . . . . . . |
| 633 | „ | 3 Tonnen. | Bezeichnen die südliche Seite des Fahrwassers. | . . . . . . . . . . . . |

Anm. zu Nr. 632 bis 657. — Die unter diesen Nummern aufgeführten Tonnen und Bojen liegen nur im Sommer aus, werden indess für den Winter durch eiförmige eiserne Tonnen (Eisbojen), eventuell durch Kesseltonnen III. Klasse, ersetzt. Die geographische Lage dieser Schifffahrtszeichen ist nicht angegeben, weil dieselben wegen bedeutender Veränderung des Fahrwassers

| Laufende Nummer. | Allgemeine Beschreibung des Zeichens. | Besondere Erkennungsmerkmale des Zeichens. | Wassertiefe bei Niedrigwasser am Orte des Zeichens in Metern. | Höhe der Spitze des Zeichens über Hochwasser in Metern. | Höhe der Spitze des Zeichens über dem Erdboden in Metern. | Sichtweite des Zeichens in Seemeilen. | Das Zeichen ist erstmalig ausgelegt bezw. errichtet: |
|---|---|---|---|---|---|---|---|
| | 5. | 6. | 7. | 8a. | 8b. | 9. | 10. |
| 625 | Junge Birkenstämme, in den Grund gesteckt. | Mit Krone von Busch. | . . . | 2—2,5 | . . . | 1 | . . . |
| 626 | Desgl. | Mit Krone von Busch. | . . . | 2—2,5 | . . . | 1 | . . . |
| 627 | Desgl. | Mit Krone von Busch. | . . . | 2—2,5 | . . . | 1 | . . . |
| 628 | Desgl. | Mit Krone von Busch. | . . . | 2—2,5 | . . . | 1 | . . . |
| 629 | **Hölzerne Bake auf 8 radialen Schwellen, welche 5,75 m über gewöhnlicher Fluth auf 16 Pfählen ruhen. Der Mittelständer von 13,75 m Höhe und 33 cm Stärke wird von 16 Streben, je 2 Streben auf einer Schwelle, gehalten; dieser und 2 Ständer mit Querstück bilden die mit Latten bekleidete Signalwand. Unterhalb derselben sind die der Seeseite zugekehrten Streben in gleicher Weise bekleidet.** | **Schwarz.** | . . . | **19,5** | **13,75** | **8** | **1871** |
| 630 | Eiserne, 2,65 m hohe Kesseltonne mit hölzernem Gitterwerk von der Form eines Ballons.*) | Der Kessel ist roth, das Gitterwerk schwarz; mit dem Namen „Eider" in weissen Buchstaben auf schwarzem Blechschild. | 10,3 | 6,5 | . . . | 4 | . . . |
| 631 | Stumpfe hölzerne Tonne von 2,58 m Länge, mit hölzernem Gitterwerk und zwei aus spanischem Rohr geflochtenen Ballons.*) | Roth, mit dem Namen „Eider" in schwarzen Buchstaben auf weissem Schild. | 7,9 | 4,2 | . . . | 2 | . . . |
| 632 | Eiserne, 2,65 m hohe Kesseltonne mit 7 m langer hölzerner Stange und Rohr-Ballon.*) | Schwarz, mit weisser „1". | 5,6 | 8,5 | . . . | 1 | . . . |
| 633 | Eiserne, 2,25 m hohe Kesseltonnen, jede mit 3,5 m hohem hölzernen Gitterwerk und Rohr-Ballon.*) | Schwarz, mit weisser „2" bezw. „3" und „4". | Tonne 2 in 3,8, Tonne 3 in 3,0, Tonne 4 in 3,1. | . . . | | 1 | . . . |

*) Mit Kette an einem Stein verankert.

oft verlegt werden müssen. Das Fahrwasser der Eider im Purrenstrom ist neben der Bezeichnung durch Tonnen und Bojen noch durch Pricken (in den Grund gesteckte Stangenbaken) gekennzeichnet.

| Laufende Nummer. | Namen und Oertlichkeit des Zeichens. | Gattung | Zweck, welchem das Zeichen dient. | Geographische Lage des Zeichens. |
|---|---|---|---|---|
| | 1. | 2. | 3. | 4. |
| 634 | **Eider.** | Tonne. | Bezeichnet die südliche Seite des Fahrwassers. | . . . . . . . . . . . . . |
| 635 | „ | Tonne. | Desgl. | . . . . . . . . . . . . . |
| 636 | „ | Tonne. | Desgl. | . . . . . . . . . . . . . |
| 636a | „ | Tonne. | Desgl. | . . . . . . . . . . . . . |
| 637 | „ | 2 Tonnen. | Bezeichnen die südliche Seite des Fahrwassers. | . . . . . . . . . . . . . |
| 638 | „ | Tonne. | Bezeichnet die südliche Seite des Fahrwassers. | . . . . . . . . . . . . . |
| 639 | „ | Tonne. | Desgl. | . . . . . . . . . . . . . |
| 640 | „ | Tonne. | Desgl. | . . . . . . . . . . . . . |
| 641 | „ | Tonne. | Desgl. | . . . . . . . . . . . . . |
| 642 | „ | Tonne. | Desgl. | . . . . . . . . . . . . . |
| 642a | „ | Tonne. | Desgl. | . . . . . . . . . . . . . |
| 643 | „ | 2 Tonnen. | Bezeichnen die südliche Seite des Fahrwassers. | . . . . . . . . . . . . . |
| 643a | „ | Tonne. | Bezeichnet die südliche Seite des Fahrwassers. | . . . . . . . . . . . . . |
| 644 | „ | Tonne. | Desgl. | . . . . . . . . . . . . . |
| 645 | „ | 3 Tonnen. | Bezeichnen die nördliche Seite des Fahrwassers. | . . . . . . . . . . . . . |

| Laufende Nummer. | Allgemeine Beschreibung des Zeichens. | Besondere Erkennungsmerkmale des Zeichens. | Wassertiefe bei Niedrigwasser am Orte des Zeichens in Metern. | Höhe der Spitze des Zeichens über Wasser in Metern. | Höhe der Spitze des Zeichens über dem Erdboden in Metern. | Sichtweite des Zeichens in Seemeilen. | Das Zeichen ist erstmalig ausgelegt bezw. errichtet: |
|---|---|---|---|---|---|---|---|
| | 5. | 6. | 7. | 8a. | 8b. | 9. | 10. |
| 634 | Hölzerne, 1,4 m lange Tonne mit Stiel und Querbesen.*) | Schwarz, mit weisser „5". | 5,0 | ... | ... | 1 | ... |
| 635 | Eiserne, 2,25 m hohe Kesseltonne mit 3,5 m hohem hölzernen Gitterwerk und Rohr-Ballon.*) | Schwarz, mit weisser „6". | 6,4 | ... | ... | 1 | ... |
| 636 | Stumpfe hölzerne Gittertonne von 2 m Länge, mit Querbesen.*) | Schwarz, mit weisser „7". | 5,5 | ... | ... | 1 | ... |
| 636a | Stumpfe hölzerne Tonne von 2,6 m Länge, mit Ballon.*) | Schwarz, mit weisser „8". | 6,2 | ... | ... | 1 | ... |
| 637 | Stumpfe hölzerne Tonnen von 2,5 bezw. 2,0 m Länge.*) | Schwarz, mit weisser „9" bezw. „10". | Tonne 9 in 6,3, Tonne 10 in 7,3. | ... | ... | 1 | ... |
| 638 | Eiserne, 2 m lange Tonne.*) | Schwarz, mit weisser „11". | 6,0 | ... | ... | 1 | ... |
| 639 | Stumpfe hölzerne Tonne von 2,5 m Länge, mit Ballon.*) | Schwarz, mit weisser „12". | 6,9 | ... | ... | 1 | ... |
| 640 | Hölzerne, 1,4 m lange Tonne mit Stiel und Besen.*) | Schwarz, mit weisser „13". | 8,6 | ... | ... | 1 | ... |
| 641 | Stumpfe hölzerne Tonne von 2,5 m Länge, mit Ballon.*) | Schwarz, mit weisser „14". | 6,0 | ... | ... | 1 | ... |
| 642 | Stumpfe hölzerne Tonne von 1,4 m Länge, mit Stiel und Besen.*) | Schwarz, mit weisser „15". | 3,6 | ... | ... | 1 | ... |
| 642a | Stumpfe hölzerne Tonne von 2 m Länge.*) | Schwarz, mit weisser „16". | 2,8 | ... | ... | 1 | ... |
| 643 | Hölzerne, 1,4 m lange Stieltonnen mit Besen.*) | Schwarz, mit weisser „17" bezw. „18". | Tonne 17 in 3,2, Tonne 18 in 4,8. | ... | ... | 1 | ... |
| 643a | Stumpfe hölzerne Tonne von 2 m Länge.*) | Schwarz, mit weisser „19". | 4,8 | ... | ... | 1 | ... |
| 644 | Hölzerne, 1,4 m lange Stieltonne mit Besen.*) | Schwarz, mit weisser „20". | 4,8 | ... | ... | 1 | ... |
| 645 | Eiserne, 2,25 m hohe Kesseltonnen mit hölzernem Gitterwerk u. Rohrballon.*) | Weiss, mit schwarzem „A" bezw. „B" und „C". | Tonne A in 3,8, Tonne B in 3,9, Tonne C in 5,0. | ... | ... | 1 | ... |

*) Mit Kette an einem Stein verankert.

| Laufende Nummer. | Namen und Oertlichkeit des Zeichens. 1. | Gattung 2. | Zweck, welchem das Zeichen dient. 3. | Geographische Lage des Zeichens. 4. |
|---|---|---|---|---|
| 646 | **Eider.** | 2 Tonnen. | Bezeichnen die nördliche Seite des Fahrwassers. | . . . . . . . . . . . . |
| 646a | „ | Tonne. | Bezeichnet die nördliche Seite des Fahrwassers. | . . . . . . . . . . . . |
| 647 | „ | Tonne. | Desgl. | . . . . . . . . . . . . |
| 647a | „ | Tonne. | Desgl. | . . . . . . . . . . . . |
| 648 | „ | Tonne. | Desgl. | . . . . . . . . . . . . |
| 649 | „ | 2 Tonnen. | Bezeichnen die nördliche Seite des Fahrwassers. | . . . . . . . . . . . . |
| 650 | „ | Tonne. | Bezeichnet die nördliche Seite des Fahrwassers. | . . . . . . . . . . . . |
| 650a | „ | Tonne. | Desgl. | . . . . . . . . . . . . |
| 651 | „ | Tonne. | Desgl. | . . . . . . . . . . . . |
| 652 | „ | Tonne. | Desgl. | . . . . . . . . . . . . |
| 653 | „ | 2 Tonnen. | Bezeichnen die nördliche Seite des Fahrwassers. | . . . . . . . . . . . . |
| 654 | „ | 2 Tonnen. | Desgl. | . . . . . . . . . . . . |
| 655 | „ | Tonne. | Bezeichnet die nördliche Seite des Fahrwassers. | . . . . . . . . . . . . |
| 656 | „ | Tonne. | Desgl. | . . . . . . . . . . . . |

| Laufende Nummer. | Allgemeine Beschreibung des Zeichens. | Besondere Erkennungsmerkmale des Zeichens. | Wassertiefe bei Niedrigwasser am Orte des Zeichens in Metern. | Höhe der Spitze des Zeichens über dem Wasser in Metern. | Höhe der Spitze des Zeichens über dem Erdboden in Metern. | Sichtweite des Zeichens in Seemeilen. | Das Zeichen ist erstmalig ausgelegt bezw. errichtet: |
|---|---|---|---|---|---|---|---|
| | 5. | 6. | 7. | 8a. | 8b. | 9. | 10. |
| 646 | Eiserne, 2,65 m lange Tonnen II. Klasse mit Stange und Ballon.*) | Weiss, mit schwarzem „D" bezw. „E". | Tonne D in 6,1, Tonne E in 6,5. | ... | ... | 1 | ... |
| 646a | Spitze hölzerne Tonne von 2,8 m Höhe.*) | Weiss, mit schwarzem „F". | 4,0 | ... | ... | 1 | ... |
| 647 | Eiserne, 2,65 m lange Tonne II. Klasse mit Stange und Ballon.*) | Weiss, mit schwarzem „G". | 4,2 | ... | ... | 1 | ... |
| 647a | Spitze hölzerne Tonne von 2,5 m Höhe.*) | Weiss, mit schwarzem „H". | 3,2 | ... | ... | 1 | ... |
| 648 | Eiserne, 2,2 m hohe Spitztonne mit Ballon.*) | Weiss, mit schwarzem „J". | 4,3 | ... | ... | 1 | ... |
| 649 | Eiserne, 2,65 m lange Tonnen II. bezw. III. Klasse mit Stange und Ballon.*) | Weiss, mit schwarzem „K" bezw. „L". | Tonne K in 7,2, Tonne L in 7,0. | ... | ... | 1 | ... |
| 650 | Stumpfe hölzerne Tonne von 2,6 m Länge.*) | Weiss, mit schwarzem „M". | 3,5 | ... | ... | 1 | ... |
| 650a | Spitze hölzerne Tonne von 2,6 m Höhe.*) | Weiss, mit schwarzem „N". | 4,0 | ... | ... | 1 | ... |
| 651 | Eiserne, 2,2 m lange Tonne III. Klasse mit Stange.*) | Weiss, mit schwarzem „O". | 3,9 | ... | ... | 1 | ... |
| 652 | Hölzerne, 1,4 m lange Stieltonne mit Besen.*) | Weiss, mit schwarzem „P". | 3,5 | ... | ... | 1 | ... |
| 653 | Hölzerne, 1,4 m lange Stieltonnen; jede mit einer Flagge von Leder.*) | Weiss, mit schwarzem „Q" bezw. „R". | Tonne Q in 5,9, Tonne R in 4,3. | ... | ... | 1 | ... |
| 654 | Eiserne, 2,2 m hohe Kesseltonnen III. Klasse mit Ballon.*) | Weiss, mit schwarzem „S" bezw. „T". | Tonne S in 4,5, Tonne T in 3,4. | ... | ... | 1 | ... |
| 655 | Hölzerne, 1,4 m lange Stieltonne mit einer Flagge von Leder.*) | Weiss, mit schwarzem „U". | 3,6 | ... | ... | 1 | ... |
| 656 | Eiserne, 2,65 m lange Tonne II. Klasse mit Ballon.*) | Weiss, mit schwarzem „V". | 3,0 | ... | ... | 1 | ... |

*) Mit Kette an einem Stein verankert.

| Laufende Nummer. | Namen und Oertlichkeit des Zeichens. 1. | Gattung 2. | Zweck, welchem das Zeichen dient. 3. | Geographische Lage des Zeichens. 4. |
|---|---|---|---|---|
| 657 | **Eider.** | 4 Tonnen. | Bezeichnen die nördliche Seite des Fahrwassers. | . . . . . . . . . . . . |
| 658 | **Blauortsand.** | Bake. | Seemarke. Bezeichnet den Blauortsand. | 54° 9′ 36″ N.Br. 8° 42′ 34″ O.Lg. |
| 659 | **Norderpiep.** | Tonne (im Sommer ausliegend). | Bezeichnet die Einfahrt in die Norderpiep. Liegt in der Mitte des Fahrwassers. | SW ¾ W von St. Peter-Dunen-Bake (Nr. 629) und WNW von Blauortsand-Bake. |
| | | Boje (im Winter ausliegend). | Desgl. | Desgl. |
| 660 | „ | Tonne (im Sommer ausliegend). | Bezeichnet die nördliche Seite des Fahrwassers. | . . . . . . . . . . . . |
| | | Boje (im Winter ausliegend). | Desgl. | . . . . . . . . . . . . |
| 661 | „ | Tonne (im Sommer ausliegend). | Desgl. | . . . . . . . . . . . . |
| | | Boje (im Winter ausliegend). | Desgl. | . . . . . . . . . . . . |
| 662 | „ | Tonne (im Sommer ausliegend). | Desgl. | . . . . . . . . . . . . |
| | | Boje (im Winter ausliegend). | Desgl. | . . . . . . . . . . . . |
| 662a | „ | Tonne (im Sommer ausliegend). | Desgl. | . . . . . . . . . . . . |
| | | Boje (im Winter ausliegend). | Desgl. | . . . . . . . . . . . . |
| 663 | **Miele.** | Boje (nur im Sommer ausliegend). | Bezeichnet die nördliche Seite des Fahrwassers. | . . . . . . . . . . . . |
| 664 | „ | Boje (nur im Sommer ausliegend). | Bezeichnet die südliche Seite des Fahrwassers. | . . . . . . . . . . . . |
| 665 | **Norderpiep** und **Miele.** | ca. 90 Pricken.*) | Bezeichnen die nördliche Seite des Fahrwassers von der Tonne „C“ (Nr. 662) bis zum Wöhrdener Hafen. | . . . . . . . . . . . . |

*) Diese Pricken werden für fiskalische Rechnung gesetzt; die Bezeichnung der Büsumer, Warwerorter, Wöhrdener und Meldorfer Hafenströme durch Pricken geschieht auf Rechnung anderer Kassen.

| Laufende Nummer. | Allgemeine Beschreibung des Zeichens. | Besondere Erkennungs-merkmale des Zeichens. | Wasser-tiefe bei Niedrig-wasser am Orte des Zeichens in Metern. | Höhe der Spitze des Zeichens über Hoch-wasser in Metern. | Höhe der Spitze des Zeichens über dem Erdboden in Metern. | Sicht-weite des Zeichens in See-meilen. | Das Zeichen ist erst-malig ausge-legt bezw. errichtet: |
|---|---|---|---|---|---|---|---|
| | 5. | 6. | 7. | 8a. | 8b. | 9. | 10. |
| 657 | Hölzerne, 2,65 m lange Tonnen. Jede der Tonnen W, X und Z ist mit einer Flagge von Leder versehen.*) | Weiss, mit schwarzem „W" bezw. „X", „Y" und „Z". | Tonne W in 2,1, Tonne X in 3,1, Tonne Y in 2,6, Tonne Z in 14,5. | . . . | . . . | 1 | . . . |
| 658 | Hölzerne Bake mit einem würfelförmigen, 1,7 m hohen Kasten aus Flechtwerk. | Schwarz. | . . . | 15,2 | 14,6 | 10 | 1871 versetzt 1875. |
| 659 | Eiserne Tonne (von der Form eines abgestumpften Kegels) von 1,16 m Länge, 1,05 m oberem und 0,75 m unterem Durchmesser; mit 7,4 m langer Spiere und Ballon.*) | Schwarz, mit dem Namen „NORDER-PIEP" in weissen Buchstaben. | 7 | . . . | . . . | . . . | 1851 verändert 1866. |
| | Flaschenförmige hölzerne Tonne von 1,7 m Länge, mit Stange und Besen.*) | Desgl. | „ | . . . | . . . | . . . | „ |
| 660 | Eiserne Tonne, wie unter Nr. 659. | Weiss, mit schwarzem „A". | 8 | . . . | . . . | . . . | 1858 |
| | Hölzerne, 2,6 m lange Treibboje mit Stiel und Besen.*) | Weiss. | „ | . . . | . . . | . . . | „ |
| 661 | Eiserne Tonne, wie unter Nr. 659. | Weiss, mit schwarzem „B". | 8,5 | . . . | . . . | . . . | 1858 |
| | Treibboje, wie unter Nr. 660. | Weiss. | „ | . . . | . . . | . . . | „ |
| 662 | Hölzerne, 2 m lange, flaschenförmige Tonne, mit einem kleinen eisernen Ballon.*) | Weiss, mit schwarzem „C". | 8,5 | . . . | . . . | . . . | 1858 |
| | Treibboje, wie unter Nr. 660. | Weiss. | „ | . . . | . . . | . . . | „ |
| 662a | Hölzerne, 2 m lange Spitztonne mit Stange und Besen.*) | Weiss, mit schwarzem „D". | 8,5 | . . . | . . . | . . . | 1876 |
| | Treibboje, wie unter Nr. 660. | Weiss. | „ | . . . | . . . | . . . | „ |
| 663 | Spitztonne von 1,7 m Länge, mit Stange und Besen.*) | Weiss. | 5 | . . . | . . . | . . . | 1873 |
| 664 | Tonnenboje von 0,9 m Länge, mit Stange und Besen.*) | Schwarz. | 5 | . . . | . . . | . . . | 1873 |
| 665 | Pricken von etwa 10 m Länge, in den Grund gesteckt. | Mit Besen. | . . . | . . . | . . . | . . . | . . . |

*) Mit Kette an einem Stein verankert.

| Laufende Nummer. | Namen und Oertlichkeit des Zeichens. 1. | Gattung des Zeichens. 2. | Zweck, welchem das Zeichen dient. 3. | Geographische Lage des Zeichens. 4. |
|---|---|---|---|---|
| 666 | **Böschsand.** | Bake. | Seemarke. Bezeichnet den Böschsand. | 54° 4′ 30″ N.Br. 8° 37′ 53″ O.Lg. |
| 667 | **Süderpiep.** | Tonne. | Bezeichnet die Einfahrt in die Süderpiep. Man muss nördlich von der Tonne passiren. | NW z W 3/4 W von Böschsand-Bake und N 1/2 W vom grossen Leuchtthurm auf Neuwerk. |
| 668 | „ | Tonne. | Bezeichnet die südliche Seite des Fahrwassers. | NW z W 1/2 W von Böschsand-Bake und N 1/4 O vom grossen Leuchtthurm auf Neuwerk. |
| 669 | „ | Tonne. | Desgl. | NW z W 1/4 W von Böschsand-Bake und N z O vom grossen Leuchtthurm auf Neuwerk. |
| 670 | „ | Tonne (im Sommer ausliegend). | Bezeichnet das südlich von der Tonne befindliche Wrack des Schiffes „Manchester“. | N z O vom grossen Leuchtthurm auf Neuwerk. |
| | | Treibbake (im Winter ausliegend). | Desgl. | Desgl. |
| 671 | „ | Treibbake. | Bezeichnet das nördlich von der Treibbake befindliche Wrack des Schiffes „Manchester“. | . . . . . . . . . . . |
| 672 | „ | Tonne. | Bezeichnet die südliche Seite des Fahrwassers. | . . . . . . . . . . . |
| 673 | „ | 2 Tonnen. | Bezeichnen die südliche Seite des Fahrwassers. | . . . . . . . . . . . |
| 674 | „ | 3 Tonnen (im Sommer ausliegend). | Bezeichnen die südliche Seite des Fahrwassers. | . . . . . . . . . . . |
| | | 3 Treibbaken (im Winter ausliegend). | Desgl. | . . . . . . . . . . . |

| Laufende Nummer. | Allgemeine Beschreibung des Zeichens. | Besondere Erkennungsmerkmale des Zeichens. | Wassertiefe bei Niedrigwasser am Orte des Zeichens in Metern. | Höhe der Spitze des Zeichens über Hochwasser in Metern. | Höhe der Spitze des Zeichens über dem Erdboden in Metern. | Sichtweite des Zeichens in Seemeilen. | Das Zeichen ist erstmalig ausgelegt bezw. errichtet: |
|---|---|---|---|---|---|---|---|
| | 5. | 6. | 7. | 8a. | 8b. | 9. | 10. |
| 666 | Hölzerne Bake, aus einem Mittelständer und 4 Streben bestehend. | An der Spitze ein abgekürzter Kegel aus hölzernem Gitterwerk mit einer Kugel darüber. | . . . | 16,59 | 15,99 | 10 | 1871 verändert. |
| 667 | Eiserne Kesseltonne mit 7,5 m hohem Gitterwerk, welches die Form von zwei übereinanderliegenden länglichen Ballons hat.*) | Der untere Ballon ist braungelb, der obere schwarz. An beiden Seiten „SÜDERPIEP“ in schwarzen Buchstaben. | 13 | . . . | . . . | . . . | 1865 |
| 668 | Hölzerne flaschenförmige Tonne. Im Sommer von 2,6 m, im Winter von 1,7 m Länge.*) | Gelb, mit dem Namen „SÜDERPIEP“ in schwarzen Buchstaben. | 12 | . . . | . . . | . . . | 1842 |
| 669 | Hölzerne flaschenförmige Tonne. Im Sommer von 2,6 m, im Winter von 2,0 m Länge.*) | Schwarz, mit weisser „I“. | 12 | . . . | . . . | . . . | 1842 |
| 670 | Eiserne konische Tonne mit 3,4 m langer Stange und Ballon. (Stangenboje III. Klasse.)*) | Grün. Auf dem Ballon die Bezeichnung „Wrack“ in weissen Buchstaben. | 2,5 | . . . | . . . | . . . | 1845 |
| | Treibbake mit 4 m langer Stange.*) | Grün, mit einem Kreuz von Besen an der Stange. | „ | . . . | . . . | . . . | „ |
| 671 | Treibbake mit Stange.*) | Grün, mit einem Besen an der Stange. | 2,5 | . . . | . . . | . . . | 1845 |
| 672 | Flaschenförmige Tonne. Im Sommer von 2,6 m, im Winter von 1,7 m Länge.*) | Schwarz, mit weisser „II“. | 8,5 | . . . | . . . | . . . | 1873 |
| 673 | Flaschenförmige Tonnen. Im Sommer von 2,3 m, im Winter von 1,7 m Länge.*) | Schwarz, mit weisser „III“ bezw. „IV“. | 8,5 | . . . | . . . | . . . | 1873 |
| 674 | Flaschenförmige, 2 m lange Tonnen.*) | Schwarz, mit weisser „V“ bezw. „VI“ und „VII“. | Tonne V in 8,5, VI u. VII in 7,0. | . . . | . . . | . . . | 1873 |
| | Treibbaken mit Stiel und Besen.*) | Schwarz. | „ | . . . | . . . | . . . | „ |

*) Mit Kette an einem Stein verankert.

| Laufende Nummer. | Namen und Oertlichkeit des Zeichens. 1. | Gattung des Zeichens. 2. | Zweck, welchem das Zeichen dient. 3. | Geographische Lage des Zeichens. 4. |
|---|---|---|---|---|
| 675 | **Süderpiep,** Flackstrom. | Tonne (im Sommer ausliegend). | Bezeichnet die südliche Seite des Fahrwassers. | W $^1/_2$ S von der Kirche zu Büsum und ONO von Böschsand-Bake. |
| | | Treibbake (im Winter ausliegend). | Desgl. | Desgl. |
| 675a | **Flackstrom.** | Tonne (im Sommer ausliegend). | Desgl. | . . . . . . . . . . . . |
| | | Treibbake (im Winter ausliegend). | Desgl. | . . . . . . . . . . . . |
| 676 | **Süderpiep.** | Tonne (im Sommer ausliegend). | Desgl. | . . . . . . . . . . . . |
| | | Treibbake (im Winter ausliegend). | Desgl. | . . . . . . . . . . . . |
| 676a | „ | Tonne (im Sommer ausliegend). | Desgl. | . . . . . . . . . . . . |
| | | Treibbake (im Winter ausliegend). | Desgl. | . . . . . . . . . . . . |
| 677 | „ | Tonne (im Sommer ausliegend). | Desgl. | . . . . . . . . . . . . |
| | | Treibbake (im Winter ausliegend). | Desgl. | . . . . . . . . . . . . |
| 678 | „ | 2 Tonnen (im Sommer ausliegend). | Bezeichnen die südliche Seite des Fahrwassers. | . . . . . . . . . . . . |
| | | 2 Treibbaken (im Winter ausliegend). | Desgl. | . . . . . . . . . . . . |
| 679 | „ | 2 Tonnen (im Sommer ausliegend). | Desgl. | . . . . . . . . . . . . |
| | | 2 Treibbaken (im Winter ausliegend). | Desgl. | . . . . . . . . . . . . |
| 680 | „ | ca. 20 Pricken. | Bezeichnen die südliche Seite des Fahrwassers von Tonne XIV bis zur Vereinigung der Norderpiep mit der Süderpiep. | . . . . . . . . . . . . |

| Laufende Nummer. | Allgemeine Beschreibung des Zeichens. | Besondere Erkennungsmerkmale des Zeichens. | Wassertiefe bei Niedrigwasser am Orte des Zeichens in Metern. | Höhe der Spitze des Zeichens über dem Wasser in Metern. | Höhe der Spitze des Zeichens über dem Erdboden in Metern. | Sichtweite des Zeichens in Seemeilen. | Das Zeichen ist erstmalig ausgelegt bezw. errichtet: |
|---|---|---|---|---|---|---|---|
| | 5. | 6. | 7. | 8a. | 8b. | 9. | 10. |
| 675 | Tonnenboje mit Stiel und Besen.*) | Schwarz. | 3,4 | . . . | . . . | . . . | 1876 |
| | Treibbake mit Stiel und Besen.*) | Schwarz. | „ | . . . | . . . | . . . | „ |
| 675a | Flaschenförmige, 1,7 m lange Tonne mit Stiel und Besen.*) | Schwarz. | 4,0 | . . . | . . . | . . . | 1875 |
| | Treibbake mit Stiel und Besen.*) | Schwarz. | „ | . . . | . . . | . . . | „ |
| 676 | Eiserne Stangenboje von 1,0 m Länge, 0,9 m oberem und 0,65 m unterem Durchmesser, mit 6,0 m langer Spiere und Ballon.*) | Schwarz, mit weisser „VIII“ auf dem Ballon. | 7 | . . . | . . . | . . . | 1873 |
| | Treibbake mit Stiel und Besen.*) | Schwarz. | „ | . . . | . . . | . . . | „ |
| 676a | Eiserne Stangenboje von 1,19 m Länge, 1,03 m oberem und 0,29 m unterem Durchmesser, mit 6,3 m langer Spiere und Ballon.*) | Schwarz, mit weisser „IX“ auf dem Ballon. | 7 | . . . | . . . | . . . | 1877 |
| | Treibbake mit Stiel und Besen.*) | Schwarz. | „ | . . . | . . . | . . . | „ |
| 677 | Eiserne Stangenboje von 1,16 m Länge, 1,05 m oberem und 0,75 m unterem Durchmesser, mit Stange und Ballon.*) | Schwarz, mit weisser „X“ auf dem Ballon. | 7 | . . . | . . . | . . . | 1873 |
| | Treibbake mit Stiel und Besen.*) | Schwarz. | „ | . . . | . . . | . . . | „ |
| 678 | Hölzerne, 1,7 m lange, flaschenförmige Tonnen mit Stange und Besen.*) | Schwarz, mit weisser „XI“ bezw. „XII“. | 6 | . . . | . . . | . . . | 1873 |
| | Treibbaken mit Stiel und Besen.*) | Schwarz. | „ | . . . | . . . | . . . | „ |
| 679 | Hölzerne, 1,7 m lange, flaschenförmige Tonnen.*) | Schwarz, mit weisser „XIII“ bezw. „XIV“. | Tonne XIII in 7 Tonne XIV in 5 | . . . | . . . | . . . | 1873 |
| | Treibbaken mit Stiel und Besen.*) | Schwarz. | „ | . . . | . . . | . . . | „ |
| 680 | Pricken von etwa 10 m Länge, in den Grund gesteckt. | Mit Besen. | . . . | . . . | . . . | . . . | . . . |

*) Mit Kette an einem Stein verankert.

| Laufende Nummer. | Namen und Oertlichkeit des Zeichens. 1. | Gattung 2. | Zweck, welchem das Zeichen dient. 3. | Geographische Lage des Zeichens. 4. |
|---|---|---|---|---|
| 681 | **Süderpiep.** | Tonne (im Sommer ausliegend). | Bezeichnet die nördliche Seite des Fahrwassers. | NW $^1/_4$ N von Böschsand-Bake und N z O $^3/_4$ O vom grossen Leuchtthurm auf Neuwerk. |
| | | Tonne (im Winter ausliegend). | Desgl. | Desgl. |
| 682 | " | Tonne (im Sommer ausliegend). | Desgl. | . . . . . . . . . . . . |
| | | Treibbake (im Winter ausliegend). | Desgl. | . . . . . . . . . . . . |
| 683 | " | 5 Tonnen (im Sommer ausliegend). | Bezeichnen die nördliche Seite des Fahrwassers. | . . . . . . . . . . . . |
| | | 5 Treibbaken (im Winter ausliegend). | Desgl. | . . . . . . . . . . . . |
| 684 | " | Tonne (im Sommer ausliegend). | Bezeichnet die nördliche Seite des Fahrwassers. | . . . . . . . . . . . . |
| | | Treibbake (im Winter ausliegend). | Desgl. | . . . . . . . . . . . . |
| 685 | " | 2 Tonnen (im Sommer ausliegend). | Bezeichnen die nördliche Seite des Fahrwassers. | . . . . . . . . . . . . |
| | | 2 Treibbaken (im Winter ausliegend). | Desgl. | . . . . . . . . . . . . |
| 686 | **Falsche Tiefe.** | Tonne (im Sommer ausliegend). | Bezeichnet die Einfahrt in die Falsche Tiefe. Liegt an der südlichen Seite des Fahrwassers. | . . . . . . . . . . . . |
| | | Treibbake (im Winter ausliegend). | Desgl. | . . . . . . . . . . . . |

| Laufende Nummer. | Allgemeine Beschreibung des Zeichens. | Besondere Erkennungsmerkmale des Zeichens. | Wassertiefe bei Niedrigwasser am Orte des Zeichens in Metern. | Höhe der Spitze des Zeichens über Wasser in Metern. | Höhe der Spitze des Zeichens über dem Erdboden in Metern. | Sichtweite des Zeichens in Seemeilen. | Das Zeichen ist erstmalig ausgelegt bezw. errichtet: |
|---|---|---|---|---|---|---|---|
| | 5. | 6. | 7. | 8a. | 8b. | 9. | 10. |
| 681 | Eiserne Stangenboje von 1,16 m Länge, 1,05 m oberem und 0,75 m unterem Durchmesser, mit 7,4 m langer Spiere und Ballon. *) | Weiss, mit schwarzem „A" auf dem Ballon. | 9,5 | . . . | . . . | . . . | 1873 |
| | Hölzerne, 2,0 m lange, flaschenförmige Tonne. *) | Weiss, mit schwarzem „A". | „ | . . . | . . . | . . . | „ |
| 682 | Eiserne Stangenboje, wie unter Nr. 681. | Weiss, mit schwarzem „B" auf dem Ballon. | 9,5 | . . . | . . . | . . . | 1873 |
| | Treibbake mit Stiel und Besen. *) | Weiss. | „ | . . . | . . . | . . . | „ |
| 683 | Hölzerne, 2,86 m lange Spitztonnen. *) | Weiss, mit schwarzem „C" bezw. „D", „E", „F" und „G". | Tonne C, D u. E in 7, Tonne F u. G in 6. | . . . | . . . | . . . | 1873 |
| | Treibbaken mit Stiel und Besen. *) | Weiss | „ | . . . | . . . | . . . | „ |
| 684 | Eiserne Stangenboje von 1,0 m Länge, 0,90 m oberem nnd 0,65 m unterem Durchmesser, mit 6,0 m langer Spiere und Ballon. *) | Weiss, mit schwarzem „H" auf dem Ballon. | 8 | . . . | . . . | . . . | 1873 |
| | Treibbake mit Stiel und Besen. *) | Weiss. | „ | . . . | . . . | . . . | „ |
| 685 | Hölzerne Spitztonnen von 1,7 bezw. 2,0 m Länge. *) | Weiss, mit schwarzem „J" bezw. „K". | Tonne J in 8, Tonne K in 5. | . . . | . . . | . . . | 1873 |
| | Treibbaken mit Stiel und Besen. *) | Weiss. | „ | . . . | . . . | . . . | „ |
| 686 | Eiserne Stangenboje von 1,10 m Länge, 1,05 m oberem und 0,75 m unterem Durchmesser, mit 7,4 m langer Spiere und Ballon. *) | Schwarz, mit dem Namen „FALSCHE TIEFE" in weissen Buchstaben. | 7 | . . . | . . . | . . . | 1876 |
| | Treibbake mit Stiel und Besen. *) | Schwarz. | „ | . . . | . . . | . . . | „ |

*) Mit Kette an einem Stein verankert.

| Laufende Nummer. | Namen und Oertlichkeit des Zeichens. 1. | Gattung des Zeichens. 2. | Zweck, welchem das Zeichen dient. 3. | Geographische Lage des Zeichens. 4. |
|---|---|---|---|---|
| 687 | **Falsche Tiefe.** | Tonne (im Sommer ausliegend). | Bezeichnet die südliche Seite des Fahrwassers. | . . . . . . . . . . . . |
| | | Treibbake (im Winter ausliegend). | Desgl. | . . . . . . . . . . . . |
| 688 | „ | 2 Tonnen (im Sommer ausliegend). | Bezeichnen die südliche Seite des Fahrwassers. | . . . . . . . . . . . . |
| | | 2 Treibbaken (im Winter ausliegend). | Desgl. | . . . . . . . . . . . . |
| 689 | „ | Tonne (im Sommer ausliegend). | Bezeichnet die südliche Seite des Fahrwassers. | . . . . . . . . . . . . |
| | | Treibbake (im Winter ausliegend). | Desgl. | . . . . . . . . . . . . |
| 690 | „ | Tonne (im Sommer ausliegend). | Bezeichnet die nördliche Seite des Fahrwassers. | . . . . . . . . . . . . |
| | | Treibbake (im Winter ausliegend). | Desgl. | . . . . . . . . . . . . |
| 691 | „ | Tonne (im Sommer ausliegend). | Desgl. | . . . . . . . . . . . . |
| | | Treibbake (im Winter ausliegend). | Desgl. | . . . . . . . . . . . . |
| 692 | „ | Tonne (im Sommer ausliegend). | Desgl. | . . . . . . . . . . . . |
| | | Treibbake (im Winter ausliegend). | Desgl. | . . . . . . . . . . . . |
| 693 | **Kronloch.** | Tonne (nur im Sommer ausliegend). | Bezeichnet die nördliche Seite des Fahrwassers. | . . . . . . . . . . . . |
| 693a | „ | Tonne (nur im Sommer ausliegend). | Desgl. | . . . . . . . . . . . . |
| 694 | **Kronloch, Dicksander Sommerkoogs-Steertloch, Dicksander Priel, Flackstrom.** | Pricken. | Bezeichnen die Richtungen der in Spalte 1 angegebenen Fahrrinnen (Wattenläufe). Die Fahrrinnen über die Watten südlich von Friedrich VII.-Koog sind ebenfalls durch Pricken bezeichnet. | . . . . . . . . . . . . |

| Laufende Nummer. | Allgemeine Beschreibung des Zeichens. | Besondere Erkennungs-merkmale des Zeichens. | Wasser-tiefe bei Niedrig-wasser am Orte des Zeichens in Metern. | Höhe der Spitze des Zeichens über Wasser in Metern. | Höhe der Spitze des Zeichens über dem Erdboden in Metern. | Sicht-weite des Zei-chens in See-meilen. | Das Zei-chen ist erst-malig ausge-legt bezw. er-richtet: |
|---|---|---|---|---|---|---|---|
| | 5. | 6. | 7. | 8a. | 8b. | 9. | 10. |
| 687 | Stangenboje III. Klasse mit Ballon.*) | Schwarz, mit weisser „I“ auf dem Ballon. | 7 | . . . | . . . | . . . | 1876 |
| | Treibbake mit Stiel und Besen.*) | Schwarz. | „ | . . . | . . . | . . . | „ |
| 688 | Flaschenförmige, 2 m lange Tonnen.*) | Schwarz, mit weisser „II“ bezw. „III“. | Tonne II in 6, Tonne III in 4. | . . . | . . . | . . . | 1876 |
| | Treibbaken mit Stiel und Besen.*) | Schwarz. | „ | . . . | . . . | . . . | „ |
| 689 | Hölzerne, 1,7 m lange, flaschenförmige Tonne mit Stiel und Besen.*) | Schwarz, mit weisser „IV“. | 1,7 | . . . | . . . | . . . | 1876 |
| | Treibbake mit Stiel und Besen.*) | Schwarz. | „ | . . . | . . . | . . . | „ |
| 690 | Hölzerne, 2,0 m lange Spitztonne mit Stange und Besen.*) | Weiss, mit schwarzem „A“. | 4,0 | . . . | . . . | . . . | 1876 |
| | Treibbake mit Stiel und Besen.*) | Weiss. | „ | . . . | . . . | . . . | „ |
| 691 | Hölzerne, 2,0 m lange Flaschentonne.*) | Weiss, mit schwarzem „B“. | 3,0 | . . . | . . . | . . . | 1876 |
| | Treibbake mit Stiel und Besen.*) | Weiss. | „ | . . . | . . . | . . . | „ |
| 692 | Hölzerne, 1,7 m lange Spitztonne.*) | Weiss, mit schwarzem „C“. | 3,0 | . . . | . . . | . . . | 1877 |
| | Treibbake mit Stiel und Besen.*) | Weiss. | „ | . . . | . . . | . . . | „ |
| 693 | Hölzerne, 2,6 m lange Spitzonne.*) | Weiss, mit schwarzem „A“. | 3,6 | . . . | . . . | . . . | 1877 |
| 693a | Hölzerne, 2,0 m lange Spitztonne.*) | Weiss, mit schwarzem „B“. | 4,0 | . . . | . . . | . . . | 1877 |
| 694 | Pricken von etwa 9,5 m Länge, in den Grund gesteckt.*) | Mit Besen. | . . . | . . . | . . . | . . . | . . . |

*) Mit Kette an einem Stein verankert.

| Laufende Nummer. | Namen und Oertlichkeit des Zeichens. 1. | Gattung des Zeichens. 2. | Zweck, welchem das Zeichen dient. 3. | Geographische Lage des Zeichens. 4. |
|---|---|---|---|---|
| 695 | **Wester Till**, eine wegen der Sandbänke höchst gefährliche Einfahrt in die Elbe durch die Watten nach der Eitzenbalje zu. Ihre Bezeichnung ist hauptsächlich deshalb erforderlich, weil die Lothungen und Kurse denen der richtigen Einfahrt in die Elbe sehr ähnlich sind. | Treibbake. | Bezeichnet die Einfahrt in die Wester Till. | 53° 58′ N.Br. 8° 6′ O.Lg. West 7,5 Seemeilen vom Elbfeuerschiff Nr. 1 „Caspar". |
| 696 | **Scharhörn-Sand.** | Bake.*) | Bezeichnet die Einfahrt in die Elbe. | 53° 57′, 18″ N.Br. 8° 24′ 28″ O.Lg. Steht in Linie mit dem Elbfeuerschiff Nr. 1 „Caspar" und dem grossen Leuchtthurm auf Neuwerk. |
| 697 | **Elbmündung**, vom Elbfeuerschiff Nr. 1 „Caspar" bis zum Elbfeuerschiff Nr. 2 „Neptun". | Tonne. | Bezeichnet die nördliche Kante von Scharhörn-Riff (die Südseite des Fahrwassers). | Liegt in einer Linie mit dem grossen Leuchtthurm auf Neuwerk und Scharhörn-Bake. (In der Nähe des Elbfeuerschiffs Nr. 1 „Caspar".) |
| 698 | „ | Tonne. | Desgl. | . . . . . . . . . . . |
| 699 | „ | Tonne. | Desgl. | Liegt in einer Linie mit dem grossen Leuchtthurm auf Neuwerk und dem kleinen Leuchtthurm daselbst. |
| 700 | „ | Tonne. | Desgl. | . . . . . . . . . . . |
| 701 | „ | Tonne. | Bezeichnet die südwestliche Kante des Steerts von Grossvogelsand (die Nordseite des Fahrwassers). | Liegt in einer Linie mit dem grossen Leuchtthurm auf Neuwerk und der Nordbake (Nr. 704). |
| 702 | „ | Tonne. | Bezeichnet die Nordseite des Fahrwassers. | Liegt in einer Linie mit dem grossen Leuchtthurm auf Neuwerk und der Westseite des westl. Bauerhofes daselbst. |

*) Zur Aufnahme Schiffbrüchiger befindet sich in der Bake ein dichter Raum mit einer Quantität Stroh, wollenen Decken, Vorrath von Wasser, Brod und Wein und einer Signalflagge.

---

Anm. zu Nr. 695 bis 799. — Die unter diesen Nummern aufgeführten Tonnen, Bojen und Treibbaken sind mit Ketten an Steinen verankert, welche zur Befestigung der Ketten mit Löchern

| Laufende Nummer. | Allgemeine Beschreibung des Zeichens. | Besondere Erkennungsmerkmale des Zeichens. | Wassertiefe bei Niedrigwasser am Orte des Zeichens in Metern. | Höhe der Spitze des Zeichens über Hochwasser in Metern. | Höhe der Spitze des Zeichens über dem Erdboden in Metern. | Sichtweite des Zeichens in Seemeilen. | Das Zeichen ist erstmalig ausgelegt bezw. errichtet: |
|---|---|---|---|---|---|---|---|
| | 5. | 6. | 7. | 8a. | 8b. | 9. | 10. |
| 695 | Eiserner abgestumpfter Kegel von 1,5 m Höhe, 1 m unterem und 1,4 m oberem Durchmesser. Darüber ein 3,4 m hoher Käfig von 20 hölzernen Latten, welche oben in einer Spitze zusammenlaufen. Der Käfig trägt eine hölzerne, 6,8 m lange Spiere mit drei geflochtenen ovalen Körben; der untere von 1,5 und 1,1 m, der mittlere und obere von 1,05 und 0,7 m Durchmesser. Die Totallänge der Treibbake beträgt 12 m. | Schwarz, mit dem Namen „Wester Till" in weissen Buchstaben auf schwarzem Blech am Käfig. | 23,3 | . . . | . . . | 7,5 | 1873 |
| 696 | Pyramide aus Balken und Lattenwerk. | Schwarz. | . . . | 28,2 | 27,7 | 6 | 1871 |
| 697 | Hölzerne stumpfe Tonne. Im Sommer von 2,2 m Länge und 1,4 m Durchmesser, im Winter von 3,4 m Länge und 1,0 m Durchmesser. | Roth. | 17,14 | . . . | . . . | 2 | 1830 |
| 698 | Wie unter Nr. 697. | Schwarz, mit weissem „A". | 17,14 | . . . | . . . | 2 | 1830 |
| 699 | Wie unter Nr. 697. | Schwarz, mit weissem „B". | 17,14 | . . . | . . . | 2 | 1830 |
| 700 | Wie unter Nr. 697. | Schwarz, mit weissem „C". | 12,87 | . . . | . . . | 2 | 1830 |
| 701 | Hölzerne spitze Tonne mit einem Flügel. Im Sommer von 2,2 m Länge und 1,4 m Durchmesser, im Winter von 3,4 m Länge und 1,0 m Durchmesser. | Weiss, mit schwarzer „Nr. 1". | 10,3 | . . . | . . . | 2 | 1830 |
| 702 | Wie unter Nr. 701. | Weiss, mit schwarzer „Nr. 2". | 7,11 | . . . | . . . | 2 | 1830 |

versehen sind. Je nach der Grösse der Tonne, sowie nach der Stärke des Stromes und der Tiefe des Wassers sind die Steine von verschiedenem Gewicht, zwischen 400 und 1250 kg, variirt die Stärke der Ketten zwischen 2,29 und 3,27 cm und die Länge derselben zwischen 15 und 50 m.

| Laufende Nummer. | Namen und Oertlichkeit des Zeichens. | Gattung | Zweck, welchem das Zeichen dient. | Geographische Lage des Zeichens. |
|---|---|---|---|---|
| | 1. | 2. | 3. | 4. |
| 703 | **Elbmündung,** vom Elbfeuerschiff Nr. 1 „Caspar" bis zum Elbfeuerschiff Nr. 2 „Neptun". | Tonne. | Bezeichnet die Nordseite des Fahrwassers. | Liegt in einer Linie mit dem grossen Leuchtthurm auf Neuwerk und der Ostseite des westlichen Bauernhofes daselbst. |
| 704 | **Neuwerker Watt,** auf der Nordseite des Watts. | Bake. (Nordbake.) | Bezeichnet das Fahrwasser. | 53° 55′ 48″ N.Br. 8° 28′ 50″ O.Lg. |
| 705 | **Südergatt,** Neben-Fahrwasser der Elbe zwischen Neuwerk und Klein-Vogelsand. Das Südergatt wird nur von Fischerfahrzeugen und anderen kleinen Schiffen benutzt. | Tonne. | Bezeichnet die Einfahrt in das Südergatt (von Norden kommend). Liegt an der Südseite des Fahrwassers. | . . . . . . . . . . . |
| 706 | „ | Tonne. | Bezeichnet die Südseite des Fahrwassers. | . . . . . . . . . . . |
| 707 | „ | Tonne. | Bezeichnet die Einfahrt in das Südergatt (von Osten kommend). Liegt an der Südseite des Fahrwassers. | . . . . . . . . . . . |
| 708 | „ | Tonne. | Bezeichnet die Einfahrt in die Eitzenbalje. | . . . . . . . . . . . |
| 709 | **Nordergatt,** Fahrwasser der Elbe vom Elbfeuerschiff Nr. 2 „Neptun" bis zum Anfange des „grossen Fahrwassers" (bei der Vereinigung des Norder- mit dem Südergatt). | Tonne. | Bezeichnet die Nordostkante von Klein-Vogelsand (die Südseite des Fahrwassers). | 53° 58,3′ N.Br. 8° 27,6′ O.Lg. |
| 710 | „ | Tonne. | Desgl. | 53° 57,9′ N.Br. 8° 29,0′ O.Lg. |

| Laufende Nummer. | Allgemeine Beschreibung des Zeichens. | Besondere Erkennungs-merkmale des Zeichens. | Wasser-tiefe bei Niedrig-wasser am Orte des Zeichens in Metern. | Höhe der Spitze des Zeichens über Hoch-wasser in Metern. | Höhe der Spitze des Zeichens über dem Erdbo-den in Metern. | Sicht-weite des Zei-chens in See-meilen. | Das Zei-chen ist erst-malig ausge-legt bezw. er-richtet: |
|---|---|---|---|---|---|---|---|
| | 5. | 6. | 7. | 8a. | 8b. | 9. | 10. |
| 703 | Hölzerne spitze Tonne mit einem Flügel. Im Sommer von 2,2 m Länge und 1,4 m Durchmesser, im Winter von 3,4 m Länge und 1,0 m Durchmesser. | Weiss, mit schwarzer „Nr. 3“. | 13,7 | . . . | . . . | 2 | 1830 |
| 704 | Stumpfes, säulenförmig aus Balken gebautes Gerüst, welches ein auf einer Seite ruhendes Quadrat aus Lattenwerk trägt. | Schwarz. | . . . | 16,4 | 16,9 | 6 | 1871 |
| 705 | Hölzerne stumpfe Tonne, oben mit plattem Boden. Im Sommer von 2,2 m Länge und 1,4 m Durchmesser, im Winter von 3,4 m Länge und 1,0 m Durchmesser. | Schwarz, mit weissem „D“. | 2,6 | . . . | . . . | 1 | 1830 |
| 706 | Wie unter Nr. 705. | Schwarz, mit weissem „E“. | 2,8 | . . . | . . . | 1 | 1830 |
| 707 | Wie unter Nr. 705. | Schwarz, mit weissem „H“. | 2,8 | . . . | . . . | 1 | 1830 |
| 708 | Wie unter Nr. 705. | Roth, mit dem Namen „Eitzenbalje“ in weissen Buchstaben. | 2,6 | . . . | . . . | 1 | 1830 |
| 709 | Wie unter Nr. 705. | Schwarz, mit einem 0,43 m breiten, rothen Ringe. Auf dem in 3 rothe und 3 schwarze Felder eingetheilten Boden ein weisses „A“. | 5,5 | . . . | . . . | 2 | 1840 verändert 1877. |
| 710 | Wie unter Nr. 705. | Wie unter Nr. 709, mit weissem „B“. | 9,4 | . . . | . . . | 2 | 1840 verändert 1877. |

| Laufende Nummer. | Namen und Oertlichkeit des Zeichens. | Gattung des Zeichens. | Zweck, welchem das Zeichen dient. | Geographische Lage des Zeichens. |
|---|---|---|---|---|
| | 1. | 2. | 3. | 4. |
| 711 | **Nordergatt**, Fahrwasser der Elbe vom Elbfeuerschiff Nr. 2 „Neptun" bis zum Anfange des „grossen Fahrwassers" (bei der Vereinigung des Norder- mit dem Südergatt). | Tonne. | Bezeichnet die Nordostkante von Klein-Vogelsand (die Südseite des Fahrwassers). | 53° 57,6' N.Br. 8° 30,9' O.Lg. |
| 712 | „ | Tonne. | Desgl. | 53° 57,3' N.Br. 8° 31,08' O.Lg. |
| 713 | „ | Tonne. | Desgl. | 53° 56,9' N.Br. 8° 32,4' O.Lg. |
| 714 | „ | Tonne. | Bezeichnet die Südwestkante von Gross-Vogelsand (die Nordseite des Fahrwassers). | Die Richtung „Fitters Haus auf Neuwerk in Linie mit der Ostseite des mittelsten Bauernhofes daselbst" giebt die Lage der Tonne an. |
| 715 | „ | Tonne. | Desgl. | Liegt in einer Linie mit dem Viehhause auf Neuwerk u. dem östlichen Bauernhof daselbst. |
| 716 | „ | Tonne. | Desgl. | Liegt in einer Linie mit dem kleinen Hause auf Neuwerk und der obersten Seemarke daselbst. |
| 717 | **Neuwerk**, auf der Ostseite der Insel. | Bake. (Ostbake.) | Bezeichnet das Fahrwasser. (Landmarke für die Lootsen.) | 53° 55' 36" N.Br. 8° 30' 36" N.Br. |
| 718 | **Döse**, auf dem Ende der Steinmole an der Nordspitze des Festlandes. | Bake. (Kugelbake.) | Desgl. | 53° 53' 42" N.Br. 8° 41' 15" O.Lg. |
| 719 | **Duhnen**, auf einem Hügel südwestlich von dem Dorfe gl. N. | Bake. (Grandbake.) | Desgl. | 53° 53' 4" N.Br. 8° 38' 6" O.Lg. |

| Laufende Nummer. | Allgemeine Beschreibung des Zeichens. | Besondere Erkennungsmerkmale des Zeichens. | Wassertiefe bei Niedrigwasser am Orte des Zeichens in Metern. | Höhe der Spitze des Zeichens über Hochwasser in Metern. | Höhe der Spitze des Zeichens über dem Erdboden in Metern. | Sichtweite des Zeichens in Seemeilen. | Das Zeichen ist erstmalig ausgelegt bezw. errichtet: |
|---|---|---|---|---|---|---|---|
| | 5. | 6. | 7. | 8a. | 8b. | 9. | 10. |
| 711 | Hölzerne stumpfe Tonne, oben mit plattem Boden. Im Sommer von 2,2 m Länge und 1,4 m Durchmesser, im Winter von 3,4 m Länge und 1,0 m Durchmesser. | Schwarz, mit einem 0,43 m breiten, rothen Ringe. Auf dem in 3 rothe und 3 schwarze Felder eingetheilten Boden ein weisses „C“. | 13,7 | . . . | . . . | 2 | 1840 verändert 1877. |
| 712 | Wie unter Nr. 711. | Wie unter Nr. 711, mit weissem „D“. | 14,2 | . . . | . . . | 2 | 1840 verändert 1877. |
| 713 | Wie unter Nr. 711. | Wie unter Nr. 711, mit weissem „E“. | 14,6 | . . . | . . . | 2 | 1840 verändert 1877. |
| 714 | Hölzerne spitze Tonne. Im Sommer von 2,2 m Länge und 1,4 m Durchmesser, im Winter von 3,4 m Länge und 1,0 m Durchmesser. | Roth, mit einem 0,43 m breiten, weissen Ringe und schwarzer „Nr. I“. | 7,7 | . . . | . . . | 2 | 1840 |
| 715 | Wie unter Nr. 714. | Wie unter Nr. 714, mit schwarzer „Nr. II“. | 7,7 | . . . | . . . | 2 | 1840 |
| 716 | Wie unter Nr. 714. | Wie unter Nr. 714, mit schwarzer „Nr. III“. | 10,3 | . . . | . . . | 2 | 1840 |
| 717 | Säulenförmig aus Balken gebautes Gerüst, welches eine Scheibe aus Lattenwerk trägt. | Schwarz. | . . . | 17,5 | 16,5 | 6 | 1871 |
| 718 | Pyramide, unten offen, oben ausgelattet, auf der Spitze eine Kugel tragend. | Schwarz. | . . . | 29,4 | 28,3 | 7 | 1871 |
| 719 | Gerüst aus vier Balkenständern, welche zwischen sich ein mit der Spitze nach oben gerichtetes Viereck aus Lattenwerk tragen. | Schwarz. | . . . | 22,2 | 9,2 | 6 | 1871 |

| Laufende Nummer. | Namen und Oertlichkeit des Zeichens. 1. | Gattung 2. | Zweck, welchem das Zeichen dient. 3. | Geographische Lage des Zeichens. 4. |
|---|---|---|---|---|
| 720 | **Grosses Fahrwasser**, Fahrwasser der Elbe von der Vereinigung des Norder- mit dem Südergatt bis zur Cuxhavener Rhede. | Tonne. | Bezeichnet die Nordostkante von Steilsand und die Abflachung des Kugelbak-Sandes (die Südseite des Fahrwassers). | 53° 56,25′ N.Br. 8° 34,33′ O.Lg. |
| 721 | „ | Tonne. | Desgl. | 53° 55,9′ N.Br. 8° 36,43′ O.Lg. |
| 722 | „ | Tonne. | Bezeichnet die Nordostkante von Steilsand (die Südseite des Fahrwassers). | Liegt in einer Linie mit dem Koppelberge und Todes Haus auf Duhnen. |
| 723 | „ | Treibbake. | Bezeichnet die nördlichste Spitze der Abflachung unterhalb der Kugelbake (Nr. 718). | Liegt in einer Linie mit der Tonne J K und der Tonne K. Ausserdem bezeichnen die Richtungen „Galgenberg am Ostende von Duhnen“ und „Cuxhavener Lootsenhaus westlich frei von der Kugelbake“ die Lage der Tonne. |
| 724 | „ | Treibbake. | Bezeichnet die Abflachung unterhalb der Kugelbake. | Liegt in einer Linie mit der Altenwalder Mühle und der Döser Mühle. |
| 725 | „ | Tonne. | Bezeichnet die Abflachung unterhalb des Kugelbak-Sandes. | 53° 54,9′ N.Br. 8° 40,0′ O.Lg. Liegt in einer Linie mit der Grandbake bei Duhnen (Nr. 719) und dem westlichen Hause daselbst. |
| 726 | „ | Tonne. | Bezeichnet die Ausläufer des Gelbsands (die Nordseite des Fahrwassers). | Liegt nahezu in einer Linie mit der Grandbake bei Duhnen (Nr. 719) und den westlichen Häusern daselbst. |
| 727 | „ | Tonne. | Bezeichnet die Südwestkante von Gelbsand (die Nordseite des Fahrwassers). | Liegt in einer Linie mit der Ostbake auf Neuwerk (Nr. 717) und dem kleinen Leuchtthurm daselbst. |
| 728 | „ | Tonne. | Desgl. | Liegt in einer Linie mit der Altenwalder Mühle und der Döser Mühle. |

| Laufende Nummer. | Allgemeine Beschreibung des Zeichens. | Besondere Erkennungs-merkmale des Zeichens. | Wassertiefe bei Niedrigwasser am Orte des Zeichens in Metern. | Höhe der Spitze des Zeichens über dem Wasser in Metern. | Höhe der Spitze des Zeichens über dem Erdboden in Metern. | Sichtweite des Zeichens in Seemeilen. | Das Zeichen ist erstmalig ausgelegt bezw. errichtet: |
|---|---|---|---|---|---|---|---|
| | 5. | 6. | 7. | 8a. | 8b. | 9. | 10. |
| 720 | Hölzerne stumpfe Tonne mit einem eisernen Gestell, welches ein birnförmiges hölzernes Zeichen trägt. Im Sommer von 2,2 m Länge und 1,4 m Durchmesser, im Winter von 3,4 m Länge und 1,0 m Durchmesser. | Schwarz, mit weissem „J". | 14,6 | . . . | . . . | 3 | 1830 verändert 1877. |
| 721 | Hölzerne stumpfe Tonne, oben mit plattem Boden. Im Sommer von 2,2 m Länge u. 1,4 m Durchmesser, im Winter von 3,4 m Länge und 1,0 m Durchmesser. | Schwarz, mit weissem „JK". | 14,6 | . . . | . . . | 2 | 1830 verändert 1877. |
| 722 | Wie unter Nr. 721. | Schwarz, mit weissem „K". | 8,6 | . . . | . . . | 2 | 1830 |
| 523 | Hölzerne stumpfe Tonne mit 4,3 m langem Mast und Korbballon. | Schwarz, mit durchlöcherter Flagge von Leder. | 6,0 | . . . | . . . | 3 | 1876 |
| 724 | Hölzerne stumpfe Tonne mit 4 m langer Stange und zwei übereinander stehenden Ballons aus Flechtwerk. Im Sommer von 2,2 m Länge und 1,4 m Durchmesser, im Winter von 3,4 m Länge und 1,0 m Durchmesser. | Schwarz. | 7,7 | . . . | . . . | 3,5 | 1860 |
| 725 | Wie unter Nr. 721. | Schwarz, mit weissem „L". | 6,8 | . . . | . . . | 2 | 1830 verändert 1877. |
| 726 | Hölzerne spitze Tonne mit einem Flügel. Im Sommer von 2,2 m Länge und 1,4 m Durchmesser, im Winter von 3,4 m Länge und 1,0 m Durchmesser. | Weiss, mit schwarzer „8". | 9,4 | | | 2 | 1877 |
| 727 | Wie unter Nr. 726. | Weiss, mit schwarzer „9". | 10,3 | . . . | . . . | 2 | 1830 |
| 728 | Wie unter Nr. 726. | Weiss, mit schwarzer „9/10". | 12,0 | . . . | . . . | 2 | 1830 |

| Laufende Nummer. | Namen und Oertlichkeit des Zeichens. 1. | Gattung 2. | Zweck, welchem das Zeichen dient. 3. | Geographische Lage des Zeichens. 4. |
|---|---|---|---|---|
| 729 | **Grosses Fahrwasser**, Fahrwasser der Elbe von der Vereinigung des Norder- mit dem Südergatt bis zur Cuxhavener Rhede. | Tonne. | Bezeichnet die Südwestseite des Steerts von Medemsand (die Nordseite des Fahrwassers). | Liegt in einer Linie mit der Ritzebütteler Mühle und dem Schloss daselbst. |
| 730 | " | Tonne. | Bezeichnet die Südwestkante des Steerts von Kratzsand (die Nordseite des Fahrwassers). | Liegt in einer Linie mit der Mühle zu Döse und der Kugelbake (Nr. 718). |
| 731 | " | Tonne. | Bezeichnet die Nordseite des Fahrwassers. | Liegt in einer Linie mit dem Schloss zu Ritzebüttel und der obersten Ecke der „Alten Liebe" in Cuxhaven. |
| 732 | **Groden**, am Fusse des Stacks beim Dorfe gl. N. | Bake. | Bezeichnet das Stack und dient als Landmarke für die Lootsen. | 53° 51' 12" N.Br. 8° 44' 40" O.Lg. |
| 733 | Fahrwasser der Elbe von der **Cuxhavener Rhede** bis **St. Margarethen** (Lootsenstation zur Bösch). | Tonne. | Bezeichnet die Südwestkante des Steerts von Kratzsand (die Nordseite des Fahrwassers). | Liegt in einer Linie mit dem Hause des Lootsen-Kommandeurs zu Cuxhaven und dem grossen Stack daselbst. |
| 734 | " | Tonne. | Bezeichnet die Südwestkante von Kratzsand (die Nordseite des Fahrwassers). | Liegt in einer Linie mit dem Grodener Kirchthurm und Groden-Bake (Nr. 732). |
| 735 | " | Tonne. | Desgl. | Liegt in einer Linie mit dem Lüdingworther Kirchthurm und dem Altenbrucher Kirchthurm. |
| 736 | " | Tonne. | Bezeichnet die Südkante von Medemsand (die Nordseite des Fahrwassers). | Liegt in einer Linie mit dem Lüdingworther Kirchthurm und Meyers Bauernhof daselbst. |
| 737 | " | Tonne. | Desgl. | Die Richtung „Otterndorfer Kirchthurm zwischen Schütts Hof und Ehlers Haus daselbst" giebt die Lage der Tonne an. |
| 738 | " | Tonne. | Bezeichnet die Nordseite des Fahrwassers. Liegt vor dem oberen Eingang des Klotzenlochs. | Die Richtung „Neuenkirchner Kirchthurm zwischen den beiden östlich von Otterndorf gelegenen Mühlen" giebt die Lage der Tonne an. |

| Laufende Nummer. | Allgemeine Beschreibung des Zeichens. | Besondere Erkennungs-merkmale des Zeichens. | Wasser-tiefe bei Niedrig-wasser am Orte des Zeichens in Metern. | Höhe der Spitze des Zeichens über Hoch-wasser in Metern. | Höhe der Spitze des Zeichens über dem Erdboden in Metern. | Sicht-weite des Zei-chens in See-meilen. | Das Zeichen ist erstmalig ausgelegt bezw. errichtet: |
|---|---|---|---|---|---|---|---|
| | 5. | 6. | 7. | 8a. | 8b. | 9. | 10. |
| 729 | Hölzerne spitze Tonne mit einem Flügel. Im Sommer von 2,2 m Länge und 1,4 m Durchmesser, im Winter von 3,4 m Länge und 1,0 m Durchmesser. | Weiss, mit schwarzer „10“. | 8,6 | . . . | . . . | 2 | 1830 |
| 730 | Wie unter Nr. 729. | Weiss, mit schwarzer „10/11“. | 6,0 | . . . | . . . | 2 | 1830 |
| 731 | Wie unter Nr. 729. | Weiss, mit schwarzer „11“. | 7,7 | . . . | . . . | 2 | 1830 |
| 732 | Gerüst aus vier Ständern, welche ein mit der Spitze nach oben gerichtetes Viereck aus Lattenwerk tragen. | Schwarz. | . . . | 19 | 18,7 | 4 | 1871 |
| 733 | Hölzerne spitze Tonne. Im Sommer von 2,2 m Länge und 1,4 m Durchmesser, im Winter von 3,4 m Länge und 1,0 m Durchmesser. | Weiss, mit schwarzer „Nr. 12“. | 15,4 | . . . | . . . | 2 | 1830 |
| 734 | Wie unter Nr. 733. | Weiss, mit schwarzer „Nr. 13“. | 6,0 | . . . | . . . | 2 | 1830 |
| 735 | Wie unter Nr. 733. | Weiss, mit schwarzer „Nr. 14“. | 6,0 | . . . | . . . | 2 | 1830 |
| 736 | Wie unter Nr. 733. | Weiss, mit schwarzer „Nr. 15“. | 6,0 | . . . | . . . | 2 | 1830 |
| 737 | Wie unter Nr. 733. | Weiss, mit schwarzer „Nr. 16“. | 6,0 | . . . | . . . | 2 | 1830 |
| 738 | Wie unter Nr. 733. | Weiss, mit schwarzer „Nr. 17“. | 8,6 | . . . | . . . | 2 | 1830 |

| Laufende Nummer. | Namen und Oertlichkeit des Zeichens. 1. | Gattung des Zeichens. 2. | Zweck, welchem das Zeichen dient. 3. | Geographische Lage des Zeichens. 4. |
|---|---|---|---|---|
| 739 | Fahrwasser der Elbe von der **Cuxhavener Rhede** bis **St. Margarethen** (Lootsenstation zur Bösch). | Tonne. | Bezeichnet die Südkante des Norder-Watts (die Nordseite des Fahrwassers). | Die Richtung „Belumer Mühle an der Ostkante des Belumer Kirchthurms" giebt die Lage der Tonne an. |
| 740 | " | Tonne. | Desgl. | Liegt in einer Linie mit der Neuenfelder Mühle und dem Zollhause daselbst. |
| 741 | " | Tonne. | Bezeichnet die Nordkante des Watts unterhalb des Oste-Flusses (die Südseite des Fahrwassers). | Die Richtung „Glahmeiers Stack zwischen Altenbruch und Otterndorf" giebt die Lage der Tonne an. |
| 742 | " | Tonne. | Desgl. | Liegt in einer Linie mit dem Otterndorfer Kirchthurm und Ehlers Haus daselbst. |
| 743 | " | Tonne. | Desgl. | Die Richtung „Neuenkirchner Kirchthurm zwischen den beiden östlich von Otterndorf gelegenen Mühlen" giebt die Lage der Tonne an. |
| 744 | " | Tonne. | Desgl. | Die Richtung „Belumer Mühle an der Westkante des Belumer Busches" giebt die Lage der Tonne an. |
| 744a | " | Tonne. | Bezeichnet die Südseite des Fahrwassers. | Liegt vor der Mündung der Oste. |
| 745 | " | Tonne. | Bezeichnet die Nordkante des Watts oberhalb der Oste (die Südseite des Fahrwassers). | Liegt in einer Linie mit der Neuenfelder Mühle und dem Zollhause daselbst. |
| 746 | " | Tonne. | Desgl. | Liegt in einer Linie mit der Mühle unterhalb Brunsbüttel und einem Bauernhause daselbst. |
| 747 | " | Tonne. | Desgl. | Liegt in einer Linie mit dem Kirchthurm zu Oederquart und dem Kirchthurm zu Krummendeich. |
| 748 | " | Tonne. | Desgl. | Liegt in einer Linie mit Bösch-Mühle und Bösch-Lootsenhaus. |

| Laufende Nummer. | Allgemeine Beschreibung des Zeichens. | Besondere Erkennungs-merkmale des Zeichens. | Wasser-tiefe bei Niedrig-wasser am Orte des Zeichens in Metern. | Höhe der Spitze des Zeichens über Wasser in Metern. | Höhe der Spitze des Zeichens über dem Erdboden in Metern. | Sicht-weite des Zeichens in See-meilen. | Das Zeichen ist erstmalig ausgelegt bezw. errichtet: |
|---|---|---|---|---|---|---|---|
| | 5. | 6. | 7. | 8a. | 8b. | 9. | 10. |
| 739 | Hölzerne spitze Tonne. Im Sommer von 2,2 m Länge und 1,4 m Durchmesser, im Winter von 3,4 m Länge und 1,0 m Durchmesser. | Weiss, mit schwarzer „Nr. 18". | 5,6 | . . . | . . . | 2 | 1830 |
| 740 | Wie unter Nr. 739. | Weiss, mit schwarzer „Nr. 19". | 6,0 | . . . | . . . | 2 | 1830 |
| 741 | Hölzerne stumpfe Tonne, oben mit plattem Boden. Im Sommer von 2,2 m Länge und 1,4 m Durchmesser, im Winter von 3,4 m Länge und 1,0 m Durchmesser. | Schwarz, mit weissem „LL". | 13,7 | . . . | . . . | 2 | 1830 |
| 742 | Wie unter Nr. 741. | Schwarz, mit weissem „M". | 8,6 | . . . | . . . | 2 | 1830 |
| 743 | Wie unter Nr. 741. | Schwarz, mit weissem „N". | 12,0 | . . . | . . . | 2 | 1830 |
| 744 | Wie unter Nr. 741. | Schwarz, mit weissem „O". | 11,1 | . . . | . . . | 2 | 1830 |
| 744a | Wie unter Nr. 741. | Schwarz, mit weissem „OP". Trägt ein birnförmiges Flechtwerk auf einer ca. 6 m langen Stange. | 9,4 | . . . | . . . | 2 | 1830 |
| 745 | Wie unter Nr. 741. | Schwarz, mit weissem „P". | 8,4 | . . . | . . . | 2 | 1830 |
| 746 | Wie unter Nr. 741. | Schwarz, mit weissem „Q". | 9,4 | . . . | . . . | 2 | 1830 |
| 747 | Wie unter Nr. 741. | Schwarz, mit weissem „R". | 9,4 | . . . | . . . | 2 | 1830 |
| 748 | Wie unter Nr. 741. | Schwarz, mit weissem „S". | 9,4 | . . . | . . . | 2 | 1830 |

| Laufende Nummer. | Namen und Oertlichkeit des Zeichens. 1. | Gattung des Zeichens. 2. | Zweck, welchem das Zeichen dient. 3. | Geographische Lage des Zeichens. 4. |
|---|---|---|---|---|
| 749 | Fahrwasser der Elbe von **St. Margarethen** bis **Pagensand.** | Tonne. | Bezeichnet den Krautsand (die Südseite des Fahrwassers). | Liegt in einer Linie mit der Drochtersen Mühle und einem Hause auf Krautsand. |
| 750 | " | Tonne. | Bezeichnet den Schwarztonnensand (die Südseite des Fahrwassers). | Liegt in einer Linie mit der Drochtersen Mühle und einer Gruppe Bäume auf Krautsand. |
| 751 | " | Tonne. | Desgl. | Liegt in einer Linie mit dem Asseler Kirchthurm und einer Gruppe Bäume auf Asselersand. |
| 752 | " | Tonne. | Desgl. | Liegt in einer Linie mit dem Kirchthurm zu Colmar und der Windmühle daselbst. |
| 753 | " | Tonne. | Desgl. | Liegt in einer Linie mit dem Asseler Kirchthurm und einem Bauernhause auf Asselersand. |
| 754 | " | Tonne. | Bezeichnet die Westseite des neuen Fahrwassers zwischen dem Elsflether Steindeich und dem Schwarztonnensande. | Liegt in einer Linie mit der Colmar-Mühle und einem Bauernhause. |
| 755 | " | Tonne. | Bezeichnet die Rhinplate (die Nordseite des Fahrwassers). | Liegt in einer Linie mit der Ziegelei und einem grossen Busch zwischen Freiburg und Hamelvörden. |
| 756 | " | Tonne. | Desgl. | Liegt in einer Linie mit der Krautsander Mühle und einem auf Krautsand stehenden Hause. |
| 756a | " | Tonne. | Bezeichnet die Südkante des Colmarsandes (die Nordseite des Fahrwassers). | Liegt in einer Linie mit der westlichen Mühle bei Colmar und einem grossen Bauernhause daselbst. |
| 756b | " | Tonne. | Bezeichnet den Colmarsand (die Nordseite des Fahrwassers). | Liegt in einer Linie mit dem Kirchthurm zu Colmar und der Mühle daselbst. |
| 757 | " | Tonne. | Bezeichnet die Südkante des Colmarsandes (die Nordseite des Fahrwassers). | Die Richtung „Colmar-Kirchthurm in Linie mit dem Schornstein der Fabrik bei Colmar“ giebt die Lage der Tonne an. |
| 758 | " | Tonne. | Bezeichnet den Pagensand (die Nordseite des Fahrwassers). | Liegt in einer Linie mit einer Mühle in der Haseldorfer Marsch und der Nordwestspitze von Pagensand. |
| 759 | " | Tonne. | Desgl. | Liegt in einer Linie mit dem Asseler Kirchthurm und einem grossen Busch auf Asselersand. |

| Laufende Nummer. | Allgemeine Beschreibung des Zeichens. | Besondere Erkennungsmerkmale des Zeichens. | Wassertiefe bei Niedrigwasser am Orte des Zeichens in Metern. | Höhe der Spitze des Zeichens über dem Wasser in Metern. | Höhe der Spitze des Zeichens über dem Erdboden in Metern. | Sichtweite des Zeichens in Seemeilen. | Das Zeichen ist erstmalig ausgelegt bezw. errichtet: |
|---|---|---|---|---|---|---|---|
| | 5. | 6. | 7. | 8a. | 8b. | 9. | 10. |
| 749 | Eiserne stumpfe Tonne, oben mit plattem Boden. Im Sommer von 1,9 m Länge und 1 m Durchmesser, im Winter von 2,9 m Länge und 0,7 m Durchmesser. | Schwarz, mit weisser „Nr. 23". | 5,1 | . . . | . . . | 2 | 1830 |
| 750 | Wie unter Nr. 749. | Schwarz, mit weisser „Nr. 22". | 2,9 | . . . | . . . | 2 | 1830 |
| 751 | Wie unter Nr. 749. | Schwarz, mit weisser „Nr. 21". | 4,3 | . . . | . . . | 2 | 1830 |
| 752 | Wie unter Nr. 749. | Schwarz, mit weisser „Nr. 20". | 2,9 | . . . | . . . | 2 | 1830 |
| 753 | Wie unter Nr. 749. | Schwarz, mit weisser „Nr. 19". | 2,9 | . . . | . . . | 2 | 1830 |
| 754 | Wie unter Nr. 749. | Schwarz, mit weisser „Nr. 18". | 4,9 | . . . | . . . | 2 | 1876 |
| 755 | Eiserne Tonne. Im Sommer von 1,9 m Länge und 1 m Durchmesser, im Winter von 2,9 m Länge und 0,7 m Durchmesser. | Weiss, mit schwarzer „Nr. 16". | 4,6 | . . . | . . . | 2 | 1830 |
| 756 | Wie unter Nr. 755. | Weiss, mit schwarzer „Nr. 15". | 4,9 | . . . | . . . | 2 | 1830 |
| 756a | Eiserne kegelförmige Tonne, oben mit plattem Boden. Im Sommer von 1,9 m Länge und 1 m Durchmesser, im Winter von 2,9 m Länge und 0,7 m Durchmesser. | Weiss, mit schwarzer „Nr. 14". | 3,1 | . . . | . . . | 2 | 1877 |
| 756b | Wie unter Nr. 756a. | Weiss, mit schwarzer „Nr. 13/14". | 4,4 | . . . | . . . | 2 | 1877 |
| 757 | Eiserne Tonne. Im Sommer von 1,9 m Länge und 1 m Durchmesser, im Winter von 2,9 m Länge und 0,7 m Durchmesser. | Weiss, mit schwarzer „Nr. 13". | 4,3 | . . . | . . . | 2 | 1830 veränd. 1876 und 1877. |
| 758 | Desgl. | Weiss, mit schwarzer „Nr. 12". | 3,7 | . . . | . . . | 2 | 1830 |
| 759 | Desgl. | Weiss, mit schwarzer „Nr. 11/12". | 4,4 | . . . | . . . | 2 | 1830 |

| Laufende Nummer. | Namen und Oertlichkeit des Zeichens. 1. | Gattung des Zeichens. 2. | Zweck, welchem das Zeichen dient. 3. | Geographische Lage des Zeichens. 4. |
|---|---|---|---|---|
| 760 | **Schwarztonnensand**, auf dem Nordostende des Sandes. | Bake. | Bezeichnet die Südseite des Fahrwassers. | 53° 42,2′ N.Br. 9° 29,1′ O.Lg. |
| 761 | Neben-Fahrwasser der Elbe zwischen **Schwarztonnen- u. Asselersand.** | Tonne. | Bezeichnet die Nordseite des Fahrwassers. | Liegt in einer Linie mit Schwarztonnensand-Bake (Nr. 760) und der Mitte des hohen Busches auf Pagensand. |
| 761a | " | Tonne. | Desgl. | Liegt in einer Linie mit dem Busch unterhalb des letzten Bauernhauses auf Asselersand und einem Busche auf Ritsch. |
| 762 | " | Tonne. | Bezeichnet die Südseite des Fahrwassers. | Liegt in einer Linie mit dem Asseler Kirchthurm u. einem einzelnen Baume auf Asselersand. |
| 763 | **Neues Fahrwasser der Elbe***), längs der Westkante des Pagensandes; von der schwarzen Tonne unter Nr. 753 bis zum Feuerschiff Grauerort. | Tonne. | Bezeichnet die Südseite des Fahrwassers. | Liegt in einer Linie mit dem Asseler Kirchthurm und der Ostspitze des Schwarztonnensandes. |
| 763a | " | Tonne. | Desgl. | Liegt in einer Linie mit dem Asseler Kirchthurm und dem östlichsten Hause auf Asselersand. |
| 764 | " | Tonne. | Bezeichnet die Nordseite des Fahrwassers. | Die Richtung „Nordwestspitze des Pagensandes in Linie mit einem hohen Busch auf dem holsteinischen Ufer" giebt die Lage der Tonne an. |
| 764a | " | Tonne. | Desgl. | Liegt querab von der Mündung eines Grabens auf Pagensand. |
| 765 | Fahrwasser der Elbe von **Pagensand** bis zur **Mündung der Lühe.** | Tonne. | Bezeichnet den Grauerortsand (die Südseite des Fahrwassers). | Liegt in einer Linie mit dem Schornstein einer Ziegelei in Grauerort und einem kleinen Hause westlich des Maschinenhauses auf dem Deiche daselbst. |

*) Dieses neue Fahrwasser ist im Allgemeinen etwa 1 m tiefer als die alte Fahrrinne; grössere Schiffe benutzen ersteres hauptsächlich um die Untiefe, welche sich im alten Fahrwasser zwischen den weissen Tonnen 11 und 10 (Nr. 771 und 772) und dem Grauerort-Feuerschiff neu gebildet hat, zu vermeiden. Die elbaufwärts kommenden Schiffe steuern von der schwarzen Tonne 23 (Nr. 749) südöstlich auf das neue Licht auf dem Elsflether Steindeich zu, bei der schwarzen Tonne 19 (Nr. 753)

| Laufende Nummer. | Allgemeine Beschreibung des Zeichens. | Besondere Erkennungs-merkmale des Zeichens. | Wasser-tiefe bei Niedrig-wasser am Orte des Zeichens in Metern. | Höhe der Spitze des Zeichens über Hoch-wasser in Metern. | Höhe der Spitze des Zeichens über dem Erdboden in Metern. | Sicht-weite des Zeichens in See-meilen. | Das Zeichen ist erst-malig ausge-legt bezw. er-richtet: |
|---|---|---|---|---|---|---|---|
| | 5. | 6. | 7. | 8a. | 8b. | 9. | 10. |
| 760 | Quadratischer Unterbau von 6 m Seite auf 4 Pfählen; darüber eine auf zwei Seiten mit Latten benagelte 4seitige Pyramide von 2 m Seite und 10,3 m Höhe, mit 4,3 m hohem und 4 m breitem ellipsoidischen Kopf. | Schwarz. | . . . | 17,7 | 16,7 | 4 | 1860 verändert und zu gleicher Zeit versetzt 1875. |
| 761 | Kegelförmige eiserne Tonne. | Weiss, mit schwarzem „SF". | 3,5 | . . . | . . . | 2 | 1830 verändert 1875. |
| 761a | Kegelförmige eiserne Tonne. | Weiss, mit schwarzem „SF 2". | 3,0 | . . . | . . . | 2 | 1830 verändert 1875. |
| 762 | Kegelförmige eiserne Tonne. | Schwarz, mit weissem „SF". | 2,5 | . . . | . . . | 2 | 1830 verändert 1875. |
| 763 | . . . . . . . . . . . . . . . . . | Schwarz, mit weisser „Nr. 17". | 4 | . . . | . . . | 2 | 1876 |
| 763a | . . . . . . . . . . . . . . . . . | Schwarz, mit weisser „Nr. 16". | 4 | . . . | . . . | 2 | 1876 |
| 764 | . . . . . . . . . . . . . . . . . | Weiss, mit schwarzem „B". | 3,6 | . . . | . . . | 2 | 1876 |
| 764a | . . . . . . . . . . . . . . . . . | Weiss, mit schwarzem „A". | 3,4 | . . . | . . . | 2 | 1876 |
| 765 | Eiserne stumpfe Tonne, oben mit plattem Boden. Im Sommer von 1,9 m Länge und 1 m Durchmesser, im Winter von 2,9 m Länge und 0,7 m Durchmesser. | Schwarz, mit weisser „Nr. 15". | 4,3 | . . . | . . . | 2 | 1830 |

vorbei und zwischen der schwarzen Tonne 18 (Nr. 754) und der weissen Tonne 13/14 (Nr. 756b) hindurch bis zu der neuen schwarzen Tonne 17 (Nr. 763). Das neue Fahrwasser mündet bei Grauerort-Feuerschiff in südöstlicher Richtung zwischen der weissen Tonne 9 (Nr. 773) und der schwarzen Tonne 14 (Nr. 766) in das alte Fahrwasser.

| Laufende Nummer. | Namen und Oertlichkeit des Zeichens. 1. | Gattung 2. | Zweck, welchem das Zeichen dient. 3. | Geographische Lage des Zeichens. 4. |
|---|---|---|---|---|
| 766 | Fahrwasser der Elbe von **Pagensand** bis zur **Mündung der Lühe.** | Tonne. | Bezeichnet den Bützflether Sand (die Südseite des Fahrwassers). | Liegt in einer Linie mit dem Bützflether Kirchthurm und einer Gruppe Weidenbäume auf dem Bützflether Sand. |
| 767 | " | Tonne. | Bezeichnet den Bardinger Sand (die Südseite des Fahrwassers). | Liegt in einer Linie mit dem Twielenflether Kirchthurm und einem Hause daselbst. |
| 768 | " | Tonne. | Desgl. | Die Richtung „ein Haus in Wetterndorf eben frei von der Deichecke zu Sandhörn" giebt die Lage der Tonne an. |
| 769 | " | Tonne. | Desgl. | Die Richtung „der Steinkirchner Thurm zwischen zwei Bäumen" giebt die Lage der Tonne an. |
| 770 | " | Boje. | Desgl. | Liegt in einer Linie mit dem Steinkirchner Thurm und der Westseite des Navigationsschul-Gebäudes in Grünendeich. |
| 771 | " | Tonne. | Bezeichnet den Pagensand (die Nordseite des Fahrwassers). | Liegt in einer Linie mit dem Asseler Kirchthurm und der Ostseite des östlichsten Hauses auf Asselersand. |
| 772 | " | Tonne. | Desgl. | Liegt in einer Linie mit der Wether Mühle und einem Hause in Barnkrug. |
| 773 | " | Tonne. | Bezeichnet den Sand zum „hungrigen Wolf" (die Nordseite des Fahrwassers). | Liegt in einer Linie mit einer Ziegelei in Abbenfleth und einem Hause daselbst. |
| 774 | " | Tonne. | Desgl. | Die Richtung „Bützflether Kirchthurm in Linie mit der westlichen Ecke eines Bauernhauses daselbst" giebt die Lage der Tonne an. |
| 775 | " | Tonne. | Bezeichnet die Südkante des Twielenflether Sandes (die Nordseite des Fahrwassers). | Liegt in einer Linie mit dem Twielenflether Kirchthurm und einem Bauernhause daselbst. |
| 776 | " | Tonne. | Desgl. | Die Richtung „Twielenflether Kirchthurm in Linie mit der östlichen Ecke des Fährhauses daselbst" giebt die Lage der Tonne an. |
| 777 | " | Tonne. | Desgl. | Liegt in einer Linie mit dem Grünendeicher Kirchthurm und einem Bauernhause am Elbdeich. |

| Laufende Nummer. | Allgemeine Beschreibung des Zeichens. | Besondere Erkennungsmerkmale des Zeichens. | Wassertiefe bei Niedrigwasser am Orte des Zeichens in Metern. | Höhe der Spitze des Zeichens über dem Wasser in Metern. | Höhe der Spitze des Zeichens über dem Erdboden in Metern. | Sichtweite des Zeichens in Seemeilen. | Das Zeichen ist erstmalig ausgelegt bezw. errichtet: |
|---|---|---|---|---|---|---|---|
| | 5. | 6. | 7. | 8a. | 8b. | 9. | 10. |
| 766 | Eiserne stumpfe Tonne, oben mit plattem Boden. Im Sommer von 1,9 m Länge und 1 m Durchmesser, im Winter von 2,9 m Länge und 0,7 m Durchmesser. | Schwarz, mit weisser „Nr. 14“. | 4,3 | . . . | . . . | 2 | 1830 |
| 767 | Wie unter Nr. 766. | Schwarz, mit weisser „Nr. 13“. | 3,4 | . . . | . . . | 2 | 1830 |
| 768 | Wie unter Nr. 766. | Schwarz, mit weisser „Nr. 12“. | 3,4 | . . . | . . . | 2 | 1830 |
| 769 | Wie unter Nr. 766. | Schwarz, mit weisser „Nr. 11“. | 4,3 | . . . | . . . | 2 | 1830 |
| 770 | Hölzerne cylinderförmige Boje mit Stiel. Im Winter Eistonne. | Schwarz; am Stiel Flechtwerk von der Form eines Besens. | 2,9 | . . . | . . . | 2 | 1830 |
| 771 | Eiserne Tonne. Im Sommer von 1,9 m Länge und 1 m Durchmesser, im Winter von 2,9 m Länge und 0,7 m Durchmesser. | Weiss, mit schwarzer „Nr. 11“. | 3,4 | . . . | . . . | 2 | 1830 |
| 772 | Wie unter Nr. 771. | Weiss, mit schwarzer „Nr. 10“. | 3,4 | . . . | . . . | 2 | 1830 |
| 773 | Wie unter Nr. 771. | Weiss, mit schwarzer „Nr. 9“. | 4,3 | . . . | . . . | 2 | 1830 |
| 774 | Wie unter Nr. 771. | Weiss, mit schwarzer „Nr. 8“. | 4,3 | . . . | . . . | 2 | 1830 |
| 775 | Wie unter Nr. 771. | Weiss, mit schwarzer „Nr. 7“. | 4,3 | . . . | . . . | 2 | 1830 |
| 776 | Wie unter Nr. 771. | Weiss, mit schwarzer „Nr. 6“. | 4,3 | . . . | . . . | 2 | 1830 |
| 777 | Wie unter Nr. 771. | Weiss, mit schwarzer „Nr. 5“. | 3,4 | . . . | . . . | 2 | 1830 |

| Laufende Nummer. | Namen und Oertlichkeit des Zeichens. 1. | Gattung 2. | Zweck, welchem das Zeichen dient. 3. | Geographische Lage des Zeichens. 4. |
|---|---|---|---|---|
| 778 | Fahrwasser der Elbe von **Pagensand** bis zur **Mündung der Lühe.** | Tonne. | Bezeichnet die Nordseite des Fahr-Fahrwassers. | Liegt in einer Linie mit dem Steinkirchner Kirchthurm und einem grossen Baum. |
| 779 | „ | Boje. | Bezeichnet die Südseite des Fahrwassers zwischen Juels-Sand und Twielenflether Sand. | Liegt in einer Linie mit dem höchsten Stader Thurm und einem Stack unterhalb Twielenfleth. |
| 780 | „ | Tonne. | Desgl. | Liegt in einer Linie mit der Twielenflether Mühle und dem westlichsten Hause auf dem Deich daselbst. |
| 781 | Fahrwasser der Elbe von der **Mündung der Lühe** bis zum **Hamburger Hafen.** | Tonne. | Bezeichnet den Schweinsand (die Südseite des Fahrwassers). | . . . . . . . . . . |
| 782 | „ | Tonne. | Desgl. | . . . . . . . . . . |
| 783 | „ | Tonne. | Desgl. | Die Richtung „das kleine Backhaus auf der Wittenberger Schiffswerft in Linie mit dem westlichen Giebel des Zimmerschauers daselbst“ giebt die Lage der Tonne an. |
| 784 | „ | Boje. | Desgl. | Liegt in einer Linie mit einem hohen Fabrikschornstein auf dem linken Elbufer und der westlichen Ecke des Schweinsandes. |
| 785 | „ | Tonne. | Bezeichnet die Blankeneser Sände (die Südseite des Fahrwassers). | Liegt in einer Linie mit dem Schauer auf Burmesters Schiffswerft unterhalb Blankenese und einem kleinen Schauer auf dem Kösterberge. |
| 786 | „ | Tonne. | Desgl. | Liegt in einer Linie mit der Flaggenstange auf Fincks Schiffswerft unterhalb Blankenese und dem Schornstein des Wohnhauses daselbst. |
| 787 | „ | Tonne. | Desgl. | Die Richtung „Flaggenstange in Baur's Garten oberhalb Blankenese in Linie mit der Westseite eines bei einer Wassertreppe daselbst befindlichen Hauses“ giebt die Lage der Tonne an. |

| Laufende Nummer. | Allgemeine Beschreibung des Zeichens. | Besondere Erkennungsmerkmale des Zeichens. | Wassertiefe bei Niedrigwasser am Orte des Zeichens in Metern. | Höhe der Spitze des Zeichens über Wasser in Metern. | Höhe der Spitze des Zeichens über dem Erdboden in Metern. | Sichtweite des Zeichens in Seemeilen. | Das Zeichen ist erstmalig ausgelegt bezw. errichtet: |
|---|---|---|---|---|---|---|---|
| | 5. | 6. | 7. | 8a. | 8b. | 9. | 10. |
| 778 | Eiserne Tonne. Im Sommer von 1,9 m Länge und 1 m Durchmesser, im Winter von 2,9 m Länge und 0,7 m Durchmesser. | Weiss, mit schwarzer „Nr. 4". | 3,4 | . . . | . . . | 2 | 1830 |
| 779 | Hölzerne cylinderförmige Boje mit Stiel. Im Winter Eistonne. | Schwarz; am Stiel Flechtwerk von der Form eines Besens. | 4,3 | . . . | . . . | 2 | 1830 |
| 780 | Eiserne stumpfe Tonne, oben mit plattem Boden. Im Sommer von 1,9 m Länge und 1 m Durchmesser, im Winter von 2,9 m Länge und 0,7 m Durchmesser. | Schwarz, mit weissem „A". | 3,4 | . . . | . . . | 2 | 1830 |
| 781 | Wie unter Nr. 780. | Schwarz, mit weisser „8". | 3,7 | . . . | . . . | 2 | 1830 |
| 782 | Wie unter Nr. 780. | Schwarz, mit weisser „7". | 2,9 | . . . | . . . | 2 | 1830 |
| 783 | Wie unter Nr. 780. | Schwarz, mit weisser „6". | 2,9 | . . . | . . . | 2 | 1830 |
| 784 | Hölzerne cylinderförmige Boje mit Stiel. Im Winter Eistonne. | Schwarz; am Stiel Flechtwerk von der Form eines Besens. | 3,4 | . . . | . . . | 2 | 1830 |
| 785 | Wie unter Nr. 780. | Schwarz, mit weisser „5". | 2,6 | . . . | . . . | 2 | 1830 |
| 786 | Wie unter Nr. 780. | Schwarz, mit weisser „4". | 2,3 | . . . | . . . | 2 | 1830 |
| 787 | Wie unter Nr. 780. | Schwarz, mit weisser „3". | 2,3 | . . . | . . . | 2 | 1830 |

| Laufende Nummer. | Namen und Oertlichkeit des Zeichens. | Gattung des Zeichens. | Zweck, welchem das Zeichen dient. | Geographische Lage des Zeichens. |
|---|---|---|---|---|
| | 1. | 2. | 3. | 4. |
| 788 | Fahrwasser der Elbe von der **Mündung der Lühe** bis zum **Hamburger Hafen.** | Tonne. | Bezeichnet die Blankeneser Sände (die Südseite des Fahrwassers). | Liegt in einer Linie mit einem grossen Baume und der östlichen Ecke des Senator Godeffroy'schen Hauses unterhalb Nienstedten. |
| 789 | " | Boje. | Bezeichnet den grossen und kleinen Markenwerder Sand (die Südseite des Fahrwassers). | Liegt in einer Linie mit dem Schornstein der Gasfabrik in Altona und der Westecke des Haller'schen Landhauses in Ottensen. |
| 790 | " | Boje. | Bezeichnet den grossen und kleinen Markenwerder Sand (die Südseite des Fahrwassers) und die Einfahrt in den Köhlbrand. | Liegt in einer Linie mit einem hölzernen Schauer in der Elbstrasse in Altona und einem Gartenhause in der Palmaille daselbst. |
| 791 | " | Tonne. | Bezeichnet den Wedeler Sand (die Nordseite des Fahrwassers). | . . . . . . . . . . . |
| 792 | " | Tonne. | Desgl. | Liegt in einer Linie mit dem Wedeler Kirchthurm und einer am Ufer stehenden Gruppe Weidenbäume. |
| 793 | " | Boje. | Bezeichnet die oberhalb Mühlenberg an der Nordseite des Fahrwassers liegenden Steine. | Liegt oberhalb Mühlenberg. |
| 794 | " | Tonne. | Bezeichnet den Bönhaasensand (die Nordseite des Fahrwassers). | Liegt in einer Linie mit einem kleinen Hause in Booth Garten an der Elbchaussee und einem Gebüsch im Garten des Rücker'schen Landhauses ebendaselbst. |
| 795 | " | Boje. | Bezeichnet die Südkante des Bönhaasensandes (die Nordseite des Fahrwassers zwischen Teufelsbrücke und Oevelgönne). | Liegt in einer Linie mit der östlichen Ecke des Pagensandes und der Finkenwärder Schiffswerft. |
| 796 | " | Boje. | Desgl. | Liegt in einer Linie mit der Bake auf dem Ostende des Pagensandes (Nr. 797a) und einem Busch auf Gross-Tradenau-Sand. |
| 797 | **Finkenwärder,** auf dem Westende des Pagensandes. | Bake. (Königsbake.) | Bezeichnet die Südseite des Fahrwassers. | 53° 32,22' N.Br. 9° 55,25' O.Lg. |
| 797a | **Finkenwärder,** auf dem Ostende des Pagensandes. | Bake. | Desgl. | 53° 32,19' N.Br. 9° 55,35' O.Lg. |

| Laufende Nummer. | Allgemeine Beschreibung des Zeichens. | Besondere Erkennungsmerkmale des Zeichens. | Wassertiefe bei Niedrigwasser am Orte des Zeichens in Metern. | Höhe der Spitze des Zeichens über Hochwasser in Metern. | Höhe der Spitze des Zeichens über dem Erdboden in Metern. | Sichtweite des Zeichens in Seemeilen. | Das Zeichen ist erstmalig ausgelegt bezw. errichtet: |
|---|---|---|---|---|---|---|---|
| | 5. | 6. | 7. | 8a. | 8b. | 9. | 10. |
| 788 | Eiserne stumpfe Tonne, oben mit plattem Boden. Im Sommer von 1,9 m Länge und 1 m Durchmesser, im Winter von 2,9 m Länge und 0,7 m Durchmesser. | Schwarz, mit weisser „2". | 2,3 | . . . | . . . | 2 | 1830 |
| 789 | Hölzerne cylinderförmige Boje mit Stiel. Im Winter Eistonne. | Schwarz; am Stiel Flechtwerk von der Form eines Besens. | 2,6 | . . . | . . . | 2 | 1830 |
| 790 | Wie unter Nr. 789. | Desgl. | 2,9 | . . . | . . . | 2 | 1830 |
| 791 | Eiserne Tonne. Im Sommer von 1,9 m Länge und 1 m Durchmesser, im Winter von 2,9 m Länge und 0,7 m Durchmesser. | Weiss, mit schwarzer „3". | 3,4 | . . . | . . . | 2 | 1830 |
| 792 | Wie unter Nr. 791. | Weiss, mit schwarzer „2". | 3,1 | . . . | . . . | 2 | 1830 |
| 793 | Wie unter Nr. 789. | Schwarz; am Stiel ein ledernes braunes Fähnchen. | 2,6 | . . . | . . . | 2 | 1830 |
| 794 | Abgestumpfter Kegel, dessen oberer Boden ca. 1 m, der untere Boden ca. 0,7 m im Durchmesser beträgt; mit einer 4 m hohen Stange, welche einen Ballon aus Flechtwerk von ca. 1,2 m Durchmesser trägt. | Weiss, mit schwarzer „1". | 4,0 | . . . | . . . | 2 | 1830 |
| 795 | Wie unter Nr. 789. | Schwarz; am Stiel ein ledernes braunes Fähnchen. | 2,6 | . . . | . . . | 2 | 1830 |
| 796 | Wie unter Nr. 789. | Desgl. | 2,9 | . . . | . . . | 2 | 1830 |
| 797 | Vertikaler Ständer mit einem runden Ballon aus Flechtwerk von 5 m Durchmesser. | Schwarz. | . . . | 11,0 | 11,0 | 1 | 1868 verändert 1875. |
| 797a | Vertikaler Ständer mit einem runden Ballon aus Flechtwerk von ca. 3,4 m Durchmesser. | Schwarz. | . . . | 9,0 | 9,0 | 1 | 1868 |

| Laufende Nummer. | Namen und Oertlichkeit des Zeichens. | Gattung | Zweck, welchem das Zeichen dient. | Geographische Lage des Zeichens. |
|---|---|---|---|---|
| | 1. | 2. | 3. | 4. |
| 798 | **Köhlbrand**, auf dem tollen Ort, gegenüber Altona. | Bake. | Bezeichnet die Ostseite des Fahrwassers. | 53° 33,0′ N.Br. 9° 57,14′ O.Lg. |
| 799 | **Köhlbrand**, Fahrwasser gegenüber Altona nach der Süderelbe. | 3 Tonnen. | Bezeichnen die Westseite des Fahrwassers. | Die erste Tonne liegt in der Nähe der Bake auf dem tollen Ort (Nr. 798), die zweite dem Stack auf Kuhwerder, die dritte dem Stack auf Gänsewerder gegenüber. |
| 800 | " | 2 Tonnen. | Bezeichnen die Ostseite des Fahrwassers. | Die erste Tonne liegt der Bake auf dem tollen Ort (Nr. 798), die zweite dem Stack auf Goschenwerder gegenüber. |
| 801 | **Kitzenbalje** und **Stickersgatt***), Fahrrinnen über die zwischen dem Festlande und der Insel Neuwerk befindlichen Watten. | Pricken (werden alljährlich erneuert). | Bezeichnen beide Seiten der Fahrrinnen. | . . . . . . . . . . |
| 802 | **Medem-Fluss**, Otterndorfer Hafen. | Pricken. †) | Bezeichnen die westliche Seite der Fahrrinne. | . . . . . . . . . . |
| 803 | **Elbwatt**, vor dem Hadelnschen Aussendeiche. | Treibbake. | Bezeichnet das Wrack des Schiffes „Scheerenschleifer". | . . . . . . . . . . |
| 804 | **Elbwatt**, vor dem Belumer Aussendeich. | 5 Pricken. | Bezeichnen das Wrack des Schiffes „Superior". | . . . . . . . . . . |
| 805 | **Oste-Mündung****) und **Unter-Oste.** | 2 Tonnen (im Sommer ausliegend). | Bezeichnen die westliche Seite des Fahrwassers. | . . . . . . . . . . |
| | | 2 Treibbaken (im Winter ausliegend). | Desgl. | . . . . . . . . . . |
| 806 | " | 3 Tonnen (im Sommer ausliegend). | Bezeichnen die östliche Seite des Fahrwassers. | . . . . . . . . . . |
| | | 3 Treibbaken (im Winter ausliegend). | Desgl. | . . . . . . . . . . |

*) Die innezuhaltende Strasse für die Wagenpassage zwischen Duhnen und Neuwerk (bei trocken gelaufenem Watt) ist durch im Wattsande eingegrabenes Buschwerk, welches jährlich oder nach Bedürfniss erneuert wird, bezeichnet. Der grösseren Sicherheit wegen wird die Wagenfahrt nur unter Führung eines berittenen Lootsen gestattet.

**) Die Oste-Mündung verlegt sich jährlich etwa um 5 m nach Westen hin.

†) Werden von den Ständen des Landes Hadeln unterhalten.

| Laufende Nummer. | Allgemeine Beschreibung des Zeichens. | Besondere Erkennungsmerkmale des Zeichens. | Wassertiefe bei Niedrigwasser am Orte des Zeichens in Metern. | Höhe der Spitze des Zeichens über Hochwasser in Metern. | Höhe der Spitze des Zeichens über dem Erdboden in Metern. | Sichtweite des Zeichens in Seemeilen. | Das Zeichen ist erstmalig ausgelegt bezw. errichtet: |
|---|---|---|---|---|---|---|---|
| | 5. | 6. | 7. | 8a. | 8b. | 9. | 10. |
| 798 | Pyramidenförmiger Ständer; an der Spitze ein mit Latten benagelter Oktander von etwa 1,7 m Durchmesser. | Schwarz. | . . . | 9,0 | 9,0 | 1 | 1870 |
| 799 | Eiserne stumpfe Tonnen, oben mit plattem Boden. Im Sommer von 1,9 m Länge und 1 m Durchmesser, im Winter von 2,9 m Länge und 0,7 m Durchmesser. | Schwarz. | 2,3 | . . . | . . . | . . . | 1840 |
| 800 | Eiserne Tonnen. Im Sommer von 1,9 m Länge und 1 m Durchmesser, im Winter von 2,9 m Länge und 0,7 m Durchmesser. | Weiss. | 2,3 | . . . | . . . | . . . | 1840 |
| 801 | Junge Birken-, Eschen- und Eichenstämme von 5,9 m Länge, in den Grund gesteckt. Die Stämme behalten ihre Zweige am oberen Ende, so dass sie eine förmliche Allee bilden. | . . . | . . . | . . . | . . . | 0,5 | 1840 |
| 802 | Stangen in Stärke von Bohnenstangen. | . . . | . . . | . . . | . . . | . . . | . . . |
| 803 | 3,5 m langes Rundholz mit Stange.*) | Theeranstrich, mit einem Korb. | . . . | . . . | . . . | . . . | . . . |
| 804 | Stangen in Stärke von Hopfenstangen. Die Stangen sind an das Wrack genagelt. | . . . | . . . | . . . | . . . | . . . | . . . |
| 805 | Eiserne plattbodige Tonnen mit Mittelboden.*) | Beide schwarz, mit weissem „O. S.“ | 1,75 | . . . | . . . | . . . | . . . |
| | 3,5 m lange Rundhölzer mit Stange.*) | Mit einem Korb an der Stange. | „ | . . . | . . . | . . . | . . . |
| 806 | Holztonnen. Die äussere Tonne (an der Elbe), von 2,34 m Länge und 0,9 m Durchmesser, ist plattbodig und mit eisernen Ringen gepanzert; die mittlere, von 2,92 m Länge und 0,78 m Durchmesser, ist spitz und ganz mit eisernen Ringen gepanzert; die innere, ebenfalls spitz, ist nur mit einzelnen eisernen Ringen umspannt und hat 2,34 m Länge bei 0,97 m Durchmesser.*) | Weiss. Die äussere Tonne mit schwarzem „O. S.“; die mittlere trägt eine 58 cm lange Hebelstange und die innere einen aufrecht stehenden Ring auf der Spitze. | 1,75 | . . . | . . . | . . . | . . . |
| | 3,5 m lange Rundhölzer mit Stange.*) | Mit einem Lederlappen an der Stange. | 1,75 | . . . | . . . | . . . | . . . |

*) Mit Kette an einem Stein verankert.

| Laufende Nummer. | Namen und Oertlichkeit des Zeichens. 1. | Gattung 2. | Zweck, welchem das Zeichen dient. 3. | Geographische Lage des Zeichens. 4. |
|---|---|---|---|---|
| 807 | **Oste-Mündung und Unter-Oste.** | Pricken. | Bezeichnen die Uferkante zwischen der Ebbelinie der Elbe und dem begrünten Aussendeiche auf dem Watt an der westlichen Seite des Fahrwassers. | . . . . . . . . . . . . |
| 808 | **Rhinplate** (Glückstädter Bank). | Tonne (im Sommer ausliegend). | Bezeichnet das Nordende der Glückstädter Bank und zugleich die Abzweigung des Glückstädter Fahrwassers von dem Hauptfahrwasser der Elbe. | 53° 49′ 34″ N.Br. 9° 21′ 12″ O.Lg. |
| | | Boje (im Winter ausliegend). | Desgl. | Desgl. |
| 809 | **Stoer-Einfahrt.** | Tonne (nur im Sommer ausliegend). | Bezeichnet das Nordwestende des sog. Stoer-Steert (die Südseite der Einfahrt in die Stoer). | 53° 49′ 48″ N.Br. 9° 21′ 30″ O.Lg. |
| 810 | **Stoer-Mündung.** | Tonne (nur im Sommer ausliegend). | Bezeichnet die Grenze des Watts an der Südseite der Stoer-Mündung. | 53° 49′ 12″ N.Br. 9° 22′ 46″ O.Lg. |
| 811 | „ | Tonne (nur im Sommer ausliegend). | Bezeichnet die Grenze des Watts an der Nordseite der Stoer-Mündung. | 53° 49′ 25″ N.Br. 9° 23′ 0″ O Lg. |
| 812 | **Glückstädter Bank.** | Tonne (im Sommer ausliegend). | Bezeichnet die Ostkante der Glückstädter Bank. | 53° 48′ 54″ N.Br. 9° 22′ 15″ O.Lg. |
| | | Boje (im Winter ausliegend). | Desgl. | Desgl. |
| 813 | „ | Tonne (im Sommer ausliegend). | Desgl. | 53° 47′ 25″ N.Br. 9° 23′ 28″ O.Lg. |
| | | Boje (im Winter ausliegend). | Desgl. | Desgl. |
| 814 | **Glückstadt,** unterhalb des Hafens an der Holsteinischen Uferseite. | Tonne (im Sommer ausliegend). | Bezeichnet die Grenze des Watts an der Holsteinischen Uferseite. | 53° 48′ 5″ N.Br. 9° 23′ 30″ O.Lg. |
| | | Boje (im Winter ausliegeud). | Desgl. | Desgl. |
| 815 | **Glückstadt,** oberhalb des Hafens in der Mitte des sog. Kartoffelloches, zwischen der Glückstädter Bank und dem Bielenberger Steert. | Tonne (nur im Sommer ausliegend). | Bezeichnet die Mitte des sog. Kartoffelloches. | 53° 45′ 20″ N.Br. 9° 25′ 25″ O.Lg. |
| 816 | **Krückau-Mündung.** | 12 Pricken. | Bezeichnen beide Seiten des Fahrwassers. | . . . . . . . . . . |

| Laufende Nummer. | Allgemeine Beschreibung des Zeichens. | Besondere Erkennungs-merkmale des Zeichens. | Wasser-tiefe bei Niedrig-wasser am Orte des Zeichens in Metern. | Höhe der Spitze des Zeichens über dem Wasser in Metern. | Höhe der Spitze des Zeichens über dem Erdboden in Metern. | Sicht-weite des Zei-chens in See-meilen. | Das Zei-chen ist erst-malig ausge-legt bezw. er-richtet: |
|---|---|---|---|---|---|---|---|
| | 5. | 6. | 7. | 8a. | 8b. | 9. | 10. |
| 807 | Stangen in Stärke von Hopfenstangen. | . . . . . . . | . . . | . . . | . . . | . . . | . . . |
| 808 | Eiserne stumpfe Tonne von 1,8 m Länge und 1,0 m Durchmesser. Mit eisernem Stiel, welcher einen Ballon von Korbgeflecht trägt.*) | Schwarz und weiss gestreift. | 4,0 | 1,8 | . . . | 2 | 1875 |
| | Achteckiger Holzklotz von 50 cm Durchmesser, nach oben zugespitzt.*) | Mit Stiel und Besen. | „ | 1,2 | . . . | 1 | „ |
| 809 | Eiserne stumpfe Tonne von 1,5 m Länge und 0,85 m Durchmesser.*) | Schwarz, mit weisser „I". | 2,0 | 0,9 | . . . | 1,5 | 1867 |
| 810 | Wie unter Nr. 809. | Schwarz, mit weisser „II". | 0,3 | 0,9 | . . . | 1,5 | 1818 |
| 811 | Hölzerne spitze Tonne von 1,7 m Länge und 0,85 m Durchmesser.*) | Weiss. | 1,2 | 0,9 | . . . | 1,5 | 1846 |
| 812 | Eiserne stumpfe Tonne von 1,5 m Länge und 0,85 m Durchmesser.*) | Schwarz und weiss gestreift. | 3,7 | 0,9 | . . . | 1,5 | 1846 |
| | Achteckiger Holzklotz von etwa 50 cm Durchmesser, nach oben zugespitzt.*) | Mit Stiel und Besen. | „ | 1,2 | . . . | 1 | „ |
| 813 | Eiserne Tonne, wie unter Nr. 812. | Schwarz und weiss gestreift. | 3,4 | 0,9 | . . . | 1,5 | 1846 |
| | Holzklotz, wie unter Nr. 812. | Mit Stiel und Besen. | „ | 1,2 | . . . | 1 | „ |
| 814 | Eiserne Tonne, wie unter Nr. 812. | Weiss. | 3,4 | 0,9 | . . . | 1,5 | 1846 |
| | Holzklotz, wie unter Nr. 812. | Mit Stiel und Besen. | „ | 1,2 | . . . | 1 | „ |
| 815 | Eiserne Tonne, wie unter Nr. 812. | Schwarz und weiss gestreift, mit eisernem Stiel und Besen. | 0,6 | 0,9 | . . . | 1,5 | 1846 |
| 816 | Grüne Weiden. | . . . . . . | . . . | . . . | . . . | . . . | 1871 |

*) Mit Kette an einem Stein verankert.

| Laufende Nummer. | Namen und Oertlichkeit des Zeichens. 1. | Gattung des Zeichens. 2. | Zweck, welchem das Zeichen dient. 3. | Geographische Lage des Zeichens. 4. |
|---|---|---|---|---|
| 817 | **Pinnau-Mündung.** | 25 Pricken. | Bezeichnen beide Seite des Fahrwassers. | . . . . . . . . . . . |
| 818 | „ | Boje (im Sommer ausliegend). | Bezeichnet die Nordwest-Seite der Einfahrt in die Pinnau. | 53° 40′ 37″ N.Br. 9° 32′ 41″ O.Lg. |
| | | Eisboje (im Winter ausliegend). | Desgl. | Desgl. |
| 818a | „ | Boje (im Sommer ausliegend). | Bezeichnet die Südost-Seite der Einfahrt in die Pinnau. | 53° 40′ 37″ N.Br. 9° 32′ 44″ O.Lg. |
| | | Eisboje (im Winter ausliegend). | Desgl. | Desgl. |
| 819 | **Lühe-Mündung.** | 7 Pricken. | Bezeichnen die westliche Seite der Einfahrt in die Lühe. | . . . . . . . . . . . |
| 820 | **Süderelbe**, nördlich vom Ostende des Hanskalbsandes. | Tonne (im Sommer ausliegend). | Bezeichnet die südliche Seite des Fahrwassers der Süderelbe. | . . . . . . . . . . . |
| | | Treibbake (im Sommer ausliegend). | Desgl. | . . . . . . . . . . . |
| 821 | **Süderelbe**, an der Westspitze des Schweinsandes. | Tonne (im Sommer ausliegend). | Bezeichnet die nördliche Seite des Fahrwassers der Süderelbe. | . . . . . . . . . . . |
| | | Treibbake (im Winter ausliegend). | Desgl. | . . . . . . . . . . . |
| 822 | **Süderelbe**, nördlich von Hannoversand. | Tonne (im Sommer ausliegend). | Bezeichnet die südliche Seite des Fahrwassers der Süderelbe. | Nördlich von dem Hause auf Hannoversand. |
| | | Treibbake (im Winter ausliegend). | Desgl. | Desgl. |
| 823 | **Süderelbe**, südlich vom kleinen Schweinsand. | Tonne (im Sommer ausliegend). | Bezeichnen die nördliche Seite des Fahrwassers der Süderelbe. | . . . . . . . . . . . |
| | | Treibbake (im Winter ausliegend). | Desgl. | . . . . . . . . . . . |
| 824 | **Süderelbe**, südlich vom grossen Schweinsand. | Tonne (im Sommer ausliegend). | Desgl. | . . . . . . . . . . . |
| | | Treibbake (im Winter ausliegend). | Desgl. | . . . . . . . . . . . |

| Laufende Nummer. | Allgemeine Beschreibung des Zeichens. | Besondere Erkennungsmerkmale des Zeichens. | Wassertiefe bei Niedrigwasser am Orte des Zeichens in Metern. | Höhe der Spitze des Zeichens über Wasser in Metern. | Höhe der Spitze des Zeichens über dem Erdboden in Metern. | Sichtweite des Zeichens in Seemeilen. | Das Zeichen ist erstmalig ausgelegt bezw. errichtet: |
|---|---|---|---|---|---|---|---|
| | 5. | 6. | 7. | 8a. | 8b. | 9. | 10. |
| 817 | Grüne Weiden. | . . . . . . | . . . | . . . | . . . | . . . | 1871 |
| 818 | Eiserne Kesselboje mit Stange und Korbballon.*) | Stange schwarz und weiss; Ballon weiss u. mit der Bezeichnung „Pinnau". | . . . | 3 | . . . | . . . | 1876 |
| | Hölzerne Eisboje.*) | . . . . . . | . . . | „ | . . . | . . . | „ |
| 818a | Eiserne Kesselboje mit Stange und Korbballon.*) | Stange schwarz und weiss; Ballon schwarz und mit der Bezeichnung „Pinnau". | . . . | 3 | . . . | . . . | 1876 |
| | Hölzerne Eisboje.*) | . . . . . . | . . . | „ | . . . | . . . | „ |
| 819 | . . . . . . . . . . . . . . . . | . . . . . . | . . . | . . . | . . . | . . . | . . . |
| 820 | Eiserne Tonne von 1,6 m Länge, 1,15 m oberem und 0,35 m unterem Durchmesser.*) | Roth. | 3,5 | . . . | . . . | 1 | 1867 |
| | Hölzerne Treibbake, 4 m lang und 0,4 m stark, mit 2 m langem Stiel.*) | Korb aus Weidengeflecht am Stiel. | „ | . . . | . . . | 0,25 | „ |
| 821 | Eiserne Tonne, wie unter Nr. 820. | Roth und weiss gestreift. Boden weiss mit rother Einfassung. | 4,6 | . . . | . . . | 1 | 1866 |
| | Hölzerne Treibbake, wie unter Nr. 820. | Mit einem Lederlappen am Stiel. | „ | . . . | . . . | 0,25 | „ |
| 822 | Eiserne Tonne, wie unter Nr. 820. | Roth. | 4,6 | . . . | . . . | 1 | 1866 |
| | Hölzerne Treibbake, wie unter Nr. 820. | Korb aus Weidengeflecht am Stiel. | „ | . . . | . . . | 0,25 | „ |
| 823 | Eiserne Tonne, wie unter Nr. 820. | Roth und weiss gestreift. Boden weiss mit rother Einfassung. | 3,0 | . . . | . . . | 1 | 1866 |
| | Hölzerne Treibbake, wie unter Nr. 820. | Mit einem Lederlappen am Stiel. | „ | . . . | . . . | 0,25 | „ |
| 824 | Eiserne Tonne, wie unter Nr. 820. | Roth und weiss gestreift. Boden weiss mit rother Einfassung. | 3,2 | . . . | . . . | 1 | 1866 |
| | Hölzerne Treibbake, wie unter Nr. 820. | Mit einem Lederlappen am Stiel | „ | . . . | . . . | 0,25 | „ |

*) Mit Kette an einem Stein verankert.

| Laufende Nummer. | Namen und Oertlichkeit des Zeichens. 1. | Gattung 2. | Zweck, welchem das Zeichen dient. 3. | Geographische Lage des Zeichens. 4. |
|---|---|---|---|---|
| 825 | **Süderelbe**, an der Südkante des Böhaken-sandes. | Tonne (im Sommer ausliegend). | Bezeichnet die nördliche Seite des Fahrwassers der Süderelbe. | . . . . . . . . . . . |
| | | Treibbake (im Winter ausliegend). | Desgl. | . . . . . . . . . . . |
| 826 | **Süderelbe**, vor der Este-Mündung. | Tonne (im Sommer ausliegend). | Bezeichnet die südliche Seite des Fahrwassers der Süderelbe. | . . . . . . . . . . . |
| | | Treibbake (im Winter ausliegend). | Desgl. | . . . . . . . . . . . |
| 827 | **Este-Mündung**. | 3 Pricken. | Bezeichnen die westliche Seite der Einfahrt in die Este. | . . . . . . . . . . . |
| 828 | **Mühlenloch**, Fahrwasser zwischen der Süder- und der Norderelbe, gegenüber der Este-Mündung. | Tonne (im Sommer ausliegend). | Bezeichnet die Westkante des Nesshaken-Sandes (die östliche Seite des Fahrwassers). | . . . . . . . . . . . |
| | | Treibbake (im Winter ausliegend). | Desgl. | . . . . . . . . . . . |
| 829 | **Mühlenloch**, an der Ostkante des Böhakensandes. | Tonne (im Sommer ausliegend). | Bezeichnet die westliche Seite des Fahrwassers. | . . . . . . . . . . . |
| | | Treibbake (im Winter ausliegend). | Desgl. | . . . . . . . . . . . |
| 830 | **Mühlenloch**, auf der Ostkante des Böhaken-Sandes. | Pricken. | Desgl. | . . . . . . . . . . . |
| 831 | **Mühlenloch**, an der Westkante des Nesshaken-Sandes. | Tonne (im Sommer ausliegend). | Bezeichnet die östliche Seite des Fahrwassers. | . . . . . . . . . . . |
| | | Treibbake (im Winter ausliegend). | Desgl. | . . . . . . . . . . . |
| 832 | **Mühlenloch**, an der Ostkante des Böhaken-Sandes. | Tonne (im Sommer ausliegend). | Bezeichnet die westliche Seite des Fahrwassers. | . . . . . . . . . . . |
| | | Treibbake (im Winter ausliegend). | Desgl. | . . . . . . . . . . . |

| Laufende Nummer. | Allgemeine Beschreibung des Zeichens. | Besondere Erkennungsmerkmale des Zeichens. | Wassertiefe bei Niedrigwasser am Orte des Zeichens in Metern. | Höhe der Spitze des Zeichens über Wasser in Metern. | Höhe der Spitze des Zeichens über dem Erdboden in Metern. | Sichtweite des Zeichens in Seemeilen. | Das Zeichen ist erstmalig ausgelegt bezw. errichtet: |
|---|---|---|---|---|---|---|---|
| | 5. | 6. | 7. | 8a. | 8b. | 9. | 10. |
| 825 | Eiserne Tonne von 1,6 m Länge, 1,15 m oberem und 0,35 m unterem Durchmesser.*) | Roth und weiss gestreift. | 3,7 | . . . | . . . | 1 | . . . |
| | Hölzerne Treibbake, 4 m lang und 0,4 m stark, mit 2 m langem Stiel..*) | Schwarz, mit einem Lederlappen am Stiel. | „ | . . . | . . . | 0,25 | . . . |
| 826 | Eiserne Tonne, wie unter Nr. 825. | Roth, mit dem Namen „Este“ in weissen Buchstaben. | 3,0 | . . . | . . . | 1 | 1866 |
| | Hölzerne Treibbake, wie unter Nr. 825. | Korb aus Weidengeflecht am Stiel. | „ | . . . | . . . | 0,25 | „ |
| 827 | . . . . . . . . . . . . . . . . | . . . . . . | . . . | . . . | . . . | . . . | . . . |
| 828 | Eiserne Tonne, wie unter Nr. 825. | Roth. | 3,0 | . . . | . . . | 1 | 1866 |
| | Hölzerne Treibbake, wie unter Nr. 825. | Korb aus Weidengeflecht am Stiel. | „ | . . . | . . . | 0,25 | „ |
| 829 | Eiserne Tonne, wie unter Nr. 825. | Weiss und roth gestreift. Boden weiss mit rother Einfassung. | 3,5 | . . . | . . . | 1 | 1866 |
| | Hölzerne Treibbake, wie unter Nr. 825. | Mit einem Lederlappen am Stiel. | „ | . . . | . . . | 0,25 | „ |
| 830 | 6,0 cm starke Holzstange, in den Grund gesteckt. | Korb aus Weidengeflecht an der Spitze der Stange. | . . . | 2,5 | 3,5 | 0,25 | 1866 |
| 831 | Eiserne Tonne von 1,6 m Länge und 1,15 m oberem Durchmesser.*) | Roth. | 3,5 | . . . | . . . | 1 | . . . |
| | Hölzerne Treibbake, 4 m lang und 0,4 m stark, mit 2 m langem Stiel.*) | Schwarz, mit einem Korb aus Weidengeflecht am Stiel. | „ | . . . | . . . | 0,25 | . . . |
| 832 | Eiserne Tonne, wie unter Nr. 831. | Weiss und roth gestreift. Boden weiss mit rother Einfassung. | 3,5 | . . . | . . . | 1 | . . . |
| | Hölzerne Treibbake, wie unter Nr. 831. | Schwarz, mit einem Lederlappen am Stiel. | „ | . . . | . . . | 0,25 | . . . |

*) Mit Kette an einem Stein verankert.

| Laufende Nummer. | Namen und Oertlichkeit des Zeichens. 1. | Gattung 2. | Zweck, welchem das Zeichen dient. 3. | Geographische Lage des Zeichens. 4. |
|---|---|---|---|---|
| 833 | **Mühlenloch**, an der Nordostspitze des Böhakensandes. | Tonne (im Sommer ausliegend). | Bezeichnet die westliche Seite des Fahrwassers beim Ausfluss desselben in die Norderelbe. | . . . . . . . . . . . |
| | | Treibbake (im Winter ausliegend). | Desgl. | . . . . . . . . . . . |
| 834 | **Mühlenloch**, an der Westspitze des Nessfall-Sandes. | Tonne (im Sommer ausliegend). | Bezeichnet die östliche Seite des Fahrwassers beim Ausfluss desselben in die Norderelbe. | . . . . . . . . . . . |
| | | Treibbake (im Winter ausliegend). | Desgl. | . . . . . . . . . . . |
| 835 | **Weser-Mündung.** | Tonne. (Schlüsseltonne.) | Bezeichnet die Ansegelung der Weser. Da diese Tonne durch Zusammenstoss mit Schiffen und im Winter durch Eisgang wiederholt losgerissen und fortgetrieben wurde, so ist etwas westlich von derselben die unter Nr. 836 aufgeführte eiserne Bojespiere ausgelegt, damit Schiffsführer wenigstens eins beider Zeichen stets vorfinden. | 53° 52′ 7″ N.Br. 7° 54′ 49″ O.Lg. N 22° 38′ O 4,705 Seemeilen von Wangeroog-Leuchtthurm. Liegt in einer Linie mit Wangeroog-Bake (Kaapbake, Nr. 1001) und Wangeroog-Leuchtthurm. |
| 836 | " | Bojespiere. (Schlüsselspiere.) | Bezeichnet die Ansegelung der Weser. | 53° 52′ 7″ N.Br. 7° 54′ 46″ O.Lg. N 22° 19′ O 4,703 Seemeilen von Wangeroog-Leuchtthurm. |

Anm. zu Nr. 836 bis 868. — Jede der unter diesen Nummern aufgeführten Tonnen und Bojespieren ist mit einer Kette an einem Stein verankert. Nach der grösseren oder geringeren Wassertiefe, der Grösse der Tonnen sowie der Stärke des Stromes variirt die Länge der Ketten zwischen 25,5 und 33 m, das Gewicht der Steine zwischen 1400 und 1800 kg.

| Laufende Nummer. | Allgemeine Beschreibung des Zeichens. | Besondere Erkennungsmerkmale des Zeichens. | Wassertiefe bei Niedrigwasser am Orte des Zeichens in Metern. | Höhe der Spitze des Zeichens über dem Wasser in Metern. | Höhe der Spitze des Zeichens über dem Erdboden in Metern. | Sichtweite des Zeichens in Seemeilen. | Das Zeichen ist erstmalig ausgelegt bezw. errichtet: |
|---|---|---|---|---|---|---|---|
| | 5. | 6. | 7. | 8a. | 8b. | 9. | 10. |
| 833 | Eiserne Tonne von 1,6 m Länge, 1,15 m oberem und 0,35 m unterem Durchmesser.*) | Weiss und roth gestreift. Auf dem roth und weissen Boden der Name „Este" mit rothen Buchstaben in weissem Felde. | 3,5 | . . . | . . . | 1 | 1866 |
| | Hölzerne Treibbake, 4 m lang und 0,4 m stark, mit 2 m langem Stiel.*) | Mit einem Lederlappen am Stiel. | „ | . . . | . . . | 0,25 | „ |
| 834 | Eiserne Tonne, wie unter Nr. 833. | Roth, mit dem Namen „Este" in weissen Buchstaben. | 2,6 | . . . | . . . | 1 | 1866 |
| | Hölzerne Treibbake, wie unter Nr. 833. | Korb aus Weidengeflecht am Stiel. | „ | . . . | . . . | 0,25 | „ |
| 835 | Stumpfe Tonne (3,8 m lang und 2 m im Durchmesser) aus 6 cm starkem Eichenholz. Die Tonne hat 2 wasserdichte Abtheilungen und erhält durch eine 2 m hohe eiserne Spitze die Form einer 5,8 m hohen spitzen Tonne. Verankert mit zwei 33 und 36,5 m langen Ketten an zwei 1250 und 1750 Kgr. schweren Steinen. | Schwarz, mit zwei weissen, 0,35 m hohen Schlüsselzeichen an den Seiten. Auf der Spitze ein Ballon von 0,9 u. 1,4 m Durchmesser, darüber ein 0,87 m hoher, vergoldeter Schlüssel. | 15,8 | 4,4 | . . . | 3,5 | 1664 |
| 836 | Bojespiere I. Klasse (13,2 m lang und 0,85 m im Durchmesser) aus 0,6 cm starkem Eisenblech; mit 4 wasserdichten Abtheilungen. | Schwarz, mit dem Namen „Bremen" in weissen lateinischen Buchstaben. Trägt auf einer 1,5 m langen Stange einen 0,55 m hohen Ballon und darüber einen 0,35 m hohen, gelb angestrichenen Schlüssel. | 15,8 | 6,6 | . . . | 3 | 1873 |

*) Mit Kette an einem Stein verankert.

| Laufende Nummer. | Namen und Oertlichkeit des Zeichens. 1. | Gattung 2. | Zweck, welchem das Zeichen dient. 3. | Geographische Lage des Zeichens. 4. |
|---|---|---|---|---|
| 837 | **Neue Weser**, neues Fahrwasser der Weser von der Mündung derselben bis zum Weser-Feuerschiff „Bremen“. | Bojespiere. (Birnspiere.) | Bezeichnet die südliche Seite des Fahrwassers. | N 43° 14′ O 4,66 Seemeilen von Wangeroog-Leuchtthurm u. N 6° 2′ W 5,43 Seemeilen von Minsener Olde-Oog-Bake (Nr. 1002). |
| 838 | „ | Tonne. | Desgl. | N 59° 40′ O 5,09 Seemeilen von Wangeroog-Leuchtthurm u. N 23° 3′ O 8,81 Seemeilen von der Kirche zu Minsen. |
| 839 | „ | Bojespiere. (Kreuzspiere.) | Desgl. | N 69° 31′ O 5,71 Seemeilen von Wangeroog-Leuchtthurm u. N 30° 20′ O 8,72 Seemeilen von der Kirche zu Minsen. |
| 840 | „ | Tonne. | Desgl. | N 79° 10′ O 6,536 Seemeilen von Wangeroog-Leuchtthurm u. N 39° O 8,71 Seemeilen von der Kirche zu Minsen. |
| 841 | „ | Bojespiere. | Bezeichnet die südliche bezw. westliche Seite des Fahrwassers. | N 87° 33′ O 7,26 Seemeilen von Wangeroog-Leuchtthurm u. N 47° 12′ O 8,61 Seemeilen von der Kirche zu Minsen. |

| Laufende Nummer. | Allgemeine Beschreibung des Zeichens. | Besondere Erkennungsmerkmale des Zeichens. | Wassertiefe bei Niedrigwasser am Orte des Zeichens in Metern. | Höhe der Spitze des Zeichens über dem Wasser in Metern. | Höhe der Spitze des Zeichens über dem Erdboden in Metern. | Sichtweite des Zeichens in Seemeilen. | Das Zeichen ist erstmalig ausgelegt bezw. errichtet: |
|---|---|---|---|---|---|---|---|
| | 5. | 6. | 7. | 8a. | 8b. | 9. | 10. |
| 837 | Bojespiere I. Klasse (13,2 m lang und 0,85 m im Durchmesser) aus 0,6 cm starkem Eisenblech; mit 4 wasserdichten Abtheilungen. | Schwarz, mit dem Namen „Bremen" in weissen lateinischen Buchstaben. Trägt auf einer 1,5 m langen Stange ein 0,45 m hohes vergoldetes Birnzeichen. | 18,0 | 6,6 | . . . | 3 | 1854 verändert 1872. |
| 838 | Bojetonne I. Klasse (4,05 m lang und 1,35 m im Durchmesser) aus 6 cm starkem Eichenholz; mit 2 wasserdichten Abtheilungen. | Roth, mit 2 weissen „B". Trägt auf einer 1 m langen Stange einen 0,55 m hohen Ballon. | 13,7 | 2,6 | . . . | 2 | 1854 |
| 839 | Bojespiere, wie unter Nr. 837. | Schwarz, mit dem Namen „Bremen" in weissen lateinischen Buchstaben. Trägt auf einer 0,5 m langen Stange ein 1 m hohes vergoldetes Kreuz. | 14,6 | 6,6 | . . . | 3 | 1854 verändert 1872. |
| 840 | Bojetonne, wie unter Nr. 838. | Roth, mit 2 weissen „D". Trägt auf einer 1 m langen Stange einen 0,55 m hohen Ballon. | 14 | 2,6 | . . . | 2 | 1854 |
| 841 | Bojespiere, wie unter Nr. 837. | Schwarz, mit dem Namen „Bremen" in weissen lateinischen Buchstaben. Trägt auf einer 1 m langen Stange einen 0,55 m hohen Ballon. | 12,8 | 6,6 | . . . | 3 | 1868 verändert 1877. |

| Laufende Nummer. | Namen und Oertlichkeit des Zeichens. 1. | Gattung 2. | Zweck, welchem das Zeichen dient. 3. | Geographische Lage des Zeichens. 4. |
|---|---|---|---|---|
| 842 | **Neue Weser**, neues Fahrwasser der Weser von der Mündung derselben bis zum Weser-Feuerschiff „Bremen". | Tonne. | Bezeichnet die südliche bezw. westliche Seite des Fahrwassers. | N 87° 51′ O 7,27 Seemeilen von Wangeroog-Leuchtthurm u. N 21° 48′ W 8,74 Seemeilen von Hohe-Weg-Leuchtthurm. |
| 843 | „ | Tonne. | Bezeichnet die westliche Seite des Fahrwassers. | S 84° 17′ O 7,72 Seemeilen von Wangeroog-Leuchtthurm u. N 21° 51′ W 7,64 Seemeilen von Hohe-Weg-Leuchtthurm. |
| 844 | „ | Tonne. | Bezeichnet die nördliche bezw. östliche Seite des Fahrwassers. | N 57° 59,5′ O 5,94 Seemeilen von Wangeroog-Leuchtthurm u. N 25° 14,5′ O 9,60 Seemeilen von der Kirche zu Minsen. |
| 845 | „ | Tonne. | Bezeichnet die östliche Seite des Fahrwassers | N 71° 34′ O 6,65 Seemeilen von Wangeroog-Leuchtthurm u. N 35° 6′ O 9,34 Seemeilen von der Kirche zu Minsen. |
| 846 | „ | Tonne. | Desgl. | N 81° 45′ O 7,23 Seemeilen von Wangeroog-Leuchtthurm u. N 43° 24′ O 9,05 Seemeilen von der Kirche zu Minsen. |
| 847 | „ | Tonne. | Desgl. | N 88° 16′ O 7,64 Seemeilen von Wangeroog-Leuchtthurm u. N 18° 41′ W 8,54 Seemeilen von Hohe-Weg-Leuchtthurm. |

| Laufende Nummer. | Allgemeine Beschreibung des Zeichens. | Besondere Erkennungsmerkmale des Zeichens. | Wassertiefe bei Niedrigwasser am Orte des Zeichens in Metern. | Höhe der Spitze des Zeichens über dem Wasser in Metern. | Höhe der Spitze des Zeichens über dem Erdboden in Metern. | Sichtweite des Zeichens in Seemeilen. | Das Zeichen ist erstmalig ausgelegt bezw. errichtet: |
|---|---|---|---|---|---|---|---|
| | 5. | 6. | 7. | 8a. | 8b. | 9. | 10. |
| 842 | Bojetonne I. Klasse (4,05 m lang und 1,35 m im Durchmesser) aus 6,0 cm starkem Eichenholz; mit 2 wasserdichten Abtheilungen. | Roth, mit 2 weissen „E". Trägt auf einer 1 m langen Stange einen 0,55 m hohen Ballon. | 13,7 | 2,6 | . . . | 2 | 1854 |
| 843 | Bojetonne, wie unter Nr. 842. | Roth, mit zwei weissen „F". Trägt auf einer 1,5 m langen Stange ein Doppelfähnchen. | 11,3 | 2,6 | . . . | 2 | 1857 |
| 844 | Stumpfe Tonne I. Klasse (3,76 m lang u. 1,3 m im Durchmesser) aus 6,0 cm starkem Eichenholz; mit 2 wasserdichten Abtheilungen. | Weiss, mit zwei schwarzen „1". Am oberen Rande ein 15 cm breiter rother Streifen. | 11 | 2,15 | . . . | 2 | 1854 |
| 845 | Stumpfe Tonne, wie unter Nr. 844. | Weiss, mit zwei schwarzen „2". Am oberen Rande ein 15 cm breiter rother Streifen. Trägt ein 1 m hohes weisses Fähnchen. | 11 | 2,15 | . . . | 2 | 1854 |
| 846 | Stumpfe Tonne II. Klasse (3,18 m lang und 1,2 m im Durchmesser) aus 6,0 cm starkem Eichenholz; mit 2 wasserdichten Abtheilungen. | Weiss, mit zwei schwarzen „3". Am oberen Rande ein 15 cm breiter rother Streifen. | 9,5 | 1,85 | . . . | 1,7 | 1854 |
| 847 | Stumpfe Tonne, wie unter Nr. 846. | Weiss, mit zwei schwarzen „4". Am oberen Rande ein 15 cm breiter rother Streifen. | 10,6 | 1,85 | . . . | 1,7 | 1854 |

| Laufende Nummer. | Namen und Oertlichkeit des Zeichens. 1. | Gattung 2. | Zweck, welchem das Zeichen dient. 3. | Geographische Lage des Zeichens. 4. |
|---|---|---|---|---|
| 848 | **Alte Weser,** altes Fahrwasser der Weser von der Mündung derselben bis zum Weser-Feuerschiff „Bremen". | Tonne. | Bezeichnet die südliche Seite des Fahrwassers. | N 42° 5' O 5,93 Seemeilen von Wangeroog-Leuchtthurm u. N 16° 58' O 10,39 Seemeilen von der Kirche zu Minsen. |
| 849 | „ | Tonne. | Desgl. | N 57° 39' O 7,19 Seemeilen von Wangeroog-Leuchtthurm u. N 21° 44' O 6,36 Seemeilen von Minsener Olde-Oog-Bake (Nr. 1002). |
| 850 | „ | Tonne. | Bezeichnet die südliche bezw. westliche Seite des Fahrwassers. | N 65° 30' O 8,44 Seemeilen von Wangeroog-Leuchtthurm u. N 35° 27' O 6,83 Seemeilen von Minsener Olde-Oog-Bake (Nr. 1002). |
| 851 | „ | Tonne.*) | Bezeichnet die westliche Seite des Fahrwassers. | N 75° 12' O 9,42 Seemeilen von Wangeroog-Leuchtthurm u. N 50° 19' O 7,0 Seemeilen von Minsener Olde-Oog-Bake (Nr. 1002). |
| 852 | „ | Tonne. | Desgl. | N 75° 48' O 9,28 Seemeilen von Wangeroog-Leuchtthurm u. N 50° 33' O 6,83 Seemeilen von Minsener Olde-Oog-Bake (Nr. 1002). |
| 853 | „ | Tonne. | Desgl. | N 83° 26' O 8,48 Seemeilen von Wangeroog-Leuchtthurm u. N 48° 59' O 9,91 Seemeilen von der Kirche zu Minsen. |
| 854 | „ | Tonne. | Desgl. | N 17° 4' W 7,77 Seemeilen von Hohe-Weg-Leuchtthurm und N 54° 50' O 8,9 Seemeilen von der Kirche zu Minsen. |
| 855 | „ | Tonne. (Bunte Tonne.) | Bezeichnet die Nordspitze der Tegeler Plate (die östliche Seite des Fahrwassers). | N 82° 13' O 8,94 Seemeilen von Wangeroog-Leuchtthurm und N 49° 34' O 10,40 Seemeilen von der Kirche zu Minsen. |

*) Westwärts von den Tonnen unter Nr. 851 und 852 erhebt sich der die Fahrrinne begrenzende „Rothe Sand" sehr steil und nimmt die Wassertiefe von 10,9 m auf 7 und 3,6 m ab. Es sind deshalb an dieser Stelle zwei Seezeichen ausgelegt, damit tiefgehende Schiffe nicht die Linie der Tonnen überschreiten.

| Laufende Nummer. | Allgemeine Beschreibung des Zeichens. | Besondere Erkennungsmerkmale des Zeichens. | Wassertiefe bei Niedrigwasser am Orte des Zeichens in Metern. | Höhe der Spitze des Zeichens über dem Wasser in Metern. | Höhe der Spitze des Zeichens über dem Erdboden in Metern. | Sichtweite des Zeichens in Seemeilen. | Das Zeichen ist erstmalig ausgelegt bezw. errichtet: |
|---|---|---|---|---|---|---|---|
| | 5. | 6. | 7. | 8a. | 8b. | 9. | 10. |
| 848 | Stumpfe Tonne I. Klasse (3,76 m lang und 1,3 m im Durchmesser) aus 6,0 cm starkem Eichenholz; mit zwei wasserdichten Abtheilungen. | Schwarz, mit zwei weissen „A". | 10 | 2,3 | . . . | 2,2 | . . . |
| 849 | Stumpfe Tonne, wie unter Nr. 848. | Schwarz, mit zwei weissen „B". | 14,6 | 2,15 | . . . | 2 | . . . |
| 850 | Stumpfe Tonne, wie unter Nr. 848. | Schwarz, mit zwei weissen „C". Trägt ein 1 m hohes schwarzes Fähnchen. | 12,2 | 2,15 | . . . | 2 | . . . |
| 851 | Stumpfe Tonne, wie unter Nr. 848. | Schwarz, mit zwei weissen „D". | 13 | 2,15 | . . . | 2 | . . . |
| 852 | Stumpfe Tonne II. Klasse (3,18 m lang und 1,2 m im Durchmesser) aus 6,0 cm starkem Eichenholz; mit zwei wasserdichten Abtheilungen. | Schwarz, mit zwei weissen „D". | 10,9 | 1,85 | . . . | 1,7 | . . . |
| 853 | Stumpfe Tonne, wie unter Nr. 848. | Schwarz, mit zwei weissen „E". | 12,8 | 2,15 | . . . | 2 | . . . |
| 854 | Stumpfe Tonne, wie unter Nr. 848. | Schwarz, mit zwei weissen „F". Trägt ein 1 m hohes schwarzes Fähnchen. | 12,8 | 2,15 | . . . | 2 | . . . |
| 855 | Stumpfe Tonne, wie unter Nr. 848. | Der Länge nach in vier Felder getheilt, abwechselnd weiss und roth, mit dem Namen „Bremen" in schwarzen lateinischen Buchstaben. | 10,5 | 2,15 | . . . | 1,7 | . . . |

| Laufende Nummer. | Namen und Oertlichkeit des Zeichens. 1. | Gattung des Zeichens. 2. | Zweck, welchem das Zeichen dient. 3. | Geographische Lage des Zeichens. 4. |
|---|---|---|---|---|
| 856 | **Alte Weser,** altes Fahrwasser der Weser von der Mündung derselben bis zum Weser-Feuerschiff „Bremen". | Tonne. | Bezeichnet die östliche Seite des Fahrwassers. | N 12° 31′ W 8,08 Seemeilen von Hohe-Weg-Leuchtthurm und S 86° 57′ O 10,4 Seemeilen von dem Kirchthurm zu Wangeroog. |
| 857 | „ | Tonne. | Desgl. | N 13° 7′ W 6,65 Seemeilen von Hohe-Weg-Leuchtthurm und S 79° 33′ O 10,8 Seemeilen von dem Kirchthurm zu Wangeroog. |
| 858 | Fahrwasser der Weser von **Weser-Feuerschiff „Bremen"** bis zum **Hohe-Weg-Leuchtthurm.** | Bojespiere. | Bezeichnet die westliche Seite des Fahrwassers. | N 22° 23′ W 6,24 Seemeilen von Hohe-Weg-Leuchtthurm und N 64° 28′ O 7,94 Seemeilen von der Kirche zu Minsen. |
| 859 | „ | Tonne. | Desgl. | N 23° 18′ W 4,97 Seemeilen von Hohe-Weg-Leuchtthurm und N 73° 24′ O 7,92 Seemeilen von der Kirche zu Minsen. |
| 860 | „ | Bojespiere. | Desgl. | N 21° 29′ W 3,75 Seemeilen von Hohe-Weg-Leuchtthurm und N 81° 5′ O 8,1 Seemeilen von der Kirche zu Minsen. |
| 861 | „ | Tonne. | Desgl. | N 18° 28′ W 2,86 Seemeilen von Hohe-Weg-Leuchtthurm und N 87° 38′ O 8,60 Seemeilen von der Kirche zu Minsen. |

| Laufende Nummer. | Allgemeine Beschreibung des Zeichens. | Besondere Erkennungsmerkmale des Zeichens. | Wassertiefe bei Niedrigwasser am Orte des Zeichens in Metern. | Höhe der Spitze des Zeichens über dem Wasser in Metern. | Höhe der Spitze des Zeichens über dem Erdboden in Metern. | Sichtweite des Zeichens in Seemeilen. | Das Zeichen ist erstmalig ausgelegt bezw. errichtet: |
|---|---|---|---|---|---|---|---|
| | 5. | 6. | 7. | 8a. | 8b. | 9. | 10. |
| 856 | **Stumpfe Tonne I. Klasse (3,76 m lang und 1,3 m im Durchmesser) aus 6,0 cm starkem Eichenholz; mit zwei wasserdichten Abtheilungen.** | Weiss, mit zwei schwarzen „2". **Am oberen Rande ein 15 cm breiter rother Streifen.** | 11 | 2,15 | . . . | 2 | . . . |
| 857 | **Stumpfe Tonne II. Klasse (3,18 m lang und 1,2 m im Durchmesser) aus 6,0 cm starkem Eichenholz; mit zwei wasserdichten Abtheilungen.** | Weiss, mit zwei schwarzen „3". **Am oberen Rande ein 15 cm breiter rother Streifen.** | 11 | 1,85 | . . . | 1,7 | . . . |
| 858 | **Bojespiere I. Klasse (13,2 m lang und 0,85 m im Durchmesser) aus 0,6 cm starkem Eisenblech; mit vier wasserdichten Abtheilungen.** | **Schwarz, mit dem Namen „Bremen" in weissen lateinischen Buchstaben. Trägt auf einer 5 m langen Stange ein 0,7 m hohes „G".** | 12,2 | 6,6 | . . . | 3 | . . . |
| 859 | **Stumpfe Tonne, wie unter Nr. 857.** | **Schwarz, mit zwei weissen „H".** | 12,8 | 1,85 | . . . | 1,7 | . . . |
| 860 | **Bojespiere, wie unter Nr. 858.** | **Schwarz, mit dem Namen „Bremen" in weissen lateinischen Buchstaben. Trägt auf einer 1,5 m langen Stange ein 0,63 m hohes vergoldetes „J".** | 13,7 | 6,6 | . . . | 3 | . . . |
| 861 | **Stumpfe Tonne, wie unter Nr. 857.** | **Schwarz, mit zwei weissen „K".** | 14,6 | 1,85 | . . . | 1,7 | . . . |

| Laufende Nummer. | Namen und Oertlichkeit des Zeichens. 1. | Gattung 2. | Zweck, welchem das Zeichen dient. 3. | Geographische Lage des Zeichens. 4. |
|---|---|---|---|---|
| 862 | Fahrwasser der Weser von **Weser-Feuerschiff „Bremen"** bis zum **Hohe-Weg-Leuchtthurm.** | Bojespiere. | Bezeichnet die westliche Seite des Fahrwassers. | N 14° 18′ W 1,65 Seemeilen von Hohe-Weg-Leuchtthurm und S 85° 12′ O 9,25 Seemeilen von der Kirche zu Minsen. |
| 863 | " | Tonne. | Desgl. | N 2° 3′ W 0,68 Seemeilen von Hohe-Weg-Leuchtthurm. |
| 864 | " | Tonne. | Bezeichnet die östliche Seite des Fahrwassers. | N 12° 43′ W 5,37 Seemeilen von Hohe-Weg-Leuchtthurm u. S 73° 48′ O 11,31 Seemeilen von dem Kirchthurm zu Wangeroog. |
| 865 | " | Tonne. | Desgl. | N 9° 4′ W 4 Seemeilen von Hohe-Weg-Leuchtthurm und S 68° 25′ O 12,33 Seemeilen von dem Kirchthurm zu Wangeroog. |
| 866 | " | Tonne. | Desgl. | N 3° 18′ W 2,89 Seemeilen von Hohe-Weg-Leuchtthurm u. S 65° 50′ O 7,10 Seemeilen von Minsener Olde-Oog-Bake (Nr. 1002). |
| 867 | " | Tonne. | Desgl. | N 8° 38′ O 1,95 Seemeilen von Hohe-Weg-Leuchtthurm u. N 0° 39′ W 8,86 Seemeilen von der Kirche zu Langwarden. |
| 868 | " | Tonne. | Desgl. | N 45° 43′ O 1,44 Seemeilen von Hohe-Weg-Leuchtthurm u. N 4° 24′ W 7,97 Seemeilen von der Kirche zu Langwarden. |

| Laufende Nummer. | Allgemeine Beschreibung des Zeichens. | Besondere Erkennungsmerkmale des Zeichens. | Wassertiefe bei Niedrigwasser am Orte des Zeichens in Metern. | Höhe der Spitze des Zeichens über dem Wasser in Metern. | Höhe der Spitze des Zeichens über dem Erdboden in Metern. | Sichtweite des Zeichens in Seemeilen. | Das Zeichen ist erstmalig ausgelegt bezw. errichtet: |
|---|---|---|---|---|---|---|---|
| | 5. | 6. | 7. | 8a. | 8b. | 9. | 10. |
| 862 | Bojespiere I. Klasse (13,2 m lang und 0,85 m im Durchmesser) aus 0,6 cm starkem Eisenblech; mit vier wasserdichten Abtheilungen. | Schwarz, mit dem Namen „Bremen" in weissen lateinischen Buchstaben. Trägt auf einer 1,5 m langen Stange ein 0,7 m hohes schwarzes „L". | 15,0 | 6,6 | . . . | 3 | . . . |
| 863 | Stumpfe Tonne II. Klasse (3,18 m lang und 1,2 m im Durchmesser) aus 6,0 cm starkem Eichenholz; mit zwei wasserdichten Abtheilungen. | Schwarz, mit zwei weissen „M". | 11,8 | 1,85 | . . . | 1,7 | . . . |
| 864 | Stumpfe Tonne I. Klasse (3,76 m lang und 1,3 m im Durchmesser) aus 6,0 cm starkem Eichenholz; mit zwei wasserdichten Abtheilungen. | Weiss, mit zwei schwarzen „4". Am oberen Rande ein 15 cm breiter rother Streifen. | 13,7 | 2,15 | . . . | 2 | . . . |
| 865 | Stumpfe Tonne, wie unter Nr. 864. | Weiss, mit zwei schwarzen „5". Am oberen Rande ein 15 cm breiter rother Streifen. Trägt ein 1 m hohes weisses Fähnchen. | 11,3 | 2,15 | . . . | 2 | . . . |
| 866 | Stumpfe Tonne, wie unter Nr. 863. | Weiss, mit zwei schwarzen „6". Am oberen Rande ein 15 cm breiter rother Streifen. | 11 | 1,85 | . . . | 1,7 | . . . |
| 867 | Stumpfe Tonne, wie unter Nr. 863. | Weiss, mit zwei schwarzen „7". Am oberen Rande ein 15 cm breiter rother Streifen. | 10,9 | 1,85 | . . . | 1,7 | . . . |
| 868 | Stumpfe Tonne, wie unter Nr. 863. | Weiss, mit zwei schwarzen „8". Am oberen Rande ein 15 cm breiter rother Streifen. | 9,1 | 1,85 | . . . | 1,7 | . . . |

| Laufende Nummer. | Namen und Oertlichkeit des Zeichens. 1. | Gattung des Zeichens. 2. | Zweck, welchem das Zeichen dient. 3. | Geographische Lage des Zeichens. 4. |
|---|---|---|---|---|
| 869 | **Eversand.** | Bake. (Nord- oder Stundenglasbake.) | Bezeichnet in Linie (Deckpeilung) mit der Westbake (Nr. 871) die Richtung der Einfahrt in das Dwarsgat. | 53° 44′ 9′ N.Br. 8° 21′ 28″ O.Lg. |
| 870 | „ | Bake. (Süd-oder Becherbake.) | Bezeichnet in Linie (Deckpeilung) mit der Nordbake (Nr. 869) die Lage der schwarzen Tonne „WC“ und der weissen Tonne „W2“ (Nr. 876 und 883). In Linie (Deckpeilung) mit der Westbake (Nr. 871) bezeichnet die Bake die Lage der Tonne „E“ (Nr. 879), sowie den Anfang des Wurster Fahrwassers, d. i. den Punkt, wo der im Dwarsgat gesteuerte Kurs geändert und für das Wurster Fahrwasser genommen werden muss. | 53° 44′ 4″ N.Br. 8° 21′ 27″ O.Lg. |
| 871 | „ | Bake. (West- oder Mühlenbake.) | Bezeichnet in Linie (Deckpeilung) mit der Nordbake (Nr. 869) die Lage der Doppelkreuztonne (Nr. 881) und der rothen Spiere (Nr. 873) sowie die Einfahrt in das Dwarsgat. Siehe auch Spalte 3 unter Nr. 870. | 53° 44′ 9″ N.Br. 8° 21′ 25″ O.Lg. |
| 872 | **Meyers Leegde.** | Bake. (Jungfernbake.) | Bezeichnet in der Peilung SO z O 1/2 O die Mitte des Fahrwassers im Dwarsgat, in der Peilung S 1/2 O die Einfahrt in das Wurster Fahrwasser. | 53° 42′ 56″ N.Br. 8° 24′ 29″ O.Lg. |
| 873 | **Dwarsgat***), Fahrwasser der Weser von Hohe-Weg-Leuchtthurm bis zum Anfange des Wurster Fahrwassers (Eversand- Süd- und Westbake in N z W 3/4 W per Komp. und Meyers Leegde-Bake in SO z O 1/2 O per Komp. | Bojespiere. | Bezeichnet die Trennung des Dwarsgats von dem Fedderwarder Fahrwasser (die West- bezw. Südseite des Dwarsgats). | S 87° 46′ O 1,72 Seemeilen von Hohe-Weg-Leuchtthurm und N 10° 44′ O 6,96 Seemeilen von der Kirche zu Langwarden. West- und Nordbake auf Eversand in O 1/2 N per Komp. (in Deckpeilung). |

*) Wenn einkommende Schiffe soweit heraufgekommen sind, dass der Hohe-Weg-Leuchtthurm SW gepeilt und die Mündung des Dwarsgats offen wird, so müssen sie so lange SO z O 1/2 O auf die Jungfernbake zusteuern, bis die Süd- und West- (Becher- und Mühlen-) Baken auf dem Eversande in Linie N z W 3/4 W gepeilt werden, dann aber ihren Kurs für das Wurster Fahrwasser missw. S z O 1/2 O nehmen.

Anm. zu Nr. 873 bis 895. — Jede der unter diesen Nummern aufgeführten Tonnen und Bojespieren ist mit einer Kette an einem Stein verankert. Nach der grösseren oder geringeren

| Laufende Nummer. | Allgemeine Beschreibung des Zeichens. | Besondere Erkennungs-merkmale des Zeichens. | Wasser-tiefe bei Niedrig-wasser am Orte des Zeichens in Metern. | Höhe der Spitze des Zeichens über Hoch-wasser in Metern. | Höhe der Spitze des Zeichens über dem Erdboden in Metern. | Sicht-weite des Zeichens in See-meilen. | Das Zeichen ist erstmalig ausgelegt bezw. errichtet: |
|---|---|---|---|---|---|---|---|
| | 5. | 6. | 7. | 8a. | 8b. | 9 | 10. |
| 869 | Hölzerner Bau aus 18,7 m hohem Makler und vier 12,4 m hohen Strebepfeilern, deren obere Hälfte mit Brettern bekleidet ist. | Schwarz; an der Spitze des Maklers ein Stundenglaszeichen aus Brettern. | . . . | . . . | 18,7 | 5 | 1832 |
| 870 | Wie unter Nr. 869. | Schwarz; an der Spitze des Maklers ein Becherzeichen (geschobenes Dreieck) aus Brettern. | . . . | . . . | 18,7 | 5 | 1832 |
| 871 | Wie unter Nr. 869. | Schwarz; an der Spitze des Maklers vier Mühlenflügel aus Brettern. | . . . | . . . | 18,7 | 5 | 1832 |
| 872 | Auf einem 3 m hohen, von Steinböschung umgebenen Perron, hölzerner Bau aus 22,9 m hohem Makler und vier 15,5 m hohen Strebepfeilern. Durch Bretterbekleidung erhält die Bake die Form einer Jungfrau mit Kopf, Mieder und Rock. | Schwarz. | . . . | . . . | 22,9 | 6 | 1845 versetzt 1874. |
| 873 | Bojespiere II. Klasse (8,7 m lang und 0,9 m im Durchmesser) aus 0,6 cm starkem Eisenblech; mit drei wasserdichten Abtheilungen. | Roth, mit dem Namen „Bremen" in weissen lateinischen Buchstaben. Trägt auf einer 1,5 m langen Stange ein 0,6 m hohes W-Fähnchen. | 7,8 | 4,95 | . . . | 2,5 | . . . |

Wassertiefe, der Grösse der Tonnen sowie der Stärke des Stromes variirt die Länge der Ketten zwischen 18 und 25,5 m, das Gewicht der Steine zwischen 1000 und 1500 kg.

| Laufende Nummer. | Namen und Oertlichkeit des Zeichens. 1. | Gattung des Zeichens. 2. | Zweck, welchem das Zeichen dient. 3. | Geographische Lage des Zeichens. 4. |
|---|---|---|---|---|
| 874 | **Dwarsgat**, Fahrwasser der Weser von Hohe-Weg-Leuchtthurm bis zum Anfange des Wurster-Fahrwassers (Eversand- Süd- und Westbake in N z W 3/4 W per Komp. und Meyers Leegde-Bake in SO z O 1/2 O per Komp.). | Bojespiere. | Bezeichnet die südliche Seite des Fahrwassers. | S 78° 57′ O 2,9 Seemeilen von Hohe-Weg-Leuchtthurm und N 20° 53′ O 6,8 Seemeilen von der Kirche zu Langwarden. |
| 875 | " | Tonne. | Desgl. | S 78° 3′ O 3,57 Seemeilen von Hohe-Weg-Leuchtthurm und N 26° 28′ O 6,89 Seemeilen von der Kirche zu Langwarden. |
| 876 | " | Bojespiere. | Desgl. | S 78° 43′ O 4,16 Seemeilen von Hohe-Weg-Leuchtthurm und N 30° 55′ O 7,11 Seemeilen von der Kirche zu Langwarden. Nord- und Südbake auf Eversand in N z O 1/4 O per Komp. (in Deckpeilung). |
| 877 | " | Tonne. | Desgl. | S 75° 19′ O 4,83 Seemeilen von Hohe-Weg-Leuchtthurm und N 34° 11′ W 6,06 Seemeilen von der Kirche zu Wremen. |
| 878 | " | Tonne. | Bezeichnet das etwa 95 m südlich von der Tonne befindliche Wrack des Dampfers „Ems“ (die südliche Seite des Fahrwassers). | S 75° 15′ O 4,67 Seemeilen von Hohe-Weg-Leuchtthurm und N 35° 9′ W 6,17 Seemeilen von der Kirche zu Wremen. |

| Laufende Nummer. | Allgemeine Beschreibung des Zeichens. | Besondere Erkennungsmerkmale des Zeichens. | Wassertiefe bei Niedrigwasser am Orte des Zeichens in Metern. | Höhe der Spitze des Zeichens über Wasser in Metern. | Höhe der Spitze des Zeichens über dem Erdboden in Metern. | Sichtweite des Zeichens in Seemeilen. | Das Zeichen ist erstmalig ausgelegt bezw. errichtet: |
|---|---|---|---|---|---|---|---|
| | 5. | 6. | 7. | 8a. | 8b. | 9. | 10. |
| 874 | Bojespiere II. Klasse (8,7 m lang und 0,9 m im Durchmesser) aus 0,6 cm starkem Eisenblech; mit drei wasserdichten Abtheilungen. | Schwarz, mit dem Namen „Bremen" in weissen lateinischen Buchstaben. Trägt auf einer 1,5 m langen Stange ein 0,3 m grosses „A". | 9,5 | 4,95 | . . . | 2,5 | 1873 |
| 875 | Für den Sommer: Stumpfe Tonne III. Klasse (2,9 m lang und 1,06 m im Durchmesser) aus 6,0 cm starkem Eichenholz; mit zwei wasserdichten Abtheilungen. Für den Winter: Spitze Tonne I. Klasse (3,18 m lang und 0,95 m im Durchmesser) aus 6,0 cm starkem Eichenholz und ganz mit eisernen Reifen beschlagen. | Schwarz, mit weissem „WB". | 8,4 | 1,5 | . . . | 1,2 | . . . |
| 876 | Wie unter Nr. 874. | Schwarz, mit dem Namen „Bremen" in weissen lateinischen Buchstaben. Trägt auf einer 1,5 m langen Stange ein 0,3 m grosses „C". | 7,6 | 4,95 | . . . | 2,5 | . . . |
| 877 | Wie unter Nr. 875. | Schwarz, mit weissem „WD". | 7,6 | 1,5 | . . . | 1,2 | . . . |
| 878 | Für den Sommer: Stumpfe Tonne III. Klasse (2,9 m lang und 1,06 m im Durchmesser) aus 6,0 cm starkem Eichenholz; mit zwei wasserdichten Abtheilungen. Für den Winter: Hölzerne Spiere von etwa 6 m Länge und 0,28 m Durchmesser. | Grün, mit einem Besen. | 6 | 1,6 | . . . | 1,2 | 1872 |

| Laufende Nummer. | Namen und Oertlichkeit des Zeichens. 1. | Gattung 2. | Zweck, welchem das Zeichen dient. 3. | Geographische Lage des Zeichens. 4. |
|---|---|---|---|---|
| 879 | **Dwarsgat**, Fahrwasser der Weser von Hohe-Weg-Leuchtthurm bis zum Anfang des Wurster-Fahrwassers (Eversand- Süd- und Westbake in N z W $^{3}/_{4}$ W per Komp. u. Meyers Leedge-Bake in SO z O $^{1}/_{2}$ O per Komp.). | Bojespiere. | Bezeichnet die südliche Seite des Fahrwassers. | N 36° 53′ W 4,96 Seemeilen von der Kirche zu Wremen und N 73° 46′ W 4,62 Seemeilen von der Kirche zu Padingbüttel. Süd- und Westbake auf Eversand in N z W $^{3}/_{4}$ W per Komp. (in Deckpeilung). |
| 880 | „ | Tonne. (Adler-Tonne.) | Bezeichnet die östliche bezw. nördliche Seite des Fahrwassers. | N 75° 43′ O 2,16 Seemeilen von Hohe-Weg-Leuchtthurm u. N 41° 31′ W 9,03 Seemeilen von der Kirche zu Wremen. |
| 881 | „ | Tonne. (Doppelkreuz-Tonne.) | Bezeichnet die nördliche Seite des Fahrwassers. | N 88° 54′ O 2,94 Seemeilen von Hohe-Weg-Leuchtthurm u. N 39° 12′ W 8,12 Seemeilen von der Kirche zu Wremen. Nord- und Westbake auf Eversand in O $^{1}/_{4}$ N per Komp. (in Deckpeilung). |
| 882 | „ | Tonne. | Desgl. | S 85° 40′ O 3,54 Seemeilen von Hohe-Weg-Leuchtthurm u. N 37° 15′ W 7,5 Seemeilen von der Kirche zu Wremen. |
| 883 | „ | Tonne. | Desgl. | S 82° 44′ O 4,17 Seemeilen von Hohe-Weg-Leuchtthurm u. N 34° 36′ W 6,93 Seemeilen von der Kirche zu Wremen. |
| 884 | „ | Tonne. | Desgl. | S 75° 29′ O 5,18 Seemeilen von Hohe-Weg-Leuchtthurm u. N 26° 58′ W 6,0 Seemeilen von der Kirche zu Wremen. |

Anm. zu Nr. 882 bis 920. — Statt der früher während der Wintermonate gebräuchlichen weissen Spindel- oder spitzen Tonnen sind stumpfe Tonnen in Gebrauch genommen, deren Böden 0,5 m

| Laufende Nummer. | Allgemeine Beschreibung des Zeichens. | Besondere Erkennungsmerkmale des Zeichens. | Wassertiefe bei Niedrigwasser am Orte des Zeichens in Metern. | Höhe der Spitze des Zeichens über Wasser in Metern. | Höhe der Spitze des Zeichens über dem Erdboden in Metern. | Sichtweite des Zeichens in Seemeilen. | Das Zeichen ist erstmalig ausgelegt bezw. errichtet: |
|---|---|---|---|---|---|---|---|
| | 5. | 6. | 7. | 8a. | 8b. | 9. | 10. |
| 879 | Bojespiere II. Klasse (8,7 m lang und 0,9 m im Durchmesser) aus 0,6 cm starkem Eisenblech; mit drei wasserdichten Abtheilungen. | Schwarz, mit dem Namen „Bremen“ in weissen lateinischen Buchstaben. Trägt auf einer 1,5 m langen Stange ein 0,3 m grosses „E“. | 6,4 | 4,95 | . . . | 2,5 | . . . |
| 880 | Spitze Tonne aus 6,0 cm starkem Eichenholz; mit zwei wasserdichten Abtheilungen. Im Sommer von 3,47 m Länge und 1,2 m Durchmesser, im Winter von 3,18 m Länge und 1,06 m Durchmesser. | Weiss, mit zwei schwarzen Doppeladlern gemarkt. Trägt auf einer 1,5 m langen Stange einen 0,45 m grossen vergoldeten Doppeladler. | 7,6 | 2 bezw. 1,85. | . . . | 1,8 bezw. 1,6. | . . . |
| 881 | Spitze Tonne, wie unter Nr. 880. | Weiss, mit zwei schwarzen Doppelkreuzen gemarkt. Trägt auf einer 0,5 m langen Stange ein 1 m hohes vergoldetes Doppelkreuz. | 7 | 2 bezw. 1,85. | . . . | 1,8 bezw. 1,6. | . . . |
| 882 | Stumpfe Tonne aus 6,0 cm starkem Eichenholz; mit zwei wasserdichten Abtheilungen. Im Sommer von 2,9 m Länge und 1,06 m Durchmesser, im Winter von 3,18 m Länge und 0,95 m Durchmesser. | Weiss, mit schwarzem „W 1“. Am oberen Rande ein 15 cm breiter rother Streifen. | 8,5 | 1,5 | . . . | 1,2 | . . . |
| 883 | Stumpfe Tonne, wie unter Nr. 882. | Wie unter Nr. 882, mit schwarzem „W 2“. | 10 | 1,5 | . . . | 1,2 | . . . |
| 884 | Stumpfe Tonne, wie unter Nr. 882. | Wie unter Nr. 882, mit schwarzem „W 3“. | 10 | 1,5 | . . . | 1,2 | . . . |

im Durchmesser halten, und die auch dann, wenn die Farbe an den Seiten durch Eisgang abgerieben ist, durch ihren weissen Boden von den schwarzen spitzen Tonnen unterscheidbar bleiben.

| Laufende Nummer. | Namen und Oertlichkeit des Zeichens. 1. | Gattung 2. | Zweck, welchem das Zeichen dient. 3. | Geographische Lage des Zeichens. 4. |
|---|---|---|---|---|
| 885 | **Dwarsgat,** Fahrwasser der Weser von Hohe-Weg-Leuchtthurm bis zum Anfang des Wurster-Fahrwassers (Eversand-Süd- und Westbake in N z W 3/4 W per Komp. u. Meyers Leegde-Bake in SO z O 1/2 O per Komp.). | Tonne. | Bezeichnet die nördliche Seite des Fahrwassers. | S 72° 55′ O 5,44 Seemeilen von Hohe-Weg-Leuchtthurm u. N 31° 48′ W 5,46 Seemeilen von der Kirche zu Wremen. |
| 886 | „ | Tonne. | Desgl. | N 33° 19′ W 4,76 Seemeilen von der Kirche zu Wremen und N 72° 15′ W 4,28 Seemeilen von der Kirche zu Padingbüttel. |
| 887 | **Wurster Fahrwasser** (Fahrwasser der Weser vom Dwarsgat bis Bremerhaven-Rhede) a) bis zur Vereinigung der östlichen und westlichen Fahrrinne des Wurster Fahrwassers. | Tonne. | Bezeichnet die südliche bezw. westliche Seite des Fahrwassers. | N 40° 40′ W 4,23 Seemeilen von der Kirche zu Wremen und N 82° 56′ W 4,23 Seemeilen von der Kirche zu Padingbüttel. |
| 888 | „ | Tonne. | Bezeichnet die westliche Seite des Fahrwassers. | N 48° 57′ W 3,33 Seemeilen von der Kirche zu Wremen und S 83° 36′ W 4,03 Seemeilen von der Kirche zu Padingbüttel. |
| 889 | „ | Tonne. | Desgl. | N 61° 14′ W 2,74 Seemeilen von der Kirche zu Wremen und S 70° 36′ W 4,2 Seemeilen von der Kirche zu Padingbüttel. |
| 890 | „ | Tonne. | Desgl. | N 36° 34′ W 3,14 Seemeilen von der Kirche zu Imsum und N 78° 49′ W 2,17 Seemeilen von der Kirche zu Wremen. |
| 891 | „ | Tonne. | Desgl. | N 50° 41′ W 3,06 Seemeilen von der Kirche zu Imsum und N 86° 32′ W 2,63 Seemeilen von der Kirche zu Wremen. |

| Laufende Nummer. | Allgemeine Beschreibung des Zeichens. | Besondere Erkennungsmerkmale des Zeichens. | Wassertiefe bei Niedrigwasser am Orte des Zeichens in Metern. | Höhe der Spitze des Zeichens über Wasser in Metern. | Höhe der Spitze des Zeichens über dem Erdboden in Metern. | Sichtweite des Zeichens in Seemeilen. | Das Zeichen ist erstmalig ausgelegt bezw. errichtet: |
|---|---|---|---|---|---|---|---|
| | 5. | 6. | 7. | 8a. | 8b. | 9. | 10. |
| 885 | Stumpfe Tonne aus 6,0 cm starkem Eichenholz; mit zwei wasserdichten Abtheilungen. Im Sommer von 2,9 m Länge und 1,06 m Durchmesser, im Winter von 3,18 m Länge und 0,95 m Durchmesser. | Weiss, mit schwarzem „W3A". Am oberen Rande ein 15 cm breiter rother Streifen. | 12,8 | 1,5 | . . . | 1,2 | . . . |
| 886 | Stumpfe Tonne, wie unter Nr. 885. | Wie unter Nr. 885, mit schwarzem „W4". | 12,8 | 1,5 | . . . | 1,2 | . . . |
| 887 | Für den Sommer: Stumpfe Tonne III. Klasse (2,9 m lang nnd 1,06 m im Durchmesser) aus 6,0 cm starkem Eichenholz; mit 2 wasserdichten Abtheilungen. Für den Winter: Spitze Tonne I. Klasse (3,18 m lang u. 0,95 m im Durchmesser) von 6,0 cm starkem Eichenholz u. ganz mit eisernen Reifen beschlagen. | Schwarz, mit weissem „WF". | 6 | 1,5 | . . . | 1,2 | . . . |
| 888 | Wie unter Nr. 887. | Schwarz, mit weissem „WG". | 6 | 1,5 | . . . | 1,2 | . . . |
| 889 | Wie unter Nr. 887. | Schwarz, mit weissem „WH". | 7,6 | 1,5 | . . . | 1,2 | . . . |
| 890 | Wie unter Nr. 887. | Schwarz, mit weissem „WJ". | 6,7 | 1,5 | . . . | 1,2 | . . . |
| 891 | Wie unter Nr. 888. | Schwarz, mit weissem „WK". | 7,6 | 1,5 | . . . | 1,2 | . . . |

| Laufende Nummer. | Namen und Oertlichkeit des Zeichens. 1. | Gattung des Zeichens. 2. | Zweck, welchem das Zeichen dient. 3. | Geographische Lage des Zeichens. 4. |
|---|---|---|---|---|
| 892 | **Wurster Fahrwasser** (Fahrwasser der Weser vom Dwarsgat bis Bremerhaven-Rhede) a) bis zur Vereinigung der östl. u. westl. Fahrrinne des Wurster Fahrwassers. | Tonne. | Bezeichnet die nördliche bezw. östliche Seite des Fahrwassers. | N 38° 27′ W 3,75 Seemeilen von der Kirche zu Wremen und N 85° 52′ W 3,8 Seemeilen von der Kirche zu Padingbüttel. |
| 893 | „ | Tonne. | Bezeichnet die östliche Seite des Fahrwassers. | N 46° 35′ W 3,06 Seemeilen von der Kirche zu Wremen und S 80° 57′ W 3,71 Seemeilen von der Kirche zu Padingbüttel. |
| 894 | „ | Tonne. | Desgl. | N 29° 59′ W 3,6 Seemeilen von der Kirche zu Imsum und N 63° 37′ W 2,3 Seemeilen von der Kirche zu Wremen. |
| 895 | „ | Tonne. | Desgl. | N 34′ 23′ W 2,52 Seemeilen von der Kirche zu Imsum und S 89° 29′ W 1,69 Seemeilen von der Kirche zu Wremen. |
| 896 | **Wurster Fahrwasser** (Fahrwasser der Weser vom Dwarsgat bis Bremerhaven-Rhede) b) westliche Fahrrinne des Wurster Fahrwassers. | Tonne. | Bezeichnet die westliche Seite des Fahrwassers. | N 59° 55′ W 2,14 Seemeilen von der Kirche zu Imsum und S 64° 2′ W 2,35 Seemeilen von der Kirche zu Wremen. |
| 897 | „ | Tonne. | Desgl. | N 85° 52′ W 1,47 Seemeilen von der Kirche zu Imsum und S 41° 56′ W 2,64 Seemeilen von der Kirche zu Wremen. |
| 898 | „ | Tonne. | Desgl. | N 7° 53′ W 4,22 Seemeilen von der Kirche zu Blexen und S 64° 2′ W 1,45 Seemeilen von der Kirche zu Imsum. |
| 899 | „ | Tonne. | Desgl. | N 7° 55′ W 3,64 Seemeilen von der Kirche zu Blexen und N 33° 42′ W 3,71 Seemeilen von der Kirche zu Bremerhaven. |

Anm. zu Nr. 896 bis 924. — Jede der unter diesen Nummern aufgeführten Tonnen ist mit einer Kette an einem Stein verankert. Nach der grösseren oder geringeren Wassertiefe, der

| Laufende Nummer. | Allgemeine Beschreibung des Zeichens. | Besondere Erkennungsmerkmale des Zeichens. | Wassertiefe bei Niedrigwasser am Orte des Zeichens in Metern. | Höhe der Spitze des Zeichens über dem Wasser in Metern. | Höhe der Spitze des Zeichens über dem Erdboden in Metern. | Sichtweite des Zeichens in Seemeilen. | Das Zeichen ist erstmalig ausgelegt bezw. errichtet: |
|---|---|---|---|---|---|---|---|
| | 5. | 6. | 7. | 8a. | 8b. | 9. | 10. |
| 892 | Stumpfe Tonne aus 6,0 cm starkem Eichenholz; mit 2 wasserdichten Abtheilungen. Im Sommer von 2,9 m Länge und 1,06 m Durchmesser, im Winter von 3,18 m Länge und 0,95 m Durchmesser. | Weiss, mit schwarzem „W 5". Am oberen Rande ein 15 cm breiter rother Streifen. | 7,0 | 1,5 | . . . | 1,2 | . . . |
| 893 | Wie unter Nr. 892. | Wie unter Nr. 892, mit schwarzem „W 6". | 5,5 | 1,5 | . . . | 1,2 | . . . |
| 894 | Wie unter Nr. 892. | Wie unter Nr. 892, mit schwarzem „W 7". | 5,5 | 1,5 | . . . | 1,2 | . . . |
| 895 | Wie unter Nr. 892. | Wie unter Nr. 892, mit schwarzem „W 8". | 6 | 1,5 | . . . | 1,2 | . . . |
| 896 | Für den Sommer: Stumpfe Tonne III. Klasse (2,9 m lang und 1,06 m im Durchmesser) aus 6,0 cm starkem Eichenholz; mit 2 wasserdichten Abtheilungen. Für den Winter: Spitze Tonne I. Klasse (3,18 m lang und 0,95 m im Durchmesser) aus 6,0 cm starkem Eichenholz und ganz mit eisernen Reifen beschlagen. | Schwarz, mit weissem „W L". | 5,5 | 1,5 | . . . | 1,2 | . . . |
| 897 | Wie unter Nr. 896. | Schwarz, mit weissem „W M". | 5,5 | 1,5 | . . . | 1,2 | . . . |
| 898 | Wie unter Nr. 896. | Schwarz, mit weissem „W N". | 6,5 | 1,5 | . . . | 1,2 | . . . |
| 899 | Wie unter Nr. 896. | Schwarz, mit weissem „W O". | 7,3 | 1,5 | . . . | 1,2 | . . . |

Grösse der Tonnen sowie der Stärke des Stromes variirt die Länge der Ketten zwischen 14,5 und 22 m, das Gewicht der Steine zwischen 750 und 1100 kg.

| Laufende Nummer. | Namen und Oertlichkeit des Zeichens. 1. | Gattung 2. | Zweck, welchem das Zeichen dient. 3. | Geographische Lage des Zeichens. 4. |
|---|---|---|---|---|
| 900 | **Wurster Fahrwasser** (Fahrwasser der Weser vom Dwarsgat bis Bremerhaven-Rhede) b) westliche Fahrrinne des Wurster Fahrwassers. | Tonne. | Bezeichnet die westliche Seite des Fahrwassers. | N 8° 14′ W 2,88 Seemeilen von der Kirche zu Blexen und N 39° 44′ W 3,29 Seemeilen von der Kirche zu Bremerhaven. |
| 901 | „ | Tonne. | Desgl. | N 5° 37′ W 2,20 Seemeilen von der Kirche zu Blexen und N 44° 29′ W 2,67 Seemeilen von der Kirche zu Bremerhaven. |
| 902 | „ | Tonne. | Desgl. | N 1° 7′ O 1,68 Seemeilen von der Kirche zu Blexen und N 50° 39′ W 2,14 Seemeilen von der Kirche zu Bremerhaven. |
| 903 | „ | Tonne. | Desgl. | N 15° 17′ O 1,33 Seemeilen von der Kirche zu Blexen und N 54° 22′ W 1,65 Seemeilen von der Kirche zu Bremerhaven. |
| 904 | „ | Tonne. | Desgl. | N 51° 40′ O 1,12 Seemeilen von der Kirche zu Blexen und N 65° 21′ W 0,89 Seemeilen von der Kirche zu Bremerhaven. |
| 905 | „ | Tonne. | Bezeichnet die östliche Seite des Fahrwassers. | N 60° 0′ W 1,6 Seemeilen von der Kirche zu Imsum und S 51° 50′ W 2,1 Seemeilen von der Kirche zu Wremen. |
| 906 | „ | Tonne. | Desgl. | N 1° 10′ W 4,54 Seemeilen von der Kirche zu Blexen und N 22° 55′ W 4,58 Seemeilen von der Kirche zu Bremerhaven. |
| 907 | „ | Tonne. | Desgl. | N 5° 6′ W 3,61 Seemeilen von der Kirche zu Blexen und N 31° 34′ W 3,84 Seemeilen von der Kirche zu Bremerhaven. |

| Laufende Nummer. | Allgemeine Beschreibung | Besondere Erkennungsmerkmale | Wassertiefe bei Niedrigwasser am Orte des Zeichens in Metern. | Höhe der Spitze des Zeichens über Wasser | dem Erdboden | Sichtweite des Zeichens in Seemeilen. | Das Zeichen ist erstmalig ausgelegt bezw. errichtet: |
|---|---|---|---|---|---|---|---|
| | des Zeichens. | | | in Metern. | | | |
| | 5. | 6. | 7. | 8a. | 8b. | 9. | 10. |
| 900 | Für den Sommer: Stumpfe Tonne III. Klasse (2,9 m lang und 1,06 m im Durchmesser) aus 6,0 cm starkem Eichenholz; mit 2 wasserdichten Abtheilungen. Für den Winter: Spitze Tonne I. Klasse (3,18 m lang und 0,95 m im Durchmesser) aus 6,0 cm starkem Eichenholz u. ganz mit eisernen Reifen beschlagen. | Schwarz, mit weissem „WP“. | 5,5 | 1,5 | . . . | 1,2 | 1862 |
| 901 | Wie unter Nr. 900. | Schwarz, mit weissem „WQ“. | 5,5 | 1,5 | . . . | 1,2 | 1862 |
| 902 | Wie unter Nr. 900. | Schwarz, mit weissem „WR“. | 5,5 | 1,5 | . . . | 1,2 | 1863 |
| 903 | Wie unter Nr. 900. | Schwarz, mit weissem „WS“. | 4,0 | 1,5 | . . . | 1,2 | 1863 |
| 904 | Wie unter Nr. 900. | Schwarz, mit weissem „WT“. | 4,5 | 1,5 | . . . | 1,2 | 1863 |
| 905 | Stumpfe Tonne aus 6,0 cm starkem Eichenholz; mit 2 wasserdichten Abtheilungen. Im Sommer von 2,9 m Länge und 1,06 m Durchmesser, im Winter von 3,18 m Länge und 0,95 m Durchmesser. | Weiss, mit schwarzem „W 9“. Am oberen Rande ein 15 cm breiter rother Streifen. | 6,5 | 1,5 | . . . | 1,2 | . . . |
| 906 | Wie unter Nr. 905. | Wie unter Nr. 905, mit schwarzem „W 10“. | 6,5 | 1,5 | . . . | 1,2 | . . . |
| 907 | Wie unter Nr. 905. | Wie unter Nr. 905, mit schwarzem „W 11“. | 6,5 | 1,5 | . . . | 1,2 | . . . |

| Laufende Nummer. | Namen und Oertlichkeit des Zeichens. 1. | Gattung 2. | Zweck, welchem das Zeichen dient. 3. | Geographische Lage des Zeichens. 4. |
|---|---|---|---|---|
| 908 | **Wurster Fahrwasser** (Fahrwasser der Weser vom Dwarsgat bis Bremerhaven-Rhede) b) westliche Fahrrinne des Wurster Fahrwassers. | Tonne. | Bezeichnet die östliche Seite des Fahrwassers. | N 1° 4′ W 3,05 Seemeilen von der Kirche zu Blexen und N 32° 36′ W 3,24 Seemeilen von der Kirche zu Bremerhaven. |
| 909 | „ | Tonne. | Desgl. | N 1° 3′ W 2,22 Seemeilen von der Kirche zu Blexen und N 42° 21′ W 2,57 Seemeilen von der Kirche zu Bremerhaven. |
| 910 | „ | Tonne. | Desgl. | N 18° 1′ O 1,51 Seemeilen von der Kirche zu Blexen und N 47° 35′ W 1,66 Seemeilen von der Kirche zu Bremerhaven. |
| 911 | „ | Tonne. | Bezeichnet die östliche Seite des Fahrwassers; insbesondere die Einfahrt in die westliche Fahrrinne (von Süden kommend). Man muss südlich von der Tonne passiren. | N 33° 9′ O 1,76 Seemeilen von der Kirche zu Blexen und N 47° 19′ W 1,26 Seemeilen von der Kirche zu Bremerhaven. |
| 912 | **Wurster Fahrwasser** (Fahrwasser der Weser vom Dwarsgat bis Bremerhaven-Rhede) c) östliche Fahrrinne des Wurster Fahrwassers. | Tonne. | Bezeichnet die Einfahrt in die östliche Fahrrinne (von Norden kommend). Man muss nördlich von der Tonne passiren. | N 42° 14′ W 2,24 Seemeilen von der Kirche zu Imsum und S 76° 2′ W 1,82 Seemeilen von der Kirche zu Wremen. |
| 913 | „ | Tonne. | Bezeichnet die westliche Seite des Fahrwassers. | N 46° 28′ W 1,88 Seemeilen von der Kirche zu Imsum und S 63° 50′ W 1,81 Seemeilen von der Kirche zu Wremen. |
| 913a | „ | Tonne. | Desgl. | N 64° 26′ W 1,27 Seemeilen von der Kirche zu Imsum und S 42° 24′ W 2,12 Seemeilen von der Kirche zu Wremen. |

| Laufende Nummer. | Allgemeine Beschreibung des Zeichens. | Besondere Erkennungsmerkmale des Zeichens. | Wassertiefe bei Niedrigwasser am Orte des Zeichens in Metern. | Höhe der Spitze des Zeichens über dem Wasser in Metern. | Höhe der Spitze des Zeichens über dem Erdboden in Metern. | Sichtweite des Zeichens in Seemeilen. | Das Zeichen ist erstmalig ausgelegt bezw. errichtet: |
|---|---|---|---|---|---|---|---|
| | 5. | 6. | 7. | 8a. | 8b. | 9. | 10. |
| 908 | Stumpfe Tonne aus 6,0 cm starkem Eichenholz; mit 2 wasserdichten Abtheilungen. Im Sommer von 2,9 m Länge und 1,06 m Durchmesser, im Winter von 3,18 m Länge und 0,95 m Durchmesser. | Weiss, mit schwarzem „W 12". Am oberen Rande ein 15 cm breiter rother Streifen. | 4,6 | 1,5 | ... | 1,2 | ... |
| 909 | Wie unter Nr. 908. | Wie unter Nr. 908, mit schwarzem „W 13". | 3,7 | 1,5 | ... | 1,2 | ... |
| 910 | Wie unter Nr. 908. | Wie unter Nr. 908, mit schwarzem „W 14". | 3,7 | 1,5 | ... | 1,2 | ... |
| 911 | Spitze Tonne II. Klasse (2,6 m lang und 0,9 m im Durchmesser) aus 6,0 cm starkem Eichenholz; mit 2 wasserdichten Abtheilungen. | Roth, mit weissem „W". | 4,6 | 1,4 | ... | 1 | 1873 |
| 912 | Spitze Tonne III. Klasse (3,18 m lang und 1,06 m im Durchmesser) aus 6,0 cm starkem Eichenholz; mit 2 wasserdichten Abtheilungen. | Roth, mit weissem „W". Trägt auf einer 1 m langen Stange einen 0,55 m hohen Ballon. | 5,5 | 1,85 | ... | 1,6 | 1871 |
| 913 | Für den Sommer: Stumpfe Tonne III. Klasse (2,9 m lang und 1,06 m im Durchmesser) aus 6,0 cm starkem Eichenholz; mit 2 wasserdichten Abtheilungen. Für den Winter: Spitze Tonne I. Klasse (3,18 m lang und 0,95 m im Durchmesser) aus 6,0 m starkem Eichenholz und ganz mit eisernen Reifen beschlagen. | Schwarz, mit weissem „WL". | 5,0 | 1,5 | ... | 1,2 | 1876 |
| 913a | Wie unter Nr. 913. | Schwarz, mit weissem „WM". | 5,1 | 1,5 | ... | 1,2 | ... |

| Laufende Nummer. | Namen und Oertlichkeit des Zeichens. 1. | Gattung des Zeichens. 2. | Zweck, welchem das Zeichen dient. 3. | Geographische Lage des Zeichens. 4. |
|---|---|---|---|---|
| 914 | **Wurster Fahrwasser** (Fahrwasser der Weser vom Dwarsgat bis Bremerhaven-Rhede) c) östliche Fahrrinne des Wurster Fahrwassers. | Tonne. | Bezeichnet die westliche Seite des Fahrwassers. | N 1° 48′ W 4,89 Seemeilen von der Kirche zu Blexen und S 82° 22′ W 0,88 Seemeilen von der Kirche zu Imsum. |
| 915 | „ | Tonne. | Desgl. | N 1° 12′ W 4,13 Seemeilen von der Kirche zu Blexen und S 33° 51′ W 1,09 Seemeilen von der Kirche zu Imsum. |
| 916 | „ | Tonne. | Desgl. | N 4° 15′ O 3,2 Seemeilen von der Kirche zu Blexen und N 26° 53′ W 3,21 Seemeilen von der Kirche zu Bremerhaven. |
| 917 | „ | Tonne. | Desgl. | N 9° 8′ O 2,43 Seemeilen von der Kirche zu Blexen und N 32° 8′ W 2,45 Seemeilen von der Kirche zu Bremerhaven. |
| 918 | „ | Tonne. | Desgl. | N 20° 52′ O 1,76 Seemeilen von der Kirche zu Blexen und N 38° 42′ W 1,7 Seemeilen von der Kirche zu Bremerhaven. |
| 919 | „ | Tonne. | Bezeichnet die östliche Seite des Fahrwassers. | N 45° 58′ W 1,52 Seemeilen von der Kirche zu Imsum und S 52° 38′ W 1,71 Seemeilen von der Kirche zu Wremen. |
| 920 | „ | Tonne. | Desgl. | N 19° 42′ W 5,05 Seemeilen von der Kirche zu Bremerhaven und N 84° 45′ W 0,74 Seemeilen von der Kirche zu Imsum. |
| 921 | „ | 10 Pricken (Strauchbaken). | Bezeichnen die Ebbelinie des Wurster Watts (die östliche Seite des Fahrwassers). | . . . . . . . . . . . . |
| 922 | **Bremerhaven-Rhede.** *) | Tonne. | Bezeichnet die Ostkante der Plate gegen Blexen (die Westseite des Fahrwassers). | S 86° 10′ W 0,68 Seemeilen von der Kirche zu Bremerhaven und N 74° 31′ O 1,06 Seemeilen von der Kirche zu Blexen. |

*) Auf der Rhede von Bremerhaven liegen ausser den Tonnen unter 922, 923 und 924 zwei Bojen zur Deviationsbestimmung. Die Hauptboje liegt in 53° 31′ 45″ N.Br. und 8° 34′ 4″ O.Lg., S 38° 41′ W von dem Kirchthurm zu Bremerhaven und S 62° 20′ O von Blexen; die kleinere, Hülfsboje, liegt S 85° W 180 m von der Hauptboje.

| Laufende Nummer. | Allgemeine Beschreibung des Zeichens. | Besondere Erkennungsmerkmale des Zeichens. | Wassertiefe bei Niedrigwasser am Orte des Zeichens in Metern. | Höhe der Spitze des Zeichens über dem Wasser in Metern. | Höhe der Spitze des Zeichens über dem Erdboden in Metern. | Sichtweite des Zeichens in Seemeilen. | Das Zeichen ist erstmalig ausgelegt bezw. errichtet: |
|---|---|---|---|---|---|---|---|
| | 5. | 6. | 7. | 8a. | 8b. | 9. | 10. |
| 914 | Für den Sommer: Stumpfe Tonne III. Klasse (2,9 m lang und 1,06 m im Durchmesser) aus 6,0 cm starkem Eichenholz; mit 2 wasserdichten Abtheilungen. Für den Winter: Spitze Tonne I. Klasse (3,18 m lang und 0,95 m im Durchmesser) aus 6,0 cm starkem Eichenholz und ganz mit eisernen Reifen beschlagen. | Schwarz, mit weissem „WN". | 4,5 | 1,5 | . . . | 1,2 | 1871 |
| 915 | Wie unter Nr. 914. | Schwarz, mit weissem „WO". | 4,5 | 1,5 | . . . | 1,2 | 1871 |
| 916 | Wie unter Nr. 914. | Schwarz, mit weissem „WP". | 4,2 | 1,5 | . . . | 1,2 | 1871 |
| 917 | Wie unter Nr. 914. | Schwarz, mit weissem „WQ". | 4,5 | 1,5 | . . . | 1,2 | 1871 |
| 918 | Wie unter Nr. 914. | Schwarz, mit weissem „WR". | 4,6 | 1,5 | . . . | 1,2 | 1871 |
| 919 | Stumpfe Tonne aus 6,0 cm starkem Eichenholz; mit 2 wasserdichten Abtheilungen. Im Sommer von 2,9 m Länge und 1,06 m Durchmesser, im Winter von 3,18 m Länge und 0,95 m Durchmesser. | Weiss, mit schwarzem „W9". Am oberen Rande ein 15 cm breiter rother Streifen. | 4,6 | 1,5 | . . . | 1,2 | 1871 |
| 920 | Wie unter Nr. 919. | Wie unter Nr. 919, mit schwarzem „W 10". | 4,5 | 1,5 | . . . | 1,2 | 1871 |
| 921 | 13 m lange Stangen mit einem am Fuss befestigten Kreuz; etwa 2 m tief in den Grund eingegraben. | Mit Strauchbesen. | . . . | 8 | 11 | 1 | 1871 |
| 922 | Für den Sommer: Stumpfe Tonne IV. Klasse (2,32 m lang und 0,99 m im Durchm.) aus 4,8 cm starkem Eichenholz. Für den Winter: Spitze Tonne I. Klasse (3,18 m lang und 0,95 m im Durchm.) aus 6,0 cm starkem Eichenholz u. ganz mit eisernen Reifen beschlagen. | Schwarz. | 4,6 | 1,3 | . . . | 1 | . . . |

| Laufende Nummer. | Namen und Oertlichkeit des Zeichens. | Gattung | Zweck, welchem das Zeichen dient. | Geographische Lage des Zeichens. |
|---|---|---|---|---|
| | 1. | 2. | 3. | 4. |
| 923 | **Bremerhaven-Rhede.** | Tonne. | Bezeichnet die Ostkante der Plate gegen Blexen (die Westseite des Fahrwassers). | S 51° 6′ W 0,85 Seemeilen von der Kirche zu Bremerhaven und S 78° 19′ O 1,06 Seemeilen von der Kirche zu Blexen. |
| 924 | „ | Tonne. | Desgl. | S 44° 43′ W 1,47 Seemeilen von der Kirche zu Bremerhaven und S 42° 29′ O 0,98 Seemeilen von der Kirche zu Blexen. |
| 925 | **Wurster Watt.** | Baken (Pricken). | Bezeichnen die Fahrrinnen auf dem Watt, insbesondere die nördliche Seite derselben. | . . . . . . . . . . . |
| 926 | **Hohe-Weg-Sand.** *) | Pricken (es werden alljährlich im Frühjahr etwa 120 Stück ausgesteckt). | Bezeichnen die nördliche Seite der Fahrrinnen zwischen der Weser und Jade über den Hohe-Weg-Sand; namentlich das Granatengatt, die Hohe-Wegs- und die Sengwarder Balge. **) | . . . . . . . . . . . |
| 927 | **Fedderwarder Fahrwasser,** Fahrwasser der Weser von Hohe-Weg-Leuchtthurm bis Fedderwarder Siel. | Tonne. | Bezeichnet die westliche Seite des Fahrwassers. | S 41° 26′ O 1,63 Seemeilen von Hohe-Weg-Leuchtthurm und N 7° 5′ O 5,79 Seemeilen von der Kirche zu Langwarden. |
| 928 | „ | Tonne. | Desgl. | S 37° 49′ O 2,58 Seemeilen von Hohe-Weg-Leuchtthurm und N 13° 21′ O 5,01 Seemeilen von der Kirche zu Langwarden. |
| 929 | „ | Tonne. | Desgl. | S 34° 3′ O 4,09 Seemeilen von Hohe-Weg-Leuchtthurm und N 27° 57′ O 3,98 Seemeilen von der Kirche zu Langwarden. |
| 930 | „ | Tonne. | Desgl. | S 34° 48′ O 5,02 Seemeilen von Hohe-Weg-Leuchtthurm und N 41° 8′ O 3,7 Seemeilen von der Kirche zu Langwarden. |

*) Die Lage des Telegraphen-Kabels zwischen Langwarden und Hohe-Weg-Leuchtthurm wird auf dem Watt durch hölzerne Pfähle, auf dem Hohen Rücken zwischen der Sengwarder- und der Hohe-Wegs Balge durch zwei Bojentonnen bezeichnet, welche an den beiden Seiten des Fahrwassers in der Linie der ausgesteckten Pricken liegen.

**) Das neben der Sengwarder Balge, SSW 3/4 W vom Hohe-Weg-Leuchtthurm und WNW 1/4 W von der Kirche zu Langwarden liegende Wrack des Dampfers „Telegraph“ ist durch Kopfbaken gekennzeichnet.

Anm. zu Nr. 927 bis 946. — Jede der unter diesen Nummern aufgeführten Tonnen ist mit einer Kette an einem Stein verankert. Nach der grösseren oder geringeren Wassertiefe, der Grösse

| Laufende Nummer. | Allgemeine Beschreibung des Zeichens. | Besondere Erkennungsmerkmale des Zeichens. | Wassertiefe bei Niedrigwasser am Orte des Zeichens in Metern. | Höhe der Spitze des Zeichens über Wasser in Metern. | Höhe der Spitze des Zeichens über dem Erdboden in Metern. | Sichtweite des Zeichens in Seemeilen. | Das Zeichen ist erstmalig ausgelegt bezw. errichtet: |
|---|---|---|---|---|---|---|---|
| | 5. | 6. | 7. | 8a. | 8b. | 9. | 10. |
| 923 | Für den Sommer: Stumpfe Tonne IV. Klasse (2,32 m lang und 0,99 m im Durchmesser) aus 4,8 cm starkem Eichenholz. Für den Winter: Spitze Tonne I. Klasse (3,18 m lang und 0,95 m im Durchmesser) aus 6,0 cm starkem Eichenholz und ganz mit eisernen Reifen beschlagen. | Schwarz. | 4,6 | 1,3 | . . . | 1 | . . . |
| 924 | Wie unter Nr. 923. | Schwarz. | 5 | 1,3 | . . . | 1 | . . . |
| 925 | Biegsame Stangen mit einigen Zweigen am Kopf, einem Strauchbesen ähnlich. | . . . . . . | . . . | . . . | . . . | ca. 1 | . . . |
| 926 | Strauchbaken von etwa 4,5 m Länge, in den Grund gesteckt. | . . . . . . | . . . | . . . | . . . | ca. 1,5 | . . . |
| 927 | Für den Sommer: Stumpfe Tonne III. Klasse (2,9 m lang und 1,06 m im Durchm.) aus 6,0 cm starkem Eichenholz; mit 2 wasserdichten Abtheilungen. Für den Winter: Spitze Tonne I. Klasse (3,18 m lang und 0,95 m im Durchm.) aus 6,0 cm starkem Eichenholz und ganz mit eisernen Reifen beschlagen. | Schwarz, mit weissem „N“. | 9 | 1,5 | . . . | 1,2 | . . . |
| 928 | Wie unter Nr. 927. | Schwarz, mit weissem „O“. | 7,3 | 1,5 | . . . | 1,2 | . . . |
| 929 | Wie unter Nr. 927. | Schwarz, mit weissem „P“. | 10 | 1,5 | . . . | 1,2 | . . . |
| 930 | Wie unter Nr. 927. | Schwarz, mit weissem „Q“. | 9 | 1,5 | . . . | 1,2 | . . . |

der Tonnen, sowie der Stärke des Stromes variirt die Länge der Ketten zwischen 14,5 und 22 m, das Gewicht der Steine zwischen 500 und 1250 kg.

| Laufende Nummer. | Namen und Oertlichkeit des Zeichens. 1. | Gattung des Zeichens. 2. | Zweck, welchem das Zeichen dient. 3. | Geographische Lage des Zeichens. 4. |
|---|---|---|---|---|
| 931 | **Fedderwarder Fahrwasser,** Fahrwasser der Weser von Hohe-Weg-Leuchtthurm bis Fedderwarder Siel. | Tonne. | Bezeichnet die westliche Seite des Fahrwassers. | S 34° 25′ O 5,99 Seemeilen von Hohe-Weg-Leuchtthurm und N 56° 21′ O 3,56 Seemeilen von der Kirche zu Langwarden. |
| 932 | " | Tonne. | Desgl. | S 31° 1′ O 6,39 Seemeilen von Hohe-Weg-Leuchtthurm und N 63° 24′ O 3,21 Seemeilen von der Kirche zu Langwarden. |
| 933 | " | Tonne. | Desgl. | S 24° 56′ O 6,63 Seemeilen von Hohe-Weg-Leuchtthurm und N 69° 21′ O 2,53 Seemeilen von der Kirche zu Langwarden. |
| 934 | " | Tonne. | Desgl. | S 21° 36′ O 6,73 Seemeilen von Hohe-Weg-Leuchtthurm und N 72° 22′ O 2,15 Seemeilen von der Kirche zu Langwarden. |
| 935 | " | Tonne. | Bezeichnet die östliche Seite des Fahrwassers. | S 39° 3′ O 4,43 Seemeilen von Hohe-Weg-Leuchtthurm und N 34° 22′ O 4,20 Seemeilen von der Kirche zu Langwarden. |
| 936 | " | Tonne. | Desgl. | S 38° 15′ O 5,44 Seemeilen von Hohe-Weg-Leuchtthurm und N 47° 53′ O 3,93 Seemeilen von der Kirche zu Langwarden. |
| 937 | " | Tonne. | Desgl. | S 28° 7′ O 6,72 Seemeilen von Hohe-Weg-Leuchtthurm und N 70° 16′ O 2,91 Seemeilen von der Kirche zu Langwarden. |

| Laufende Nummer. | Allgemeine Beschreibung des Zeichens. | Besondere Erkennungsmerkmale des Zeichens. | Wassertiefe bei Niedrigwasser am Orte des Zeichens in Metern. | Höhe der Spitze des Zeichens über Wasser in Metern. | Höhe der Spitze des Zeichens über dem Erdboden in Metern. | Sichtweite des Zeichens in Seemeilen. | Das Zeichen ist erstmalig ausgelegt bezw. errichtet: |
|---|---|---|---|---|---|---|---|
| | 5. | 6. | 7. | 8a. | 8b. | 9. | 10. |
| 931 | Für den Sommer: Spitze Tonne IV. Klasse (3,18 m lang und 1,06 m im Durchm.) von 6,0 cm starkem Eichenholz; mit 2 wasserdichten Abtheilungen. Für den Winter: Spitze Tonne I. Klasse (3,18 m lang und 0,95 m im Durchm.) von 6,0 cm starkem Eichenholz und ganz mit eisernen Reifen beschlagen. | Schwarz, mit weissem „R". Trägt auf ihrer Spitze ein 1 m hohes Fähnchen. | 9,5 | 1,85 bezw. 1,5 | . . . | 1,6 bezw. 1,2 | . . . |
| 932 | Für den Sommer: Stumpfe Tonne VI. Klasse (2,32 m lang und 0,99 m im Durchmesser) aus 4,8 cm starkem Eichenholz. Für den Winter: Spitze Tonne I. Klasse (3,18 m lang und 0,95 m im Durchmesser) aus 6,0 cm starkem Eichenholz und ganz mit eisernen Reifen beschlagen. | Schwarz, mit weissem „S". | 5 | 1,3 | . . . | 1 | . . . |
| 933 | Für den Sommer: Stumpfe Tonne VI. Klasse (2,32 m lang und 0,99 m im Durchmesser) aus 4,8 cm starkem Eichenholz. Für den Winter: Spitze Tonne IV. Klasse (2,32 m lang und 0,8 m im Durchmesser) aus 4,8 cm starkem Eichenholz und ganz mit eisernen Reifen beschlagen. | Schwarz, mit weissem „T". | 5,5 | 1,3 | . . . | 1 | . . . |
| 934 | Wie unter Nr. 933. | Schwarz, mit weissem „U". | 5,5 | 1,3 | . . . | 1 | . . . |
| 935 | Stumpfe Tonne aus 6,0 cm starkem Eichenholz; mit 2 wasserdichten Abtheilungen. Im Sommer von 2,9 m Länge und 1,06 m Durchmesser, im Winter von 3,18 m Länge und 0,95 m Durchmesser. | Weiss, mit schwarzer „9". Am oberen Rande ein 15 cm breiter rother Streifen. | 9 | 1,5 | . . . | 1,2 | . . . |
| 936 | Für den Sommer: Stumpfe Tonne IV. Klasse (2,32 m lang und 0,99 m im Durchmesser) aus 4,8 cm starkem Eichenholz. Für den Winter: Spitze Tonne II. Klasse (2,6 m lang und 0,9 m im Durchmesser) aus 6,0 cm starkem Eichenholz und ganz mit eisernen Reifen beschlagen. Mit 2 wasserdichten Abtheilungen. | Wie unter Nr. 935, mit schwarzer „10". | 6 | 1,3 | . . . | 1 | . . . |
| 937 | Für den Sommer: Stumpfe Tonne IV. Klasse (2,32 m lang und 0,99 m im Durchm.) aus 4,8 cm starkem Eichenholz. Für den Winter: Spitze Tonne IV. Klasse (2,32 m lang und 0,8 m im Durchm.) aus 4,8 cm starkem Eichenholz und ganz mit eisernen Reifen beschlagen. | Wie unter Nr. 935, mit schwarzer „11". | 4,5 | 1,3 | . . . | 1 | . . . |

| Laufende Nummer. | Namen und Oertlichkeit des Zeichens. 1. | Gattung 2. | Zweck, welchem das Zeichen dient. 3. | Geographische Lage des Zeichens. 4. |
|---|---|---|---|---|
| 938 | **Fedderwarder Fahrwasser,** Fahrwasser der Weser von Hohe-Weg-Leuchtthurm bis Fedderwarder Siel. | Tonne. | Bezeichnen die östliche Seite des Fahrwassers. | S 23° 16′ O 6,82 Seemeilen von Hohe-Weg-Leuchtthurm und N 74° 14′ O 2,36 Seemeilen von der Kirche zu Langwarden. |
| 939 | „ | Tonne. | Desgl. | S 20° 33′ O 6,96 Seemeilen von Hohe-Weg-Leuchtthurm und N 79° O 2,06 Seemeilen von der Kirche zu Langwarden. |
| 940 | **Fedderwarder Aussendeichsland.** | Bake. (Westliche oder Kugelbake.) | Bezeichnen in Linie (Deckpeilung) die Mittellinie des Fedderwarder Fahrwassers von der Tonne „R“ (Nr. 931) bis nahe dem Fedderwarder Siel. | 53° 36′ 20″ N.Br. 8° 20′ 57″ O.Lg. |
| 941 | „ | Bake. (Oestliche oder Carrébake.) | | 53° 36′ 26″ N.Br. 8° 21′ 12″ O.Lg. |
| 942 | **Wremer Fahrwasser** *), Fahrrinne zwischen dem Fedderwarder- und dem Wurster Fahrwasser, querab von Wremen. | Tonne. | Bezeichnet die südliche Seite des Fahrwassers. | N 66° 48′ W 4,8 Seemeilen von der Kirche zu Wremen und N 46° 14′ W 5,8 Seemeilen von der Kirche zu Imsum. |
| 943 | „ | Tonne. | Desgl. | N 69° 15′ W 4,0 Seemeilen von der Kirche zu Wremen und N 44° 36′ W 4,9 Seemeilen von der Kirche zu Imsum. |
| 944 | „ | Tonne. | Desgl. | N 73° 59′ W 3,2 Seemeilen von der Kirche zu Wremen und N 43° 17′ W 4,1 Seemeilen von der Kirche zu Imsum. |
| 945 | „ | Tonne. | Bezeichnet die nördliche Seite des Fahrwassers. | N 66° 7′ W 4,2 Seemeilen von der Kirche zu Wremen und N 43° 14′ W 5,2 Seemeilen von der Kirche zu Imsum. |
| 946 | „ | Tonne. | Desgl. | N 70° 18′W 3,3 Seemeilen von der Kirche zu Wremen und N 41° 48′ W 4,3 Seemeilen von der Kirche zu Imsum. |

*) Im Sommer 1875 neu entstandene Fahrrinne in der Durchbrechung zwischen dem Langlütjensande und der Robbenplate. Um dieselbe zu benutzen, muss man das Fedderwarder Fahrwasser aufsegeln, bis man die schwarze Tonne P (Nr. 929) an Steuerbord und die weisse Tonne 9 (Nr. 935) an Backbord passirt hat, muss hierauf SO bis zur Tonne A (Nr. 942) steuern, letztere gut frei an Steuerbord lassen und muss dann SO $^1/_2$ O bis zur Tonne C (Nr. 944) steuern. Hiernach ist wieder SO bis zur rothen Tonne querab von Wremen (Nr. 912) zu steuern und von da in die östliche Fahrrinne des Wurster Fahrwassers mit S z O $^1/_2$ O-Kurs nach Bremerhaven zu

| Laufende Nummer. | Allgemeine Beschreibung | Besondere Erkennungs-merkmale | Wasser-tiefe bei Niedrig-wasser am Orte des Zeichens in Metern. | Höhe der Spitze des Zeichens über Hoch-wasser | Höhe der Spitze des Zeichens über dem Erdbo-den | Sicht-weite des Zei-chens in See-meilen. | Das Zei-chen ist erst-malig ausge-legt bezw. er-richtet: |
|---|---|---|---|---|---|---|---|
| | des Zeichens. | | | in Metern. | | | |
| | 5. | 6. | 7. | 8a. | 8b. | 9. | 10. |
| 938 | Für den Sommer: Stumpfe Tonne IV. Klasse (2,32 m lang und 0,99 m im Durchmesser) aus 4,8 cm starkem Eichenholz. Für den Winter: Spitze Tonne IV. Klasse (2,32 m lang und 0,8 m im Durchmesser) aus 4,8 cm starkem Eichenholz und ganz mit eisernen Reifen beschlagen. | Weiss, mit schwarzer „12“. Am oberen Rande ein 15 cm breiter rother Streifen. | 3,5 | 1,3 | . . . | 1 | . . . |
| 939 | Wie unter Nr. 938. | Wie unter Nr. 938, mit schwarzer „13“. | 4,0 | 1,3 | . . . | 1 | . . . |
| 940 | Holzbau aus 17,4 m hohem Makler und drei 12,4 m hohen Strebepfeilern; oben mit Brettern verkleidet. | Schwarz; an der Spitze eine Scheibe aus Brettern. | . . . | . . . | 18,7 | 5 | . . . |
| 941 | Wie unter Nr. 940. | Schwarz; an der Spitze ein Quadrat aus Brettern. | . . . | . . . | 18,7 | 5 | . . . |
| 942 | Für den Sommer: Stumpfe Tonne IV. Klasse (2,32 m lang und 0,99 m im Durchmesser) aus 4,8 cm starkem Eichenholz. Für den Winter: Hölzerne Spiere von 9,1 m Länge und 0,24 m Durchmesser. | Schwarz, mit weissem „A“. | 3,6 | 1,3 | . . . | 1 | 1876 |
| 943 | Wie unter Nr. 942. | Schwarz, mit weissem „B“. | 4,0 | 1,3 | . . . | 1 | 1876 |
| 944 | Wie unter Nr. 942. | Schwarz, mit weissem „C“. | 4,0 | 1,3 | . . . | 1 | 1876 |
| 945 | Wie unter Nr. 942. | Wie unter Nr. 938, mit schwarzer „1“. | 5,0 | 1,3 | . . . | 1 | 1876 |
| 946 | Wie unter Nr. 942. | Wie unter Nr. 938, mit schwarzer „2“. | 5,0 | 1,3 | . . . | 1 | 1876 |

halten. Will man dagegen die längs dem Langlütjensand sich hinziehende westliche Fahrrinne des Wurster Fahrwassers benutzen, so muss man von der Tonne C (Nr. 944) an SSO 1/2 O bis zur Tonne WK (N. 891) steuern und von hier dann das Fahrwasser weiter verfolgen.

Im Interesse der kleinen nach dem oberen Theil des Fedderwarder Fahrwassers bestimmten Wattfahrer ist die Ebbelinie der Nordkante des Langlütjensandes, zwischen der westlichen Rinne des Wurster Fahrwassers und dem Fedderwarder Fahrwasser, durch 3 Stück 7,5 m hohe Pricken bezeichnet, auf deren Spitzen kleine Fässchen gesteckt sind.

| Laufende Nummer. | Namen und Oertlichkeit des Zeichens. 1. | Gattung 2. | Zweck, welchem das Zeichen dient. 3. | Geographische Lage des Zeichens. 4. |
|---|---|---|---|---|
| 947 | **Lune-Plate.** | Tonne. | Bezeichnet die östliche Seite des Fahrwassers. | . . . . . . . . . . . |
| 948 | **Flagbalgersiel.** | Tonne. | Desgl. | . . . . . . . . . . . |
| 949 | **Plate grossen Siel.** | 2 Tonnen. | Bezeichnen die westliche Seite des Fahrwassers. | . . . . . . . . . . . |
| 950 | **Kleiner Siel.** | Tonne. | Desgl. | . . . . . . . . . . . |
| 951 | **Hartwardenhörn.** | Tonne. | Bezeichnet die Einfahrt in das neue Fahrwasser am rechten Ufer des Strombetts unter Rechtenfleth entlang *). | . . . . . . . . . . . |
| 952 | **Buttler Siel.** | Tonne. | Bezeichnet die östliche Seite des Fahrwassers. | . . . . . . . . . . . |
| 953 | **Strohhausen.** | Tonne. | Bezeichnet die südliche Seite der nördlich von der Strohhauser Plate nach dem unter Nr. 951 angeführten Fahrwasser sich anbahnenden Fahrrinne. | . . . . . . . . . . . |
| 954 | **Schweiburg.** | Tonne. | Bezeichnet die östliche Seite des Fahrwassers. | . . . . . . . . . . . |
| 955 | **Golzwardener Plate.** | Tonne. | Bezeichnet die westliche Seite des Fahrwassers. | . . . . . . . . . . . |
| 956 | **Neuenlander Siel.** | Tonne. | Bezeichnet die westliche Seite der neuen Fahrrinne unter Rechtenfleth, welche bei der Golzwardener Plate in das alte Fahrwasser einmündet. Siehe auch Nr. 951. | . . . . . . . . . . . |
| 957 | **Drepten Schlänge.** | Tonne. | Bezeichnet die westliche Seite der neuen Fahrrinne unter Rechtenfleth. | . . . . . . . . . . . |
| 958 | **Ballastplate,** querab von Drepten. | Tonne. | Bezeichnet die östliche Seite der neuen Fahrrinne unter Rechtenfleth. | . . . . . . . . . . . |
| 959 | **Ballastplate,** querab von Rechtenfleth. | Tonne. | Desgl. | . . . . . . . . . . . |
| 960 | „ | Tonne. | Desgl. | . . . . . . . . . . . |

*) Die Fahrrinne weiter ist durch 2 schwarze und 3 weisse Tonnen bezeichnet, siehe Nr. 956—960.

Anm. zu Nr. 947 bis 989. — Das Fahrwasser der Weser von Bremerhaven bis Vegesack ist wegen steten Verschiebens der Sände (Platen) und in Folge von Baggerungen grossen Veränderungen unterworfen und deshalb die Lage der unter Nr. 947 bis 989 aufgeführten Tonnen

| Laufende Nummer. | Allgemeine Beschreibung des Zeichens. | Besondere Erkennungsmerkmale des Zeichens. | Wassertiefe bei Niedrigwasser am Orte des Zeichens in Metern. | Höhe der Spitze des Zeichens über dem Wasser in Metern. | Höhe der Spitze des Zeichens über dem Erdboden in Metern. | Sichtweite des Zeichens in Seemeilen. | Das Zeichen ist erstmalig ausgelegt bezw. errichtet: |
|---|---|---|---|---|---|---|---|
| | 5. | 6. | 7. | 8a. | 8b. | 9. | 10. |
| 947 | Stumpfe Tonne V. Klasse (2,025 m lang und 0,92 m im Durchmesser) aus 4,8 cm starkem Eichenholz. | Weiss, mit einem 15 cm breiten rothen Streifen am oberen Rande. | 4,5 | 1,2 | . . . | 1 | . . . |
| 948 | Für den Sommer: Stumpfe Tonne V. Klasse (2,025 m lang und 0,92 m im Durchmesser) aus 4,8 cm starkem Eichenholz. Für den Winter: Spitze Tonne V. Klasse (2,03 m lang und 0,8 m im Durchmesser) aus 4,8 cm starkem Eichenholz. | Weiss. | 3,6 | 1,2 | . . . | 1 | 1876 |
| 949 | Wie unter Nr. 948. | Schwarz. | 3,6 | 1,2 | . . . | 1 | . . . |
| 950 | Wie unter Nr. 948. | Schwarz. | 3,6 | 1,2 | . . . | 1 | . . . |
| 951 | Spitze Tonne V. Klasse (2,03 m lang und 0,8 m im Durchmesser) aus 4,8 cm starkem Eichenholz. | Roth. | 2,8 | 1,2 | . . . | 1 | 1875 |
| 952 | Wie unter Nr. 948. | Weiss. | 2,4 | 1,2 | . . . | 1 | 1877 |
| 953 | Wie unter Nr. 948. | Schwarz. | 2,4 | 1,2 | . . . | 1 | 1877 |
| 954 | Wie unter Nr. 948. | Weiss. | 2,4 | 1,2 | . . . | 1 | . . . |
| 955 | Wie unter Nr. 948. | Schwarz. | 1,5 | 1,2 | . . . | 1 | 1874 |
| 956 | Wie unter Nr. 948. | Schwarz. | 2,4 | 1,2 | . . . | 1 | 1875 |
| 957 | Wie unter Nr. 948. | Schwarz. | 1,5 | 1,2 | . . . | 1 | 1875 |
| 958 | Wie unter Nr. 948. | Weiss. | 1,2 | 1,2 | . . . | 1 | 1875 |
| 959 | Wie unter Nr. 948. | Weiss. | 1,8 | 1,2 | . . . | 1 | 1875 |
| 960 | Wie unter Nr. 948. | Weiss. | 2,4 | 1,2 | . . . | 1 | 1875 |

sehr wechselnd und nicht genau zu bestimmen. Jede dieser Tonnen ist mit einer Kette an einem Stein verankert. Nach der grösseren oder geringeren Wassertiefe, der Grösse der Tonnen, sowie der Stärke des Stromes variirt die Länge der Ketten zwischen 7,5 und 14,5 m, das Gewicht der Steine zwischen 250 und 600 kg.

| Laufende Nummer. | Namen und Oertlichkeit des Zeichens. 1. | Gattung des Zeichens. 2. | Zweck, welchem das Zeichen dient. 3. | Geographische Lage des Zeichens. 4. |
|---|---|---|---|---|
| 961 | **Golzwardener Plate.** | 3 Tonnen. | Bezeichnen die westliche Seite des Fahrwassers. | . . . . . . . . . . . . |
| 962 | **Sandstedt.** | Tonne. | Bezeichnet die östliche Seite des Fahrwassers. | . . . . . . . . . . . . |
| 963 | **Wilhelmsplate.** | Tonne. | Desgl. | . . . . . . . . . . . . |
| 964 | Zwischen **Lienen** und **Fähr.** | 150 Tonnen. | Bezeichnen die Buhnenköpfe an beiden Ufern der Weser. Die an der stromaufgehend rechten Seite des Fahrwassers (linkes Ufer der Weser) liegenden Tonnen sind schwarz, an der stromaufgehend linken Seite (rechtes Ufer der Weser) liegenden Tonnen weiss. | . . . . . . . . . . . . |
| 965 | **Lienen.** | Tonne. | Bezeichnet die östliche Seite des Fahrwassers. | . . . . . . . . . . . . |
| 966 | „ | 2 Tonnen. | Bezeichnen die westliche Seite des Fahrwassers. | . . . . . . . . . . . . |
| 967 | „ | 3 Tonnen. | Bezeichnen die östliche Seite des Fahrwassers. | . . . . . . . . . . . . |
| 968 | **Mühlenplate,** querab von **Lienen.** | Tonne. | Bezeichnet die Trennung von zwei Fahrrinnen. | . . . . . . . . . . . . |
| 969 | „ | Tonne. | Bezeichnet die östliche Seite des Fahrwassers. | . . . . . . . . . . . . |
| 970 | **Mühlenplate.** | Tonne. | Bezeichnet die westliche Seite des Fahrwassers. | . . . . . . . . . . . . |
| 971 | **Ostergate.** | Tonne. | Bezeichnet die östliche Seite des Fahrwassers. | . . . . . . . . . . . . |
| 972 | **Ostergate, Rekumer Siel.** | Tonne. | Bezeichnet die westliche Seite des Fahrwassers. | . . . . . . . . . . . . |
| 973 | **Rekum.** | 3 Tonnen. | Bezeichnen die westliche Seite des Fahrwassers. | . . . . . . . . . . . . |
| 974 | **Witteburg.** | Tonne. | Bezeichnet die westliche Seite des Fahrwassers. | . . . . . . . . . . . . |

| Laufende Nummer. | Allgemeine Beschreibung des Zeichens. | Besondere Erkennungsmerkmale des Zeichens. | Wassertiefe bei Niedrigwasser am Orte des Zeichens in Metern. | Höhe der Spitze des Zeichens über dem Wasser in Metern. | Höhe der Spitze des Zeichens über dem Erdboden in Metern. | Sichtweite des Zeichens in Seemeilen. | Das Zeichen ist erstmalig ausgelegt bezw. errichtet: |
|---|---|---|---|---|---|---|---|
| | 5. | 6. | 7. | 8a. | 8b. | 9. | 10. |
| 961 | Für den Sommer: Stumpfe Tonne V. Klasse (2,025 m lang und 0,92 m im Durchmesser) aus 4,8 cm starkem Eichenholz. Für den Winter: Spitze Tonne V. Klasse (2,03 m lang und 0,8 m im Durchmesser) aus 4,8 cm starkem Eichenholz. | Schwarz. | 1,8 bis 2,1 | 1,2 | . . . | 1 | Die nördl. 1865, die mittlere 1872, die südl. 1869. |
| 962 | Wie unter Nr. 961. | Weiss. | 1,8 | 1,2 | . . . | 1 | 1866 |
| 963 | Wie unter Nr. 961. | Weiss. | 2,1 | 1,2 | . . . | 1 | 1863 |
| 964 | Kegelförmige eiserne Tonnen von 0,61 m Länge mit einem 0,14 m hohen cylindrischen Aufsatz. | Schwarz bezw. weiss. Siehe Sp. 3. | 2—5 | . . . | . . . | 0,5 | 1877 |
| 965 | Für den Sommer: Stumpfe Tonne VI. Klasse (1,74 m lang und 0,72 m im Durchmesser) aus 4,8 cm starkem Eichenholz. Für den Winter: Spitze Tonne VI. Klasse (1,74 m lang und 0,64 m im Durchmesser) aus 4,8 cm starkem Eichenholz. | Weiss. | 1,5 | 1 | . . . | 0,8 | . . . |
| 966 | Wie unter Nr. 965. | Schwarz. | 1,5 | 1 | . . . | 0,8 | . . . |
| 967 | Wie unter Nr. 965. | Weiss. | 1,5 | 1 | . . . | 0,8 | . . . |
| 968 | Spitze Tonne aus 4,8 cm starkem Eichenholz. Im Sommer von 2,03 m Länge und 0,8 m Durchmesser, im Winter von 1,74 m Länge und 0,64 m Durchmesser. | Roth. | 1,8 | 1,2 | . . . | 1 | . . . |
| 969 | Wie unter Nr. 965. | Weiss. | 1,5 | 1 | . . . | 0,8 | . . . |
| 970 | Wie unter Nr. 965. | Schwarz. | 1,2 | 1 | . . . | 0,8 | . . . |
| 971 | Wie unter Nr. 965. | Weiss. | 1,5 | 1 | . . . | 0,8 | 1876 |
| 972 | Wie unter Nr. 965. | Schwarz. | 1,5 | 1 | . . . | 0,8 | . . . |
| 973 | Wie unter Nr. 965. | Schwarz. | 1,5 | 1 | . . . | 0,8 | . . . |
| 974 | Wie unter Nr. 965. | Schwarz. | 1,5 | 1 | . . . | 0,8 | . . . |

| Laufende Nummer. | Namen und Oertlichkeit des Zeichens. 1. | Gattung des Zeichens. 2. | Zweck, welchem das Zeichen dient. 3. | Geographische Lage des Zeichens. 4. |
|---|---|---|---|---|
| 975 | **Farge.** | Tonne. | Bezeichnet die Trennung der Warflether und Rönnebecker Fahrrinnen. | . . . . . . . |
| 976 | **Kopf des Separationswerkes.** | Tonne. | Desgl. | . . . . . . . |
| 977 | **Warflether Fahrrinne,** Warfleth. | 2 Tonnen. | Bezeichnen die östliche bezw. nördliche Seite des Fahrwassers. | . . . . . . . |
| 978 | **Warflether Fahrrinne,** Motzen. | Tonne. | Bezeichnet die östliche bezw. nördliche Seite des Fahrwassers. | . . . . . . . |
| 978a | - | Tonne. | Bezeichnet die westliche bezw. südliche Seite des Fahrwassers. | . . . . . . . |
| 979 | **Marschgehren.** | Tonne. | Bezeichnet die Abzweigung der Rönnebecker von der Warflether Fahrrinne. | . . . . . . . |
| 980 | **Rönnebecker Fahrrinne,** Farge. | Tonne. | Bezeichnet die westliche bezw. südliche Seite des Fahrwassers. | . . . . . . . |
| 981 | **Rönnebecker Fahrrinne,** Blumenthal. | Tonne. | Desgl. | . . . . . . . |
| 982 | **Marschgehren** unterhalb. | Tonne. | Desgl. | . . . . . . . |
| 983 | - | Tonne. | Bezeichnet die östliche bezw. nördliche Seite des Fahrwassers. | . . . . . . . |
| 984 | - | Tonne. | Bezeichnet die westliche bezw. südliche Seite des Fahrwassers. | . . . . . . . |
| 985 | **Marschgehren,** querab. | Tonne. | Bezeichnet die östliche bezw. nördliche Seite des Fahrwassers. | . . . . . . . |
| 986 | **Lobbendorf,** unterhalb. | Tonne. | Bezeichnet die westliche bezw. südliche Seite des Fahrwassers. | . . . . . . . |
| 987 | **Fähr.** | Tonne. | Desgl. | . . . . . . . |
| 988 | **Vegesack.** | Tonne. | Desgl. | . . . . . . . |
| 989 | **Vegesack,** oberhalb. | Tonne. | Bezeichnet den Kopf eines Separationswerkes und die Abzweigung des Fahrwassers der Lesum von der Weser. | . . . . . . . |

| Laufende Nummer. | Allgemeine Beschreibung des Zeichens. | Besondere Erkennungs-merkmale des Zeichens. | Wassertiefe bei Niedrigwasser am Orte des Zeichens in Metern. | Höhe der Spitze des Zeichens über Wasser in Metern. | Höhe der Spitze des Zeichens über dem Erdboden in Metern. | Sichtweite des Zeichens in Seemeilen. | Das Zeichen ist erstmalig ausgelegt bezw. errichtet: |
|---|---|---|---|---|---|---|---|
| | 5. | 6. | 7. | 8a. | 8b. | 9. | 10. |
| 975 | Spitze Tonne aus 4,8 cm starkem Eichenholz. Im Sommer von 2,03 m Länge und 0,7 m Durchmesser, im Winter von 1,74 m Länge und 0,64 m Durchmesser. | Roth. | 1,5 | 1,2 | ... | 0,8 | ... |
| 976 | Wie unter Nr. 975. | Roth. | 1,8 | 1,2 | ... | 1 | ... |
| 977 | Für den Sommer: Stumpfe Tonne VI. Klasse (1,74 m lang und 0,72 m im Durchmesser) aus 4,8 cm starkem Eichenholz. Für den Winter: Spitze Tonne VI. Klasse (1,74 m lang und 0,64 m im Durchmesser) aus 4,8 cm starkem Eichenholz. | Weiss. | 1,2 und 1,5 | 1 | ... | 0,8 | ... |
| 978 | Wie unter Nr. 977. | Weiss. | 1,5 | 1 | ... | 0,8 | ... |
| 978a | Wie unter Nr. 977. | Schwarz. | 1,5 | 1 | ... | 0,8 | 1876 |
| 979 | Spitze Tonne aus 4,8 cm starkem Eichenholz. Im Sommer von 2,03 m Länge und 0,7 m Durchmesser, im Winter von 1,74 m Länge und 0,64 m Durchmesser. | Roth. | 1,5 | 1,2 | ... | 0,8 | ... |
| 980 | Wie unter Nr. 977. | Schwarz. | 1,5 | 1 | ... | 0,8 | ... |
| 981 | Wie unter Nr. 977. | Schwarz. | 1,2 | 1 | ... | 0,8 | ... |
| 982 | Wie unter Nr. 977. | Schwarz. | 1,2 | 1 | ... | 0,8 | ... |
| 983 | Wie unter Nr. 977. | Weiss. | 1,5 | 1 | ... | 0,8 | 1876 |
| 984 | Wie unter Nr. 977. | Schwarz. | 1,5 | 1 | ... | 0,8 | 1877 |
| 985 | Wie unter Nr. 977. | Weiss. | 1,5 | 1 | ... | 0,8 | ... |
| 986 | Wie unter Nr. 977. | Schwarz. | 1,5 | 1 | ... | 0,8 | 1877 |
| 987 | Wie unter Nr. 977. | Schwarz. | 1,5 | 1 | ... | 0,8 | ... |
| 988 | Wie unter Nr. 977. | Schwarz. | 1,5 | 1 | ... | 0,8 | ... |
| 989 | Spitze Tonne VI. Klasse (1,74 m lang und 0,72 m im Durchmesser) aus 4,8 cm starkem Eichenholz. | Roth. | 1,8 | 1 | ... | 0,8 | ... |

| Laufende Nummer. | Namen und Oertlichkeit des Zeichens. 1. | Gattung 2. | Zweck, welchem das Zeichen dient. 3. | Geographische Lage des Zeichens. 4. |
|---|---|---|---|---|
| 990 | **Weserfahrt,** Verbindungsfahrwasser der Weser und Jade, nördlich von Hohe Dünkirchen. | Treibbake. | Bezeichnet die nördliche Grenze der Mellum-Plate. | NNW $^1/_2$ W von Hohe-Weg-Leuchtthurm und WSW $^1/_2$ W vom Weser-Feuerschiff „Bremen“. |
| 991 | **Nördliches Fahrwasser,** Verbindungsfahrwasser der Weser- und Jademündung, zwischen den Sandbänken „Jade Plate“ und „Rother Grund“. | Tonne. | Bezeichnet die westliche Seite des Fahrwassers. | NW $^1/_2$ N vom Weser-Feuerschiff „Bremen“, ONO $^1/_4$ O von Wangeroog-Leuchtthurm und N $^1/_2$ W vom Jade-Feuerschiff „Aussenjade“. |
| 992 | „ | Tonne. | Desgl. | NW z W vom Weser-Feuerschiff „Bremen“, O $^3/_4$ N von Wangeroog-Leuchtthurm und N $^3/_8$ W vom Jade-Feuerschiff „Aussenjade“. |
| 993 | „ | Tonne. | Bezeichnet die östliche Seite des Fahrwassers. | NW $^1/_4$ N vom Weser-Feuerschiff „Bremen“, N z O $^1/_2$ O vom Jade-Feuerschiff „Aussenjade“ und ONO $^3/_4$ O von Wangeroog-Leuchtthurm. |
| 994 | „ | Tonne. | Desgl. | NW $^1/_2$ W vom Weser-Feuerschiff „Bremen“, O z N von Wangeroog-Leuchtthurm und NNO $^1/_4$ O vom Jade-Feuerschiff „Aussenjade“. |
| 995 | **Oestliche Fahrt,** Fahrwasser der Jade östlich vom Minsener Sand; zugleich Fortsetzung des nördlichen Fahrwassers bis zur Vereinigung mit dem Hauptfahrwasser der Jade südlich vom Minsener Sand. | Tonne. (Mittelgrund-Tonne.) | Bezeichnet die Nordspitze des Minsener Sandes (die westliche Seite des Fahrwassers). | SO $^3/_4$ O vom Jade-Feuerschiff „Aussenjade“ und NO $^3/_8$ N von Minsener Olde-Oog-Bake. |

Anm. zu Nr. 990 bis 1068. — Bei den unter diesen Nummern aufgeführten schwimmenden Schifffahrtszeichen ist in Spalte 8a überall die Höhe der Tonnenspitze über Wasser, nicht die Höhe eines event. über der Tonne befindlichen Topzeichens über Wasser angegeben.

| Laufende Nummer. | Allgemeine Beschreibung des Zeichens. | Besondere Erkennungsmerkmale des Zeichens. | Wassertiefe bei Niedrigwasser am Orte des Zeichens in Metern. | Höhe der Spitze des Zeichens über Wasser in Metern. | Höhe der Spitze des Zeichens über dem Erdboden in Metern. | Sichtweite des Zeichens in Seemeilen. | Das Zeichen ist erstmalig ausgelegt bezw. errichtet: |
|---|---|---|---|---|---|---|---|
| | 5. | 6. | 7. | 8a. | 8b. | 9. | 10. |
| 990 | Hölzerne Treibbake. Mit einer 1 m langen und 2,6 cm starken Kette an einem 200 kg schweren Stein verankert. | Schwarz und weiss karrirt, mit einem Lederlappen an der Spitze. | 3 | 3 | . . . | 1,5 | 1877 |
| 991 | Hölzerne Spierentonne mit eisernem Treiber und einem cylinderförmigen Korb am Top.*) | Roth, mit weissem „A" an der Spiere. | 10,5 | 6 | . . . | 3 | 1873 |
| 992 | Eiserne Spierentonne mit einem Korb von der Form eines schiefliegenden Quadrats am Top.*) | Roth, mit weissem „B" an der Spiere. | 13 | 6 | . . . | 3 | 1873 |
| 993 | Hölzerne Spierentonne mit eisernem Treiber.*) | Schwarz, mit schwarzem Lederlappen als Topzeichen und weisser „I" an der Spiere. | 7,5 | 6 | . . . | 3 | 1873 |
| 994 | Wie unter Nr. 993. | Schwarz, mit schwarzem Lederlappen als Topzeichen und weisser „II" an der Spiere. | 12,5 | 6 | . . . | 3 | 1873 |
| 995 | Spitze hölzerne Tonne I. Klasse mit kegelförmigem Topzeichen. Mit einer 35 m langen und 2,9 bis 3,1 cm starken Kette an einem 1900 kg schweren Stein verankert. | Schwarz und roth horizontal gestreift. | 11,5 | 1,5 | . . . | 2 | 1875 |

*) Mit einer 31 m langen und 2,6 bis 2,9 cm starken Kette an einem 1250 kg schweren Stein verankert.

| Laufende Nummer. | Namen und Oertlichkeit des Zeichens. 1. | Gattung 2. | Zweck, welchem das Zeichen dient. 3. | Geographische Lage des Zeichens. 4. |
|---|---|---|---|---|
| 996 | **Oestliche Fahrt**, Fahrwasser der Jade östlich vom Minsener Sand; zugleich Fortsetzung des nördlichen Fahrwassers bis zur Vereinigung mit dem Hauptfahrwasser der Jade südlich vom Minsener Sand. | Tonne. | Bezeichnet die westliche Seite des Fahrwassers. | SO 1/4 S vom Jade-Feuerschiff „Aussenjade“ und ONO von Minsener Olde-Oog-Bake. |
| 997 | „ | Tonne. (Mittelgrund-Tonne.) | Bezeichnet die Südspitze des Minsener Sandes (die westliche Seite des Fahrwassers). | SSO 1/4 O vom Jade-Feuerschiff „Aussenjade“ und O. von Minsener Olde-Oog-Bake. |
| 998 | „ | Tonne. | Bezeichnet die östliche Seite des Fahrwassers. | OSO 1/2 O vom Jade-Feuerschiff „Aussenjade“ und NO 1/2 O von Minsener Olde-Oog-Bake. |
| 999 | „ | Tonne. | Desgl. | SO 1/2 O vom Jade-Feuerschiff „Aussenjade“ und O 3/4 N von Minsener Olde-Oog-Bake. |
| 1000 | **Wangeroog**, am Westende der Insel. | Kirchthurm. | Landerkennungsmarke. Auf dem Thurm ist eine Signaleinrichtung zur Abgabe von Eissignalen für die Weser vorhanden. Der Kirchthurm ist der Rest des 1855—60 von den Fluthen zerstörten Dorfes. | 53° 47′ 33″ N.Br. 7° 51′ 0″ O.Lg. |
| 1001 | **Wangeroog**, auf den nördlichen Dünen, NNO 500 m von Wangeroog-Leuchtthurm. | Bake. (Kaapbake).*) | Bezeichnet die Einfahrt in die Weser und Jade. Bei der Schlüsseltonne der Weser (Nr. 835) und der rothen Tonne B der Jade (Nr. 1005) wird Wangeroog-Feuer von der Bake verdeckt. Auf der Bake werden Sturmsignale gezeigt. | 53° 47′ 40″ N.Br. 7° 54′ 0″ O.Lg. |

*) Siehe auch Nr. 1063.

| Laufende Nummer. | Allgemeine Beschreibung des Zeichens. | Besondere Erkennungsmerkmale des Zeichens. | Wassertiefe bei Niedrigwasser am Orte des Zeichens in Metern. | Höhe der Spitze des Zeichens über Hochwasser in Metern. | Höhe der Spitze des Zeichens über dem Erdboden in Metern. | Sichtweite des Zeichens in Seemeilen. | Das Zeichen ist erstmalig ausgelegt bezw. errichtet: |
|---|---|---|---|---|---|---|---|
| | 5. | 6. | 7. | 8a. | 8b. | 9. | 10. |
| 996 | Stumpfe hölzerne Tonne I. Klasse.*) | Roth, mit „G/H" und „Jade" in weisser Farbe bezeichnet. | 15 | 1,2 | . . . | 1,5 | 1875 |
| 997 | Spitze hölzerne Tonne II. Klasse mit schwarzem Flügel als Topzeichen. Mit einer 31 m langen und 2,6 bis 2,9 cm starken Kette an einem 1500 kg schweren Stein verankert. | Schwarz und roth horizontal gestreift. | 11 | 1,5 | . . . | 2 | 1875 |
| 998 | Spitze hölzerne Tonne I. Klasse.*) | Schwarz, mit „Jade" und „5/6" in weisser Farbe bezeichnet. | 14 | 1,5 | . . . | 2 | 1875 |
| 999 | Wie unter Nr. 998. | Schwarz, mit „Jade" und „6/7" in weisser Farbe bezeichnet. | 13 | 1,5 | . . . | 2 | 1875 |
| 1000 | Viereckiger massiver Thurm, von 12 und 9,4 m Seite und 27 m Höhe, mit 3spitzigem Schieferdach. Die mittlere Spitze ist bis zum Knopfe 27 m, die beiden kleineren Spitzen 13,5 m höher als das Mauerwerk. Der mit Schutzwerken umgebene Fuss des Thurmes wird von der täglichen Fluth ganz umspült. | Der Thurm hat eine hellrothe Farbe. Die drei Spitzen liegen in derselben Meridianebene. | . . . | . . . | . . . | 18 | 1597 bis 1603 erbaut. |
| 1001 | Balkenwerk mit einem 6 m hohen und breiten, viereckigen Kopf. | Schwarz. | . . . | 31 | 16 | 13 | 1856 |

*) Mit einer 35 m langen und 2,9 bis 3,1 cm starken Kette an einem 1900 kg schweren Stein verankert.

| Laufende Nummer. | Namen und Oertlichkeit des Zeichens. 1. | Gattung des Zeichens. 2. | Zweck, welchem das Zeichen dient. 3. | Geographische Lage des Zeichens. 4. |
|---|---|---|---|---|
| 1002 | **Minsener Olde-Oog.** | Bake. | Orientirung in der Aussenjade, Aussenweser, sowie auf den Watten. | 53° 46' 28" N.Br. 8° 0' 48" O.Lg. |
| 1003 | **Jademündung.** | Glockenboje. | Bezeichnet die Ansegelung der Jade. | NNO von Wangeroog-Kirchthurm, N 5/8 W von Wangeroog-Leuchtthurm und NW 7/8 W vom Jade-Feuerschiff „Aussenjade". |
| 1004 | **Wangeroog-Fahrwasser,** Fahrwasser der Jade von der Mündung bis zum Jade-Feuerschiff „Aussenjade" (Nordspitze des Minsener Sandes). | Tonne. | Bezeichnet die südliche Seite des Fahrwassers. | NO 1/4 N von Wangeroog-Kirchthurm, N 5/8 W von Wangeroog-Leuchtthurm und NW z W 3/4 W vom Jade-Feuerschiff „Aussenjade". |
| 1005 | „ | Tonne. | Desgl. | NO z O 1/2 O von Wangeroog-Kirchthurm und NNO von Wangeroog-Leuchtthurm und der Kaapbake (Nr. 1001). |
| 1006 | „ | Tonne. | Desgl. | NO 3/4 O von Wangeroog-Leuchtthurm und WNW vom Jade-Feuerchiff „Aussenjade". |
| 1007 | „ | Tonne. | Desgl. | O 1/4 N von Wangeroog-Kirchthurm und WNW 1/2 W vom Jade-Feuerschiff „Aussenjade". |

| Laufende Nummer. | Allgemeine Beschreibung des Zeichens. | Besondere Erkennungsmerkmale des Zeichens. | Wassertiefe bei Niedrigwasser am Orte des Zeichens in Metern. | Höhe der Spitze des Zeichens über Hochwasser in Metern. | Höhe der Spitze des Zeichens über dem Erdboden in Metern. | Sichtweite des Zeichens in Seemeilen. | Das Zeichen ist erstmalig ausgelegt bezw. errichtet: |
|---|---|---|---|---|---|---|---|
| | 5. | 6. | 7. | 8a. | 8b. | 9. | 10. |
| 1002 | 7 m hoher, unten 5 m und oben 4 m breiter, verlatteter hölzerner Verschlag (8,25 m über dem Erdboden auf 4 Ständern ruhend) mit spitzer, 3,5 m hoher Bedachung, welche eine 2,5 m hohe Spitze mit eingeschorener Flaggenleine hat. In den verlatteten Raum, in welchem sich zur Aufnahme Schiffbrüchiger ein Bretterverschlag mit Vorrath von Wasser und Hartbrot und eine Signalflagge befindet, führt eine eiserne Leiter. | Brauner Theeranstrich. Der Verschlag hat die Form einer Laterne. | . . . | 21,5 | 21,5 | 8,5 | 1865 |
| 1003 | Eiserne Boje mit Läuteapparat in einer auf 4 Säulen ruhenden Kuppel; darüber eine Flügelstange mit kugelförmigem Korbe. Verankert an einer 3,9 cm starken und 15 m langen Kette, welche, in zwei je 2,9 cm starken und 35 m langen Ketten auslaufend, an zwei etwa 30 m auseinander liegenden, 1900 kg schweren Steinen befestigt ist. | Roth, mit horizontalem schwarzen Streifen und dem Namen „Jade" in weissen Buchstaben. | 13 | 2,5 | . . . | 2,5 | 1875 |
| 1004 | Stumpfe eiserne Fahrwassertonne I. Klasse.*) | Roth, am Tonnenkopf „A" und „Jade" in weisser Farbe; über dem Tonnenboden ein rother Flügel mit weissem „A". | 13 | 1,5 | . . . | 1,5 | 1875 |
| 1005 | Stumpfe hölzerne Fahrwassertonne I. Klasse.*) | Roth, am Tonnenkopf „B" und „Jade" in weisser Farbe. | 11 | 2 | . . . | 2 | 1875 |
| 1006 | Wie unter Nr. 1005. | Roth, am Tonnenkopf „C" und „Jade" in weisser Farbe; über dem Tonnenboden ein rother Flügel mit weissem „C". | 14 | 2 | . . . | 2 | 1875 |
| 1007 | Wie unter Nr. 1005. | Roth, am Tonnenkopf „D" und „Jade" in weisser Farbe. | 11 | 2 | . . . | 2 | 1875 |

*) Mit einer 35 m langen und 2,9 bis 3,1 cm starken Kette an einem 1900 kg schweren Stein verankert.

| Laufende Nummer. | Namen und Oertlichkeit des Zeichens. 1. | Gattung 2. | Zweck, welchem das Zeichen dient. 3. | Geographische Lage des Zeichens. 4. |
|---|---|---|---|---|
| 1008 | **Wangeroog-Fahrwasser**, Fahrwasser der Jade von der Mündung bis zum Jade-Feuerschiff „Aussenjade" (Nordspitze des Minsener Sandes). | Tonne. | Bezeichnet die südliche Seite des Fahrwassers. | N z W $^5/_8$ W von Minsener Olde-Oog-Bake und WNW $^3/_4$ W vom Jade-Feuerschiff „Aussenjade". |
| 1009 | „ | Tonne. | Desgl. | N z O $^1/_4$ O von Minsener Olde-Oog-Bake und W $^3/_4$ S vom Jade-Feuerschiff „Aussenjade". |
| 1010 | „ | Tonne. | Bezeichnet die äusserste Grenze der nördlichen Seite des Fahrwassers. | NO $^1/_2$ N von Wangeroog-Kirchthurm und N $^3/_4$ O von Wangeroog-Leuchtthurm. |
| 1011 | „ | Tonne. | Bezeichnet die nördliche Seite des Fahrwassers. | NO von Wangeroog-Kirchthurm, N $^1/_2$ O von Wangeroog-Leuchtthurm und NWzW $^1/_2$ W vom Jade-Feuerschiff „Aussenjade". |
| 1012 | „ | Tonne. | Desgl. | NNO $^1/_8$ O von Wangeroog-Leuchtthurm u. NWzW $^3/_4$ W vom Jade-Feuerschiff „Aussenjade". |
| 1013 | „ | Tonne. | Bezeichnet die äusserste Grenze der nördlichen Seite des Fahrwassers. | NOzN von Wangeroog-Leuchtthurm und NWzW vom Jade-Feuerschiff „Aussenjade". |
| 1014 | „ | Tonne. | Bezeichnet die nördliche Seite des Fahrwassers. | OzN von Wangeroog-Kirchthurm und NW z W $^3/_4$ W vom Jade-Feuerschiff „Aussenjade". |
| 1015 | „ | Tonne. | Desgl. | ONO $^7/_8$ O von Wangeroog-Kirchthurm und NWzW vom Jade-Feuerschiff „Aussenjade". |

| Laufende Nummer. | Allgemeine Beschreibung des Zeichens. | Besondere Erkennungsmerkmale des Zeichens. | Wassertiefe bei Niedrigwasser am Orte des Zeichens in Metern. | Höhe der Spitze des Zeichens über dem Wasser in Metern. | Höhe der Spitze des Zeichens über dem Erdboden in Metern. | Sichtweite des Zeichens in Seemeilen. | Das Zeichen ist erstmalig ausgelegt bezw. errichtet: |
|---|---|---|---|---|---|---|---|
| | 5. | 6. | 7. | 8a. | 8b. | 9. | 10. |
| 1008 | Stumpfe hölzerne Fahrwassertonne I. Klasse.*) | Roth, am Tonnenkopf „F“ und „Jade“ in weisser Farbe; über dem Tonnenboden ein rother Flügel mit weissem „E“. | 11 | 2 | . . . | 2 | 1875 |
| 1009 | Wie unter Nr. 1008. | Roth, am Tonnenkopf „F“ und „Jade“ in weisser Farbe. | 11 | 2 | . . . | 2 | 1875 |
| 1010 | Hölzerne Spierentonne mit eisernem Treiber. Mit einer 31 m langen und 2,6 bis 2,9 cm starken Kette an einem 1250 kg schweren Stein verankert. | Schwarz, mit schwarzem Lederlappen als Topzeichen und weisser „1“ an der Spiere. | 10 | 6 | . . . | 3 | 1875 |
| 1011 | Spitze hölzerne Fahrwassertonne I. Klasse.*) | Schwarz, am Kopf „1“ und „Jade“ in weisser Farbe. | 11 | 2,5 | . . . | 2,5 | 1875 |
| 1012 | Wie unter Nr. 1011. | Schwarz, am Kopf „2“ und „Jade“ in weisser Farbe. | 10 | 2,5 | . . . | 2,5 | 1875 |
| 1013 | Hölzerne Spierentonne mit eisernem Treiber. Mit einer 31 m langen und 2,6 bis 2,9 cm starken Kette an einem 1250 kg schweren Stein verankert. | Schwarz, mit schwarzem Lederlappen als Topzeichen und weisser „2“ an der Spiere. | 8 | 6 | . . . | 3 | 1875 |
| 1014 | Wie unter Nr. 1011. | Schwarz, am Kopf „3“ und „Jade“ in weisser Farbe. | 10,5 | 2,5 | . . . | 2,5 | 1875 |
| 1015 | Wie unter Nr. 1011. | Schwarz, am Kopf „4“ und „Jade“ in weisser Farbe. | 10,5 | 2,5 | . . . | 2,5 | 1875 |

*) Mit einer 35 m langen und 2,9 bis 3,1 cm starken Kette an einem 1900 kg schweren Stein verankert.

| Laufende Nummer. | Namen und Oertlichkeit des Zeichens. 1. | Gattung des Zeichens. 2. | Zweck, welchem das Zeichen dient. 3. | Geographische Lage des Zeichens. 4. |
|---|---|---|---|---|
| 1016 | **Wangeroog-Fahrwasser,** Fahrwasser der Jade von der Mündung bis zum Jade-Feuerschiff „Aussenjade“ (Nordspitze des Minsener Sandes). | Tonne. | Bezeichnet die nördliche Seite des Fahrwassers. | N 3/4 W von Minsener Olde-Oog-Bake u. NW z W vom Jade-Feuerschiff „Aussenjade.“ |
| 1017 | **Hohe-Mellum.** | Bake. | Orientirungsmarke in der Aussenjade und untern Innenjade; hauptsächlich aber Richtungsmarke durch das Fahrwasser zwischen dem Minsener Sand und dem Minsener Olde-Oog. | 53° 42′ 58″ N.Br. 8° 7′ 44″ O.Lg. |
| 1018 | **Aussenjade,** Fahrwasser der Jade vom Jade-Feuerschiff „Aussenjade“ (Nordspitze des Minsener Sandes) bis Schillighörn. | Tonne. | Bezeichnet die südliche bezw. westliche Seite des Fahrwassers. | NO 1/2 N von Minsener Olde-Oog-Bake und S 1/2 O vom Jade-Feuerschiff „Aussenjade.“ |
| 1019 | „ | Tonne. | Bezeichnet die westliche Seite des Fahrwassers. | ONO 1/2 O von Minsener Olde-Oog-Bake und S 1/2 O vom Jade-Feuerschiff „Aussenjade“. |
| 1020 | „ | Tonne. | Desgl. | O 3/4 S von Minsener Olde-Oog-Bake und S z O 7/16 O vom Jade-Feuerschiff „Aussenjade.“ |
| 1021 | „ | Tonne. | Desgl. | SO z O von Minsener Olde-Oog-Bake und S z O 1/4 O vom Jade-Feuerschiff „Aussenjade“. |

| Laufende Nummer. | Allgemeine Beschreibung des Zeichens. | Besondere Erkennungsmerkmale des Zeichens. | Wassertiefe bei Niedrigwasser am Orte des Zeichens in Metern. | Höhe der Spitze des Zeichens über Hochwasser in Metern. | Höhe der Spitze des Zeichens über dem Erdboden in Metern. | Sichtweite des Zeichens in Seemeilen. | Das Zeichen ist erstmalig ausgelegt bezw. errichtet: |
|---|---|---|---|---|---|---|---|
| | 5. | 6. | 7. | 8a. | 8b. | 9. | 10. |
| 1016 | Spitze hölzerne Fahrwassertonne I. Klasse.*) | Schwarz, am Kopf „5" und „Jade" in weisser Farbe. | 10 | 2,5 | . . . | 2,5 | 1875 |
| 1017 | Hölzerne pyramidenförmige Bake. Auf Zangen, die auf eingerammten Grundpfählen aufgezapft sind, ruht das aus 4 Ständern und einem Kaiserstiel bestehende Bakengerüst, welches von 9,5 bis 20 m Höhe über dem Erdboden verlattet ist. Darüber eine 2,5 m hohe Spitze, welche eine 2,5 m lange Stange mit eingeschorener Flaggenleine trägt. In den verlatteten Raum, in dessen unteren Theil sich eine mit Wasser und Hartbrodt verproviantirte Kammer zur Aufnahme Schiffbrüchiger befindet, führt eine eiserne Leiter. | Schwarz. | . . . | 25,0 | 24,5 | 9 | 1875 |
| 1018 | Stumpfe hölzerne Fahrwassertonne I. Klasse.*) | Roth, am Tonnenkopf „G" und „Jade" in weisser Farbe; über dem Tonnenboden ein rother Flügel mit weissem „G". | 15 | 2 | . . . | 2 | 1875 |
| 1019 | Wie unter Nr. 1018. | Roth, am Tonnenkopf „H" und „Jade" in weisser Farbe. | 12 | 2 | . . . | 2 | 1875 |
| 1020 | Stumpfe hölzerne Fahrwassertonne II. Klasse.**) | Roth, mit weissem „J" am Tonnenkopf und auf dem Tonnenboden. | 12 | 1,5 | . . . | 1,5 | 1875 |
| 1021 | Wie unter Nr. 1020. | Roth, mit weissem „K" am Tonnenkopf. | 13,5 | 1,5 | . . . | 1,5 | 1875 |

*) Mit einer 35 m langen und 2,9 bis 3,1 cm starken Kette an einem 1900 kg schweren Stein verankert.

**) Mit einer 31 m langen und 2,6 bis 2,9 cm starken Kette an einem 1500 kg schweren Stein verankert.

| Laufende Nummer. | Namen und Oertlichkeit des Zeichens. 1. | Gattung 2. | Zweck, welchem das Zeichen dient. 3. | Geographische Lage des Zeichens. 4. |
|---|---|---|---|---|
| 1022 | **Aussenjade,** Fahrwasser der Jade vom Jade-Feuerschiff „Aussenjade“ (Nordspitze des Minsener Sandes) bis Schillighörn. | Tonne. | Bezeichnet die westliche Seite des Fahrwassers. | SSO $^1/_2$ O von Minsener Olde-Oog-Bake, S $^1/_2$ O vom Jade-Feuerschiff „Aussenjade“ u. NO $^3/_8$ O von Schillighörn-Leuchtthurm. |
| 1023 | „ | 4 Pricken. | Bezeichnen die Ostkante des Neubracks bei Niedrigwasser (die westliche Seite des Fahrwassers). | . . . . . . . . . . . |
| 1024 | „ | Tonne. | Bezeichnet die westliche Seite des Fahrwassers. | S $^3/_4$ O von Minsener Olde-Oog-Bake, WNW $^3/_8$ W von Hohe-Weg-Leuchtthurm und NO z O $^1/_2$ O von Schillighörn-Leuchtthurm. |
| 1025 | „ | Tonne. | Desgl. | S $^1/_8$ O von Minsener Olde-Oog-Bake, W. von Hohe-Weg-Leuchtthurm und SSO $^7/_8$ O von Schillighörn-Leuchtthurm. |
| 1026 | „ | Tonne. | Bezeichnet die östliche Seite des Fahrwassers.*) | NO z O $^1/_2$ O von Minsener Olde-Oog-Bake und SSO $^5/_8$ O vom Jade-Feuerschiff „Aussenjade“. |
| 1027 | „ | Tonne. | Desgl. | SO z O $^1/_2$ O von Minsener Olde-Oog-Bake, SSO $^1/_8$ O vom Jade-Feuerschiff „Aussenjade“ und NO $^3/_8$ O von Schillighörn-Leuchtthurm. |
| 1028 | „ | Tonne. | Desgl. | NW z W $^3/_4$ W von Hohe-Weg-Leuchtthurm und ONO von Schillighörn-Leuchtthurm. |
| 1029 | „ | Tonne. | Desgl. | S z O $^3/_4$ O von Minsener Olde-Oog-Bake, W $^3/_4$ N von Hohe-Weg-Leuchtthurm und OSO $^1/_2$ O von Schillighörn-Leuchtthurm. |
| 1030 | **Innenjade,** Fahrwasser derselben von Schillighörn bis südlich von der Sengwarder Balge (bis zur Mitte der Genius-Bank). | Tonne. | Bezeichnet die westliche Seite des Fahrwassers. | SO $^3/_4$ O von Stumpens-Windmühle**), W $^3/_4$ S von Hohe-Weg-Leuchtthurm und SSO $^1/_4$ O von Schillighörn-Leuchtthurm. |

*) Die östliche Seite dieses Fahrwassers wird zugleich durch die Mittelgrund-Tonnen (Nr. 995 und 997) bezeichnet, welche nördlich bezw. südlich von Tonne 6 (Nr. 1026) liegen.

**) Stumpens-Windmühle liegt in 53° 41′ 30,5″ N.Br. und 7° 59′ 20,2″ O.Lg. v. Grw.

| Laufende Nummer. | Allgemeine Beschreibung des Zeichens. | Besondere Erkennungsmerkmale des Zeichens. | Wassertiefe bei Niedrigwasser am Orte des Zeichens in Metern. | Höhe der Spitze des Zeichens über Wasser in Metern. | Höhe der Spitze des Zeichens über dem Erdboden in Metern. | Sichtweite des Zeichens in Seemeilen. | Das Zeichen ist erstmalig ausgelegt bezw. errichtet: |
|---|---|---|---|---|---|---|---|
| | 5. | 6. | 7. | 8a. | 8b. | 9. | 10. |
| 1022 | Stumpfe hölzerne Fahrwassertonne II. Klasse.*) | Roth, mit weissem „L" am Tonnenkopf und einem rothen, mit der Spitze nach unten zeigenden kegelförmigen Topzeichen. | 16 | 1,2 | . . . | 1,5 | 1875 |
| 1023 | Hölzerne, 11 m lange Spieren; mit Bakenbusch am oberen Ende versehen. | . . . . . . | . . . | . . . | 9 | . . . | . . . |
| 1024 | Wie unter Nr. 1022. | Roth, mit weissem „M" am Tonnenkopf. | 14 | 1,5 | . . . | 1,5 | 1875 |
| 1025 | Wie unter Nr. 1022. | Roth, mit weissem „N" am Tonnenkopf. | 11,5 | 1,5 | . . . | 1,5 | 1875 |
| 1026 | Spitze hölzerne Fahrwassertonne I. Klasse.*) | Schwarz, am Kopf „6" und „Jade" in weisser Farbe. | 11 | 2,5 | . . . | 2,5 | 1875 |
| 1027 | Spitze hölzerne Fahrwassertonne II. Klasse.*) | Schwarz, mit weisser „7" am Kopf. | 14 | 2 | . . . | 2 | 1875 |
| 1028 | Wie unter Nr. 1027. | Schwarz, mit weisser „8" am Kopf. | 15 | 2 | . . . | 2 | 1875 |
| 1029 | Wie unter Nr. 1027. | Schwarz, mit weisser „9" am Kopf. | 12 | 2 | . . . | 2 | 1875 |
| 1030 | Im Sommer: Stumpfe hölzerne Sommertonne III. Klasse.**) Im Winter: Stumpfe hölzerne Wintertonne III. Klasse.**) | Roth, mit weissem „O" auf dem Boden und an zwei Seiten des Kopfes. | 13 | 1 | . . . | 1 | 1875 |

*) Mit einer 31 m langen und 2,6 bis 2,9 cm starken Kette an einem 1500 kg schweren Stein verankert.

**) Mit einer 25 m langen und 2,6 bis 2,9 m starken Kette an einem 750 kg schweren Stein verankert.

| Laufende Nummer. | Namen und Oertlichkeit des Zeichens. | Gattung | Zweck, welchem das Zeichen dient. | Geographische Lage des Zeichens. |
|---|---|---|---|---|
| | 1. | 2. | 3. | 4. |
| 1031 | **Innenjade**, Fahrwasser derselben von Schillighörn bis südlich von der Sengwarder Balge (bis zur Mitte der Genius-Bank). | Tonne. | Bezeichnet die westliche Seite des Fahrwassers. | SO 1/8 O von Stumpens-Windmühle, NO von Inhausen-Windmühle*) und SSO 1/8 O von Schillighörn Leuchtthurm. |
| 1032 | „ | Tonne. | Desgl. | SO 1/4 S von Stumpens-Windmühle, O 7/8 N von Inhausen-Windmühle und SSO 1/8 O von Schillighörn-Leuchtthurm. |
| 1033 | „ | Tonne. | Desgl. | O 3/4 N von Sengwarden-Kirche und NNO von Wilhelmshaven-Kirche.*) |
| 1034 | „ | 2 Pricken. | Bezeichnen die Ostkante des Vosslapp-Watts bei Niedrigwasser (die westliche Seite des Fahrwassers). | . . . . . . . . . . . |
| 1035 | „ | Tonne. | Bezeichnet die westliche Seite des Fahrwassers. | O 1/2 S von Sengwarden-Kirche und NNO 3/4 O von Wilhelmshaven-Kirche. |
| 1036 | „ | Tonne. | Desgl. | OSO 1/2 O von Sengwarden-Kirche und NO 3/4 N von Wilhelmshaven-Kirche. |
| 1037 | „ | Tonne. | Bezeichnet die östliche Seite des Fahrwassers. | SO z O von Stumpens-Windmühle, NO 3/4 N von Inhausen-Windmühle und SO z S von Schillighörn-Leuchtthurm. |

*) Inhausen-Windmühle liegt in 53° 36′ 59″ N.Br. und 8° 3′ 51″ O.Lg. v. Grw., Sengwarden-Kirche in 53° 35′ 42,45″ N.Br. u. 8° 2′ 44,2″ O.Lg. v. Grw., Wilhelmshaven-Kirche in 53° 31′ 9″ N.Br. und 8° 7′ 17″ O.Lg. v. Grw.

| Laufende Nummer. | Allgemeine Beschreibung des Zeichens. | Besondere Erkennungsmerkmale des Zeichens. | Wassertiefe bei Niedrigwasser am Orte des Zeichens in Metern. | Höhe der Spitze des Zeichens über Wasser in Metern. | Höhe der Spitze des Zeichens über dem Erdboden in Metern. | Sichtweite des Zeichens in Seemeilen. | Das Zeichen ist erstmalig ausgelegt bezw. errichtet: |
|---|---|---|---|---|---|---|---|
| | 5. | 6. | 7. | 8a. | 8b. | 9. | 10. |
| 1031 | Im Sommer: Stumpfe hölzerne Sommertonne III. Klasse.*) Im Winter: Stumpfe hölzerne Wintertonne III. Klasse.*) | Roth, mit weissem „P" auf dem Boden und an zwei Seiten des Kopfes. | 13 | 1 | . . . | 1 | 1875 |
| 1032 | Wie unter Nr. 1031. | Roth, mit weissem „Q" auf dem Boden und an zwei Seiten des Kopfes. | 11 | 1 | . . . | 1 | 1875 |
| 1033 | Wie unter Nr. 1031. | Roth, mit weissem „R" auf dem Boden und an zwei Seiten des Kopfes. | 11,5 | 1 | . . . | 1 | 1875 |
| 1034 | Hölzerne, 11 m lange Spieren; mit Bakenbusch am oberen Ende versehen. | . . . . . . | . . . | . . . | 9 | . . . | . . . |
| 1035 | Wie unter Nr. 1031. | Roth, mit weissem „S" auf dem Boden und an zwei Seiten des Kopfes. | 12 | 1 | . . . | 1 | 1875 |
| 1036 | Wie unter Nr. 1031. | Roth, mit weissem „T" auf dem Boden und an zwei Seiten des Kopfes. Trägt auf einer Flügelstange einen rothen kugelförmigen Korb. | 13 | 1 | . . . | 1 | 1875 |
| 1037 | Im Sommer: Spitze hölzerne Sommertonne III. Klasse.*) Im Winter: Spitze hölzerne Wintertonne III. Klasse.*) | Schwarz, mit weisser „10" an zwei Seiten des Kopfes. | 11,5 | 1 | . . . | 1 | 1875 |

*) Mit einer 25 m langen und 2,6 bis 2,9 cm starken Kette an einem 750 kg schweren Stein verankert.

| Laufende Nummer. | Namen und Oertlichkeit des Zeichens. 1. | Gattung 2. | Zweck, welchem das Zeichen dient. 3. | Geographische Lage des Zeichens. 4. |
|---|---|---|---|---|
| 1038 | **Innenjade**, Fahrwasser derselben von Schillighörn bis südlich von der Sengwarder Balge (bis zur Mitte der Genius-Bank). | Tonne. | Bezeichnet die östliche Seite des Fahrwassers. | SO 1/4 O von Stumpens-Windmühle, ONO von Inhausen-Windmühle und SSO 7/8 O von Schillighörn-Leuchtthurm. |
| 1039 | „ | Tonne. | Desgl. | ONO 3/4 O von Sengwarden-Kirche, NNO 1/2 O von Wilhelmshaven-Kirche und SSO 7/8 O von Schillighörn-Leuchtthurm. |
| 1040 | „ | Tonne. | Desgl. | O 1/4 N von Sengwarden-Kirche und NNO 7/8 O von Wilhelmshaven-Kirche. |
| 1041 | „ | Tonne. | Desgl. | O 5/8 S von Sengwarden-Kirche und NO 3/4 N von Wilhelmshaven-Kirche. |
| 1042 | „ | Tonne. | Desgl. | OSO 3/4 O von Sengwarden-Kirche und NO 1/4 N von Wilhelmshaven-Kirche. |
| 1043 | „ | Tonne. | Bezeichnet die östliche Kante der flachsten Stelle auf der Genius-Bank. | OSO von Sengwarden-Kirche und NO 1/4 N von Wilhelmshaven-Kirche. |
| 1044 | **Innenjade**, Fahrwasser derselben von der Mitte der Genius-Bank bis Wilhelmshaven-Rhede. | Tonne. | Bezeichnet die Mitte des Fahrwassers zwischen dem südlichen Theil der Genius-Bank und dem Solthörner Watt. | SO z O 3/4 O von Sengwarden-Kirche und NO 1/4 O von Wilhelmshaven-Kirche. |
| 1045 | „ | Tonne. | Bezeichnet die westliche Seite des Fahrwassers. | SO z O 1/4 O von Sengwarden-Kirche und NO 1/8 O von Wilhelmshaven-Kirche. |

| Laufende Nummer. | Allgemeine Beschreibung des Zeichens. | Besondere Erkennungsmerkmale des Zeichens. | Wassertiefe bei Niedrigwasser am Orte des Zeichens in Metern. | Höhe der Spitze des Zeichens über Wasser in Metern. | Höhe der Spitze des Zeichens über dem Erdboden in Metern. | Sichtweite des Zeichens in Seemeilen. | Das Zeichen ist erstmalig ausgelegt bezw. errichtet: |
|---|---|---|---|---|---|---|---|
| | 5. | 6. | 7. | 8a. | 8b. | 9. | 10. |
| 1038 | Im Sommer: Spitze hölzerne Sommertonne III. Klasse.*) Im Winter: Spitze hölzerne Wintertonne III. Klasse.*) | Schwarz, mit weisser „11" an zwei Seiten des Kopfes. | 10 | 1 | ... | 1 | 1875 |
| 1039 | Wie unter Nr. 1038. | Schwarz, mit weisser „12" an zwei Seiten des Kopfes. | 11 | 1 | ... | 1 | 1875 |
| 1040 | Wie unter Nr. 1038. | Schwarz, mit weisser „13" an zwei Seiten des Kopfes. | 13 | 1 | ... | 1 | 1875 |
| 1041 | Wie unter Nr. 1038. | Schwarz, mit weisser „14" an zwei Seiten des Kopfes. | 14 | 1 | ... | 1 | 1875 |
| 1042 | Wie unter Nr. 1038. | Schwarz, mit weisser „15" an zwei Seiten des Kopfes. | 10 | 1 | ... | 1 | 1875 |
| 1043 | Eiserne Spierentonne III. Klasse. Mit einer 25 m langen und 2,3 bis 2,6 cm starken Kette an einem 450 kg schweren Stein verankert. | Roth, mit einem rothen kugelförmigen Korb an der Spitze. | 8 | 3,6 | ... | 3 | 1875 |
| 1044 | Im Sommer: Spitze Sommertonne III. Klasse.*) Im Winter: Spitze Wintertonne III. Klasse.*) | Weiss, mit dem Namen „Süd" in schwarzen Buchstaben an zwei Seiten des Kopfes. | 12,5 | 1 | ... | 1 | 1875 |
| 1045 | Im Sommer: Stumpfe hölzerne Sommertonne III. Klasse.*) Im Winter: Stumpfe hölzerne Wintertonne III. Klasse.*) | Roth, mit weissem „U" auf dem Boden und an zwei Seiten des Kopfes. | 12 | 1 | ... | 1 | 1875 |

*) Mit einer 25 m langen und 2,6 bis 2,9 cm starken Kette an einem 750 kg schweren Stein verankert.

| Laufende Nummer. | Namen und Oertlichkeit des Zeichens. | Gattung | Zweck, welchem das Zeichen dient. | Geographische Lage des Zeichens. |
|---|---|---|---|---|
| | 1. | 2. | 3. | 4. |
| 1046 | **Innenjade**. Fahrwasser derselben von der Mitte der Genius-Bank bis Wilhelmshaven-Rhede. | 3 Pricken. | Bezeichnen die Ostkante des Watts zwischen Rüstringersiel und Wilhelmshaven (die westliche Seite des Fahrwassers). | . . . . . . . . . . . . |
| 1047 | " | Tonne. | Bezeichnet die westliche Seite des Fahrwassers. | SO 1/4 O von Sengwarden-Kirche und NO 3/4 O von Wilhelmshaven-Kirche. |
| 1048 | " | Tonne. | Desgl. | SO 1/4 S von Sengwarden-Kirche und NO z O 3/4 O von Wilhelmshaven-Kirche. |
| 1049 | " | Tonne. | Desgl. | O 1/2 N von Wilhelmshaven-Kirche und N z O von Vareler Siel-Leuchtthurm. |
| 1050 | " | Tonne. | Bezeichnet die westliche Seite des vom Fahrwasser der Jade nach der Einfahrt zum Kriegshafen sich abzweigenden Nebenfahrwassers. | O 3/4 S von Wilhelmshaven-Kirche und N z O von Vareler Siel-Leuchtthurm. |
| 1051 | " | Tonne. | Bezeichnet die östliche Seite des Fahrwassers. | SO 3/4 O von Sengwarden-Kirche und NO z O 1/4 O von Wilhelmshaven-Kirche. |
| 1052 | " | Tonne. | Desgl. | SO 1/4 S von Sengwarden-Kirche und O z N von Wilhelmshaven-Kirche. |
| 1053 | " | Tonne. | Desgl. | O 1/2 S von Wilhelmshaven-Kirche und N z O 3/4 O von Vareler Siel-Leuchtthurm. |
| 1054 | " | Tonne. | Desgl. | OSO von Wilhelmshaven-Kirche und N z O 1/2 O von Vareler Siel-Leuchtthurm. |

| Laufende Nummer. | Allgemeine Beschreibung des Zeichens. | Besondere Erkennungsmerkmale des Zeichens. | Wassertiefe bei Niedrigwasser am Orte des Zeichens in Metern. | Höhe der Spitze des Zeichens über dem Wasser in Metern. | Höhe der Spitze des Zeichens über dem Erdboden in Metern. | Sichtweite des Zeichens in Seemeilen. | Das Zeichen ist erstmalig ausgelegt bezw. errichtet: |
|---|---|---|---|---|---|---|---|
| | 5. | 6. | 7. | 8a. | 8b. | 9. | 10. |
| 1046 | Hölzerne, 11 m lange Spieren; mit Bakenbusch am oberen Ende versehen. | . . . . . . | . . . | . . . | 9 | . . . | . . . |
| 1047 | Im Sommer: Stumpfe hölzerne Sommertonne III. Klasse.*) Im Winter: Stumpfe hölzerne Wintertonne III. Klasse.*) | Roth, mit weissem „V" auf dem Boden und an zwei Seiten des Kopfes. | 14 | 1 | . . . | 1 | 1875 |
| 1048 | Wie unter Nr. 1047. | Roth, mit weissem „W" auf dem Boden und an zwei Seiten des Kopfes. | 14 | 1 | . . . | 1 | 1875 |
| 1049 | Wie unter Nr. 1047. | Roth, mit weissem „X" auf dem Boden und an zwei Seiten des Kopfes. | 12 | 1 | . . . | 1 | 1875 |
| 1050 | Im Sommer: Stumpfe hölzerne Nebenfahrwassertonne.*) Im Winter: Stumpfe hölzerne Wintertonne III. Klasse.*) | Roth und weiss horizontal gestreift, mit weissem „Y" auf dem Boden und an zwei Seiten des Kopfes. | 6,5 | 1 | . . . | 1 | 1875 |
| 1051 | Wie unter Nr. 1047. | Schwarz, mit weisser „16" an zwei Seiten des Kopfes. | 10 | 1 | . . . | 1 | 1875 |
| 1052 | Wie unter Nr. 1047. | Schwarz, mit weisser „17" an zwei Seiten des Kopfes. | 11 | 1 | . . . | 1 | 1875 |
| 1053 | Wie unter Nr. 1047. | Schwarz, mit weisser „18" an zwei Seiten des Kopfes. | 11 | 1 | . . . | 1 | 1875 |
| 1054 | Wie unter Nr. 1047. | Schwarz, mit weisser „19" an zwei Seiten des Kopfes. | 10 | 1 | . . . | 1 | 1875 |

*) Mit einer 25 m langen und 2,6 bis 2,9 cm starken Kette an einem 750 kg schweren Stein verankert.

| Laufende Nummer. | Namen und Oertlichkeit des Zeichens. | Gattung des Zeichens. | Zweck, welchem das Zeichen dient. | Geographische Lage des Zeichens. |
|---|---|---|---|---|
| | 1. | 2. | 3. | 4. |
| 1055 | **Wilhelms-haven-Rhede.** | Tonne. | Bezeichnet die Nordostspitze des Schweinsrückens. | OSO 1/2 O von Wilhelmshaven-Kirche und N z O von Vareler Siel-Leuchtthurm. |
| 1056 | „ | Pricken. | Bezeichnet bei Niedrigwasser den nordöstlichen Steert des Schweinsrückens. | . . . . . . . . . . . |
| 1057 | **Binnen-Rhede** von **Wilhelms-haven.** | Tonne. | Bezeichnet die südöstliche Grenze der Binnen-Rhede. | OSO von Wilhelmshaven-Kirche und N 3/4 O von Vareler Siel-Leuchtthurm. |
| 1058 | „ | Tonne. | Desgl. | SO z O 3/8 O von Wilhelmshaven-Kirche und N 5/8 O von Vareler Siel-Leuchtthurm. |
| 1059 | „ | Tonne. | Desgl. | SO 5/8 O von Wilhelmshaven-Kirche und N 3/8 O von Vareler Siel-Leuchtthurm. |
| 1060 | **Vareler Tief,** zwischen der Bake (Pricken) am Schweinsrücken und Vareler Rhede-Bake. | 3 Pricken. | Bezeichnen die Niedrigwasser-Grenze der Ostkante des Arngaster Sandes (die westliche Seite des Vareler Tiefs). | . . . . . . . . . . . |
| 1061 | **Minsener Olde-Oog-Legde.** | Tonne. | Bezeichnet die Einfahrt in die Fahrrinne zwischen dem Neubrack und Minsener Olde-Oog. (Verbindungsfahrwasser der Jade und Blauen Balge.) | S 3/4 O von Minsener Olde-Oog-Bake und NO z O 1/4 O von der Minsener Kirche.*) |
| 1062 | **Neubrack** und Minsener Olde-Oog-Plate. | Pricken und Treibbaken. | Bezeichnen die Südkante der Minsener Olde-Oog-Plate (die Nordseite des Verbindungsfahrwassers der Jade und Blauen Balge). | . . . . . . . . . . . |
| 1063 | **Wangerooger Ost-Strand.** | Bake. (Stundenglas-Bake.) | Bezeichnet die Einfahrt in die Blaue Balge. | 53° 46′ 53″ NBr. 7° 57′ 45″ OLg. |
| 1064 | **Blaue Balge.** | Tonne. | Bezeichnet die östliche Seite des Fahrwassers. | O 5/8 S von Wangeroog-Leuchtthurm und NO z N von der Stundenglas-Bake (Nr. 1063). |
| 1065 | „ | Tonne. | Desgl. | OSO 1/2 O von Wangeroog-Leuchtthurm und NO z O 3/4 O von der Stundenglas-Bake (Nr. 1063). |

*) Die Minsener Kirche liegt in 53° 42′ 23,9″ N.Br. und 7° 58′ 3,7″ O.Lg. v. Grw.

| Laufende Nummer. | Allgemeine Beschreibung des Zeichens. | Besondere Erkennungsmerkmale des Zeichens. | Wassertiefe bei Niedrigwasser am Orte des Zeichens in Metern. | Höhe der Spitze des Zeichens über Hochwasser in Metern. | Höhe der Spitze des Zeichens über dem Erdboden in Metern. | Sichtweite des Zeichens in Seemeilen. | Das Zeichen ist erstmalig ausgelegt bezw. errichtet: |
|---|---|---|---|---|---|---|---|
| | 5. | 6. | 7. | 8a. | 8b. | 9. | 10. |
| 1055 | Im Sommer: Stumpfe hölzerne Nebenfahrwassertonne*). Im Winter: Stumpfe hölzerne Wintertonne III. Klasse*). | Roth und schwarz horizontal gestreift. | 7 | 1 | . . . | 1 | 1875 |
| 1056 | Hölzerne, 11 m lange Spiere. | Mit einem ca. 0,75 m hohen Besen. | . . . | . . . | 9 | . . . | . . . |
| 1057 | Im Sommer: Spitze hölzerne Nebenfahrwassertonne**). Im Winter: Spitze hölzerne Wintertonne III. Klasse.**) | Schwarz und weiss horizontal gestreift, mit weisser „I". | 6 | 1 und 0,5. | . . . | 1 und 0,5. | 1872 |
| 1058 | Wie unter Nr. 1057. | Schwarz und weiss horizontal gestreift, mit weisser „II". | 6 | 1 und 0,5. | . . . | 1 und 0,5. | 1858 |
| 1059 | Wie unter Nr. 1057. | Schwarz und weiss horizontal gestreift, mit weisser „III". | 6 | 1 und 0,5. | . . . | 1 und 0,5. | 1856 |
| 1060 | Hölzerne, 11 m lange Spieren; jede mit einer schwarzen, 0,5 m hohen, hölzernen Tonne an der Spitze. | Aufrecht stehende Tonne auf dem nördlichsten und südlichsten Pricken, liegende Tonne auf dem mittleren Pricken. | . . . | . . . | 9 | . . . | . . . |
| 1061 | Im Sommer: Spitze Nebenfahrwassertonne aus canelirten Eisenplatten. Im Winter: Spitze hölzerne Winterfahrwassertonne III. Klasse. Mit 26 m langer, 2,6 cm starker Kette an einem 450 kg. schweren Stein verankert. | Roth und schwarz horizontal gestreift. | 5 | 1 und 0,66. | . . . | 1 und 0,5. | 1874 |
| 1062 | Strauchbaken und hölzerne Treibbaken. | . . . . . . | . . . | . . . | . . . | . . . | . . . |
| 1063 | Balkenwerk mit einem durch Lattenverkleidung hergestellten stundenglasförmigen Kopf. | Schwarz. | . . . | 16 | 16 | 9 | 1865 |
| 1064 | Im Sommer: Spitze hölzerne Nebenfahrwassertonne**). Im Winter: Spitze hölzerne Winterfahrwassertonne III. Klasse**). | Schwarz und weiss karrirt, mit weisser „I". | 2 | 1 und 0,66. | . . . | 1 und 0,5. | 1865 |
| 1065 | Wie unter Nr. 1064. | Schwarz und weiss karrirt, mit weisser „II". | 4 | 1 und 0,66. | . . . | 1 und 0,5. | 1865 |

*) Mit einer 25 m langen und 2,6 bis 2,9 cm starken Kette an einem 750 kg schweren Stein verankert.

**) Mit einer 18 m langen und 2,4 bis 2,6 cm starken Kette an einem 450 kg schweren Stein verankert.

| Laufende Nummer. | Namen und Oertlichkeit des Zeichens. | Gattung des Zeichens. | Zweck, welchem das Zeichen dient. | Geographische Lage des Zeichens. |
|---|---|---|---|---|
| | 1. | 2. | 3. | 4. |
| 1066 | **Blaue Balge.** | Tonne. | Bezeichnet die westliche Seite des Fahrwassers. | O 1/4 S von Wangeroog-Leuchtthurm und NNO von der Stundenglas-Bake (Nr. 1063). |
| 1067 | „ | Tonne. | Desgl. | OSO 3/4 O von Wangeroog-Leuchtthurm und NO 1/2 O von der Stundenglas-Bake (Nr. 1063). |
| 1068 | **Wangerooger Watt.***) | Pricken. | Bezeichnen die Südkante des Wangerooger Watts (die Nordseite der Fahrrinne südlich von der Insel Wangeroog). | . . . . . . . . . . . |
| 1069 | **Norder Harle.** | Tonne. | Bezeichnet die Einfahrt in die Norder Harle. | 53° 48,6′ N.Br. 7° 48,0′ O.Lg. |
| 1069a | „ | Tonne. | Bezeichnet die westliche Seite des Fahrwassers. | 53° 47,8′ NBr. 7° 48,0′ O.Lg. |
| 1069b | „ | Tonne. | Bezeichnet die östliche Seite des Fahrwassers. | 53° 47,7′ N.Br. 7° 48,6′ O.Lg. |
| 1069c | „ | Tonne. | Desgl. | 53° 47,2′ N.Br. 7° 49,0′ O.Lg. |
| 1070 | **Muschel-Balge.** | Tonne. | Bezeichnet die westliche Seite der Einfahrt in die Muschel-Balge. | 53° 46,3′ N.Br. 7° 48,9′ O.Lg. |
| 1070a | **Martens Plate.** | Tonne. | Bezeichnet die Ostkante der Martens Plate (die westliche Seite des Karolinensieler Fahrwassers). | 53° 45,8′ N.Br. 7° 50,4′ O.Lg. |
| 1071 | **Otzumer Balge.****) | Tonne. | Bezeichnet die Einfahrt in die Otzumer Balge. | 53° 46,0′ N.Br. 7° 36,7′ O.Lg. |
| 1071a | „ | Tonne. | Bezeichnet die westliche Seite des Fahrwassers. | 53° 45,8′ N.Br. 7° 37,4′ O.Lg. |
| 1071b | „ | Tonne. | Bezeichnet die östliche Seite des Fahrwassers. | 53° 45,8′ N.Br. 7° 38,5′ O.Lg. |
| 1071c | „ | Tonne. | Bezeichnet die Nordspitze der Oss-Plate. | 53° 45,4′ N.Br. 7° 38,6′ O.Lg. |

Anm. zu Nr. 1069 bis 1178. — Jede der unter diesen Nummern aufgeführten Tonnen und Treibbaken ist mit einer 31,5 m langen und 2,7 cm starken Kette an zwei Steinen von je 0,25 cbm Grösse verankert.

*) Die Lage des Telegraphenkabels von Karolinensiel nach Wangeroog ist im Sommer durch eiserne Tonnen, im Winter durch Treibbaken, an beiden Seiten westlich und östlich vom Kabel bezeichnet.

**) Die Lage des Telegraphenkabels von Neu-Harrlinger Siel über Spiekeroog, Langeoog und Baltrum bis Norderney wird im Sommer durch eiserne, an der Spitze mit einem „T" versehene Tonnen, im Winter durch Treibbaken an folgenden Stellen bezeichnet:

Das erste Zeichen liegt südlich von der Drei-Bakenplate, an der Ostseite des Kabels; das zweite nördlich von der Drei-Bakenplate, an der Westseite des Kabels; das dritte südlich vom Kabel, am Südwest-Strande von Spiekeroog; das vierte an der Ostkante der Ossplate, nördlich

| Laufende Nummer. | Allgemeine Beschreibung des Zeichens. | Besondere Erkennungsmerkmale des Zeichens. | Wassertiefe bei Niedrigwasser am Orte des Zeichens in Metern. | Höhe der Spitze des Zeichens über Wasser in Metern. | Höhe der Spitze des Zeichens über dem Erdboden in Metern. | Sichtweite des Zeichens in Seemeilen. | Das Zeichen ist erstmalig ausgelegt bezw. errichtet: |
|---|---|---|---|---|---|---|---|
| | 5. | 6. | 7. | 8a. | 8b. | 9. | 10. |
| 1066 | Im Sommer: Stumpfe Nebenfahrwassertonne aus canelirtem Eisenblech. Im Winter: Stumpfe hölzerne Winterfahrwassertonne III. Klasse. Mit einer 18 m langen und 2,4 bis 2,6 cm starken Kette an einem 450 kg schweren Stein verankert. | Roth und weiss karrirt, mit weissem „B/A" auf dem Boden und am Kopf der Tonne. | 2 | 1 und 0,5. | . . . | 1 und 0,5. | 1865 |
| 1067 | Wie unter Nr. 1066. | Roth und weiss karrirt, mit weissem „B/B" auf dem Boden und am Kopf der Tonne. | 3 | 1 und 0,5. | . . . | 1 und 0,5. | 1865 |
| 1068 | Strauchbaken und Kopfbaken. | . . . . . . | . . . | . . . | . . . | . . . | . . . |
| 1069 | Stumpfe Tonne. | Roth. | 6 | . . . | . . . | 3 | . . . |
| 1069a | Stumpfe Tonne. | Schwarz. | 2 | . . . | . . . | 3 | . . . |
| 1069b | Stumpfe Tonne. | Weiss. | 3 | . . . | . . . | 3 | . . . |
| 1069c | Stumpfe Tonne. | Weiss. | 7 | . . . | . . . | 3 | . . . |
| 1070 | Stumpfe Tonne. | Schwarz. | 2 | . . . | . . . | 3 | . . . |
| 1070a | Stumpfe Tonne. | Schwarz. | 5 | . . . | . . . | 3 | . . . |
| 1071 | Stumpfe Tonne. | Roth. | 1 | . . . | . . . | 3 | . . . |
| 1071a | Stumpfe Tonne. | Schwarz. | 3 | . . . | . . . | 3 | . . . |
| 1071b | Stumpfe Tonne. | Weiss. | 1,5 | . . . | . . . | 3 | . . . |
| 1071c | Stumpfe Tonne im Sommer, Boje im Winter. | Schwarz und weiss. | 3 | . . . | . . . | 3 | . . . |

vom Kabel; das fünfte an der Westkante der Ossplate, westlich vom Kabel; das sechste an Ost-Strande der Insel Langeoog, an der Ostseite des Kabels; das siebente an der Flinthörn (Langeoog), südlich vom Kabel. Das achte Zeichen liegt am Ost-Strande von Baltrum und das neunte in der Balge südlich von Baltrum-Rhede, beide südlich vom Kabel; das zehnte am West-Strande von Baltrum. Das eilfte Zeichen liegt bei Norderney am Ost-Strande, an der Südseite des Fahrwassers und westlich am Kabel; das zwölfte am Ost-Strande von Norderney, unmittelbar

| Laufende Nummer. | Namen und Oertlichkeit des Zeichens. | Gattung des Zeichens. | Zweck, welchem das Zeichen dient. | Geographische Lage des Zeichens. |
|---|---|---|---|---|
| | 1. | 2. | 3. | 4. |
| 1072 | **Esens.** | Kirche. | Landerkennungsmarke. | 53° 33′ 57″ N.Br. 7° 36′ 42″ O.Lg. |
| 1073 | **Langeoog.** | Bake. (NO-Kaap-Bake.) | Landerkennungsmarke. | 53° 45′ 8″ N.Br. 7° 28′ 49″ O.Lg. |
| 1074 | „ | Bake. (SW-Kaap-Bake.) | Landerkennungsmarke. | 53° 44′ 57″ N.Br. 7° 28′ 34″ O.Lg. |
| 1075 | **Westeraccumer Ehe.** | Tonne. | Bezeichnet die Einfahrt in die Westeraccumer Ehe. | 53° 46,4′ N.Br. 7° 24,2′ O.Lg. |
| 1075a | „ | Tonne. | Bezeichnet die östliche Seite des Fahrwassers. | 53° 46,3′ N.Br. 7° 26,0′ O.Lg. |
| 1075b | „ | Tonne. | Bezeichnet die westliche Seite des Fahrwassers. | 53° 45,8′ N.Br. 7° 26,5′ O.Lg. |
| 1076 | **Baltrumer Watt,** Fahrrinne südlich der Insel Baltrum; Richtung Ost—West. | 60 Pricken. | Bezeichnen die Rinne des Baltrumer Watts. Stehen auf der Niedrigwasser-Grenze. | . . . . . . . . . . |
| 1077 | **Norderney***), auf einer der höchsten Dünen. | Bake. | Landerkennungsmarke. | 53° 42′ 43,6″ N.Br. 7° 9′ 21,3″ O.Lg. |
| 1078 | **Norderney.** | Windmühle. | Desgl. | 53° 42′ 29,07″ N.Br. 7° 9′ 21,33″ O.Lg. |
| 1079 | „ | Kirche. | Desgl. | 53° 42′ 29,4″ N.Br. 7° 8′ 30,8″ O.Lg. |
| 1080 | **Norderney,** Marienhöhe. | Pavillon. | Desgl. | 53° 42′ 32,02″ N.Br. 7° 8′ 15,8″ O.Lg. |

*) Das Telegraphenkabel Norderney-Juist-Borkum ist auf dem West-Strande von Norderney, sowie auf dem Südende der Memmert-Plate durch je zwei Baken, welche im Top ein „T“ und darunter einen Signalkorb tragen, gekennzeichnet. Die Deckpeilung der beiden Baken bezeichnet die Lage des Kabels.

| Laufende Nummer. | Allgemeine Beschreibung des Zeichens. | Besondere Erkennungsmerkmale des Zeichens. | Wassertiefe bei Niedrigwasser am Orte des Zeichens in Metern. | Höbe der Spitze des Zeichens über Hochwasser in Metern. | dem Erdboden in Metern. | Sichtweite des Zeichens in Seemeilen. | Das Zeichen ist erstmalig ausgelegt bezw. errichtet: |
|---|---|---|---|---|---|---|---|
| | 5. | 6. | 7. | 8a. | 8b. | 9. | 10. |
| 1072 | Steinerner quadratischer Bau mit schlanker Spitze. | . . . . . . . | . . . | 57 | 52 | 18 | . . . |
| 1073 | Hölzerne vierseitige Pyramide; an der Spitze ein Dreieck. | Schwarz. Spitze des Dreiecks nach oben. | . . . | 28 | 14 | 13 | 1871 |
| 1074 | Hölzerne vierseitige Pyramide; an der Spitze ein Dreieck. | Schwarz. Spitze des Dreiecks nach unten. | . . . | 37 | 14 | 14 | 1871 |
| 1075 | Stumpfe Tonne. | Roth. | 6 | . . . | . . . | 3 | . . . |
| 1075a | Stumpfe Tonne. | Weiss. | 3 | . . . | . . . | 3 | . . . |
| 1075b | Stumpfe Tonne. | Schwarz. | 6 | . . . | . . . | 3 | . . . |
| 1076 | In den Grund gesteckte Birken. | Mit Strauchbüschel. | . . . | . . . | . . . | . . . | . . . |
| 1077 | Aus rothen Ziegelsteinen aufgeführter sechseckiger Unterbau von 6 m grösserem Durchmesser und 8,75 m Höhe. Darüber 3 m hohes Lattenwerk. | Schwarz. Das Lattenwerk wird von Nord u. Süd als ein auf der Spitze stehendes gleichseitiges Dreieck, von Ost und West als ein mit der Spitze nach oben gerichtetes rechtwinkliges Dreieck gesehen. | . . . | 26,83 | 11,75 | 6 | 1872 |
| 1078 | Achteckiger Unterbau aus rothen Ziegeln im Rohbau. Der Oberbau, ebenfalls achteckig, ist verjüngt und mit Rohr gedeckt. | Unterbau bis zur Gallerie roth, Oberbau grau. | . . . | . . . | . . . | . . . | . . . |
| 1079 | Kirche aus rothen Ziegelsteinen und mit rothen Ziegeln eingedeckt; auf dem First derselben ein achteckiger hölzerner Thurm mit flachem Dach. | Der Thurm ist grau. | . . . | . . . | . . . | . . . | . . . |
| 1080 | Achteckiger Kernbau von Fachwerk, dessen Fenster an den Seitenflächen von mehreren Richtungen aus eine Durchsicht zulassen. Um den Bau befindet sich eine offene Säulenhalle, welche das geschweifte und weit überragende Zeltdach trägt. | Kern und Säulen grau, Fenster weiss, Pappdach dunkelgrau. | . . . | . . . | . . . | . . . | . . . |

| Laufende Nummer. | Namen und Oertlichkeit des Zeichens. | Gattung | Zweck, welchem das Zeichen dient. | Geographische Lage des Zeichens. |
|---|---|---|---|---|
| | 1. | 2. | 3. | 4. |
| 1081 | **Norderneyer Postweg**; besteinter Wagenweg vom Festlande bei Hilgenrieder Siel nach dem Südstrande von Norderney. | 12 Pricken. | Bezeichnen den Postweg durch das Watt und die sog. Balge. | . . . . . . . . . . . |
| 1082 | **Norderneyer Watt**, Fahrrinne südlich von Norderney. | 70 Pricken. | Bezeichnen die nördliche Seite der Fahrrinne. Stehen auf der Niedrigwassergrenze. | . . . . . . . . . . . |
| 1083 | **Norderneyer Tief**, Seegatt. | Tonne. | Bezeichnet die Einfahrt in das Norderneyer Tief (von Norden kommend). | 53° 44′ N.Br. 7° 6′ O.Lg. N z W von Marienhöhe (Nr. 1080). |
| 1084 | „ | Tonne. | Bezeichnet die Einfahrt in das Norderneyer Tief (von Süden kommend). | 53° 43,5″ N.Br. 7° 7,5 O.Lg. |
| 1085 | **Memmertsbalge**, Fahrrinne zwischen dem Norderneyer Tief und der Osterems. | 60 Pricken. | Bezeichnen die nördliche Seite der Fahrrinne. Stehen auf der Niedrigwassergrenze. | . . . . . . . . . . . |
| 1086 | **Nordland**, Fahrrinne über dasselbe. | 12 Pricken. | Bezeichnen die nördliche bezw. westliche Seite der Rinne. Stehen auf der Niedrigwassergrenze. | . . . . . . . . . . . |
| 1087 | „ | 10 Pricken. | Bezeichnen die nördliche bezw. östliche Seite der Rinne. Stehen auf der Niedrigwassergrenze. | . . . . . . . . . . . |
| 1088 | **Banksbalge**, Fahrrinne zwischen dem Norderneyer Tief und der Osterems. | 25 Pricken. | Bezeichnen die nördliche Seite der Fahrrinne. Stehen auf der Niedrigwassergrenze. | . . . . . . . . . . . |
| 1089 | **Schweinsrücken**, Fahrrinne von Itzendorf nach der Leybucht. | 60 Pricken. | Bezeichnen die nördliche Seite der Fahrrinne. Stehen auf der Niedrigwassergrenze. | . . . . . . . . . . . |
| 1090 | **Borkum**, auf dem Ostlande. | Bake. (Ostlandsbake.) | Landerkennungsmarke. | 53° 36′ 30″ N.Br. 6° 45′ 43″ O.Lg. |
| 1091 | **Osterems.** | Tonne. | Bezeichnet die Einfahrt in die Osterems. | 53° 41′ N.Br. 6° 35′ O.Lg. |

| Laufende Nummer. | Allgemeine Beschreibung des Zeichens. | Besondere Erkennungsmerkmale des Zeichens. | Wassertiefe bei Niedrigwasser am Orte des Zeichens in Metern. | Höhe der Spitze des Zeichens über Hochwasser in Metern. | Höhe der Spitze des Zeichens über dem Erdboden in Metern. | Sichtweite des Zeichens in Seemeilen. | Das Zeichen ist erstmalig ausgelegt bezw. errichtet: |
|---|---|---|---|---|---|---|---|
| | 5. | 6. | 7. | 8a. | 8b. | 9. | 10. |
| 1081 | In den Grund gesteckte junge Birkenstämme mit Zweigen. | . . . . . . . | . . . | . . . | . . . | . . . | . . . |
| 1082 | Wie unter Nr. 1081. | . . . . . . . | . . . | . . . | . . . | . . . | . . . |
| 1083 | Stumpfe Tonne. | Schachbrettartig angestrichen. | 6 | . . . | . . . | . . . | 1874 |
| 1084 | Stumpfe Tonne. | Schwarz. | 4 | . . . | . . . | . . . | 1874 |
| 1085 | In den Grund gesteckte Birken. | Mit Strauchbüschel. | . . . | . . . | . . . | . . . | . . . |
| 1086 | In den Grund gesteckte Birken. | Mit Strauchbüschel. | . . . | . . . | . . . | . . . | . . . |
| 1087 | In den Grund gesteckte Birken. | Mit Strauchbüschel. | . . . | . . . | . . . | . . . | . . . |
| 1088 | In den Grund gesteckte Birken. | Mit Strauchbüschel. | . . . | . . . | . . . | . . . | . . . |
| 1089 | In den Grund gesteckte Birken. | Mit Strauchbüschel. | . . . | . . . | . . . | . . . | . . . |
| 1090 | Massiver Rohbau. | Trägt ein mit der Spitze nach oben gerichtetes Dreieck als Topzeichen. | . . . | 14,8 | 7,3 | 10 | 1872 |
| 1091 | Spitze Tonne. | Schwarz, mit weissem „O. 1“. | 14 | 2 | . . . | . . . | . . . |

| Laufende Nummer. | Namen und Oertlichkeit des Zeichens. 1. | Gattung 2. | Zweck, welchem das Zeichen dient. 3. | Geographische Lage des Zeichens. 4. |
|---|---|---|---|---|
| 1092 | **Osterems**, Aussendrempel. | Tonne. | Bezeichnet die südliche Seite des Fahrwassers. | 53° 40′ N.Br. 6° 38′ O.Lg. |
| 1093 | **Osterems**, Binnendrempel. | Tonne. | Desgl. | 53° 40′ N.Br. 6° 40′ O.Lg. |
| 1094 | **Osterems.** | Tonne. | Desgl. | 53° 39′ N.Br. 6° 42′ O.Lg. |
| 1095 | **Osterems**, Aussenbrauer. | Tonne. | Desgl. | 53° 39′ N.Br. 6° 44′ O.Lg. |
| 1096 | **Osterems**, Binnenbrauer. | Tonne. | Desgl. | 53° 38′ N.Br. 6° 46′ O.Lg. |
| 1097 | **Osterems**, Aussen-Hohehorn. | Tonne. | Desgl. | 53° 36′ N.Br. 6° 48′ O.Lg. |
| 1098 | **Osterems**, Mittel-Hohehorn. | Tonne. | Desgl. | 53° 36′ N.Br. 6° 49′ O.Lg. |
| 1099 | **Osterems**, Binnen-Hohehorn. | Tonne. | Desgl. | 53° 36′ N.Br. 6° 50′ O.Lg. |
| 1100 | **Osterems**, Königs-Plate. | Tonne. | Bezeichnet die Nordspitze der Königs-Plate (die südliche Seite des Fahrwassers). | 53° 36′ N.Br. 6° 52′ O.Lg. |
| 1101 | **Osterems.** | Tonne. | Bezeichnet die Ostkante der Königs-Plate (die westliche Seite des Fahrwassers). | 53° 35,5′ N.Br. 6, 55′ O.Lg. |
| 1102 | „ | Tonne. (Kaap-Tonne.) | Bezeichnet die westliche Seite des Fahrwassers. | 53° 35′ N.Br. 6° 55′ O.Lg. |
| 1103 | „ | Tonne. | Bezeichnet die westliche Spitze des Juister Riffs (die nördliche Seite des Fahrwassers). | 53° 41′ N.Br. 6° 41′ O.Lg. |
| 1104 | „ | Tonne. | Bezeichnet die nördliche Seite des Fahrwassers. | 53° 40′ N.Br. 6° 43′ O.Lg. |
| 1105 | „ | Tonne. | Bezeichnet die östliche bezw. nördliche Seite des Fahrwassers. | 53° 39′ N.Br. 6° 44′ O.Lg. |
| 1106 | „ | Tonne. (Knoll-Tonne.) | Bezeichnet die nördliche Seite des Fahrwassers. | 53° 38′ N.Br. 6° 47′ O.Lg. |
| 1107 | „ | Tonne. (Caschelot-Tonne.) | Desgl. | 53° 37′ N.Br. 6° 49′ O.Lg. |

| Laufende Nummer. | Allgemeine Beschreibung des Zeichens. | Besondere Erkennungsmerkmale des Zeichens. | Wassertiefe bei Niedrigwasser am Orte des Zeichens in Metern. | Höhe der Spitze des Zeichens über dem Wasser in Metern. | Höhe der Spitze des Zeichens über dem Erdboden in Metern. | Sichtweite des Zeichens in Seemeilen. | Das Zeichen ist erstmalig ausgelegt bezw. errichtet: |
|---|---|---|---|---|---|---|---|
| | 5. | 6. | 7. | 8a. | 8b. | 9. | 10. |
| 1092 | Spitze Tonne. | Schwarz, mit weissem „O 2“. | 12 | 2 | . . . | . . . | . . . |
| 1093 | Plattbodige Tonne. | Schwarz, mit weissem „O 3“. | 10 | 1,5 | . . . | . . . | . . . |
| 1094 | Desgl. | Schwarz, mit weissem „O 4“. | 8 | 1,5 | . . . | . . . | . . . |
| 1095 | Spitze Tonne. | Schwarz, mit weissem „O 5“. | 12 | 2 | . . . | . . . | . . . |
| 1096 | Plattbodige Tonne. | Schwarz, mit weissem „O 6“. | 9 | 1,5 | . . . | . . . | . . . |
| 1097 | Desgl. | Schwarz, mit weissem „O 7“. | 12 | 1,5 | . . . | . . . | . . . |
| 1098 | Desgl. | Schwarz, mit weissem „O 8“. | 13 | 1,5 | . . . | . . . | . . . |
| 1099 | Desgl. | Schwarz, mit weissem „O 9“. | 14 | 1,5 | . . . | . . . | . . . |
| 1100 | Desgl. | Schwarz, mit weissem „O 10“. | 10 | 1,5 | . . . | . . . | . . . |
| 1101 | Spitze Tonne. | Schwarz, mit weissem „O 11“. | 14 | 2 | . . . | . . . | . . . |
| 1102 | Plattbodige Tonne. | Roth, mit weissem „O 12“. | 13 | 1,5 | . . . | . . . | . . . |
| 1103 | Desgl. | Weiss, mit schwarzem „O 1“. | 9 | 1,5 | . . . | . . . | . . . |
| 1104 | Desgl. | Weiss, mit schwarzem „O 2“. | 8 | 1,5 | . . . | . . . | . . . |
| 1105 | Desgl. | Weiss, mit schwarzem „O 3“. | 7 | 1,5 | . . . | . . . | . . . |
| 1106 | Spitze Tonne. | Schachbrettartig bunt, mit schwarzem „O 4“. | 13 | 1,5 | . . . | . . . | . . . |
| 1107 | Plattbodige Tonne. | Weiss, mit schwarzem „O 5“. | 13 | 1,5 | . . . | . . . | . . . |

| Laufende Nummer. | Namen und Oertlichkeit des Zeichens. 1. | Gattung 2. | Zweck, welchem das Zeichen dient. 3. | Geographische Lage des Zeichens. 4. |
|---|---|---|---|---|
| 1108 | **Osterems.** | Tonne. (Kupfersand-Tonne.) | Bezeichnet die nördliche bezw. östliche Seite des Fahrwassers. | 53° 36′ N.Br. 6° 56′ O.Lg. |
| 1109 | „ | Tonne. | Bezeichnet die östliche Seite des Fahrwassers und die Einfahrt in die Bansbalge. | 53° 34′ N.Br. 6° 58′ O.Lg. |
| 1110 | **Leybucht**, Fahrwasser von der Osterems nach Norden und Greetsiel. | Tonne. | Bezeichnet die westliche Seite des Fahrwassers. | . . . . . . . . . . . |
| 1111 | „ | Tonne. | Bezeichnet die westliche bezw. südliche Seite des Fahrwassers. | 53° 31,8′ N.Br. 6° 50,5′ O.Lg. |
| 1112 | „ | Tonne. | Bezeichnet die südliche Seite des Fahrwassers. | 53° 32,1′ N.Br. 7° 1,3′ O.Lg. |
| 1113 | „ | Treibbake. | Desgl. | 53° 32,5′ N.Br. 7° 3′ O.Lg. |
| 1114 | „ | Tonne. | Bezeichnet die östliche Seite des Fahrwassers. | . . . . . . . . . . . |
| 1115 | „ | Tonne. | Desgl. | . . . . . . . . . . . |
| 1116 | „ | Treibbake. | Desgl. | . . . . . . . . . . . |
| 1117 | „ | Tonne. | Bezeichnet die nördliche Seite des Fahrwassers. | 53° 31,8′ N.Br. 6° 58,3′ O.Lg. |
| 1118 | „ | Treibbake. | Desgl. | 53° 32,3′ N.Br. 7° 1,5′ O.Lg. |
| 1119 | **Schweinsrücken.** | 25 Pricken. | Bezeichnen die Fahrrinne von der Leybucht nach dem Hafen von Norden. Stehen auf der Niedrigwassergrenze. | . . . . . . . . . . . |
| 1120 | **Greetsieler-Nacken.** | 10 Pricken. | Bezeichnen die Wattkante. | . . . . . . . . . . . |
| 1121 | **Wester Balge,** Fahrwasser der Osterems, östlich vom Randzel bis zur Vereinigung mit der Westerems. | Tonne. | Bezeichnet die westliche Seite des Fahrwassers. | 53° 34′ N.Br. 6° 55′ O.Lg. |
| 1122 | „ | Tonne. | Desgl. | 53° 33′ N.Br. 6° 55′ O.Lg. |
| 1123 | „ | Tonne. | Desgl. | 53° 32′ N.Br. 6° 55′ O.Lg. |
| 1124 | „ | Tonne. | Desgl. | 53° 30,5′ N.Br. 6° 56′ O.Lg. |
| 1125 | „ | Tonne. | Bezeichnet die östliche Seite des Fahrwassers. | 53° 34′ N.Br. 6° 55,5′ O.Lg. |

| Laufende Nummer. | Allgemeine Beschreibung des Zeichens. | Besondere Erkennungsmerkmale des Zeichens. | Wassertiefe bei Niedrigwasser am Orte des Zeichens in Metern. | Höhe der Spitze des Zeichens über Wasser in Metern. | Höhe der Spitze des Zeichens über dem Erdboden in Metern. | Sichtweite des Zeichens in Seemeilen. | Das Zeichen ist erstmalig ausgelegt bezw. errichtet: |
|---|---|---|---|---|---|---|---|
| | 5. | 6. | 7. | 8a. | 8b. | 9. | 10. |
| 1108 | Plattbodige Tonne. | Weiss, mit schwarzem „O 6“. | 14 | 1,5 | . . . | . . . | . . . |
| 1109 | Desgl. | Weiss. | 4 | 1,5 | . . . | . . . | . . . |
| 1110 | Desgl. | Schwarz. | 8 | 1,5 | . . . | . . . | . . . |
| 1111 | Desgl. | Schwarz. | 7 | 1,5 | . . . | . . . | . . . |
| 1112 | Desgl. | Schwarz. | 4 | 1,5 | . . . | . . . | . . . |
| 1113 | Holzblock mit Stange und Korb. | Schwarz. | 4 | 0,5 | . . . | . . . | . . . |
| 1114 | Plattbodige Tonne. | Weiss, trägt einen Ballon. | 8 | 1,5 | . . . | . . . | . . . |
| 1115 | Desgl. | Weiss. | 7 | 1,5 | . . . | . . . | . . . |
| 1116 | Holzblock mit Stange und Fahne. | Weiss. | 6 | 0,5 | . . . | . . . | . . . |
| 1117 | Plattbodige Tonne. | Weiss. | 7 | 1,5 | . . . | . . . | . . . |
| 1118 | Holzblock mit Stange und Fahne. | Weiss. | 7 | 0,5 | . . . | . . . | . . . |
| 1119 | In den Grund gesteckte Birken. | Mit Strauchbüschel. | . . . | . . . | . . . | . . . | . . . |
| 1120 | Desgl. | Mit Strauchbüschel. | . . . | . . . | . . . | . . . | . . . |
| 1121 | Plattbodige Tonne. | Schwarz, mit weissem „O 13“. | 10 | 1,5 | . . . | . . . | . . . |
| 1122 | Desgl. | Schwarz, mit weissem „O 14“. | 13 | 1,5 | . . . | . . . | . . . |
| 1123 | Desgl. | Schwarz, mit weissem „O 15“. | 8 | 1,5 | . . . | . . . | . . . |
| 1124 | Desgl. | Schwarz, mit weissem „O 16“. | 7 | 1,5 | . . . | . . . | . . . |
| 1125 | Desgl. | Weiss, mit schwarzem „O 7“. | 8 | 1,5 | . . . | . . . | . . . |

| Laufende Nummer. | Namen und Oertlichkeit des Zeichens. 1. | Gattung des Zeichens. 2. | Zweck, welchem das Zeichen dient. 3. | Geographische Lage des Zeichens. 4. |
|---|---|---|---|---|
| 1126 | **Wester Balge,** Fahrwasser der Osterems östlich vom Randzel bis zur Vereinigung mit der Westerems. | Tonne. | Bezeichnet die östliche Seite des Fahrwassers. | 53° 33′ N.Br. 6° 55,5′ O.Lg. |
| 1127 | " | Tonne. | Desgl. | 53° 31,5′ N.Br. 6° 56′ O.Lg. |
| 1128 | " | Tonne. | Bezeichnet die östliche Seite des Fahrwassers und die Vereinigung der Wester Balge mit der Westerems. | 53° 29,5′ N.Br. 6° 56′ O.Lg. |
| 1129 | **Borkum,** auf dem Westlande. | Bake. (Grosse Bake.) | Bezeichnet die Einfahrt in die Westerems. | 53° 35′ 45″ N.Br. 6° 39′ 50″ O.Lg. |
| 1130 | " | Bake. (Kleine Bake.) | Bezeichnet die Einfahrt in das Riffgatt. | 53° 35′ 38″ N.Br. 6° 39′ 34″ O.Lg. |
| 1131 | " | Bake. (Mittlere Bake.) | Bezeichnet die Lage der Westerems-Ansegelungs-Tonne (Nr. 1134). | 53° 35′ 26″ N.Br. 6° 39′ 39″ O.Lg. |
| 1132 | **Rottum.*)** | Bake. (Emder Bake.) | Desgl. | 53° 32′ 9″ N.Br. 6° 31′ 52″ O.Lg. |
| 1133 | " | Bake. (Groninger Bake.) | Desgl. | 53° 32′ 26″ N.Br. 6° 31′ 29″ O.Lg. |
| 1134 | **Mündung der Westerems.** | Tonne. | Bezeichnet die Einfahrt in die Westerems. | 53° 39′ N.Br. 6° 21′ O.Lg. |
| 1135 | **Riffgat,** Einfahrt in die Westerems nördlich von der Geldsack-Plate. | Tonne. | Bezeichnet die südliche Seite des Fahrwassers. | 53° 39′ N.Br. 6° 25′ O.Lg. |
| 1136 | " | Tonne. | Desgl. | 53° 38,5′ N.Br. 6° 29′ O.Lg. |
| 1137 | " | Tonne. | Desgl. | 53° 38′ N.Br. 6° 32′ O.Lg. |
| 1138 | " | Tonne. | Bezeichnet die südliche bezw. westliche Seite des Fahrwassers. | 53° 37′ N.Br. 6° 33′ O.Lg. |
| 1139 | " | Tonne. | Bezeichnet die nördliche Seite des Fahrwassers. | 53° 39′ N.Br. 6° 28,5′ O.Lg. |
| 1140 | " | Tonne. | Desgl. | 53° 38,5′ N.Br. 6° 32′ O.Lg. |
| 1141 | " | Tonne. | Bezeichnet die nördliche bezw. östliche Seite des Fahrwassers. | 53° 37,5′ N.Br. 6° 33′ O.Lg. |
| 1142 | " | Tonne. | Bezeichnet die östliche Seite des Fahrwassers. | 53° 36,5′ N.Br. 6° 35′ O.Lg. |

*) Die Insel Rottum gehört den Niederlanden an; die beiden Baken (Nr. 1132 und 1133) dagegen sind preussisches Eigenthum.

| Laufende Nummer. | Allgemeine Beschreibung des Zeichens. | Besondere Erkennungs-merkmale des Zeichens. | Wasser-tiefe bei Niedrig-wasser am Orte des Zeichens in Metern. | Höhe der Spitze des Zeichens über Hoch-wasser in Metern. | Höhe der Spitze des Zeichens über dem Erdbo-den in Metern. | Sicht-weite des Zei-chens in See-meilen. | Das Zei-chen ist erst-malig ausge-legt bezw. er-richtet: |
|---|---|---|---|---|---|---|---|
| | 5. | 6. | 7. | 8a. | 8b. | 9. | 10. |
| 1126 | Plattbodige Tonne. | Weiss, mit schwarzem „O 8". | 9 | 1,5 | . . . | . . . | . . . |
| 1127 | Desgl. | Weiss, mit schwarzem „O 9". | 8 | 1,5 | . . . | . . . | . . . |
| 1128 | Plattbodige Tonne, mit Stange und Ballon. | Weiss, mit schwarzem „O 10". | 5 | 1,5 | . . . | . . . | . . . |
| 1129 | Massiver Rohbau. | Dreieckiges Topzeichen, die Spitze nach oben. | . . . | 32,1 | 23,4 | 13 | 1872 |
| 1130 | Wie unter Nr. 1129. | Quadratisches Topzeichen. | . . . | 23,1 | 11,7 | 13 | 1872 |
| 1131 | Wie unter Nr. 1129. | Stundenglas als Topzeichen. | . . . | 28,3 | 20,5 | 13 | 1872 |
| 1132 | Hölzerner Bau. | Quadratisches Topzeichen. | . . . | 31,0 | 24,9 | 13 | 1859 |
| 1133 | Eisernes Gestell. | Quadratisches Topzeichen. | . . . | 31,0 | 23,0 | 13 | 1865 |
| 1134 | Bakentonne. | Mit einer Flagge. | 14 | 7 | . . . | 8 | 1871 |
| 1135 | Spitze Tonne, mit Stange und Ballon. | Roth, mit weissem „A". | 14 | 3 | . . . | . . . | . . . |
| 1136 | Spitze Tonne. | Roth, mit weissem „B". | 12 | 2 | . . . | . . . | . . . |
| 1137 | Desgl. | Roth, mit weissem „C". | 10 | 2 | . . . | . . . | . . . |
| 1138 | Spitze Tonne, mit Stange und Ballon. | Roth, mit weissem „D". | 13 | 3 | . . . | . . . | . . . |
| 1139 | Spitze Tonne. | Weiss, mit einem „R" auf der Stange. | 11 | 3 | . . . | . . . | . . . |
| 1140 | Plattbodige Tonne. | Weiss. | 9 | 1,5 | . . . | . . . | . . . |
| 1141 | Desgl. | Weiss. | 10 | 1,5 | . . . | . . . | . . . |
| 1142 | Desgl. | Weiss. | 11 | 1,5 | . . . | . . . | . . . |

| Laufende Nummer. | Namen und Oertlichkeit des Zeichens. 1. | Gattung des Zeichens. 2. | Zweck, welchem das Zeichen dient. 3. | Geographische Lage des Zeichens. 4. |
|---|---|---|---|---|
| 1143 | **Westerems,** Fahrwasser derselben von der Mündung bis gegen Borkum-Westland. | Tonne. | Bezeichnet die Nordspitze der Ballon-Plate (die südwestliche Seite des Fahrwassers). | 53° 37′ N.Br. 6° 28′ O.Lg. |
| 1144 | „ | Tonne. | Bezeichnet die südwestliche Seite des Fahrwassers. | 53° 36′ N.Br. 6° 29′ O.Lg. |
| 1145 | „ | Tonne. | Desgl. | 53° 35′ N.Br. 6° 31′ O.Lg. |
| 1146 | „ | Tonne. | Desgl. | 53° 34,5′ N.Br. 6° 33′ O.Lg. |
| 1147 | „ | Tonne. | Bezeichnet die Westspitze der Geldsack-Plate (die nördliche Seite des Fahrwassers). | 53° 37′ N.Br. 6° 25′ O.Lg. |
| 1148 | „ | Tonne. | Bezeichnet die nördliche Seite des Fahrwassers. | 53° 37′ N.Br. 6° 29′ O.Lg. |
| 1149 | „ | Tonne. | Desgl. | 53° 35,5′ N.Br. 6° 31′ O.Lg. |
| 1150 | „ | Tonne. | Bezeichnet die Südwest-Kante von Borkum-Riff (die nördliche Seite des Fahrwassers). | 53° 36′ N.Br. 6° 36′ O.Lg. |
| 1151 | **Huberts-Gat,** Einfahrt in die Westerems südlich von der Ballon-Plate. | Tonne. | Bezeichnet das Fahrwasser des Huberts-Gat. Man kann an beiden Seiten von der Tonne passiren. | 53° 35′ N.Br. 6° 22′ O.Lg. |
| 1152 | „ | Tonne. | Desgl. | 53° 35′ N.Br. 6° 25′ O.Lg. |
| 1153 | „ | Tonne. | Desgl. | 53° 35′ N.Br. 6° 28′ O.Lg. |
| 1154 | **Westerems,** Fahrwasser derselben von der Nordspitze der Hubert-Plate bis nach dem Emshorn. | Tonne. | Bezeichnet die Nordspitze der Hubert-Plate (die westliche Seite des Fahrwassers). | 53° 35′ N.Br. 6° 35′ O.Lg. |
| 1155 | „ | Tonne. | Bezeichnet die westliche Seite des Fahrwassers. | 53° 34′ N.Br. 6° 37′ O.Lg. |
| 1156 | „ | Tonne. | Desgl. | 53° 33,5 N.Br. 6° 39′ O.Lg. |

| Laufende Nummer. | Allgemeine Beschreibung des Zeichens. | Besondere Erkennungsmerkmale des Zeichens. | Wassertiefe bei Niedrigwasser am Orte des Zeichens in Metern. | Höhe der Spitze des Zeichens über Wasser in Metern. | dem Erdboden in Metern. | Sichtweite des Zeichens in Seemeilen. | Das Zeichen ist erstmalig ausgelegt bezw. errichtet: |
|---|---|---|---|---|---|---|---|
| | 5. | 6. | 7. | 8a. | 8b. | 9. | 10. |
| 1143 | Spitze Tonne, mit Stange und Ballon. | Schwarz, mit weissem „W 2". | 10 | 2,5 | . . . | 4 | 1850 |
| 1144 | Spitze Tonne. | Schwarz, mit weissem „W 3". | 9 | 2 | . . . | 3 | 1850 |
| 1145 | Desgl. | Schwarz, mit weissem „W 4". | 12 | 2 | . . . | 3 | 1850 |
| 1146 | Plattbodige Tonne. | Schwarz, mit weissem „W 5". | 12 | 1,5 | . . . | 3 | 1850 |
| 1147 | Spitze Tonne. | Weiss, mit schwarzem „W 1". | 10 | 2 | . . . | . . . | . . . |
| 1148 | Plattbodige Tonne. | Weiss, mit schwarzem „W 2". | 10 | 1,5 | . . . | . . . | . . . |
| 1149 | Spitze Tonne. | Weiss, mit schwarzem „W 3". | 11 | 2 | . . . | . . . | . . . |
| 1150 | Plattbodige Tonne. | Weiss, mit schwarzem „W 4". | 13 | 1,5 | . . . | . . . | . . . |
| 1151 | Eiserne cylinderförmige Tonne. | Schwarz, mit Stange u. Ballon. | 10 | 4 | . . . | 6 | 1873 |
| 1152 | Desgl. | Schwarz, mit Stange u. Ballon. | 10 | 4 | . . . | 6 | 1873 |
| 1153 | Desgl. | Schwarz, mit Stange u. Ballon. | 10 | 4 | . . . | 6 | 1873 |
| 1154 | Spitze Tonne. | Schwarz, mit weissem „W 6". | 10 | 2 | . . . | 4 | 1850 |
| 1155 | Desgl. | Schwarz, mit weissem „W 7". | 13 | 2 | . . . | 4 | 1850 |
| 1156 | Desgl. | Schwarz, mit weissem „W 8". | 14 | 2 | . . . | 4 | 1850 |

| Laufende Nummer. | Namen und Oertlichkeit des Zeichens. | Gattung des Zeichens. | Zweck, welchem das Zeichen dient. | Geographische Lage des Zeichens. |
|---|---|---|---|---|
| | 1. | 2. | 3. | 4. |
| 1157 | **Westerems**, Fahrwasser derselben von der Nordspitze der Hubert-Plate bis nach dem Emshorn. | Tonne. | Bezeichnet die westliche Seite des Fahrwassers. | 53° 33′ N.Br. 6° 40,5′ O.Lg. |
| 1158 | „ | Tonne. | Desgl. | 53° 32′ N.Br. 6° 41′ O.Lg. |
| 1159 | „ | Tonne. | Desgl. | 53° 31,5′ N.Br. 6° 43′ O.Lg. |
| 1160 | „ | Tonne. | Desgl. | 53° 31′ N.Br. 6° 45′ O.Lg. |
| 1161 | „ | Tonne. | Desgl. | 53° 29,5′ N.Br. 6° 47′ O.Lg. |
| 1162 | „ | Tonne. (Kamper-Tonne.) | Desgl. | 53° 28,5′ N.Br. 6° 49′ O.Lg. |
| 1163 | „ | Tonne. (Doeke-Tonne.) | Desgl. | 53° 29′ N.Br. 6° 52′ O.Lg. |
| 1164 | „ | Tonne. | Desgl. | 53° 28′ N.Br. 6° 54′ O.Lg. |
| 1165 | „ | Tonne. | Bezeichnet die östliche Seite des Fahrwassers und die Einfahrt in die Visbalge. | 53° 33′ N.Br. 6° 43′ O.Lg. |
| 1166 | „ | Tonne. | Bezeichnet die östliche Seite des Fahrwassers. | 53° 32′ N.Br. 6° 44′ O.Lg |
| 1167 | „ | Tonne. | Desgl. | 53° 32′ N.Br. 6° 45′ O.Lg. |
| 1168 | „ | Tonne. | Desgl. | 53° 31′ N.Br. 6° 46′ O.Lg. |
| 1169 | „ | Tonne. | Desgl. | 53° 29,5′ N.Br. 6° 49′ O.Lg. |
| 1169a | „ | Tonne. | Bezeichnet die südlichste Spitze des Randzel. | 53° 29,5′ N.Br. 6° 54′ O.Lg. |
| 1170 | **AlteWesterems**, Nebenfahrwasser der Westerems, südlich von der Hubert-Plate und dem Möwensteert. | Tonne. | Bezeichnet die südliche Seite des Fahrwassers und die Einfahrt in die Fahrinne über das Uithuizener Watt. | 53° 30′ N.Br. 6° 42′ O.Lg. |
| 1171 | „ | Tonne. | Bezeichnet die südliche Seite des Fahrwassers. | 53° 28,5′ N.Br. 6° 45′ O.Lg. |

| Laufende Nummer. | Allgemeine Beschreibung des Zeichens. | Besondere Erkennungsmerkmale des Zeichens. | Wassertiefe bei Niedrigwasser am Orte des Zeichens in Metern. | Höhe der Spitze des Zeichens über Wasser in Metern. | Höhe der Spitze des Zeichens über dem Erdboden in Metern. | Sichtweite des Zeichens in Seemeilen. | Das Zeichen ist erstmalig ausgelegt bezw. errichtet: |
|---|---|---|---|---|---|---|---|
| | 5. | 6. | 7. | 8a. | 8b. | 9. | 10. |
| 1157 | Plattbodige Tonne. | Schwarz, mit weissem „W 9". | 13 | 1,5 | . . . | 3 | 1850 |
| 1158 | Desgl. | Schwarz, mit weissem „W 10". | 10 | 1,5 | . . . | . . . | . . . |
| 1159 | Desgl. | Schwarz, mit weissem „W 11". | 12 | 1,5 | . . . | . . . | . . . |
| 1160 | Desgl. | Schwarz, mit weissem „W 12". | 10 | 1,5 | . . . | . . . | . . . |
| 1161 | Desgl. | Schwarz, mit weissem „W 13". | 8 | 1,5 | . . . | . . . | . . . |
| 1162 | Desgl. | Schwarz, mit weissem „W 14". | 12 | 1,5 | . . . | . . . | . . . |
| 1163 | Plattbodige Tonne, mit einem Korbe. | Schwarz, mit weissem „W 15". | 9 | 1,5 | . . . | . . . | . . . |
| 1164 | Plattbodige Tonne. | Schwarz, mit weissem „W 16". | 11 | 1,5 | . . . | . . . | . . . |
| 1165 | Desgl. | Schachbrettartig bunt. | 9 | 1,5 | . . . | . . . | . . . |
| 1166 | Desgl. | Weiss. | 10 | 1,5 | . . . | . . . | . . . |
| 1167 | Desgl. | Weiss. | 12 | 1,5 | . . . | . . . | . . . |
| 1168 | Desgl. | Weiss. | 9 | 1,5 | . . . | . . . | . . . |
| 1169 | Desgl. | Schachbrettartig bunt. | 11 | 1,5 | . . . | . . . | . . . |
| 1169a | Desgl. | Weiss. | 8 | 1,5 | . . . | . . . | . . . |
| 1170 | Desgl. | Schwarz. | 14 | 1,5 | . . . | . . . | . . . |
| 1171 | Desgl. | Schwarz. | 11 | 1,5 | . . . | . . . | . . . |

| Laufende Nummer. | Namen und Oertlichkeit des Zeichens. 1. | Gattung des Zeichens. 2. | Zweck, welchem das Zeichen dient. 3. | Geographische Lage des Zeichens. 4. |
|---|---|---|---|---|
| 1172 | **Uithuizener Watt.** | 40 Pricken. | Bezeichnen die Fahrrinne über das Uithuizener Watt, von der Tonne Nr. 1170 ab in westlicher Richtung. | . . . . . . . . . . . . |
| 1173 | **Ems**, Fahrwasser derselben von der Nordspitze des Emshorn bis Knock-Leuchtthurm. | Tonne. | Bezeichnet die westliche Seite des Fahrwassers. | 53° 27,5′ N.Br. 6° 55′ O.Lg. |
| 1174 | " | Tonne. | Desgl. | 53° 27′ N.Br. 6° 55′ O.Lg. |
| 1175 | " | Tonne. | Desgl. | 53° 25,5′ N.B. 6° 55′ O.Lg. |
| 1176 | " | Tonne. | Bezeichnet die Robbenplate (die westliche Seite des Fahrwassers). | 53° 25′ N.Br. 6° 54,5′ O.Lg. |
| 1177 | " | Tonne. (Polka-Tonne.) | Bezeichnet die südliche Seite des Fahrwassers. | 53° 20′ N.Br. 7° 2′ O.Lg. |
| 1178 | " | Tonne.(Ostwall-Tonne.) | Bezeichnet die östliche Seite des Fahrwassers. | 53° 29′ N.Br. 6° 56′ O.Lg. |
| 1179 | " | Korbbake. | Bezeichnet die Wattkante des Manslagter Nackens. | 53° 27,5′ N.Br. 6° 58′ O.Lg. |
| 1180 | " | Tonne. | Bezeichnet die Nordspitze des Hund-Sandes (die östliche Seite des Fahrwassers). | 53° 24′ N.Br. 6° 56′ O.Lg. |
| 1181 | " | Tonne. | Bezeichnet die östliche Seite des Fahrwassers. | 53° 23′ N.Br. 6° 55′ O.Lg. |
| 1182 | " | Tonne. (Paap-Tonne.) | Bezeichnet die östliche bezw. nördliche Seite des Fahrwassers. | 53° 20′ N.Br. 6° 58′ O.Lg. |
| 1183 | " | Tonne. (Wiebelsumer Plate-Tonne.) | Bezeichnet die nördliche Seite des Fahrwassers. | 53° 20′ N.Br. 7° 3′ O.Lg. |
| 1184 | **Doeke-Gat***), Nebenfahrwasser der Ems zwischen dem Emshorn u. der holländischen Küste. | 20 Pricken. | Bezeichnen die Kante des Watts an der holländischen Küste nördlich von der Robbenplate (die westliche Seite des Fahrwassers). | . . . . . . . . . . . . |
| 1185 | " | Tonne. | Bezeichnet die Südspitze des Emshorn (die östliche Seite des Fahrwassers). | 53° 25,5′ N.Br. 6° 55,2 O.Lg. |

*) Siehe auch die Doeke-Tonne Nr. 1163.

Anm. zu Nr. 1179 bis 1218. — Jede der unter diesen Nummern aufgeführten Tonnen und Treibbaken ist mit einer 21 m langen und 2,7 cm starken Kette an einem 0,35 cbm grossen Stein verankert.

| Laufende Nummer. | Allgemeine Beschreibung des Zeichens. | Besondere Erkennungsmerkmale des Zeichens. | Wassertiefe bei Niedrigwasser am Orte des Zeichens in Metern. | Höhe der Spitze des Zeichens über Hochwasser in Metern. | Höhe der Spitze des Zeichens über dem Erdboden in Metern. | Sichtweite des Zeichens in Seemeilen. | Das Zeichen ist erstmalig ausgelegt bezw. errichtet: |
|---|---|---|---|---|---|---|---|
| | 5. | 6. | 7. | 8a. | 8b. | 9. | 10. |
| 1172 | In den Grund gesteckte Birken. | . . . . . . | . . . | . . . | . . . | . . . | . . . |
| 1173 | Plattbodige Tonne. | Schwarz, mit weissem „O 17". | 13 | 1,5 | . . . | . . . | . . . |
| 1174 | Desgl. | Schwarz, mit weissem „O 18". | 13 | 1,5 | . . . | . . . | . . . |
| 1175 | Desgl. | Schwarz, mit weissem „O 19". | 12 | 1,5 | . . . | . . . | . . . |
| 1176 | Desgl. | Schwarz. | 6 | 1,5 | . . . | . . . | . . . |
| 1177 | Desgl. | Schwarz, mit weissem „O 20". | 8 | 1,5 | . . . | . . . | . . . |
| 1178 | Desgl. | Weiss, mit schwarzem „O 11". | 9 | 1,5 | . . . | . . . | . . . |
| 1179 | Stange mit Kreuz und Korb. | . . . . . . | . . . | 2,5 | 5,8 | 4 | . . . |
| 1180 | Plattbodige Tonne. | Weiss, mit schwarzem „O 12". | 8 | 1,5 | . . . | . . . | . . . |
| 1181 | Desgl. | Weiss, mit schwarzem „O 13". | 9 | 1,5 | . . . | . . . | . . . |
| 1182 | Desgl. | Weiss, mit schwarzem „O 14". | 8 | 1,5 | . . . | . . . | . . . |
| 1183 | Desgl. | Weiss, mit schwarzem „O 15". | 8 | 1,5 | . . . | . . . | . . . |
| 1184 | In den Grund gesteckte Birken. | Beginnen und endigen mit einer Topbake. | . . . | 0,8 | 3,5 | . . . | . . . |
| 1185 | Spitze Tonne. | Weiss. | 8 | 2 | . . . | . . . | . . . |

| Laufende Nummer. | Namen und Oertlichkeit des Zeichens. 1. | Gattung des Zeichens. 2. | Zweck, welchem das Zeichen dient. 3. | Geographische Lage des Zeichens. 4. |
|---|---|---|---|---|
| 1186 | **Ostfriesisches Gaatje**, Nebenfahrwasser der Ems zwischen Paap-Sand und dem Rysumer Nacken. | Korbbake. | Bezeichnet die Wattkante des Rysumer Nackens (die östliche Seite des Fahrwassers). | 53° 23,4' N.Br. 6° 58' O.Lg. |
| 1187 | „ | Tonne. | Bezeichnet die Einfahrt in das Ostfriesische Gaatje. | 53° 23' N Br. 6° 58' O.Lg. |
| 1188 | „ | Treibbake. | Bezeichnet die westliche Seite des Fahrwassers. | 53° 22' N.Br. 6° 59' O.Lg. |
| 1189 | „ | Treibbake. | Bezeichnet die südwestliche Seite des Fahrwassers. | 53° 21' N.Br. 7° 2' O.Lg. |
| 1190 | „ | Treibbake. | Bszeichnet die nördliche Seite des Fahrwassers. | 53° 20,2' N.Br. 7° 2,2' O.Lg. |
| 1191 | „ | Treibbake. | Bezeichnet die nordöstliche Seite des Fahrwassers. | 53° 20,1' N.Br. 7° 2,1' O.Lg. |
| 1192 | **Ems**, Fahrwasser derselben von Knock-Leuchtthurm bis Jarssum. | Tonne. | Bezeichnet die südliche Seite des Fahrwassers. | 53° 19,2' N.Br. 7° 4,5' O.Lg. |
| 1193 | „ | Tonne. | Desgl. | 53° 19,2' N.Br. 7° 6,4' O.Lg. |
| 1194 | „ | Tonne. | Desgl. | 53° 19,4' N.Br. 7° 7,5' O.Lg. |
| 1195 | „ | Tonne. | Desgl. | 53° 19,5' N.Br. 7° 11,5' O.Lg. |
| 1196 | „ | Tonne. | Desgl. | 53° 19,7' N.Br. 7° 13' O.Lg. |
| 1197 | „ | Tonne. | Desgl. | 53° 19,7' N Br. 7° 15' O.Lg. |
| 1198 | „ | Tonne. | Bezeichnet die nördliche Seite des Fahrwassers. | 53° 20,0' N.Br. 7° 5,4' O.Lg. |
| 1199 | „ | Tonne. | Desgl. | 53° 19,5' N.Br. 7° 6,5' O.Lg. |
| 1200 | „ | Tonne. | Desgl. | 53° 19,8' N.Br. 7° 7,5 O.Lg. |
| 1201 | „ | Tonne. | Desgl. | 53° 19,7 N.Br. 7° 8,3' O.Lg. |
| 1202 | „ | Tonne. | Desgl. | 53° 19,9' N.Br. 7° 10,0 O.Lg. |
| 1203 | „ | Tonne. | Desgl. | 53° 20,0' N.Br. 7° 10,5' O.Lg. |
| 1204 | „ | Tonne. | Desgl. | 53° 20' N.Br. 7° 12' O.Lg. |
| 1205 | **Ems**, in der Mitte des Stromes etwas unterhalb Pogumerhörn, Jarssum gegenüber. | Tonne. | Bezeichnet stromaufgehend die linke Seite des Fahrwassers. | 53° 19' 33" N.Br. 7° 14' 49" O.Lg. |

| Laufende Nummer. | Allgemeine Beschreibung des Zeichens. | Besondere Erkennungs-merkmale des Zeichens. | Wasser-tiefe bei Niedrig-wasser am Orte des Zeichens in Metern. | Höhe der Spitze des Zeichens über Hoch-wasser in Metern. | Höhe der Spitze des Zeichens über dem Erdbo-den in Metern. | Sicht-weite des Zei-chens in See-meilen. | Das Zei-chen ist erst-malig ausge-legt bezw.er-richtet: |
|---|---|---|---|---|---|---|---|
| | 5. | 6. | 7. | 8a. | 8b. | 9. | 10. |
| 1186 | Stange mit Kreuz und Korb. | . . . . . . | . . . | 2,5 | 5,8 | 4 | . . . |
| 1187 | Plattbodige Tonne. | Schachbrettartig bunt. | 6 | 1,5 | . . . | . . . | . . . |
| 1188 | Holzblock mit Stange und Korb. | Schwarz. | 3 | 0,5 | . . . | 1,5 | . . . |
| 1189 | Desgl. | Schwarz. | 3 | 0,5 | . . . | 1,5 | . . . |
| 1190 | Holzblock mit Stange und Fahne. | Weiss. | 3 | 0,5 | . . . | 1,5 | . . . |
| 1191 | Desgl. | Weiss. | 3 | 0,5 | . . . | 1,5 | . . . |
| 1192 | Plattbodige Tonne. | Schwarz, mit weissem „O 21“. | 5 | 1,5 | . . . | . . . | . . . |
| 1193 | Desgl. | Schwarz, mit weissem „O 22“. | 3 | 1,5 | . . . | . . . | . . . |
| 1194 | Desgl. | Schwarz, mit weissem „O 23“. | 2,5 | 1,5 | . . . | . . . | . . . |
| 1195 | Desgl. | Schwarz. | 2,5 | 1,5 | . . . | . . . | . . . |
| 1196 | Desgl. | Schwarz. | 3 | 1,5 | . . . | . . . | . . . |
| 1197 | Desgl. | Schwarz. | 3 | 1,5 | . . . | . . . | . . . |
| 1198 | Desgl. | Weiss, mit schwarzem „O 16“. | 6 | 1,5 | . . . | . . . | . . . |
| 1199 | Desgl. | Weiss, mit schwarzem „O 17“. | 7 | 1,5 | . . . | . . . | . . . |
| 1200 | Plattbodige Tonne, kleines Format. | Weiss. | 2 | 1 | . . . | . . . | . . . |
| 1201 | Desgl. | Weiss. | 4 | 1 | . . . | . . . | . . . |
| 1202 | Desgl. | Weiss, mit einem Ballon. | 5 | 1,5 | . . . | . . . | . . . |
| 1203 | Desgl. | Weiss. | 4 | 1 | . . . | . . . | . . . |
| 1204 | Desgl. | Weiss. | 6 | 1 | . . . | . . . | . . . |
| 1205 | Abgestumpfter Kegel (von 1,17 m Länge, 0,80 m oberem und 0,20 m unterem Durchmesser) aus 0,6 cm starkem Eisenblech. Mit sphärischer Seitenwand. | Weiss, auf dem oberen Boden die Inschrift „Wasb. Insp. Leer“ mit schwarzen Buchstaben. | 1,75 | 0,8 | . . . | 2 | 1849 |

| Laufende Nummer. | Namen und Oertlichkeit des Zeichens. 1. | Gattung des Zeichens. 2. | Zweck, welchem das Zeichen dient. 3. | Geographische Lage des Zeichens. 4. |
|---|---|---|---|---|
| 1206 | **Ems**, in der Mitte des Stromes, Petkum gegenüber. | Tonne. | Bezeichnet stromaufgehend die linke Seite des Fahrwassers. | 53° 19′ 29″ N.Br. 7° 16′ 22″ O.Lg. |
| 1207 | **Ems**, in der Mitte des Stromes, Petkumer Münte gegenüber. | Tonne. | Desgl. | 53° 19′ 19″ N.Br. 7° 17′ 25″ O.Lg. |
| 1208 | **Ems**, in der Mitte des Stromes, Gandersum gegenüber. | Tonne. | Bezeichnet stromaufgehend die rechte Seite des Fahrwassers. | 53° 19′ 5″ N.Br. 7° 18′ 43″ O.Lg. |
| 1209 | **Ems**, unterhalb Oldersum, 1/3 der Strombreite vom rechten Ufer entfernt. | Tonne. | Desgl. | 53° 19′ 8″ N.Br. 7° 20′ 2″O.Lg. |
| 1210 | **Ems**, oberhalb des Hatzumer Fährsteiges, 2/3 der Strombreite vom rechten Ufer entfernt. | Tonne. | Bezeichnet stromaufgehend die linke Seite des Fahrwassers. | 53° 18′ 36″ N.Br. 7° 20′ 39″ O.Lg. |
| 1211 | **Ems**, der Hatzumer Ziegelei gegenüber, 2/3 der Strombreite vom rechten Ufer entfernt. | Tonne. | Desgl. | 53° 18′ 19″ N.Br. 7° 20′ 49″ O.Lg. |
| 1212 | **Ems**, in der Mitte zwischen Coldeborger Siel und Boomborg, in der Mitte der Ems. | Tonne. | Desgl. | 53° 18′ 7″ N.Br. 7° 21′ 13″ O.Lg. |
| 1213 | **Ems**, der Critzumer Aussenmuhde gegenüber, in der Mitte des Stromes. | Tonne. | Bezeichnet stromaufgehend die rechte Seite des Fahrwassers. | 53° 17′ 20″ N.Br. 7° 21′ 24″ O.Lg. |
| 1214 | **Ems**, etwas oberhalb des langen Hauses (unterhalb Terborg), 1/3 der Strombreite vom rechten Ufer entfernt. | Tonne. | Desgl. | 53° 17′ 20″ N.Br. 7° 22′ 45″ O.Lg. |

| Laufende Nummer. | Allgemeine Beschreibung des Zeichens. | Besondere Erkennungsmerkmale des Zeichens. | Wassertiefe bei Niedrigwasser am Orte des Zeichens in Metern. | Höhe der Spitze des Zeichens über Wasser in Metern. | Höhe der Spitze des Zeichens über dem Erdboden in Metern. | Sichtweite des Zeichens in Seemeilen. | Das Zeichen ist erstmalig ausgelegt bezw. errichtet: |
|---|---|---|---|---|---|---|---|
| | 5. | 6. | 7. | 8a. | 8b. | 9. | 10. |
| 1206 | Abgestumpfter Kegel (von 1,17 m Länge, 0,80 m oberem und 0,20 m unterem Durchmesser) aus 0,6 cm starkem Eisenblech. Mit sphärischer Seitenwand. | Weiss, auf dem oberen Boden die Inschrift „Wasb. Insp. Leer" mit schwarzen Buchstaben. | 1,75 | 0,8 | . . . | 2 | 1849 |
| 1207 | Wie unter Nr. 1206. | Wie unter Nr. 1206. | 1,75 | 0,8 | . . . | 2 | 1849 |
| 1208 | Wie unter Nr. 1206. | Schwarz, auf dem oberen Boden die Inschrift „Wasb. Insp. Leer" mit weissen Buchstaben. | 1,75 | 0,8 | . . . | 1,5 | 1849 |
| 1209 | Wie unter Nr. 1206. | Wie unter Nr. 1208. | 1,75 | 0,8 | . . . | 1,5 | 1849 |
| 1210 | Wie unter Nr. 1206. | Wie unter Nr. 1206. | 1,75 | 0,8 | . . . | 1 | 1849 |
| 1211 | Wie unter Nr. 1206. | Wie unter Nr. 1206. | 1,75 | 0,8 | . . . | 1 | 1872 |
| 1212 | Wie unter Nr. 1206. | Wie unter Nr. 1206. | 1,75 | 0,8 | . . . | 1 | 1849 |
| 1213 | Wie unter Nr. 1206. | Wie unter Nr. 1208. | 1,75 | 0,8 | . . . | 1 | 1849 |
| 1214 | Wie unter Nr. 1206. | Wie unter Nr. 1208. | 1,75 | 0,8 | . . . | 1 | 1849 |

| Laufende Nummer. | Namen und Oertlichkeit des Zeichens. 1. | Gattung des Zeichens. 2. | Zweck, welchem das Zeichen dient. 3. | Geographische Lage des Zeichens. 4. |
|---|---|---|---|---|
| 1215 | **Ems**, etwas oberhalb der Deichkrümmung oberhalb Terborg, in der Mitte des Stromes. | Tonne. | Bezeichnet stromaufgehend die rechte Seite des Fahrwassers. | 53° 17′ 10″ N.Br. 7° 23′ 45″ O.Lg. |
| 1216 | **Ems**, in der Mitte zwischen Veenhuser und Sauteler Siel, 1/3 der Strombreite vom rechten Ufer entfernt. | Tonne. | Bezeichnet stromaufgehend die linke Seite des Fahrwassers. | 53° 16′ 45″ N.Br. 7° 24′ 4″ O.Lg. |
| 1217 | **Ems**, dem oberen Ende der Jemgumer Ziegelei gegenüber, 1/3 der Strombreite vom rechten Ufer entfernt. | Tonne. | Desgl. | 53° 15′ 49″ N.Br. 7° 24′ 0″ O.Lg. |
| 1218 | **Ems**, gleich unterhalb Kl. Soltborg, 1/5 der Strombreite vom rechten Ufer entfernt. | Tonne. | Desgl. | 53° 14′ 17″ N.Br. 7° 23″ 54″ O.Lg. |

| Laufende Nummer. | Allgemeine Beschreibung des Zeichens. | Besondere Erkennungsmerkmale des Zeichens. | Wassertiefe bei Niedrigwasser am Orte des Zeichens in Metern. | Höhe der Spitze des Zeichens über dem Wasser in Metern. | Höhe der Spitze des Zeichens über dem Erdboden in Metern. | Sichtweite des Zeichens in Seemeilen. | Das Zeichen ist erstmalig ausgelegt bezw. errichtet: |
|---|---|---|---|---|---|---|---|
| | 5. | 6. | 7. | 8a. | 8b. | 9. | 10. |
| 1215 | Abgestumpfter Kegel (von 1,17 m Länge, 0,80 m oberem und 0,20 m unterem Durchmesser) aus 0,6 cm starkem Eisenblech. Mit sphärischer Seitenwand. | Schwarz, auf dem oberen Boden die Inschrift: „Wasb. Insp. Leer" mit weissen Buchstaben. | 1,75 | 0,8 | . . . | 1,5 | 1849 |
| 1216 | Wie unter Nr. 1215. | Weiss, auf dem oberen Boden die Inschrift „Wasb. Insp. Leer" mit schwarzen Buchstaben. | 1,75 | 0,8 | . . . | 2 | 1849 |
| 1217 | Wie unter Nr. 1215. | Wie unter Nr. 1216. | 1,75 | 0,8 | . . . | 1 | . . . |
| 1218 | Wie unter Nr. 1215. | Wie unter Nr. 1216. | 1,75 | 0,8 | . . . | 1 | 1849 |

# Nachträge und während des

## A. Zum I. Theil, die

Nachtrag zum I. Theil — Leuchtfeuer.

| Laufende Nummer. | Namen und Oertlichkeit des Feuers. | Geographische Lage des Feuers. | Farbe, Art und Dauer der Lichterscheinung. | Beschreibung des Leuchtapparates. | Art des Erleuchtungsmaterials | Verbrauch des Erleuchtungsmaterials stündlich in Grammen. | Verbrauch des Erleuchtungsmaterials jährlich in Kilogr. | Höhe der Flamme über Mittelwasser in Metern. | Höhe der Flamme über dem Erdboden in Metern. |
|---|---|---|---|---|---|---|---|---|---|
| | 1. | 2. | 3. | 4. | 5a. | 5b. | 5c. | 6a. | 6b. |
| 1a | **Windenburger Eck**, auf der Spitze gl. N. | 55° 20′ 32″ N.Br. 21° 11′ 47″ O.Lg. | Ein weisses festes F. Beleuchtet nur die Gewässer des Haffs. | . . . . . . . . | . . . | . . | . . | . . | . . |
| 1b | **Atmatt** oder **Wilkina**, am südlichen Ufer des Atmatt-Stromes auf dem Wilkiner Werder. | 55° 20′ 34″ N.Br. 21° 17′ 8″ O.Lg. | Zwei weisse feste F. Beleuchten nur die Gewässer des Haffs. | . . . . . . . . | . . . | . . | . . | . . | . . |
| 2 | **Nemonien.** | 54° 59′ 5″ N.Br. 21° 13′ 58″ O.Lg. | . . . . . . | . . . . . . . . | . . . | . . | . . | . . | . . |
| 3 | **Alt-Rinderort.** | 54° 54′ 8″ N.Br. 21° 3′ 50″ O.Lg. | . . . . . . | . . . . . . . . | . . . | . . | . . | . . | . . |
| 4 | **Rossitten.** | 55° 9′ 18″ N.Br. 20° 51′ 52″ O.Lg. | . . . . . . | . . . . . . . . | . . . | . . | . . | . . | . . |
| 6 | **Brüsterort.** | 54° 57′ 40″ N.Br. 19° 59′ 6″ O.Lg. | Ein weisses festes F. mit Blinken, alle 4 Min. ein Blink von 4 Sek. Dauer, dem eine Verdunkelung von 28 Sek. voraufgeht und folgt; also: F. fest 3 Min., Verdunkelung 28 Sek., Blink 4 Sek., Verdunkelung 28 Sek. Beleuchtet den Horizont von SW über W. u. N. bis O. | . . . . . . . . | . . . | . . | . . | . . | . . |
| 8 | **Frische Nehrung.** | 54° 38′ 4″ N.Br. 19° 53′ 32″ O.Lg. | . . . . . . | . . . . . . . . | . . . | . . | . . | . . | . . |
| 9 | „ | 54° 38′ 7″ N.Br. 19° 53′ 30″ O.Lg. | . . . . . . | . . . . . . . . | . . . | . . | . . | . . | . . |
| 10 | **Hollstein.** | 54° 41′ 31″ N.Br. 20° 22′ 46″ O.Lg. und 54° 41′ 26″ N.Br. 20° 22′ 40″ O.Lg. | . . . . . . | . . . . . . . . | . . . | . . | . . | . . | 17,0 und 9,0. |

# Druckes angezeigte Veränderungen.

**Leuchtfeuer betreffend.**

**Windenburger Eck — Hollstein.**

| Laufende Nummer. | Sichtweite in Seemeilen. | Höhe d. Leuchtfeuergebäudes in Metern. | Beschreibung des Leuchtfeuergebäudes bezw. Leuchtschiffes. | Bedienung des Feuers bezw. Bemannung des Leuchtschiffes. | Beschreibung der Nebel-Signal-Einrichtungen. | Beschreibung der sonstigen Einrichtungen zum Signalisiren. | Das Feuer ist errichtet: | Das Feuer ist verändert: | Sonstige Bemerkungen. |
|---|---|---|---|---|---|---|---|---|---|
| | 7. | 8. | 9. | 10. | 11. | 12. | 13a. | 13b. | 14. |
| 1a | . . | . . | Runder massiver Thurm mit anstossender Wärterwohnung. | . . . . . | . . . . | . . . . | . . | . . | . . . . . . . . . . |
| 1b | . . | . . | . . . . . . | . . . . . | . . . . | . . . . | . . | . . | . . . . . . . . . . |
| 2 | . . | . . | . . . . . . | . . . . . | . . . . | . . . . | . . | . . | . . . . . . . . . . |
| 3 | . . | . . | . . . . . . | . . . . . | . . . . | . . . . | . . | . . | . . . . . . . . . . |
| 4 | . . | . . | . . . . . . | . . . . . | . . . . | . . . . | . . | . . | . . . . . . . . . . |
| 6 | . . | . . | . . . . . . | . . . . . | . . . . | . . . . | . . | . . | . . . . . . . . . . |
| 8 | . . | . . | . . . . . . | . . . . . | . . . . | . . . . | . . | . . | . . . . . . . . . . |
| 9 | . . | . . | . . . . . . | . . . . . | . . . . | . . . . | . . | . . | . . . . . . . . . . |
| 10 | 6,5 | . . | . . . . . . | . . . . . | . . . . | . . . . | . . | . . | . . . . . . . . . . |

| Laufende Nummer. | Namen und Oertlichkeit des Feuers. | Geographische Lage des Feuers. | Farbe, Art und Dauer der Lichterscheinung. | Beschreibung des Leuchtapparates. | Art des Erleuchtungsmaterials | Verbrauch des Erleuchtungsmaterials: stündlich in Grammen. | Verbrauch des Erleuchtungsmaterials: jährlich in Kilogr. | Höhe der Flamme über Mittelwasser in Metern. | Höhe der Flamme über dem Erdboden in Metern. |
|---|---|---|---|---|---|---|---|---|---|
| | 1. | 2. | 3. | 4. | 5a. | 5b. | 5c. | 6a. | 6b. |
| 10a | **Wehrdamm**, südlich der Pregel-Mündung. | 54° 41′ 22″ N.Br. 20° 22′ 45″ O.Lg. | Ein rothes festes F. | Gewöhnliche Laterne. | ... | ... | ... | 12,2 | ... |
| 11 | **Anker.** | 54° 41′ 0″ N.Br. 20° 23′ 36″ O.Lg. und 54° 40′ 58″ N.Br. 20° 23′ 29″ O.Lg. | ... | ... | ... | ... | ... | 17,0 und 9,0. | ... |
| 12 | **Pfahlbude.** | 54° 25′ 37″ N.Br. 19° 45′ 5″ O.Lg. | ... | ... | ... | ... | ... | ... | ... |
| 13 | **Frauenburg.** | 54° 21′ 40″ N.Br. 19° 41′ 1″ O.Lg. | ... | ... | ... | ... | ... | ... | ... |
| 14 | **Tolkemit.** | 54° 19′ 39″ N.Br. 19° 31′ 32″ O.Lg. | ... | ... | ... | ... | ... | ... | ... |
| 17 | **Neufahrwasser-Mole.** | ... | ... | ... | ... | 47,5 | ... | ... | ... |
| 18 | **Neufahrwasser.** | ... | ... | ... | ... | 258 | ... | ... | ... |
| 18a | **Oxhöft**, 530 m NO ¼ O von der Kirche zu Oxhöft. | 54° 33′ 9″ N.Br. 18° 33′ 46″ O.Lg. | Ein weisses Funkelf., alle 3 Sek. ein Blink. Beleuchtet den ganzen Horizont. | ... | ... | ... | ... | 46,5 | ... |
| 19 | **Hela.** | 54° 36′ 6″ N.Br. 18° 49′ 4″ O.Lg. | ... | ... | ... | 132 | ... | ... | ... |
| 20 | **Heisternest.** | 54° 39′ 7″ N.Br. 18° 47′ 7″ O.Lg. | Ein weisses festes F. mit Blinken; alle 2 Min. ein Blink von 10 Sek. Dauer, dem eine Verdunkelung von 10 Sek. voraufgeht und folgt; also: F. fest 90 Sek., Verdunkelung 10 Sek., Blink 10 Sek., Verdunkelung 10 Sek. | ... | ... | 114 | ... | ... | ... |
| 21 | **Rixhoeft.** | 54° 50′ 0″ N.Br. 18° 20′ 40″ O.Lg. | ... | ... | ... | 450,5 | ... | ... | ... |

| Laufende Nummer. | Sichtweite in Seemeilen. | Höhe d. Leuchtfeuergebäudes in Metern. | Beschreibung des Leuchtfeuergebäudes bezw. Leuchtschiffes. | Bedienung des Feuers bezw. Bemannung des Leuchtschiffes. | Beschreibung der Nebelsignal-Einrichtungen. | Beschreibung der sonstigen Einrichtungen zum Signalisiren. | Das Feuer ist errichtet: | Das Feuer ist verändert: | Sonstige Bemerkungen. |
|---|---|---|---|---|---|---|---|---|---|
| | 7. | 8. | 9. | 10. | 11. | 12. | 13a. | 13b. | 14. |
| 10a | . . | . . | Bake. | . . . . | . . . . | . . . . | . . | . . | Brennt nur, wenn das Fahrwasser zugefroren ist, zur Orientirung für Schlitten. |
| 11 | . . | . . | . . . . . . . | . . . . | . . . . | . . . . | . . | . . | . . . . . . . . . . . . |
| 12 | . . | . . | . . . . . . . | . . . . | . . . . | . . . . | . . | . . | . . . . . . . . . . . . |
| 13 | . . | . . | . . . . . . . | . . . . | . . . . | . . . . | . . | . . | . . . . . . . . . . . . |
| 14 | . . | . . | . . . . . . . | . . . . | . . . . | . . . . | . . | . . | . . . . . . . . . . . . |
| 17 | . . | . . | . . . . . . . | . . . . | . . . . | . . . . | . . | . . | . . . . . . . . . . . . |
| 18 | . . | . . | . . . . . . . | . . . . | . . . . | . . . . | . . | . . | . . . . . . . . . . . . |
| 18a | 13 | . . | . . . . . . . | . . . . | . . . . | . . . . | 1. Okt. 1877 | . . | . . . . . . . . . . . . |
| 19 | . . | . . | . . . . . . . | . . . . | . . . . | . . . . | . . | . . | . . . . . . . . . . . . |
| 20 | . . | . . | . . . . . . . | . . . . | . . . . | . . . . | 1872 | 1. Sept. 1877 | Der Leuchtsektor ist unverändert geblieben. |
| 21 | . . | . . | . . . . . . . | . . . . | Bei nebeligem Wetter werden mit einer Sirene in Pausen von 55 Sek. Signale von 5 Sek. Dauer gegeben. | . . . . | . . | . . | Die im Jahre 1875 auf dem alten Leuchtthurm eingerichtete Signalstation ist am 1. August 1877 wieder aufgehoben. |

| Laufende Nummer. | Namen und Oertlichkeit des Feuers. | Geographische Lage des Feuers. | Farbe, Art und Dauer der Lichterscheinung. | Beschreibung des Leuchtapparates. | Art des Erleuchtungsmaterials | Verbrauch stündlich in Grammen. | Verbrauch jährlich in Kilogr. | Höhe der Flamme über Mittelwasser in Metern. | Höhe der Flamme über dem Erdboden in Metern. |
|---|---|---|---|---|---|---|---|---|---|
| | 1. | 2. | 3. | 4. | 5a. | 5b. | 5c. | 6a. | 6b. |
| 26 | **Funkenhagen.** | . . . . . | . . . . . . . | . . . . . . . . . | . . . | . . | . . | . . | . . |
| 29 | **Swinemünde-Mole.** | 53° 55′ 56″ N.Br. 14° 17′ 22″ O.Lg. | . . . . . . . | . . . . . . . . . | . . . | . . | . . | 13,0 | 10,6 über der Molenkrone. |
| 32 | **Swantewitz.** | 53° 40′ 18″ N.Br. 14° 31′ 12″ O.Lg. | . . . . . . . | . . . . . . . . . | . . . | . . | . . | . . | . . |
| 33 | **Königs-Fahrt.** | 53° 31′ 22″ N.Br. 14° 38′ 7″ O.Lg. | . . . . . . . | . . . . . . . . . | . . . | . . | . . | . . | . . |
| 34 | **Uekermünde.** | 53° 45′ 12″ N.Br. 14° 3′ 52″ O.Lg. | . . . . . . . | . . . . . . . . . | . . . | . . | . . | . . | . . |
| 36 | **Greifswalder Oie.** | . . . . . | . . . . . . . | . . . . . . . . . | . . . | 500 | . . | . . | . . |
| 39 | **Darsser Ort.** | 54° 28′ 23″ N.Br. 12° 30′ 23″ O.Lg. | Das Hauptfeuer: mit Intervallen von 1 Min. und zwar 10 Sek. hell, 50 Sek. Verdunkelung. | . . . . . . . . . | . . . | . . | . . | . . | . . |
| 40 | **Warnemünde,** auf jedem Molenkopf ein Feuer. | Das westl. in: 54° 11′ 10″ N.Br. 12° 5′ 27″ O.Lg. | Zwei grüne feste F. Beleuchten den ganzen Horizont. | . . . . . . . . . | . . . | . . | . . | 10 | . . |
| 42 | **Warnemünde.** | Das südl. in: 54° 10′ 47″ N.Br. 12° 5′ 30″ O.Lg. | Zwei rothe feste F. Beleuchten den Horizont von N. bis O z S. | . . . . . . . . . | . . . | . . | . . | 10,6 das nördl., 15,8 das südl. | . . |
| 43 | **Warnemünde.** | 54° 10′ 58″ N.Br. 12° 5′ 24″ O.Lg. | Ein weisses festes F. Beleuchtet den ganzen Horizont. | . . . . . . . . . | . . . | . . | . . | 18 | . . |

| Laufende Nummer. | Sichtweite in Seemeilen. | Höhe d. Leuchtfeuergebäudes in Metern. | Beschreibung des Leuchtfeuergebäudes bezw. Leuchtschiffes. | Bedienung des Feuers bezw. Bemannung des Leuchtschiffes. | Beschreibung der Nebel-signal-Einrichtungen. | Beschreibung der sonstigen Einrichtungen zum Signalisiren. | Das Feuer ist errichtet: | Das Feuer ist verändert: | Sonstige Bemerkungen. |
|---|---|---|---|---|---|---|---|---|---|
| | 7. | 8. | 9. | 10. | 11. | 12. | 13a. | 13b. | 14. |
| 26 | . . | . . | . . . . . . . . | . . . . . | . . . . . | . . . . . | . . | . . | *Das Feuer wird im Laufe des Winters* 1877/78 *angezündet werden.* |
| 29 | 11 | 14,25 | Achtseitige, abgestumpfte, rothe, eiserne Pyramide mit kuppelförmigem Dach und einer Gallerie um die Laterne. | . . . . . | Bei nebeligem Wetter wird mit der an der Leuchtbake angebrachten Glocke geläutet. | | . . | 1. Okt. 1877 | . . . . . . . . . . |
| 32 | . . | . . | . . . . . . . . | . . . . . | . . . . . | . . . . . | . . | . . | . . . . . . . . . . |
| 33 | . . | . . | . . . . . . . . | . . . . . | . . . . . | . . . . . | . . | . . | . . . . . . . . . . |
| 34 | . . | . . | . . . . . . . . | . . . . . | . . . . . | . . . . . | . . | . . | . . . . . . . . . . |
| 36 | . . | . . | . . . . . . . . | . . . . . | . . . . . | . . . . . | . . | . . | . . . . . . . . . . |
| 39 | . . | . . | . . . . . . . . | . . . . . | . . . . . | . . . . . | . . | . . | . . . . . . . . . . |
| 40 | 3,5 | . . | . . . . . . . . | . . . . . | . . . . . | . . . . . | . . | 1877 | Wenn der Hafen durch Eis geschlossen oder die Hafeneinfahrt durch andere Hindernisse unpassirbar ist, werden diese Feuer nicht angezündet. |
| 42 | . . | . . | Weisse Pfähle. | . . . . . | . . . . . | . . . . . | . . | . . | |
| 43 | 12 | 9,8 | . . . . . . . . | . . . . . | . . . . . | . . . . . | . . | . . | . . . . . . . . . . |

| Laufende Nummer. | Namen und Oertlichkeit des Feuers. | Geographische Lage des Feuers. | Farbe, Art und Dauer der Lichterscheinung. | Beschreibung des Leuchtapparates. | Art des Erleuchtungsmaterials | Verbrauch stündlich in Grammen. | Verbrauch jährlich in Kilogr. | Höhe der Flamme über Mittelwasser in Metern. | Höhe der Flamme über dem Erdboden in Metern. |
|---|---|---|---|---|---|---|---|---|---|
| | 1. | 2. | 3. | 4. | 5a. | 5b. | 5c. | 6a. | 6b. |
| 43a | **Buk-Spitze.** | . . . . . | *Ein Blinkfeuer mit 4 Blinken von je 6 Sek. Dauer in einer Minute. Weiss von rechtw. WSW 1/2 W über N. bis O 1/2 N; roth von rechtw. SW bis WSW 1/2 W.* | . . . . . . . . . | . . . | . . | . . | . . | . . |
| 49 | **Travemünde.** | . . . . . | . . . . . . | . . . . . . . . . | . . . | 200 | . . | . . | . . |
| 50a | **Damshöft.** | . . . . . | *Ein weisses Funkelfeuer.* | . . . . . . . . . | . . . | . . | . . | . . | . . |
| 51 | **Marienleuchte.** | 54° 29′ 43″ N.Br. 11° 14′ 29″ O.Lg. | . . . . . . | Fresnelscher Linsen-Apparat IV. Ordnung. | . . . | . . | . . | 28,9 | . . |
| 53a | **Fehmarn,** auf der Nordwestspitze der Insel gl. N. | . . . . . | *Ein Feuer.* | . . . . . . . . . | . . . | . . | . . | . . | . . |
| 60 | **Eckernförde.** | . . . . . | Ein weisses festes F. | . . . . . . . . . | . . . | . . | . . | . . | . . |
| 64a | **Sonderburg,** auf der Pontonbrücke. | . . . . . | Ein grünes festes F. | Laterne. | . . . | . . | . . | . . | . . |
| 70 | **Munkmarsch,** auf der Südseite der Landungsbrücke des Hafens gl. N. an der Ostseite der Insel Sylt. | 54° 55′ 10″ N.Br. 8° 21′ 51″ O.Lg. und 54° 55′ 8″ N.Br. 8° 21′ 46″ O.Lg. | Zwei weisse feste F. Beleuchten 90° des Horizonts, zwischen Lister-Ley und der Wester-Ley. | Laternen. | . . . | . . | . . | . . | . . |
| 71a | **Hoyerschleuse.** | 54° 57′ 27″ N.Br. 8° 41′ 8″ O.Lg. | Ein weisses festes F. Beleuchtet 90° des Horizonts. | Laterne. | . . . | . . | . . | . . | . . |
| 71b | **Friedrichenkoog,** 1000 m landeinwärts von der Schleuse zu Hoyer. | 54° 57′ 13″ N.Br. 8° 41′ 49″ O.Lg. | Ein weisses festes F. Beleuchtet 120° des Horizonts, zwischen Kohlby-Ley u. Naesodde. | Laterne. | . . . | . . | . . | . . | . . |
| 72 | **Dagebüll,** nahe der Landungsbrücke. | . . . . . | Zwei feste F. Beleuchten den Horizont nach Norden hin mit rothem, nach Süden und Westen hin mit weissem Licht. | . . . . . . . . . | . . . | . . | . . | . . | . . |

| Laufende Nummer. | Sichtweite in Seemeilen. | Höhe d. Leuchtfeuergebäudes in Metern. | Beschreibung des Leuchtfeuergebäudes bezw. Leuchtschiffes. | Bedienung des Feuers bezw. Bemannung des Leuchtschiffes. | Beschreibung der Nebelsignal-Einrichtungen. | Beschreibung der sonstigen Einrichtungen zum Signalisiren. | Das Feuer ist errichtet: | Das Feuer ist verändert: | Sonstige Bemerkungen. |
|---|---|---|---|---|---|---|---|---|---|
| | 7. | 8. | 9. | 10. | 11. | 12. | 13a. | 13b. | 14. |
| 43a | . . | . . | . . . . . . . . | . . . . . | . . . . . . . | . . . . . | . . | . . | *Projektirt. Mit der Ausführung des Baues wird im Jahre 1878 begonnen werden.* |
| 49 | . . | . . | . . . . . . . . | . . . . . | . . . . . . . | . . . . . | 1539 | . . | . . . . . . . . . . . . . |
| 50a | . . | . . | . . . . . . . . | . . . . . | . . . . . . . | . . . . . | . . | . . | *Errichtung beabsichtigt.* |
| 51 | 12 | . . | . . . . . . . . | . . . . . | . . . . . . . | . . . . . | . . | . . | . . . . . . . . . . . . . |
| 53a | . . | . . | . . . . . . . . | . . . . . | . . . . . . . | . . . . . | . . | . . | *Errichtung beabsichtigt.* |
| 60 | . . | . . | . . . . . . . . | . . . . . | . . . . . . . | . . . . . | . . | . . | . . . . . . . . . . . . . |
| 64a | . . | . . | Laternenpfahl. | . . . . . | . . . . . . . | . . . . . | 1876 | . . | . . . . . . . . . . . . . |
| 70 | 6 | . . | Holzgerüste. | . . . . . | . . . . . . . | . . . . . | 1. Jan. 1877 | . . | Das südl. Feuer ist noch nicht angezündet. Die Deckpeilung der beiden Feuer wird die Richtung der neuen Wattfahrt angeben. |
| 71a | 7 | . . | Hölzerner Pfahl. | . . . . . | . . . . . . . | . . . . . | Dez. 1876 | . . | . . . . . . . . . . . . . |
| 71b | 7 | . . | Eisernes Gerüst. | . . . . . | . . . . . . . | . . . . . | Dez. 1876 | . . | . . . . . . . . . . . . . |
| 72 | . . | . . | . . . . . . . . | . . . . . | . . . . . . . | . . . . . | . . | 1878 | Das äussere Feuer befindet sich an der Landungsbrücke, 6 m von dem äusseren Ende der Brücke; das innere ist 80 m OSO von dem äusseren Feuer entfernt. |

| Laufende Nummer. | Namen und Oertlichkeit des Feuers. | Geographische Lage des Feuers. | Farbe, Art und Dauer der Lichterscheinung. | Beschreibung des Leuchtapparates. | Art des Erleuchtungsmaterials | Verbrauch des Erleuchtungsmaterials stündlich in Grammen. | Verbrauch des Erleuchtungsmaterials jährlich in Kilogr. | Höhe der Flamme über Hochwasser in Metern. | Höhe der Flamme über dem Erdboden in Metern. |
|---|---|---|---|---|---|---|---|---|---|
| | 1. | 2. | 3. | 4. | 5a. | 5b. | 5c. | 6a. | 6b. |
| 84a | **Elsfleth**, auf dem Elsflether Steindeich, bei Collmar in der Bielenberger Marsch, auf dem Aussendeich. | 53° 44,5′ N.Br. 9° 27,33′ O.Lg. | Ein weisses festes F. Beleuchtet die ganze Breite des Fahrwassers elbaufwärts zwischen der schwarzen Tonne „18" und der weissen Tonne „13/14". | Linsen-Apparat VI. Ordnung, mit einer Lampe. | Petroleum. | 68 | 200 | 9,2 | 4 |
| 85 | **Pagensand.** | . . . . . . | 1. Ein oberes weisses und rothes festes F. Beleuchtet das neue Pagensand-Fahrwasser in seiner ganzen Breite bis zum Elsflether Steindeich mit weissem Licht, den Theil des Fahrwassers zwischen der neuen Station des Krautsand-Feuerschiffes und der schwarzen Tonne „15/16" mit rothem Licht.<br>2. Ein unteres weisses festes F., ca. 5,7 m unter dem Hauptfeuer. Beleuchtet das Fahrwasser zwischen den beiden weissen Tonnen „13" und „13/14" und der schwarzen Tonne „17". | . . . . . . | . . . | . . | . . | . . | . . |
| 86 | **Esch.** | . . . . . . | . . . . . . | . . . . . . | . . . | . . | . . | . . | . . |
| 89a | **Hamburg**, Ostergat. | . . . . . . | Ein grünes festes F. | . . . . . . | . . . | . . | . . | . . | . . |
| 96 | **Schulau**, Feuerschiff. | 53° 34′ 15″ N.Br. 9° 40′ 0″ O.Lg. | . . . . . . | . . . . . . | . . . | . . | . . | . . | . . |
| 99 | **Grauerort.** | . . . . . . | . . . . . . | . . . . . . | . . . | . . | . . | . . | . . |
| 100 | **Krautsand**, Feuerschiff auf 4 m Wasser. | ? | . . . . . . | . . . . . . | . . . | . . | . . | 12,4 | . . |
| 107 | **Elbe-Feuerschiff Nr. 4**, „Ernst", in der Mitte des Fahrwassers nördl. von der Kugelbake, auf 18,4 m Wasser. | 53° 55′ 43″ N.Br. 8° 40′ 18″ O.Lg. N 3/4 W von Cuxhaven-Leuchtthurm und O 3/4 S vom grossen Leuchtthurm auf Neuwerk. | . . . . . . | . . . . . . | . . . | . . | . . | . . | . . |

| Laufende Nummer. | Sichtweite in Seemeilen. | Höhe d. Leuchtfeuergebäudes in Metern. | Beschreibung des Leuchtfeuergebäudes bezw. Leuchtschiffes. | Bedienung des Feuers bezw. Bemannung des Leuchtschiffes. | Beschreibung der Nebelsignal-Einrichtungen. | Beschreibung der sonstigen Einrichtungen zum Signalisiren. | Das Feuer ist errichtet: | Das Feuer ist verändert: | Sonstige Bemerkungen. |
|---|---|---|---|---|---|---|---|---|---|
| | 7. | 8. | 9. | 10. | 11. | 12. | 13a. | 13b. | 14. |
| 84a | 3 | 4 | Weisser Pfahl. | 1 Wärter. | . . . . . | . . . . . | 3. Dez. 1876 | . . | . . . . . . . . . . . . |
| 85 | . . | . . | . . . . . . . | . . . . . | . . . . . | . . . . . | . . | 8. Dez. 1877 | . . . . . . . . . . . . |
| 86 | . . | . . | . . . . . . . | . . . . . | . . . . . | . . . . . | . . | . . | Dies Feuer ist Ende 1877 ausgelöscht worden. |
| 89a | . . | . . | Auf einem Duc d'Alben an der Westseite des Ostergats. | . . . . . | . . . . . | . . . . . | 1877 | . . | . . . . . . . . . . . . |
| 96 | . . | . . | . . . . . . . | . . . . . | . . . . . | . . . . . | . . | . . | Das Feuerschiff ist am 10. Mai 1877 verlegt worden. |
| 99 | . . | . . | . . . . . . . | . . . . . | . . . . . | . . . . . | . . | . . | Das Feuerschiff ist Ende 1877 eingezogen u. an dessen Stelle eine schwarze Tonne „15/16“ ausgelegt worden. |
| 100 | . . | . . | . . . . . . . | . . . . . | . . . . . | . . . . . | . . | . . | Das Feuerschiff ist am 8. Dezember 1877 verlegt worden und liegt jetzt an Stelle der schwarzen Tonne „17“. Man muss nördlich von dem Feuerschiffe passiren. |
| 107 | . . | . . | . . . . . . . | . . . . . | . . . . . | . . . . . | . . | . . | Das Feuerschiff ist am 22. Januar 1878 verlegt worden, es kann auf beiden Seiten passirt werden. Der Kurs vom Feuerschiff „Ernst“ nach Cuxhaven-Rhede ist S 7,3° O. |

| Laufende Nummer. | Namen und Oertlichkeit des Feuers. | Geographische Lage des Feuers. | Farbe, Art und Dauer der Lichterscheinung. | Beschreibung des Leuchtapparates. | Art des Erleuchtungsmaterials | Verbrauch des Erleuchtungsmaterials stündlich in Grammen. | Verbrauch des Erleuchtungsmaterials jährlich in Kilogr. | Höhe der Flamme über Hochwasser in Metern. | Höhe der Flamme über dem Erdboden in Metern. |
|---|---|---|---|---|---|---|---|---|---|
| | 1. | 2. | 3. | 4. | 5a. | 5b. | 5c. | 6a. | 6b. |
| 108 | **Elbe-Feuerschiff Nr. 3**, „Jacob Hinrich", auf 16,5 m Wasser. | 53° 57,13′ N.Br. 8° 32,60′ O.Lg. | . . . . . . | . . . . . . . . . | . . . | . . | . . | . . | . . |
| 109 | **Elbe-Feuerschiff Nr. 2**, „Neptun", auf 21,6 m Wasser. | 53° 59,09′ N.Br. 8° 25,90′ O.Lg. | . . . . . . | . . . . . . . . . | . . . | . . | . . | . . | . . |
| 111 | **Elbe-Feuerschiff Nr. 1**, „Caspar". | 54° 0′ 6″ N.Br. 8° 18′ 11″ O.Lg. (auf Fluth.) | . . . . . . | . . . . . . . . . | . . . | . . | . . | 11,5 | . . |
| 113 | **Bremen**, Feuerschiff. | 53° 48′ 3″ N.Br. 8° 8′ 19″ O.Lg. (auf Fluth.) | . . . . . . | . . . . . . . . . | . . . | . . | . . | 11,6 | . . |
| 118 | **Langlütjensand.** | 53° 34′ 36″ N.Br. 8° 29′ 39″ O.Lg. | . . . . . . | . . . . . . . . . | . . . | . . | . . | 8,3 | . . |
| 119 | **Hohe-Weg.** | . . . . . | 1. Ein weisses festes F. Beleuchtet den Horizont von WSW über N., O. und S. bis SSW $^{5}/_{8}$ W. | . . . . . . . . . | . . . | . . | . . | . . | . . |
| 123 | **Vareler Siel.** | 53° 24′ 51″ N.Br. 8° 11′ 3″ O.Lg. | . . . . . . | . . . . . . . . . | . . . | . . | . . | a. 27,0 b. 24,0 | . . |
| 124 | **Wilhelmshaven.** | 53° 30′ 58″ N.Br. 8° 9′ 30″ O.Lg. (das nördl.) | . . . . . . | . . . . . . . . . | . . . | . . | . . | . . | . . |
| 125 | **Schillighörn.** | 53° 42′ 16″ N.Br. 8° 1′ 50″ O.Lg. | a. Das rothe feste Feuer beleuchtet den Horizont von rechtw. N $5^{1}/_{2}$° W durch N. und O. bis S $43^{1}/_{2}$° O. b. Das weisse feste Richtf. beleuchtet den Horizont von rechtw. S $43^{1}/_{2}$° O bis S 40° O. | . . . . . . . . | . . . | . . | . . | . . | . . |

| Laufende Nummer. | Sichtweite in Seemeilen. | Höhe d. Leuchtfeuergebäudes in Metern. | Beschreibung des Leuchtfeuergebäudes bezw. Leuchtschiffes. | Bedienung des Feuers bezw. Bemannung des Leuchtschiffes. | Beschreibung der Nebelsignal-Einrichtungen. | Beschreibung der sonstigen Einrichtungen zum Signalisiren. | Das Feuer ist errichtet: | Das Feuer ist verändert: | Sonstige Bemerkungen. |
|---|---|---|---|---|---|---|---|---|---|
| | 7. | 8. | 9. | 10. | 11. | 12. | 13a. | 13b. | 14. |
| 108 | . . | . . | . . . . . . . | . . . . . | . . . . . | . . . . . | . . | . . | Im Juli 1877 verlegt; vom Feuerschiff „Jacob Hinrich" bis zum Feuerschiff „Ernst" ist SO z O zu steuern. |
| 109 | . . | . . | . . . . . . . | . . . . . | . . . . . | . . . . . | . . | . . | Im Juli 1877 verlegt; vom Feuerschiff „Neptun" bis zum Feuerschiff „Jacob Hinrich" ist SO $^{3}/_{8}$ O zu steuern. |
| 111 | . . | . . | . . . . . . . | . . . . . | . . . . . | . . . . . | . . | . . | . . . . . . . . . . . |
| 113 | . . | . . | . . . . . . . | . . . . . | . . . . . | . . . . . | . . | . . | . . . . . . . . . . . |
| 118 | 5 | . . | . . . . . . . | . . . . . | . . . . . | . . . . . | . . | . . | . . . . . . . . . . . |
| 119 | . . | . . | . . . . . . . | . . . . . | . . . . . | . . . . . | . . | 1877 | *Die Beleuchtung von W $^{3}/_{4}$ S über N., O. u. S. bis SW $^{1}/_{4}$ W ist beabsichtigt und wird voraussichtlich im März u. April* 1878 *hergestellt werden.* |
| 123 | . . | . . | . . . . . . . | . . . . . | . . . . . | . . . . . | . . | . . | Am 1. April 1877 angezündet. |
| 124 | . . | . . | . . . . . . . | . . . . . | . . . . . | . . . . . | . . | . . | Am 31. Dezember 1876 angezündet. |
| 125 | . . | . . | . . . . . . . | . . . . . | . . . . . | . . . . . | . . | . . | Am 1. April 1877 angezündet. |

| Laufende Nummer. | Namen und Oertlichkeit des Feuers. | Geographische Lage des Feuers. | Farbe, Art und Dauer der Lichterscheinung. | Beschreibung des Leuchtapparates. | Art des Erleuchtungsmaterials | Verbrauch des Erleuchtungsmaterials stündlich in Grammen. | Verbrauch jährlich in Kilogr. | Höhe der Flamme über Hochwasser in Metern. | Höhe der Flamme über dem Erdboden in Metern. |
|---|---|---|---|---|---|---|---|---|---|
| | 1. | 2. | 3. | 4. | 5a. | 5b. | 5c. | 6a. | 6b. |
| 126 | **Wangeroog.** | 53° 47′ 27″ N.Br. 7° 53′ 58″ O.Lg. | . . . . . . | . . . . . . . . | . . . | . . | . . . | . . . | . . |
| 131 | **Borkum.** | . . . . . | . . . . . . | . . . . . . . . | . . . | . . | . . . | . . . | . . |

| Laufende Nummer. | Sichtweite in Seemeilen. | Höhe d. Leuchtfeuergebäudes in Metern. | Beschreibung des Leuchtfeuergebäudes bezw. Leuchtschiffes. | Bedienung des Feuers bezw. Bemannung des Leuchtschiffes. | Beschreibung der Nebelsignal-Einrichtungen. | Beschreibung der sonstigen Einrichtungen zum Signalisiren. | Das Feuer ist errichtet: | Das Feuer ist verändert. | Sonstige Bemerkungen. |
|---|---|---|---|---|---|---|---|---|---|
| | 7. | 8. | 9. | 10. | 11. | 12. | 13a. | 13b. | 14. |
| 126 | 12 | . . | . . . . . . . | . . . . | . . . . . | An dem Flaggenmast der nördlich vom Thurm liegenden Kriegs-Signalstation werden Eissignale für die Jade geheisst. | . . | . . | *Eine Veränderung des Feuers wird beabsichtigt, wonach dasselbe in Intervallen von 1 Min., und zwar je ein Blink von 12 bis 15 Sek. nach einer Verdunkelung von 48 bis 45 Sek. Dauer, erscheinen soll.* |
| 131 | . . | . . | . . . . . . . | . . . . | . . . . . | . . . . . | . . | . . | *Das Feuer auf Borkum soll in ein festes, von 2 zu 2 Min. durch einen hellen Schein unterbrochenes Feuer I. Ordnung umgewandelt werden, sichtbar ca. 22 Seemeilen. Der neu zu erbauende Leuchtthurm soll seinen Standort westwärts vom jetzigen Leuchtthurm, ausserhalb des Dorfes, erhalten.* |

# Nachträge und während des

## B. Zum II. Theil, die

Nachtrag zum II. Theil — Tonnen, Baken etc.

| Laufende Nummer. | Namen und Oertlichkeit des Zeichens. 1. | Gattung 2. | Zweck, welchem das Zeichen dient. 3. | Geographische Lage des Zeichens. 4. |
|---|---|---|---|---|
| 20 | **Pillau.** | . . . . . . . | . . . . . . . . . . . . . . . . | Die Baken sind im August 1877 mit Rücksicht auf die Veränderung des Fahrwassers versetzt worden. Die Verlängerung der durch die Baken jetzt angegebenen Richtungslinie im Seegatt (SO $^3/_4$ O—NW $^3/_4$ W) führt nördlich vom Leuchtthurm und von der Mühle (Nr. 23) vorüber, so dass man bei der Einsegelung den Leuchtthurm östlich frei von der Mühle liegen sieht. |
| 21 | „ | . . . . . . . | . . . . . . . . . . . . . . . . | |
| 22 | „ | . . . . . . . | . . . . . . . . . . . . . . . . | |
| 177b | **Ostertief,** auf einer Untiefe. | Treibbake. | Bezeichnet die Mitte der aus Sand und Steinen bestehenden Untiefe. | WSW $^1/_4$ W vom Greifswalder Oie-Leuchtthurm und O z S von den Rudener Baken. |
| 214a | **Gelleatin,** auf einer zu dem Vorwerk gl. N. gehörigen Wiese. | Bake. | Bezeichnet mit der Bake Nr. 226a das Fahrwasser über den sog. Mittelgrund bei der Anklamer Fähre. | . . . . . . . . . . . . |
| 217 | **Anklamer Fähre,** westlich von der Fähre auf den zu Bargischow gehörigen Wiesen. | Bake. | Bezeichnen das Fahrwasser über den sog. Rosengarten, zwischen der Anklamer Fähre und Kamp. | . . . . . . . . . . . . |
| 217a | | Bake. | | . . . . . . . . . . . . |
| 233 | **Lauterbacher Fahrwasser,** östlich der Insel Vilm. | Treibbake. | Bezeichnet die westliche Kante des Steinriffes vor der Hagener Wiek. Man muss westlich von der Treibbake passiren. | SW von Reddewitzer Höft und NW z W von Gross-Zicker Höft. |
| 233a | „ | Waker. | Bezeichnet den Reddewitzer Haken. Man muss westlich von dem Waker passiren. | . . . . . . . . . . . . |
| 238a | **Palmerort-Bank.** | Treibbake. | Bezeichnet die Palmerort-Bank. Man muss östlich von der Treibbake passiren. | Die Richtungen „Putbus in Linie mit dem sog. gelben Ufer“ u. „die Marien-Kirche zu Stralsund an der Westseite des Fährhauses von Glewitz“ bezeichnen die Lage der Treibbake. |

# Druckes angezeigte Veränderungen.

**Tonnen, Baken etc. betreffend.**

Pillau — Palmerort-Bank.

| Laufende Nummer. | Allgemeine Beschreibung des Zeichens. | Besondere Erkennungsmerkmale des Zeichens. | Wassertiefe am Orte des Zeichens in Metern. | Höhe der Spitze des Zeichens über Mittelwasser in Metern. | Höhe der Spitze des Zeichens über dem Erdboden in Metern. | Sichtweite des Zeichens in Seemeilen. | Das Zeichen ist erstmalig ausgelegt bezw. errichtet: |
|---|---|---|---|---|---|---|---|
| | 5. | 6. | 7. | 8a. | 8b. | 9. | 10. |
| 20 | . . . . . . . . . . . . . . . . . . | . . . . . . . | . . . | . . . | . . . | . . . | . . . |
| 21 | . . . . . . . . . . . . . . . . . . | . . . . . . . | . . . | . . . | . . . | . . . | . . . |
| 22 | . . . . . . . . . . . . . . . . . . | . . . . . . . | . . . | . . . | . . . | . . . | . . . |
| 177b | Treibbake. | Grün, mit Strauchbüschel u. grüner Flagge. | 4,8 | . . . | . . . | . . . | 1877 |
| 214a | . . . . . . . . . . . . . . . . . . | Roth. | . . . | . . . | . . . | . . . | 1877 |
| 217 / 217a | . . . . . . . . . . . . . . . . | Die östliche roth, die westliche weiss. | . . . | . . . | . . . | . . . | 1877 |
| 233 | Treibbake. | Schwarz, mit Strauchbüschel und grüner Flagge. | 2,8 | . . . | . . . | . . . | 1877 |
| 233a | Stange, an einen versenkten Stein geschäkelt und durch einen aufgeschobenen und ca. 0,3 m unter Mittelwasser befestigten Schwimmklotz aufrecht gehalten. | Roth. | . . . | 2,5 | . . . | . . . | . . . |
| 238a | Treibbake. | Schwarz, mit Strauchbüschel und schwarzer Flagge. | 4,7 | . . . | . . . | . . . | 1877 |

| Laufende Nummer. | Namen und Oertlichkeit des Zeichens. | Gattung | Zweck, welchem das Zeichen dient. | Geographische Lage des Zeichens. |
|---|---|---|---|---|
| | 1. | 2. | 3. | 4. |
| 238b | **Palmerort-Bank.** | Treibbake. | Bezeichnet die Palmerort-Bank. Man muss östlich von der Treibbake passiren. | Die Richtungen „die Nicolai-Kirche zu Stralsund in Linie mit dem Fährhaus von Glewitz" und „das westlichste Haus von Grabow in Linie mit dem Garten des Herrenhauses von Grabow" bezeichnen die Lage der Treibbake. |
| 238c | „ | Treibbake. | Desgl. | Die Richtungen „die Kirche zu Vilmnitz in Linie mit dem sog. gelben Ufer" und „die Windmühle von Grabow über dem östlichsten Hause von Grabow" bezeichnen die Lage der Treibbake. |
| 326 | **Jackelberg.** | Spierentonne. | . . . . . . . . . . . . . . . | . . . . . . . . . . . . . |
| 352 | **Priwall.** | . . . . . . . | . . . . . . . . . . . . . . . | 53° 57' 34" N.Br. 10° 53' 9" O.Lg. |
| 373a | **Kieler Bucht.** *) | Tonne. | Bezeichnet das Wrack des vor der Kieler Bucht gesunkenen Fahrzeuges „Bruno". | 54° 29' 30" N.Br. 10° 19' 54" O.Lg. O 7/8 N von Bülk-Leuchtthurm und N z O 1/8 O vom Schäferhaus. |
| 382 | **Schleimünde,** auf dem Kopf der Südmole. | Bake. | Bezeichnet die Einfahrt in die Schlei. | . . . . . . . . . . . . . |
| 382a | **Schleimünde,** vor der Einfahrt in die Schlei. | Tonne. | Bezeichnet die alte Einfahrt in die Schlei. Man muss südlich von der Tonne passiren. | SO z O 1/2 O 490 m von dem Leuchtthurm zu Schleimünde. |
| 382b | **Schleimünde,** neue Einfahrt in die Schlei. | 2 Tonnen. | Bezeichnen die nördliche Seite der neuen Fahrrinne. | Die äussere Tonne liegt S 80° 45' O ca. 750 m, die innere S 77° 30' O ca. 570 m von dem Leuchtthurm zu Schleimünde. |
| 382c | „ | 2 Tonnen. | Bezeichnen die südliche Seite der neuen Fahrrinne. | Die äussere Tonne liegt S 84° 30' O ca. 780 m, die innere S 83° 50' O ca. 580 m von der Bake auf der Südmole (Nr. 382). |
| 442a | **Kalkgrund,** ca. 500 m nördlich von der Landspitze Birk. | Tonne. | Bezeichnet die Lage eines Wracks. | S 3/4 O vom Feuerschiff „Kalkgrund" und O z S von der Landspitze Habernis. |
| 459a | **Augustenburger Föhrde.** | Pricken. | Bezeichnet die östliche Kante des vom Ufer aus sich erstreckenden Grundes Halbmond (die westliche Seite des Fahrwassers). | 54° 58' 18" N.Br. 9° 48' 6" O.Lg. NW 5300 m von Schloss Augustenburg. |

*) Das zwischen Friedrichsort und Möltenort ausgelegte Telegraphenkabel ist im Herbst 1877 aufgenommen worden; die zur Bezeichnung desselben aufgestellten Baken sind deshalb eingezogen. (Vergl. die Anm. zu Nr. 376, Seite 172.)

| Laufende Nummer. | Allgemeine Beschreibung des Zeichens. | Besondere Erkennungsmerkmale des Zeichens. | Wassertiefe am Orte des Zeichens in Metern. | Höhe der Spitze des Zeichens über Mittelwasser in Metern. | Höhe der Spitze des Zeichens über dem Erdboden in Metern. | Sichtweite des Zeichens in Seemeilen. | Das Zeichen ist erstmalig ausgelegt bezw. errichtet: |
|---|---|---|---|---|---|---|---|
| | 5. | 6. | 7. | 8a. | 8b. | 9. | 10. |
| 238b | Treibbake. | Schwarz, mit Strauchbüschel. | 4,7 | ... | ... | ... | 1877 |
| 238c | Treibbake. | Schwarz, mit Strauchbüschel. | 4,7 | ... | ... | ... | 1877 |
| 326 | Spierentonne, mit Stange und Korb. | Roth. | 6,5 | ... | ... | 0,5 | ... |
| 352 | ... | ... | ... | ... | ... | ... | ... |
| 373a | Wracktonne. | ... | 18 | ... | ... | ... | 1878 |
| 382 | Eiserne Bake. | Trägt einen schwarzen Ballon. | ... | ... | 6 | ... | 1875 |
| 382a | Tonne von Föhrenholz; Länge 0,9 m, oberer Durchmesser 0,7 m. Verankert mit Stein und Kette. | Schwarz, mit schwarzem Pricken und Strohbüschel. | 3,8 | 2 | ... | ... | 1806 |
| 382b | Tonnen, jede mit einer Spiere und Korbkugel. | Schwarz. | ... | ... | ... | ... | 1877 |
| 382c | Desgl. | Weiss. | ... | ... | ... | ... | 1877 |
| 442a | Tonne. | Grün. | ... | ... | ... | ... | 1878 |
| 459a | Stange. | ... | ... | ... | ... | ... | 1877 |

| Laufende Nummer. | Namen und Oertlichkeit des Zeichens. 1. | Gattung 2. | Zweck, welchem das Zeichen dient. 3. | Geographische Lage des Zeichens. 4. |
|---|---|---|---|---|
| 459b | **Augustenburger Föhrde.** | Pricken. | Bezeichnet die westliche Kante des von der Landspitze (südlich der Asbeker Wiek) aus sich erstreckenden Grundes (die östliche Seite des Fahrwassers). | 54° 57′ 12″ N.Br. 9° 50′ 0″ O.Lg. NW z W 1/4 W 2600 m von Schloss Augustenburg. |
| 459c | „ | Pricken. | Bezeichnet die Nordkante der in der Mitte des Fahrwasser liegenden Sandbank. | 54° 56′ 36″ N.Br. 9° 50′ 30″ O.Lg. W 1/4 N 1950 m von Schloss Augustenburg. |
| 459d | „ | Pricken. | Bezeichnet die südliche Kante der Sandhuk vor dem Augustenburger Holz (die nördliche Seite des Fahrwassers). | 54° 56′ 42″ N.Br. 9° 50′ 42″ O.Lg. W 3/4 N 1750 m von Schloss Augustenburg. |
| 459e | „ | Pricken. | Bezeichnet die nördliche Seite des Fahrwassers; steht nahe der Anlegebrücke. | 54° 56′ 36″ N.Br. 9° 51′ 36″ O.Lg. W z S 900 m von Schloss Augustenburg. |
| 499a | **Landtief**, Fahrrinne, welche vom Lister Tief | Tonne (nur im Sommer ausliegend). | Bezeichnet die Ostspitze von Saltsand (die westliche Seite der Fahrrinne). | 55° 3′ 18″ N.Br. 8° 23′ 24″ O.Lg. |
| 499b | nach Süden zu, zwischen dem Ellenbogen und dem Saltsand, sich abzweigt. | Tonne (nur im Sommer ausliegend). | Bezeichnet die westliche Seite der Fahrrinne. | 55° 3′ 12″ N.Br. 8° 22′ 48″ O.Lg. |
| 499c | „ | Tonne (nur im Sommer ausliegend). | Bezeichnet die Westspitze einer vom Ellenbogen aus vorspringenden Sandbank (die östliche Seite der Fahrrinne). | 55° 3′ 10″ N.Br. 8° 23′ 18″ O.Lg. |
| 686 | **Falsche Tiefe.** | . . . . . . . | . . . . . . . . . . . . . . . | 54° 3′ 5″ N.Br. 8° 32′ 24″ O.Lg. |
| 687 | „ | . . . . . . . | . . . . . . . . . . . . . . . | 54° 1′ 42″ N.Br. 8° 33′ 35″ O.Lg. |
| 688 | „ | . . . . . . . | . . . . . . . . . . . . . . . | 54° 0′ 48″ N.Br. 8° 34′ 56″ O.Lg. und 54° 0′ 0″ N.Br. 8° 37′ 42″ O.Lg. |
| 689 | „ | . . . . . . . | . . . . . . . . . . . . . . . | 53° 59′ 18″ N.Br. 8° 40″ 30″ O.Lg. |
| 690 | „ | . . . . . . . | . . . . . . . . . . . . . . . | 54° 1′ 25″ N.Br. 8° 36′ 0″ O.Lg. |
| 691 | „ | . . . . . . . | . . . . . . . . . . . . . . . | 54° 0′ 25″ N.Br. 8° 37′ 50″ O.Lg. |
| 692 | „ | . . . . . . . | . . . . . . . . . . . . . . . | 53° 59′ 10″ N.Br. 8° 42′ 0″ O.Lg. |
| 693 | **Kronloch.** | . . . . . . . | . . . . . . . . . . . . . . . | 54° 5′ N.Br. 8° 55′ O.Lg. |
| 693a | „ | . . . . . . . | . . . . . . . . . . . . . . . | 54° 5′ 30″ N.Br. 8° 57′ 36″ O.Lg. |

| Laufende Nummer. | Allgemeine Beschreibung des Zeichens. | Besondere Erkennungsmerkmale des Zeichens. | Wassertiefe (bei Niedrigwasser) am Orte des Zeichens in Metern. | Höhe der Spitze des Zeichens über Wasser in Metern. | Höhe der Spitze des Zeichens über dem Erdboden in Metern. | Sichtweite des Zeichens in Seemeilen. | Das Zeichen ist erstmalig ausgelegt bezw. errichtet: |
|---|---|---|---|---|---|---|---|
| | 5. | 6. | 7. | 8a. | 8b. | 9. | 10. |
| 459b | Stange. | Mit Strohbüschel. | . . . | . . . | . . . | . . . | 1877 |
| 459c | Stange. | . . . . . . . | . . . | . . . | . . . | . . . | 1877 |
| 459d | Stange. | Mit Strohbüschel. | . . . | . . . | . . . | . . . | 1877 |
| 459e | Stange. | Mit Strohbüschel. | . . . | . . . | . . . | . . . | 1877 |
| 499a | Tonne. | Schwarz und weiss. | . . . | . . . | . . . | . . . | 1877 |
| 499b | Tonne. | Weiss. | . . . | . . . | . . . | . . . | 1877 |
| 499c | Tonne. | Schwarz. | . . . | . . . | . . . | . . . | 1877 |
| 686 | . . . . . . . . . . . . . . . | . . . . . . . | . . . | . . . | . . . | . . . | . . . |
| 687 | . . . . . . . . . . . . . . . | . . . . . . . | . . . | . . . | . . . | . . . | . . . |
| 688 | . . . . . . . . . . . . . . . | . . . . . . . | . . . | . . . | . . . | . . . | . . . |
| 689 | . . . . . . . . . . . . . . . | . . . . . . . | . . . | . . . | . . . | . . . | . . . |
| 690 | . . . . . . . . . . . . . . . | . . . . . . . | . . . | . . . | . . . | . . . | . . . |
| 691 | . . . . . . . . . . . . . . . | . . . . . . . | . . . | . . . | . . . | . . . | . . . |
| 692 | . . . . . . . . . . . . . . . | . . . . . . . | . . . | . . . | . . . | . . . | . . . |
| 693 | . . . . . . . . . . . . . . . | . . . . . . . | . . . | . . . | . . . | . . . | . . . |
| 693a | . . . . . . . . . . . . . . . | . . . . . . . | . . . | . . . | . . . | . . . | . . . |

| Laufende Nummer. | Namen und Oertlichkeit des Zeichens. 1. | Gattung des Zeichens. 2. | Zweck, welchem das Zeichen dient. 3. | Geographische Lage des Zeichens. 4. |
|---|---|---|---|---|
| 722 | **Grosses Fahrwasser der Elbe.** | . . . . . . | . . . . . . . . . . . . . . . | Ist im Januar 1878 ca. 279 m nach N z O von der auf Seite 246 angegebenen Lage verlegt worden. |
| 723 | " | . . . . . . | . . . . . . . . . . . . . . . | Ist im Januar 1878 ca. 487 m nach NNW von der auf Seite 246 angegebenen Lage verlegt worden. |
| 724 | " | . . . . . . | . . . . . . . . . . . . . . . | Ist im Januar 1878 ca. 372 m nach SO z O von der auf Seite 246 angegebenen Lage verlegt worden. |

| Laufende Nummer. | Allgemeine Beschreibung des Zeichens. | Besondere Erkennungsmerkmale des Zeichens. | Wassertiefe bei Niedrigwasser am Orte des Zeichens in Metern. | Höhe der Spitze des Zeichens über Wasser in Metern. | Höhe der Spitze des Zeichens über dem Erdboden in Metern. | Sichtweite des Zeichens in Seemeilen. | Das Zeichen ist erstmalig ausgelegt bezw. errichtet: |
|---|---|---|---|---|---|---|---|
| | 5. | 6. | 7. | 8a. | 8b. | 9. | 10. |
| 722 | . . . . . . . . . . . . . . . . | . . . . . . . | 8,7 | . . . | . . . | . . . | . . . |
| 723 | . . . . . . . . . . . . . . . . | . . . . . . . | 7,9 | . . . | . . . | . . . | . . . |
| 724 | . . . . . . . . . . . . . . . . | . . . . . . . | 7,7 | . . . | . . . | . . . | . . . |

## Dritter Theil.

---

# Abbildungen von Leuchtthürmen, Feuerschiffen, Baken, Tonnen etc.

# Verzeichniss der Abbildungen.

## 1. Abschnitt — Leuchtthürme, Leuchtbaken und Feuerschiffe.



## 2. Abschnitt — Richtungs-, Signal- und Landerkennungs-Baken.

## 3. Abschnitt — Tonnen und Treibbaken.



## 4. Abschnitt — Ansichten der Küste und einzelner Küstenpunkte.

Tafel 1.

# III. Theil, 1. Abschnitt - Abbildungen.

Maasstab 1:100.

Fig. 1.

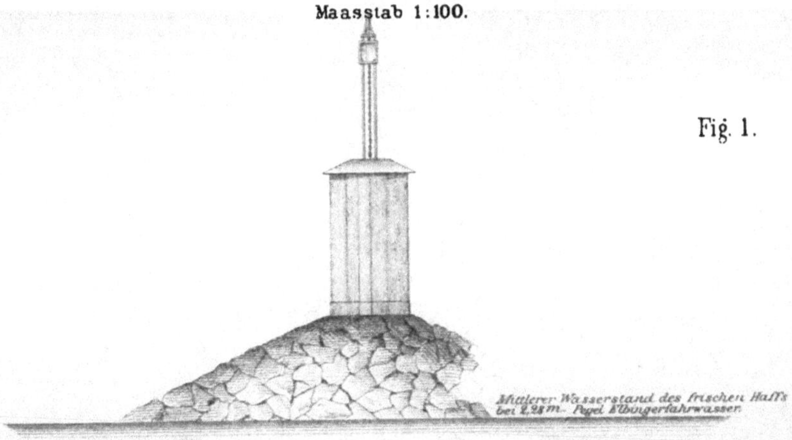


## Tolkemit-Leuchtbake.

(I. Theil, № 14.)

Vorder-Ansicht.

Fig. 2.

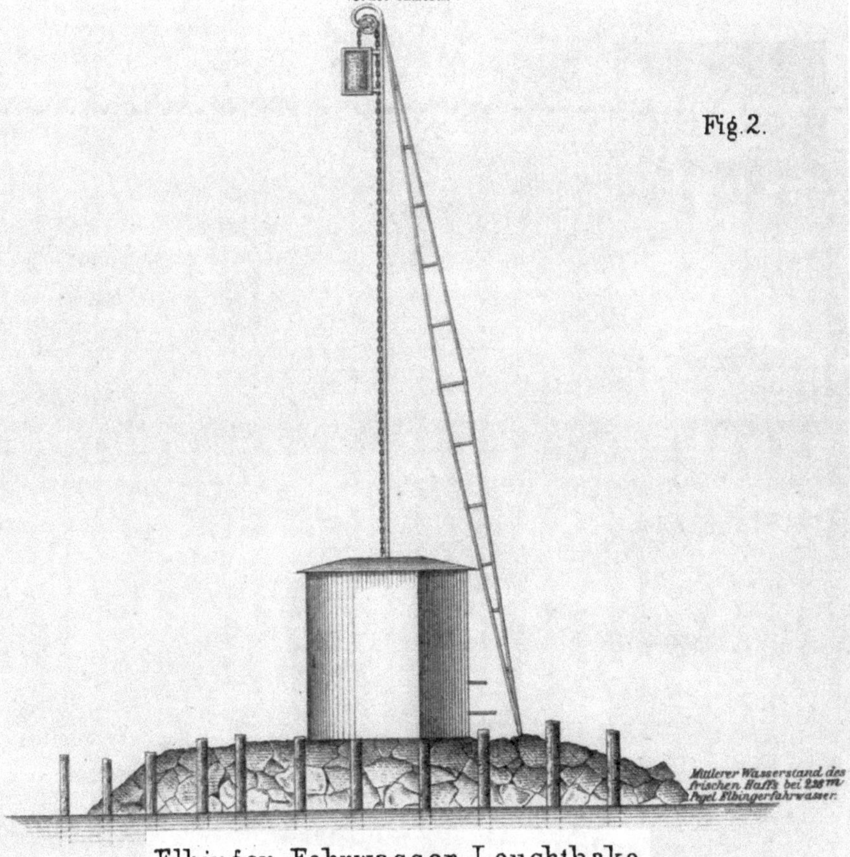


## Elbinger Fahrwasser-Leuchtbake.

(I. Theil, № 16.)

Seiten-Ansicht.

III. Theil, 1. Abschnitt - Abbildungen.

Maasstab 1:400

Fig. 3.

Neufahrwasser - Molenleuchte.

(I. Theil, № 17.)

Fig. 4.

Neufahrwasser - Leuchtthurm.

(I. Theil, № 18.)

10 5 0 10 20 30 40 m

Tafel 3.

III. Theil, 1. Abschnitt - Abbildungen.
Maasstab 1:400.

Fig. 5.

Hela-Leuchtthurm.
(I. Theil, № 19.)

Tafel 4.

III. Theil, 1. Abschnitt - Abbildungen.
Maasstab 1:400.

Fig. 6.

Heisternest - Leuchtthurm.
(I. Theil, №20.)

III. Theil, 1. Abschnitt - Abbildungen.

Maasstab 1:400.

Fig. 7.

Rixhöft - Leuchtthurm, alter.

(I. Theil. № 21.)

Tafel 6.

Maasstab 1:400.

Fig. 8.

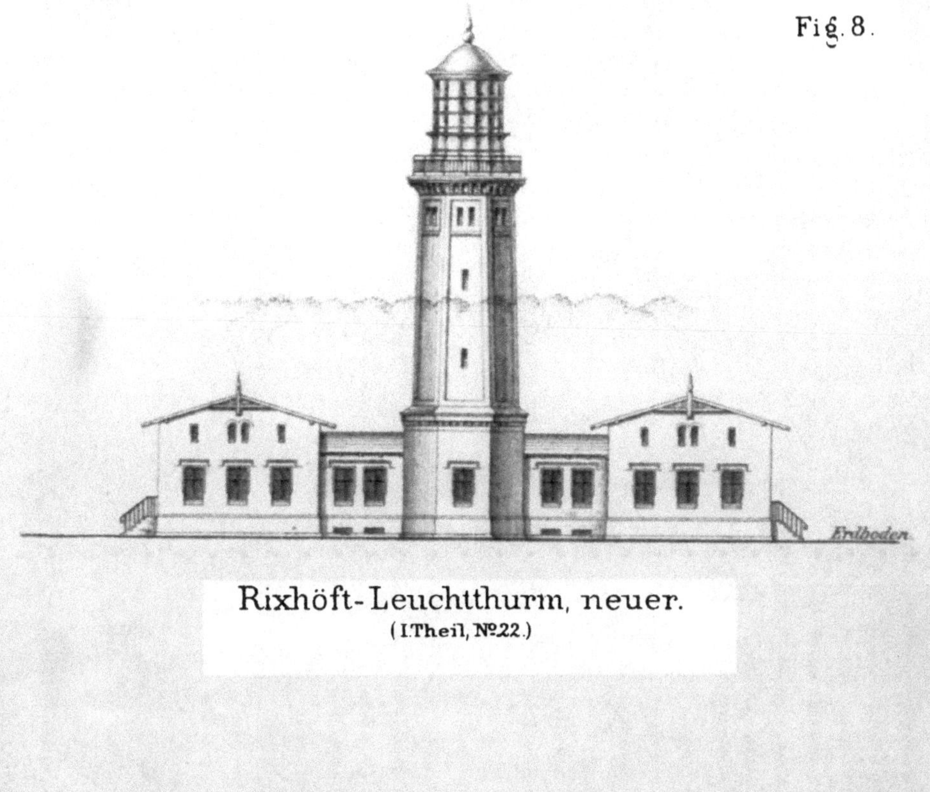


Rixhöft-Leuchtthurm, neuer.
(I. Theil, №22.)

III. Theil, 1. Abschnitt - Abbildungen.

Maasstab 1:400.

Fig. 9.

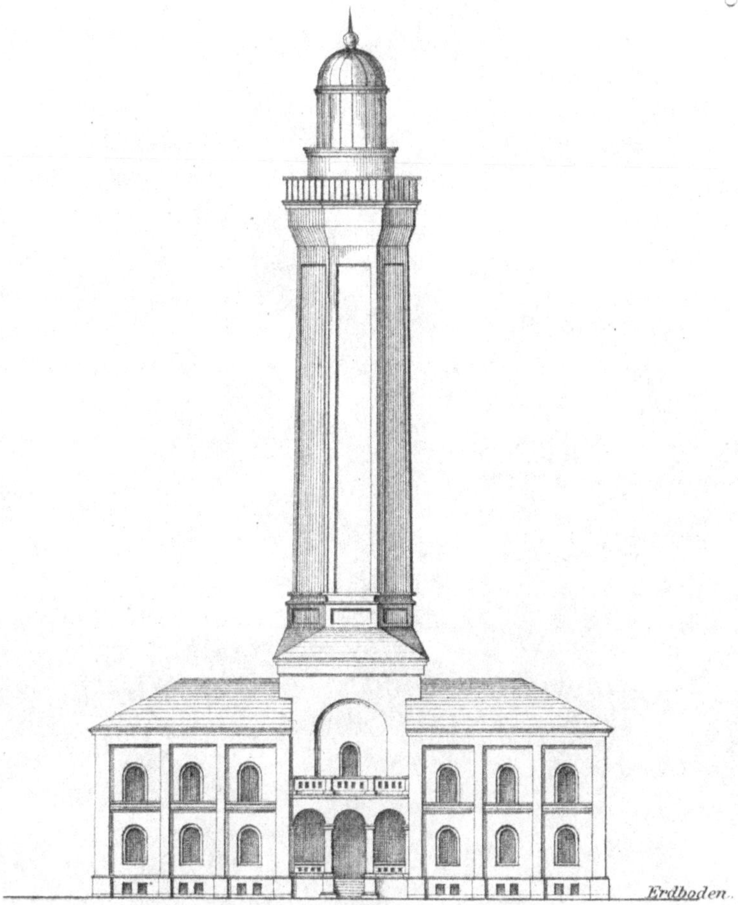


Grofs-Horst-Leuchtthurm.

(I. Theil, № 28.)

Fig. 10.

Swinemünde - Leuchtbake.
(I Theil, No 29)

Fig. 11.

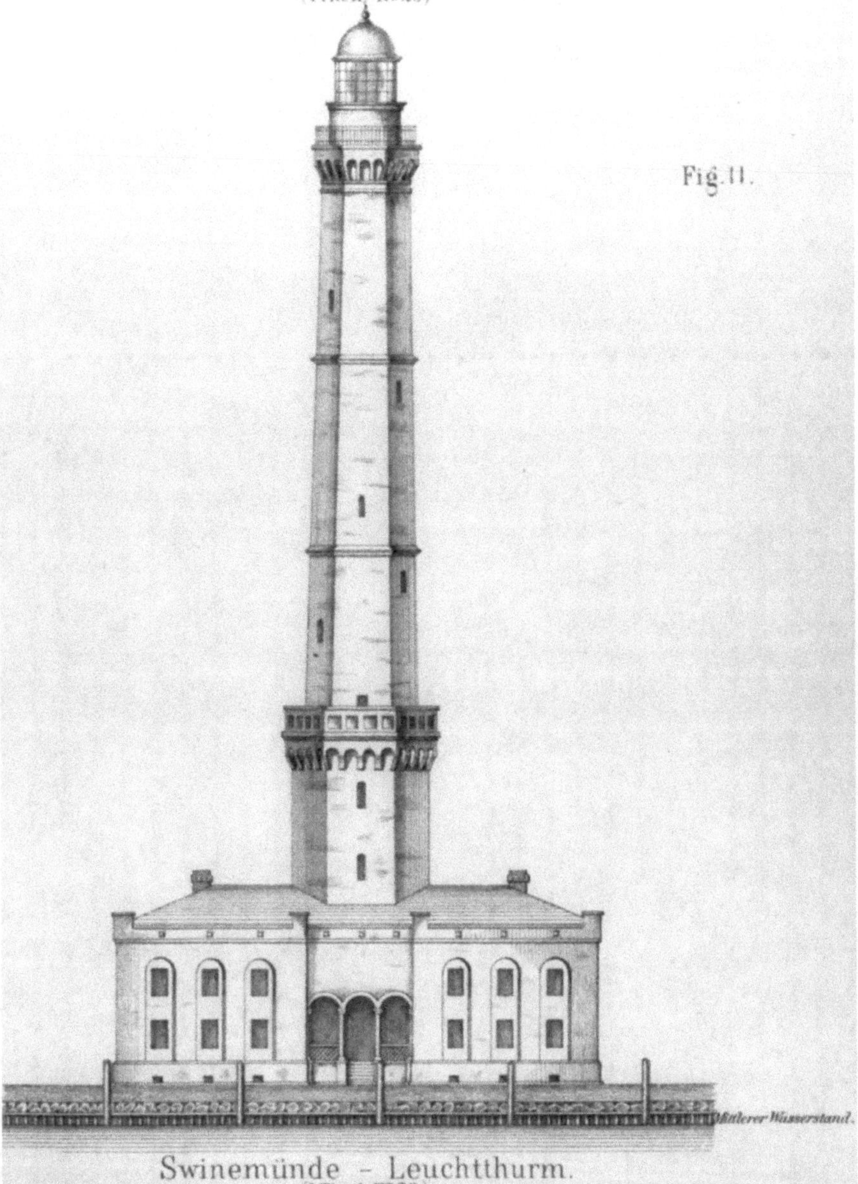


Swinemünde - Leuchtthurm.
(I. Theil. No 30.)

Maasstab 1:400.

Fig. 12.

Greifswalder Oie-Leuchtthurm.

(I. Theil, № 36.)

III. Theil, 1. Abschnitt-Abbildungen.

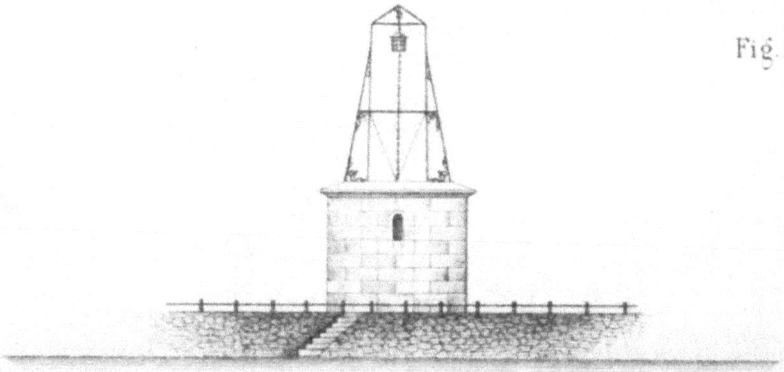

Fig. 13.

Warnemünde - Leuchtthurm.
(I. Theil, № 43.)

Maasstab 1:400.

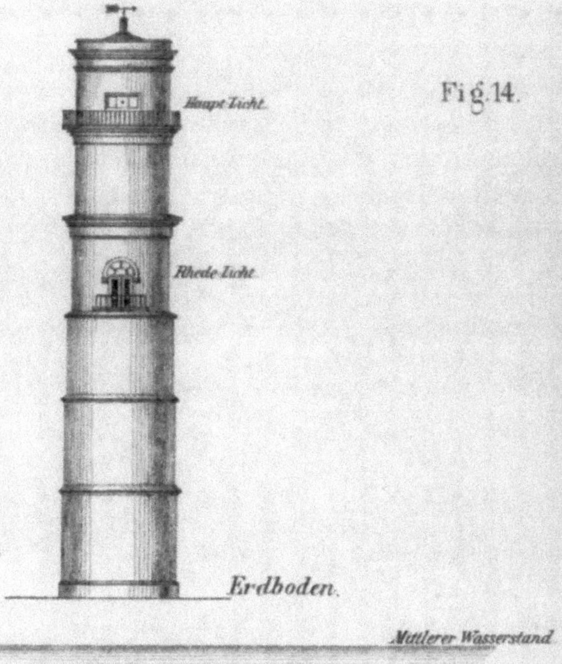


Fig. 14.

Travemünde - Leuchtthurm.
(I. Theil, № 49.)

III. Theil, 1. Abschnitt-Abbildungen.

Fig. 15.

Düsternbrook - Leuchtthurm.
(I. Theil, № 57.)

Maasstab 1:400.

Fig. 16.

Friedrichsort - Leuchtthurm.
(I. Theil, № 58.)

Maasstab 1:400.

Fig. 17.

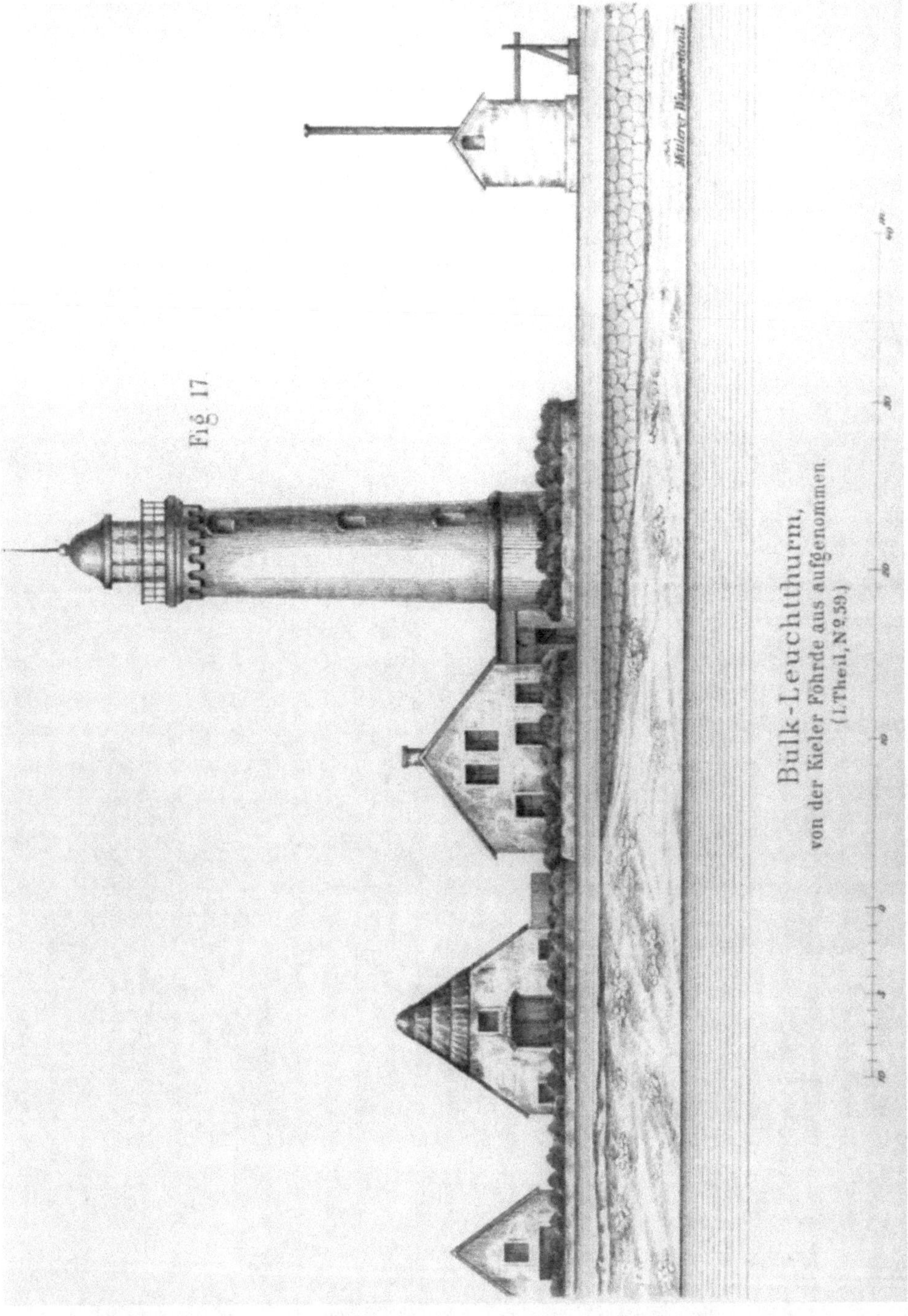


Bülk-Leuchtthurm,
von der Kieler Föhrde aus aufgenommen.
(I. Theil, №. 59.)

Fig. 18.

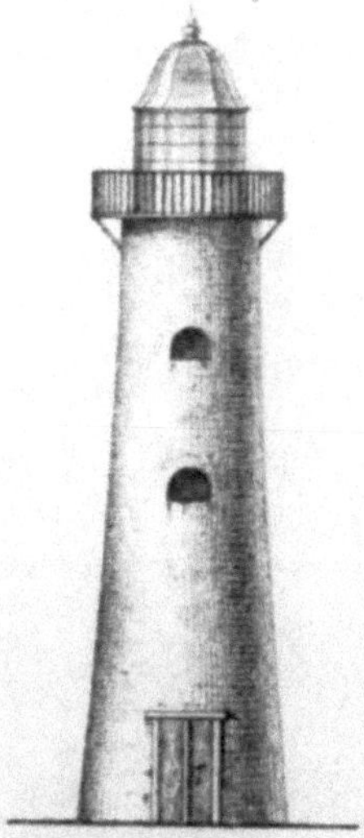

List-Leuchtthurm, östlicher.
(I. Theil, Nº 68ª)

Fig. 19.

List-Leuchtthurm, westlicher.
(I. Theil, Nº 68ᵇ)

Fig. 20.

Rothe - Kliff - Leuchtthurm.
(I. Theil, № 69)

# III. Theil, 1. Abschnitt - Abbildungen.

Maasstab 1:400.

Fig. 21.

Brunsbüttel-und Altenbruch-Leuchtbake

(I. Theil, № 81 und 101)

Fig. 22.

Pagensand-und Esch-Leuchtbake.

(I. Theil, № 85 und 86)

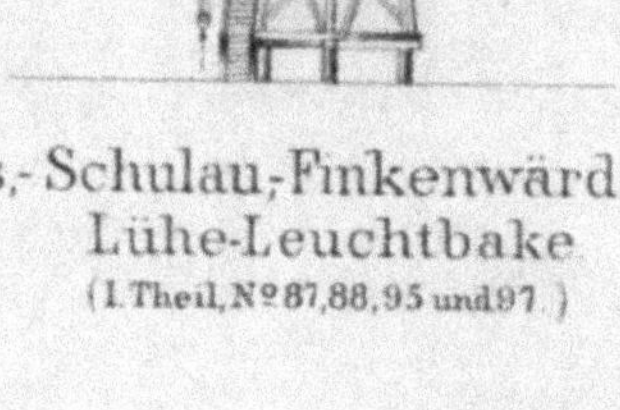

Fig. 23.

Juels,- Schulau,- Finkenwärder-und Lühe-Leuchtbake

(I. Theil, № 87, 88, 95 und 97.)

## III. Theil, 1. Abschnitt - Abbildungen.

Maasstab 1:400.

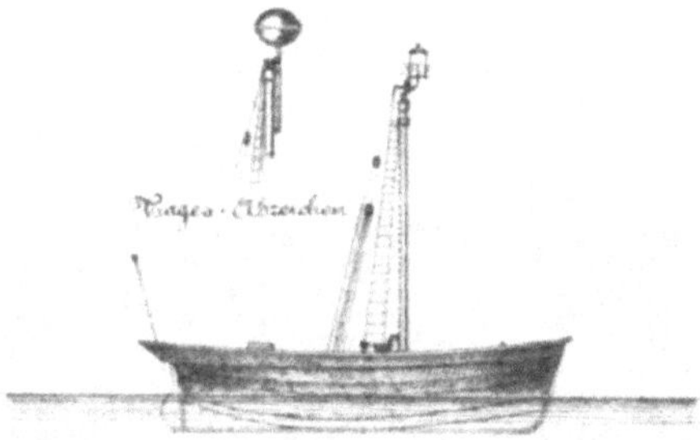

Fig. 24.

Schulau-, Grauerort- und Krautsand-Feuerschiff.

(I. Theil, № 96, 99 und 100.)

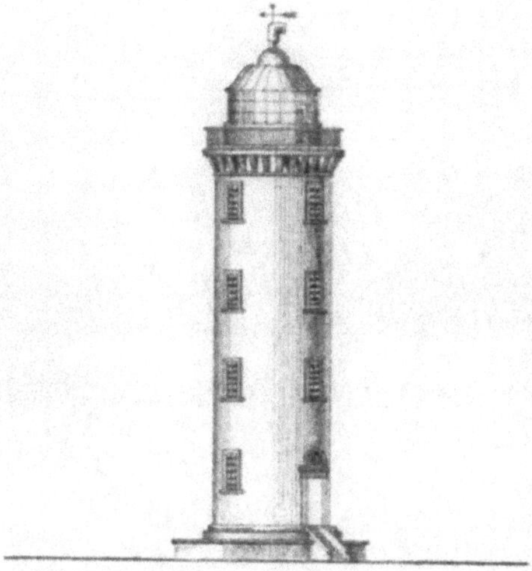

Fig. 25.

Cuxhaven-Leuchtthurm.

(I. Theil, № 103).

Tafel 17.

III. Theil, 1. Abschnitt - Abbildungen.

Maasstab 1:400.

Fig. 26

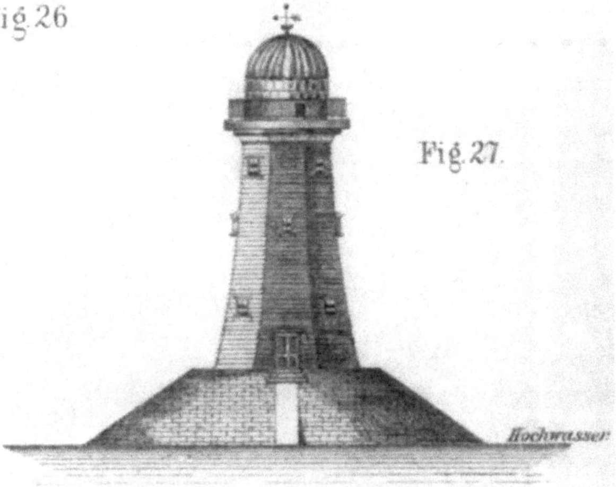


Fig. 27

Neuwerk-Leuchtthurm, grosser.
(I. Theil, №. 105.)

Neuwerk-Leuchtthurm, kleiner.
(I. Theil, №. 106.)

III. Theil, 1. Abschnitt - Abbildungen.
Maasstab 1:400.

Fig. 28.

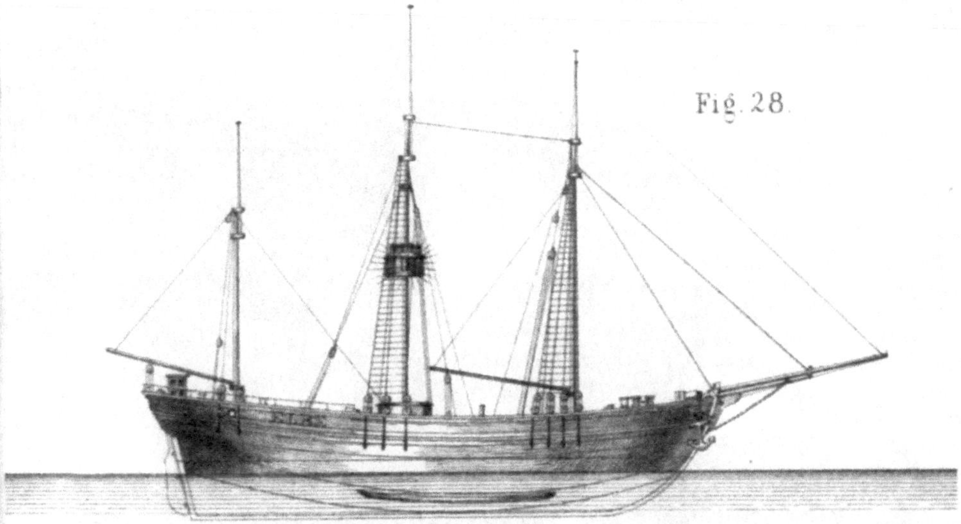

Elbe-Feuerschiff No. 1 „Caspar."
(I. Theil, No. 111.)

III. Theil, 1. Abschnitt - Abbildungen.
Maasstab 1: 400.

Fig. 29

Weser-Feuerschiff „Bremen."
(I. Theil, No. 113.)

Fig. 31.

Bremerhaven-Leuchtthurm,
auf dem Kopf der Nordmole, Einfahrt in den alten Hafen.
(I. Theil, No. 116.)

 

Maasstab 1:400.

Fig. 30.

Bremerhaven - Leuchtthurm.
(I. Theil, № 115.)

Fig. 32.

Hohe - Weg - Leuchtthurm.
(I. Theil, № 119.)

10 5 0 10 20 30 40 m.

III. Theil, 1. Abschnitt-Abbildungen.

Maassstab 1:400.

Fig. 33

Jade-Feuerschiff „Aussen-Jade."

(I. Theil, № 120)

Fig. 34.

Jade-Feuerschiff „Minsener Sand."

(I. Theil, № 121.)

Maasstab 1:400.

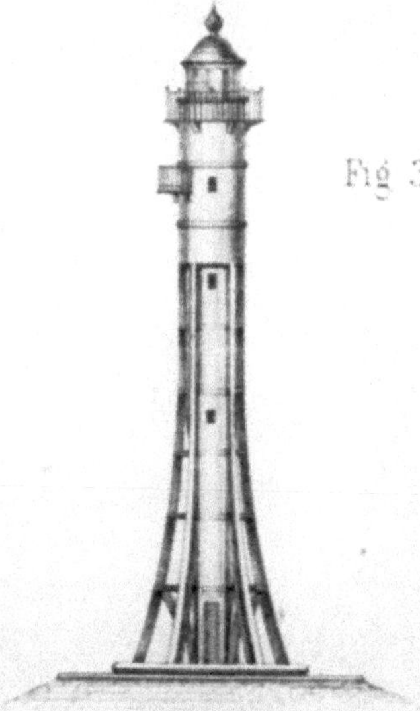

Fig. 35.

Vareler Siel-Leuchtthurm.
(I. Theil, № 123.)

Fig. 36.

Schillighörn-Leuchtthurm.
(I. Theil, № 125.)

III. Theil, 1. Abschnitt-Abbildungen.
Maasstab 1:400.

Fig. 37.

Wangeroog-Leuchtthurm.
(I. Theil, № 126.)

Maasstab 1:400.

Fig. 38.

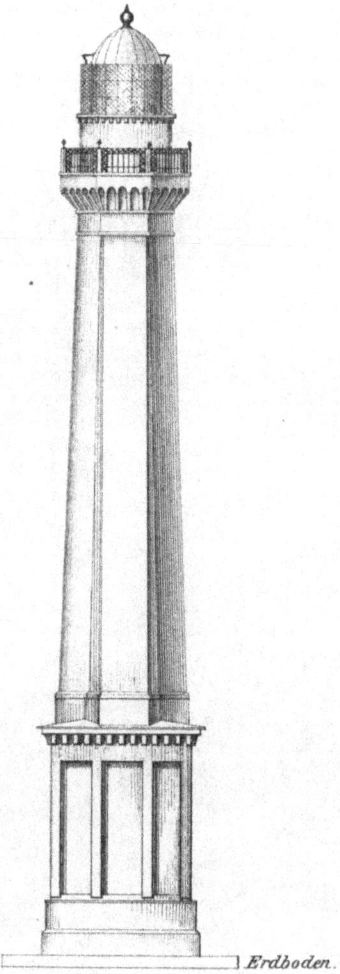


Norderney-Leuchtthurm.
(I. Theil, № 127.)

Fig. 39.

Borkum-Leuchtthurm.

(I. Theil, № 131.)

Maasstab 1:200.

Fig. 1.

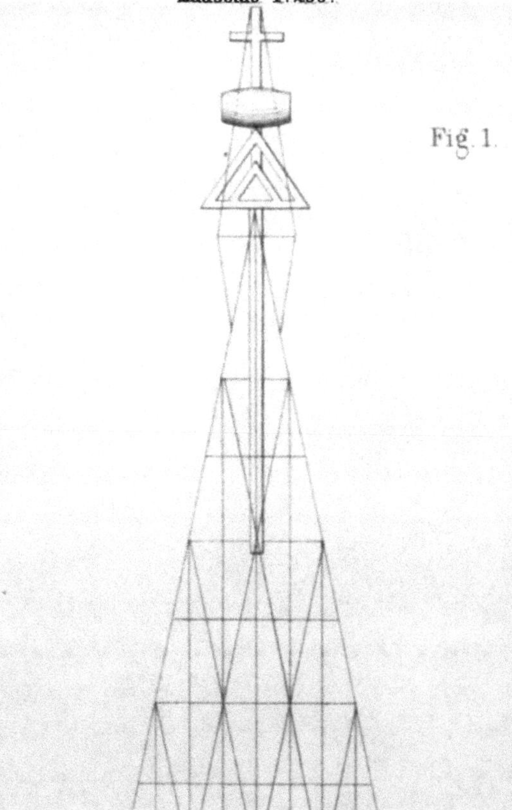


Memel-Richtungsbake.

(II. Theil, № 3.)

III. Theil, 2. Abschnitt - Abbildungen.

Maasstab 1:200.

Fig. 2.

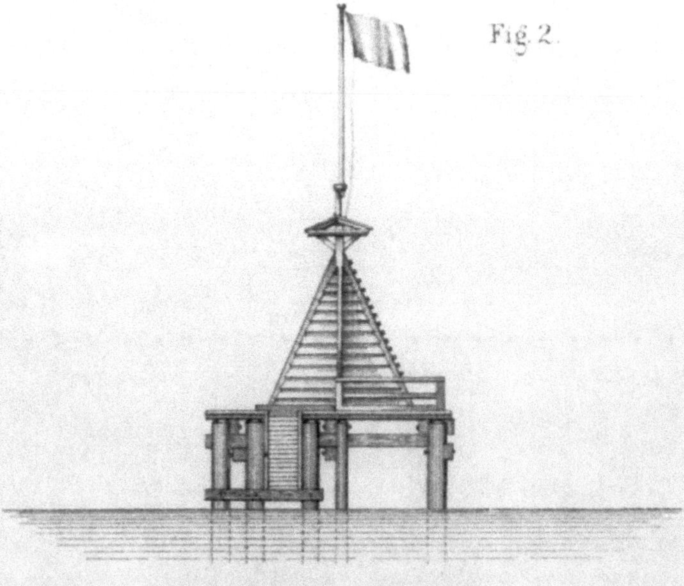

Neufahrwasser - Winkbake.

(II. Theil, Nº 54.)

Tafel 28.

III. Theil, 2. Abschnitt - Abbildungen.

Maasstab 1:200.

Fig. 3.

Kucklow - Bake.

(II Theil, Nº 77.)

Fig. 4.

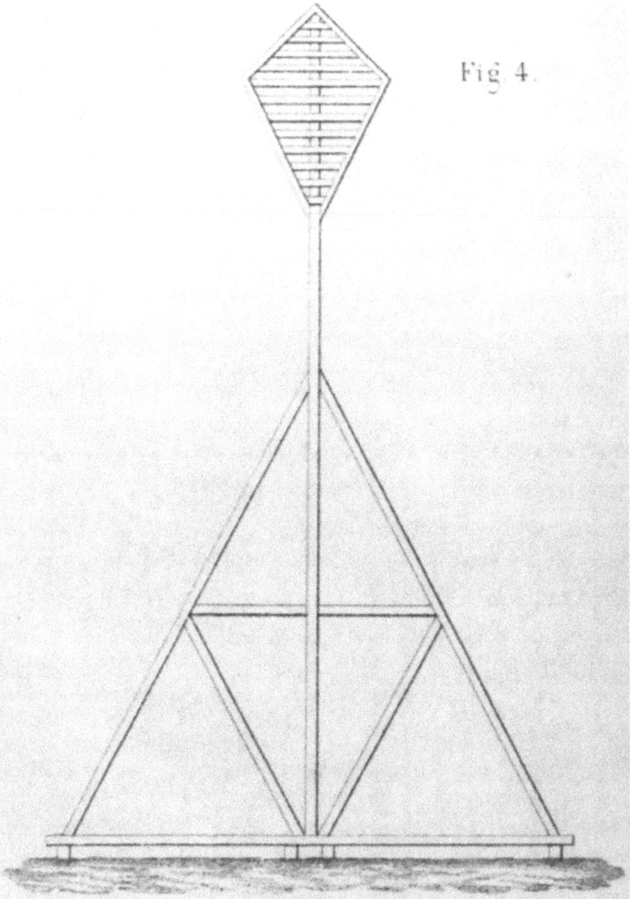

Paulsdorf-Bake.

(II Theil, Nº 80.)

Fig. 5.

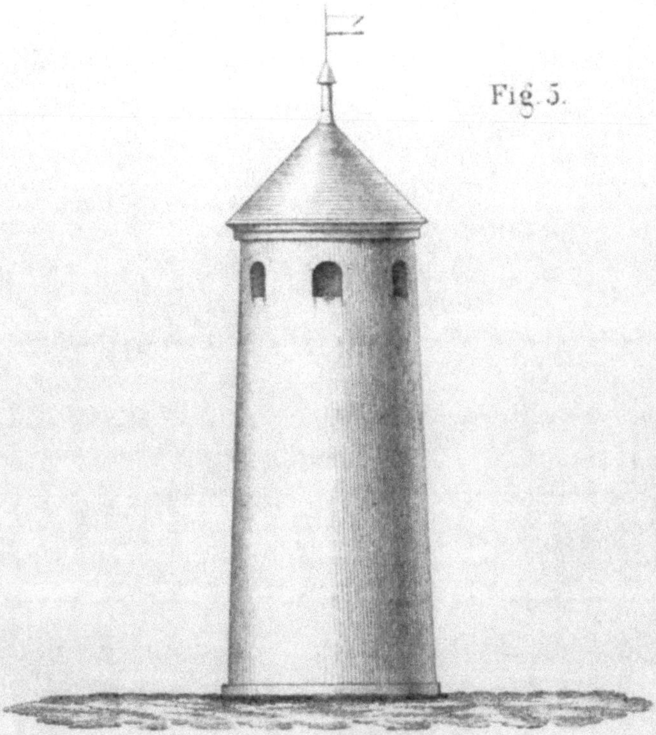

Kiesberg-Bake.
(II. Theil, Nº 83.)

III. Theil, 2. Abschnitt - Abbildungen.

Maasstab 1:200.

Fig 6

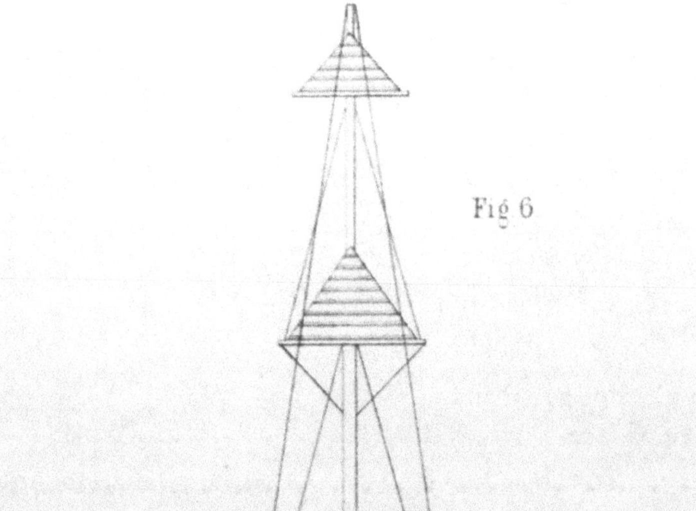

Swinemünde-Bake (Landbake).

(II. Theil, Nº 85.)

III. Theil, 2 Abschnitt-Abbildungen.

Maasstab 1:200.

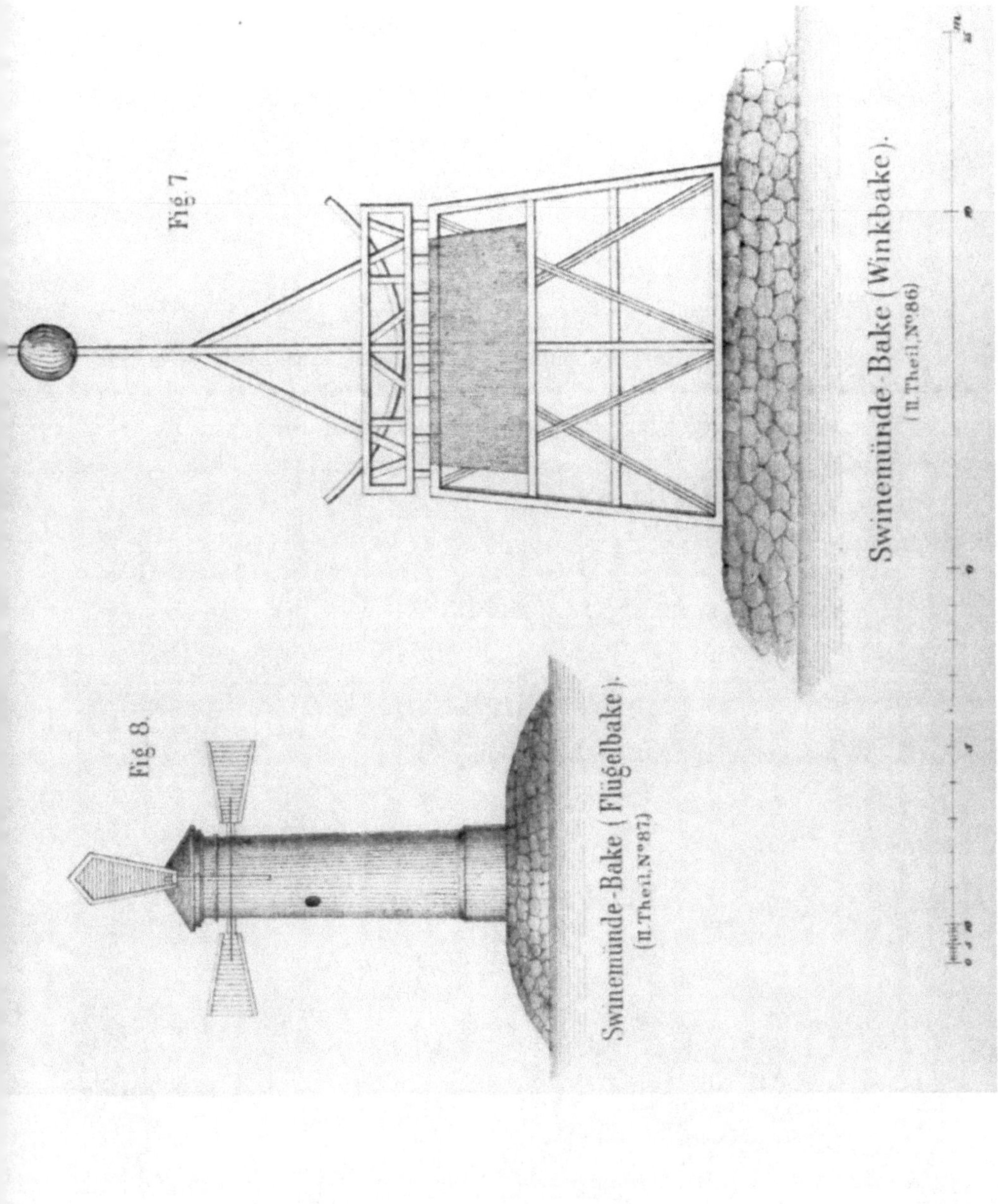

Fig. 7

Swinemünde-Bake (Winkbake).
(II. Theil, N°86)

Fig. 8

Swinemünde-Bake (Flügelbake).
(II. Theil, N°87)

III. Theil, 2. Abschnitt - Abbildungen.

Maasstab 1:200.

Fig. 9.

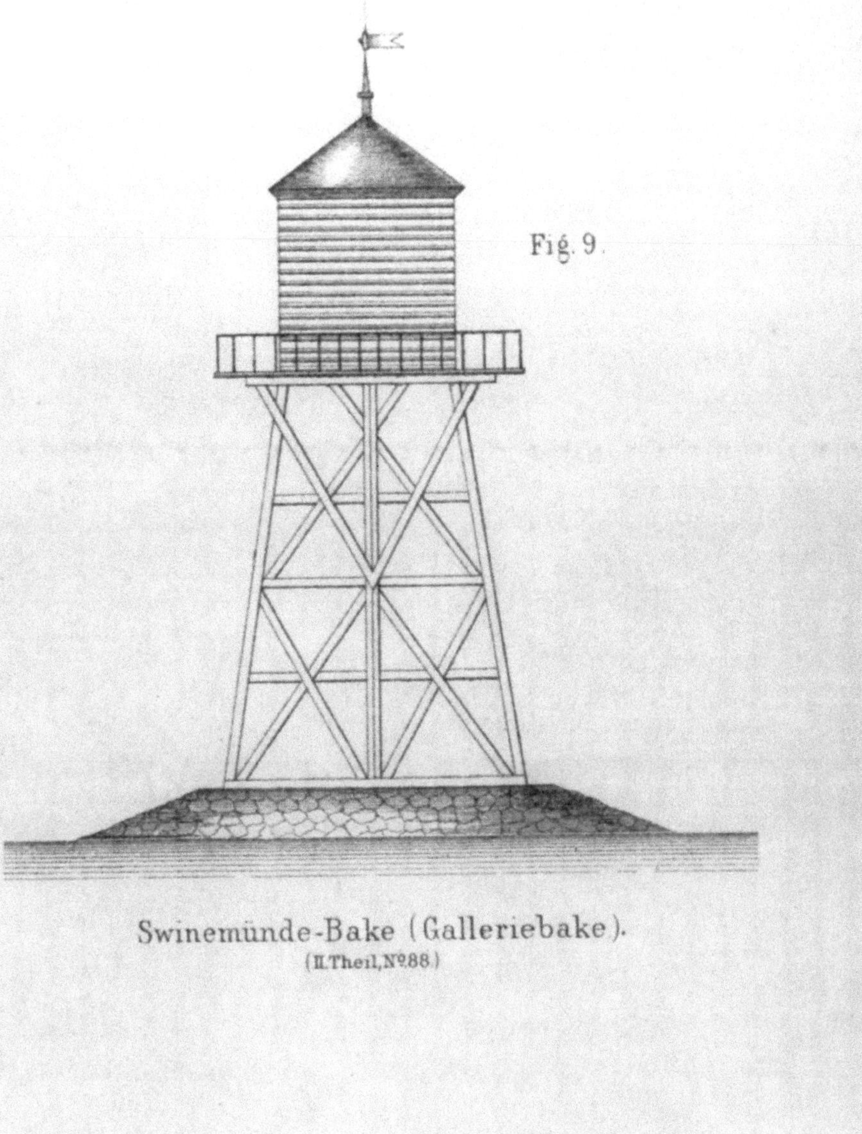

Swinemünde-Bake (Galleriebake).

(II. Theil, № 88.)

III. Theil, 2. Abschnitt - Abbildungen.

Maasstab 1:200.

Fig. 10.

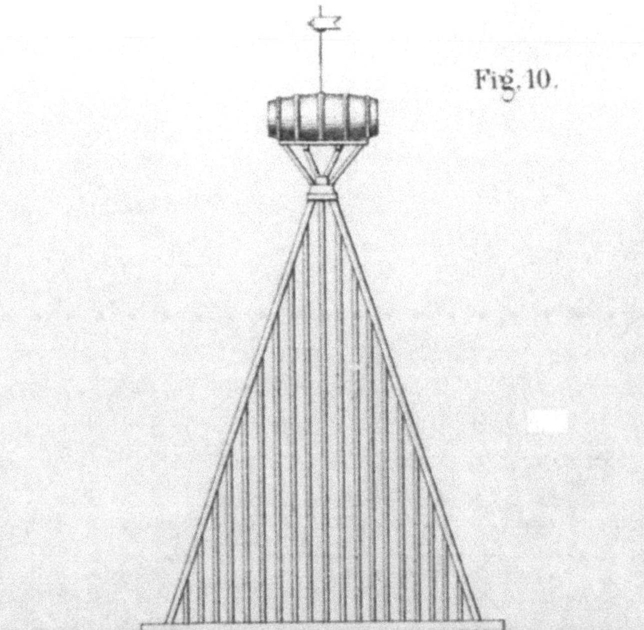

Streckelberg - Bake.

(II. Theil, № 170.)

III. Theil, 2. Abschnitt - Abbildungen.

Maasstab 1: 200.

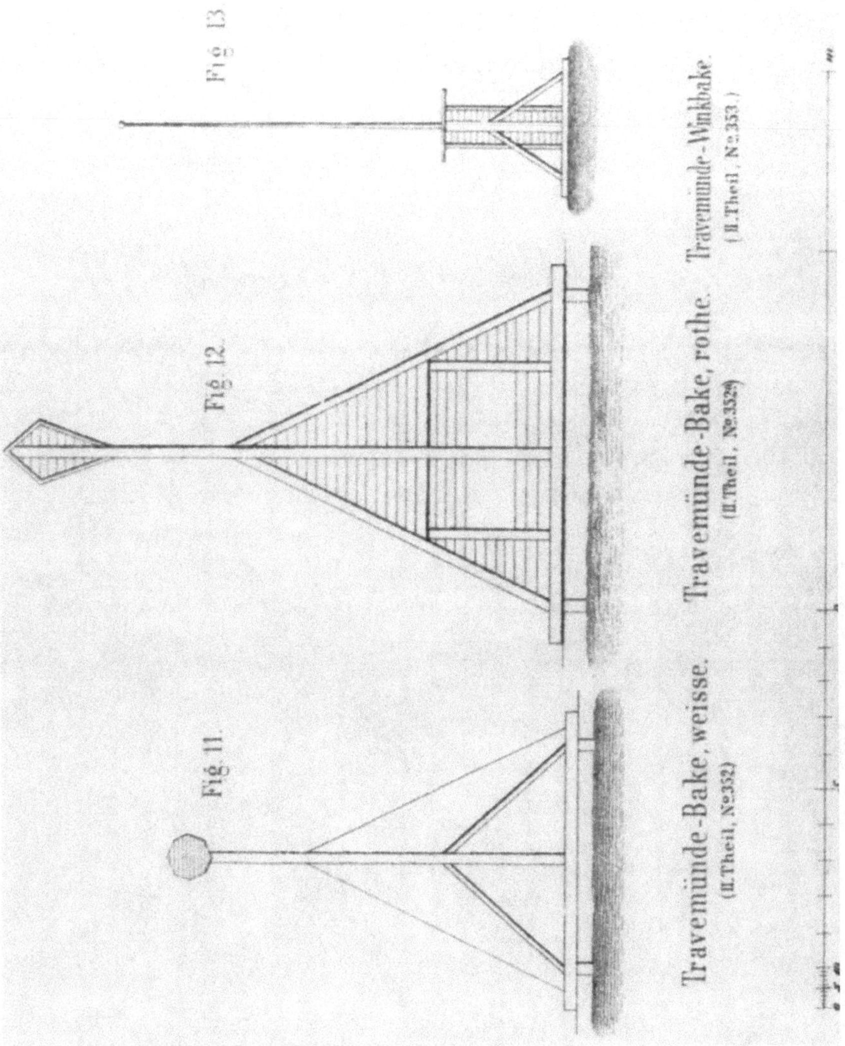

III. Theil, 2. Abschnitt - Abbildungen.
Maasstab 1:200.

Fig. 14.

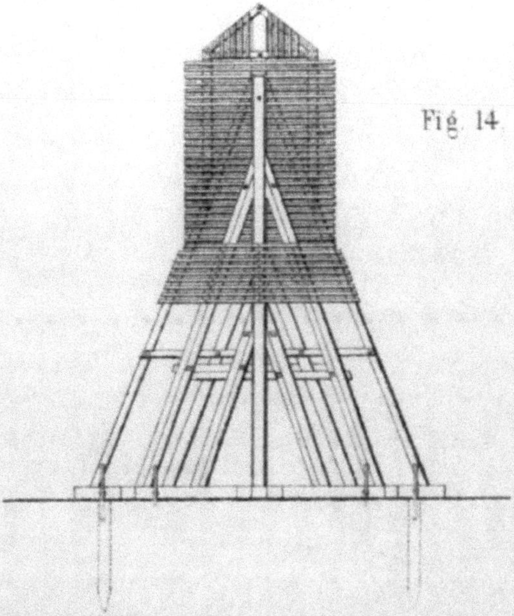

St. Peter-Bake. (Ansicht von Westen)
(II. Theil, №629.)

III. Theil, 2. Abschnitt - Abbildungen.

Maasstab 1: 200.

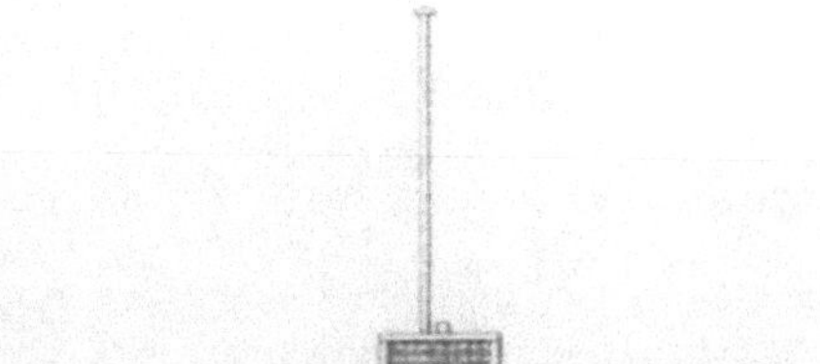

Fig. 15.

Blauortsand - Bake.

(II. Theil, No. 658.)

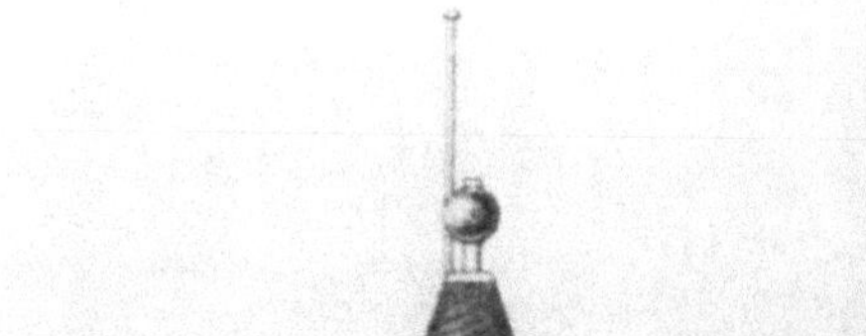

Fig. 16.

Böschsand - Bake.

(II. Theil, No. 666.)

III. Theil, 2. Abschnitt - Abbildungen.
Maasstab 1:200.

Fig. 17.

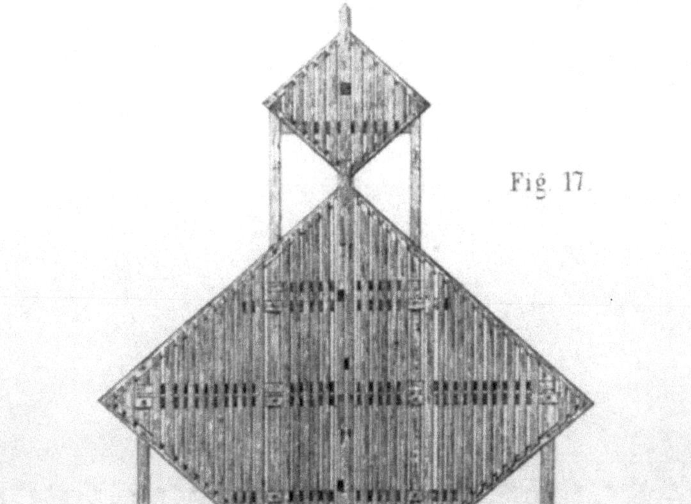

Schaarhörn - Sand - Bake.
(II. Theil, No 696)

Tafel 38.

III. Theil, 2. Abschnitt - Abbildungen.

Maasstab 1:200.

Fig. 18

Fig. 19

Neuwerker Watt-Bake (Nordbake).
(II. Theil, No. 704)

Neuwerk-Bake (Ostbake).
(II. Theil, No. 717)

Maasstab 1:200.

Fig. 20.

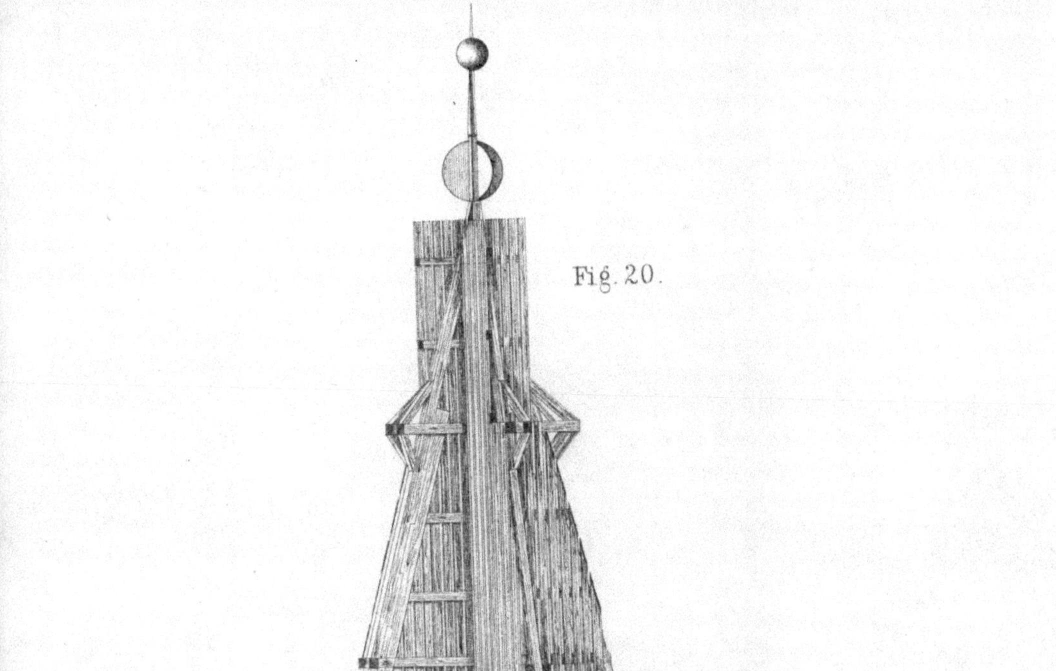

Döse-Bake. (Kugel-Bake.)

(II. Theil, № 718.)

III. Theil, 2. Abschnitt - Abbildungen.

Maasstab 1:200.

Fig. 22.

Fig. 21.

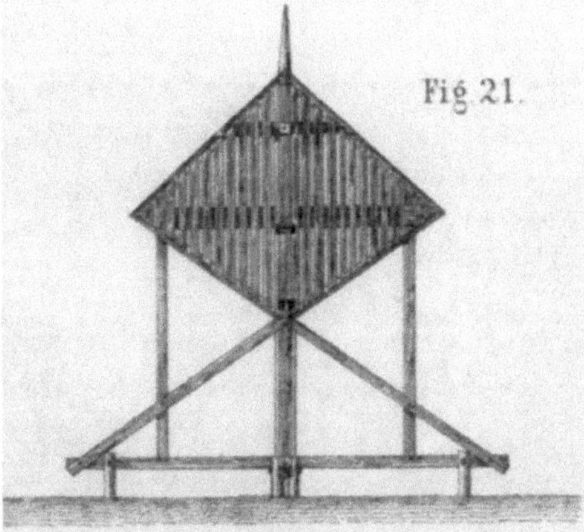

Duhnen-Bake (Grandbake)

(II. Theil, № 719.)

Groden-Bake.

(II. Theil, № 732.)

III. Theil, 2. Abschnitt - Abbildungen.

Maasstab 1:200

Fig. 23.

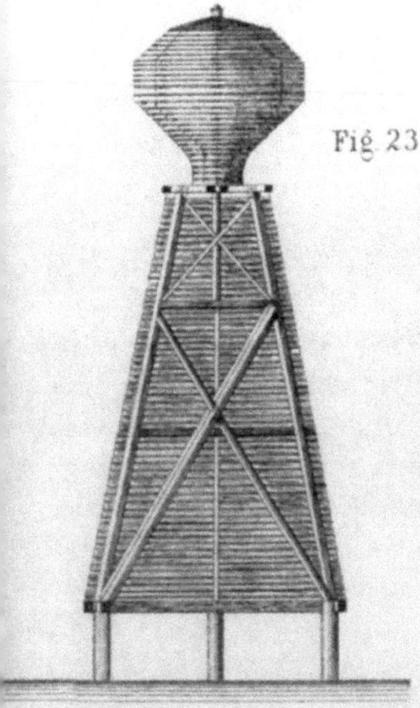

Schwarztonnensand-Bake.

(II. Theil, Nº 760.)

Fig. 24.

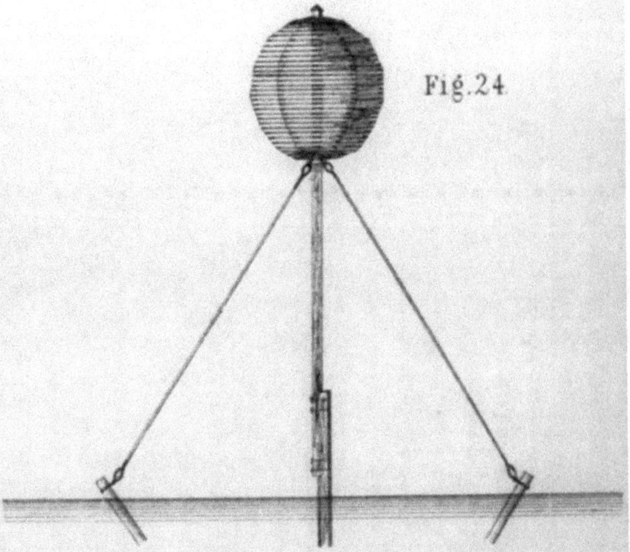

Finkenwärder-Bake (Königsbake.)

(II. Theil, Nº 797.)

Maasstab 1:200.



# Eversand-Baken.

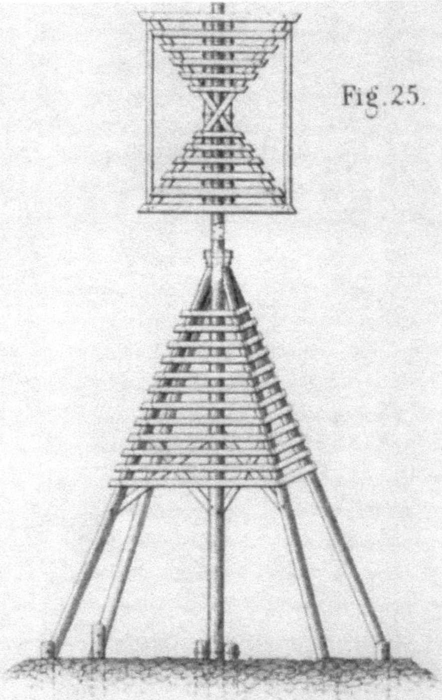

Fig. 25.

Stundenglasbake, in den Peilungen Nord u. Ost.

(II. Theil, Nº 869.)

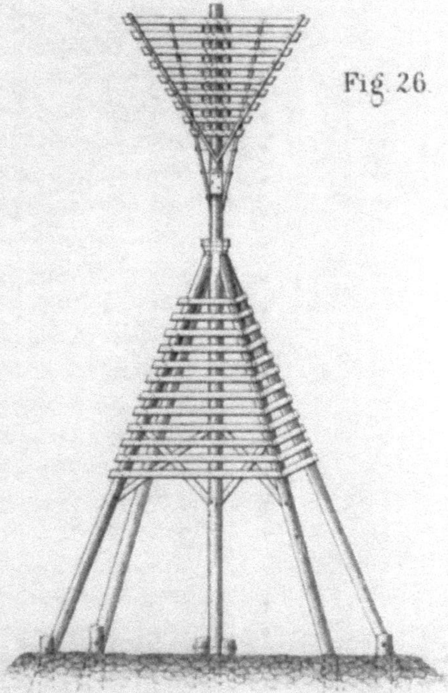

Fig. 26.

Becherbake, in der Peilung N z W $\frac{1}{4}$ W.

(II. Theil, Nº 870.)

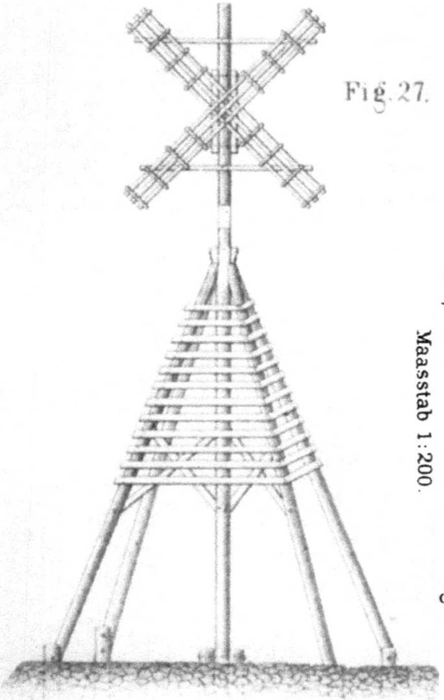

Fig. 27.

Mühlenbake, in der Peilung O $\frac{1}{4}$ S.

(II. Theil, Nº 871.)

Maasstab 1 : 200.

Fig. 28

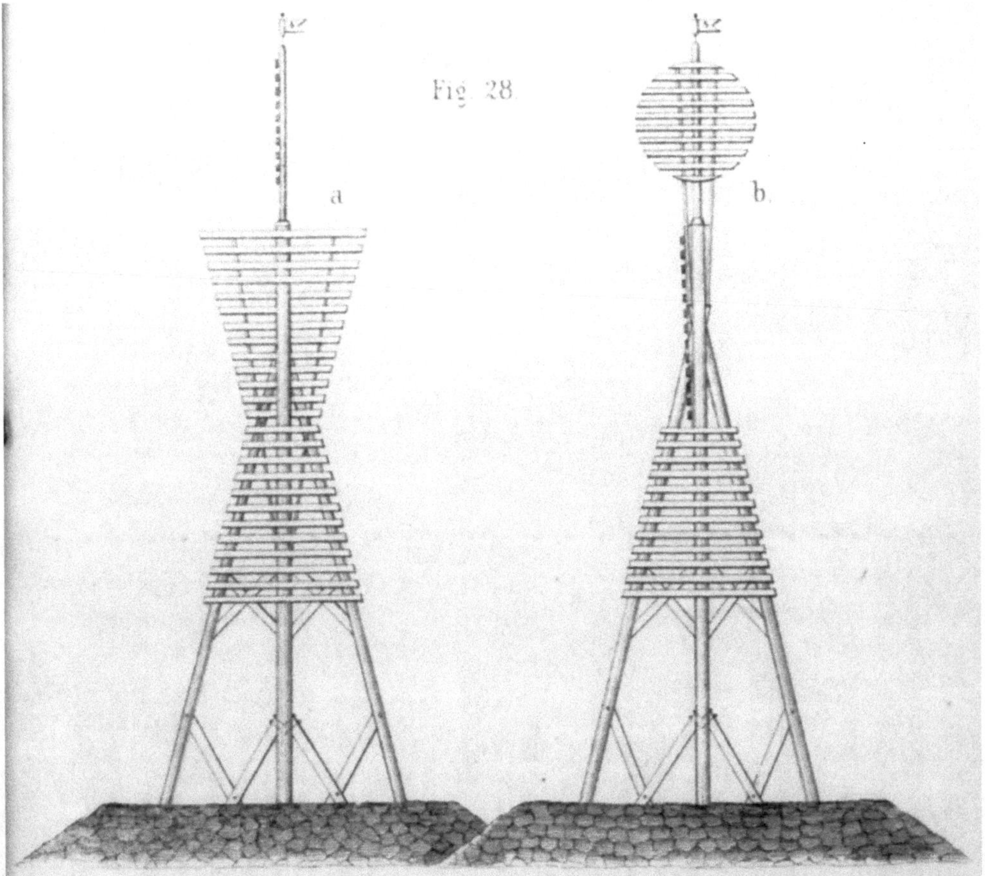


Meyers-Leegde-Bake (Jungfernbake),

(Fig. a) in der Peilung N O z N. (Fig. b) in der Peilung S O z O.

(II. Theil, No 872)

III. Theil, 2. Abschnitt - Abbildungen.

Maasstab 1:200.

## Fedderwardener Baken.

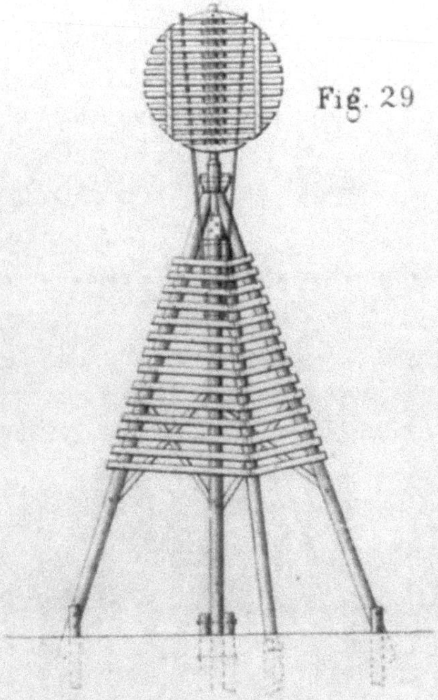

Fig. 29

Kugelbake, in der Peilung SSW½W.
(II. Theil, № 940.)

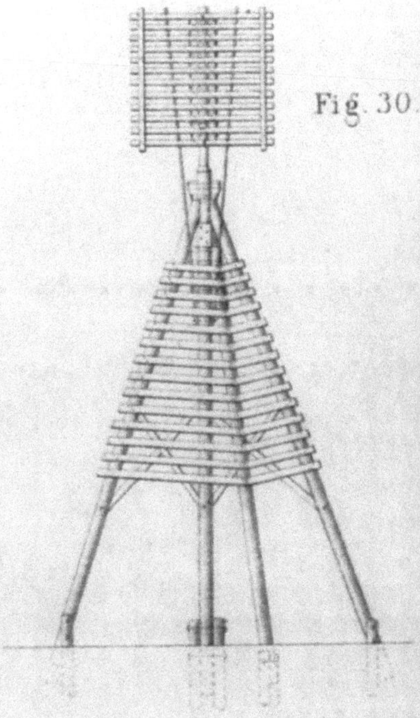

Fig. 30.

Carrébake, in der Peilung SW½W.
(II. Theil, № 941.)

III. Theil, 2. Abschnitt - Abbildungen.
Maasstab 1:200.

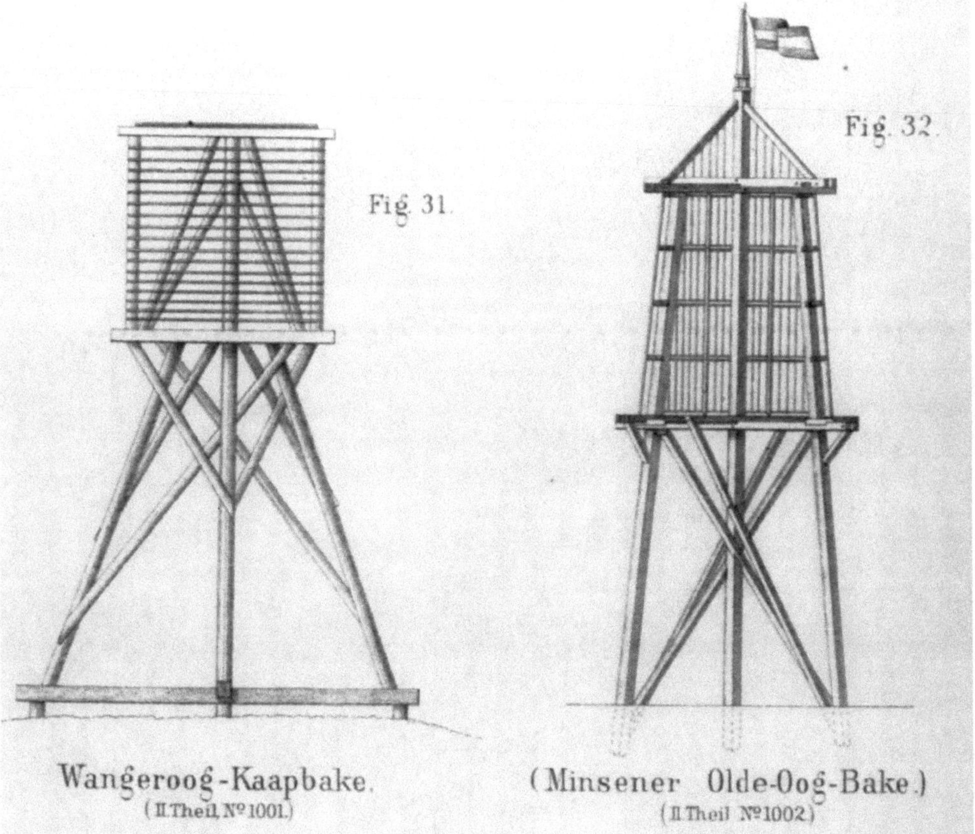


Wangeroog-Kaapbake.
(II. Theil, No 1001.)

(Minsener Olde-Oog-Bake.)
(II. Theil No 1002.)

III. Theil, - Abbildungen, 2. Abschnitt.

Maasstab 1:200

Fig. 33.

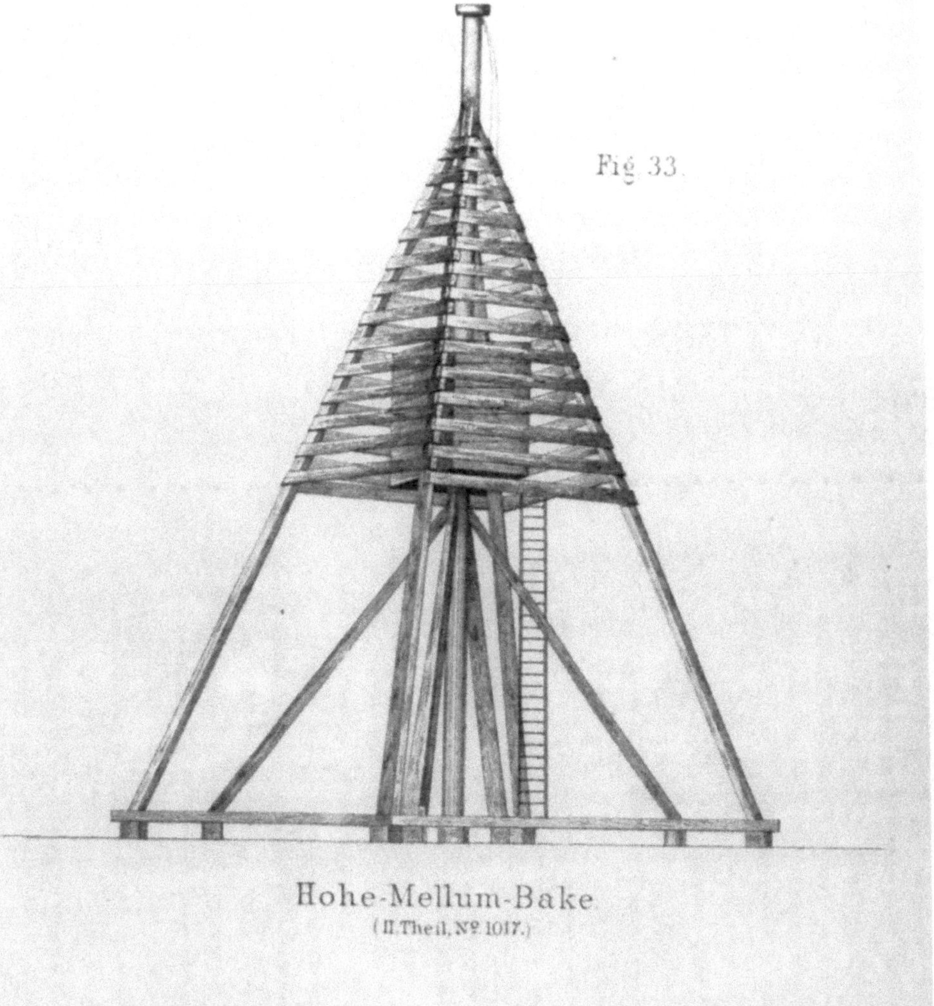

Hohe-Mellum-Bake.

(II. Theil, № 1017.)

Maasstab 1:200.

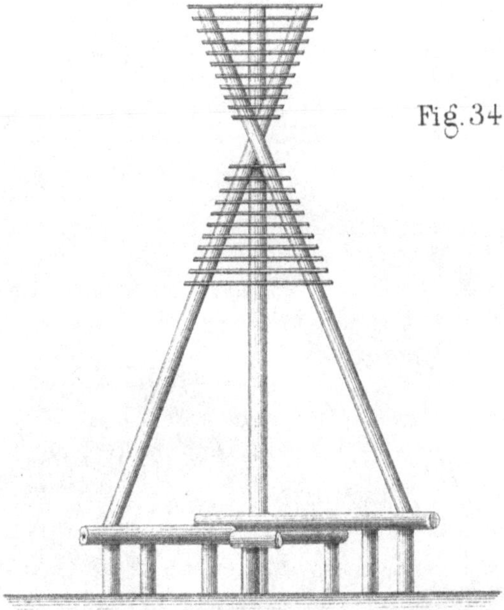

Fig. 34.

Wangerooger Oststrand-Bake.

(II.Theil, № 1063.)

Maasstab 1:200.

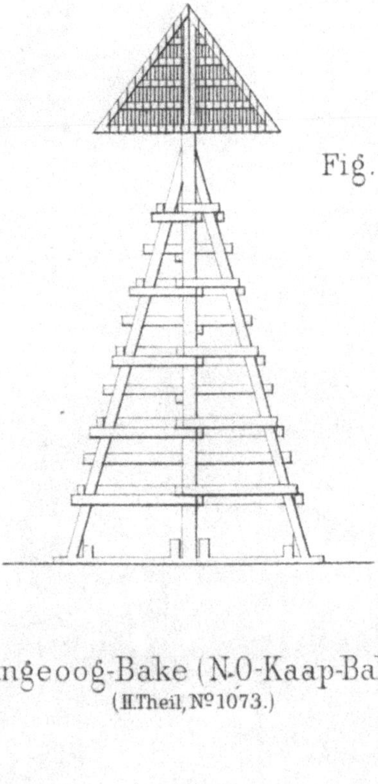

Fig. 35.

Langeoog-Bake (N.O-Kaap-Bake).
(II. Theil, № 1073.)

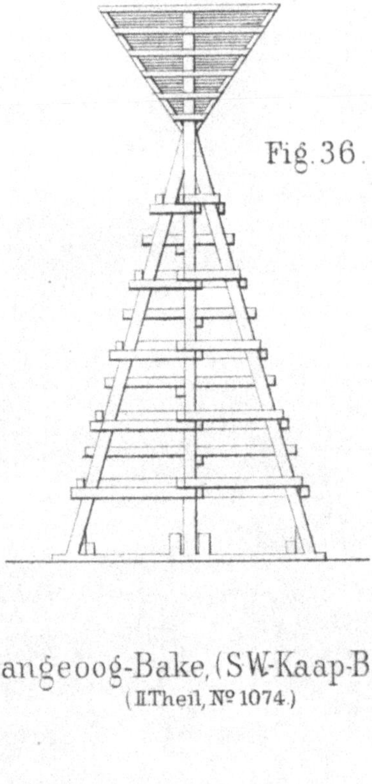

Fig. 36.

Langeoog-Bake, (SW-Kaap-Bake).
(II. Theil, № 1074.)

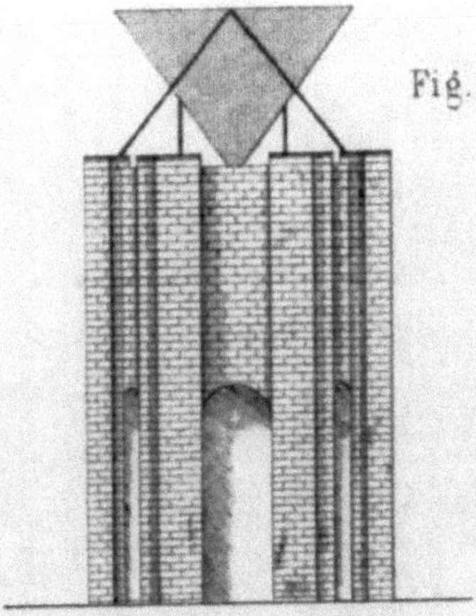

Fig. 37.

Norderney-Bake.
(II. Theil, № 1077.)

III. Theil, 2 Abschnitt - Abbildungen

Maasstab 1:200

Fig. 39

Fig. 38

Borkum - Ostland - Bake.
(II. Theil, No. 1090)

Borkum-Westland-Bake, grosse.
(II. Theil, No. 1129)

III. Theil, 2. Abschnitt - Abbildungen.

Maasstab 1:200.

Fig. 40.

Borkum-Westland-Bake, kleine.

(II. Theil, № 1130.)

Fig. 41.

Borkum-Westland-Bake, mittlere.

(II. Theil, № 1131.)

III. Theil, 2. Abschnitt - Abbildungen.
Maasstab 1:200.

Fig. 42.

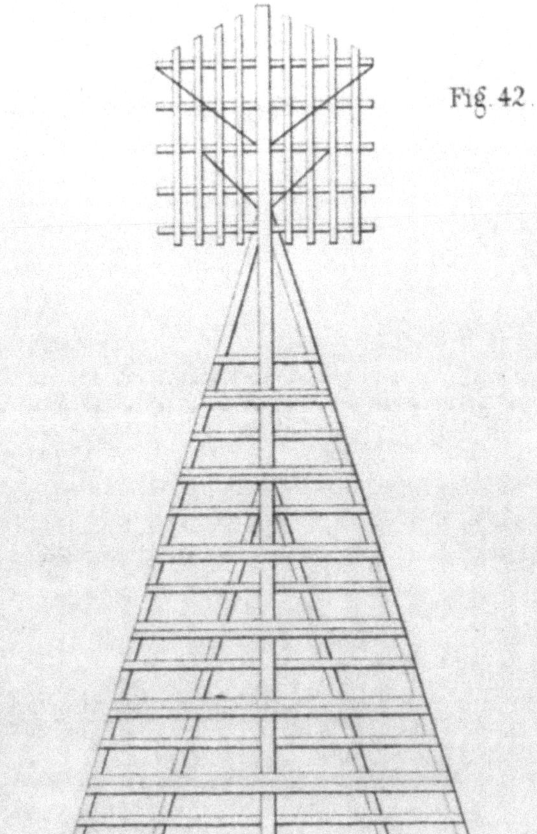

Rottum-Bake (Emder Bake).
(II. Theil, Nº 1132.)

Maasstab 1 : 200.

Fig. 43.

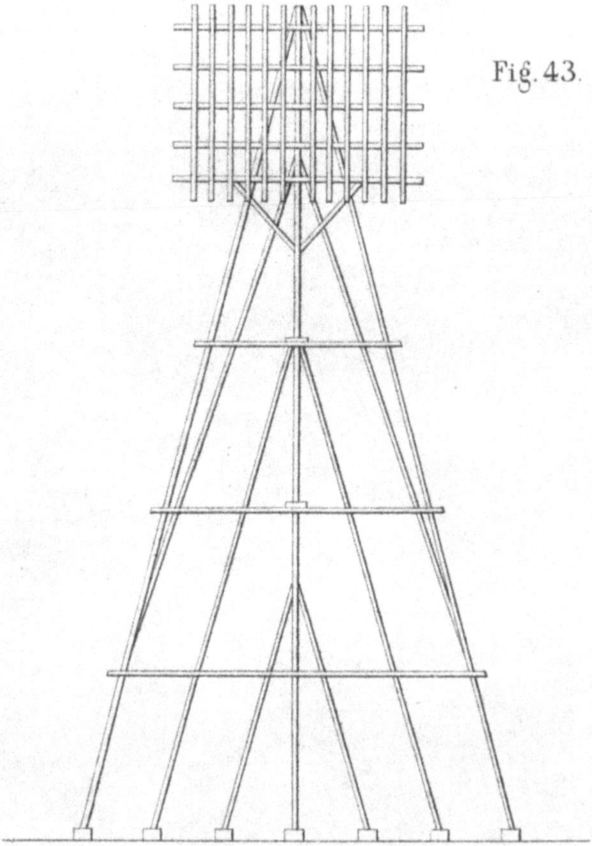

Rottum-Bake (Groninger Bake).

(II. Theil, № 1133.)

III. Theil, 3. Abschnitt - Abbildungen.

Maasstab 1 : 100

Fig. 1.

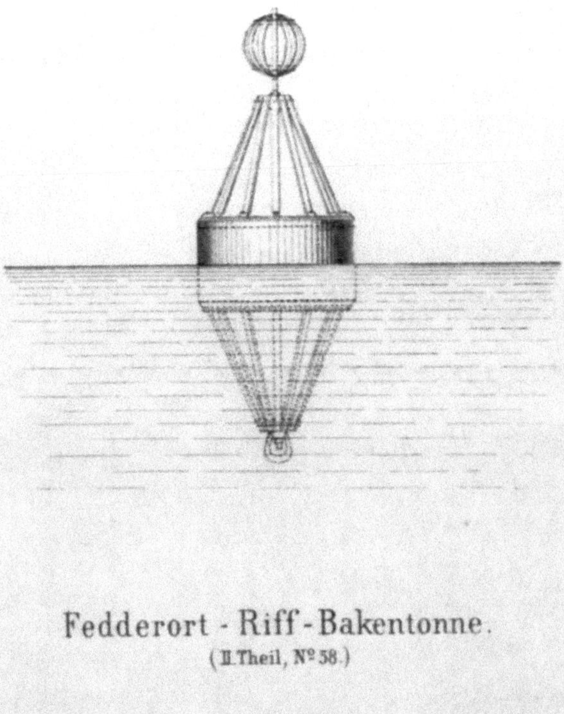

Fedderort - Riff - Bakentonne.

(II. Theil, № 58.)

Maasstab 1:100

Fig. 2.

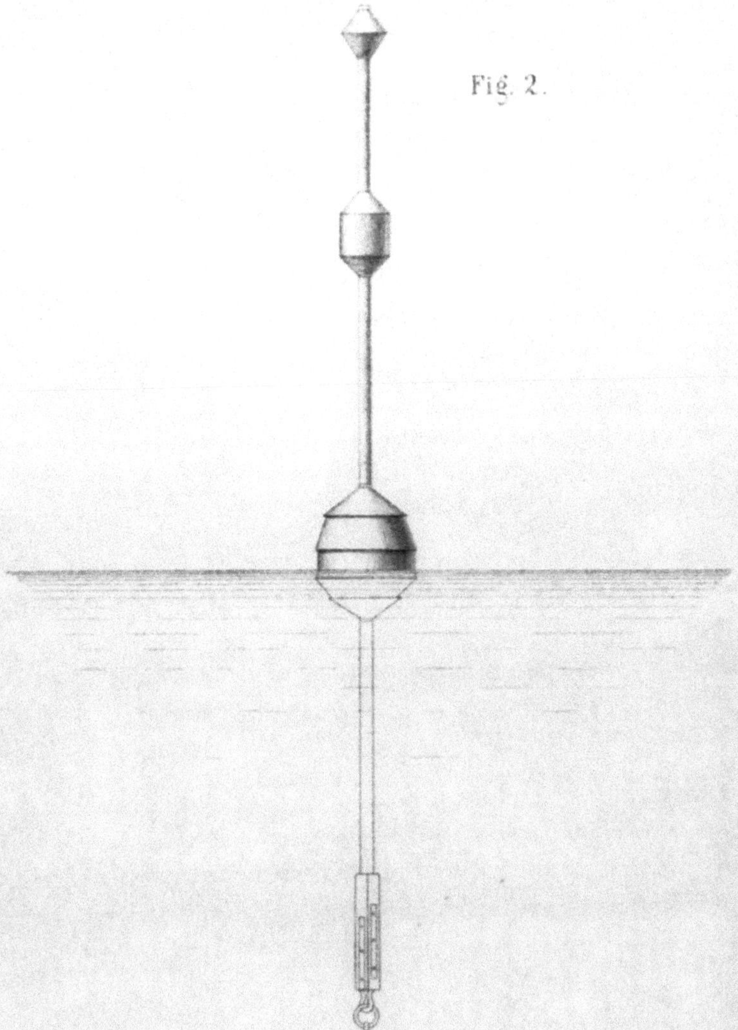

Oderbank, sowie Vineta - u. Coserower - Riff - Steuder (Treibbake).

(II. Theil, № 84 u. 171.)

III. Theil, 3. Abschnitt - Abbildungen.

Maasstab 1 : 100.

Fig. 3.

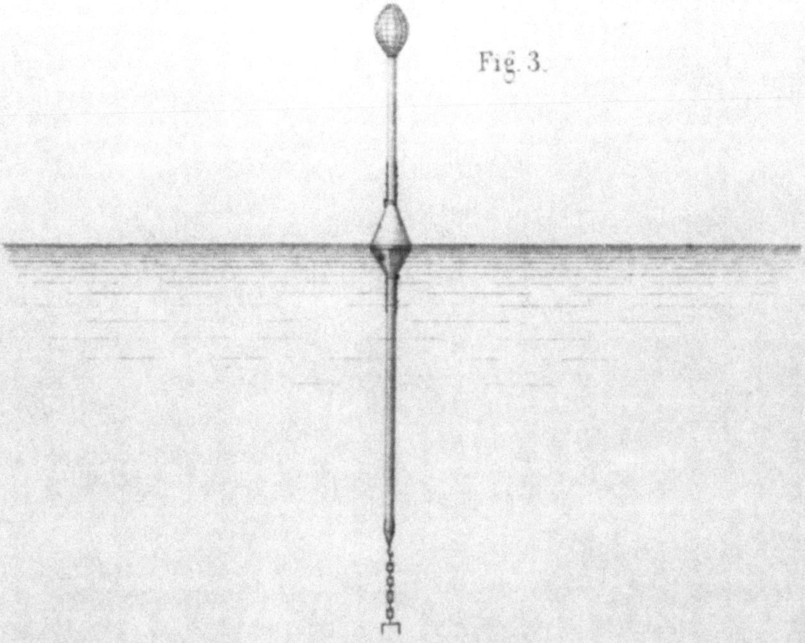

Swine - Strom, Revier - Steuder.

(II. Theil, № 94 ff.)

III. Theil, 3. Abschnitt - Abbildungen.

Maasstab 1:100.

Fig. 4.

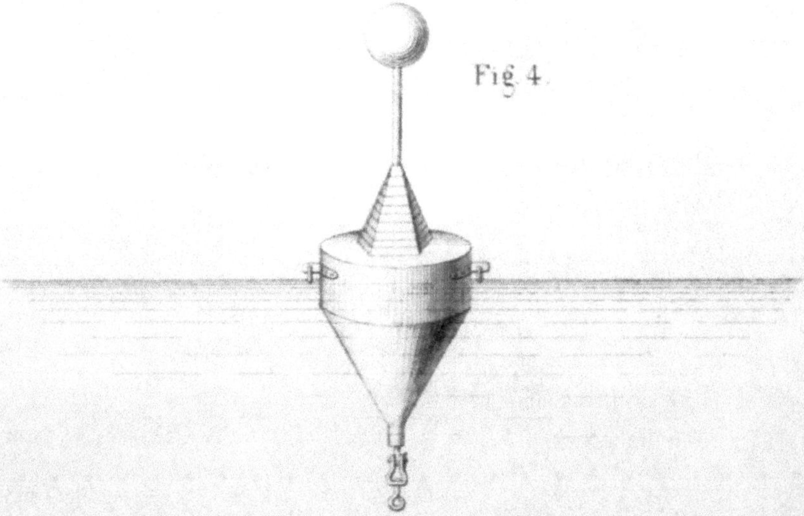

Hannibal - Bakentonne.

(II. Theil, № 324 u. 333.)

Fig. 5.

Fig. 6.

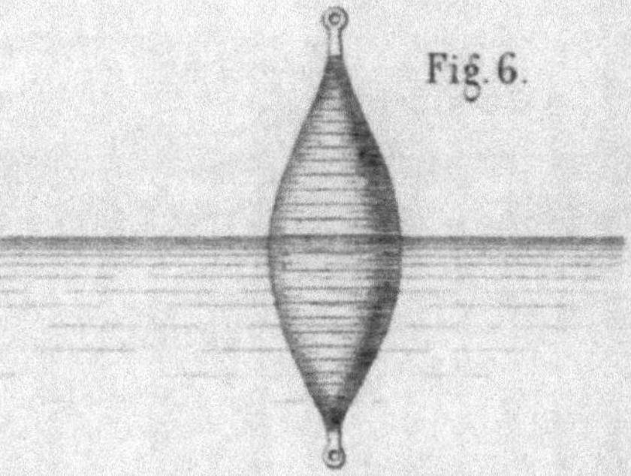

Brodtner-Riff - Tonne.

(II. Theil, № 347.)

Travemünde-Ansegelungs-Tonne.

(II. Theil, № 348.)

III. Theil, 3. Abschnitt - Abbildungen.

Maasstab 1:100.

Fig. 7.

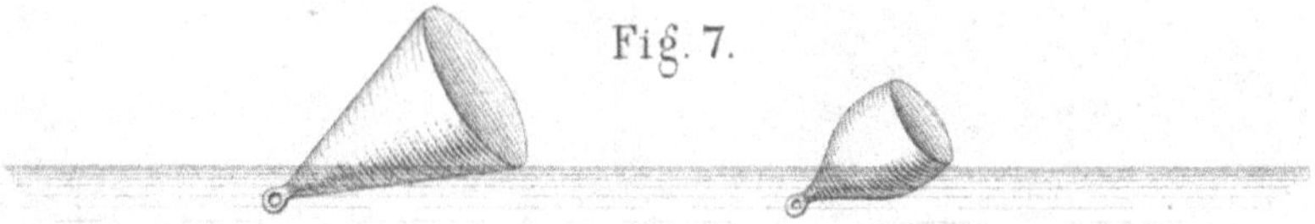

äufsere Tonne. innere Tonne.

Travemünde, Tonnen in der Fahrrinne über die Plate.

(II. Theil, № 350 u. 351.)

Fig. 8.

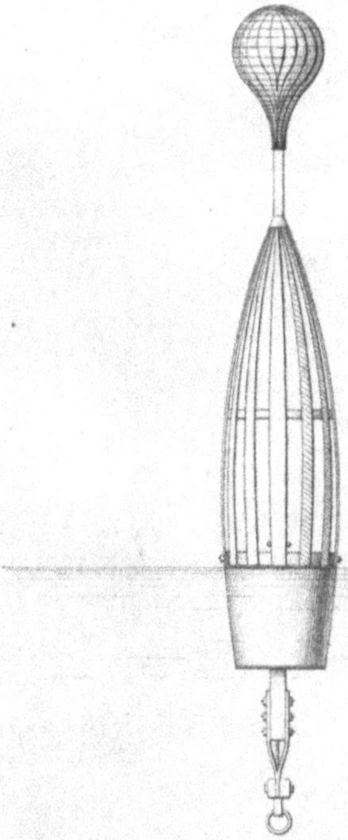

Fig. 9.

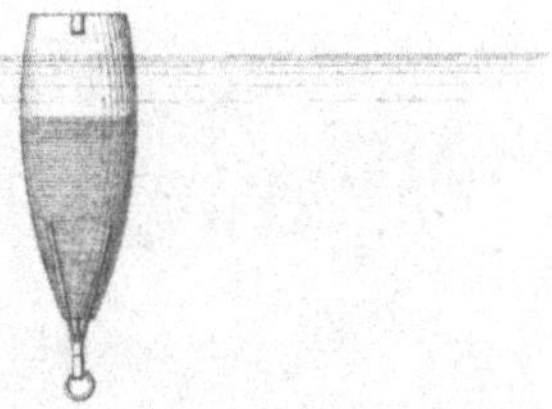

Mittelgrund-Tonne (II. Theil, № 443.)

Neukirchengrund-Tonne. (II. Theil, № 444.)

III. Theil, 3. Abschnitt - Abbildungen.

Maasstab 1:100.

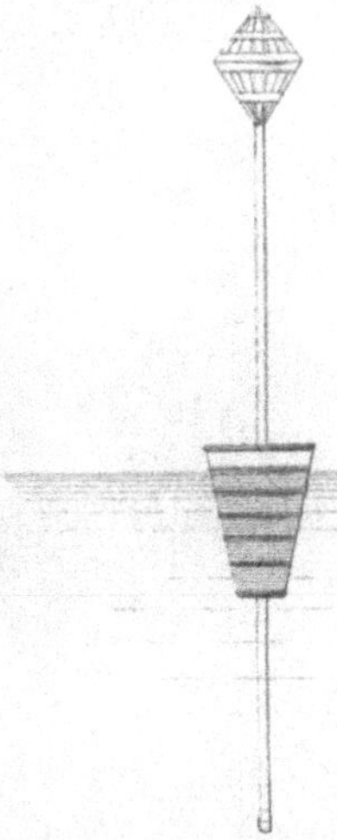

Fig. 10.

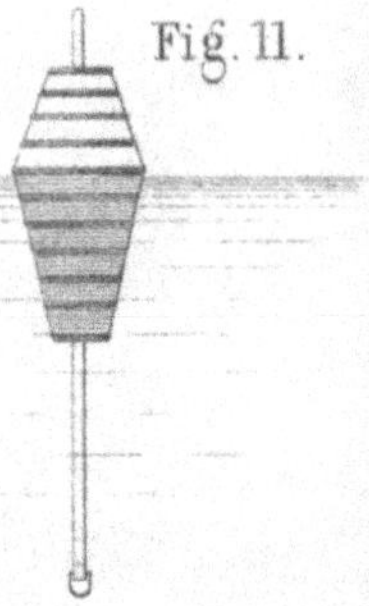

Fig. 11.

Stangentonne auf:
Holnishaken, Oster-u. Wester-Skidenkind,
lsgaardgrund, Kielsenger- und Batterie-Haken.
(II Theil, № 448, 450, 452 - 455.)

Skidenkinds-Mittelgrund-Tonne.
(II. Theil, № 451.)

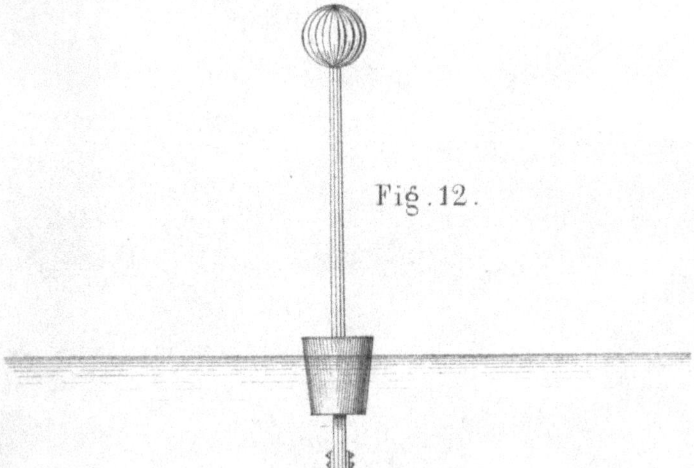

Fig. 12.

Kalkgrund-Tonne.
(II. Theil, № 442.)

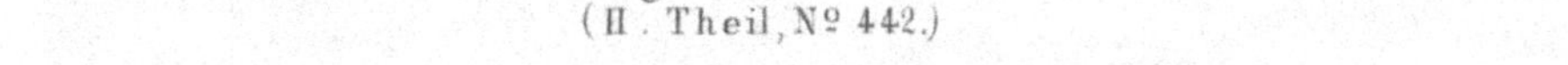

III. Theil, 3. Abschnitt - Abbildungen.

Maasstab 1:100.

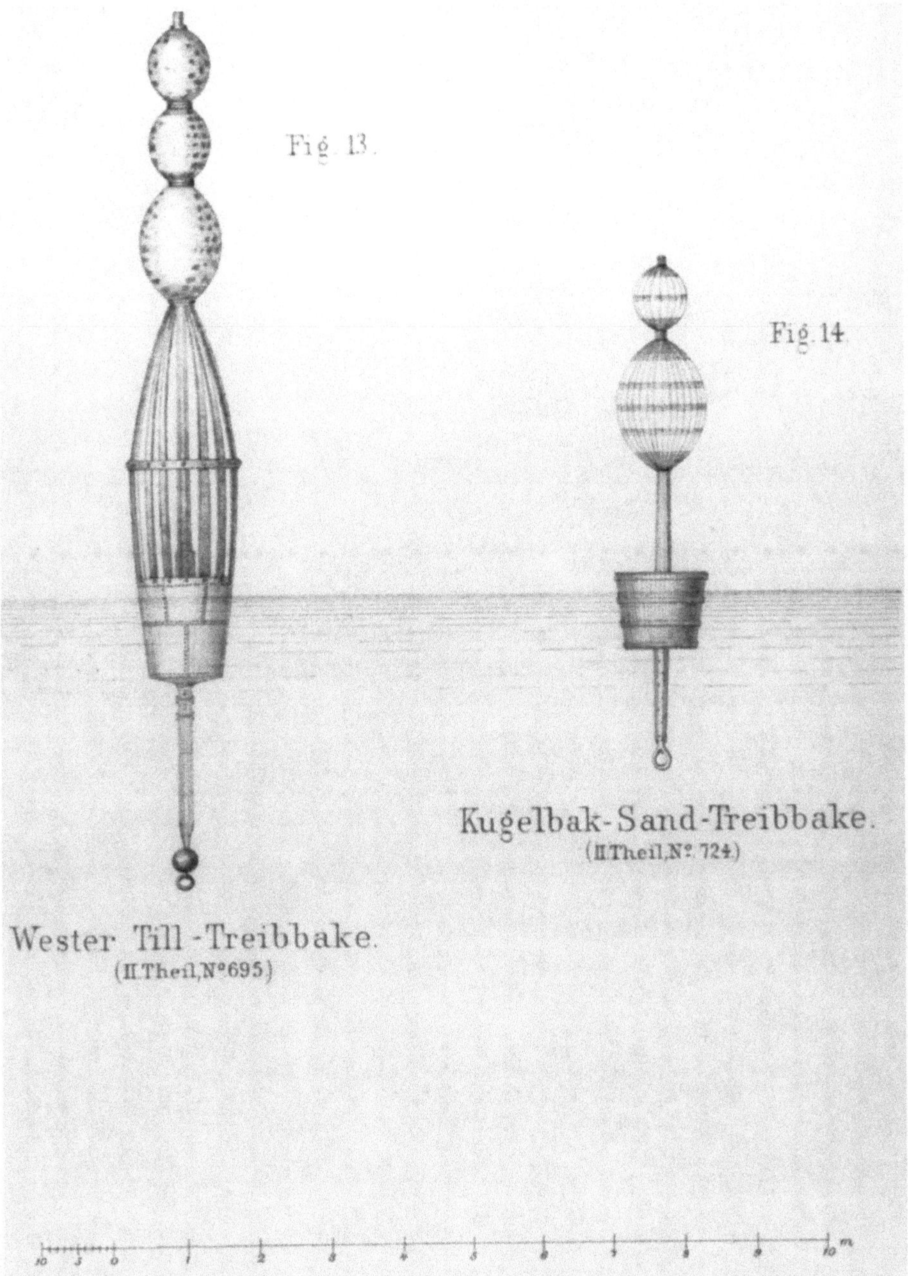


Wester Till-Treibbake.
(II. Theil, Nº 695)

Kugelbak-Sand-Treibbake.
(II. Theil, Nº 724)

III. Theil, 3. Abschnitt - Abbildungen.

Maasstab 1:100.

## Tonnen auf der Elbe im Cuxhavener District

(von der Mündung bis St. Margarethen).

(II. Theil, № 697 - 748.)

Fig. 15.

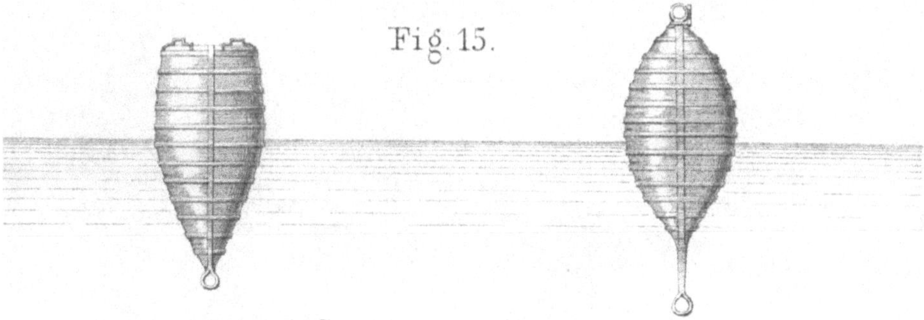

Sommertonnen,

stumpfe. spitze.

Fig. 16.

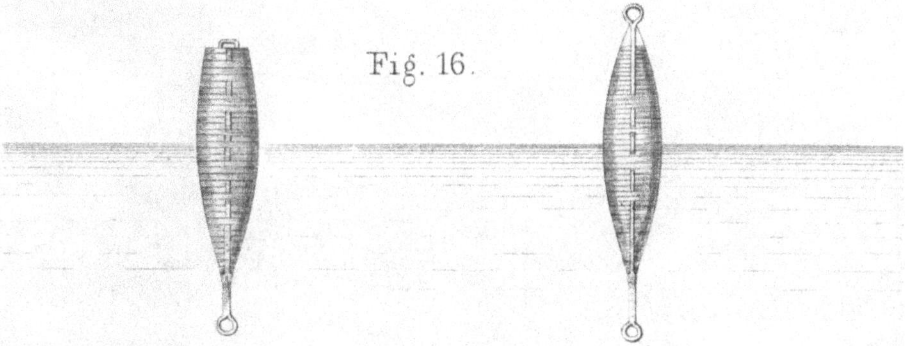

Wintertonnen,

stumpfe. spitze.

III. Theil, 3. Abschnitt - Abbildungen.

Maasstab 1:100.

# Tonnen auf der Elbe im Hamburger District
( von St. Margarethen bis Hamburg ).
( II. Theil, № 749-800 )

Fig. 17.

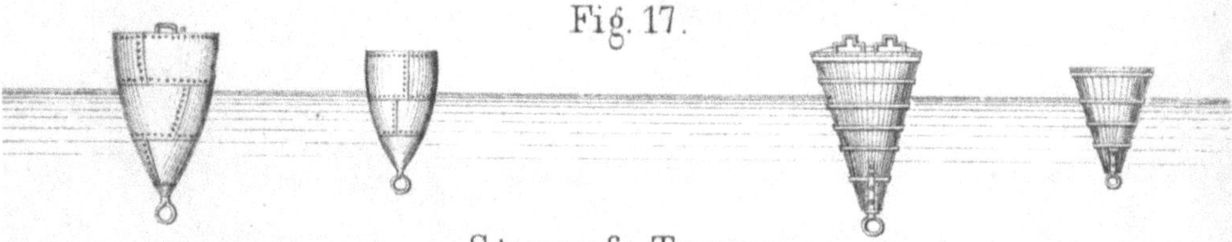

Stumpfe Tonnen,

eiserne. hölzerne.

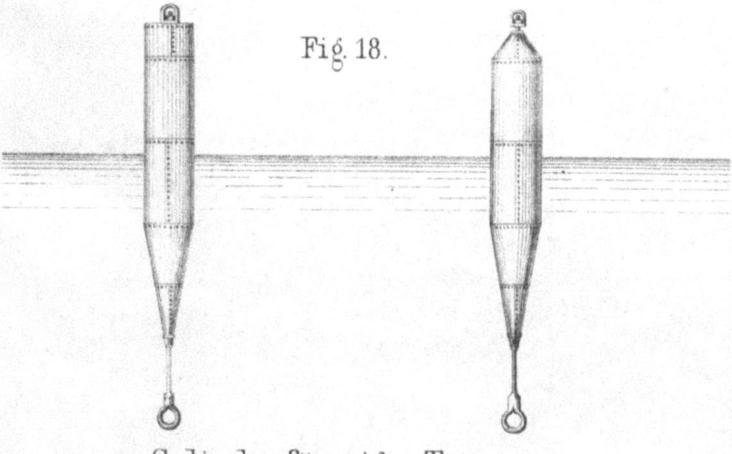

Fig. 18.

Cylinderförmige Tonnen,

stumpfe. spitze.

III. Theil, 3. Abschnitt-Abbildungen.
Maasstab 1:100.

Fig. 19.

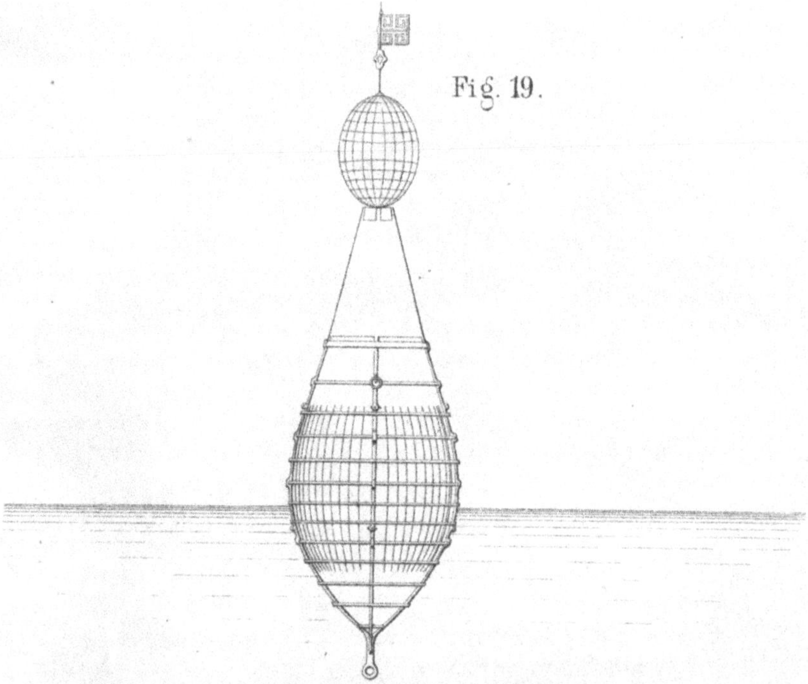

Wesermündung-Tonne. (Schlüssel-Tonne.)
(II. Theil, № 835.)

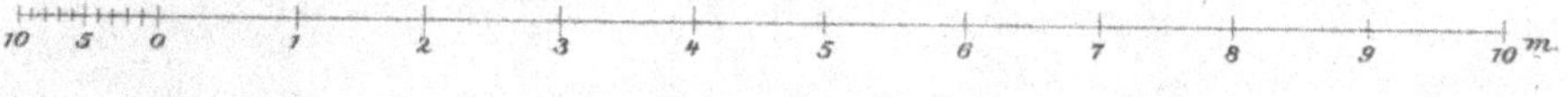

Maasstab 1:100.

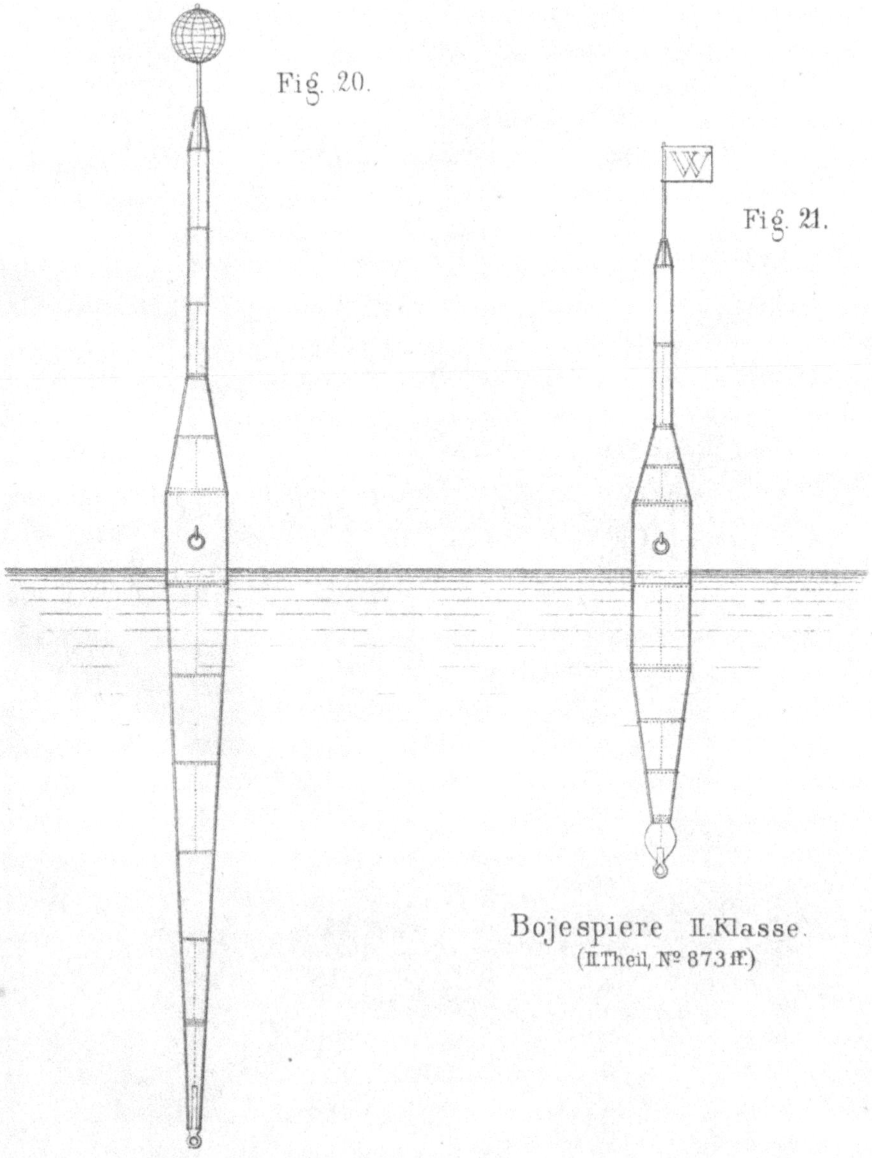


Fig. 20.

Fig. 21.

Bojespiere II. Klasse.
(II. Theil, № 873 ff.)

Bojespiere I. Klasse.
(II. Theil, № 836 ff.)

Maasstab 1:100.



# Tonnen auf der Weser.

Fig. 22.

Spitze Tonne I. Klasse.
(II. Theil, № 838 ff.)

Fig. 23.

Stumpfe Tonne I. Klasse.
(II. Theil, № 844 ff.)

Fig. 24.

Schwarze (spitze) Wintertonne I. Klasse.
(II. Theil, № 875 ff.)

Fig. 25.

Weiſse (stumpfe) Wintertonne I. Klasse.
(II. Theil, № 882 ff.)

III. Theil, 3. Abschnitt - Abbildungen.
Maasstab 1:100

Fig. 26.

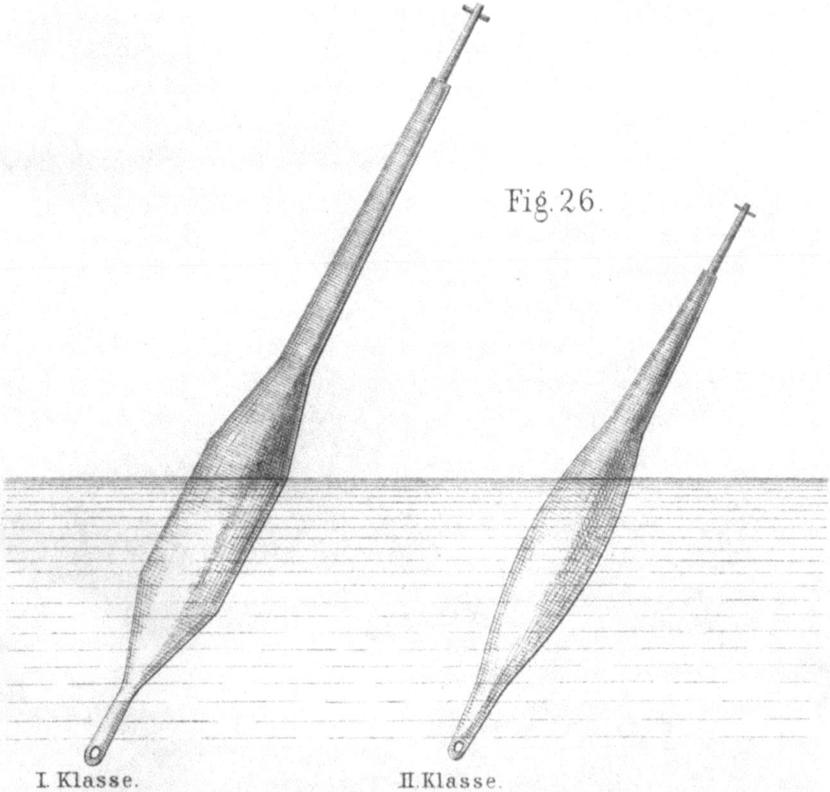


Spierentonnen, auf der Jade
(II. Theil, №. 991 ff.)

III. Theil, 3. Abschnitt - Abbildungen.

Maasstab 1:100.

Fig. 27

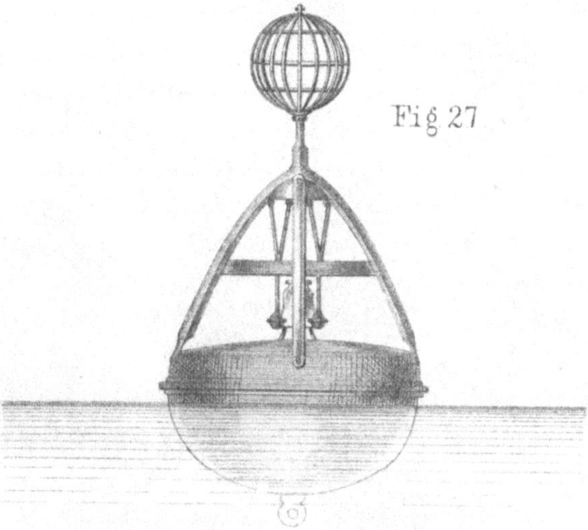

Glockenboje, vor der Mündung der Jade.
(II. Theil, №1003.)

Fig. 28.

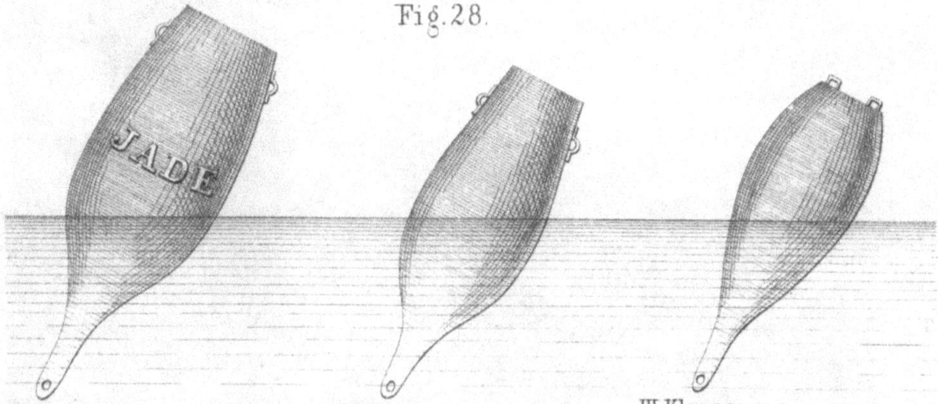


I. Klasse. II. Klasse. III. Klasse.

Stumpfe Tonnen, auf der Jade.
(II. Theil, №996 ff.)

Maasstab 1:100.

## Tonnen auf der Jade.

(II Theil, № 995 ff.)

Fig. 29.

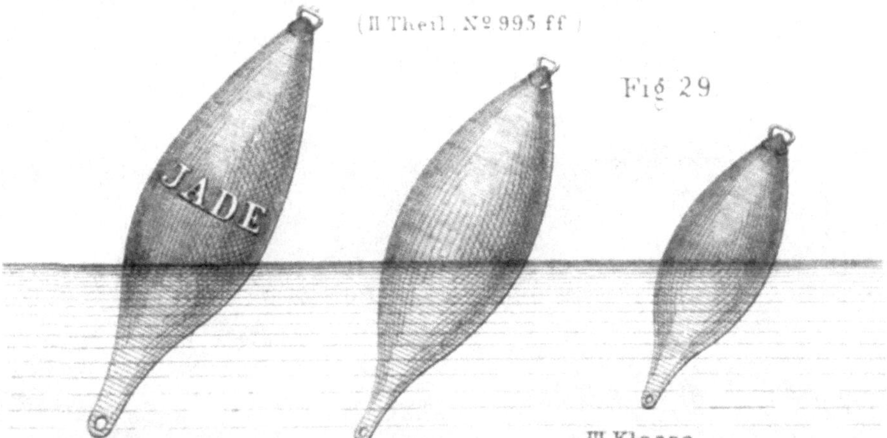


I. Klasse. II. Klasse. III. Klasse.

Spitze Tonnen.

Fig. 30.

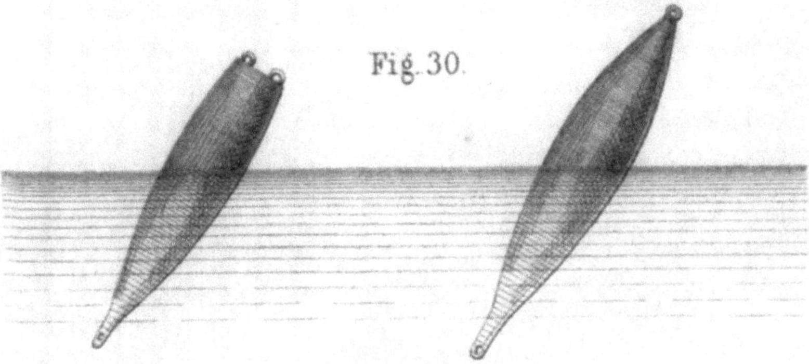

Wintertonnen,

stumpfe. spitze.

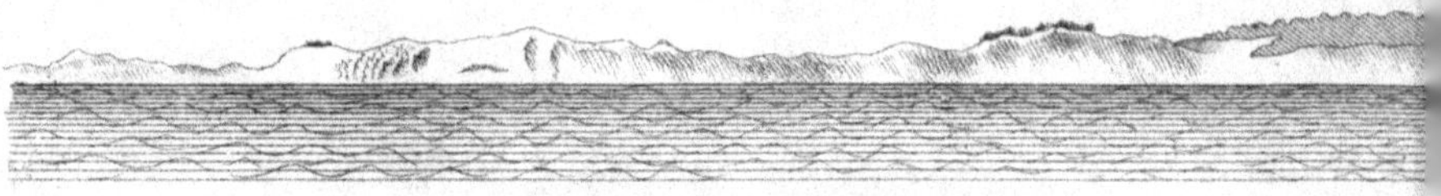

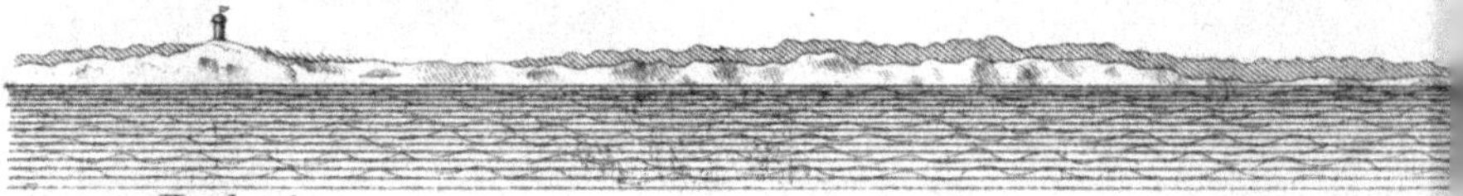

Kiesberg.

III.Theil, 4.

Ansicht der Bake auf

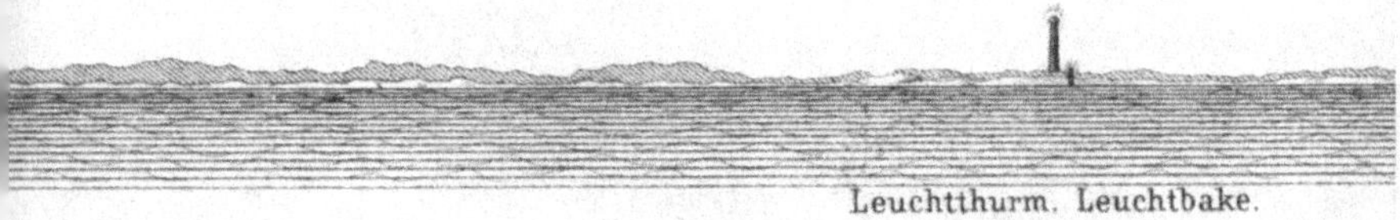

Leuchtthurm. Leuchtbake.

Ansicht der Swinemünder Bucht (von d

(II

Ansicht der B

Abschnitt-Abbildungen.

Fig.1.

' dem Kiesberge bei Swinhöft.
(II.Theil, № 83.)

Fig.2.

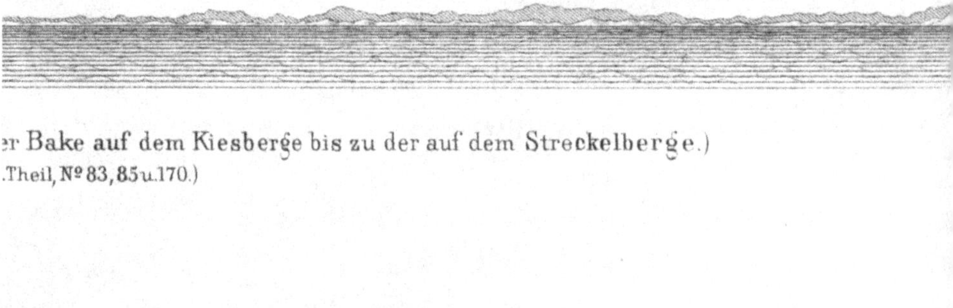

:r Bake auf dem Kiesberge bis zu der auf dem Streckelberge.)
.Theil, № 83, 85 u. 170.)

Fig.3.

ıke auf dem Streckelberge.
II.Theil, № 170.)

Tafel 69.

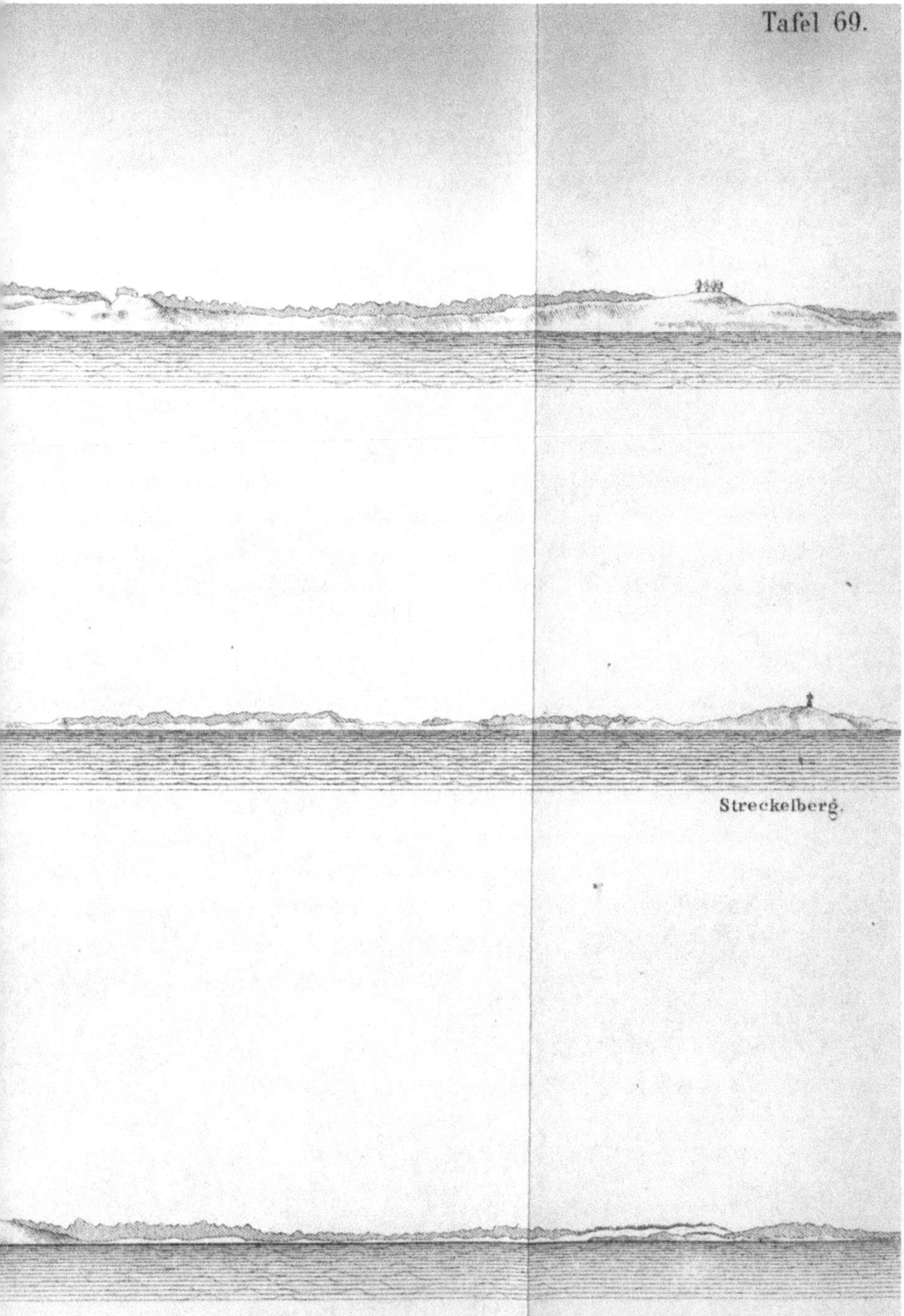

Fig. 4.

Wustrow-Kirche, in SO ½ S per Komp.
(II. Theil, № 311.)

Fig. 5.

Wustrow-Kirche, in OSO ½ O per Komp.
(II. Theil, № 311.)

Fig. 6.

Ribnitz-Kirche, in SzO½O per Komp.
(II. Theil, № 312.)

Fig. 7.

Der Haideort, in SWzW per Komp. bei 5 Seemeilen Abst.
(II. Theil, Anmerkung zu № 311–322.)

Fig. 8.

Warnemünde - Kirche.
(II.Theil, Nº 315.)

Fig. 9.

Rethwisch-Kirche.
(II.Theil, Nº 317.)

Fig. 10.

Doberan-Kirche.
(II.Theil, Nº 318.)

III. Theil, 4. Abschnitt - Abbildungen.

Fig. 11.

Schröders Ort u. Heiligendamm. Ersterer WSW per Komp. 3,5' Abst. Letzterer WSW¾W per Komp. 7' Abst.
(II. Theil, Anmerkung zu № 311–322.)

Fig. 12.

Steffenshagen - Kirche.
(II. Theil, № 319.)

Fig. 13.

Alt-Gaarz-Kirche, in SzO¼O per Komp.
(II. Theil, № 322.)

III. Theil, 4 Abschnitt - Abbildungen.

Fig. 14.

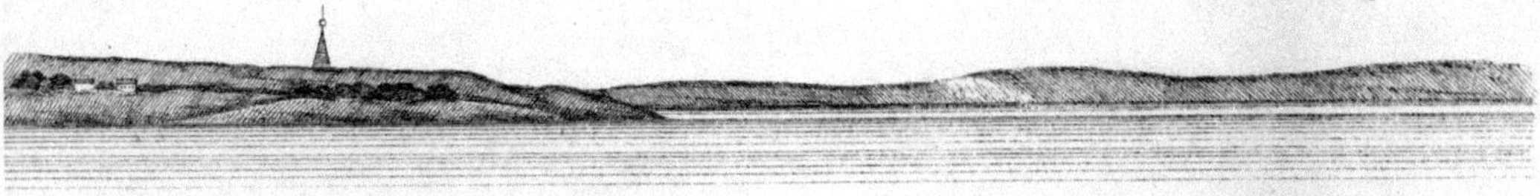


Die Bukspitze md. Halbinsel Wustrow im Hintergrunde. Bukspitze in SWzW bei etwa 2 Seemeilen Abst.
(II. Theil, Anmerkung zu № 311 - 322.)

Fig. 15.

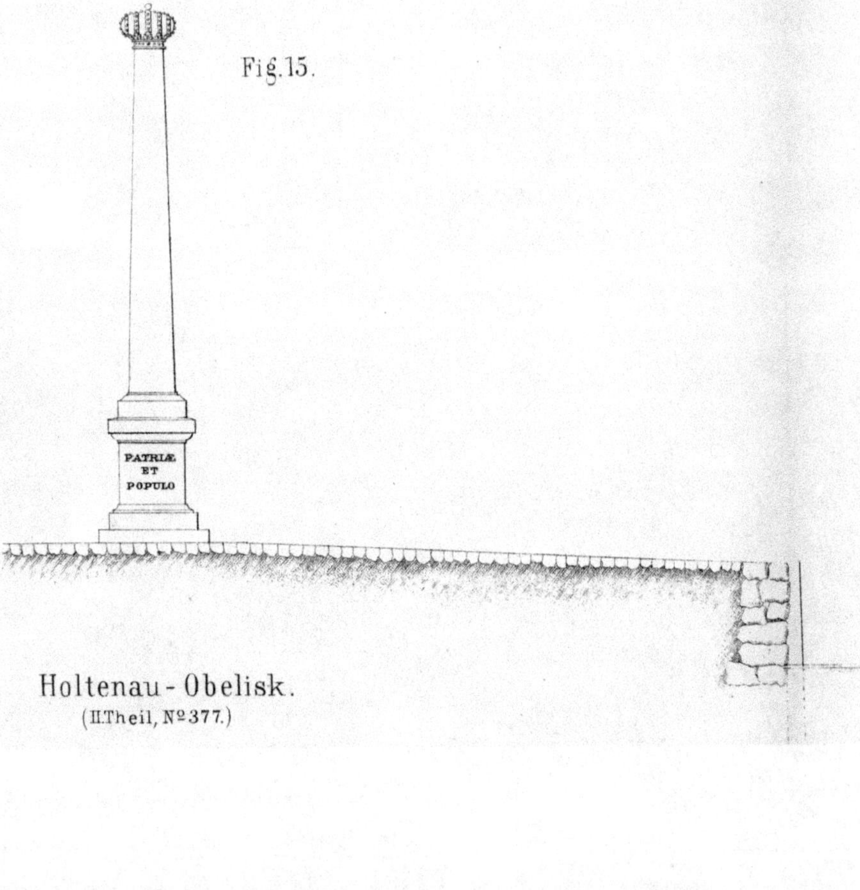


Holtenau - Obelisk.
(II. Theil, № 377.)

Fig. 16.

Ansicht von Düsternbrook-Leuchtthurm mit Umgebung,
vom gegenüberliegenden Ufer aus (ca. 1100 m Entfernung).
(I Theil, № 57.)

Fig. 17.

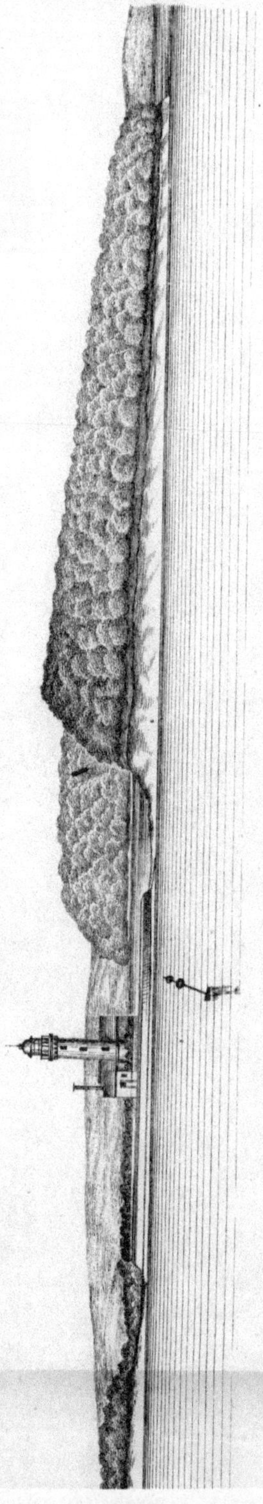

Ansicht von Bülk-Leuchthurm, von See aus.
(I. Theil, No. 59.)

Fig. 18.

a. b.

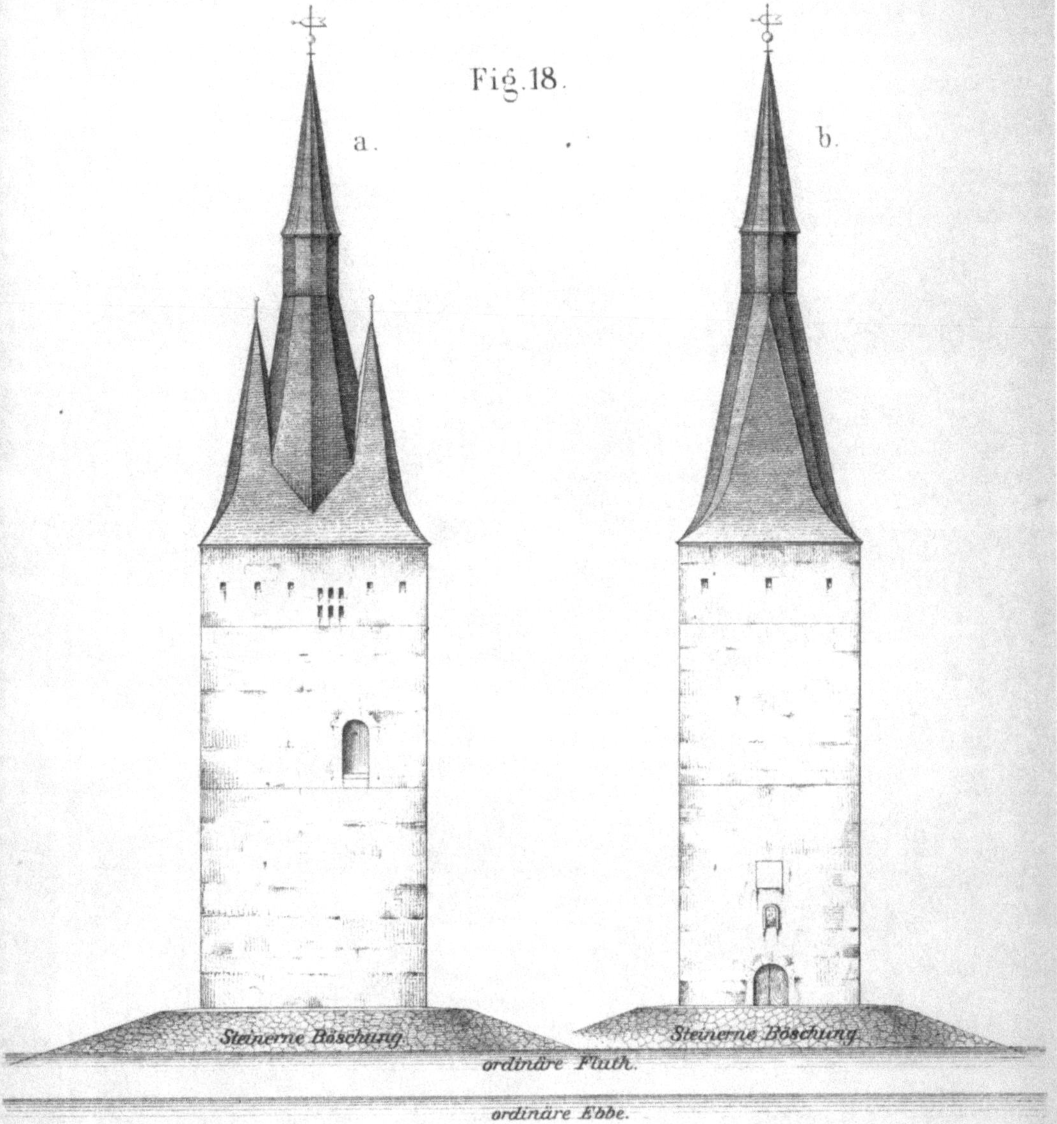


a Ost-Ansicht. b Süd-Ansicht.

Wangeroog-Kirchthurm.

(II. Theil, № 1000.)

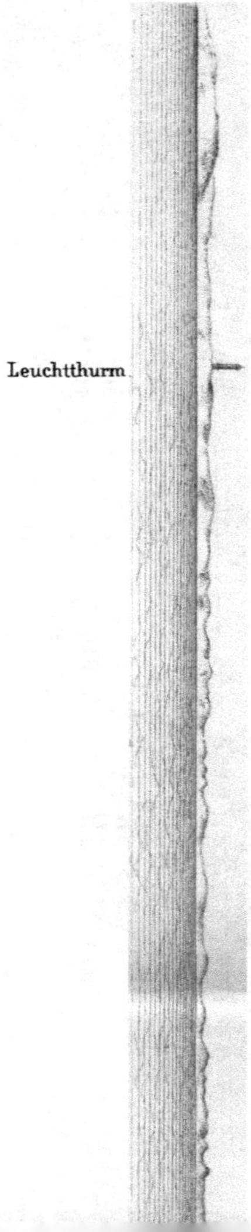
Leuchtthurm

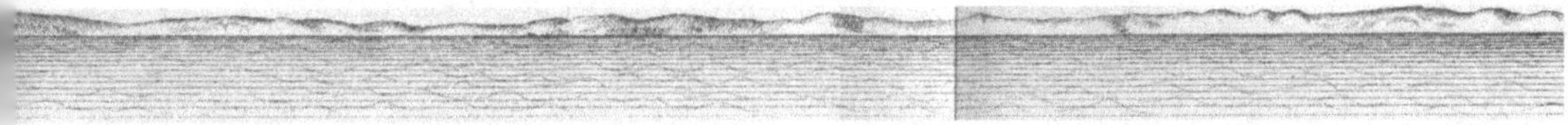

Ansicht der Insel Norderney, die l
(II.Theil, № 1

itt-Abbildungen.

Fig. 19.

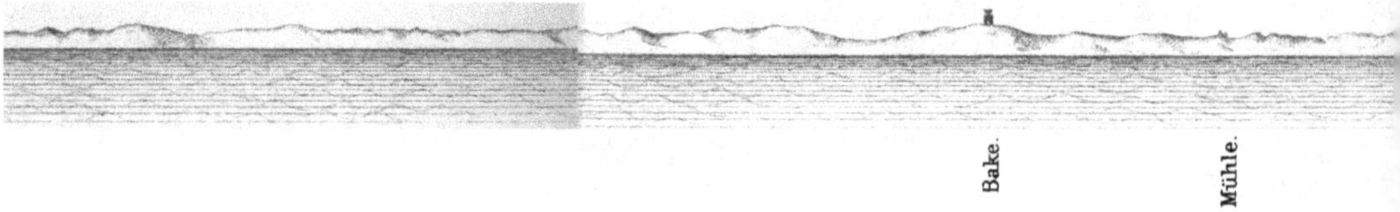


ɜake in Süd p. K. auf 18 m. Wasser.
077 - 1080.)

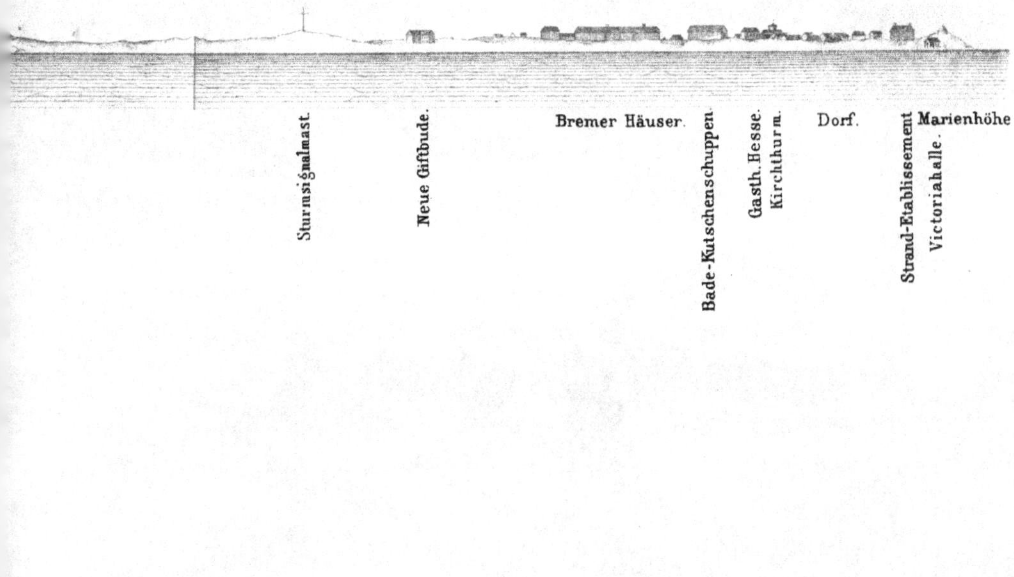
Sturmsignalmast.
Neue Giftbude.
Bremer Häuser.
Bade-Kutschenschuppen.
Gasth. Hesse.
Kirchthurm.
Dorf.
Strand-Etablissement
Victoriahalle.
Marienhöhe

FSC
www.fsc.org
MIX
Papier | Fördert
gute Waldnutzung
FSC® C083411

Kolibri 360 GmbH
Ferdinand-Jühlke-Straße 7
99095 Erfurt, Deutschland
produktsicherheit@kolibri360.de